面向新工科的电工电子信息基础课程系列教材

教育部高等学校电工电子基础课程教学指导分委员会推荐教材

数字信号处理
技术原理与应用分析

孙松林　张建华　郭彩丽
许晓东　李　斌　杨　洋　编著

清华大学出版社
北京

内容简介

本书全面地、系统地介绍数字信号处理(DSP)的基本理论、基本技术和应用分析,并根据作者多年从事数字信号处理的教学科研的心得体会列举了大量实例,以供读者参考。全书分为三部分,主要包括信号及其变换、滤波器以及应用分析。三个部分循序渐进地引导读者深入理解 DSP 的核心概念和技术。在每章的结尾都附有必要的思考题,以供教学或自学练习,以便加深对所述内容的理解。

本书内容全面,结构清晰,理论与实践相结合,深入浅出地讲解了 DSP 的核心概念、技术方法和应用场景,适合作为电子信息工程、通信工程、控制工程等相关专业的本科生、研究生教材,也可供从事 DSP 相关工作的工程技术人员参考。

版权所有,侵权必究。举报: 010-62782989,beiqinquan@tup.tsinghua.edu.cn。

图书在版编目(CIP)数据

数字信号处理: 技术原理与应用分析/孙松林等编著. -- 北京: 清华大学出版社,2025.6.
(面向新工科的电工电子信息基础课程系列教材). -- ISBN 978-7-302-69479-3

Ⅰ. TN911.72

中国国家版本馆 CIP 数据核字第 202588ER90 号

责任编辑: 文 怡
封面设计: 王昭红
责任校对: 王勤勤
责任印制: 刘 菲

出版发行: 清华大学出版社
网　　址: https://www.tup.com.cn,https://www.wqxuetang.com
地　　址: 北京清华大学学研大厦 A 座　　邮　编: 100084
社 总 机: 010-83470000　　邮　购: 010-62786544
投稿与读者服务: 010-62776969,c-service@tup.tsinghua.edu.cn
质量反馈: 010-62772015,zhiliang@tup.tsinghua.edu.cn
课件下载: https://www.tup.com.cn,010-83470236

印 装 者: 三河市龙大印装有限公司
经　　销: 全国新华书店
开　　本: 185mm×260mm　　印 张: 26　　字　数: 588 千字
版　　次: 2025 年 7 月第 1 版　　印　次: 2025 年 7 月第 1 次印刷
印　　数: 1~1500
定　　价: 79.00 元

产品编号: 097184-01

前言

数字信号处理起源于20世纪50年代,采样数据系统研究的进展和离散系统理论的发展奠定了数字信号处理的数学基础。1965年,快速傅里叶变换(FFT)的提出,使离散傅里叶变换(DFT)的运算次数大为减少。这一突破导致数字信号处理从概念上和实现上发生了重大的转折。同一时期,应用计算机逼近和仿真模拟滤波器的数字滤波理论也得到发展。快速傅里叶变换和数字滤波理论形成了数字信号处理的两大支柱。大规模数字集成电路的出现,为数字信号处理的实现提供了有利的条件。20世纪70年代中期数字信号处理已成为一门独立的学科。

数字信号处理(DSP)作为一门重要的学科,在电子信息工程、通信工程、控制工程等领域发挥着至关重要的作用。随着科技的飞速发展,数字信号处理技术已经渗透到生活的方方面面,如手机、电脑、电视、音响、医疗设备、汽车电子等。掌握数字信号处理的基本原理和应用,对于培养高素质的电子信息工程人才,推动相关领域的技术进步具有重要意义。

本书分为三部分,共16章。书中根据作者多年教学及科研实践的体会并参考相关文献,概括地描述了数字信号处理理论和技术所涉及的各个分支。由于数字信号处理理论和技术包含内容广泛,每章所涉及的内容都包含更加专深的理论和内容。本书只能提纲挈领地介绍数字信号处理的基本理论和方法,使读者对数字信号处理有一个全面的了解,为进一步深入研究打下扎实的基础。

本书在编写过程中参考了国内外大量优秀教材和资料,并得到了许多专家学者的指导和帮助,在此表示感谢。由于作者水平有限,书中难免存在疏漏和不足之处,恳请读者批评指正。

作 者

2025年4月

目录

第一篇 信号及其变换

第1章 信号概述 ········· 2
- 1.1 数字信号处理概述 ········· 3
  - 1.1.1 信号分类 ········· 3
  - 1.1.2 数字信号处理的特点与应用 ········· 4
- 1.2 离散时间信号 ········· 6
  - 1.2.1 离散时间信号表示 ········· 6
  - 1.2.2 常用离散序列 ········· 7
  - 1.2.3 序列的基本运算 ········· 10
- 1.3 信号分析相关数学知识 ········· 13
  - 1.3.1 矩阵与向量 ········· 13
  - 1.3.2 矩阵的基本运算 ········· 14
- 1.4 本章小结 ········· 15
- 习题 ········· 16

第2章 离散傅里叶变换 ········· 17
- 2.1 离散傅里叶级数 ········· 18
  - 2.1.1 离散傅里叶级数的定义 ········· 18
  - 2.1.2 离散傅里叶级数的性质 ········· 21
- 2.2 离散傅里叶变换的原理 ········· 26
  - 2.2.1 离散傅里叶变换的定义 ········· 26
  - 2.2.2 离散傅里叶变换与其他变换的关系 ········· 31
  - 2.2.3 离散傅里叶变换的周期性 ········· 32
  - 2.2.4 离散傅里叶变换的性质 ········· 33
  - 2.2.5 二维离散傅里叶变换 ········· 40
  - 2.2.6 离散傅里叶变换的应用 ········· 41
- 2.3 采样 z 变换 ········· 48
  - 2.3.1 采样 z 变换的定义 ········· 48

目录

  2.3.2 插值函数 ·· 49
 习题 ··· 51
第 3 章 快速傅里叶变换 ··· 52
 3.1 快速傅里叶变换的原理 ··· 53
  3.1.1 离散傅里叶变换的计算 ··· 53
  3.1.2 基 2 时域抽取法 FFT ·· 53
  3.1.3 基 2 频域抽取法 FFT ·· 56
  3.1.4 基 4 快速傅里叶变换算法 ··· 57
  3.1.5 分裂基快速傅里叶变换算法 ·· 61
 3.2 快速傅里叶变换的应用 ··· 64
  3.2.1 计算实序列的 DFT ·· 64
  3.2.2 计算 2N 点实序列的 DFT ·· 64
  3.2.3 分析线性滤波 ·· 65
  3.2.4 其他应用 ·· 66
 习题 ··· 66
第 4 章 小波变换 ··· 68
 4.1 多分辨率分析 ·· 69
  4.1.1 多分辨率分析概述 ··· 69
  4.1.2 小波理论的发展 ·· 70
  4.1.3 小波变换分析与傅里叶变换 ·· 70
 4.2 小波变换的原理 ··· 72
  4.2.1 小波的定义与性质 ··· 72
  4.2.2 小波变换的定义与性质 ··· 73
  4.2.3 一维连续小波变换的定义与性质 ·· 74
  4.2.4 一维连续小波变换的逆变换方法 ·· 76
  4.2.5 一维离散小波变换概述 ··· 77
  4.2.6 离散小波变换 ·· 77
  4.2.7 二进小波变换 ·· 78
 4.3 小波基分析 ··· 79
  4.3.1 常用小波函数 ·· 79
  4.3.2 小波函数选择原则 ··· 81
  4.3.3 小波基分析(多尺度分析) ··· 82

目录

习题 ………………………………………………………………………… 83

第 5 章 希尔伯特变换 ……………………………………………………… 84
5.1 离散时间信号的希尔伯特变换 ……………………………………… 85
5.1.1 希尔伯特变换的定义 ………………………………………… 85
5.1.2 离散信号的希尔伯特变换 …………………………………… 86
5.2 频域的希尔伯特变换关系 …………………………………………… 87
5.2.1 因果序列的希尔伯特变换关系 ……………………………… 87
5.2.2 离散傅里叶变换下的希尔伯特变换关系 …………………… 89
5.3 复倒谱及其应用 ……………………………………………………… 92
5.3.1 语音的同态处理 ……………………………………………… 92
5.3.2 复倒谱与倒谱 ………………………………………………… 93
5.4 希尔伯特-黄变换 …………………………………………………… 93
5.4.1 希尔伯特-黄变换的概述 …………………………………… 93
5.4.2 经验模态分解 ………………………………………………… 94
5.4.3 希尔伯特谱分析 ……………………………………………… 95
5.4.4 希尔伯特-黄变换的特点 …………………………………… 96
习题 ………………………………………………………………………… 96

第二篇 滤 波 器

第 6 章 数字滤波器 ………………………………………………………… 100
6.1 数字滤波器的特性 …………………………………………………… 101
6.2 数字滤波器的分类 …………………………………………………… 101
6.3 数字滤波器的性能指标 ……………………………………………… 102
6.4 数字滤波器的设计思路 ……………………………………………… 104
习题 ………………………………………………………………………… 105

第 7 章 无限冲激响应数字滤波器 ………………………………………… 106
7.1 无限冲激响应数字滤波器的设计方法 ……………………………… 107
7.2 模拟低通滤波器的设计 ……………………………………………… 108
7.2.1 理想滤波器 …………………………………………………… 108
7.2.2 模拟低通滤波器的设计流程 ………………………………… 111
7.2.3 巴特沃斯滤波器 ……………………………………………… 111
7.2.4 切比雪夫滤波器 ……………………………………………… 119

V

目录

　　　　7.2.5　椭圆滤波器 …………………………………………………… 130
　　　　7.2.6　三类模拟滤波器的比较 ……………………………………… 131
　　7.3　模拟滤波器的数字化 …………………………………………………… 131
　　　　7.3.1　时域和频域的数字化 ………………………………………… 131
　　　　7.3.2　冲激响应不变法 ……………………………………………… 134
　　　　7.3.3　双线性变换法 ………………………………………………… 139
　　7.4　高通、带通和带阻无限冲激响应数字滤波器的设计 ………………… 143
　　　　7.4.1　模拟滤波器的频率变换 ……………………………………… 143
　　　　7.4.2　利用模拟频率变换的 IIR 数字滤波器设计 ………………… 148
　　　　7.4.3　数字滤波器的频率变换 ……………………………………… 150
　　　　7.4.4　利用数字频率变换的 IIR 数字滤波器设计 ………………… 154
　　7.5　无限冲激响应数字滤波器的实现结构 ………………………………… 156
　　　　7.5.1　直接型实现结构 ……………………………………………… 157
　　　　7.5.2　级联型实现结构 ……………………………………………… 159
　　　　7.5.3　并联型实现结构 ……………………………………………… 160
　　7.6　无限冲激响应数字滤波器的应用 ……………………………………… 162
　　习题 ……………………………………………………………………………… 166

第8章　有限冲激响应数字滤波器 …………………………………………… 168

　　8.1　有限冲激响应数字滤波器概述 ………………………………………… 169
　　　　8.1.1　FIR 数字滤波器的特点 ……………………………………… 169
　　　　8.1.2　线性相位 FIR 数字滤波器 …………………………………… 169
　　8.2　有限冲激响应数字滤波器的设计方法 ………………………………… 180
　　　　8.2.1　窗函数法 ……………………………………………………… 180
　　　　8.2.2　频率采样法 …………………………………………………… 194
　　　　8.2.3　最优化方法 …………………………………………………… 197
　　8.3　有限冲激响应数字滤波器的实现结构 ………………………………… 203
　　　　8.3.1　FIR 数字滤波器的基本实现结构 …………………………… 203
　　　　8.3.2　线性相位 FIR 数字滤波器的实现结构 ……………………… 212
　　习题 ……………………………………………………………………………… 214

第9章　空间滤波器 …………………………………………………………… 216

　　9.1　空间滤波器的特性 ……………………………………………………… 217
　　　　9.1.1　阵列信号模型 ………………………………………………… 217

目录

  9.1.2 波束形成 ·· 219
 9.2 空间滤波器的性能描述 ·· 220
  9.2.1 波束宽度 ·· 222
  9.2.2 分辨率 ·· 223
 9.3 空间滤波器的设计方法 ·· 226
  9.3.1 波束形成的最佳权向量 ···································· 226
  9.3.2 空域滤波设计准则 ·· 228
  9.3.3 自适应波束形成算法 ······································ 233
 9.4 空间滤波器的结构及应用 ····································· 236
  9.4.1 空间滤波器的结构 ·· 236
  9.4.2 图像处理应用 ·· 237
 习题 ··· 241

第三篇 应用分析

第 10 章 多速率信号处理 ··· 244
 10.1 采样定理 ··· 245
 10.2 欠采样与过采样 ··· 247
  10.2.1 信号的整数倍抽取 ······································· 248
  10.2.2 信号的整数倍内插 ······································· 250
 10.3 多速率信号处理的实现 ······································· 254
  10.3.1 整数倍抽取器的 FIR 滤波器直接实现 ···················· 254
  10.3.2 整数倍内插器的 FIR 滤波器直接实现 ···················· 255
 10.4 带通信号的采样与重建 ······································· 256
 习题 ··· 258

第 11 章 数字信号采集与恢复 ·· 262
 11.1 量化与编码 ·· 263
  11.1.1 量化 ·· 264
  11.1.2 编码 ·· 267
 11.2 模/数转换器与抗混叠技术 ··································· 270
  11.2.1 模/数转换器 ·· 270
  11.2.2 抗混叠技术 ··· 271
 11.3 数/模转换器与补偿技术 ····································· 272

目录

    11.3.1 数/模转换器 ·········· 272
    11.3.2 补偿技术 ·········· 274
习题 ·········· 274

第 12 章　有限字长效应 ·········· 276
  12.1 有限字长效应概述 ·········· 277
  12.2 数的表示与量化误差 ·········· 277
    12.2.1 二进制数的表示 ·········· 277
    12.2.2 定点制的量化误差 ·········· 280
    12.2.3 量化误差 ·········· 282
  12.3 DFT/FFT 运算的有限字长效应 ·········· 287
    12.3.1 DFT 定点舍入计算误差分析 ·········· 287
    12.3.2 FFT 定点舍入计算误差分析 ·········· 289
    12.3.3 FFT 浮点舍入计算误差分析 ·········· 292
    12.3.4 系数量化对 FFT 的影响 ·········· 292
  12.4 数字滤波器的有限字长效应 ·········· 295
    12.4.1 IIR 滤波器定点舍入运算时的有限字长效应 ·········· 296
    12.4.2 FIR 滤波器定点舍入运算时的有限字长效应 ·········· 299
习题 ·········· 301

第 13 章　无线通信信号处理 ·········· 304
  13.1 正交频分复用通信系统介绍 ·········· 305
  13.2 正交频分复用通信系统的实现 ·········· 308
    13.2.1 OFDM 信号的调制和解调 ·········· 308
    13.2.2 OFDM 信号的 DFT/IDFT 实现 ·········· 310
    13.2.3 保护间隔与循环前缀 ·········· 312
    13.2.4 OFDM 系统参数的选择 ·········· 313
  13.3 基于 FFT 的正交频分复用频率信道估计算法 ·········· 314
    13.3.1 无线信道特征 ·········· 315
    13.3.2 基于时域训练序列的信道估计算法 ·········· 317
    13.3.3 基于导频的 OFDM 频域信道估计算法 ·········· 318
    13.3.4 导频结构的选择 ·········· 319
    13.3.5 导频位置处的信道估计 ·········· 321
    13.3.6 插值算法 ·········· 323

目录

习题 ········· 325

第 14 章 音频信号处理 ········· 327
14.1 音频信号概述 ········· 328
14.1.1 概述 ········· 328
14.1.2 音频编码分类 ········· 328
14.1.3 常见音频编码格式 ········· 329
14.1.4 音频信号感知 ········· 331
14.2 音频信号变换 ········· 333
14.2.1 短时傅里叶变换 ········· 333
14.2.2 Gabor 变换 ········· 335
14.3 音频信号处理及其应用 ········· 337
14.3.1 语音识别 ········· 337
14.3.1 语音识别的应用技术 ········· 340
14.3.2 语音合成 ········· 342
习题 ········· 343

第 15 章 雷达感知信号处理 ········· 345
15.1 雷达系统概述 ········· 346
15.1.1 雷达基本原理 ········· 346
15.1.2 雷达波形 ········· 347
15.2 雷达信号处理概述 ········· 349
15.2.1 信号调节与干扰抑制 ········· 350
15.2.2 数据积累与相位历程建模 ········· 351
15.2.3 目标检测与估计 ········· 351
15.2.4 点云信息处理 ········· 361
15.3 窄带波束成形技术和宽带波束成形技术 ········· 362
15.3.1 窄带波束成形技术 ········· 362
15.3.2 宽带波束成形技术 ········· 364
15.4 基于 FFT 的目标距离估计、速度估计和角度估计 ········· 366
15.4.1 距离估计 ········· 366
15.4.2 速度估计 ········· 368
15.4.3 角度估计 ········· 372
习题 ········· 374

目录

第 16 章　图像视频信号处理 ·· 375
　16.1　图像视频处理概述 ·· 376
　　　16.1.1　图像处理基础 ·· 376
　　　16.1.2　图像变换 ··· 379
　　　16.1.3　视频处理概述 ·· 385
　16.2　离散余弦变换和沃尔什-哈达玛变换 ··· 390
　　　16.2.1　离散余弦变换 ·· 390
　　　16.2.2　沃尔什-哈达玛变换 ··· 392
　16.3　空间滤波与时域相关性分析 ·· 396
　　　16.3.1　空间滤波基础 ·· 396
　　　16.3.2　平滑空间滤波器 ·· 397
　　　16.3.3　锐化空间滤波器 ·· 398
　　　16.3.4　非锐化掩蔽和高提升滤波 ·· 401
　　　16.3.5　时域相关性分析 ·· 402
　习题 ·· 402
　参考文献 ··· 404

第一篇

信号及其变换

第1章 信号概述

1.1 数字信号处理概述

1.1.1 信号分类

信号是承载信息的载体,在数学上可以表示为具有一个或多个变量的函数,具体表现为随时间、空间或其他独立变量而变化的物理量,习惯上把信号函数的独立变量设定为时间变量 t。例如,函数

$$s(t)=3t \tag{1.1}$$

可以表示为一个随时间线性变化的信号。信号处理的方法很大程度上依赖信号的属性,因此给信号以恰当的分类尤为重要。

1. 多通道信号和多维信号

在实际应用中,信号是由多个信源或者多个传感器产生的,这种信号称为多通道信号,可以用矢量的形式来表示。假设有 n 个传感器,那么可以用 $s_k(t)(k=1,2,3,\cdots,n)$ 表示第 k 个传感器产生的信号,n 个传感器产生的信号集则可以表示为

$$\mathbf{S}_n(t)=\begin{bmatrix} s_1(t) \\ s_2(t) \\ \cdots \\ s_n(t) \end{bmatrix} \tag{1.2}$$

上述信号是时间的函数。若信号是单个独立变量的函数,则称为一维信号;若信号是两个独立变量的函数,则称为二维信号;推而广之,若信号是 M 个独立变量的函数,则称为 M 维信号。例如,一张图片上的每个点都可以表示成一个与空间位置相关的强度函数 $I(x,y)$,而彩色电视信号则是三通道的三维信号,可以由三原色的强度函数 $I_r(x,y,t)$、$I_g(x,y,t)$、$I_b(x,y,t)$ 来表示。

根据独立变量(通常设定为时间)以及幅度的连续性,还可以进一步将信号划分为连续时间信号和离散时间信号、连续幅度信号和离散幅度信号四种类型。

2. 连续时间信号和离散时间信号

从时间角度来看,若信号在时间轴上取值连续,则该信号称为连续时间信号;若信号只在特定的时刻上取值,则该信号称为离散时间信号,离散的时间可以是等间隔的,也可以是不等间隔的。

3. 连续幅度信号和离散幅度信号

从幅度角度来看,若信号可以在一个有限或者无限的区间上取到所有值,则该信号称为连续幅度信号;若信号只能取到某些离散的值,则该信号称为离散幅度信号。

时间连续、幅度连续的信号称为模拟信号;时间离散、幅度离散的信号称为数字信号。

4. 确定信号和随机信号

若一个信号可以用一个精确的数学公式、数据或者一种明确的规则唯一表示,则该

信号称为确定信号,确定信号在过去、现在以及未来时刻的值都是已知的。若一个信号不能用精确的数学关系式来描述,则该信号称为随机信号,其变化规律是不可预知的。

1.1.2 数字信号处理的特点与应用

信号处理是对信号按照预期目的及要求进行处理的过程。信号处理的目的是以尽可能小的失真进行传输或者最有效地利用信息。在20世纪60年代之前,信号处理都是利用模拟信号处理技术,线性放大器和运算放大器都是典型的模拟信号处理器件。但是模拟信号处理器件在实际使用时容易受到参数或环境等的影响,随着集成电路的发展,从中规模集成电路的出现到现在超大规模集成电路的快速发展,促进了数字计算机及数字硬件技术的发展,使得数字电路的发展成为可能。数字电路具有成本低、速度快的特点,以此建立更复杂的数字系统来执行数字信号处理的复杂烦琐的任务和功能。数字信号处理是利用数字计算设备,通过数值计算对信号进行处理的过程,以达到提取信息和便于应用的目的。图1.1表示的是模拟信号数字处理系统框图。

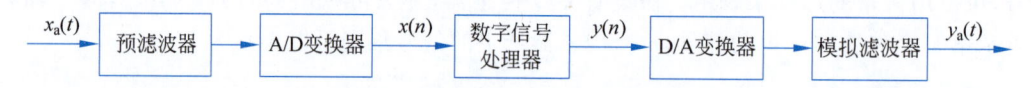

$x_a(t)$ → 预滤波器 → A/D变换器 → $x(n)$ → 数字信号处理器 → $y(n)$ → D/A变换器 → 模拟滤波器 → $y_a(t)$

图 1.1 模拟信号数字处理系统框图

利用数字信号处理方式处理模拟信号时,首先对采集到的模拟信号进行滤波,滤除信号中的杂散分量;然后对滤波后的信号进行模/数(A/D)变换,变换到数字域后进行数字信号处理;最后进行数/模(D/A)变换,完成信号处理。在数字信号处理中,信号是用有限精度的数的序列来表示的。数字信号处理就是处理在幅度和时间上都是离散的信号的变换。

数字信号处理经历了漫长的发展进程。在20世纪50年代初,信号处理还是利用电子线路或机械装置等依靠模拟技术完成的。50年代末期,随着数字计算机在信号处理方面的应用不断发展,数字信号处理技术得到了初步发展。70年代,数字信号处理技术才成为一个独立发展的学科。由于设备限制,起初数字信号处理技术的应用有很大的局限性,多应用于石油勘探,利用数字计算机可以将地震数据记录下来供后续处理。在1965年,Cooley 和 Tukey 发现了傅里叶变换(FFT)算法,解决了一些复杂信号在处理时间内允许于系统之间在线交互。FFT算法属于离散时间范畴,可以直接计算离散时间信号,从而奠定了人们把离散时间信号处理作为一门重要研究领域的基础。另外一个标志着数字信号处理技术迅速发展的事件是数字滤波器设计方法的完善。70年代至80年代,人们重点研究了自适应数字滤波器等并取得了重要的研究成果。90年代中期,数字信号处理技术开始应用于各个领域并取得重大发展成就。

数字信号处理技术相比于模拟信号处理具有很多优势,其主要特点有:

(1)数字信号处理技术具有处理精确度高的特点。因为它可以通过依次指定A/D转换器和数字信号处理器的精度要求控制包括字长、浮点算术运算等参数。

(2)数字信号处理技术具有灵活性高的特点。数字信号处理技术的操作系统具有自己内置的随机存取存储器(RAM)和只读存储器(ROM),能够依靠更改程序实现数字信号处理的灵活配置。

(3) 数字信号处理技术具有处理抗干扰性强的特点。因为数字系统只有信号电平"0"和"1",受到周围环境的温度及噪声的影响较小,所以抗干扰性强。

由于数字信号处理技术具有这些优势,因此广泛地应用在各个领域中。在电子信息领域、生物与新医药领域、航空航天领域以及高新技术改造传统产业领域应用非常广泛,极大地提高了各领域处理信息的能力。

1. 电子信息领域

语音处理是最早应用数字信号处理技术的领域之一,如图1.2所示的智能音箱、盲人阅读器是语音处理的应用。

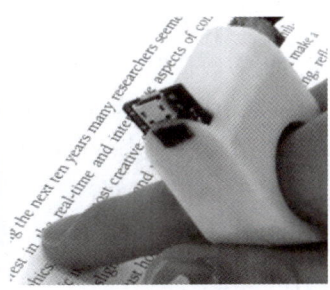

(a) 智能音箱　　　　　　(b) 盲人阅读器

图1.2　数字信号处理典型应用

在通信技术中数字信号处理更是发挥了巨大的作用,如信源编码、信道编码、调制、多路复用、数据压缩、信道估计等。在雷达通信中信号频带宽、数据传输速率高等原因,使得数字信号处理成为不可缺少的部分。在光纤通信中随着数字信号处理技术的相干收发机的发展,商业化系统的容量已接近经典光纤信道的理论极限。此外,数字信号处理技术可以进一步深化光纤入网结构的集成性能,确保网络架构在传输、识别处理信息时质量不下降。

2. 生物与新医药领域

医学影像中的图像处理的恢复、增强识别、成像都离不开数字信号处理技术。此外,数字信号处理技术也可以辅助进行无创血糖监测。

3. 航空航天领域

航空航天领域中也大量应用了数字信号处理技术进行卫星图像的处理,可以实现高容量大带宽的图像数据处理。视频、音频的处理也应用了数字信号处理技术。离散余弦变换(DCT)、离散小波变换(DWT)和有限冲激响应(FIR)滤波器等,是在上述应用中使用的重要的数字信号处理(DSP)算法。

4. 高新技术改造传统产业领域

在测量仪器仪表建造中,数字信号处理技术提高了测量表与测量仪器的精准度和响应能力,在不改变功能的基础上简化了电路、节约了成本。

在网络数字化产品中,数字信号处理技术可以让数字产品在不同终端实现信息共享。

采用数字信号处理技术研制出了新型接地阻抗测量系统,该低成本便携式设备包括内置电压脉冲发生器以及用于快速数据可视化的图形显示器。

数字信号处理技术在未来将会更加贴合人们的需求,同时也会朝着提高自身处理速度、降低硬件设计要求的方向发展,未来将会应用于更多领域。

1.2 离散时间信号

1.2.1 离散时间信号表示

离散时间信号 $x(n)$ 在时间轴上取值离散。一个离散时间信号可能在由信号源产生时就是离散的,但在大多数情况下离散时间信号是由连续时间信号 $x_a(t)$ 采样而得到的。将连续时间信号变成离散时间信号有各种采样方法,最常用的是等间隔周期采样,即每隔固定时间 T 采一个信号值,表示为

$$x(n) = x_a(t)\mid_{t=nT} = x_a(nT) \tag{1.3}$$

式中:T 为采样周期;$f_s = 1/T$,为采样频率或采样率。

当对离散时间信号进行处理时,对采样周期 T 不感兴趣,主要关心的是随 n 变化的离散序列。因此,在考虑离散时间信号序列时常将 $x_a(nT)$ 写成 $x(n)$,它表示随 n 变化的数据序列,n 是取值为整数的离散变量,对于非整数值,$x(n)$ 没有定义。

离散时间信号常见的表示方法有函数、图形、表格和序列。

函数表示:

$$x(n) = \begin{cases} -1, & n=1,2 \\ 1, & n=3 \\ 0, & 其他 \end{cases} \tag{1.4}$$

图形表示(图1.3):

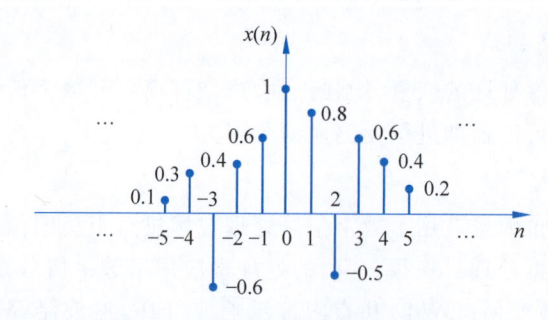

图 1.3 离散时间信号的图形表示

表格表示:

n	...	−2	−1	0	1	2	3	4	5
$x(n)$	...	0	0	0	−1	−1	1	0	0

序列表示:

$$x(n)=\{\cdots,0,0,0,-1,-1,1,0,0,\cdots\}$$

其中:"↑"表示时间零点。

1.2.2 常用离散序列

基本离散序列在研究与分析离散时间信号和系统中起着非常重要的作用,下面给出一些常用的离散时间信号序列。

1. 单位采样序列

单位采样序列在 $n=0$ 的时候值为 1,在其他序号处值为 0,其函数式可表示为

$$\delta(n)=\begin{cases}1, & n=0 \\ 0, & n\neq 0\end{cases} \tag{1.5}$$

单位采样序列的图形表示如图 1.4 所示。单位采样序列通常也称为单位冲激序列或单位脉冲序列。

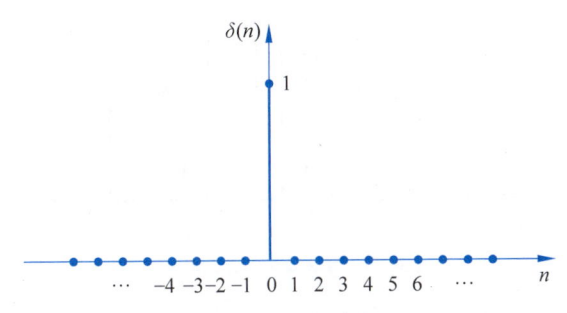

图 1.4 单位采样序列的图形表示

单位采样序列是最简单的离散时间序列,任意离散时间序列都可以由一组幅度加权、延迟的单位采样序列之和来表示,即

$$x(n)=\sum_{k=-\infty}^{\infty}x(k)\delta(n-k) \tag{1.6}$$

2. 单位阶跃序列

单位阶跃序列在 $n\geqslant 0$ 时取值为 1,其余值为 0,其函数式可表示为

$$u(n)=\begin{cases}1, & n\geqslant 0 \\ 0, & n<0\end{cases} \tag{1.7}$$

单位阶跃序列的图形表示如图 1.5 所示。

单位阶跃序列与单位采样序列有如下关系:

$$\delta(n)=u(n)-u(n-1) \tag{1.8}$$

$$u(n)=\sum_{k=0}^{\infty}\delta(n-k) \tag{1.9}$$

3. 矩形序列

矩形序列的函数式可表示为

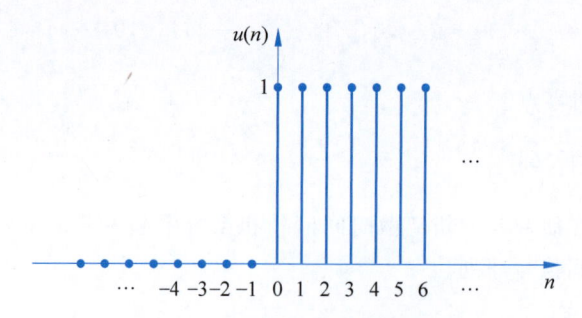

图 1.5　单位阶跃序列的图形表示

$$R_N(n) = \begin{cases} 1, & 0 \leqslant n \leqslant N-1 \\ 0, & n < 0, n \geqslant N \end{cases} \tag{1.10}$$

矩形序列的图形表示如图 1.6 所示。

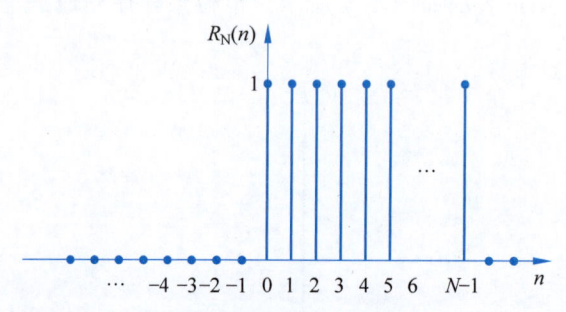

图 1.6　矩形序列的图形表示

此外，矩形序列可以由单位采样序列表示为

$$R_N(n) = \sum_{k=0}^{N-1} \delta(n-k) \tag{1.11}$$

4. 实指数序列

实指数序列的函数式可表示为

$$x(n) = a^n u(n) \tag{1.12}$$

式中：a 为不等于零的任意实数。当 $|a| < 1$ 时，序列是收敛的；当 $|a| > 1$ 时，序列是发散的。实指数序列的图形表示如图 1.7 所示。

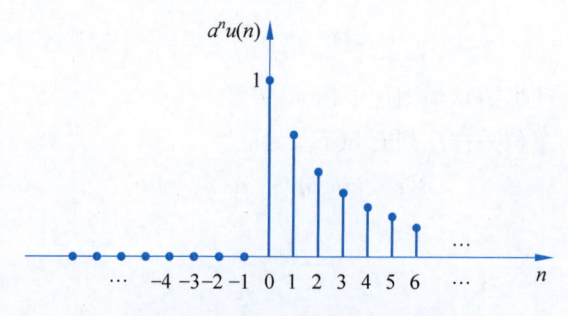

图 1.7　实指数序列的图形表示

5. 正弦序列

正弦序列的函数式可表示为

$$x(n) = A\sin(\omega_0 n + \phi) \tag{1.13}$$

式中：A 为幅度；ω_0 为正弦序列的数字域角频率；ϕ 为起始相位。正弦序列的图形表示如图 1.8 所示。

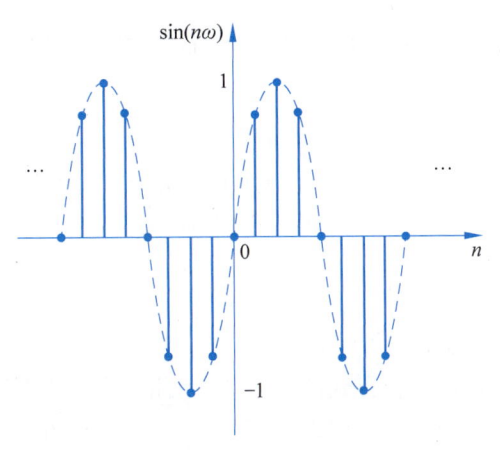

图 1.8 正弦序列的图形表示

6. 周期序列

若离散时间序列 $x(n)$ 满足

$$x(n) = x(n+N), \quad -\infty < n < \infty \tag{1.14}$$

式中：N 是满足式(1.14)的最小正整数，则称为周期序列，周期为 N。

对于周期正弦序列，则有

$$A\sin(\omega_0 n + \phi) = A\sin(\omega_0 n + \omega_0 N + \phi) \tag{1.15}$$

式中：$\omega_0 N = 2\pi k$，k 为任意整数。当 k 不为 0 时，可以得到

$$\frac{2\pi}{\omega_0} = \frac{N}{k} \tag{1.16}$$

根据此关系可以判断正弦序列是否为周期序列：如果 $\frac{2\pi}{\omega_0}$ 是整数，那么 N 一定为整数，所以正弦序列为周期序列；如果 $\frac{2\pi}{\omega_0}$ 是有理数，设 $\frac{2\pi}{\omega_0} = \frac{M}{P}$，其中 M 与 P 互为素数，所以正弦序列为周期序列，且周期为 M；如果 $\frac{2\pi}{\omega}$ 为无理数，N 一定是无理数，这不满足离散时间信号只在整数值上取值的要求，所以该正弦序列不是周期序列。

例 1.1 判断下面两个正弦序列是否为周期序列，如果是周期序列，求出周期。

(1) $\sin\left(\dfrac{6\pi n}{13}\right)$；

(2) $\sin(0.3n)$。

解：(1) $\omega = \dfrac{6\pi}{13}$，$\dfrac{2\pi}{\omega_0} = \dfrac{13}{3}$，是有理数，所以 $\sin\left(\dfrac{6\pi n}{13}\right)$ 是周期序列，且周期为 13。

(2) $\omega = 0.3$，$\dfrac{2\pi}{\omega_0} = \dfrac{20\pi}{3}$，是无理数，因此，$\sin(0.3n)$ 是非周期序列。

1.2.3 序列的基本运算

离散时间序列的基本运算包括序列的移位、加运算、积运算、标量乘法、序列的翻褶、序列的累加、序列的卷积。

1. 序列的移位

离散时间信号的移位是指将信号 $x(n)$ 变换为 $x(n-m)$ 的运算。若 $m>0$，则称序列延迟（右移）了 m 个样本；当 $m<0$，则称序列超前（左移）了 m 个样本。

例 1.2 已知序列 $x(n) = \{3,2,1\}$，$y_1(n) = x(n-3)$，$y_2(n) = x(n+3)$，分别用图形表示出 $y_1(n)$ 和 $y_2(n)$。

解：$x(n)$ 的图形表示如图 1.9 所示。

$y_1(n)$ 是 $x(n)$ 向右移动 3 位得到的新序列，因此 $y_1(n)$ 的图形表示如图 1.10 所示。

$y_2(n)$ 是 $x(n)$ 向左移动 3 位得到的新序列，因此 $y_2(n)$ 的图形表示如图 1.11 所示。

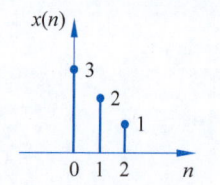

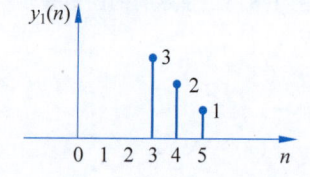

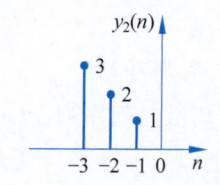

图 1.9　$x(n)$ 的图形表示　　图 1.10　$y_1(n)$ 的图形表示　　图 1.11　$y_2(n)$ 的图形表示

2. 加运算

离散时间序列的加运算是指将两个离散时间序列同序号的序列值逐项相加，得到一个新的序列，表示为

$$y(n) = x_1(n) + x_2(n) \tag{1.17}$$

例 1.3 已知序列 $x_1(n) = \{1,2,3\}$，$x_2(n) = \{4,5,6\}$，求序列 $y(n) = x_1(n) + x_2(n)$。

解：
$$y(n) = x_1(n) + x_2(n) = \{1+4, 2+5, 3+6\} = \{5,7,9\}$$

3. 积运算

离散时间序列的积运算是指将两个序列同序号的序列值逐项对应相乘，得到一个新序列，表示为

$$y(n) = x_1(n) \cdot x_2(n) \tag{1.18}$$

在一些应用中积运算也称为调制。

4. 标量乘法

离散时间序列的标量乘法是指将序列 $x(n)$ 的每个样本乘以一个标量 a，得到一个新的序列，表示为

$$y(n) = ax_1(n) \tag{1.19}$$

例 1.4 已知序列 $x(n) = \{1,2,3\}$,求序列 $y(n) = 3x(n)$。

解:
$$y(n) = 3x(n) = \{3 \times 1, 3 \times 2, 3 \times 3\} = \{3,6,9\}$$

5. 序列的翻褶

离散时间序列的翻褶是指将信号 $x(n)$ 变化为 $x(-n)$ 的运算,即将 $x(n)$ 以纵轴为对称轴加以翻褶。

例 1.5 已知序列 $x(n) = \{3,2,1\}$,用图形表示出翻褶后的序列 $x(-n)$ 以及 $x(-n+3)$。

解: $x(n)$ 的图形表示如图 1.12 所示。

将 $x(n)$ 以纵轴为对称轴进行翻褶得到的 $x(-n)$ 图形如图 1.13 所示。

$x(-n+3) = x(-(n-3))$,$x(-n+3)$ 是 $x(n)$ 先经过翻褶再向右移动 3 个单位后得到的,因此 $x(-n+3)$ 的图形表示如图 1.14 所示。

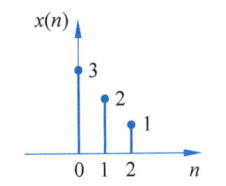

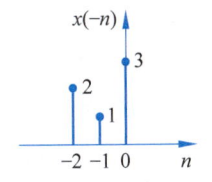

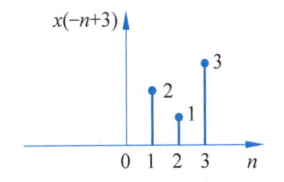

图 1.12 $x(n)$ 的图形表示   图 1.13 $x(n)$ 翻褶后的 $x(-n)$ 的图形表示   图 1.14 $x(-n+3)$ 的图形表示

6. 序列的累加

序列 $x(n)$ 的累加定义为

$$y(m) = \sum_{n=-\infty}^{m} x(n) \tag{1.20}$$

它表示在某一个 m 上的值等于这一个 m 上的值 $x(m)$ 以及 m 以前所有 n 上的 $x(n)$ 值之和。

7. 序列的卷积

离散线性卷积是求离散线性时不变系统响应的主要方法。

设 $x_1(n)$ 和 $x_2(n)$ 是任意的离散时间信号,定义

$$y(n) = x_1(n) * x_2(n) = \sum_{k=-\infty}^{\infty} x_1(k) x_2(n-k) \tag{1.21}$$

为这两个离散信号的线性卷积(卷积和)。

对每个确定的 n 计算 $y(n)$ 时,由于两个数相乘只有当这两个数都不为零时其乘积才不为零,所以求和变量 k 的取值范围取决于 $x_1(k)$ 和 $x_2(n-k)$ 的长度和取值范围,并且最后得到的卷积结果,即序列 $y(n)$ 的长度和取值范围也取决于 $x_1(n)$ 和 $x_2(n)$ 的长度和取值范围。

求卷积和一般有三种方法,分别为解析式法、作图法和排序法。下面以具体例子来对三种方法做阐述。

解析式法是直接利用式(1.21)求卷积和的方法。

例 1.6 已知 $x(n)=(0.5)^n u(n), h(n)=u(n)-u(n-9)$，求 $y(n)=x(n)*h(n)$。

解：由卷积和的定义可得

$$y(n) = \sum_{k=-\infty}^{\infty} x(k)h(n-k)$$

当 $n<0$ 时，$x(k)$ 和 $h(n-k)$ 没有重合的非零值，因此

$$y(n) = 0$$

当 $0 \leq n \leq 8$ 时，在 $0 \leq k \leq n$ 范围内，$x(k)$ 和 $h(n-k)$ 重合，且 $h(n-k)=1$，因此

$$y(n) = \sum_{k=0}^{n} x(k)h(n-k) = \sum_{k=0}^{n} x(k) = \sum_{k=0}^{n} (0.5)^k = \frac{1-(0.5)^{n+1}}{1-0.5} = 2[1-(0.5)^{n+1}]$$

当 $n>8$ 时，在 $n-8 \leq k \leq n$ 范围内，$x(k)$ 和 $h(n-k)$ 重合，且 $h(n-k)=1$，因此

$$y(n) = \sum_{k=n-8}^{n} x(k)h(n-k) = \sum_{k=n-8}^{n} x(k) = \sum_{k=n-8}^{n} (0.5)^k$$

$$= (0.5)^{n-8} \left(\frac{1-(0.5)^9}{1-0.5} \right) = 2(0.5)^{n-8}(1-(0.5)^9)$$

作图法一般适用于长度有限且容易用图形表示的序列。其具体步骤如下：

(1) 根据式(1.21)先将序列 $x_2(k)$ 翻褶，得到序列 $x_2(-k)$；

(2) $x_2(n-k)$ 是序列 $x_2(-k)$ 移位后的序列，当 $n>0$ 时，向右移动 n 位，当 $n<0$ 时，向左移动 n 位；

(3) 将序列 $x_1(k)$、$x_2(n-k)$ 序号相同的值进行相乘；

(4) 求和。

例 1.7 已知序列 $x_1(n)=\{1,2,3\}, x_2(n)=\{1,1,1\}$，用作图法求两个序列的卷积和。

解：作图法计算序列线性卷积如图 1.15 所示。

下面举例说明用排序法求两个序列卷积和的过程。

例 1.8 已知序列 $x_1(n)=\{5,4,3,2\}, x_2(n)=\{3,2,1\}$，求 $y(n)=x_1(n)*x_2(n)$。

解：

$$
\begin{array}{r}
x_1(n): \quad 5\ 4\ 3\ 2 \\
\uparrow \\
n=0 \\
\times \quad x_2(n): \quad\quad\quad 3\ 2\ 1 \\
\uparrow \\
n=0 \\
\hline
5\ 4\ 3\ 2 \\
10\ 8\ 6\ 4 \\
+ \quad 15\ 12\ 9\ 6 \\
\hline
y(n):\ 15\ 22\ 22\ 16\ 7\ 2 \\
\uparrow \\
n=0
\end{array}
$$

$$y(n)=\{15,22,22,16,7,2\}$$
$$\uparrow$$
$$n=0$$

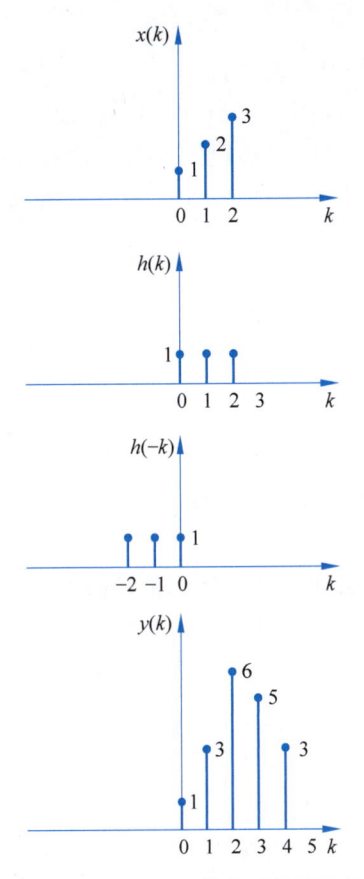

图 1.15　作图法计算序列线性卷积

1.3　信号分析相关数学知识

实际生活中我们所接触的信号大多是模拟信号,数字信号是通过 A/D 转换器转换而来,以向量或者矩阵的形式存储和处理。数字信号处理是对采样数字化后形成的有限长度的数字信号进行加法、乘法运算,此类运算满足线性空间的要求。因此矩阵理论研究是数字信号处理理论性和技术性的基础。

1.3.1　矩阵与向量

数字滤波器是数字信号处理的核心内容,其基本运算是相乘和卷积。假设数字滤波器的单位冲激响应为 $h(n)$,其长度为 N;输入信号为 $x(n)$,其长度为 M;输出信号为 $y(n)$,其长度为 L。则数字滤波器时域计算公式为

$$y(n) = x(n) * h(n) = \sum_{m=0}^{N-1} x(m)h(n-m) \qquad (1.22)$$

在数字信号处理中,很多计算公式用向量和矩阵形式来表示会更为简明,这就必须用到向量和矩阵的一些定义和表示。式(1.22)用向量和矩阵的形式可以表示为

$$y = xH \tag{1.23}$$

输入信号和输出信号用向量的形式表示为

$$x = \begin{bmatrix} x(0) & x(1) & \cdots & x(M-1) \end{bmatrix} \tag{1.24}$$

$$y = \begin{bmatrix} y(0) & y(1) & \cdots & y(L-1) \end{bmatrix} \tag{1.25}$$

可以看出 $y(n)$ 的下标区间为 $0 \leqslant n \leqslant N+M-2$,推导出 $L=N+M-1$。则 H 表示为

$$H = \begin{bmatrix} h(0) & h(1) & \cdots & h(L-2) & h(L-1) \\ 0 & h(0) & \cdots & h(L-3) & h(L-2) \\ 0 & 0 & \cdots & h(L-4) & h(L-3) \\ \vdots & \vdots & \ddots & \vdots & \vdots \\ 0 & 0 & \cdots & h(L-M+1) & h(L-M) \end{bmatrix} \tag{1.26}$$

所以 H 是一个有 M 行、L 列的托普利兹(Toepcitz)矩阵,平行于主对角线的各对角线元素相同。

此外,多维信号在应用中更为广泛。N 维信号的表示如下:

$$X = \begin{bmatrix} x_1 \\ x_2 \\ \vdots \\ x_N \end{bmatrix} = \begin{bmatrix} x_1(0) & x_1(1) & \cdots & x_1(M-1) \\ x_2(0) & x_2(1) & \cdots & x_2(M-1) \\ \vdots & \vdots & \ddots & \vdots \\ x_N(0) & x_N(1) & \cdots & x_N(M-1) \end{bmatrix} \tag{1.27}$$

多维信号由 N 个长度为 M 的变量组成。

因此,数字信号处理中的卷积、相乘等运算都可以通过矩阵理论研究中找到数学支撑。本节介绍了矩阵和向量的表现形式,下面将会详细介绍矩阵的基本运算。

1.3.2 矩阵的基本运算

在明确向量与矩阵的定义和形式的基础上,矩阵的基本运算和变换的应用在数字信号处理的方法中尤为重要。假设在复数矩阵中进行计算,令 C 表示复数集合,则复矩阵定义为按照长方阵列排列的复数集合,记作

$$A \in \mathbf{C}^{m \times n} \Leftrightarrow A = [a_{ij}], a_{ij} \in \mathbf{C} \quad (i=1,2,\cdots,m; j=1,2,\cdots,n) \tag{1.28}$$

1. 矩阵的转置、共轭和共轭转置

若 $A = [a_{ij}]$ 是 $m \times n$ 矩阵,则 A 的转置记作 A^T,是 $n \times m$ 矩阵,定义为 $[A^T]_{ij} = a_{ji}$;矩阵 A 的复数共轭 A^* 定义为 $[A^*]_{ij} = a_{ij}^*$;复共轭转置记作 A^H,定义为

$$A^H = \begin{bmatrix} a_{11}^* & a_{21}^* & \cdots & a_{m1}^* \\ a_{12}^* & a_{22}^* & \cdots & a_{m2}^* \\ \vdots & \vdots & \ddots & \vdots \\ a_{1n}^* & a_{2n}^* & \cdots & a_{mn}^* \end{bmatrix} \tag{1.29}$$

满足 $A^H = A$ 的正方复矩阵称为厄米特(Hermitian)矩阵或共轭对称矩阵。共轭转

置与转置之间存在下列关系：

$$\boldsymbol{A}^{\mathrm{H}} = (\boldsymbol{A}^*)^{\mathrm{T}} = (\boldsymbol{A}^{\mathrm{T}})^* \tag{1.30}$$

列向量的转置结果为行向量,行向量的转置结果为列向量。

2. 矩阵的加法

两个 $m\times n$ 矩阵 $\boldsymbol{A}=[a_{ij}]$ 和 $\boldsymbol{B}=[b_{ij}]$ 之和记作 $\boldsymbol{A}+\boldsymbol{B}$,定义为 $[\boldsymbol{A}+\boldsymbol{B}]_{ij}=a_{ij}+b_{ij}$。

3. 矩阵的乘法

假设 $\boldsymbol{A}=[a_{ij}]$ 是 $m\times n$ 矩阵,且 α 是标量。乘积 $\alpha\boldsymbol{A}$ 是 $m\times n$ 矩阵,定义为 $[\alpha\boldsymbol{A}]_{ij}=\alpha a_{ij}$。

$m\times n$ 矩阵 $\boldsymbol{A}=[a_{ij}]$ 与 $r\times 1$ 向量 $\boldsymbol{x}=[x_1,x_2,\cdots,x_r]^{\mathrm{T}}$ 的乘积 $\boldsymbol{A}\boldsymbol{x}$ 只有当 $n=r$ 时才存在,是 $m\times 1$ 向量,定义为

$$[\boldsymbol{A}\boldsymbol{x}]_i = \sum_{j=1}^n a_{ij} x_j \quad (i=1,2,\cdots,m) \tag{1.31}$$

$m\times n$ 矩阵 $\boldsymbol{A}=[a_{ij}]$ 与 $r\times s$ 矩阵 $\boldsymbol{B}=[b_{ij}]$ 的乘积 $\boldsymbol{A}\boldsymbol{B}$ 只有当 $n=r$ 时才存在,它是一个 $m\times s$ 矩阵,定义为

$$[\boldsymbol{A}\boldsymbol{B}]_{ij} = \sum_{k=1}^n a_{ik} b_{kj} \quad (i=1,2,\cdots,m;j=1,2,\cdots,s) \tag{1.32}$$

4. 矩阵的逆

令 $\boldsymbol{A}$ 是 $n\times n$ 矩阵,则矩阵 $\boldsymbol{A}$ 可逆,若可以找到一个 $n\times n$ 矩阵 $\boldsymbol{A}^{-1}$ 满足 $\boldsymbol{A}\boldsymbol{A}^{-1}=\boldsymbol{A}^{-1}\boldsymbol{A}=\boldsymbol{I}$,则称 $\boldsymbol{A}^{-1}$ 是矩阵 $\boldsymbol{A}$ 的逆矩阵。$\boldsymbol{I}$ 是单位矩阵,即所有对角线元素皆为1。

5. 范数

范数是一种重要的向量运算,它与内积密切相关。

若 $\boldsymbol{A}\in\mathbf{C}^{m\times n}$ 和 $\boldsymbol{B}\in\mathbf{C}^{m\times p}$ 为复矩阵,矩阵 $\boldsymbol{A}$ 和 $\boldsymbol{B}$ 的内积记作 $\langle\boldsymbol{A},\boldsymbol{B}\rangle$,定义为

$$\langle\boldsymbol{A},\boldsymbol{B}\rangle = \boldsymbol{A}^{\mathrm{H}}\boldsymbol{B} \tag{1.33}$$

若 $\mathbf{R}^n$ 是一个实内积空间,并且 $\boldsymbol{x}\in\mathbf{R}^n$,则 $\boldsymbol{x}$ 的范数(或"长度")记作 $\|\boldsymbol{x}\|$,并定义为

$$\|\boldsymbol{x}\| = \langle\boldsymbol{x},\boldsymbol{x}\rangle^{1/2} \tag{1.34}$$

若 $\mathbf{R}^n$ 是实 n 阶向量空间,在 $\mathbf{R}^n$ 中定义向量 $\boldsymbol{x}=[x_1,x_2,\cdots,x_n]^{\mathrm{T}}$ 与 $\boldsymbol{y}=[y_1,y_2,\cdots,y_n]^{\mathrm{T}}$ 的内积为典范内积,形如

$$\langle\boldsymbol{x},\boldsymbol{y}\rangle = \sum_{i=1}^n x_i y_i \tag{1.35}$$

则称 $\mathbf{R}^n$ 为 n 阶欧几里得(Euclidean) n 空间。对于欧几里得 n 空间,向量范数取

$$\|\boldsymbol{x}\|_2 = \sqrt{a_1^2 + a_2^2 + \cdots + a_n^2} \tag{1.36}$$

1.4 本章小结

本章首先简要概述信号的分类、数字信号的定义和特点；然后介绍离散时间信号的表示方法以及常用的几类离散序列和基本运算方式；最后介绍本书后续数字信号处理所涉及的一些矩阵论的基础知识,如向量和矩阵的定义、共轭转置、范数等,为学习后续章

节奠定基础。

习题

1. 通过查阅资料,结合数字信号处理在日常生产和生活中的最新应用,阐述数字信号的特点优势。

2. 已知模拟信号为 $x_a(t)=\sin(50\pi t)+2\cos(200\pi t)+5\cos(220\pi t)$,试给出以采样频率 $f_s=200\,\mathrm{Hz}$ 对该信号采样后的离散时间信号。

3. 用图形法表示出下列序列:

(1) $x(n)=u(-n+2)+3\delta(n+1)$;

(2) $x(n)=u(n+2)-u(n-3)$;

(3) $x(n)=3^{n-1}u(n-2)$。

4. 已知离散序列 $x(n)=2^n[u(n+2)-u(n-2)]$,用图形法表示下列序列:

(1) $y_1(n)=x(-n+1)$;

(2) $y_2(n)=x(2n-2)$。

5. 判断下列信号是否为周期信号,如是周期信号,给出其周期。

(1) $x(n)=\cos(0.3n+\pi)$;

(2) $x(n)=\sin(0.25n\pi)$;

(3) $x(n)=0.5^{n\pi/4}\cos(3n\pi/5)$。

6. 已知序列 $x_1(n)=\{1,0,1\}$,$x_2(n)=\{4,5,6\}$,求序列 $y(n)=x_1(n)\cdot x_2(n)-2x_2(2-n)$。

7. 已知序列 $x(n)=\{-4,12,7,3\}$,$h(n)=\{3,4,8\}$,求出二者的卷积和。

8. 已知多维输入信号 $\boldsymbol{x}=\begin{bmatrix}1&1&0\\4&3&0\\1&0&2\end{bmatrix}$,信道矩阵为 $\boldsymbol{H}=\begin{bmatrix}2&0&0\\0&1&1\\0&0&1\end{bmatrix}$,求输出矩阵 $\boldsymbol{y}$。

9. 已知多维输入信号为 $\boldsymbol{x}=\begin{bmatrix}1&1\\1&0\end{bmatrix}$,输出矩阵为 $\boldsymbol{y}=\begin{bmatrix}2&1\\1&0\end{bmatrix}$,求信道矩阵 $\boldsymbol{H}$。

10. 求向量 $\boldsymbol{x}=\begin{bmatrix}-1&-2&4&2\end{bmatrix}$ 的二范数。

# 第2章

离散傅里叶变换

第 1 章讨论了数字信号、离散时间信号以及信号分析的相关数学基础。在信号与系统的学习中,分析离散时间信号的频域特征一般是通过离散时间傅里叶变换(Discrete Time Fourier Transform,DTFT)实现的。虽然 DTFT 在理论上有着很高的价值,但是在实际中系统不便被采纳。这是因为离散时间信号经过 DTFT 后,频域变为连续信号,不便于在计算机等数字系统中存储与处理。本章讨论的离散傅里叶变换(Discrete Fourier Transform,DFT)是有限长度序列的傅里叶表示方式,它通过对离散时间信号进行等频率间隔采样,使频域信号也变成离散序列。

尽管 DFT 只适用于有限长序列,并且在某些应用中处理结果会含有一定的偏差(如信号的频谱分析等),但由于 DFT 具有严格的数学定义和明确的物理含义,能完成模拟信号处理无法完成的许多功能,具备了很高的实用价值。同时,它还具备快速计算方法(Fast Fourier Transform,FT),使信号处理速度有非常大的提高,这些快速算法可用于快速计算信号通过系统的卷积运算,也可用于实现正交频分复用信号的实现等一系列应用。

本章首先介绍离散傅里叶级数(DFS),进而由 DFS 的定义引出 DFT。该方法不仅有利于阐明 DFT 所具有的物理含义,而且便于分析 DFT 的特性。因此,本章将首先定义 DFS 并讨论其性质,之后引出 DFT 并分析其特性,最后介绍 DFT 与 FT 和 z 变换之间有密切的联系。

2.1 离散傅里叶级数

2.1.1 离散傅里叶级数的定义

给定周期为 N 的周期序列 $\tilde{x}(n)$,其定义为

$$\tilde{x}(n) = \tilde{x}(n+rN), r \text{ 为整数},\text{且} -\infty < r < +\infty \tag{2.1}$$

对于此类周期序列 $\tilde{x}(n)$ 而言,其 z 变换不存在。这是因为不存在任何一个衰减因子使其绝对可和。然而,由傅里叶级数可知,周期信号 $\tilde{x}(n)$ 是可以变换为一系列频率为基频 $2\pi/N$ 的整数倍的正弦以及余弦序列或者复指数序列之和。由于正弦以及余弦序列都可以转化为复指数序列的表示形式,本节使用复指数的表示形式。

复指数 $e_k(n) = \exp(\mathrm{j}(2\pi/N)nk)$ 是 k 的周期函数,周期为 N,且满足 $e_i(n) = e_{i+N}(n)$。当 $k=0,1,2,\cdots,N-1$ 时,复指数集合 $e_k(n)$ 实际上包含了频率为 $2\pi/N$ 的整数倍的所有复指数。要想推导周期序列 $\tilde{x}(n)$ 的傅里叶级数表达式,由上述分析首先可知道其形式包含 N 个复指数。

在这里需要引入周期序列的性质,任何周期序列都可以使用级数来表示,即

$$\sum_{n=-\infty}^{+\infty} \mathrm{e}^{-\mathrm{j}\omega n} = 2\pi \sum_{k=-\infty}^{+\infty} \delta(\omega + 2\pi k) \tag{2.2}$$

上述假设的周期序列 $\tilde{x}(n)$ 也可以用上述形式表示,即

$$\tilde{x}(n) = \sum_{r=-\infty}^{+\infty} x(n+rN) = x(n) * \sum_{r=-\infty}^{+\infty} \delta(n+rN) \tag{2.3}$$

式中: $x(n) = \tilde{x}(n), n=0,1,\cdots,N-1$。

接着需要对该结果进行 DTFT 的计算，根据 DTFT 的性质，时域的卷积对应着频率域的乘积，所以以上 DTFT 结果为

$$\text{DTFT}[\tilde{x}(n)] = X(\mathrm{e}^{\mathrm{j}\omega}) \text{DTFT}\left\{\sum_{m=-\infty}^{+\infty} \delta(n+rN)\right\} \tag{2.4}$$

关于乘积项中的第二项进行单独讨论，有

$$\begin{aligned}\text{DTFT}\left\{\sum_{m=-\infty}^{+\infty} \delta(n+rN)\right\} &= \sum_{m=-\infty}^{+\infty} \mathrm{e}^{-\mathrm{j}\omega mN} = \sum_{m=-\infty}^{+\infty} \mathrm{e}^{-\mathrm{j}(\omega N)m} \\ &= 2\pi \sum_{k=-\infty}^{+\infty} \delta(N\omega + 2\pi k) = \frac{2\pi}{N} \sum_{k=-\infty}^{+\infty} \delta\left(\omega + \frac{2\pi}{N}k\right)\end{aligned} \tag{2.5}$$

将式(2.5)的结果代入周期序列 $\tilde{x}(n)$ 的 DTFT 结果中，有

$$\begin{aligned}\text{DTFT}[\tilde{x}(n)] &= X(\mathrm{e}^{\mathrm{j}\omega}) \text{DTFT}\left\{\sum_{m=-\infty}^{+\infty} \delta(n+rN)\right\} \\ &= X(\mathrm{e}^{\mathrm{j}\omega}) \left[\frac{2\pi}{N} \sum_{k=-\infty}^{+\infty} \delta\left(\omega + \frac{2\pi}{N}k\right)\right] = \frac{2\pi}{N} \sum_{k=-\infty}^{+\infty} X(\mathrm{e}^{\mathrm{j}\omega}) \delta\left(\omega + \frac{2\pi}{N}k\right) \\ &= \frac{2\pi}{N} \sum_{k=-\infty}^{+\infty} \left[X(\mathrm{e}^{\mathrm{j}\omega})\big|_{\omega=\frac{2\pi}{N}k}\right] \delta\left(\omega + \frac{2\pi}{N}k\right)\end{aligned}$$

$$\tag{2.6}$$

$\tilde{X}(k)$ 可以从上式中获取定义，有

$$\tilde{X}(k) = X(\mathrm{e}^{\mathrm{j}\omega})\big|_{\omega=\frac{2\pi}{N}k} \tag{2.7}$$

接下来推导 $\tilde{X}(k)$ 和 $\tilde{x}(n)$ 的关系，有

$$\begin{aligned}\tilde{x}(n) &= \frac{1}{2\pi}\int_0^{2\pi} \left[\frac{2\pi}{N} \sum_{k=-\infty}^{+\infty} \tilde{X}(k)\delta\left(\omega + \frac{2\pi}{N}k\right)\right] \mathrm{e}^{\mathrm{j}\omega n} \mathrm{d}\omega \\ &= \frac{1}{N}\int_0^{2\pi} \left[\sum_{k=0}^{N-1} \tilde{X}(k)\delta\left(\omega + \frac{2\pi}{N}k\right)\right] \mathrm{e}^{\mathrm{j}n\omega} \mathrm{d}\omega \\ &= \frac{1}{N}\sum_{k=0}^{N-1} \tilde{X}(k)\mathrm{e}^{\mathrm{j}n\frac{2\pi}{N}k}\int_0^{2\pi} \delta\left(\omega + \frac{2\pi}{N}k\right) \mathrm{d}\omega \\ &= \frac{1}{N}\sum_{k=0}^{N-1} \tilde{X}(k)\mathrm{e}^{\mathrm{j}n\frac{2\pi}{N}k}\end{aligned} \tag{2.8}$$

式中：$1/N$ 只是常用的常系数，对于表达式本身所具有的性质并无影响，之所以使用 $1/N$ 作为常系数的表达式，是为了后续方便推导 $\tilde{X}(k)$ 表达式。$\tilde{X}(k)$ 的实质实际上是 k 次谐波的系数，而需要求解 $\tilde{X}(k)$ 表达式，首先需要利用以下性质：

$$\begin{aligned}\frac{1}{N}\sum_{n=0}^{N-1} \mathrm{e}^{\mathrm{j}\left(\frac{2\pi}{N}\right)rn} &= \frac{1}{N}\sum_{n=0}^{N-1}\left(\mathrm{e}^{\mathrm{j}\left(\frac{2\pi}{N}\right)}\right)^n = \frac{1}{N}\frac{1-\mathrm{e}^{\mathrm{j}\left(\frac{2\pi}{N}\right)rN}}{1-\mathrm{e}^{\mathrm{j}\left(\frac{2\pi}{N}\right)r}} \\ &= \begin{cases}1, & r=mN, m \text{ 为任意整数} \\ 0, & \text{其他}\end{cases}\end{aligned} \tag{2.9}$$

将式(2.8)等号两侧同时乘以 $\exp(-j(2\pi/N)rn)$，接着对从 $n=0\sim N-1$ 的一个周期内进行求和，同时代入式(2.9)，可得

$$\sum_{n=0}^{N-1}\tilde{x}(n)e^{-j\left(\frac{2\pi}{N}\right)rn} = \frac{1}{N}\sum_{n=0}^{N-1}\sum_{k=0}^{N-1}\tilde{X}(k)e^{j\frac{2\pi}{N}(k-r)n}$$
$$= \sum_{k=0}^{N-1}\tilde{X}(k)\left(\frac{1}{N}\sum_{n=0}^{N-1}e^{j\frac{2\pi}{N}(k-r)n}\right) = \tilde{X}(r) \tag{2.10}$$

由于表达式中的 r 只是数学符号，可以将 r 替换成 k 并且不影响表达式本身含义，得到

$$\tilde{X}(k) = \sum_{n=0}^{N-1}\tilde{x}(n)e^{j\frac{2\pi}{N}kn} \tag{2.11}$$

由此便得到了求解系数 $\tilde{X}(k)$ 的公式。可知，$\tilde{X}(k)$ 是周期序列，周期为 N，因此有

$$\tilde{X}(k+mN) = \sum_{n=0}^{N-1}\tilde{x}(n)e^{-j\frac{2\pi}{N}(k+mN)n} = \sum_{n=0}^{N-1}\tilde{x}(n)e^{-j\frac{2\pi}{N}kn} = \tilde{X}(k) \tag{2.12}$$

可以看出，时域周期序列的离散傅里叶级数在频域也是周期序列。式(2.6)和式(2.8)看作周期序列的离散傅里叶级数对。即 $\tilde{x}(n)$ 通过傅里叶级数变换得到 $\tilde{X}(k)$，也称作正变换；$\tilde{X}(k)$ 通过傅里叶级数的逆变换得到 $\tilde{x}(n)$，称作逆变换。一般使用旋转因子进行离散傅里叶级数计算。

离散傅里叶级数正变换：

$$\tilde{X}(k) = \text{DFS}[x(n)] = \sum_{n=0}^{N-1}\tilde{x}(n)e^{-j\frac{2\pi}{N}nk} = \sum_{n=0}^{N-1}\tilde{x}(n)W_N^{nk} \tag{2.13}$$

离散傅里叶级数逆变换：

$$\tilde{x}(n) = \text{IDFS}[\tilde{X}(k)] = \frac{1}{N}\sum_{k=0}^{N-1}\tilde{X}(k)e^{j\frac{2\pi}{N}nk} = \frac{1}{N}\sum_{k=0}^{N-1}\tilde{X}(k)W_N^{-nk} \tag{2.14}$$

按照复指数的特点可以归纳符号 W_N 的性质如下：

共轭对称性：

$$W_N^n = (W_N^{-n})^* \tag{2.15}$$

周期性：

$$W_N^n = W_N^{n+iN}, \quad i \text{ 为整数} \tag{2.16}$$

可约性：

$$W_N^{in} = W_{\frac{N}{i}}^n, \quad W_{Ni}^{in} = W_N^n \tag{2.17}$$

正交性：

$$\frac{1}{N}\sum_{k=0}^{N-1}W_N^{nk}(W_N^{mk})^* = \frac{1}{N}\sum_{k=0}^{N-1}W_N^{(n-m)k} = \begin{cases} 1, & n-m = iN \\ 0, & n-m \neq iN \end{cases} \tag{2.18}$$

式中：i 为整数。

例 2.1 计算周期序列 $\tilde{x}(n) = \{\cdots, 6, 7, 8, 9, 6, 7, 8, 9, 6, 7, 8, 9, \cdots\}$ 的 DFS。

解： 该序列的周期为 4，所以选用 W_4，有

$$W_4 = e^{-j\frac{2\pi}{4}} = -j$$

因为
$$\widetilde{X}(k) = \sum_{n=0}^{3} \widetilde{x}(n) W_4^{nk}$$

所以

$$\widetilde{X}(0) = \sum_{n=0}^{3} \widetilde{x}(n) W_4^{n \times 0} = \sum_{n=0}^{3} \widetilde{x}(n) = \widetilde{x}(0) + \widetilde{x}(1) + \widetilde{x}(2) + \widetilde{x}(3) = 30$$

$$\widetilde{X}(1) = \sum_{n=0}^{3} \widetilde{x}(n) W_4^{n \times 1} = \sum_{n=0}^{3} \widetilde{x}(n)(-j)^n = 6 - 7j - 8 + 9j = -2 + 2j$$

$$\widetilde{X}(2) = \sum_{n=0}^{3} \widetilde{x}(n) W_4^{n \times 2} = \sum_{n=0}^{3} \widetilde{x}(n)(-j)^{2n} = \sum_{n=0}^{3} \widetilde{x}(n)(-1)^n = 6 - 7 + 8 - 9 = -2$$

$$\widetilde{X}(3) = \sum_{n=0}^{3} \widetilde{x}(n) W_4^{n \times 3} = \sum_{n=0}^{3} \widetilde{x}(n)(-j)^{3n} = 6 + 7j - 8 - 9j = -2 - 2j$$

因此可得

$$\widetilde{x}(n) = \frac{1}{4} \left[30 W_4^{-n \times 0} + (-2 + 2j) W_4^{-n \times 1} - 2 W_4^{-n \times 2} + (-2 - 2j) W_4^{-n \times 3} \right]$$

例 2.2 求周期性单位采样序列串的 DFS 结果，单位采样序列串表达式为

$$\widetilde{x}(n) = \sum_{i=-\infty}^{\infty} \delta(n - iN) = \begin{cases} 1, & n = iN, i \text{ 为任意整数} \\ 0, & \text{其他} \end{cases}$$

解：单位采样序列串如图 2.1 所示。

由采样序列串的形状可知，在 $0 \leqslant n \leqslant N-1$ 上 $\widetilde{x}(n) = \delta(n)$，根据 DFS 的定义可知

$$\widetilde{X}(k) = \mathrm{DFS}\left[\sum_{i=-\infty}^{\infty} \delta(n - iN)\right]$$
$$= \sum_{n=0}^{N-1} \delta(n) W_N^{nk} = W_N^0 = 1$$

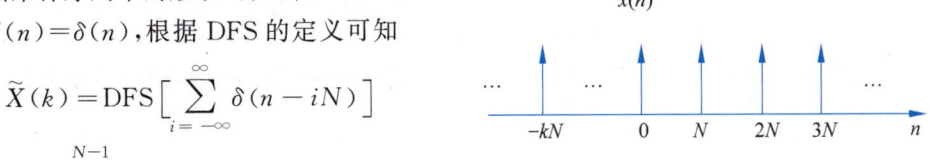

图 2.1 单位采样序列串

由上分析可知，对于任意的 k 值，其结果都为 1，即系数 $\widetilde{X}(k)$ 为常数数列。此外，还可以得到 $\widetilde{x}(n)$ 另一种表达式，即

$$\widetilde{x}(n) = \sum_{i=-\infty}^{\infty} \delta(n - iN) = \frac{1}{N} \sum_{k=0}^{N-1} \widetilde{X}(k) W_N^{-nk} = \frac{1}{N} \sum_{k=0}^{N-1} W_N^{-nk} = \frac{1}{N} \sum_{k=0}^{N-1} \mathrm{e}^{\mathrm{j}\frac{2\pi}{N}nk}$$

由上式可以看出：当 n 为 N 的整数倍时，N 个复指数 $\mathrm{e}^{\mathrm{j}\frac{2\pi}{N}nk}$ ($k=0,1,\cdots,N$) 的和为 N；当 n 为其他整数时，以上结果为零，有

$$\sum_{i=-\infty}^{\infty} \delta(n - iN) = \frac{1}{N} \sum_{k=0}^{N-1} \mathrm{e}^{\mathrm{j}\frac{2\pi}{N}nk}$$

2.1.2 离散傅里叶级数的性质

离散傅里叶级数的性质对于数字信号处理问题的研究具有重要意义。离散傅里叶变换可以视为 z 变换在单位圆上的采样，其具备许多与 z 变换相似的性质。尽

管如此,由于 $\tilde{x}(n)$ 和 $\tilde{X}(k)$ 都具有周期性,离散傅里叶级数与 z 变换依然存在一些重要差别。

离散序列 $\tilde{x}_1(n)$ 和 $\tilde{x}_2(n)$ 都是周期序列且周期均为 N,对 $\tilde{x}_1(n)$ 和 $\tilde{x}_2(n)$ 进行傅里叶级数变换,得到

$$\tilde{X}_1(k) = \text{DFS}[\tilde{x}_1(n)], \quad \tilde{X}_2(k) = \text{DFS}[\tilde{x}_2(n)]$$

$\tilde{x}_1(n)$、$\tilde{x}_2(n)$、$\tilde{X}_1(k)$ 和 $\tilde{X}_2(k)$ 具有如下性质:

1. 线性

离散序列 $\tilde{x}_1(n)$ 和 $\tilde{x}_2(n)$ 周期都为 N,将 $\tilde{x}_1(n)$ 和 $\tilde{x}_2(n)$ 进行一定的线性组合:

$$\tilde{x}_3(n) = a\tilde{x}_1(n) + b\tilde{x}_2(n) \tag{2.19}$$

由上式可见,$\tilde{x}_3(n)$ 也是周期序列,周期为 N,与 $\tilde{x}_1(n)$ 和 $\tilde{x}_2(n)$ 一致。考查 $\tilde{x}_3(n)$ 的离散傅里叶级数,即

$$\tilde{X}_3(k) = a\tilde{X}_1(k) + b\tilde{X}_2(k) \tag{2.20}$$

由上式可见,$\tilde{X}_3(k)$ 也是周期序列,周期为 N。

需要指出的是,离散傅里叶级数同时具有齐次性和叠加性,在式(2.20)中予以表现。

2. 周期移位性

周期序列 $\tilde{x}_1(n)$,其离散傅里叶系数为 $\tilde{X}_1(k)$,其移位后的序列为 $\tilde{x}_1(n+m)$,可以求得其离散傅里叶系数 $W_N^{-km}\tilde{X}_1(k)$,即

$$\text{DFS}[\tilde{x}_1(n+m)] = W_N^{-km}\tilde{X}_1(k) = e^{j\frac{2\pi}{N}mk}\tilde{X}_1(k) \tag{2.21}$$

值得一提的是,若移位 $m_1 > N$,移位 $m_2 > N$,且 $m_2 = m_1[\bmod N]$,则在时域上二者是不能区分的。

证明:

$$\begin{aligned}\text{DFS}[\tilde{x}_1(n+m)] &= \sum_{n=0}^{N-1}\tilde{X}_1(n+m)W_N^{nk} \\ &= \sum_{i=m}^{N-1+m}\tilde{x}_1(i)W_N^{ki}W_N^{-mk}, i = n+m\end{aligned} \tag{2.22}$$

因为 $\tilde{x}_1(i)$ 和 W_N^{ki} 为周期序列或者周期函数,周期为 N,所以有

$$\text{DFS}[\tilde{x}_1(n+m)] = W_N^{-km}\sum_{i=0}^{N-1}\tilde{x}_1(i)W_N^{ki} = W_N^{-km}\tilde{X}_1(k) = e^{j\frac{2\pi}{N}mk}\tilde{X}_1(k) \tag{2.23}$$

3. 调制特性

$$\text{DFS}[W_N^{\ell n}\tilde{x}_1(n)] = \tilde{X}(k+\ell) \tag{2.24}$$

由于对序列信号 $\tilde{x}_1(n)$ 乘以处理过的因子,再进行离散傅里叶级数变换,可对最终离散傅里叶级数的系数产生移位影响,与信号的调制类似,也称为调制特性。

证明:

$$\text{DFS}[W_N^{\ell n}\widetilde{x}_1(n)] = \sum_{n=0}^{N-1} W_N^{\ell n}\widetilde{x}_1(n)W_N^{kn} = \sum_{n=0}^{N-1}\widetilde{x}_1(n)W_N^{(\ell+k)n} = \widetilde{X}_1(k+\ell)$$

4. 共轭对称性

连续时间傅里叶变换在时域和频域中存在对偶性。但对于周期序列 $\widetilde{x}_1(n)$ 和离散傅里叶级数的系数 $\widetilde{X}_1(k)$ 来说都是离散周期的，并且也是同一类函数，存在一定的对称对偶关系。

周期序列 $\widetilde{x}_1(n)$ 的共轭序列为 $\widetilde{x}_1(n)^*$，可以求得周期序列 $\widetilde{x}_1(n)^*$ 的共轭偶对称周期序列和共轭奇对称周期序列分别为

$$\widetilde{x}_{1e}(n) = \frac{1}{2}[\widetilde{x}_1(n) + \widetilde{x}_1(-n)^*] \tag{2.25a}$$

$$\widetilde{x}_{1o}(n) = \frac{1}{2}[\widetilde{x}_1(n) - \widetilde{x}_1(-n)^*] \tag{2.25b}$$

$\widetilde{x}_1(n)$、$\widetilde{x}_{1e}(n)$ 和 $\widetilde{x}_{1o}(n)$ 具有相同的周期，并且有以下等式成立：

$$\widetilde{x}_{1e}(-n) = \widetilde{x}_{1e}(n)^* \tag{2.26a}$$

$$\widetilde{x}_{1o}(-n) = -\widetilde{x}_{1o}(n)^* \tag{2.26b}$$

$$\widetilde{x}_1(n) = \widetilde{x}_{1e}(n) + \widetilde{x}_{1o}(n) \tag{2.26c}$$

式(2.26)与奇函数和偶函数类似，根据奇函数奇对称和偶函数偶对称两个原则可得到式(2.26a)和式(2.26b)。而任何函数都可以用奇函数和偶函数来表示，对应了式(2.26c)。其思路别无二致，将表达式换成共轭奇序列 $\widetilde{x}_{1o}(n)$ 和共轭偶序列 $\widetilde{x}_{1e}(n)$ 的形式即可。

由于 $\widetilde{x}_1(n)$ 经过离散傅里叶级数变换后得到 $\widetilde{X}_1(-k)$，对 $\widetilde{X}_1(-k)$ 进行上述的共轭分解，有如下性质成立：

$$\widetilde{x}_1(n)^* \xleftrightarrow{\text{DFS}} \widetilde{X}_1(-k)^* \tag{2.27a}$$

$$\widetilde{x}_1(-n)^* \xleftrightarrow{\text{DFS}} \widetilde{X}_1(k)^* \tag{2.27b}$$

$$\text{Re}[\widetilde{x}_1(n)] \xleftrightarrow{\text{DFS}} \widetilde{X}_{1e}(k) \tag{2.27c}$$

$$j\text{Im}[\widetilde{x}_1(n)] \xleftrightarrow{\text{DFS}} \widetilde{X}_{1o}(k) \tag{2.27d}$$

$$\widetilde{x}_{1e}(n) \xleftrightarrow{\text{DFS}} \text{Re}[\widetilde{X}_1(k)] \tag{2.27e}$$

$$\widetilde{x}_{1o}(n) \xleftrightarrow{\text{DFS}} j\text{Im}[\widetilde{X}_1(k)] \tag{2.27f}$$

特别地，当 $\widetilde{x}_1(n)$ 为实数序列时，有以下性质成立：

$$\widetilde{X}_1(k) = \widetilde{X}_1(-k)^* \tag{2.27g}$$

$$\text{Re}[\widetilde{X}_1(k)] = \text{Re}[\widetilde{X}_1(-k)] \tag{2.27h}$$

$$\text{Im}\left[\widetilde{X}_1(k)\right] = -\text{Im}\left[\widetilde{X}_1(-k)\right] \tag{2.27i}$$

$$\arg\left[\widetilde{X}_1(k)\right] = -\arg\left[\widetilde{X}_1(-k)\right] \tag{2.27j}$$

5. 周期卷积

由关于 $\widetilde{x}_1(n)$、$\widetilde{x}_2(n)$、$\widetilde{X}_1(k)$ 和 $\widetilde{X}_2(k)$ 的定义,可推得到某个序列 $\widetilde{x}_3(n)$,并且 $\widetilde{x}_3(n)$ 的离散傅里叶级数的系数为 $\widetilde{X}_1(k)\widetilde{X}_2(k)$。首先得到

$$\widetilde{X}_1(k) = \sum_{m=0}^{N-1} \widetilde{x}_1(m) W_N^{mk} \tag{2.28}$$

$$\widetilde{X}_2(k) = \sum_{r=0}^{N-1} \widetilde{x}_2(r) W_N^{rk} \tag{2.29}$$

式(2.28)和式(2.29)相乘,可得

$$\widetilde{X}_1(k)\widetilde{X}_2(k) = \sum_{m=0}^{N-1}\sum_{r=0}^{N-1} \widetilde{x}_1(m)\widetilde{x}_2(r) W_N^{k(m+r)} \tag{2.30}$$

推得

$$\widetilde{x}_3(n) = \frac{1}{N}\sum_{k=0}^{N-1} W_N^{-nk} \widetilde{X}_1(k)\widetilde{X}_2(k)$$
$$= \sum_{m=0}^{N-1} \widetilde{x}_1(m) \sum_{r=0}^{N-1} \widetilde{x}_2(r) \left[\frac{1}{N}\sum_{k=0}^{N-1} W_N^{-k(n-m-r)}\right] \tag{2.31}$$

对于 $\widetilde{x}_3(n)$ 在 $0 \leq n \leq N-1$ 的范围内进行分类讨论,得出以下结论:

$$\frac{1}{N}\sum_{k=0}^{N-1} W_N^{-k(n-m-r)} = \begin{cases} 1, & r = (n-m) + lN \\ 0, & \text{其他} \end{cases}$$

式中:l 为任意整数。

最终得到结果如下:

$$\widetilde{x}_3(n) = \sum_{m=0}^{N-1} \widetilde{x}_1(m)\widetilde{x}_2(n-m) \tag{2.32a}$$

式(2.32a)是卷积形式。但与正常的非周期序列卷积不同,$\widetilde{x}_1(m)$ 和 $\widetilde{x}_2(n-m)$ 都是关于变量 m 的周期序列,周期均为 N,所以 $\widetilde{x}_1(m)\widetilde{x}_2(n-m)$ 也是周期序列,周期为 N。此外,求和的过程也只是对于一个周期而言的。综上,上述卷积过程与正常的非周期序列和非周期函数卷积略有不同,称为周期卷积。

$\widetilde{x}_3(n)$ 的离散傅里叶级数的系数为

$$\widetilde{X}_3(k) = \frac{1}{N}\sum_{\ell=0}^{N-1} \widetilde{X}_1(\ell)\widetilde{X}_2(k-\ell) \tag{2.32b}$$

由上式可见,$\widetilde{X}_3(k)$ 是 $\widetilde{X}_1(k)$ 和 $\widetilde{X}_2(k)$ 周期卷积的 $1/N$ 倍。

图 2.2 说明了两个周期序列的卷积过程,图中取周期为 6。整个卷积在 $m=0 \sim N-1$ 区间内进行计算,随后将得到的卷积结果进行周期延拓,最终所求结果即为卷积序列 $\widetilde{y}(n)$。

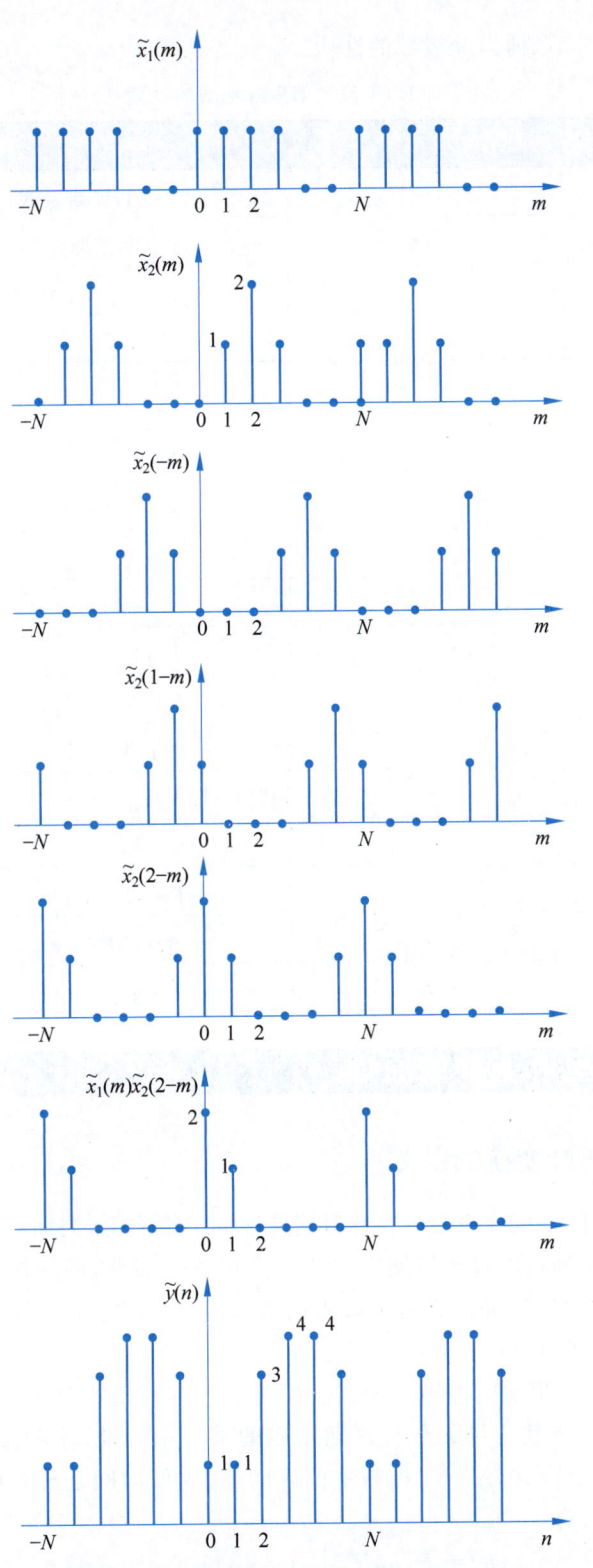

图 2.2 两个周期序列的周期卷积过程($N=6$)

表 2.1 总结了离散傅里叶级数的性质。

表 2.1 离散傅里叶级数的性质

周期为 N 的周期序列	离散傅里叶级数的系数
$\tilde{x}(n)$	$\tilde{X}(k)$,周期为 N
$\tilde{y}(n)$	$\tilde{Y}(k)$,周期为 N
$a\tilde{x}(n)+b\tilde{y}(n)$	$a\tilde{X}(k)+b\tilde{Y}(k)$
$\tilde{x}(n+m)$	$W_N^{-km}\tilde{X}(k)$
$W_n^{\ell n}\tilde{x}(n)$	$\tilde{X}(k+\ell)$
$\sum_{m=0}^{N-1}\tilde{x}(m)\tilde{y}(n-m)$	$\frac{1}{N}\sum_{\ell=0}^{N-1}\tilde{X}(\ell)\tilde{Y}(k-\ell)$
$\tilde{x}(n)^*$	$\tilde{X}(-k)^*$
$\tilde{x}(-n)^*$	$\tilde{X}(k)^*$
$\mathrm{Re}[\tilde{x}(n)]$	$\tilde{X}_e(k)$
$j\mathrm{Im}[\tilde{x}(n)]$	$\tilde{X}_o(k)$
$\tilde{x}_e(n)$	$\mathrm{Re}[\tilde{X}(k)]$
$\tilde{x}_o(n)$	$j\mathrm{Im}[\tilde{X}(k)]$
当 $\tilde{x}(n)$ 为实数序列时,有以下性质	
$\tilde{X}(k)$	$\tilde{X}(-k)^*$
$\mathrm{Re}[\tilde{X}(k)]$	$\mathrm{Re}[\tilde{X}(-k)]$
$\mathrm{Im}[\tilde{X}(k)]$	$-\mathrm{Im}[\tilde{X}(-k)]$
$\arg[\tilde{X}(k)]$	$-\arg[\tilde{X}(-k)]$

2.2 离散傅里叶变换的原理

2.2.1 离散傅里叶变换的定义

周期序列的离散傅里叶级数主要针对周期序列。事实上,周期序列仅有限个序列值有意义,有限时宽序列可以看作周期序列的一个单独子周期,周期序列是有限时宽序列的无限重复,因此本节将 DFS 应用于有限时宽序列,从而定义一种新的傅里叶变换方式——离散傅里叶变换。

先对有限时宽序列的相关特征进行定义。假设 $x(n)$ 为有限时宽序列,时宽范围为 $0 \leqslant n \leqslant N-1$。可以将其看作无限长周期序列的某一个周期,一般假设为第一个周期。第一个周期的时宽范围 $[0, N-1]$ 称为主值区间,在主值区间上分布的序列称为主值序列。根据以上描述,有

$$x(n) = \tilde{x}(n)R_N(n) = x((n))_N R_N(n) \tag{2.33a}$$

$$\tilde{x}(n) = x((n))_N = \sum_{r=-\infty}^{\infty} x(n+rN) \qquad (2.33b)$$

式中：$x((n))_N$ 代表 $n\,[\mathrm{mod}N]$ 运算，即

$$x((n))_N = x(n\,\mathrm{mod}N) = x(n \text{ 对 } N \text{ 取余数}) = x(n_1) \qquad (2.34)$$

即

$$n = n_1 + mN \quad (0 \leqslant n_1 \leqslant N-1, m \text{ 为整数}) \qquad (2.35)$$

式中：n_1 为余数，是主值区间中的值。

频率域也有相类似的定义：

$$X(k) = X((k))_N R_N(k) \qquad (2.36a)$$

$$\tilde{X}(k) = X((k))_N \qquad (2.36b)$$

接下来对离散傅里叶变换进行推导。

假设 $x(n)$ 为一有限时宽序列，时宽范围为 $0 \leqslant n \leqslant N-1$，即时宽长度为 N。其离散时间傅里叶变换为

$$\tilde{X}(\mathrm{e}^{\mathrm{j}\omega}) = \sum_{n=0}^{N-1} x(n)\mathrm{e}^{-\mathrm{j}n\omega} \qquad (2.37)$$

式中：$\tilde{X}(\mathrm{e}^{\mathrm{j}\omega})$ 为连续的周期函数，周期为 2π。可以通过连续周期函数 $\tilde{X}(\mathrm{e}^{\mathrm{j}\omega})$ 来进行推导得到离散傅里叶变换，还需假设有限长序列 $X(k)$，令

$$\tilde{X}(k) = \tilde{X}(\mathrm{e}^{\mathrm{j}\omega}) \quad \left(\omega = \frac{2\pi k}{N} \text{ 且 } k \text{ 为整数}, -\infty \leqslant k \leqslant +\infty\right) \qquad (2.38)$$

根据 $\tilde{X}(\mathrm{e}^{\mathrm{j}\omega})$ 的周期性可知，$\tilde{X}(k)$ 也为频域上的周期序列，且周期为 N，即 $x(n)$ 的时宽长度。

再令

$$X(k) = \tilde{X}(k) R_N(k) \qquad (2.39)$$

此时，$X(k)$ 为频域上的有限长序列，长度也为 N，范围为 $0 \leqslant k \leqslant (N-1)$。$R_N(k)$ 为矩形窗函数，对频域序列 $\tilde{X}(k)$ 的主值区间进行裁剪，保留 $0 \leqslant k \leqslant (N-1)$ 上的数值而使其他周期的值为 0。

接着在频率域上对 $\tilde{X}(\mathrm{e}^{\mathrm{j}\omega})$ 进行采样操作，采样周期为 $2\pi/N$，有

$$\begin{aligned}\tilde{X}(\mathrm{e}^{\mathrm{j}\omega})\left[\frac{2\pi}{N}\sum_{k=-\infty}^{+\infty}\delta\left(\omega - \frac{2\pi}{N}k\right)\right] &= \frac{2\pi}{N}\sum_{k=-\infty}^{+\infty}\left[\tilde{X}(\mathrm{e}^{\mathrm{j}\omega})\big|_{\omega=\frac{2\pi}{N}k}\right]\delta\left(\omega - \frac{2\pi}{N}k\right)\\ &= \frac{2\pi}{N}\sum_{k=-\infty}^{+\infty}\tilde{X}(k)\delta\left(w - \frac{2\pi}{N}k\right)\end{aligned} \qquad (2.40)$$

在频域上，对 $\tilde{X}(\mathrm{e}^{\mathrm{j}w})$ 进行采样可得到周期序列 $\tilde{X}(k)$。在时域上，有以下等式成立：

$$x(n) * \sum_{r=-\infty}^{+\infty}\delta(n-rN) = \sum_{r=-\infty}^{+\infty}x(n-rN) = \tilde{x}(n) \qquad (2.41)$$

该采样操作实际上是对 $x(n)$ 进行周期延拓。根据离散傅里叶级数可知

$$\tilde{x}(n) = \frac{1}{N}\sum_{k=0}^{N-1}\tilde{X}(k)W_N^{-nk}$$
$$= \frac{1}{N}\sum_{k=0}^{N-1}X(k)W_N^{-nk} \quad (n\text{ 为整数}, -\infty \leqslant n \leqslant +\infty) \tag{2.42}$$

且

$$\tilde{X}(k) = \sum_{n=0}^{N-1}\tilde{x}(n)W_N^{nk}$$
$$= \sum_{n=0}^{N-1}x(n)W_N^{nk} \quad (k\text{ 为整数}, -\infty \leqslant k \leqslant +\infty) \tag{2.43}$$

由于 $x(n)$ 和 $X(k)$ 为主值区间中的主值序列，所以可得 N 点的离散傅里叶变换的表达式为

$$X(k) = \text{DFT}[x(n)] = \sum_{n=0}^{N-1}x(n)\mathrm{e}^{-\mathrm{j}\frac{2\pi}{N}nk}$$
$$= \sum_{n=0}^{N-1}x(n)W_N^{nk} \quad (k=0,1,2,\cdots,N-1) \tag{2.44a}$$

$$x(n) = \text{IDFT}[X(k)] = \frac{1}{N}\sum_{k=0}^{N-1}X(k)\mathrm{e}^{\mathrm{j}\frac{2\pi}{N}nk}$$
$$= \frac{1}{N}\sum_{k=0}^{N-1}X(k)W_N^{-nk} \quad (n=0,1,2,\cdots,N-1) \tag{2.44b}$$

也可以表示为

$$X(k) = \sum_{n=0}^{N-1}x(n)W_N^{nk}R_N(k) = \tilde{X}(k)R_N(k) \tag{2.45a}$$

$$x(n) = \frac{1}{N}\sum_{k=0}^{N-1}X(k)W_N^{-nk}R_N(n) = \tilde{x}(n)R_N(n) \tag{2.45b}$$

综上，$x(n)$ 和 $X(k)$ 是有限长序列的离散傅里叶变换对。$x(n)$ 和 $X(k)$ 长度都为 N，具有等量的信息，并能够一一映射。

需要指出，凡是提到对于有限长序列进行离散傅里叶变换，并且由于有限长序列是无限长周期序列的一个子周期，所以该序列都隐含着具有周期性的意义。

例 2.3 一有限长序列长度为 L，形式如下：

$$x(n) = \begin{cases} 1, & 0 \leqslant n \leqslant L-1 \\ 0, & \text{其他} \end{cases}$$

计算该序列的 N 点 DFT，其中 $L \leqslant N$。

解：序列 $x(n)$ 的傅里叶变换为

$$X(\omega) = \sum_{n=0}^{L-1}x(n)\mathrm{e}^{-\mathrm{j}\omega n} = \sum_{n=0}^{L-1}\mathrm{e}^{-\mathrm{j}\omega n} = \frac{1-\mathrm{e}^{-\mathrm{j}\omega L}}{1-\mathrm{e}^{-\mathrm{j}\omega}} = \frac{\sin\left(\frac{\omega L}{2}\right)}{\sin\left(\frac{\omega}{2}\right)}\mathrm{e}^{-\mathrm{j}\omega\frac{L-1}{2}}$$

图 2.3 展示了 $L=10$ 的 DFT 幅度。
图 2.4 展示了 $L=10$ 的 DFT 相位。

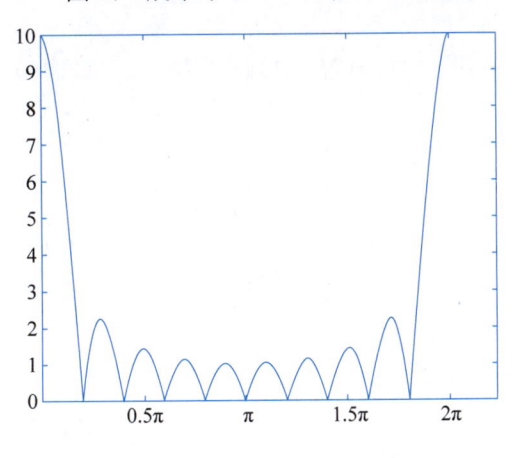

图 2.3　$L=10$ 的 DFT 幅度

图 2.4　$L=10$ 的 DFT 相位

当 $N=L$ 时,DFT 变为

$$X(k) = \begin{cases} L, & k=0 \\ 0, & k=1,2,\cdots,L-1 \end{cases}$$

显然,在上式中 DFT 结果只有一个非零值。观察图 2.4 很容易能够理解,只有在频率 $\omega_k = 2\pi k/L$ 的地方,$X(\omega)=0$,此时 $k \neq 0$。

在频域 L 点 DFT 可以唯一表示序列 $x(n)$,即便如此,依然不能完整生成序列 $x(n)$ 的频谱特性图。单从频谱特性图的角度上说,如果要求信息更多、效果更好的频谱图,就需要计算更窄频率间隔的值,即 $N>L$ 的情况。该情况也可以视作对序列 $x(n)$ 进行的额外补零,补零个数为 $N-L$,将序列 $x(n)$ 的长度从 L 点扩展至 N 点。

例 2.4　若序列 $x(n)=e^n, n=1,2,3$,求该序列的 4 点和 16 点 DFT 结果。

解: 序列 $x(n)$ 的傅里叶变换为

$$X(\omega) = \sum_{n=0}^{L-1} x(n) e^{-j\omega n} = \sum_{n=0}^{L-1} e^{n(1-j\omega)}$$

序列 $x(n)$ 的 4 点 DFT 结果为 31.1929、−6.3891+j17.3673、−14.4148、−6.3897−j17.3673,16 点 DFT 的结果为 31.1929、16.4226−j24.8217、−11.2805−j23.5138、−21.7412−j0.0498、−6.3891+j17.3673、13.2915+j10.3999、13.2805−j8.7357、−3.9729−j14.3720、−14.4148、−3.9729+j14.3720、13.2805+j8.7357、13.2915−j10.3999、−6.3891−j17.3673、−21.7412+j0.0498、−11.2805+j23.5138、−11.2805+j23.5138。

以上关于离散傅里叶变换的表示都是针对一维序列而言,接着介绍离散傅里叶变换针对矩阵的表示形式。

离散傅里叶变换也可以表示为

$$\mathbf{X} = \mathbf{W}_N \mathbf{x} \tag{2.46}$$

式中：$\boldsymbol{X}$ 为 N 点 DFT 频域的列向量，即

$$\boldsymbol{X} = [X(0), X(1), X(2), \cdots, X(N-2), X(N-1)]^T \tag{2.47}$$

$\boldsymbol{x}$ 为 N 点时域序列的列向量，即

$$\boldsymbol{x} = [x(0), x(1), x(2), \cdots, x(N-2), x(N-1)]^T \tag{2.48}$$

$\boldsymbol{W}_N$ 为 N 点 DFT 矩阵，即

$$\boldsymbol{W}_N = \begin{bmatrix} 1 & 1 & 1 & \cdots & 1 \\ 1 & W_N^1 & W_N^2 & \cdots & W_N^{N-1} \\ 1 & W_N^2 & W_N^4 & \cdots & W_N^{2(N-1)} \\ \vdots & \vdots & \vdots & \ddots & \vdots \\ 1 & W_N^{N-1} & W_N^{2(N-1)} & \cdots & W_N^{(N-1)(N-1)} \end{bmatrix} \tag{2.49}$$

类似地，也可以定义离散傅里叶逆变换（IDFT）的表达式：

$$\boldsymbol{x} = \boldsymbol{W}_N^{-1} \boldsymbol{X} \tag{2.50}$$

式中：$\boldsymbol{W}_N^{-1}$ 为 N 点的 IDFT 矩阵，即

$$\boldsymbol{W}_N^{-1} = \frac{1}{N}\begin{bmatrix} 1 & 1 & 1 & \cdots & 1 \\ 1 & W_N^{-1} & W_N^{-2} & \cdots & W_N^{-(N-1)} \\ 1 & W_N^{-2} & W_N^{-4} & \cdots & W_N^{-2(N-1)} \\ \vdots & \vdots & \vdots & \ddots & \vdots \\ 1 & W_N^{-(N-1)} & W_N^{-2(N-1)} & \cdots & W_N^{-(N-1)(N-1)} \end{bmatrix} \tag{2.51}$$

对比式(2.49)和式(2.51)，可得

$$\boldsymbol{W}_N^{-1} = \frac{1}{N}\boldsymbol{W}_N^* \tag{2.52}$$

综上，整理后可得离散傅里叶正变换完整具体的矩阵表达式为

$$\begin{bmatrix} X(0) \\ X(1) \\ X(2) \\ \vdots \\ X(N-1) \end{bmatrix} = \begin{bmatrix} 1 & 1 & 1 & \cdots & 1 \\ 1 & W_N^1 & W_N^2 & \cdots & W_N^{N-1} \\ 1 & W_N^2 & W_N^4 & \cdots & W_N^{2(N-1)} \\ \vdots & \vdots & \vdots & \ddots & \vdots \\ 1 & W_N^{N-1} & W_N^{2(N-1)} & \cdots & W_N^{(N-1)(N-1)} \end{bmatrix} \begin{bmatrix} x(0) \\ x(1) \\ x(2) \\ \vdots \\ x(N-1) \end{bmatrix} = \boldsymbol{W}_N \boldsymbol{x}$$

$$\tag{2.53}$$

同样，整理后可得离散傅里叶逆变换完整具体的矩阵表达式为

$$\begin{bmatrix} x(0) \\ x(1) \\ x(2) \\ \vdots \\ x(N-1) \end{bmatrix} = \frac{1}{N}\begin{bmatrix} 1 & 1 & 1 & \cdots & 1 \\ 1 & W_N^{-1} & W_N^{-2} & \cdots & W_N^{-(N-1)} \\ 1 & W_N^{-2} & W_N^{-4} & \cdots & W_N^{-2(N-1)} \\ \vdots & \vdots & \vdots & \ddots & \vdots \\ 1 & W_N^{-(N-1)} & W_N^{-2(N-1)} & \cdots & W_N^{-(N-1)(N-1)} \end{bmatrix} \begin{bmatrix} X(0) \\ X(1) \\ X(2) \\ \vdots \\ X(N-1) \end{bmatrix} = \frac{\boldsymbol{W}_N^* \boldsymbol{X}}{N}$$

$$\tag{2.54}$$

2.2.2 离散傅里叶变换与其他变换的关系

从上述对离散傅里叶变换的推导过程中可联想到,离散傅里叶变换和其他变换有一定的联系。本节主要讨论离散傅里叶变换与周期序列傅里叶级数的系数的关系、离散傅里叶变换与非周期序列傅里叶变换的关系和与 z 变换的关系。

先看离散傅里叶变换与周期序列傅里叶级数的系数的关系。给定一个周期信号序列 $\widetilde{x}(n)$,根据离散傅里叶级数知识,可以将 $\widetilde{x}(n)$ 表示成如下 DFS 形式:

$$\widetilde{x}(n) = \sum_{k=0}^{N-1} c_k \mathrm{e}^{\frac{\mathrm{j}2\pi nk}{N}}, \quad -\infty < n < +\infty \tag{2.55}$$

式中:c_k 为傅里叶级数的系数,可以表示如下:

$$c_k = \frac{1}{N}\sum_{n=0}^{N-1} \widetilde{x}(n) \mathrm{e}^{\frac{-\mathrm{j}2\pi nk}{N}}, \quad k=0,1,\cdots,N-1 \tag{2.56}$$

可以发现,离散傅里叶级数的系数的表达式和 DFT 的形式一样,而 DFS 变换表达式与 IDFT 形式一样。因为其实质在于 N 点的 DFT 代表了基本周期为 N 的周期序列的线谱。

再看离散傅里叶变换与非周期序列傅里叶变换的关系。给定非周期且能量有限的序列 $x(n)$,其傅里叶变换 $X(\omega)$ 在 N 个等间隔频率 $2k\pi/N(k=0,1,\cdots,N-1)$ 处被采样,其频谱分量为

$$X(k) = X(\omega)\Big|_{\omega=\frac{2k\pi}{N}} = \sum_{n=-\infty}^{\infty} x(n)\mathrm{e}^{\frac{-\mathrm{j}2\pi nk}{N}}, \quad k=0,1,\cdots,N-1 \tag{2.57}$$

给定周期为 N 的周期序列

$$\widetilde{x}_p(n) = \sum_{l=-\infty}^{+\infty} x(n-lN) \tag{2.58}$$

由式(2.57)和式(2.58)可以发现,该周期序列的离散傅里叶变换的系数就是频谱分量 $X(k)$。

最后看离散傅里叶变换与 z 变换的关系。给定序列 $x(n)$,对 $x(n)$ 进行 z 变换可得

$$X(z) = \sum_{n=-\infty}^{+\infty} x(n) z^{-n} \tag{2.59}$$

根据信号与系统的知识可知,其收敛域包括单位圆。单位圆上共采样 N 个点,采样间隔 $z_k = \mathrm{e}^{\mathrm{j}2\pi k/N}$。那么下式成立:

$$X(k) = X(z)\Big|_{z=\mathrm{e}^{\frac{\mathrm{j}2\pi nk}{N}}}, k=0,1,\cdots,N-1 = \sum_{n=-\infty}^{\infty} x(n) \mathrm{e}^{\frac{-\mathrm{j}2\pi nk}{N}} \tag{2.60}$$

显然,采样值和傅里叶变换 $X(\omega)$ 相同。给定一个有限长序列 $x(n)$,长度小于或等于 N,因为序列 $x(n)$ 的 N 点 DFT 唯一决定了其 z 变换结果,所以根据序列 $x(n)$ 的 N 点离散傅里叶变换结果可以恢复出该序列。根据该特性,可以得到 $X(z)$ 和 $x(n)$ 相互对应的表达式:

$$X(z) = \sum_{n=0}^{N-1} x(n) z^{-n} = \sum_{n=0}^{N-1} \left[\frac{1}{N} \sum_{k=0}^{N-1} X(k) \mathrm{e}^{\frac{\mathrm{j}2\pi kn}{N}} \right] z^{-n}$$

$$= \frac{1}{N} \sum_{k=0}^{N-1} X(k) \sum_{n=0}^{N-1} \left(e^{\frac{j2\pi k n}{N}} z^{-1} \right)^n$$

$$= \frac{1-z^{-N}}{N} \sum_{k=0}^{N-1} \frac{X(k)}{1-e^{\frac{j2\pi k}{N}} z^{-1}} \tag{2.61}$$

当在单位圆上计算上式时,有下式成立:

$$X(\omega) = \frac{1-e^{-j\omega N}}{N} \sum_{k=0}^{N-1} \frac{X(k)}{1-e^{-j\left(\omega-\frac{2\pi k}{N}\right)}} \tag{2.62}$$

式(2.62)为有限长序列 $x(n)$ 的 DFT 形式的离散傅里叶变换。

例 2.5 设序列 $x(n)=R_5(n)$,求 $X(e^{j\omega})$ 及 N 为 3、10 时的 $X(k)$。

解:

$$X(e^{j\omega}) = \sum_{n=0}^{4} e^{-j\omega n} = \frac{1-e^{-j5\omega}}{1-e^{-j\omega}} = \frac{e^{-\frac{j5\omega}{2}}\left(e^{\frac{j5\omega}{2}}-e^{-\frac{j5\omega}{2}}\right)}{e^{-\frac{j\omega}{2}}\left(e^{\frac{j\omega}{2}}-e^{-\frac{j\omega}{2}}\right)} = e^{-2j\omega} \frac{\sin\left(\frac{5\omega}{2}\right)}{\sin\left(\frac{\omega}{2}\right)}$$

当 $N=3$ 时,可以直接使用 DFT 的定义来求解 $X(k)$,由于已知 $X(e^{j\omega})$,对 $X(e^{j\omega})$ 进行采样求解更为快捷。

$$X(k) = X(e^{j\omega})\Big|_{\omega=\frac{2\pi k}{N}} = X(e^{j\omega})\Big|_{\omega=\frac{2\pi k}{3}} = e^{-j\frac{4\pi k}{3}} \frac{\sin\left(\frac{5\pi k}{3}\right)}{\sin\left(\frac{\pi k}{3}\right)} = \begin{cases} 5, & k=0 \\ 0, & k=1,2 \end{cases}$$

当 $N=10$ 时,按照先前对离散傅里叶变换的讨论需要对其进行补零操作。对序列 $x(n)$ 后面补 5 个零,即

$$x(n) = \begin{cases} 1, & 0 \leqslant n \leqslant 4 \\ 0, & 5 \leqslant n \leqslant 9 \end{cases}$$

在补零后,数值上没有任何变化,可以理解为扩张了定义域,多了些有定义的零值。所以离散傅里叶变换后的结果无变化,$X(e^{j\omega})$ 的表达式与上述相同。$N=10$ 时的 $X(k)$ 为

$$X(k) = X(e^{j\omega})\Big|_{\omega=\frac{2\pi k}{10}} = \begin{cases} 5, & k=0 \\ e^{-\frac{j2\pi k}{5}} \frac{\sin\left(\frac{\pi k}{2}\right)}{\sin\left(\frac{\pi k}{10}\right)}, & k=1,2,\cdots,9 \end{cases}$$

2.2.3 离散傅里叶变换的周期性

先前提到离散傅里叶变换隐含具有周期意义,本节关于该周期性意义作进一步解释。给定周期序列 $\tilde{x}(n)$,其中的一个周期表示为 $x(n)$,$x(n)$ 的频谱为 $X(e^{j\omega})$,对 $X(e^{j\omega})$ 进行采样得到 $\tilde{X}(k)$。频谱 $X(e^{j\omega})$ 具有周期性,周期为 2π。$\tilde{X}(k)$ 的主值区间上的值为 $X(k)$,$X(e^{j\omega})$ 在主值区间上进行 N 点等间隔采样可以得到 $X(k)$。显然,当采样

范围超过主值区间时,其势必会导致重复,此时有

$$\widetilde{X}(k) = X((k))_N \tag{2.63}$$

从这个意义可以推出 DFT 隐含具有周期性意义。

不仅如此,从 W_N^{kn} 的独特周期性也可以推得 DFT 的隐含周期性,即

$$X(k+mN) = \sum_{n=0}^{N-1} x(n) W_N^{(k+mN)n} = \sum_{n=0}^{N-1} x(n) W_N^{kn} = X(k) \tag{2.64}$$

由此可得,在离散傅里叶变换中,有限长序列一般看作周期序列中的一个周期,具有隐含的周期性意义。

2.2.4 离散傅里叶变换的性质

1. 线性

给定有限长序列 $x_1(n)$ 和 $x_2(n)$,有

$$\text{DFT}[ax_1(n) + bx_2(n)] = aX_1(k) + bX_2(k) \tag{2.65}$$

式中:a、b 为任意常数。

需要指出的是,若 $x_1(n)$ 和 $x_2(n)$ 都是 N 点序列,则 $aX_1(k) + bX_2(k)$ 的长度同样为 N。当出现 $x_1(n)$ 和 $x_2(n)$ 长度不相同的情况,如 $x_1(n)$ 的长度为 N_1,$x_2(n)$ 的长度为 N_2,则 $aX_1(k) + bX_2(k)$ 的长度 N_3 应满足

$$\max[N_1, N_2] \leqslant N_3$$

长度未知的情况下计算结果没有意义,所以一般参与计算的序列 $x_1(n)$ 和 $x_2(n)$ 都必须为相同的长度。若 $x_1(n)$ 和 $x_2(n)$ 长度不相同,则需要补零,补到相同的长度,即

$$X_1(k) = \sum_{n=0}^{N-1} x_1(n) W_N^{kn} R_N(k) = \sum_{n=0}^{N_1-1} x_1(n) e^{-j\frac{2\pi nk}{N}} R_N(k) \tag{2.66a}$$

$$X_2(k) = \sum_{n=0}^{N-1} x_2(n) W_N^{kn} R_N(k) = \sum_{n=0}^{N_2-1} x_2(n) e^{-j\frac{2\pi nk}{N}} R_N(k) \tag{2.66b}$$

2. 序列的圆周移位

根据先前的论述,给定有限长序列 $x(n)$,其长度 $L \leqslant N$,对其进行 N 点 DFT 操作后的结果等于周期为 N 的周期序列的 N 点 DFT 结果,即

$$\widetilde{x}_p(n) = \sum_{l=-\infty}^{\infty} x(n+lN) \tag{2.67}$$

下面进行序列的圆周移位性质的讨论。先将周期序列向右移位 k,得到移位后的周期序列为

$$\widetilde{x}'_p(n) = x_p(n-k) = \sum_{l=-\infty}^{\infty} x(n-k+lN) \tag{2.68}$$

此时,有限长序列 $x'(n)$ 满足

$$x'(n) = \begin{cases} \widetilde{x}'_p(n), & 0 \leqslant n \leqslant N-1 \\ 0, & \text{其他} \end{cases} \tag{2.69}$$

有限长序列 $x'(n)$ 是先前有限长序列 $x(n)$ 在圆周上的移位。图 2.5 是在 $N=4$ 情况下对该性质的举例说明。

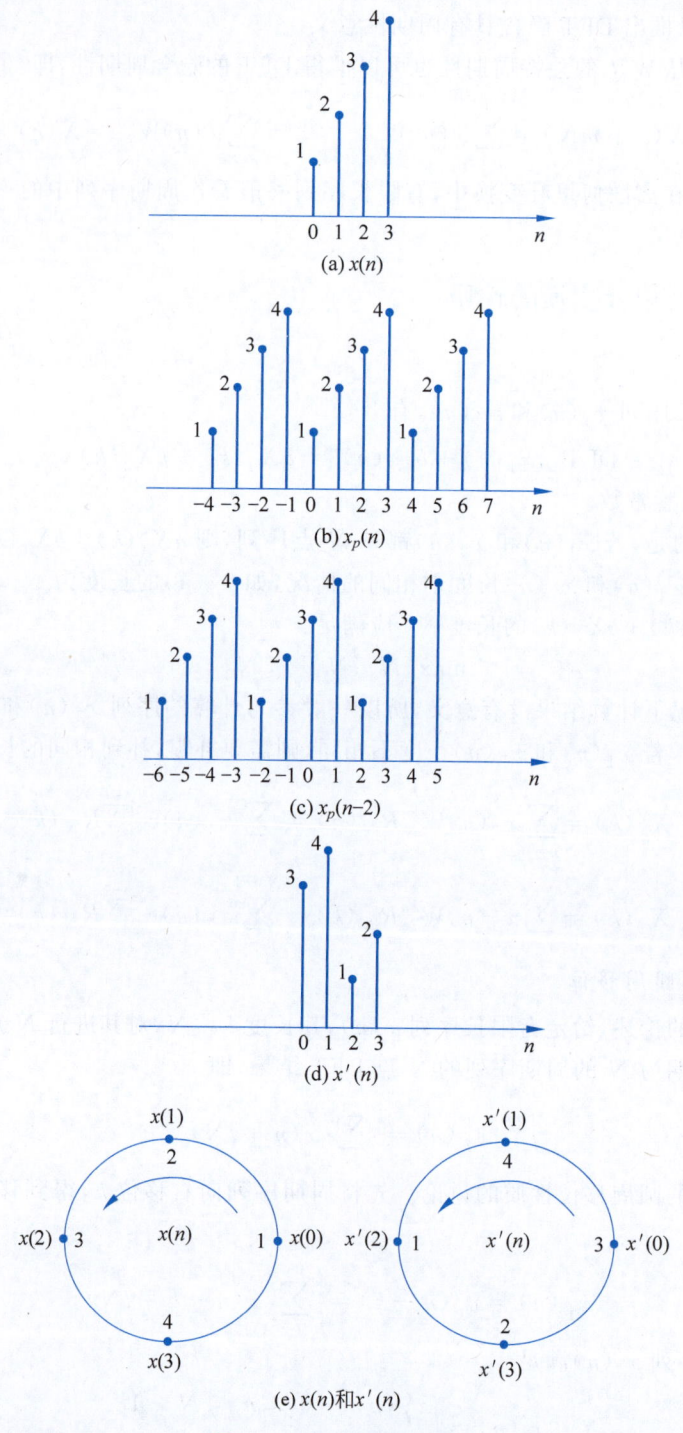

图 2.5 序列的圆周移位

圆周移位的特性一般可以和取余运算联系在一起,具体运算为序号对 N 取余,即

$$x'(n) = x(n-k), 对 N 取余 \equiv x((n-k))_N \tag{2.70}$$

例如,当 $k=2, N=4$ 时,有下式成立:

$$x'(n) = x((n-2))_4$$

可以推得

$$x'(0) = x((-2))_4 = x(2)$$
$$x'(1) = x((-1))_4 = x(3)$$
$$x'(2) = x((0))_4 = x(0)$$
$$x'(3) = x((1))_4 = x(1)$$

由上式可以看出,$x(n)$ 在圆周上移位了两个时间单位得到了 $x'(n)$,即移位了 k 个时间单位。可以得出结论:N 点序列的圆周移位等价于其周期延拓的线性移位;反之亦然。

例 2.6 对以下两个序列进行圆周卷积:

$$x_1(n) = \{\underset{\uparrow}{2}, 1, 2, 1\}$$

$$x_2(n) = \{\underset{\uparrow}{1}, 2, 3, 4\}$$

解:序列 $x_1(n)$ 和序列 $x_2(n)$ 各有 4 个非零点。图 2.6 以圆周卷积图的形式画出卷积过程,设逆时针为参考方向,即逆时针将序列画出。

(a) 原序列

(b) 反转序列(左)和乘积序列(右)

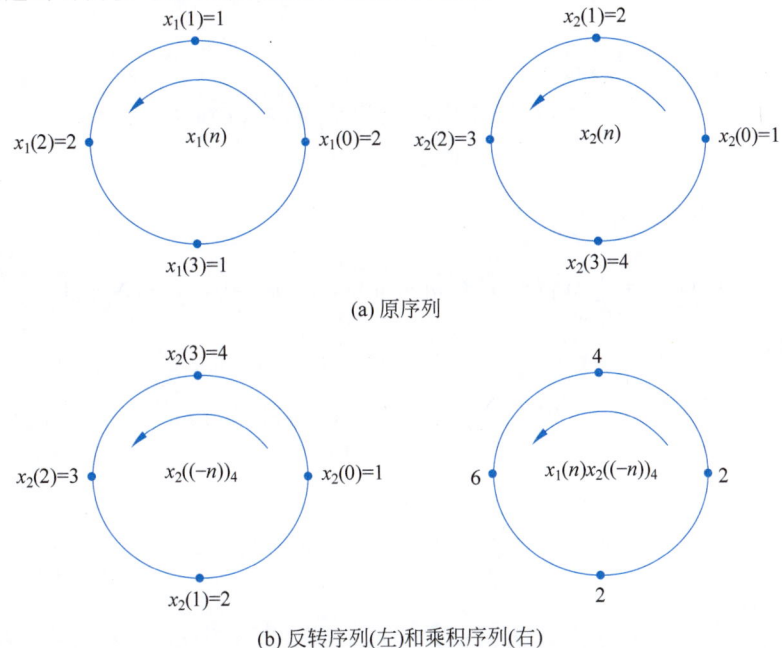

图 2.6 序列 $x_1(n)$ 和序列 $x_2(n)$ 的圆周卷积

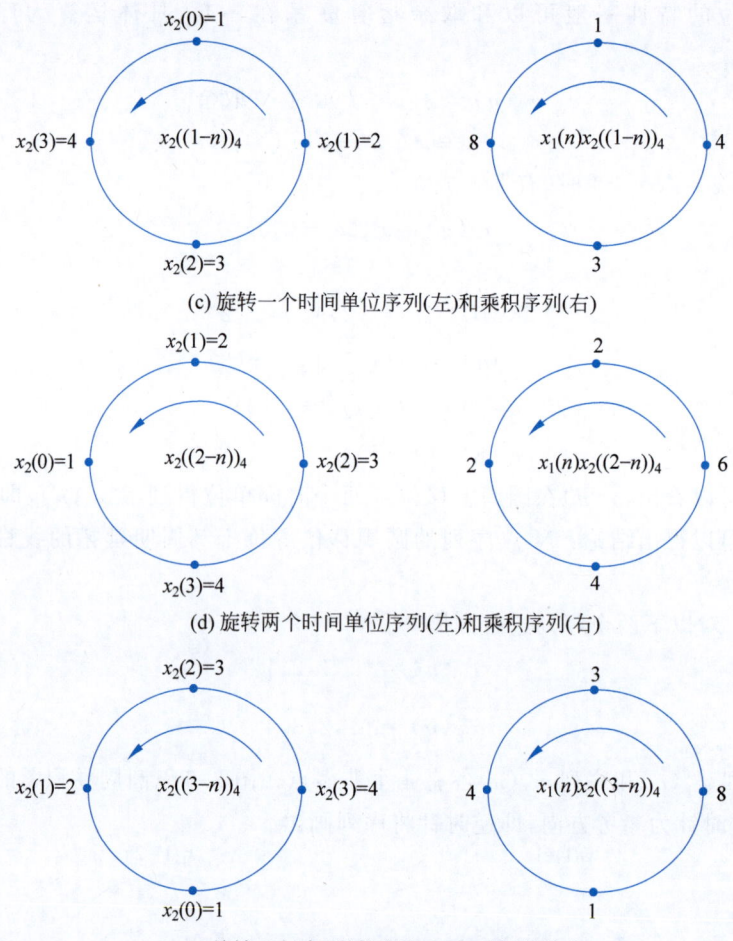

(c) 旋转一个时间单位序列(左)和乘积序列(右)

(d) 旋转两个时间单位序列(左)和乘积序列(右)

(e) 旋转三个时间单位序列(左)和乘积序列(右)

图 2.6 （续）

根据圆周卷积公式,有

$$x_3(m) = \sum_{n=0}^{N-1} x_1(n) x_2((m-n))_N, \quad m=0,1,\cdots,N-1$$

当 $m=0$ 时,有

$$x_3(0) = \sum_{n=0}^{3} x_1(n) x_2((-n))_4 = 14$$

当 $m=1$ 时,有

$$x_3(1) = \sum_{n=0}^{3} x_1(n) x_2((1-n))_4 = 16$$

当 $m=2$ 时,有

$$x_3(2) = \sum_{n=0}^{3} x_1(n) x_2((2-n))_4 = 14$$

当 $m=3$ 时,有
$$x_3(3) = \sum_{n=0}^{3} x_1(n) x_2((3-n))_4 = 16$$
综上,最终卷积结果为
$$x_3(n) = \{14, 16, 14, 16\}$$

3. 序列的共轭对称性

先前在离散傅里叶级数中定义了共轭偶对称分量和共轭奇对称分量,且任意信号序列都可以表示成共轭对称分量和共轭反对称分量之和。对于此处的有限长序列同样可以进行类似的分解:

$$x_e(n) = \frac{1}{2}[x((n))_N + x^*((-n))_N], \quad n \in \{0, 1, \cdots, (N-1)\} \quad (2.71a)$$

$$x_o(n) = \frac{1}{2}[x((n))_N - x^*((-n))_N], \quad n \in \{0, 1, \cdots, (N-1)\} \quad (2.71b)$$

同时也有以下等式成立:

$$x_e((-n))_N = x_e^*(n)_N \quad (2.72a)$$

$$x_o((-n))_N = -x_o^*(n)_N \quad (2.72b)$$

$$x(n) = x_e(n) + x_o(n) \quad (2.72c)$$

按照以往的知识,同样 $x_e(n)$ 和 $x_o(n)$ 分别称为 $x(n)$ 的共轭偶对称分量和共轭奇对称分量。对于离散傅里叶变换后的结果 $X(k)$ 也可以同样展开为共轭偶对称分量 $X_e(k)$ 和共轭奇对称分量 $X_o(k)$。其共轭对称性总结如下:

$$x^*(n) \overset{\text{DFT}}{\underset{\text{IDFT}}{\rightleftharpoons}} X^*((-k))_N \quad (2.73a)$$

$$x^*((-n))_N \overset{\text{DFT}}{\underset{\text{IDFT}}{\rightleftharpoons}} X^*(k) \quad (2.73b)$$

$$\text{Re}[x(n)] \overset{\text{DFT}}{\underset{\text{IDFT}}{\rightleftharpoons}} X_e(k) \quad (2.73c)$$

$$j\text{Im}[x(n)] \overset{\text{DFT}}{\underset{\text{IDFT}}{\rightleftharpoons}} X_o(k) \quad (2.73d)$$

$$x_e(n) \overset{\text{DFT}}{\underset{\text{IDFT}}{\rightleftharpoons}} \text{Re}[X(k)] \quad (2.73e)$$

$$x_o(n) \overset{\text{DFT}}{\underset{\text{IDFT}}{\rightleftharpoons}} j\text{Im}[X(k)] \quad (2.73f)$$

当 $x(n)$ 为实序列时,针对一些特定的结果可以合并,有如下各式成立:

$$X(k) = X^*((-k))_N \quad (2.73g)$$

$$\text{Re}[X(k)] = \text{Re}[X((-k))_N] \quad (2.73h)$$

$$\text{Im}[X(k)] = -\text{Im}[X((-k))_N] \quad (2.73i)$$

$$\arg[X(k)] = -\arg[X((-k))_N] \quad (2.73j)$$

4. 序列的循环卷积

给定序列 $x_1(n)$ 和 $x_2(n)$，其长度均为 N。接下来讨论 $x_1(n)$ 和 $x_2(n)$ 的相乘以及其卷积结果。其 N 点 DFT 为

$$X_1(k) = \sum_{n=0}^{N-1} x_1(n) e^{\frac{-j2\pi nk}{N}}, \quad k = 0, 1, \cdots, N-1 \tag{2.74a}$$

$$X_2(k) = \sum_{n=0}^{N-1} x_2(n) e^{\frac{-j2\pi nk}{N}}, \quad k = 0, 1, \cdots, N-1 \tag{2.74b}$$

将其结果相乘也为 DFT 的形式。假定有序列 $x_3(n)$，其相乘结果为序列 $x_3(n)$ 的 DFT 结果，即思路转变为寻找有限长序列 $x_3(n)$ 与 $x_1(n)$、$x_2(n)$ 的关系。通过上述讨论可知

$$X_3(k) = X_1(k) X_2(k), \quad k = 0, 1, \cdots, N-1 \tag{2.75}$$

对 $X_3(k)$ 进行离散傅里叶逆变换操作，有

$$x_3(m) = \frac{1}{N} \sum_{k=0}^{N-1} X_3(k) e^{\frac{j2\pi km}{N}} = \frac{1}{N} \sum_{k=0}^{N-1} X_1(k) X_2(k) e^{\frac{j2\pi km}{N}} \tag{2.76}$$

将式(2.74a)和式(2.74b)代入式(2.76)中，可得

$$\begin{aligned} x_3(m) &= \frac{1}{N} \sum_{k=0}^{N-1} \left[\sum_{n=0}^{N-1} x_1(n) e^{\frac{-j2\pi kn}{N}} \right] \left[\sum_{l=0}^{N-1} x_2(l) e^{\frac{-j2\pi kl}{N}} \right] e^{\frac{j2\pi km}{N}} \\ &= \frac{1}{N} \sum_{n=0}^{N-1} x_1(n) \sum_{l=0}^{N-1} x_2(l) \left[\sum_{k=0}^{N-1} e^{\frac{j2\pi k(m-n-l)}{N}} \right] \end{aligned} \tag{2.77}$$

针对式(2.77)分类讨论。设

$$a = e^{\frac{j2\pi(m-n-l)}{N}}$$

有等比数列求和公式，即

$$\sum_{k=0}^{N-1} a^k = \begin{cases} N, & a = 1 \\ \dfrac{1-a^N}{1-a}, & a \neq 1 \end{cases}$$

即当 $m-n-l$ 是 N 的倍数时，上式为 1。同样地，上式也可以简化为

$$\sum_{k=0}^{N-1} a^k = \begin{cases} N & (l = m-n+pN = ((m-n))_N, p\ \text{为整数}) \\ 0 & (\text{其他}) \end{cases} \tag{2.78}$$

将上式代入式(2.77)中，得到 $x_3(m)$ 表达式为

$$x_3(m) = \sum_{n=0}^{N-1} x_1(n) x_2((m-n))_N, \quad m = 0, 1, \cdots, N-1 \tag{2.79}$$

式(2.79)与一般的卷积不同，包含了 $x_2((m-n))_N$，这种形式称为圆周卷积。所以两个序列的 DFT 乘积等于两个序列在时域上的圆周卷积。

循环卷积和线性卷积有着很大的差别，循环卷积是有限长序列之间的一种线性组合，可表示为

$$\begin{bmatrix} x_3(0) \\ x_3(1) \\ \vdots \\ x_3(N-1) \end{bmatrix} = x_1(0) \begin{bmatrix} x_2(0) \\ x_2(1) \\ \vdots \\ x_2(N-1) \end{bmatrix} + x_1(1) \begin{bmatrix} x_2(N-1) \\ x_2(0) \\ \vdots \\ x_2(N-2) \end{bmatrix} + \cdots + x_1(N-1) \begin{bmatrix} x_2(1) \\ x_2(2) \\ \vdots \\ x_2(0) \end{bmatrix}$$
(2.80)

5. 序列的对偶性

给定序列 $x(n)$，$x(n)$ 经过离散傅里叶变换后得到 $X(k)$，即
$$\text{DFT}[x(n)] = X(k) \tag{2.81}$$
将 $X(k)$ 中的 k 换成 n，接着对 $X(n)$ 进行离散傅里叶变换，有
$$\text{DFT}[X(n)] = Nx((-k))_N R_N(k) = Nx((N-k))_N R_N(k) = Nx(N-k) \tag{2.82}$$

6. DFT 运算中的圆周共轭对称性

设
$$\text{DFT}[x(n)] = \text{DFT}\{\text{Re}[x(n)] + j\text{Im}[x(n)]\}$$
有下式成立：
$$\text{DFT}[x^*(n)] = X^*((-k))_N R_N(k) = X^*((N-k))_N R_N(k) = X^*(N-k) \tag{2.83}$$

式中：$x^*(n)$ 为 $x(n)$ 的共轭复序列。

7. DFT 中的帕塞瓦尔(Parseval)定律

若存在有限长序列 $x(n)$，长度为 N，则 N 点 DFT 的结果为 $X(k)$，有下式成立：
$$\sum_{n=0}^{N-1} |x(n)|^2 = \frac{1}{N} \sum_{k=0}^{N-1} |X(k)|^2 \tag{2.84}$$

证明：
$$\sum_{n=0}^{N-1} |x(n)|^2 = \sum_{n=0}^{N-1} x(n) x^*(n) = \sum_{n=0}^{N-1} \left[\frac{1}{N} \sum_{k=0}^{N-1} X(k) W_N^{-nk} \right] x^*(n)$$
$$= \frac{1}{N} \sum_{k=0}^{N-1} X(k) \left[\sum_{n=0}^{N-1} x^*(n) W_N^{-nk} \right] = \frac{1}{N} \sum_{k=0}^{N-1} X(k) \left[\sum_{n=0}^{N-1} x(n) W_N^{-nk} \right]^*$$
$$= \frac{1}{N} \sum_{k=0}^{N-1} X(k) X^*(k) = \frac{1}{N} \sum_{k=0}^{N-1} |X(k)|^2$$

帕塞瓦尔定理说明了时域频域能量守恒问题，即序列的频域 DFT 结果计算得到的能量与时域下信号的能量相同。从这一点可以说明，DFT 具有明确的物理含义。

8. 时域相乘

设有限长序列 $x_1(n)$ 的长度为 N_1；有限长序列 $x_2(n)$ 的长度为 N_2。由于二者长度不同，在进行 DFT 相关计算时，需要对其进行补零至相同长度。假设补至 L 点，且 $\max[N_1, N_2] \leqslant L$，则有

$$X_1(k) = \text{DFT}[x_1(n)], \quad L \text{ 点}$$
$$X_2(k) = \text{DFT}[x_2(n)], \quad L \text{ 点}$$

假设有
$$y(n) = x_1(n)x_2(n), \quad L \text{ 点}$$

则有
$$\begin{aligned}Y(k) &= \text{DFT}[y(n)] = \frac{1}{L} X_1(k) \otimes X_2(k) \\ &= \frac{1}{L} \Big[\sum_{l=0}^{L-1} X_1(l) X_2((k-l))_L\Big] R_L(k) \\ &= \frac{1}{L} \Big[\sum_{l=0}^{L-1} X_2(l) X_1((k-l))_L\Big] R_L(k)\end{aligned} \quad (2.85)$$

该式说明,两个有限长序列在时域内进行 L 点的相乘运算,则在离散频域中进行 L 点的圆周卷积和运算,最后结果还要除以点数 L。

2.2.5 二维离散傅里叶变换

信号除了常见的一维信号以外,也有一些诸如图像的二维信号,本节对二维信号的离散傅里叶变换进行简要讨论。需要指出的是,一维信号的许多特征同样可以沿用至二维信号,类似也可以推广至离散傅里叶级数。

首先给定二维周期序列:
$$\tilde{x}(m,n) = \tilde{x}(m+qM, n+rN) \quad (2.86)$$

对于行来说,该序列的周期为 M;对于列来说,该序列的周期为 N。q 和 r 是任意整数。给出该序列的离散傅里叶级数,并且后续使用该式来推导得到二维离散傅里叶变换。

$$\tilde{x}(m,n) = \frac{1}{MN} \sum_{k=0}^{M-1} \sum_{\ell=0}^{N-1} \tilde{X}(k,l) W_M^{-km} W_N^{-\ell n} \quad (2.87)$$

式中
$$\tilde{X}(k,\ell) = \tilde{X}(k+qM, \ell+rN) \quad (2.88)$$

显然,可以发现 $\tilde{X}(k,\ell)$ 和 $\tilde{x}(m,n)$ 具有相同的周期。

接下来推得二维信号的离散傅里叶变换。由于有限长时宽序列可以对应为周期序列的一个周期,所以将其思路应用在二维信号中,可以将有限区域序列对应到周期区域序列中的一个周期上。构造一个周期区域序列:

$$\tilde{x}(m,n) = x[((m))_M, ((n))_N] \quad (2.89)$$

上述序列只在区间 $0 \leqslant m \leqslant M-1$ 和区间 $0 \leqslant n \leqslant N-1$ 有值,其他区间内值为 0,将该区间记作 (M,N)。从该周期区域序列中选取一个周期可以恢复原始序列,即

$$x(m,n) = \tilde{x}(m,n) R_{M,N}(m,n) \quad (2.90)$$

$R_{M,N}(m,n)$ 类似于一维信号中的窗函数,作用是截断周期序列,即

$$R_{M,N}(m,n) = \begin{cases} 1 & (0 \leqslant m \leqslant M-1, 0 \leqslant n \leqslant N-1) \\ 0 & (\text{其他}) \end{cases}$$

在二维信号的离散傅里叶变换中,一般定义 $x(m,n)$ 的离散傅里叶变换为 $\tilde{x}(m,n)$ 的傅里叶级数的系数。用 $X(k,\ell)$ 表示其离散傅里叶变换:

$$X(k,\ell) = \left[\sum_{m=0}^{M-1}\sum_{n=0}^{N-1} x(m,n) W_M^{km} W_N^{\ell m}\right] R_{M,N}(k,\ell) \quad (2.91a)$$

$$x(m,n) = \frac{1}{MN}\left[\sum_{k=0}^{M-1}\sum_{\ell=0}^{N-1} X(k,\ell) W_N^{-km} W_N^{-\ell n}\right] R_{M,N}(m,n) \quad (2.91b)$$

2.2.6 离散傅里叶变换的应用

1. 使用离散傅里叶变换计算线性卷积

计算线性卷积大体思路:利用圆周卷积,使用离散傅里叶变换的方法来计算圆周卷积和,最终求得线性卷积和。具体求解过程如下:

令

$$L = 2^m, \quad N_1 + N_2 - 1 \leqslant 2^m$$

设

$$x(n) = \begin{cases} \tilde{x}(n), & 0 \leqslant n \leqslant N_1 - 1 \\ 0, & N_1 \leqslant n \leqslant L - 1 \end{cases}$$

$$h(n) = \begin{cases} \tilde{h}(n), & 0 \leqslant n \leqslant N_2 - 1 \\ 0, & N_2 \leqslant n \leqslant L - 1 \end{cases}$$

对 $x(n)$ 和 $h(n)$ 进行 DFT 求解,有

$$X(k) = \text{DFT}[x(n)], \quad L \text{ 点}$$
$$H(k) = \text{DFT}[h(n)], \quad L \text{ 点}$$

在离散频率将二者相乘,有

$$Y(k) = X(k) \cdot H(k) \quad (2.92)$$

再对其结果进行离散傅里叶逆变换,有

$$y(n) = \text{IDFT}[Y(k)], \quad L \text{ 点}$$

对结果进行裁剪和整理,有

$$y_\ell(n) = y(n), \quad 0 \leqslant n \leqslant N_1 + N_2 - 1$$

此外,还有重叠相加法和重叠保留法。

先看重叠相加法。在进行计算之前,首先对序列 $x(n)$ 进行分段,如图 2.7 所示。

按照图 2.7 对序列 $x(n)$ 进行分段,每一段长度为 N,显然序列 $x(n)$ 为每一段的累加,有

$$x(n) = \sum_{l=0}^{+\infty} x_l(n) \quad (2.93)$$

且

$$x_l(n) = \begin{cases} x(n), & lN \leqslant n \leqslant (l+1)N - 1 \\ 0, & \text{其他} \end{cases}$$

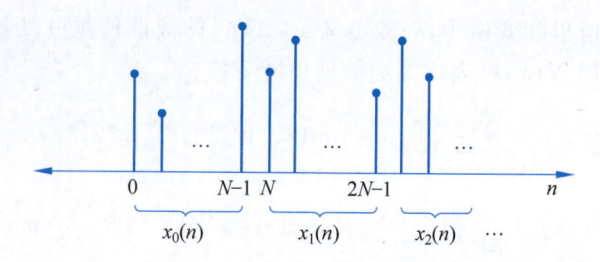

图 2.7 序列 $x(n)$ 的分段示意图

将分段结果代入卷积公式，可得

$$y(n) = x(n) * h(n) \quad (2.94)$$
$$= \left\{\sum_{l=0}^{+\infty} x_l(n)\right\} * h(n) = \sum_{l=0}^{+\infty} x_l(n) * h(n) = \sum_{l=0}^{+\infty} y_l(n)$$

式中：$y_l(n)$ 为第 l 段的卷积结果，即

$$y_l(n) = \sum_{m=0}^{+\infty} x_l(m) h(n-m)$$
$$= \sum_{m=lN}^{(l+1)N-1} x_l(m) h(n-m), \quad lN \leqslant n \leqslant (l+1)N + M - 2 \quad (2.95)$$

$y_l(n)$ 的长度为 $N+M-1$，因为有些区域的点为零，所以真实有效的区间为 $[lN, (l+1)(N+M-2)]$。图 2.8 表示卷积结果之间的重叠关系。

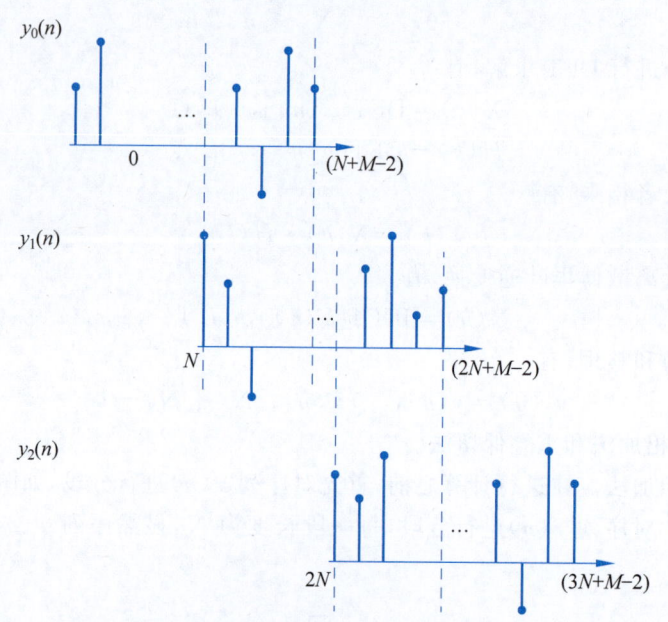

图 2.8 卷积结果之间的重叠关系

可以使用 $N+M-1$ 点的循环卷积来进行 $y_l(n)$ 的计算，这样可以减少计算量。从图 2.8 可以看出，序列 $y_l(n)$ 和序列 $y_{l+1}(n)$ 在区间 $[lN,(l+1)(N+M-2)]$ 有长度为 $M-1$ 重叠的情况。对该重叠范围的卷积情况进行讨论，显然卷积结果为两段相加，即

$$y(n) = y_l(n) + y_{l+1}(n), \quad n = (l+1)N, \cdots, (l+1)N + M - 2 \quad (2.96)$$

正因为上式的思路,此种方法称为重叠相加法。

图 2.9 给出了重叠相加法的系统框图。

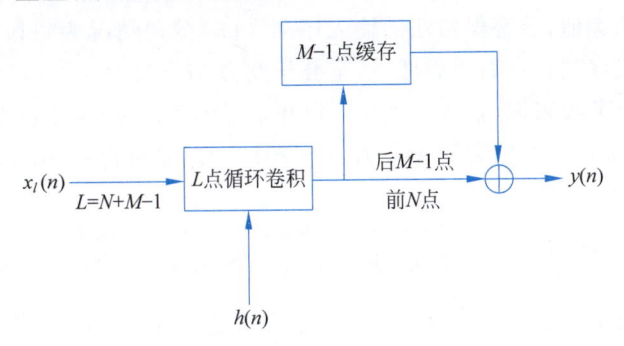

图 2.9 重叠相加法的系统框图

可以通过系统的思维来理解重叠相加法。在区间 $[(l+1)N, (l+1)(N+M-2)]$ 中计算系统的卷积输出,序列 $y_l(n)$ 为整个系统的零输入响应,$y_{l+1}(n)$ 为整个系统的零状态响应。零输入响应加零状态响应等于系统的全响应,同样也可得到上述结论。

再看重叠保留法。重叠保留法是对输出序列 $y(n)$ 按照图 2.10 的形式进行分段后导出。

按照图 2.10 分段后,每段长度为 N,有

$$y_l(n) = \begin{cases} y(n), & lN \leqslant n \leqslant [(l+1)N - 1] \\ 0, & \text{其他} \end{cases}$$

且显然有

$$y(n) = \sum_{l=0}^{+\infty} y_l(n)$$

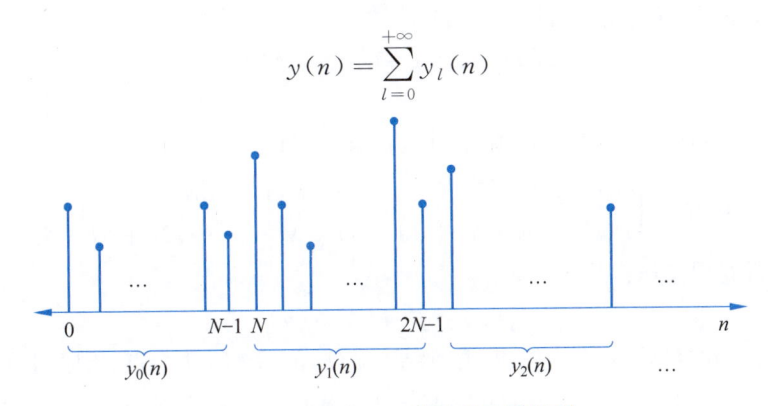

图 2.10 序列 $y(n)$ 的连续分段情况

在区间 $[lN - M + 1, (l+1)N - 1]$ 的输出将唯一决定输出序列的值,所以根据输出序列的分段情况可以唯一确定输入序列的分段情况,即

$$x_l(n) = \begin{cases} x(n), & (lN - M + 1) \leqslant n \leqslant [(l+1)N - 1]; l = 1, 2, \cdots \\ 0, & \text{其他} \end{cases}$$

需要指出的是,针对第一个分段序列 $x_0(n)$ 来说,需要补 $M-1$ 个零,即

$$x_0(n) = \begin{cases} 0, & (-M+1) \leqslant n \leqslant -1 \\ x(n), & 0 \leqslant n \leqslant (N-1) \\ 0, & 其他 \end{cases}$$

与重叠相加法类似,重叠保留法的输入序列 $x(n)$ 分段情况为每段长度 $N+M-1$,并且相邻两段分段序列存在着重叠区域,重叠长度为 $M-1$。

单独对于一个分段来说,输入序列 $x_l(n)$ 和系统函数 $h(n)$ 线性卷积后的结果唯一确定了输出序列 $y_l(n)$,且卷积后的长度为 $N+2M-2$。如果得到实际的输出序列,还需要删除头尾补零,即

$$y_l(n) = \sum_{m=lN-M+1}^{(l+1)N-1} x_l(m)h(n-m), \quad lN \leqslant n \leqslant [(l+1)N-1] \tag{2.97}$$

重叠保留法的主要思路是将每次卷积产生的重叠前 $M-1$ 个点删除,将未重叠的部分输出。图 2.11 给出了重叠保留法的系统框图。

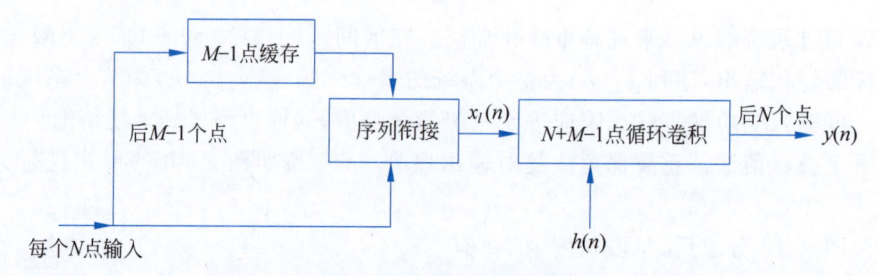

图 2.11 重叠保留法的系统框图

将图 2.11 所说明的流程归纳如下:
对序列 $t(n)$ 进行初始化,即

$$t(n) = 0, \quad n = 0, 1, \cdots, M-2$$

并且令 $l=0$。
构造序列 $p(n)$,与输入序列 $x(n)$ 和序列 $t(n)$ 相关,即

$$p(n) = \begin{cases} t(n), & n = 0, 1, \cdots, M-2 \\ x(lN+n-M+1), & n = M-1, \cdots, N+M-2 \end{cases}$$

随后对其进行卷积操作:

$$q(n) = p(n) \otimes h(n)$$

将输出序列 $q(n)$ 的最后 N 个点输出,并且结合 $p(n)$ 的后 $M-1$ 个点,给序列 $t(n)$ 赋值,即

$$y(lN+n) = q(n+M-1), \quad n = 0, 1, \cdots, N-1$$
$$t(n) = p(N+n), \quad n = 0, 1, \cdots, M-2$$

最后令 $l=l+1$,继续进行循环操作,直到处理完所有的输入。

2. 使用 DFT 计算线性相关

线性相关可以使用卷积运算来表示,将定义重新写为

$$r_{xy}(m) = \sum_{n=-\infty}^{\infty} x(n)y(n-m) = \sum_{n=-\infty}^{\infty} x(n)y[-(m-n)]$$

$$= x(m) * y(-m) \qquad (2.98)$$

线性相关的概念不仅可以用上式线性卷积的形式表示,还可以使用圆周卷积的形式表示(因为 DFT 运算对应的圆周相关就是一种快速相关运算)。圆周相关如下:

$$\bar{r}_{xy}(m) = \sum_{n=0}^{N-1} x(n) y((n-m))_N R_N(m)$$
$$= \sum_{n=0}^{N-1} x(n) y((-(m-n)))_N R_N(m) = x(m) \text{Ⓝ} y(N-m) \qquad (2.99)$$

相关函数用 DFT 形式表示:

$$R_{xy}(k) = X(k) Y(N-k) = X(k) Y^*(k) \qquad (2.100)$$

由上式可以看出,得到频率的相关函数后,进行逆变换即可得到时域的相关函数。

使用 DFT 计算线性相关的方法:使用圆周相关的思路来代替线性相关,再使用圆周相关定理和 DFT 计算方法来求相关函数,进而得到线性相关性。具体步骤为给定有限长序列 $x(n)$ 和 $y(n)$,长度分别为 N_1 和 N_2。两个不同长度的序列,需要补零至同一长度,假设补至 L 点,即

$$x(n) = \begin{cases} x(n), & 0 \leqslant n \leqslant N_1 - 1 \\ 0, & N_1 \leqslant n \leqslant L - 1 \end{cases}$$

$$y(n) = \begin{cases} y(n), & 0 \leqslant n \leqslant N_2 - 1 \\ 0, & N_2 \leqslant n \leqslant L - 1 \end{cases}$$

得到 $x(n)$ 和 $y(n)$ 补零后的表达式后,需要对 $x(n)$ 和 $y(n)$ 进行 DFT 处理,即

$$X(k) = \text{DFT}[x(n)], \quad L \text{ 点}$$
$$Y(k) = \text{DFT}[y(n)], \quad L \text{ 点}$$

得到离散频率的表达式后,根据相关函数公式求取相关函数在离散频率域中的表达式,即

$$R_{xy}(k) = X(k) Y^*(k) \qquad (2.101)$$

得到离散频率域中的表达式之后,通过离散傅里叶逆变换将其转换为时域中的表达式,即

$$\bar{r}_{xy}(m) = \text{IDFT}[R_{xy}(k)], \quad L \text{ 点}$$

最后关键的是需要确定 $r_{xy}(0)$ 的位置,因为通过该方法最终求得的结果中的自变量 m 都是正值,而实际线性相关的自变量 m 有正有负,所以需要考虑 $m=0$ 时的定位问题。

例 2.7 设实序列 $x_1(n) = \{2,1,3,2,1,5,1\}$,$x_2(n) = \{2,1,3,4\}$,求两序列的互相关序列 $r_{x_1 x_2}(m)$。

解法一:根据互相关序列计算公式

$$r_{x_1 x_2}(m) = \sum_{n=-\infty}^{\infty} x_1(m) x_2(n-m) = x_1(m) * x_2(-m)$$

使用对位相乘相加法,得到

$$r_{x_1 x_2}(m) = x_1(m) * x_2(-m) = \{8,10,17,22,15,31,24,10,11,2\}$$

接着需要讨论何处为 0 值点，即需要讨论 $m=0$ 时的定位问题。序列 $x_2(m)$ 反转后得到

$$x_2(-m)=\{4,3,1,2\}, \quad -3\leqslant m\leqslant 0$$

而同时 $x_1(m)$ 的范围为 $-3\leqslant m\leqslant 6$。通过范围可以确定 $m=0$ 时，$r_{x_1x_2}(m)=22$。

解法二：使用 DFT 方法进行求解，使用圆周卷积来代替线性卷积进行求解。
序列 $x_1(n)$ 和 $x_2(n)$ 的长度不相同，需要补零。首先将序列 $x_1(n)$ 和 $x_2(n)$ 补至 $L=10$ 点序列。补零后对两个序列求 DFT：

$$X_1(k)=\text{DFT}[x_1(n)], X_2(k)=\text{DFT}[x_2(n)], \quad L=10$$

其次通过相关序列的卷积计算公式，有

$$R_{x_1x_2}=X_1(k)X_2^*(k)$$

再对结果进行 IDFT 得到时域上的表达式为

$$\bar{r}_{x_1x_2}(m)=\text{IDFT}[R_{x_1x_2}], \quad L=10$$

最后确定 $\bar{r}_{x_1x_2}(0)$ 的位置，即 $m=0$ 时的定位。最终也能求得同样的结果：

$$r_{x_1x_2}(m)=\{8,10,17,22,15,31,24,10,11,2\}$$

3. 使用 DFT 计算自相关函数

上面给出了 DFT 方法求线性相关函数，同理可以使用 DFT 方法来求得自相关函数。给定有限长序列 $x(n)$，自变量 n 的范围为 $0\leqslant n\leqslant N-1$，根据自相关函数的计算公式，有

$$r_{xx}(m)=x(m)*x(-m) \tag{2.102}$$

假定 $x(n)$ 是实序列，将 $x(n)$ 进行补零操作，补至 L 点，且有 $2N-1\leqslant L$。根据该补零结果求 $R_{xx}(z)$ 和 $R_{xx}(e^{j\omega})$，有

$$R_{xx}(z)=X(z)X(z^{-1}) \tag{2.103}$$

$$R_{xx}(e^{j\omega})=X(e^{j\omega})X(e^{-j\omega})=X(e^{j\omega})X^*(e^{j\omega})=|X(e^{j\omega})|^2 \tag{2.104}$$

根据

$$R_{xx}(k)=X(k)X^*(k)=|X(k)|^2, \quad L \text{ 点}$$

整理可得 L 点圆周自相关函数为

$$\bar{r}_{xx}(m)=\sum_{n=0}^{L-1}x(n)x((n-m))_L R_L(m)=x(m)\otimes x(L-m) \tag{2.105}$$

综上，使用 DFT 计算自相关序列 $r_{xx}(m)$ 的步骤如下：首先令

$$x(n)=\begin{cases}x(n), & 0\leqslant n\leqslant N-1\\ 0, & N\leqslant n\leqslant L-1\end{cases}, \quad 2N-1\leqslant L$$

接着求 L 点的 $X(k)=\text{DFT}[x(n)]$。根据后续计算方法还需求得 $X^*(k)$。根据 $X(k)$ 求得离散频率域中自相关函数的表达式 $R_{xx}(k)=|X(k)|^2$。再将离散频率域的结果逆变换为时域中得到 $\bar{r}_{xx}(m)$，即

$$\bar{r}_{xx}(m)=\text{IDFT}[|X(k)|^2], \quad L \text{ 点}$$

最后将其计算结果 $\bar{r}_{xx}(m)$ 进行圆周移位后得到自相关函数 $r_{xx}(m)$。

4. 使用DFT对信号进行频谱分析

实际采集的信号都是有限长的,理论上计算信号的频谱需要得到信号无限长的值,而根据有限长的信号范围只能求得近似的频谱。本节主要讨论使用DFT对信号进行频谱分析。

如果采集的是模拟信号,按照一般做法,先需要经过抗混叠滤波器,再对信号进行采样,因为只有采样后得到的数字信号才能够被计算机处理。假设采样频率为$2B \leqslant F_s$,B为滤波信号的带宽。采样后得到的信号中,最高频率为$F_s/2$。实际使用时还需要将信号的长度范围限制在$T_0 = LT$中,L为样本数量,T为采样间隔。

假设目标序列为$x(n)$,且样本个数为L,分布在区间范围$0 \leqslant n \leqslant L-1$,即

$$\hat{x}(n) = x(n)\omega(n) \tag{2.106}$$

式中:$x(n)$为原有目标序列;$\omega(n)$为矩形窗信号,且有

$$\omega(n) = \begin{cases} 1, & 0 \leqslant n \leqslant L-1 \\ 0, & 其他 \end{cases}$$

假设目标序列是单正弦信号,即

$$x(n) = \cos\omega_0 n$$

目标序列的傅里叶变换可以表示为

$$\hat{X}(\omega) = \frac{1}{2}[W(\omega - \omega_0) + W(\omega + \omega_0)] \tag{2.107}$$

$W(\omega)$是窗函数的傅里叶变换,可表示为

$$W(\omega) = \frac{\sin\left(\dfrac{\omega L}{2}\right)}{\sin\left(\dfrac{\omega}{2}\right)} e^{\frac{-j\omega(L-1)}{2}} \tag{2.108}$$

接着使用DFT方法计算$\hat{X}(\omega)$。在时域序列$\hat{x}(n)$后补$N-L$个零,就可以计算截断后的DFT结果。需要指出的是,对信号进行加窗处理后,会使得功率扩散到整个频率区间上(称为"泄漏")。这种情况很好理解,根据傅里叶变换的知识,时域乘上矩形窗信号,对应着频域上卷积矩形窗信号的频谱,而矩形窗信号的频谱在式(2.108)已经给出,显然理想情况下的窗函数频谱$W(\omega)$是一个无限长的频域信号,所以卷积后一定会导致信号功率扩散到整个频率区间上。

为了降低泄漏带来的影响,一般可以使用下降较为平缓的窗信号,即在频率域上有较低旁瓣的窗信号。如汉宁窗信号:

$$\omega(n) = \begin{cases} \dfrac{1}{2}\left(1 - \cos\dfrac{2\pi}{L-1}n\right), & 0 \leqslant n \leqslant L-1 \\ 0, & 其他 \end{cases}$$

选取下降平缓的窗信号,虽然能降低泄漏,但增加了$W(\omega)$的主瓣宽度,降低了分辨率。

加窗序列$\hat{x}(n)$和原始序列$x(n)$之间的频域关系为

$$\hat{X}(\omega) = \frac{1}{2\pi}\int_{-\pi}^{\pi} X(\theta) W(\omega-\theta)\,\mathrm{d}\theta \tag{2.109}$$

同时,加窗序列 $\hat{x}(n)$ 经过 DFT 处理后得到的结果是频谱 $\hat{X}(\omega)$ 的采样形式,有

$$\begin{aligned}\hat{X}(k) &= \hat{X}(\omega)\big|_{\omega=\frac{2\pi k}{N}} \\ &= \frac{1}{2\pi}\int_{-\pi}^{\pi} X(\theta) W\!\left(\frac{2\pi k}{N}-\theta\right)\mathrm{d}\theta,\quad k=0,1,\cdots,N-1\end{aligned} \tag{2.110}$$

目标序列加窗后进行 DFT 处理的结果会受到窗函数频谱的影响,然而这种影响应该避免或者让其最小化。

2.3 采样 z 变换

2.3.1 采样 z 变换的定义

根据先前的讨论,已知周期序列的离散傅里叶级数的系数 $\tilde{X}(k)$ 和原序列 $\tilde{x}(n)$ 的一个周期内的 z 变换在单位圆的 N 等分点上的采样值相同,该处理即频率域上的采样。本节主要讨论频率采样的方法适用条件以及适用序列。

假设有非周期序列 $x(n)$,其 z 变换为

$$X(z) = \sum_{n=-\infty}^{+\infty} x(n) z^{-n} \tag{2.111}$$

根据绝对可和,其傅里叶变换存在且连续,所以该序列的收敛域包含整个单位圆。对于有限长序列来说,总能满足收敛域是单位圆的条件。如图 2.12 所示,对 $X(z)$ 在单位圆上进行采样,采样间隔为 N,即进行 N 点均分采样,能够得到周期序列

$$\tilde{X}(k) = X(z)\big|_{z=W_N^{-k}} = \sum_{n=-\infty}^{\infty} x(n) W_N^{nk} \tag{2.112a}$$

$$W_N = \mathrm{e}^{-\mathrm{j}\left(\frac{2\pi}{N}\right)} \tag{2.112b}$$

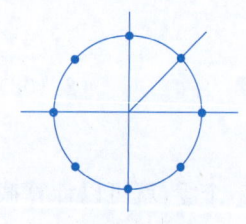

图 2.12 单位圆采样示意图

现在研究通过上式采样结果能否恢复还原出原序列 $x(n)$。

根据之前的讨论,已知周期序列 $\tilde{X}(k)$ 和周期序列 $\tilde{x}(n)$ 之间有唯一对应关系

$$\tilde{x}(n) = \frac{1}{N}\sum_{k=0}^{N-1}\tilde{X}(k) W_N^{-kn} \tag{2.113}$$

将式(2.112a)代入式(2.113)中,能够得到周期序列 $\tilde{x}(n)$ 和原始序列 $x(n)$ 之间的关系

$$\tilde{x}(n) = \frac{1}{N}\sum_{k=0}^{N-1}\sum_{m=-\infty}^{+\infty} x(m) W_N^{km} W_N^{-nk}$$

改变求和号的次序,得到

$$\tilde{x}(n) = \sum_{m=-\infty}^{+\infty} x(m)\left[\frac{1}{N}\sum_{k=0}^{N-1} W_N^{-k(n-m)}\right] \tag{2.114}$$

可以推出

$$\frac{1}{N}\sum_{k=0}^{N-1}W_N^{-k(n-m)}=1, \quad m=n+rN$$

当 m 等于其他值时,上式等于零。联合上述讨论可以得到

$$\tilde{x}(n)=\sum_{r=-\infty}^{+\infty}x(n+rN) \tag{2.115}$$

由此可以看出,非周期序列按照一定的周期 N 不断重复组成得到了周期序列。根据前面的讨论可知,时域采样造成频率域的周期延拓。在此处讨论中可以看到时域和频率域的对称性现象,即频率域采样会导致时域的周期延拓。

需要指出的是,如果序列 $x(n)$ 不是有限长序列,那么经过频率域采样,即时域延拓后,会出现时域混叠现象,导致误差。当频域采样越密时,即采样点数 N 越多,误差越小。

如果序列 $x(n)$ 是有限长序列,点数为 M,当频域采样不够密,即 $N<M$ 时,$x(n)$ 进行周期延拓,周期为 N。在这种情况下会发生混叠的现象,不能从周期序列 $\tilde{x}(n)$ 中失真地恢复出原序列 $x(n)$。在混叠情况下会存在信号的失真。

如果序列 $x(n)$ 是有限长序列,点数为 M,并且当频域采样足够密,即 $M\leqslant N$ 时,$x(n)$ 进行周期延拓。在这种情况下不会发生混叠的现象,从周期序列 $\tilde{x}(n)$ 中可以无失真地恢复出原序列 $x(n)$。频域采样不失真的条件是频率域采样点数 N 大于或等于 M。此时,有

$$x_N(n)=\tilde{x}_N(n)R_N(n)=\sum_{r=-\infty}^{\infty}x(n+rN)R_N(n)=x(n), \quad M\leqslant N \tag{2.116}$$

如果序列 $x(n)$ 是有限长序列,点数小于或等于 N,可以对序列 $x(n)$ 进行 z 变换后,在单位圆上进行 N 均分点采样后进行表示。

2.3.2 插值函数

上述讨论中指出,N 个频率域采样值 $X(k)$ 表达原有限长序列能够不失真,那么该采样值 $X(k)$ 也同样可以表达整个 $X(z)$ 以及频率域响应 $X(e^{j\omega})$。

假设有限长序列 $x(n)(0\leqslant n\leqslant N-1)$ 的 z 变换为

$$X(z)=\sum_{n=0}^{N-1}x(n)z^{-n}$$

同时,有

$$\tilde{x}(n)=\frac{1}{N}\sum_{k=0}^{N-1}X(k)W_N^{-nk}$$

上述两式整合后,有

$$\begin{aligned}X(z)&=\sum_{n=0}^{N-1}\left[\frac{1}{N}\sum_{k=0}^{N-1}X(k)W_N^{-nk}\right]z^{-n}=\frac{1}{N}\sum_{k=0}^{N-1}X(k)\left[\sum_{n=0}^{N-1}W_N^{-nk}z^{-n}\right]\\ &=\frac{1}{N}\sum_{k=0}^{N-1}X(k)\frac{1-W_N^{-Nk}z^{-N}}{1-W_N^{-k}z^{-1}}=\frac{1-z^{-N}}{N}\sum_{k=0}^{N-1}\frac{X(k)}{1-W_N^{-k}z^{-1}}\end{aligned} \tag{2.117}$$

上式为用 N 个频率采样对 $X(z)$ 进行恢复的插值公式。同样可以由下式表示：

$$X(z) = \sum_{k=0}^{N-1} X(k) \Phi_k(z) \tag{2.118}$$

式中

$$\Phi_k(z) = \frac{1}{N} \frac{1-z^{-N}}{1-W_N^{-k} z^{-1}} \tag{2.119}$$

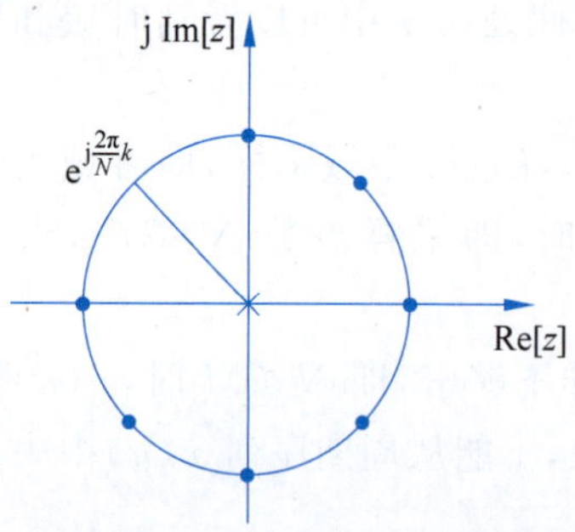

式(2.119)称为插值函数。接下来讨论插值函数 $\Phi_k(z)$。令 $1-W_N^{-k} z^{-1}$ 为零，则有

$$z = W_N^{-k} = e^{j\frac{2\pi}{N}k}$$

的一个极点，可以发现同样的位置有一个零点，可以相互抵消。所以插值函数 $\Phi_k(z)$ 只有在 $r=k$ 处不为零，在其他 $N-1$ 个采样点上都是零点。同时，在 $z=0$ 处有 $N-1$ 阶极点。插值函数的零极点如图 2.13 所示。

图 2.13 插值函数的零极点

接着来讨论频率响应。对单位圆上求 z 变换，即 $z=e^{j\omega}$，得到

$$X(e^{j\omega}) = \sum_{k=0}^{N-1} X(k) \Phi_k(e^{j\omega}) \tag{2.120}$$

插值函数为

$$\Phi_k(e^{j\omega}) = \frac{1}{N} \frac{1-e^{-j\omega N}}{1-e^{-j(\omega-k\frac{2\pi}{N})}} = \frac{1}{N} \frac{\sin\left(\frac{\omega N}{2}\right)}{\sin\left(\frac{\omega-\frac{2\pi}{N}k}{2}\right)} e^{-j\left(\frac{N-1}{2}\omega+\frac{k\pi}{N}\right)} \tag{2.121}$$

$$= \frac{1}{N} \frac{\sin\left[N\left(\frac{\omega}{2}-\frac{\pi}{N}k\right)\right]}{\sin\left(\frac{\omega}{2}-\frac{\pi}{N}k\right)} e^{j\frac{k\pi}{N}(N-1)} e^{-j\frac{N-1}{2}\omega}$$

将插值函数进行转换：

$$\Phi_k(e^{j\omega}) = \Phi\left(\omega - k\frac{2\pi}{N}\right) \tag{2.122}$$

式中

$$\Phi(\omega) = \frac{1}{N} \frac{\sin\left(\frac{\omega N}{2}\right)}{\sin\left(\frac{\omega}{2}\right)} e^{-j\left(\frac{N-1}{2}\right)\omega} \tag{2.123}$$

整合上式，得到

$$X(e^{j\omega}) = \sum_{k=0}^{N-1} X(k) \Phi\left(\omega - \frac{2\pi}{N}k\right) \tag{2.124}$$

式有

$$\varPhi\left(\omega-\frac{2\pi}{N}k\right)=\begin{cases}1, & \omega=k\dfrac{2\pi}{N}=\omega_k\\ 0, & \omega=i\dfrac{2\pi}{N}=\omega_i, i\neq k\end{cases}$$

即当 $\omega_k=k(2\pi/N)$ 时上式等于 1,在其他采样点上上式等于 0,即

$$X(\mathrm{e}^{\mathrm{j}\omega})\big|_{\omega=\frac{2\pi}{N}k}=X(k),\quad k=0,1,\cdots,N-1 \tag{2.125}$$

习题

1. 计算下列信号的傅里叶变换:
(1) $\delta[n+1]-\delta[n-1]$;
(2) $\delta[n-6]+\delta[n+6]$。

2. 计算下列信号的傅里叶变换:
(1) $x_1[n]=x[-n-5]-x[-n+5]$;
(2) $x_2[n]=(1-3n)^2 x[n]+x^*[-n]$。

3. 证明 DFT 帕塞瓦尔定理:若 $X(k)=\mathrm{DFT}[x(n)]$,则

$$\sum_{n=0}^{N-1}|x(n)|^2=\frac{1}{N}\sum_{k=0}^{N-1}|X(k)|^2$$

并说明帕塞瓦尔定理的意义。

4. 连续时间信号 $x(t)=\cos(2000\pi t+\theta)$,对该信号从 $t=0$ 开始均匀采样,共采集 N 点,采样时间间隔 $T_S=0.5\mathrm{ms}$。
(1) 写出采样后的序列 $x(n)$ 的表达式;
(2) 对该序列进行 N 点的离散傅里叶变换,若希望离散傅里叶变换的分辨率达到 1Hz,应采集多少个数据点?

5. $X(k)$ 为 8 点实序列的 DFT,已知

$$X(0)=6,\quad X(1)=4+\mathrm{j}3,\quad X(2)=-3-\mathrm{j}2,\quad X(3)=2-\mathrm{j},\quad X(4)=4$$

根据 DFT 性质计算 $x(0)$、$x(4)$、$\sum_{n=0}^{7}x(n)$ 和 $\sum_{n=0}^{7}|x(n)|^2$。

6. N 点有限长序列 $x(n)$ 的离散傅里叶变换为 $X(k)=\mathrm{DFT}[x(n)]$,试证明:
(1) 若 $x(n)=-x(N-1-n)$,则 $X(0)=0$。
(2) 若 $x(n)=x(N-1-n)$ 且 N 为偶数,则 $X\left(\dfrac{N}{2}\right)=0$。

7. 已知序列 $x(n)=\{1,-1,1\}$,验证其满足帕塞瓦尔定理。

8. 已知序列 $x(n)=\{1,1,1\}$,求其 3 点 DFT,并说明如何从 z 变换得到 DFT。

9. 计算 $x(n)=\{1,2\}$ 和 $h(n)=\{3,4\}$ 的 2 点循环卷积。

10. 用 DFT 计算 $x(n)=\{1,2\}$ 和 $h(n)=\{3,4\}$ 的线性卷积。

11. 已知序列 $x(n)=\{1,0,1,2\}$,求其向右圆周移位 2 点后的 DFT。

第3章 快速傅里叶变换

3.1 快速傅里叶变换的原理

3.1.1 离散傅里叶变换的计算

前面介绍了离散傅里叶变换,其在各种数字信号处理的应用中占据了重要地位,所以其简化计算也受各界重视。

计算 DFT 的基本过程就是将下式的原序列计算得到长度为 N 的复序列的过程,即

$$X(k)=\sum_{n=0}^{N-1}x(n)W_N^{kn}, \quad 0 \leqslant k \leqslant N-1 \tag{3.1}$$

式中

$$W_N = \mathrm{e}^{-\mathrm{j}\frac{2\pi}{N}}$$

离散傅里叶逆变换计算公式为

$$x(n)=\frac{1}{N}\sum_{k=0}^{N-1}X(k)W_N^{-nk}, \quad 0 \leqslant n \leqslant N-1 \tag{3.2}$$

此处计算 DFT 和 IDFT 的方法相类似,所以用于计算 DFT 的方法同样也适用于 IDFT。

观察式(3.2),对于每个 k 值,直接计算需要进行 N 次复数乘法和 $N-1$ 次复数加法,即 $4N$ 次实数乘法和 $4N-2$ 实数加法。因此,长度为 N 的 DFT 需要进行 N^2 次复数乘法和 N^2-N 次复数加法。

简化计算 DFT 的两种性质如下:

对称性:

$$W_N^{k+\frac{N}{2}}=-W_N^k \tag{3.3}$$

周期性:

$$W_N^{k+N}=W_N^k \tag{3.4}$$

根据以上两个性质引出快速傅里叶变换,即计算 DFT 的简化版本。

3.1.2 基 2 时域抽取法 FFT

本节介绍快速傅里叶变换的基础版本,也称作基 2 时域抽取法 FFT。这种方法的基本思路就是在时域中将一个 N 点的计算分解为两个 $N/2$ 点的计算,每个 $N/2$ 点的计算再次分裂为 $N/4$ 点的计算,每个 $N/4$ 点的计算再次分裂为 $N/8$ 点的计算,以此类推。首先任何信号都可以分解为偶采样点和奇采样点,将原序列 $x(n)$ 分解为偶序列和奇序列。针对离散序列,更普遍描述为 $x[n]$,所以本节也使用 $x[n]$ 描述。$x[n]$ 分解为 $x[2n]$ 和 $x[2n+1]$,分别用 $y[n]$ 和 $z[n]$ 表示。将偶序列和奇序列代入计算,有

$$\begin{aligned}X[k]&=\sum_{n=0}^{N-1}x[n]\mathrm{e}^{-\mathrm{j}2\pi\frac{k}{N}n}=\sum_{n=0}^{N/2-1}x[2n]\mathrm{e}^{-\mathrm{j}2\pi\frac{k}{N}(2n)}+\sum_{n=0}^{N/2-1}x[2n+1]\mathrm{e}^{-\mathrm{j}2\pi\frac{k}{N}(2n+1)}\\&=\sum_{n=0}^{N/2-1}y[n]\mathrm{e}^{-\mathrm{j}\frac{4\pi kn}{N}}+\sum_{n=0}^{N/2-1}z[n]\mathrm{e}^{-\mathrm{j}\frac{2\pi k(2n+1)}{N}}\end{aligned}$$

$$\tag{3.5}$$

式(3.5)可改写为

$$X[k] = \sum_{n=0}^{N/2-1} y[n]e^{-j\frac{A\pi kn}{N}} + e^{-j\frac{2\pi k}{N}} \sum_{n=0}^{N/2-1} z[n]e^{-j\frac{A\pi kn}{N}}$$

由上式可以看出,等号右边为两项离散傅里叶变换的表达式,所以可表示为

$$X[k] = Y[k] + e^{-j\frac{2\pi k}{N}} Z[k], \quad k = 0, 1, \cdots, N-1 \tag{3.6}$$

式中:$Y[k]$为偶采样点的离散傅里叶变换;$Z[k]$为奇采样点的离散傅里叶变换,$Z[k]$前面的系数是旋转因子。可以将式(3.6)再进一步分解,以提高效率,前半段计算式如下:

$$X[k] = Y[k] + e^{-j\frac{2\pi k}{N}} Z[k], \quad k = 0, \cdots, N/2 - 1 \tag{3.7}$$

后半段计算式如下:

$$X[k+N/2] = Y[k+N/2] + e^{-j\frac{2\pi(k+N/2)}{N}} Z[k+N/2], \quad k = 0, \cdots, N/2 - 1 \tag{3.8}$$

式(3.7)和式(3.8)中$Y[k]$和$Z[k]$周期都为$N/2$,并且是关于$N/2$点信号的离散傅里叶变换。同时,旋转因子还可以写为

$$e^{-j\frac{2\pi(k+N/2)}{N}} = e^{-j\frac{2\pi k+\pi N}{N}} = e^{-j\frac{2\pi k}{N}} e^{-j\pi} = -e^{-j\frac{2\pi k}{N}}$$

上式代入式(3.8),简化后可得

$$X[k+N/2] = Y[k] - e^{-j\frac{2\pi k}{N}} Z[k], \quad k = 0, 1, \cdots, N/2 - 1 \tag{3.9}$$

图 3.1 展示了快速傅里叶变换的一级计算,该计算对应着式(3.7)和式(3.9)。采用同样的方法,也可以对每个 $N/2$ 点分裂为 $N/4$ 点进行计算,以此类推,最后推至 2 点的 FFT。需要指出的是,图中展示的每个 2 点 FFT 计算称为"蝶形运算"。很明显,针对旋

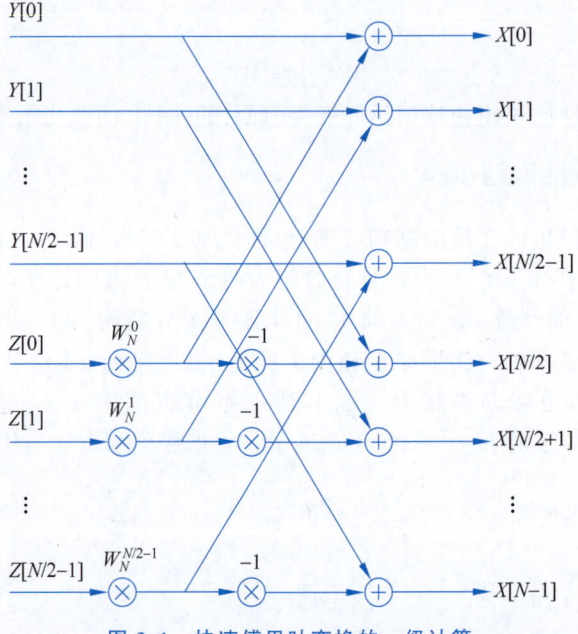

图 3.1 快速傅里叶变换的一级计算

转因子来说,有重复的结果,如 $W_2^0=W_4^0=W_8^0,W_4^1=W_8^2$,所以在实际计算过程中,对旋转因子不必重复计算,找寻相同的规律即可。

针对 N 点的序列,FFT 的计算每一级有 N 次复数乘法和 N 次复数加法。而 FFT 共有 $\log_2 N$ 级,所以 FFT 的计算量与 $N \log_2 N$ 成正比。计算量和运算复杂度相关,通过先前的讨论可知,DFT 的运算复杂度与 N^2 成正比,可见,快速傅里叶变换经过了大幅简化后,在实际使用中具有强大的实际意义。

图 3.2 展示了 8 点快速傅里叶变换的计算过程。

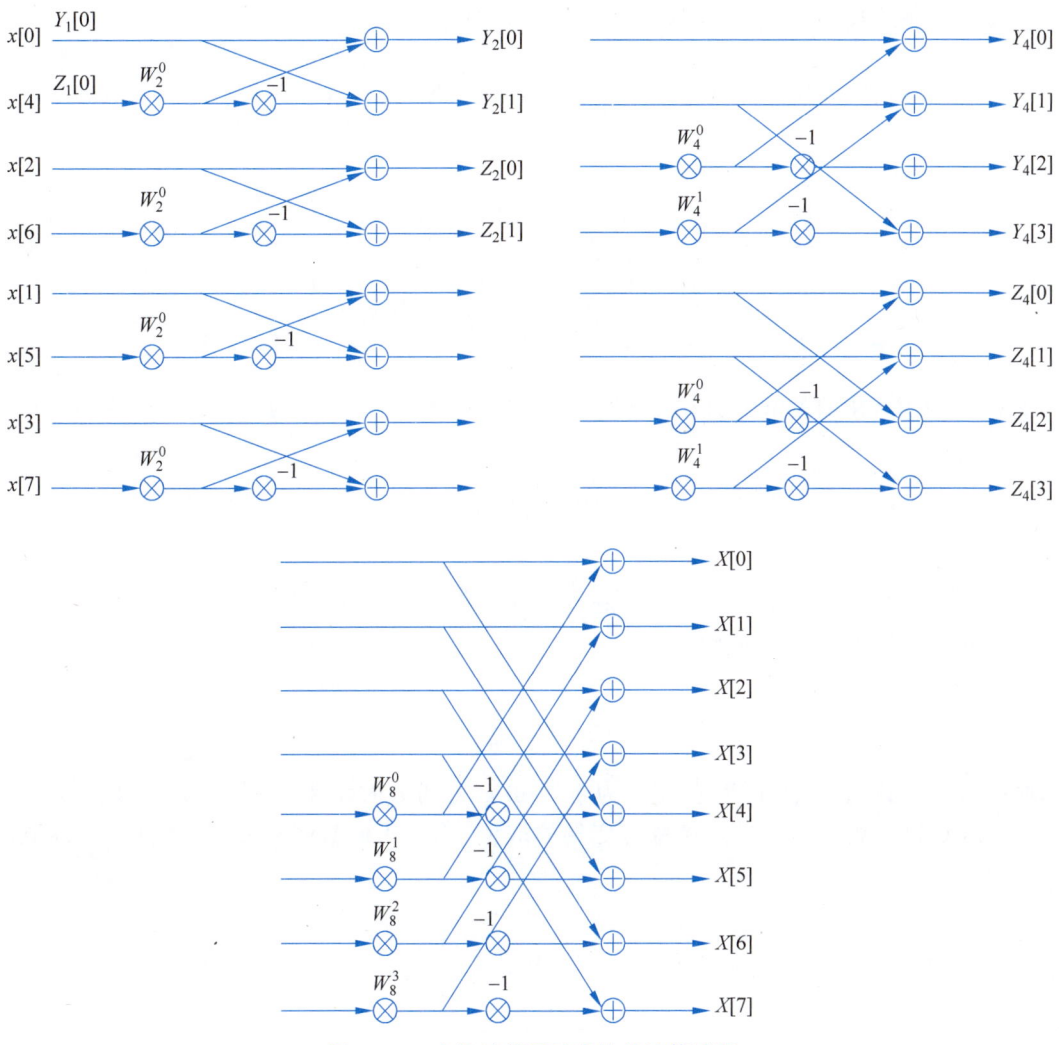

图 3.2 8 点快速傅里叶变换的计算过程

需要指出的是,FFT 计算过程中要求数据总是采样点数为 2 的完全幂。当数据量不够时,需要在信号末尾补零。额外补的零不会影响数据本身的傅里叶变换结果;此外,补零虽然不能增加 DFT 频谱的准确性(因为并没有增加信号的信息),但是可以减小频率间隔。

3.1.3 基 2 频域抽取法 FFT

基 2 频域抽取法 FFT,也称为桑德-图基算法。基 2 频域抽取法的主要思路为将输出序列 $X[k]$ 按照顺序分解成更短的序列。对比时间抽取算法是将输入序列 $x[n]$ 分解成更短的序列。一般将对输出序列 $X[k]$ 进行奇偶分解的方法称为频域抽取法。

接下来推导计算频域抽取法的公式。为了后续方便将输出序列 $X[k]$ 进行奇偶分解,首先将输入序列 $x[n]$ 进行前后两半的分解,有

$$X[k]=\sum_{n=0}^{N-1}x[n]W_N^{nk}=\sum_{n=0}^{\frac{N}{2}-1}x[n]W_N^{nk}+\sum_{n=\frac{N}{2}}^{N-1}x[n]W_N^{nk}$$

$$=\sum_{n=0}^{\frac{N}{2}-1}x[n]W_N^{nk}+\sum_{n=0}^{\frac{N}{2}-1}x\left[n+\frac{N}{2}\right]W_N^{(n+\frac{N}{2})k} \tag{3.10}$$

$$=\sum_{n=0}^{\frac{N}{2}-1}\left[x[n]+x\left[n+\frac{N}{2}\right]W_N^{\frac{Nk}{2}}\right]\cdot W_N^{nk},\quad k=0,1,\cdots,N-1$$

注意,因为上式用的是 W_N^{nk} 而不是 $W_{N/2}^{nk}$,所以上式不是 $N/2$ 点的快速傅里叶变换。根据性质

$$W_N^{\frac{N}{2}}=-1$$

可以推得

$$W_N^{\frac{Nk}{2}}=(-1)^k$$

将上式代入式(3.10)中,可以得到

$$X[k]=\sum_{n=0}^{\frac{N}{2}-1}[x[n]+(-1)^k x[x+\frac{N}{2}]]W_N^{nk},\quad k=0,1,\cdots,N-1 \tag{3.11}$$

对式(3.11)进行讨论,可以发现 k 为奇数和 k 为偶数时结果不同,所以需要分类讨论。当 k 为奇数时用 $2r+1$ 代替自变量的取值,当 k 为偶数时用 $2r$ 代替自变量的取值,有

$$X[2r]=\sum_{n=0}^{\frac{N}{2}-1}\left[x[n]+x\left[n+\frac{N}{2}\right]\right]W_N^{2nr}=\sum_{n=0}^{\frac{N}{2}-1}\left[x[n]+x\left[n+\frac{N}{2}\right]\right]W_{\frac{N}{2}}^{nr} \tag{3.12}$$

$$X[2r+1]=\sum_{n=0}^{\frac{N}{2}-1}\left[x[n]-x\left[n+\frac{N}{2}\right]\right]W_N^{n(2r+1)}$$

$$=\left\{\sum_{n=0}^{\frac{N}{2}-1}\left[x[n]-x\left[n+\frac{N}{2}\right]\right]W_N^n\right\}W_{\frac{N}{2}}^{nr} \tag{3.13}$$

其实式(3.12)和式(3.13)都是关于 $N/2$ 点的离散傅里叶变换,只是式(3.12)为输

入序列 $x[n]$ 的前一半和后一半相加结果的 $N/2$ 点的离散傅里叶变换,式(3.13)为输入序列 $x[n]$ 的前一半和后一半的差和旋转因子 W_N^n 作积后的 $N/2$ 点的离散傅里叶变换。

根据上述运算关系的推导能够得到图 3.3 所示的针对频域抽取法的蝶形运算。

图 3.3 频域抽取法的蝶形运算

图 3.4 展示了 8 点快速傅里叶变换的计算。

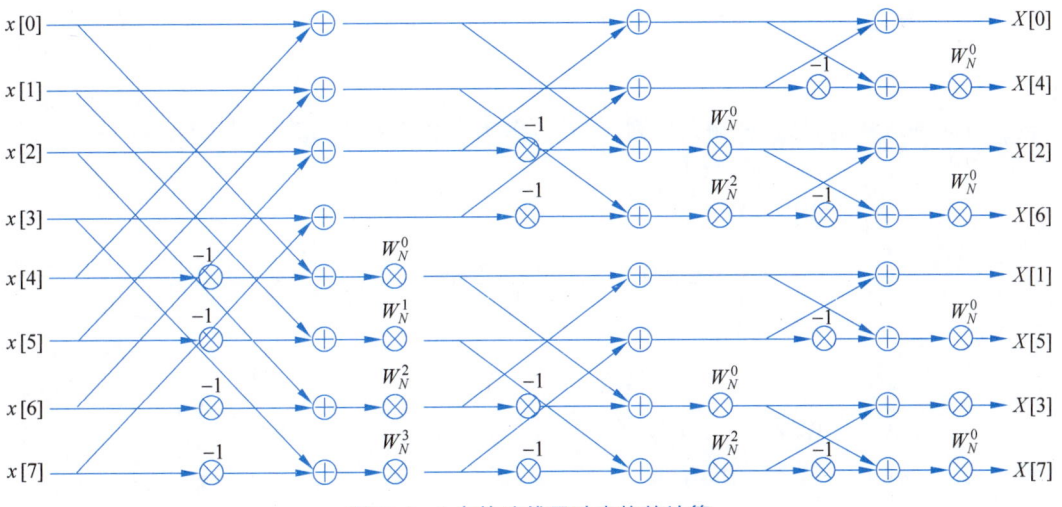

图 3.4 8 点快速傅里叶变换的计算

频域抽取法的流程和时域抽取法类似,N 是 2 的 k 次幂(k 为整数),并且 $N/2$ 依然是偶数,所以可以对每个 $N/2$ 点的傅里叶变换进行奇数和偶数的分解,即将其分解为 2 倍数目的 $N/4$ 点的傅里叶变换。其分解过程也在图 3.4 中有所展示。如此分解直到 k 次,图 3.4 为 8 点的傅里叶变换,所以进行了 3 次分解。

观察图 3.4 的运算情况,可以发现需要 $(N/2)\log_2 N$ 次复数乘法和 $N \log_2 N$ 次复数加法,与时间抽取法的计算量是相同的。

3.1.4 基 4 快速傅里叶变换算法

前面是关于基 2 快速傅里叶变换算法,实际应用中除了基 2 算法以外,还使用基 4 算法。基 4 快速傅里叶变换算法,即基底为 4。当 N 为 2 的 m 次幂时,可以将数据进行 m 次的分解后,利用时域或者频域抽取法计算傅里叶变换,这是基 2 快速傅里叶变换算法。当 N 为 4 的 m 次幂时,此时使用基 2 算法多有不便,徒增计算量,使用基 4 快速傅里叶变换算法可以取得更好的效果。

接下来首先通过介绍基 4 时域抽取法让读者了解基 4 快速傅里叶变换算法的具体流程。

当 N 为 4 的 k 次幂时，可以将 n 和 k 按照四进制来表示，有

$$n = \sum_{i=0}^{m-1} n_i 4^i, \quad n_i = 0, 1, 2, 3 \tag{3.14}$$

$$k = \sum_{i=0}^{m-1} k_i 4^i, \quad k_i = 0, 1, 2, 3 \tag{3.15}$$

将式(3.14)和式(3.15)代入式(3.10)中，有

$$X[k] = \sum_{n=0}^{N-1} x[n] W_N^{nk}$$

$$= \sum_{n_0=0}^{3} \sum_{n_1=0}^{3} \sum_{n_2=0}^{3} \cdots \sum_{n_{m-1}=0}^{3} x[n_{m-1}, n_{m-2}, \cdots, n_1, n_0] W_N^{nk}, \quad 0 \leqslant k \leqslant N-1 \tag{3.16}$$

按照时间抽取法的思路，把输入序列 $x[n]$ 分解为奇数序列和偶数序列，即

$$W_N^{nk} = W_N^{(\sum_{i=0}^{m-1} k_i 4^i) 4^{m-1} n_{m-1}} \cdot W_N^{(\sum_{i=0}^{m-1} k_i 4^i) 4^{m-2} n_{m-2}} \cdot$$

$$W_N^{(\sum_{i=0}^{m-1} k_i 4^i) 4^{m-3} n_{m-3}} \cdots W_N^{(\sum_{i=0}^{m-1} k_i 4^i) 4 n_1} \cdot W_N^{(\sum_{i=0}^{m-1} k_i 4^i) n_0} \tag{3.17}$$

此时 $N = 4^m$，有

$$W_N^{nk} = W_N^{4^{m-1} k_0 n_{m-1}} \cdot W_N^{(4k_1+k_0) 4^{m-2} n_{m-2}} \cdots W_N^{(\sum_{i=0}^{m-2} k_i 4^i) 4 n_1} \cdot W_N^{(\sum_{i=0}^{m-1} k_i 4^i) n_0} \tag{3.18}$$

将式(3.18)代入式(3.16)中，有

$$X[k] = \sum_{n_0=0}^{3} \sum_{n_1=0}^{3} \cdots \sum_{n_{m-1}=0}^{3} x[n_{m-1}, n_{m-2}, \cdots, n_1, n_0]$$

$$\cdot W_N^{4^{m-1} k_0 n_{m-1}} \cdot W_N^{(4k_1+k_0) 4^{m-2} n_{m-2}} \cdots W_N^{(\sum_{i=0}^{m-2} k_i 4^i) 4 n_1} \cdot W_N^{(\sum_{i=0}^{m-1} k_i 4^i) n_0} \tag{3.19}$$

通过上式可以求得当自变量为 n_{m-1}、因变量为 k_0 时的 $x[n]$ 4 点傅里叶变换为

$$X_1[k_0, n_{m-2}, \cdots, n_1, n_0] = \sum_{n_{m-1}=0}^{3} x[n_{m-1}, n_{m-2}, \cdots, n_1, n_0] W_N^{4^{m-1} k_0 n_{m-1}}$$

$$= \sum_{n_{m-1}=0}^{3} x[n_{m-1}, n_{m-2}, \cdots, n_1, n_0] W_4^{k_0 n_{m-1}} \tag{3.20}$$

同时也可以得到自变量为 n_{m-2}、因变量为 k_1 的 $x[n]$ 4 点傅里叶变换，即 X_1 乘上旋转因子 $W_N^{4^{m-2} k_0 n_{m-2}}$ 后得到的结果为

$$X_2[k_0, k_1, n_{m-3}, \cdots, n_1, n_0] = \sum_{n_{m-2}=0}^{3} X_1[k_0, n_{m-2}, \cdots, n_1, n_0] W_N^{4^{m-1} k_1 n_{m-2}} \cdot W_N^{4^{m-2} k_0 n_{m-2}}$$

$$= \sum_{n_{m-2}=0}^{3} [X_1[k_0,n_{m-2},\cdots,n_1,n_0]W_N^{4^{m-2}k_0 n_{m-2}}]W_4^{k_1 n_{m-2}} \quad (3.21)$$

同样可以计算得到 X_3 的表达式为

$$X_3[k_0,k_1,k_2,n_{m-4},\cdots,n_1,n_0]$$
$$= \sum_{n_{m-3}=0}^{3} [X_2[k_0,k_1,n_{m-3},\cdots,n_1,n_0]W_N^{4^{m-3}(4k_1+k_0)n_{m-3}}]W_4^{n_{m-3}k_2} \quad (3.22)$$

观察规律可以得到中间第 i 项的表达式为

$$X_i[k_0,k_1,k_{m-1},n_{m-i-1},\cdots,n_1,n_0]$$
$$= \sum_{n_{m-i}=0}^{3} [X_{i-1}[k_0,k_1,\cdots,k_{i-2},n_{m-i},\cdots,n_1,n_0]W_N^{4^{m-i}(\sum_{j=0}^{i-2}k_j 4^j)n_{m-i}}]W_4^{k_{i-1}n_{m-i}}$$
$$\quad (3.23)$$

最后一项，即第 m 项为

$$X_m[k_0,k_1,\cdots,k_{m-2},k_{m-1}]$$
$$= \sum_{n_0=0}^{3} [X_{m-1}[k_0,k_1,\cdots,k_{m-2},n_0] \cdot W_N^{(\sum_{j=0}^{m-2}k_j 4^j)n_0}]W_4^{n_0 k_{m-1}} \quad (3.24)$$

接下来以 $N=16$ 为例介绍基 4 时域抽取法的计算过程。

显然，N 是 4 的 2 次幂，所以 $m=2$，有

$$n = 4n_1 + n_0$$
$$k = 4k_1 + k_0$$

把以上两式代入式(3.19)中，可以得到

$$X[k] = \sum_{n_0=0}^{3} \sum_{n_1=0}^{3} x[n_1,n_0] W_N^{4n_1 k_0} \cdot W_N^{n_0 k_0} \cdot W_N^{4n_0 k_1} \quad (3.25)$$

通过式(3.25)求 X_1 和 X_2，有

$$X_1[k_0,n_0] = \sum_{n_1=0}^{3} x[n_1,n_0] W_4^{n_1 k_0} \quad (3.26)$$

$$X_2[k_0,k_1] = \sum_{n_0=0}^{3} (X_1[k_0,n_0] W_N^{n_0 k_0}) W_4^{n_0 k_1} \quad (3.27)$$

将上述推导整理后，得到

$$X[k] = X[k_1,k_0] = X_2[k_0,k_1] \quad (3.28)$$

针对 $N=16$ 的情况，具体计算步骤：第一步计算输入序列 $x[n]$ 的 4 点傅里叶变换，此时自变量为 n_1、因变量为 k_0，得到输出结果 $X_1[k_0,n_0]$；第二步是将第一步的计算结果 $X_1[k_0,n_0]$ 乘以旋转因子 $W_N^{n_0 k_0}$ 后的 4 点傅里叶变换，此时自变量为 n_0，因变量为 k_1，得到输出结果 $X_2[k_0,k_1]$。最后一步是将第二步的计算结果整理成正常顺序输出即可。图 3.5 展示了 $N=16$ 时的基 4 快速傅里叶变换计算。

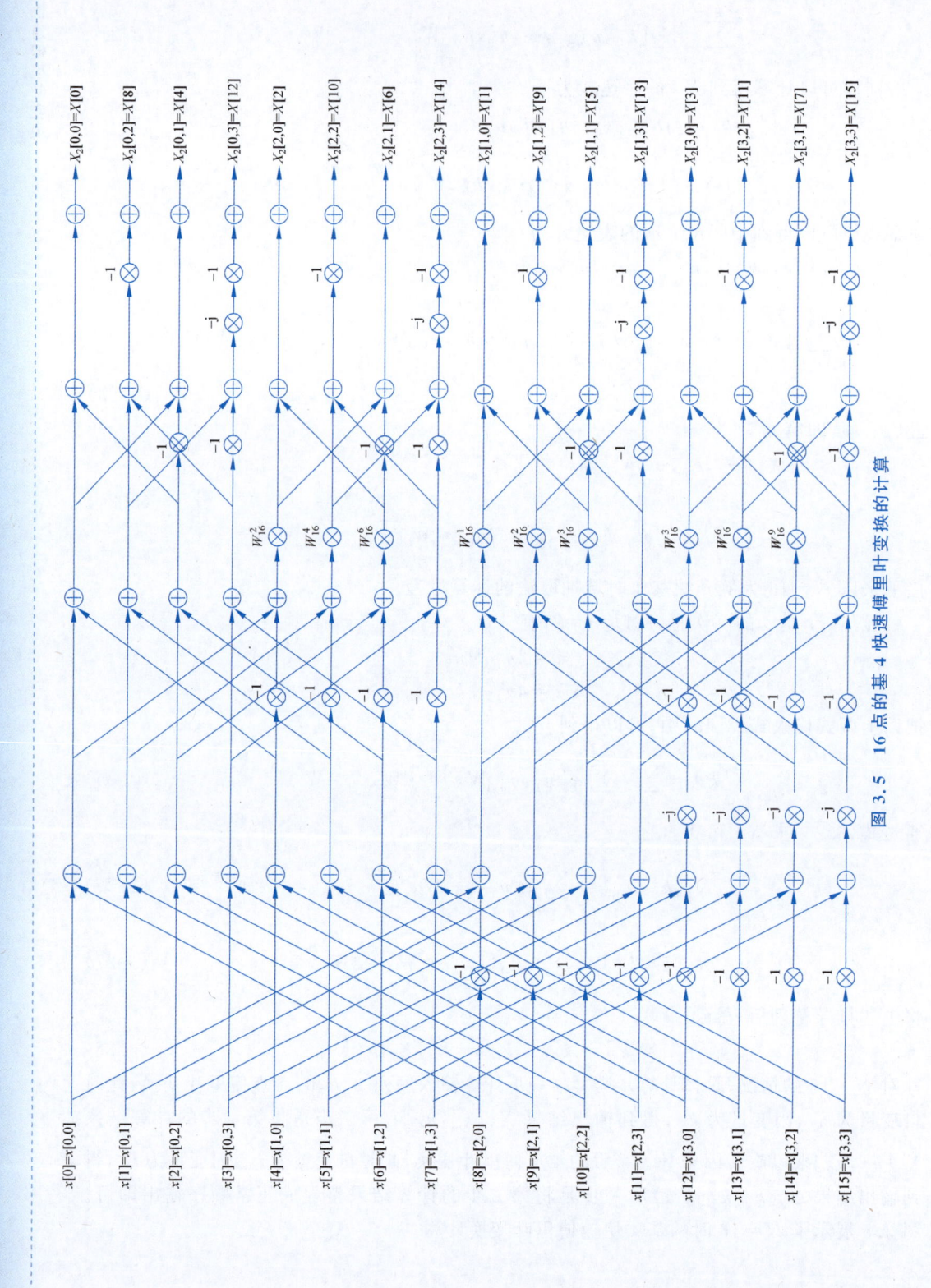

图 3.5 16点的基4快速傅里叶变换的计算

当 N 为 4 的 m 次幂时，基 4 快速傅里叶变换算法的复数乘法计算次数为

$$\frac{3}{4}N(m-1) = \frac{3}{4}N\left(\frac{1}{2}\log_2 N - 1\right) = \frac{3}{8}N\log_2 N \tag{3.29}$$

基 2 时间抽取法的复数乘法次数为 $\frac{N}{2}\log_2 N$，显然基 4 快速傅里叶变换算法的计算次数比基 2 快速傅里叶变换算法的计算次数少了很多，基 4 算法比基 2 算法更快且更有效率。

3.1.5 分裂基快速傅里叶变换算法

从关于基 2 算法（包括时间抽取法和频域抽取法）的介绍中可以看出，每一级的偶序号部分都不需要乘旋转因子，但是奇序号需要乘旋转因子。同时结合基 4 算法比基 2 算法效率更好的特性，如果将基 4 算法和基 2 算法结合在一起，是否能够达到更优的效果，这便是分裂基快速傅里叶变换算法的思路。其主要操作为对偶序号序列使用基 2 快速傅里叶变换算法，对奇序号序列使用基 4 快速傅里叶变换算法。目前来看，分裂基算法是最有效的快速傅里叶变换算法，是最好的 FFT 算法。

分裂基算法同样要求 N 是 2 的整数次幂，有

$$X[k] = \sum_{n=0}^{N-1} x[n]W_N^{nk}, \quad 0 \leqslant k \leqslant N-1$$

接着将 $x[n]$ 分成三个序列，分别对应着一个用于基 2 算法处理的序列和两个用于基 4 算法处理的序列，即

$$x_1[r] = x[2r], \quad 0 \leqslant r \leqslant \frac{N}{2} - 1$$

$$x_2[l] = x[4l+1], \quad 0 \leqslant l \leqslant \frac{N}{4} - 1$$

$$x_3[l] = x[4l+3], \quad 0 \leqslant l \leqslant \frac{N}{4} - 1$$

将以上三式代入傅里叶变换表达式中，可以得到

$$\begin{aligned}
X[k] &= \sum_{r=0}^{\frac{N}{2}-1} x[2r]W_N^{2rk} + \sum_{l=0}^{\frac{N}{4}-1} x[4l+1]W_N^{(4l+1)k} + \sum_{l=0}^{\frac{N}{4}-1} x[4l+3]W_N^{(4l+3)k} \\
&= \sum_{r=0}^{\frac{N}{2}-1} x_1[r]W_{\frac{N}{2}}^{rk} + W_N^k \sum_{l=0}^{\frac{N}{4}-1} x_2[l]W_{\frac{N}{4}}^{lk} + W_N^{3k} \sum_{l=0}^{\frac{N}{4}-1} x_3[l]W_{\frac{N}{4}}^{lk} \\
&= X_1[k] + W_N^k X_2[k] + W_N^{3k} X_3[k]
\end{aligned} \tag{3.30}$$

式中

$$X_1[k] = \sum_{r=0}^{\frac{N}{2}-1} x_1[r] W_{\frac{N}{2}}^{rk} = \sum_{r=0}^{\frac{N}{2}-1} x[2l] W_{\frac{N}{2}}^{rk} \tag{3.31}$$

$$X_2[k] = \sum_{l=0}^{\frac{N}{4}-1} x_2[r] W_{\frac{N}{4}}^{lk} = \sum_{l=0}^{\frac{N}{4}-1} x[4l+1] W_{\frac{N}{4}}^{lk} \tag{3.32}$$

$$X_3[k] = \sum_{l=0}^{\frac{N}{4}-1} x_3[l] W_{\frac{N}{4}}^{lk} = \sum_{l=0}^{\frac{N}{4}-1} x[4l+3] W_{\frac{N}{4}}^{lk} \tag{3.33}$$

式(3.31)为 $N/2$ 点的傅里叶变换,式(3.32)和式(3.33)为 $N/4$ 点的傅里叶变换。组合在一起之后,对于序列 $X[k]$ 就是 N 点的傅里叶变换,并且比单纯的 N 点傅里叶变换效果更好、效率更高、计算量更小。基于傅里叶变换具有周期性这一特质,可以得到

$$X_1[k] = X_1\left[k + \frac{N}{2}\right] = X_1\left[k + m\frac{N}{2}\right]$$

$$X_2[k] = X_2\left[k + \frac{N}{4}\right] = X_2\left[k + m\frac{N}{4}\right]$$

$$X_3[k] = X_3\left[k + \frac{N}{4}\right] = X_3\left[k + m\frac{N}{4}\right]$$

式中: m 为整数。

周期性取值分别为

$$\begin{cases} X[k] = X_1[k] + W_N^k X_2[k] + W_N^{3k} X_3[k] \\ X\left[k + \frac{N}{4}\right] = X_1\left[k + \frac{N}{4}\right] - jW_N^k X_2[k] + jW_N^{3k} X_3[k], & 0 \leqslant k \leqslant \frac{N}{4} - 1 \\ X\left[k + \frac{N}{2}\right] = X_1[k] - W_N^k X_2[k] - W_N^{3k} X_3[k] \\ X\left[k + \frac{3N}{4}\right] = X_1\left[k + \frac{N}{4}\right] + jW_N^k X_2[k] - jW_N^{3k} X_3[k] \end{cases} \tag{3.34}$$

根据式(3.34)可以得到分裂基快速傅里叶变换的蝶形运算如图 3.6 所示。

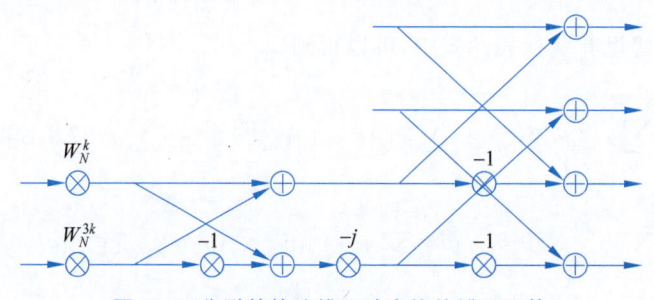

图 3.6　分裂基快速傅里叶变换的蝶形运算

图 3.7 展示了 16 点的分裂基快速傅里叶变换的运算。

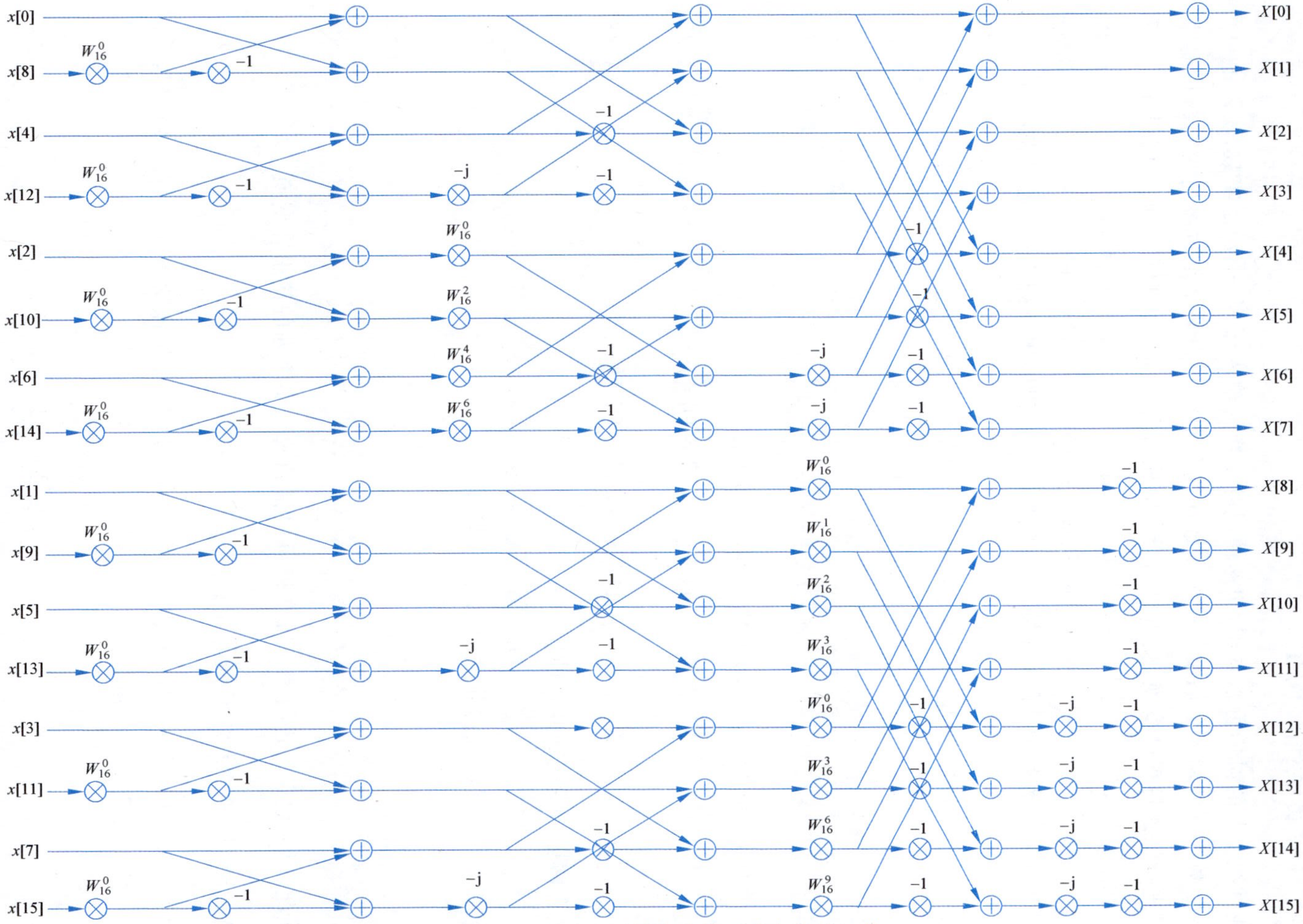

图 3.7　16 点的分裂基快速傅里叶变换的运算

3.2 快速傅里叶变换的应用

3.2.1 计算实序列的 DFT

通过 3.1 节的讨论可以看到,快速傅里叶变换的输入序列 $x[n]$ 是实数,实际上也可以接受复数序列的输入。如果将两个实数序列分别定义为某个复数序列的实部和虚部,再对其进行快速傅里叶变换,就可以用于计算实部和虚部的傅里叶变换。假设 $x_1[n]$ 和 $x_2[n]$ 分别是待求的两个序列,将其分别作为输入序列 $x[n]$ 的实部和虚部,可定义如下:

$$x[n]=x_1[n]+jx_2[n], 0 \leqslant n \leqslant N-1 \qquad (3.35)$$

DFT 具有线性性质,输入和输出呈线性关系,所以输出序列 $X[k]$ 可以表示为

$$X[k]=X_1[k]+jX_2[k] \qquad (3.36)$$

由于 $x[n]$ 的实部和虚部分别是序列 $x_1[n]$ 和 $x_2[n]$,所以可以将三者表示为

$$x_1[n]=\frac{x[n]+x^*[n]}{2}$$

$$x_2[n]=\frac{x[n]-x^*[n]}{2j}$$

对序列 $x_1[n]$ 和 $x_2[n]$ 分别进行 DFT,可得

$$X_1[k]=\frac{1}{2}\{DFT[x[n]]+DFT[x^*[n]]\} \qquad (3.37)$$

$$X_2[k]=\frac{1}{2j}\{DFT[x[n]]-DFT[x^*[n]]\} \qquad (3.38)$$

结合傅里叶变换的共轭性质

$$DFT[x^*[n]]=X^*[N-k]$$

把上式代入式(3.37)和式(3.38)后,得到

$$X_1[k]=\frac{1}{2}[X[k]+X^*[N-k]] \qquad (3.39)$$

$$X_2[k]=\frac{1}{2j}[X[k]-X^*[N-k]] \qquad (3.40)$$

至此,对复数序列进行傅里叶变换可以得到两个实序列的傅里叶变换。

3.2.2 计算 2N 点实序列的 DFT

假设 $g[n]$ 是长度为 $2N$ 的实数序列,可以通过 N 点快速傅里叶变换计算得到 $g[n]$ 的 $2N$ 点傅里叶变换。首先定义输入序列

$$x_1[n]=g[2n]$$
$$x_2[n]=g[2n+1]$$

将以上两式代入式(3.39)和式(3.40),得到

$$X_1[k]=\frac{1}{2}[X[k]+X^*[N-k]]$$

$$X_2[k] = \frac{1}{2j}[X[k] - X^*[N-k]]$$

对 $X_1[k]$ 和 $X_2[k]$ 进行快速傅里叶变换时间抽取法计算来表示 $2N$ 点的傅里叶变换，即

$$G[k] = \sum_{n=0}^{N-1} g[2n] W_{2N}^{2nk} + \sum_{n=0}^{N-1} g[2n+1] W_{2N}^{(2n+1)k}$$
$$= \sum_{n=0}^{N-1} x_1[n] W_N^{nk} + W_{2N}^k \sum_{n=0}^{N-1} x_2[n] W_N^{nk} \tag{3.41}$$

再次推导可得

$$G[k] = X_1[k] + W_{2N}^k X_2[k], \quad k = 0, 1, \cdots, N-1 \tag{3.42}$$

$$G[k+N] = X_1[k] - W_{2N}^k X_2[k], \quad k = 0, 1, \cdots, N-1 \tag{3.43}$$

至此，可以根据以上进行的 N 点傅里叶变换计算得到 $2N$ 点实序列的傅里叶变换。

3.2.3 分析线性滤波

快速傅里叶变换算法从根本上说是傅里叶变换的简化计算版本，是为了节约大量数据的计算量而生的一种算法，其根本目的和初衷是计算大量信号的傅里叶变换。所以对长序列进行分析一直是快速傅里叶变换最重要且最广泛的应用。

有限冲激响应(FIR)滤波器单位冲激响应函数为 $h[n](0 \leqslant n \leqslant M-1)$，输入序列为 $x[n]$。对序列进行快速傅里叶变换计算，算法长度为 N 个点，$N = L + M - 1$，其中 L 为输入 FIR 滤波器中的数据量。在计算过程中，对于任意长度 M，讨论合适的 L 使得 N 是 2 的幂数。

本节主要使用基 2 快速傅里叶变换对信号进行分析。

首先分析单位冲激响应函数 $h[n]$，对 $h[n]$ 进行 N 点的傅里叶变换操作，还需要补充 $L-1$ 个零。傅里叶变换后的结果为 $H[k]$，将该结果进行一次快速傅里叶变换得到个数为 N 的复数序列，注意此时序列的排序方式是逆序顺序。如果使用基 2 频域抽取法 FPT，输入序列的傅里叶变换顺序就和 $H[k]$ 的顺序相同，将输入序列的傅里叶变换结果和 $H[k]$ 相乘，就得到输出结果：

$$Y[k] = H[k] X[k]$$

计算结果 $Y[k]$ 同样也是逆序排列的。

接着对线性滤波的快速傅里叶变换应用进行计算复杂度的分析。在整个计算过程中，$H[k]$ 只进行了一次计算，其计算次数可以忽略。每次快速傅里叶变换需要 $(N/2)\log_2 N$ 次复数乘法和 $N\log_2 N$ 次复数加法。在整个分析中，FFT 算法实际上执行了两次，一次用于 DFT，另一次用于 IDFT。所以复数乘法共有 $N\log_2 N$ 次，复数加法共有 $2N\log_2 N$ 次。与此同时，$Y[k]$ 的每一小段也有 N 次复数乘法和 $N-1$ 次复数加法。所以，对于单一的数据点来说，有 $(N\log_2 N)/L$ 次复数乘法和约 $(2N\log_2 2N)/L$ 次复数加法。另一种线性滤波方法就是直接实现一个 FIR 线性滤波器，显然使用快速傅里叶变换方法的计算次数更少。

3.2.4 其他应用

使用快速傅里叶变换可以计算连续时间信号的傅里叶变换。设有连续时间信号 $x(t)$，需要注意这里使用 $x(t)$ 而非 $x[t]$ 进行表示是因为信号是连续的。同时假设该信号是因果的，即 $t<0$ 时，$x(t)=0$。那么对于连续时间信号 $x(t)$ 的傅里叶变换为

$$X(\omega)=\int_0^\infty x(t)\mathrm{e}^{-\mathrm{j}\omega t}\mathrm{d}t \tag{3.44}$$

其思路为选取极短的时间间隔为 T，对时间信号进行采样，变成离散序列，即可进行快速傅里叶变换的计算。假设极短的时间间隔为 T，并且每个时间间隔内，连续信号 $x(t)$ 的变化非常小。式(3.44)的积分计算可以近似为

$$X(\omega)=\sum_{n=0}^\infty \left(\int_{nT}^{(n+1)T}\mathrm{e}^{-\mathrm{j}\omega t}\mathrm{d}t\right)x(nT)=\sum_{n=0}^\infty \left[\frac{-1}{\mathrm{j}\omega}\mathrm{e}^{-\mathrm{j}\omega t}\right]_{t=nT}^{t=(n+1)T}x(nT)$$
$$=\frac{1-\mathrm{e}^{-\mathrm{j}\omega T}}{\mathrm{j}\omega}\sum_{n=0}^\infty \mathrm{e}^{-\mathrm{j}\omega nT}x(nT) \tag{3.45}$$

当 N 足够大，且 $n>N$ 时，$|x(nT)|$ 非常小，可以忽略，则式(3.45)可写为

$$X(\omega)=\frac{1-\mathrm{e}^{-\mathrm{j}\omega T}}{\mathrm{j}\omega}\sum_{n=0}^{N-1}\mathrm{e}^{-\mathrm{j}\omega nT}x(nT) \tag{3.46}$$

当 $\omega=2k\pi/NT$ 时，式(3.46)可写为

$$X\left(\frac{2\pi k}{NT}\right)=\frac{1-\mathrm{e}^{\frac{-\mathrm{j}2\pi k}{N}}}{\mathrm{j}\frac{2\pi k}{NT}}\sum_{n=0}^{N-1}\mathrm{e}^{\frac{-\mathrm{j}2\pi nk}{N}}x(nT)=\frac{1-\mathrm{e}^{\frac{-\mathrm{j}2\pi k}{N}}}{\mathrm{j}\frac{2\pi k}{NT}}X[k] \tag{3.47}$$

式中，$X[k]$ 为采样信号 $x[n]=x(nT)$ 的 N 点 DFT 结果。

注意，分析过程只是近似计算的思路，得到的结果也只是近似值。

使用快速傅里叶变换还可以对离散信号进行压缩。其主要思路：先通过采样将连续信号离散化，再对离散化后的信号进行快速傅里叶变换，对变换后的系数进行处理计算，设置一个阈值，当系数的绝对值小于阈值时就置为 0，其余的系数保留，再使用 IFFT 算法对处理后的信号进行逆变换，得到压缩后的信号。

习题

1. 一有限序列为 $\{4,3,2,1,5,6,7,8\}$，直接计算其 8 点 DFT。

2. 一有限序列为 $\{4,3,2,1,5,6,7,8\}$，按 DIT-FFT 计算序列的 DFT。

3. 两个实序列 $x_1(n)$ 和 $x_2(n)$，长度均为 N，其 N 点 DFT 分别为 $X_1(k)$ 和 $X_2(k)$，如何通过一次 N 点 FFT 同时求出 $X_1(k)$ 和 $X_2(k)$？

4. 一长度为 $2N$ 的实序列 $x(n)$，其 $2N$ 点 DFT 为 $X(k)$，如何通过一次 N 点 FFT 求出 $X(k)$？

5. 使用给定的蝶形图(图 3.8)，对输入序列 $x[n]=[1,0,-2,3]$ 应用 4 点频率抽取(DIF)快速傅里叶变换，并填充相应的值，最终得到输出 $X[k]$。

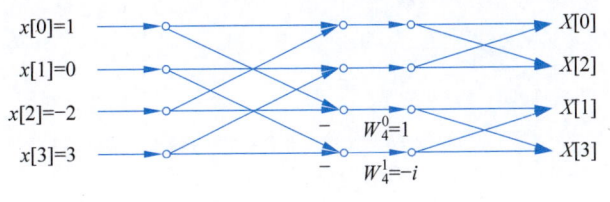

```
x[0]=1  ─→○     ○     ○──→ X[0]
x[1]=0  ─→○     ○     ○──→ X[2]
x[2]=-2 ─→○   ─ ○ $W_4^0=1$  ○──→ X[1]
x[3]=3  ─→○   ─ ○ $W_4^1=-i$ ○──→ X[3]
```

图 3.8　题 5 图

6. 使用给定的蝶形图(图 3.9)，对输入序列 $x[n]=[1,0,1,1,0,-1,1,-1]$ 应用 8 点时间抽取(DIT)快速傅里叶变换，并可视化整个变换过程。

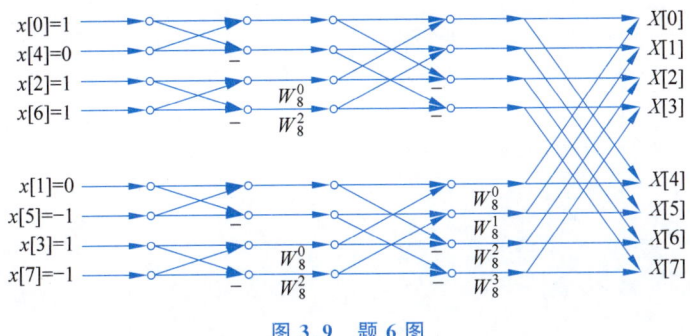

图 3.9　题 6 图

7. 证明快速傅里叶变换的分治递归公式。

8. 针对 $N=4$ 的 DFT 分解方程，基于 FFT 的分治策略，得出 $X[k]$ 针对 DFT 的分解方程，基于 FFT 的分治策略，得出 $X[k]$。

9. 对于一个 4 点输入序列的 DFT：$[R_4[n]=[1,2,3,4]]$，如果采样频率为 1000S/s，求每个输出频率对应的实际频率。

10. 对于一个 4 点输入序列的 DFT：$[R_4[n]=[1,2,3,4]]$ 求每个输出频率 $X_4[0]$，$X_4[1]$，$X_4[2]$，$X_4[3]$ 的幅度。

11. 时域抽取和频域抽取之间的区别是什么？

第4章 小波变换

4.1 多分辨率分析

4.1.1 多分辨率分析概述

人的眼睛观察物体时,若距离物体比较远,即尺度较大,则视野宽,分辨能力低,只能观察事物的概貌而看不清局部细节;若距离物体较近,即尺度较小,则视野窄,分辨能力高,可以观察到事物的局部细节却无法概览全貌。因此,如果既要知道物体的整体轮廓又要看清其局部细节,就必须选择不同的距离对物体进行观察。与人类视觉机理一样,人们对事物、现象或过程的认识会因尺度选择的不同而得出不同的结论,这些结论有些反映事物的本质,有些部分反映事物的本质,有些甚至是错误的认识。显然,仅使用单一尺度通常只能对事物有片面的认识,很难对事物有全面、清楚的认识。只有采用不同的尺度,小尺度上看细节,大尺度上看整体,多种尺度相结合才能既见"树木"又见"森林"。另外,在自然界和工程实践中,许多现象或过程都具有多尺度特征或多尺度效应,同时,人们对现象或过程往往也是在不同尺度上观察及测量的。

多分辨率分析用于在高频时提供良好的时间分辨率和较差的频率分辨率,在低频时提供良好的频率分辨率和较差的时间分辨率。特别是当信号在短时间内有高频分量、在长时间内有低频分量时,这种方法是有意义的。实际应用中遇到的信号通常是这种类型的。图 4.1 显示了这种类型的信号,在整个信号中有一个相对较低的频率分量,在中间的某个地方有一个相对较高的频率分量。

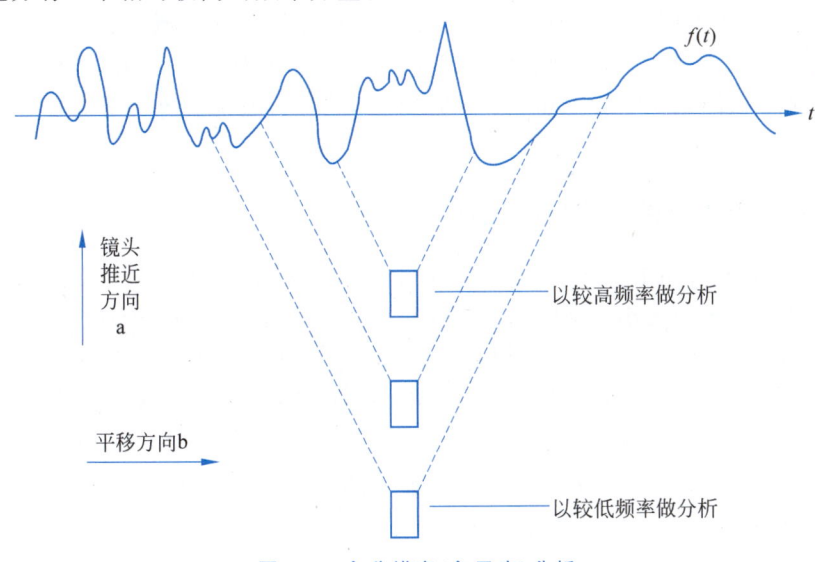

图 4.1 多分辨率(多尺度)分析

因此,多分辨率分析是正确认识事物和现象的重要方法之一。由粗到细或由细到粗地在分辨率上对事物进行分析称为多分辨率分析,又称多尺度分析。多分辨率分析最早用于计算机视觉研究领域,研究人员在划分图像的边缘和纹理时发现边缘和纹理的界限依赖观察与分析的尺度,这激发了他们在不同的尺度下检测图像的峰变点。1987 年,

Mallat 将计算机视觉领域内多尺度分析的思路引入小波分析中研究小波函数的构造及信号按小波变换(WT)的分解和重构,提出了小波多分辨分析的概念,统一了此前各种具体小波的构造方法。Mallat 的工作不仅使小波分析理论取得了里程碑式的发展,同时也使多尺度分析在众多领域取得了许多重要的理论和应用成果。小波分析已经成为应用最广泛的多分辨率分析。

4.1.2　小波理论的发展

多分辨率分析的思路促成了小波分析理论的发展。小波分析继承和发展了 Gabor 变换的局部化思想,使窗口函数可自动地伸缩或平移。最早的小波基可追溯到 1910 年 Haar 提出的 Haar 基,这是最简单的小波基函数。由于 Haar 基的不连续性,它没有得到广泛应用。1981 年,Stromberg 通过对 Haar 系数的修正,引入了 Soblev 空间正交基,这是一组规范化的正交小波基,为小波分析打下了坚实的数学基础。小波的概念最早是由法国从事石油勘测信号处理的地球物理学家 Morlet 于 1984 年提出的,因为在分析地震波的时频特性时,傅里叶变换很难满足要求,他引用了高斯余弦调制函数,通过伸缩和平移得到一组函数,这就是后来称为"Morlet 小波基"的函数。1986 年,著名数学家 Meyer 构造了一个真正的小波基,并与 Mallat 合作建立了构造小波基的统一方法——多尺度分析,从此小波理论得以迅速发展。1988 年,比利时数学家 Daybechies 首先构造了紧支集光滑小波,使小波分析理论得到了系统化,她著的《小波十讲》一书对小波的普及和应用起到了重要的推动作用。

小波分析是当前应用数学和工程学科中一个迅速发展的领域,经过 30 年的探索和研究,已经建立其理论体系,基础更加扎实,应用领域也越来越广泛,在信号分析、语音合成、图像识别、计算机视觉、数据压缩、大气与海洋波分析及地震探测等方面都取得了具有科学意义和实用价值的成果。

4.1.3　小波变换分析与傅里叶变换

小波变换是一种新的变换分析方法,它继承和发展了短时傅里叶变换局部化的思路,同时又克服了窗口大小不随频率变化等缺点,能够提供一个随频率改变的"时间—频率"窗口,是进行信号时频分析和处理的理想工具。它的主要特点是通过变换能够充分突出问题某些方面的特征,对时间(空间)频率局部化分析,通过伸缩平移运算对信号(函数)逐步进行多尺度细化,最终达到高频处时间细分,低频处频率细分,能自动适应时频信号分析的要求,从而可聚焦到信号的任意细节,解决了傅里叶变换的困难问题,成为继傅里叶变换以来在科学方法上的重大突破。

如图 4.2 所示,小波变换与傅里叶变换、短时傅里叶变换(STFT)相比,其是时频的局域化分析,它通过伸缩和平移运算达到了高频处时间细分,低频处频率细分,可以自动适应时频信号分析的要求。但由于傅里叶分析对于长时间较稳定的信号分析较合适,因此小波分析尚不能完全取代傅里叶分析。傅里叶分析构造小波分析中不可缺少的小波基起到很大的作用,小波变换也是作为短时傅里叶变换的另一种形式推导出来的。这两者之间更多的是互相补充,而不是互相排斥。同时,小波分析与傅里叶分析相比较,在瞬时信号检测方面存在巨大的优越性。

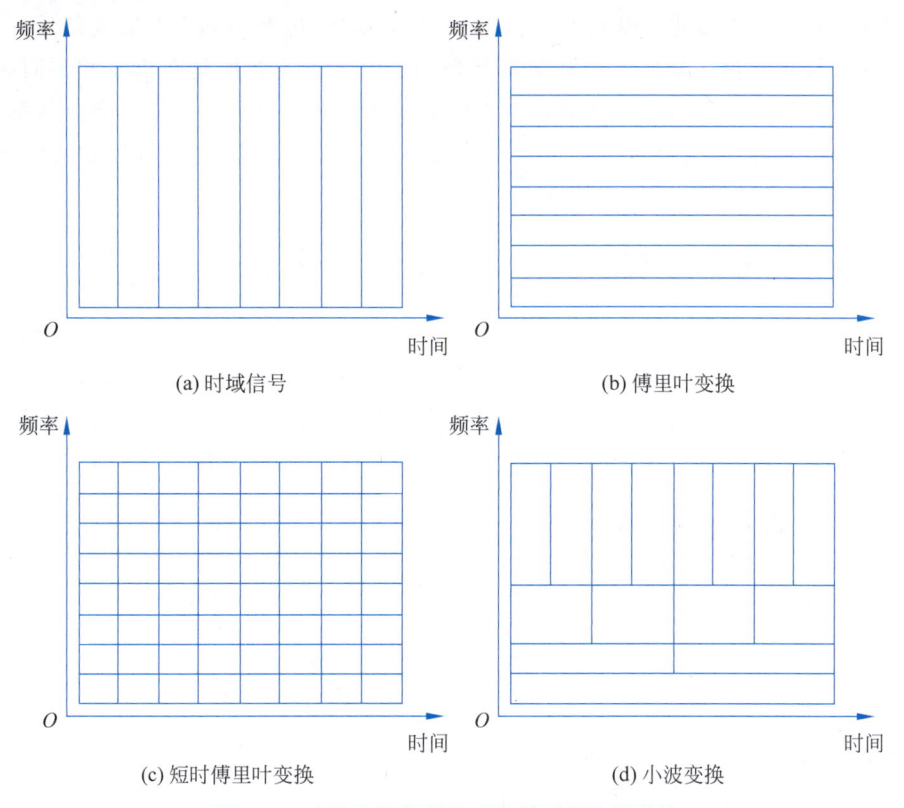

图 4.2 小波变换与其他变换的时频分析对比

(1) 灵活性:由于小波基函数不是唯一的,只要满足允许小波的条件即可,因此有许多构造小波的方法,如 Harr 小波、Marr 小波、样条小波等。不同的小波具有不同的特性,可分别用来逼近不同特性的信号,以便得到最佳的结果。而傅里叶变换只用正弦函数去逼近任意信号,没有选择的余地,因而逼近的效果不十分理想。

(2) 快速性:多分辨分析大幅提高了小波分析的效率。人们易于从尺度函数和两尺度关系推导出小波系数,甚至不需要知道小波函数的解析表达式也可得到分析的结果。尺度函数相当于低通滤波器,小波变换相当于带通滤波器。将信号用低通滤波器和带通滤波器进行分解比用频率点分解快捷。频带分析从表面上看比频率分析要粗糙,然而信号分析的目的在许多情况下是提取信号的特征,同时小波分析并不排除对细节分析的可能性。在需要时可以将频带细分,起到"数学显微镜"的作用。这一点是傅里叶分析无法比拟的。

(3) 双域性:小波分析是时频分析,即可以在时域和频域两个域内揭示信号的特征。在测不准关系的约束下,频率较高时它具有较高的频率窗,在频率较低时它具有较宽的时间窗,因而更适于瞬时信号的分析。这一点和傅里叶变换的单域性相比有突出的优越性。若将傅里叶变换用于分析瞬态故障信号,则会丢失瞬态信号的局部信息,产生较大的分析误差。虽然短时傅里叶变换也是一种时频分析法，但是对于短时傅里叶变换，将信号在时间上加窗的宽度选取是非常重要的，尤其是对突变或不平稳信号的分析。由于信号突变出现的位置事先无从可知，所以窗宽非常难选，过宽不利于对突变信号分析，过窄又使得计算量和存储量过大不利于实时处理。由于小波变换是在信号的不同频段加频域窗，即使对随机突变信号（其能量主要集中在高频处），只要将其进行多分辨率分析，且分析的深度足够深，就可对信号进行正确的分析，因此小波变换尤其适合对随机突变信号、非平稳信号进行时频分析的场合。

4.2 小波变换的原理

小波变换是时间（空间）频率的局部化分析，它通过伸缩平移运算对信号（函数）逐步进行多尺度细化，最终达到高频处时间细分，低频处频率细分，能自动适应时频信号分析的要求，从而可聚焦到信号的任意细节，解决了傅里叶变换存在的难题，成为继傅里叶变换以来在科学方法上的重大突破。有人把小波变换称为"数学显微镜"。

4.2.1 小波的定义与性质

对于任意 $\psi(t) \in L^2(\mathbf{R})$，即 $\psi(t)$ 是平方可积函数，若 $\psi(t)$ 的傅里叶变换满足可容许条件

$$\int_{-\infty}^{+\infty} \frac{|\Psi(\omega)|^2}{\omega} \mathrm{d}\omega < \infty \tag{4.1}$$

则称 $\psi(t)$ 是基本小波或母小波函数。

母小波函数 $\psi(t)$ 必须满足下列条件：

(1) $\int_{-\infty}^{+\infty} |\psi(t)|^2 \mathrm{d}t = 1$，即 $\psi(t) \in L^2(\mathbf{R})$ 是单位化的；

(2) $\int_{-\infty}^{+\infty} |\psi(t)| \mathrm{d}t < +\infty$，即 $\psi(t) \in L^2(\mathbf{R})$ 是有界函数；

(3) $\int_{-\infty}^{+\infty} \psi(t) \mathrm{d}t = 0$，即 $\psi(t)$ 的平均值为 0。

母小波 $\psi(t)$ 伸缩（或称膨胀）a 倍并平移 b，得到

$$\psi_{a,b}(t) = \frac{1}{\sqrt{a}} \psi\left(\frac{t-b}{a}\right) \tag{4.2}$$

$\psi_{a,b}(t)$ 称为小波基函数，也称小波。它是由一个母小波函数经过伸缩与平移所产生的二维空间的基底，依赖于参数 a 和 b，a 为尺度因子（参数），b 为时移因子（或参数）。

由以上母小波函数应该满足的条件可以得出小波函数的特性：

(1) 小波函数定义域是紧支性的，即在一个很小的区域之外函数为零。换言之，小波函数应该具有速降特性，这种速降特性使小波函数在时频域都具有较好的局部特性，以便获得空间局域化。

(2) 平均值为 0，也就是 $\int_{-\infty}^{+\infty} \psi(t) \mathrm{d}t = 0$。

综合小波函数的两个特性可以得出"小波"就是小的波形。"小"是指它具有衰减性，在某个区域之外会速降为零；"波"是指它的波动性，即振幅正、负相间的振荡形式。图 4.3 示出了小波波形与一般波形。

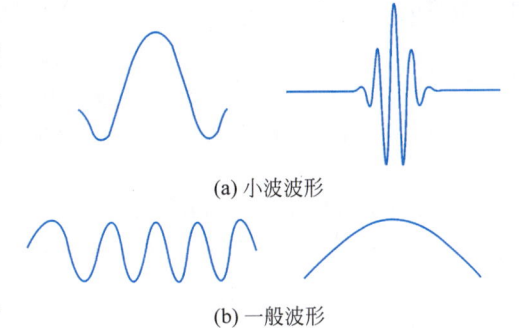

(a) 小波波形

(b) 一般波形

图 4.3 小波波形与一般波形

4.2.2 小波变换的定义与性质

具有有限能量的信号（函数）$f(t)$ 的小波变换是把母小波函数 $\psi(t)$ 平移 b 后，再在不同尺度因子 a 下与待分析信号 $f(t)$ 做内积，即

$$\mathrm{WT}_f(a,b) = \frac{1}{\sqrt{a}} \int_{-\infty}^{+\infty} f(t) \psi^* \left(\frac{t-b}{a} \right) \mathrm{d}t, \quad a > 0 \tag{4.3}$$

等效的频域表示为

$$\mathrm{WT}_f(a,b) = \frac{\sqrt{a}}{2\pi} \int_{-\infty}^{+\infty} F(\omega) \Psi^*(a\omega) \mathrm{e}^{+\mathrm{j}\omega b} \mathrm{d}\omega \tag{4.4}$$

式中：$F(\omega)$、$\Psi(\omega)$ 分别为 $f(t)$、$\psi(t)$ 的傅里叶变换。

小波变换具有以下性质：

（1）具有多尺度或称多分辨率的特点，即通过尺度因子 a 的变化，可以由粗到精地观察信号。

（2）若 $\psi(t)$ 是母小波函数，它的傅里叶变换为 $\Psi(\omega)$，则小波变换也可以看成用基本频率特性为 $\Psi(\omega)$ 的带通滤波器在不同尺度 a 下对信号滤波。

假设 $\psi(t)$ 的时间窗口中心为 b_0，窗口宽度为 Δb，则相对应的连续小波基函数

$$\psi_{a,b}(t) = \frac{1}{\sqrt{a}} \psi \left(\frac{t-b}{a} \right)$$

的窗口中心为

$$\frac{t-b}{a} = b_0, \quad t = ab_0 + b \tag{4.5}$$

随着尺度因子 a 的变化，时域窗口的小波函数的波形会被拉伸或压缩，窗口宽度为母小波窗口宽度的 a 倍，即 $\Delta b_\psi = a \Delta b$。

$\psi(t)$ 的傅里叶变换为 $\Psi(\omega)$，则 $\psi(t/a)$ 的傅里叶变换为 $|a| \Psi(a\omega)$。设 $\Psi(\omega)$ 的频域窗口中心为 ω_0，窗口宽度为 $\Delta\omega$，则 $\Psi_{a,b}(\omega)$ 的频域窗口中心为 ω_0/a，窗口宽度为 $\Delta\omega/a$。通常将相对带宽，即带宽与中心频率之比称为带宽滤波器的品质因数，所以 $\Psi(\omega)$ 的品质因数为

$$Q = \frac{\Delta\omega}{\omega_0} \tag{4.6}$$

同理，可以计算出由母小波函数 $\psi(t)$ 经伸缩或平移构成的小波基函数 $\psi_{a,b}(t)$ 的品

质因数,即

$$Q_\psi = \frac{\frac{\Delta\omega}{a}}{\frac{\omega_0}{a}} = \frac{\Delta\omega}{\omega_0} = Q \tag{4.7}$$

与 $\psi(t)$ 的品质因数相同,是恒定的。

以上的分析计算说明,$\psi_{a,b}(t)$ 的品质因数不随尺度因子 a 发生变化,可以作为一组频率特性等于 Q 的带通滤波器。

(1) 在某种意义上,尺度因子 a 与频率特性 ω 具有倒数的关系:a 越大,ω 越低;a 越小,ω 越高。

(2) 适当选择小波函数,使 $\psi(t)$ 在时域上为有限支撑,$\Psi(\omega)$ 在频域上也比较集中,就可以使小波变换在时域和频域都具有表征信号局部特性的能力,有利于检测信号的瞬态或奇异点。

4.2.3　一维连续小波变换的定义与性质

设 $f(t)$ 是平方可积的函数,记作 $f(t) \in L^2(\mathbf{R})$,$\psi(t)$ 是小波函数,则

$$\mathrm{WT}_f(a,b) = \frac{1}{\sqrt{a}} \int_{-\infty}^{+\infty} f(t) \psi^* \left(\frac{t-b}{a} \right) \mathrm{d}t = \langle f(t), \psi_{a,b}(t) \rangle \tag{4.8}$$

称为 $f(t)$ 的小波变换。其中,a 是尺度因子($a>0$),b 是时移因子,可正,可负;$\psi^*(t)$ 为 $\psi(t)$ 的共轭函数,符号 $\langle x,y \rangle$ 代表内积,其含义为

$$\langle x(t), y(t) \rangle = \int x(t) y^*(t) \mathrm{d}t \tag{4.9}$$

$\psi_{a,b}(t) = \frac{1}{\sqrt{a}} \psi \left(\frac{t-b}{a} \right)$ 是小波函数的位移与尺度伸缩。式(4.8)中的 t、a 和 b 都是连续小波函数的伸缩量,因此将这种小波变换称为连续小波变换(CWT)。

尺度因子 a 的作用是使小波函数 $\psi(t)$ 伸缩:增大尺度因子 a 值,小波函数 $\psi(t)$ 伸展;减小尺度因子 a 值,小波函数 $\psi(t)$ 收缩。在不同尺度下小波的持续时间(分析时段)随着 a 的增大而增宽,幅度则与 $\sqrt{a}$ 成反比减小,但波形保持不变。$\psi_{a,b}(t)$ 前加因子 $1/\sqrt{a}$ 的目的是使不同 a 值下 $\psi_{a,b}(t)$ 的能量保持相等。

改变时移因子 b,会影响待分析信号 $\psi_{a,b}(t)$ 围绕 b 点的分析结果:当 $b>0$ 时,$\psi_{a,b}(t)$ 沿横坐标轴右移;当 $b<0$ 时,$\psi_{a,b}(t)$ 沿横坐标轴左移。

小波函数的伸缩与平移如图 4.4 所示。

式(4.8)的等效频域公式为

$$\mathrm{WT}_f(a,b) = \frac{\sqrt{a}}{2\pi} \int_{-\infty}^{+\infty} F(\omega) \Psi^*(a\omega) \mathrm{e}^{\mathrm{j}\omega b} \mathrm{d}\omega \tag{4.10}$$

小波变换在频域上具有的特点:①若 $\Psi(\omega)$ 是幅频特性比较集中的带通函数,则小波变换便具有表征待分析信号 $\Psi(\omega)$ 频域上局部性质的能力;②采用不同 a 值处理时,

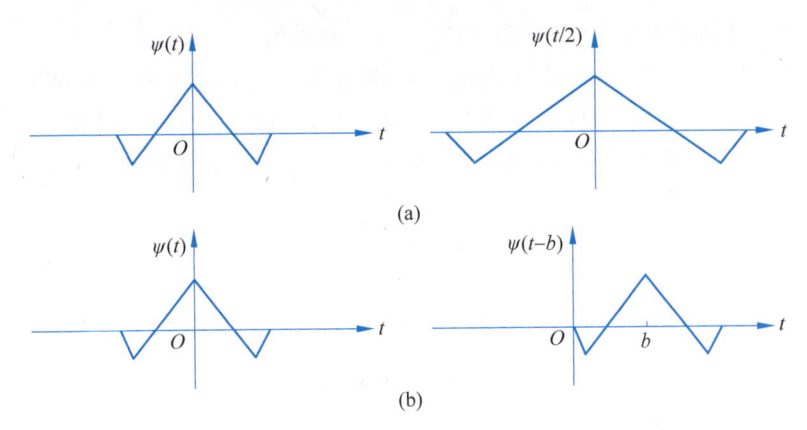

图 4.4 小波函数的伸缩与平移

各 $\Psi(a\omega)$ 的中心频率和带宽都不一样,但品质因数不变。总之,从频域上看,用不同尺度做小波变换大致相当于用一组带通滤波器对信号进行处理。带通的目的既可能是分解也可能是检测。当 a 值较小时,时轴上观察范围较小,而在频域上相当于用较高频率做分辨率较高的分析,即用高频小波做细致观察。当 a 值较大时,时轴上考察范围较大,而在频域上相当于用低频小波做概貌观察。分析频率有高有低,但品质因数保持一致。这很符合实际工程需要的特点,也与信号时频分布的规律是相符的。因为在实际应用中,若希望在时域上观察得很细致,就越要压缩观察范围,并提高分析频率。语音特征的提取、人体血压等生理信号的分析,常表现出高频分量持续时间较短、低频分量持续时间较长的特点,这正与小波分析的性质相吻合。

对于分析信号 $f(t)$ 而言,小波变换是以小波 $\psi(t)$ 为核函数的线性变换。因此,连续小波变换具有以下特性:

(1) 叠加性。由线性变换的基本特性可知,若 $x(t)$ 的 CWT 为 $\mathrm{WT}_x(a,b)$,$y(t)$ 的 CWT 为 $\mathrm{WT}_y(a,b)$,则 $z(t)=k_1 x(t)+k_2 y(t)$ 的 CWT 为 $k_1 \mathrm{WT}_x(a,b)+k_2 \mathrm{WT}_y(a,b)$。

(2) 时移性质。若 $f(t)$ 的 CWT 为 $\mathrm{WT}_f(a,b)$,则 $f(t-t_0)$ 的 CWT 为 $\mathrm{WT}_f(a,b-t_0)$,即 $f(t)$ 的时移对应于 WT 的时移因子 b。

(3) 尺度转换定理。若 $f(t)$ 的 CWT 为 $\mathrm{WT}_f(a,b)$,则 $f\left(\dfrac{t}{\lambda}\right)$ 的 CWT 为 $\sqrt{\lambda}\,\mathrm{WT}_f\left(\dfrac{a}{\lambda},\dfrac{b}{\lambda}\right)$,$\lambda>0$。该定理表明,当待分析信号 $f(t)$ 做位移倍数的伸缩时,其小波变换将在 a、b 两轴上做同比例的伸缩,但是不发生波形失真。这是小波变换能够成为"数学显微镜"的重要依据。

(4) 交叉项性质。CWT 是线性变换,满足叠加性,因此并不存在交叉项。但是,其能量分布函数 $|\mathrm{WT}_f(a,b)|^2$ 仍有交叉项表现。

设 $f(t)=f_1(t)+f_2(t)$,则

$$|\mathrm{WT}_f(a,b)|^2 = |\mathrm{WT}_{f1}(a,b)|^2 + |\mathrm{WT}_{f2}(a,b)|^2 + \\ 2|\mathrm{WT}_{f1}(a,b)||\mathrm{WT}_{f2}(a,b)|\cos(\theta_{f1}-\theta_{f2})$$

式中：θ_{f1}，θ_{f2} 分别为 $\mathrm{WT}_{f1}(a,b)$ 和 $\mathrm{WT}_{f2}(a,b)$ 的辐角。

(5) 小波变换的内积定理(也叫 Moyal 定理)。设 $f_1(t)$ 的 CWT 为 $\mathrm{WT}_{f1}(a,b)=\langle f_1(t), \psi_{a,b}(t) \rangle$，$f_2(t)$ 的 CWT 为 $\mathrm{WT}_{f2}(a,b)=\langle f_2(t), \psi_{a,b}(t) \rangle$，则有

$$\langle \mathrm{WT}_{f1}(a,b), \mathrm{WT}_{f2}(a,b) \rangle = c_\psi \langle f_1(t), f_2(t) \rangle$$

式中

$$C_\psi = \int_{-\infty}^{+\infty} \frac{|\Psi(\omega)|^2}{|\omega|} \mathrm{d}\omega$$

内积定理成立的条件是 C_ψ 的存在，更明确地有

$$C_\psi = \int_{-\infty}^{+\infty} \frac{|\Psi(\omega)|^2}{|\omega|} \mathrm{d}\omega < \infty$$

(6) 重建核方程。连续小波变换的尺度因子和时移因子均是连续变化的，因此连续小波基函数形成了一组非正交的过渡完全基，也就是在这组小波基中任意小波的展开系数之间都具有相关关系，即连续小波变换存在信息的冗余。如果定义函数 K_ψ 描述两个基函数之间的相关联程度，则

$$K_\psi = \frac{1}{C_\psi} \int_R \psi(a_1,b_1) \cdot \overline{\psi(a_2,b_2)} \mathrm{d}t \tag{4.11}$$

K_ψ 称为再生核或重建核，它的结构取决于小波函数的选取。K_ψ 的含义：如果已知连续小波变换的系数，通过再生核就可以重构原来函数，实现小波的逆变换。但由于连续小波变换系数的冗余度非常大，因此一组小波基中会存在多个再生核，可以采用多个再生核公式对连续小波变换进行重构，这就导致了信号或函数的小波变换与其逆变换之间不存在一一对应的关系。

连续小波变换系数的冗余特性使计算量增加，延长了处理时间，但它可以利用系数冗余的特性去除噪声，重构函数。例如：选择噪声影响相对小的连续小波变换系数子集实现函数的重构，提高了抗噪声能力。

利用重建核来选择最适合于实际问题中待分析信号或函数的小波基。由于连续小波变换系数是相关的，因此某点 (a_1,b_1) 处的小波变换系数和与其相关的点 (a_0,b_0) 处的连续小波变换之间的关系为

$$\mathrm{WT}_f(a_1,b_1) = \int_0^{+\infty} \frac{\mathrm{d}a}{a^2} \int_{-\infty}^{+\infty} \mathrm{WT}_f(a_0,b_0) K_\psi(a_1,b_1;a_0,b_0) \mathrm{d}b \tag{4.12}$$

式(4.12)称为再生核方程。

4.2.4 一维连续小波变换的逆变换方法

一维连续小波变换的逆变换存在的条件是在连续小波变换中采用的小波函数必须满足可容许性条件，即

$$C_\psi = \int_{-\infty}^{+\infty} \frac{|\Psi(\omega)|^2}{|\omega|} \mathrm{d}\omega < \infty \tag{4.13}$$

此时，可以根据小波变换系数准确地恢复原信号或函数，小波变换的逆变换才存在，并满足连续小波变换的逆变换公式，即

$$f(t) = \frac{1}{C_\psi} \int_0^{+\infty} \frac{da}{a^2} \int_{-\infty}^{+\infty} \mathrm{WT}_f(a,b) \psi_{a,b}(t) db$$
$$= \frac{1}{C_\psi} \int_0^{+\infty} \frac{da}{a^2} \int_{-\infty}^{+\infty} \mathrm{WT}_f(a,b) \frac{1}{\sqrt{a}} \psi\left(\frac{t-b}{a}\right) db \tag{4.14}$$

4.2.5 一维离散小波变换概述

一维连续小波变换具有信息冗余的特性,在应用于信号的特征提取上一维连续小波变换避免了信息的丢失;但是,一维连续小波变换处理的数据量庞大,不利于数据压缩和减少计算量的实际应用要求。从工程应用的角度,希望能在有用信息不丢失的前提下尽量减小小波变换系数的冗余程度,从而减少计算量,具有数据压缩优势。如果能满足以上的要求,希望所选择的小波基函数应具有正交完备性,但是一个小波基函数的好与坏,是否实用,不仅取决于它的正交完备性,还与小波母函数的紧支性及光滑性、对称性有关。遗憾的是,小波函数的正交性与其紧支性等特性相互矛盾,因此在实际应用中会兼顾两方面来考虑,即适当放宽正交性以取得较小的紧支性和较高的光滑性及对称性等要求。基于以上分析,通过对连续小波函数的尺度因子和时移因子采用不同的离散条件进行离散,生成离散小波及其离散小波变换(DWT)。它不仅降低了连续小波变换系数的冗余度,也较好地保持了连续小波变换的紧支性、光滑性和对称性,具有非常好的实用性。小波函数的离散化有以下两种方法:

(1) 对连续小波函数的尺度因子和时移因子进行离散化操作,形成离散小波,实现离散小波变换;

(2) 只对连续小波函数的尺度因子进行离散化操作,时移因子保持连续性,形成二进小波,可以实现二进小波变换。

4.2.6 离散小波变换

由小波基函数的定义,连续小波基函数可写为

$$\psi_{a,b}(t) = \frac{1}{\sqrt{a}} \psi\left(\frac{t-b}{a}\right) \tag{4.15}$$

式中:a、b 分别为尺度因子和时移因子,取连续数值。如果将尺度因子 a 和时移因子 b 在时间和位移域内的离散采样点上取值,称为对尺度因子 a 和时移因子 b 进行离散化处理。

常用的离散方法是对尺度因子按幂级数离散,选取 $a = a_0^j, j \in \mathbf{Z}, a_0$ 是大于 1 的固定伸缩步长。当 $j=0$,即 $a_0^j = a_0^0 = 1$ 时,$\psi_{a,b}(t) = \psi(t-b)$,此时 b 可以采用某一基本间隔 $b_0(b_0 > 0)$ 做均匀采样。选择适当的 b_0,应满足香农采样定理,以便能覆盖整个时间轴而不丢失信息。

当尺度因子 $a_0^j \neq 1$,即 $j \neq 0$ 时,j 每增加 1 个单位,$\psi(a^{-j}t)$ 的宽度相比于 $\psi(t)$ 就增加了 a_0^j 倍,其对应的频带就降低了 $1/a_0^j$,因此采样间隔可以扩大 a_0^j 倍。也就是说,如果 $j=0, b$ 的采用基本间隔是 b_0,那么在某一不为零的 j 值下沿 b 轴以 $a_0^j b_0$ 为间隔做均匀

采样仍可保证信息不丢失。

连续小波函数 $\psi_{a,b}(t)$ 按照尺度因子 a 和时移因子 b 的离散化表示方法可以得到离散小波函数,即

$$\psi_{j,k}(t)=\frac{1}{\sqrt{a_0^j}}\psi\left(\frac{t-ka_0^jb_0}{a_0^j}\right)=a_0^{-j/2}\psi(a_0^{-j}t-kb_0) \tag{4.16}$$

式中：a_0^{-j} 为放大倍数；b_0 为采样间隔或时间步长。

由式(4.16)推导出相应的离散小波变换,即

$$\mathrm{WT}_f(j,k)=a_0^{-j/2}\int_{-\infty}^{+\infty}f(t)\psi(a_0^{-j}t-kb_0)\mathrm{d}t \tag{4.17}$$

尺度因子 a 和时移因子 b 进行离散化的过程中,如果尺度因子 a 取 2 的整数次幂,即选取 $a_0=2$,位移因子 $b_0=1$,即把时间轴用 b_0 加以归一,就得到二进离散小波,即

$$\psi_{j,k}(t)=2^{-j/2}\psi(2^{-j}t-k) \tag{4.18}$$

相应的二进离散小波变换为

$$\mathrm{WT}_f(j,k)=2^{-j/2}\int_{-\infty}^{+\infty}f(t)\psi(2^{-j}t-k)\mathrm{d}t \tag{4.19}$$

4.2.7 二进小波变换

如果只对连续小波函数的尺度因子进行二进制离散化处理,而保持时移因子的时间连续性,即时域位移仍取连续变化,称此小波为二进小波。

设小波函数 $\psi(t)\in L^2(\mathbf{R})$,它的傅里叶变换为 $\Psi(\omega)$,如果存在 A、B 两个常数,且 $0<A\leqslant B<\infty$,使得

$$A\leqslant \sum_{j\in Z}|\Psi(2^j\omega)|^2\leqslant B \tag{4.20}$$

成立,则称 $\psi(t)$ 是为二进小波函数,其表示形式为

$$\psi_{2^j,b}(t)=2^{-j/2}\psi\left(\frac{t-b}{2^j}\right) \tag{4.21}$$

式(4.20)为二进小波函数的稳定性条件。若 $A=B$,则称为二进小波函数的最稳定条件。满足式(4.20),保证了二进小波的逆变换存在,使二进小波函数的应用具有实际意义。

设信号或函数 $f(t)\in L^2(\mathbf{R})$,它的二进小波变换为

$$\mathrm{WT}_{2^j}(b)=2^{-j/2}\int_{\mathbf{R}}f(t)\psi\left(\frac{b-t}{2^j}\right)\mathrm{d}t \tag{4.22}$$

由卷积定理,$\mathrm{WT}_{2^j}(b)$ 的傅里叶变换为

$$\mathrm{WT}_{2^j}(\omega)=F(\omega)\Psi(2^j\omega) \tag{4.23}$$

根据二进小波函数的稳定性条件,二进小波变换的稳定性条件可以等价为对任意 $f(t)\in L^2(\mathbf{R})$,满足

$$A\|f\|^2\leqslant \sum_{j\in \mathbf{Z}}|\|\mathrm{WT}_{2^j}(t)\||^2\leqslant B\|f\|^2 \tag{4.24}$$

式(4.24)保证二进小波变换及其逆变换存在。

若存在小波函数 $\psi_{2^j,b}(t) \in L^2(\mathbf{R})$,满足

$$\sum_{j=+\infty}^{-\infty} \Psi(2^j\omega)\Phi(2^j\omega) = 1 \tag{4.25}$$

则称小波函数 $\psi_{2^j,b}(t)$ 是二进函数 $\psi(t)$ 的重构函数。重构小波不一定是唯一的。

这样,原信号 $f(t)$ 可以通过二进小波变换得到重构,即

$$f(t) = \sum_{j \in \mathbf{Z}} \int_{\mathbf{R}} \mathrm{WT}_{2^j}(t)\psi_{2^j,b}(t)\mathrm{d}b \tag{4.26}$$

二进小波介于连续小波和离散小波之间,保持了时移因子的不变性,而对尺寸因子进行了离散化处理,它与连续小波变换或离散小波变换有共性,也有不同之处。二进小波变换的性质如下:

(1) 二进小波满足条件

$$A\ln 2 \leqslant \int_{\mathbf{R}^+} \frac{|\Psi(\omega)|^2}{\omega}\mathrm{d}\omega \leqslant B\ln 2 \tag{4.27}$$

当 $A = B$ 时,有

$$C_\Psi = \int_{\mathbf{R}} \frac{|\Psi(\omega)|^2}{\omega}\mathrm{d}\omega = A\ln 2$$

(2) 二进小波变换具有平移不变性。设信号 $f(t)$ 的二进小波变换为 $\mathrm{WT}_{2^j}(b)$,信号 $f(t-\tau)$ 的二进小波变换为 $\mathrm{WT}_{2^j}(b-\tau)$,则有

$$\mathrm{WT}_{2^j}(b) = \mathrm{WT}'_{2^j}(b-\tau)$$

(3) 二进小波变换是连续小波变换对于尺度因子的离散化形式,其重构公式说明,二进小波变换并不损失信息,但由于其重构小波不一定唯一,因此二进小波变换仍存在冗余信息。

4.3 小波基分析

4.3.1 常用小波函数

小波函数的选取很灵活,不同应用可以选取不同的小波函数,下面列举一些常用的一维连续小波。

1. Haar 小波

Haar 函数是数学家 A. Haar 于 1910 年提出的,是一组互相正交归一的函数集,即

$$\psi_H(t) = \begin{cases} 1, & 0 \leqslant t < 1/2 \\ -1, & 1/2 \leqslant t < 1 \\ 0, & \text{其他} \end{cases} \tag{4.28}$$

Haar 小波即由此衍生,它是一种最简单的小波,如图 4.5 所示。

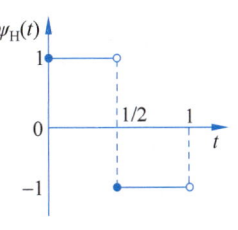

图 4.5 Haar 小波函数

Haar 小波不是连续可微函数,作为小波基性能并不很好,应用有限,一般多作为原理示意或说明之用。其优点是:

(1) 计算简单;

(2) $\psi(t)$ 与 $\psi(2^i t)$ 正交,即

$$\int \psi(t) \psi(2^i t) \, dt = 0, \quad i \in \mathbf{Z}$$

同时又与自己的整数位移正交,即

$$\int \psi(t) \psi(t-n) \, dt = 0, \quad n \in \mathbf{Z}$$

因此,Haar 小波是 $a = 2^i$ 的多分辨率系统构成一组最简单的正交归一的小波族。

2. Morlet 小波

Morlet 小波是单频复正弦调制高斯波,也是一种最常用的复值小波,其时域和复域的表示形式分别为

$$\psi(t) = \pi^{-1/4} (e^{-i\omega_0 t} - e^{-\omega_0^2/2}) e^{-t^2/2} \tag{4.29}$$

$$\Psi(\omega) = \pi^{-1/4} [e^{-(\omega-\omega_0)^2/2} - e^{-\omega_0^2/2} e^{-\omega^2/2}] \tag{4.30}$$

当 $\omega_0 \geqslant 5$ 时,$e^{-\omega_0^2/2} \approx 0$,所以式(4.29)的第二项可以忽略,有

$$\psi(t) = \pi^{-1/4} e^{-i\omega_0 t} e^{-t^2/2} \tag{4.31}$$

Morlet 小波常用于地球物理过程和流体湍流的分析研究中。图 4.6 是 $\omega_0 = 5$ 且单位尺度下($a=1, b=0$)的 Morlet 小波及其傅里叶变换。

(a) Morlet小波实部(实线)和虚部(虚线)

(b) Morlet小波的傅里叶变换

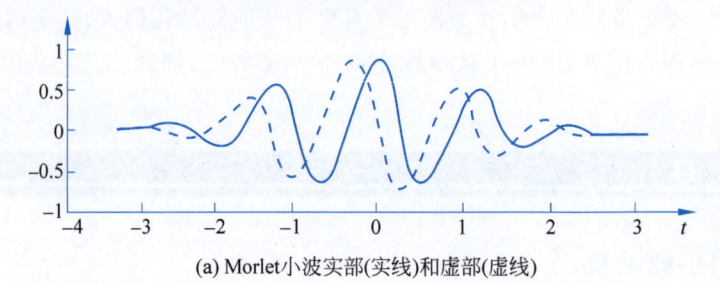

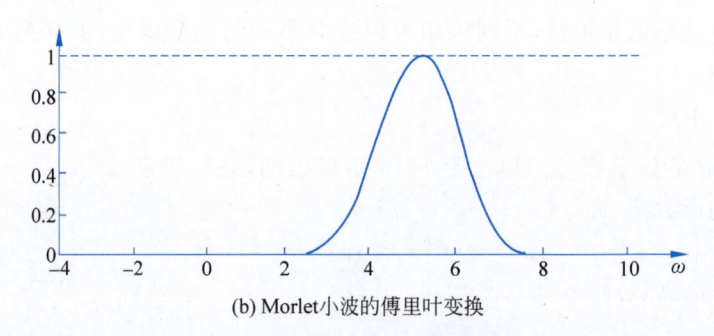

图 4.6 Morlet 小波函数及其傅里叶变换

3. Marr 小波

Marr 小波也称墨西哥(Mexico)草帽小波,是高斯(Gauss)函数 $e^{-t^2/2}$ 的二阶导数(差负号),波形如图 4.7 所示。

Marr 小波定义如下:

$$\psi(t) = \frac{2}{\sqrt{3}} \pi^{-1/4} (1-t^2) e^{-t^2/2} \quad (4.32)$$

$$\Psi(\omega) = \frac{2\sqrt{2}}{\sqrt{3}} \pi^{1/4} \omega^2 e^{-\omega^2/2} \quad (4.33)$$

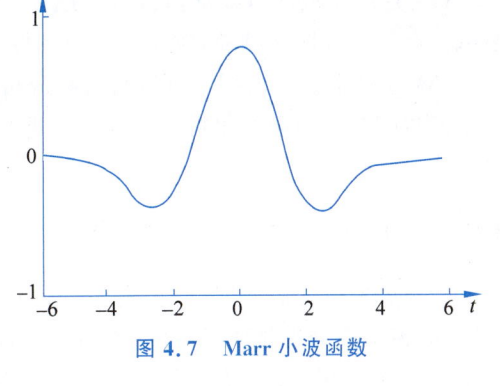

图 4.7 Marr 小波函数

显然,它在时域上是有限支撑的。系数的选择同样保证 $\psi(t)$ 的归一化。在 $\omega=0$ 处,$\Psi(\omega)$ 有二阶零点,满足容许条件,而且其小波系数随 ω 衰减得较快。Marr 小波比较接近人眼视觉的空间响应特性,也比较适合检测局部特性。

4. DOG 小波

DOG(Difference of Gaussian)小波是两个尺度差 1 倍的高斯函数之差,它是 Marr 小波的良好近似:

$$\psi(t) = e^{-t^2/2} - \frac{1}{2} e^{-t^2/8} \quad (4.34)$$

$$\Psi(\omega) = \sqrt{2\pi} (e^{-\omega^2/2} - e^{-2\omega^2}) \quad (4.35)$$

在 $\omega=0$ 处,同样 $\Psi(\omega)$ 有二阶零点。

4.3.2 小波函数选择原则

不同的小波在正交性、紧支性、平滑性和对称性上表现不同,往往难以构造一个同时具有四种特性的小波函数。实际应用中只有根据不同信号的处理目的和分解需要,在几种特性之间折中,选择满足需要的小波来分解。下面在定性和定量两方面进行分析。定性地讲,当被检测信号的振荡频率与相应尺度的小波函数振荡频率相近时,信号获得了较大系数的小波分解,这就是小波分析可以多尺度提取信号不同频率成分的原因。

定量地讲,通常采用"熵"值(序列$\{u(k)\}$)的熵,通常定义为

$$E = -\sum_k |u(k)|^2 \ln(|u(k)|^2)$$

来度量信号和小波基之间的距离,该距离越小(熵值越小),信号和基之间的差别越小,信号获得的分解越大。

因此,针对不同的瞬态信号需要选择不同的小波,通过比较不同小波分解后熵值,选择使熵值较小的小波,以获得较大的分解,达到较好的检测分析效果。

实际运用中,小波基函数选择可从以下三方面考虑:

(1) 复值与实值小波的选择。复值小波做分析不仅可以得到幅度信息,也可以得到相位信息,所以复值小波适合于分析计算信号的正常特性。而实值小波最好用来做峰值或者不连续性的检测。

(2) 连续小波的有效支撑区域的选择。连续小波基函数都在有效支撑区域之外快速衰减。有效支撑区域越长,频率分辨率越好;有效支撑区域越短,时间分辨率越好。

(3) 小波形状的选择。若进行时频分析,则要选择光滑的连续小波,因为时域越光滑的基函数在频域的局部化特性越好。若进行信号检测,则应尽量选择与信号波形相近似的小波。

4.3.3 小波基分析(多尺度分析)

当尺度因子 a 较大时,时窗宽而分析频率低,可以做概貌的观察;当尺度因子 a 较小时,时窗窄而分析频率高,可以做细节的观察。但不同 a 值下分析的品质因数 Q 保持不变。这种由粗及精对事物的逐级分析称为多分辨率分析。它是小波变换联系工程应用的重要方面。

离散小波变换的原函数被划分为"平滑部分"和"细节部分",这样原函数可以分解成一级平滑分量、一级细节分量的和,一级平滑分量可以再划分为二级平滑分量、二级细节分量的和等。即每一级分解把该级输入信号分解成一个低频的粗略逼近(平滑分量)和一个高频的细节部分。而且每级两种输出的带宽都减半,因此采样频率也可以减半而不至于引起信息的丢失,这样就将原始 $f(n)$ 进行了多分辨率分解。这种方法很容易把这种分解和频率空间的剖分联系在一起,可以将这种分解看成函数自身在不同频率空间做分解的过程。

对于特殊的二进离散小波变换,可以从频率空间的剖分导出,并得到二进离散小波变换一种容易计算的形式。如果把原始信号 $f(n)$ 占据的总频带 $0 \sim \pi$ 定义为空间 V_0,经第一级分解后 V_0 被划分成低频的 $V_1\left(\text{频带为 } 0 \sim \dfrac{\pi}{2}\right)$ 和高频的 $W_1\left(\text{频带为 } \dfrac{\pi}{2} \sim \pi\right)$ 两个子空间。显然,空间 V_1 和 W_1 是空间 V_0 的子空间,并且 $W_1 \oplus V_1 = V_0$,这样展成 W_1 的正交基可以用来体现原函数用两级分解的差别,即细节部分,换句话说就是用来体现原函数在频率空间 $\dfrac{\pi}{2} \sim \pi$ 的分解。将空间 V_1 继续分解,可以得到一系列的空间分解 $W_1 \oplus V_1 = V_0, W_2 \oplus V_2 = V_1, \cdots$,从而在不同的频率对原函数进行分析。如图 4.8 所示,图中"二抽取"是将输入序列每隔一个输出一次,组成长度缩短一半的新序列。$H_0(\omega)$ 和 $H_1(\omega)$ 分别是低通和高通滤波器。

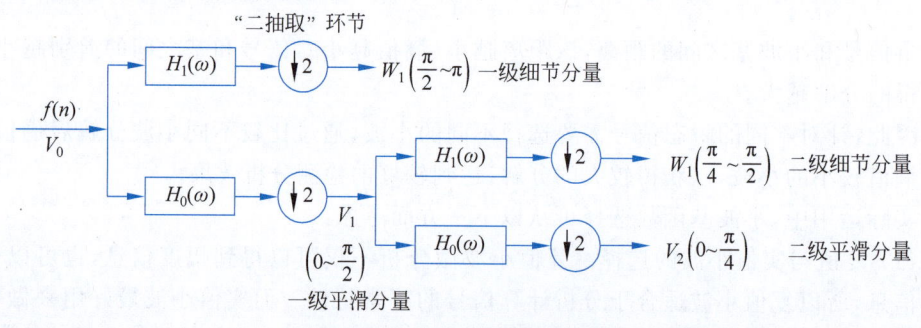

图 4.8 小波分析频率分解过程

在"二抽取"情况下，Mallat 从函数的多分辨率空间分解概念出发，把小波变换与多分辨率分析联系起来。把平方可积的函数 $f(t)\in L^2(\mathbf{R})$ 视为某一逐级逼近的极限情况，每级逼近都是用某一低通平滑函数 $\phi(t)$ 对 $f(t)$ 做平滑的结果，只是每次逐级逼近时平滑函数 $\phi(t)$ 也做逐级伸缩。这也就是用不同分辨率来逐级逼近待分析函数 $f(t)$。函数空间的逐级剖分近似频率空间的分解：

$$W_1 \oplus V_1 = V_0, W_2 \oplus V_2 = V_1, \cdots, V_{j+1} \oplus W_{j+1} = V_j, \cdots$$

进一步要求函数空间剖分具有以下特性：

(1) 时移不变性。函数的时移不改变其所属空间。若 $f(t)\in V_j$，则 $f(t-b)\in V_j$。

(2) 双尺度伸缩性。若 $f(t)\in V_j$，则 $f\left(\dfrac{t}{2}\right)\in V_{j+1}, f(2t)\in V_{j-1}$。

V_j 称为尺度函数空间，提供信号在该级空间的平滑信息；W_j 为小波函数空间，提供信号在该级空间的细节信息。在一维离散小波变换中，采用正交小波分析一个过程时，尺度函数与小波同样起到重要作用，这个分析框架是多分辨率分析的基础，由尺度函数构造小波是离散小波变换的必由之路。通过多分辨率分析可以建立尺度函数 $\phi(t)$ 的双尺度方程，然后由尺度函数 $\phi(t)$ 最终可以求出小波 $\psi(t)$。

习题

1. 证明小波变换的线性性质：设

$$f(x) \Leftrightarrow \mathrm{WT}_f(a,b), g(x) \Leftrightarrow \mathrm{WT}_g(a,b)$$

则对任意的实数 α、β，有

$$\alpha f(x) + \beta g(x) \Leftrightarrow \alpha \mathrm{WT}_f(a,b) + \beta \mathrm{WT}_g(a,b)$$

2. 小波变化俗称"数字显微镜"，试从尺度因子的变化对时频窗的中心和半径的影响阐述其时频局部化功能。

3. 小波变换有哪些分类？各小波变换有哪些特点？

4. 设母小波函数 $\psi(t)$ 为 Marr 小波，试求其尺度因子 $a=1$、时移因子 $b=2$ 的连续小波变换 $\mathrm{WT}_f(a,b)$。

5. 已知待分析信号 $f(t)$ 与母小波函数 $\psi(t)$，试求当 $j=0$ 时的二进离散小波变换 $\mathrm{WT}_f(j,k)$。

6. 多分辨率分析的核心思想是什么？请结合图 4.1 说明其在信号处理中的应用场景。

7. 小波基函数的选择需考虑哪些因素？请对比 Haar 小波与 Daubechies 小波的特性差异，并说明在不同场景下的适用性。

8. 设母小波 $\psi(t)$ 的时间窗中心为 $t_0=0$，窗宽 $\Delta t=2$，频率窗中心 $\omega_0=4\pi$，窗宽 $\Delta \omega=\pi$。当尺度因子 $a=2$ 时，求时频窗中心和半径。

9. 验证 Haar 小波是否满足容许条件。

10. 已知 $\mathrm{WT}_f(a,b)=\delta(a-1)\delta(b)$，求原信号 $f(t)$。

第 5 章 希尔伯特变换

连续时间信号 $x(t)$ 的希尔伯特变换等于该信号通过具有冲激响应 $h(t)=\dfrac{1}{\pi t}$ 的线性系统以后的输出响应 $x_\mathrm{h}(t)$。信号经希尔伯特变换后，在频域各频率分量的幅度保持不变，但出现 90°相移。希尔伯特变换在通信理论中是分析信号的工具，在数字信号处理中不仅用于信号变换，还可用于滤波，做成不同类型的希尔伯特滤波器。用希尔伯特变换描述幅度调制或相位调制的包络、瞬时频率和瞬时相位会使分析简便，在通信系统中有着重要的理论意义和实用价值。

实际传递的一大部分信息通常调制在信号的幅度、频率和相位之上。对这类信号的处理也是为了获取其幅度和相位（含频率）两方面的信息，但实际系统接收到的信号多为实信号，这时提取幅度信息和相位信息比较困难。如果变成复信号，处理就比较方便。这种复信号称为解析信号，其实部和虚部存在某种关系，也就是希尔伯特变换关系。解析信号的一个重要特点是其频谱呈单边特性，其傅里叶变换在负频率上为零。

时间连续信号处理中解析信号是一个重要的概念，本章将其推广到时间离散信号。从形式上说，不能把复时间离散信号或复序列看成解析函数，因为它是一个以整数为变量的函数，但也可以按照类似的处理方式，将复序列之实部和虚部联系起来使复序列的频谱在单位圆上的 $-\pi\leqslant\omega<0$ 范围内为零。用类似的方法也可以将周期性（或有限时宽）序列的傅里叶变换之实部和虚部联系起来，这种情况下"因果性"条件是该周期序列在各周期的后半部为零。根据对偶关系，对于时间序列呈单边特性的因果序列，在频域（其实部与虚部）也应存在某种变换关系。最小相位序列是一类很重要的信号，其傅里叶变换幅度和相位之间存在希尔伯特变换关系。

在几乎所有利用傅里叶方法表示和分析物理过程的领域都可以发现，傅里叶变换的实部和虚部之间或者幅度和相位之间在某些情况下存在着一定的关系，这些关系虽在不同的领域有不同的名称，但通常都称为希尔伯特变换关系。在数字信号处理领域里也毫不例外地这样称呼。傅里叶变换作为经典的信号处理的时频转换方法，其变换所产生的希尔伯特变换关系也展现出信号在频域上的特性。对于待处理信号而言，其进行傅里叶变换后在频域上展现的实部与虚部、幅度与相位之间的关系也称为频域上的希尔伯特变换关系。

工程人员使用由傅里叶变换和希尔伯特变换展现出的性质与特点，在信号处理领域上开发出较为前沿的应用。20 世纪 60 年代初期，Bogert 等在研究回声检测技术时提出的倒谱以及与之有关的一系列概念；1998 年，Norden E. Huang（黄锷）等提出了经验模态分解方法，并引入了 Hilbert 谱的概念和 Hilbert 谱分析的方法，美国国家航空航天局（NASA）将这一方法命名为希尔伯特-黄变换（HHT）。

5.1 离散时间信号的希尔伯特变换

5.1.1 希尔伯特变换的定义

给定连续时间信号 $f(t)$，其希尔伯特变换为

$$\hat{f}(t)=H[f(t)]=\frac{1}{\pi}\int_{-\infty}^{\infty}\frac{f(\tau)}{t-\tau}\mathrm{d}\tau \tag{5.1}$$

其逆变换为

$$f(t) = H^{-1}[\hat{f}(t)] = -\frac{1}{\pi}\int_{-\infty}^{\infty}\frac{\hat{f}(\tau)}{t-\tau}d\tau \tag{5.2}$$

与卷积的概念进行对比,可以发现希尔伯特变换实际上是将时间信号与冲激响应信号 $h(t)$ 卷积的结果,即时间信号与 $\frac{1}{\pi t}$ 的卷积:

$$\hat{f}(t) = f(t) * h(t) = f(t) * \frac{1}{\pi t} \tag{5.3}$$

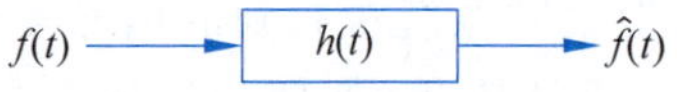

因此,希尔伯特变换可以看成将原始信号通过一个滤波器,或者一个系统,系统的冲激响应 $h(t) = \frac{1}{\pi t}$,如图 5.1 所示。

图 5.1 希尔伯特变换系统

对 $h(t)$ 做傅里叶变换,可以得到

$$H(j\omega) = -j \cdot \text{sgn}(\omega) \tag{5.4}$$

或者写成

$$H(\omega) = \begin{cases} -j, & \omega \geqslant 0 \\ +j, & \omega < 0 \end{cases} \tag{5.5}$$

从频谱上来看,这个滤波器将原始信号的正频率部分乘以 $-j$,也就是说保持幅度不变的条件下相位移动了 $-\frac{\pi}{2}$;对于负频率成分,相位移动了 $\frac{\pi}{2}$。

信号 $x(t)$ 的解析信号定义为

$$x_A(t) = x(t) + j\hat{x}(t) \tag{5.6}$$

对式(5.6)两边进行傅里叶变换,可得

$$X_A(j\omega) = X(j\omega) + j\hat{X}(j\omega) = X(j\omega) + jH(j\omega)X(j\omega) \tag{5.7}$$

将式(5.7)代入式(5.5),可得

$$X_A(j\omega) = \begin{cases} 2X(j\omega), & \omega \geqslant 0 \\ 0, & \omega < 0 \end{cases} \tag{5.8}$$

这样,由希尔伯特变换构成的解析信号只含有正频率成分,且是原信号正频率分量的 2 倍。

5.1.2 离散信号的希尔伯特变换

对于时间离散信号,其相对连续信号的单边性与解析信号的定义需稍做修正。时间离散信号的频谱是以 2π 为周期的周期性函数,其单边性的定义为

$$X_A(e^{j\omega}) = \begin{cases} 2X(e^{j\omega}), & 0 < \omega \leqslant \pi \\ 0, & -\pi \leqslant \omega < 0 \end{cases} \tag{5.9}$$

式中:$X_A(e^{j\omega})$、$X(e^{j\omega})$ 分别为 $x_A(n)$ 和 $x(n)$ 的频谱,$x_A(n)$、$x(n)$ 可以看成时间连续信号 $x_A(t)$ 和 $x(t)$ 的等间隔采样。于是有

$$x_A(n) = x(n) + j\hat{x}(n) \tag{5.10}$$

式中：$\hat{x}(n)$ 是时间离散信号 $x(n)$ 的希尔伯特变换，即

$$\hat{x}(n) = x(n) * h(n) \tag{5.11}$$

解析信号对实信号来说就是具有一阶导数的连续信号。由此意义来说，任何序列都不是解析信号，因为它是以整数为变量的函数，但 $x_A(n)$ 是 $x_A(t)$ 的采样，如果 $x_A(t)$ 是解析的，那么仍认为 $x_A(n)$ 也是解析的，这是对解析信号的修正。

由前面的讨论可以得出，复序列 $x_A(n)$ 可以由实序列 $x(n)$ 产生，而它的频谱是单边的，因此复序列的虚部 $\hat{x}(n)$ 并不是任意的，也就是说，离散的冲激响应 $h(n)$ 不是任意的。为了求得 $h(n)$ 的表达式，首先根据频域上的 $X_A(e^{j\omega})$、$X(e^{j\omega})$ 求出 $\hat{X}(e^{j\omega})$，再由 $\hat{X}(e^{j\omega})$ 求得 $H(e^{j\omega})$，最后经傅里叶逆变换求出 $h(n)$。

式(5.10)的傅里叶变换为

$$X_A(e^{j\omega}) = X(e^{j\omega}) + j\hat{X}(e^{j\omega}) \tag{5.12}$$

由式(5.9)和式(5.10)可得

$$\hat{X}(e^{j\omega}) = \begin{cases} -jX(e^{j\omega}), & 0 \leqslant \omega < \pi \\ jX(e^{j\omega}), & -\pi \geqslant \omega < 0 \end{cases} \tag{5.13}$$

所以可得

$$H(e^{j\omega}) = \begin{cases} -j, & 0 \leqslant \omega < \pi \\ j, & -\pi \leqslant \omega < 0 \end{cases} \tag{5.14}$$

上式说明希尔伯特变换器实际上是 90°的移相器，正频向后移 90°，负频向前移 90°，而幅度特性为 1。其时域特性可通过对 $H(e^{j\omega})$ 做傅里叶逆变换求出，即

$$h(n) = \frac{1}{2\pi} \int_{-\pi}^{\pi} H(e^{j\omega}) e^{j\omega n} d\omega = \frac{1}{2\pi} \left[\int_{-\pi}^{0} j e^{j\omega n} d\omega - \int_{0}^{\pi} j e^{j\omega n} d\omega \right]$$

$$= \begin{cases} \dfrac{2}{\pi n}, & n \neq 0, n = 2m+1 \\ 0, & n = 0, n = 2m \end{cases} \tag{5.15}$$

式中：m 为大于或等于 0 的整数。

由 $\hat{x}(n) = x(n) * h(n)$ 可得

$$\hat{x}(n) = H[x(n)] = \frac{2}{\pi} \sum_{m=-\infty}^{+\infty} \frac{x(n-2m-1)}{(2m+1)} \tag{5.16}$$

式中：m 为大于或等于 0 的整数。

由此可以得到离散时间信号的希尔伯特变换。

5.2 频域的希尔伯特变换关系

5.2.1 因果序列的希尔伯特变换关系

当 $x_A(n)$ 是解析序列时，其实部和虚部成希尔伯特变换关系，它对应的频谱则是单

边的。若把频谱看成解析的,即其实部与虚部成希尔伯特变换关系,则对应的时域序列应是单边的,即因果的。本节主要讨论因果序列傅里叶变换的希尔伯特变换。

任何一个序列 $x(n)$ 都可以表示成共轭对称序列 $x_e(n)$ 和共轭反对称序列 $x_o(n)$ 之和(如图 5.2 所示),即

$$x(n) = x_e(n) + x_o(n) \tag{5.17}$$

式中

$$x_e(n) = \frac{1}{2}[x(n) + x^*(-n)]$$

$$x_o(n) = \frac{1}{2}[x(n) - x^*(-n)]$$

$$\tag{5.18}$$

如果 $x(n)$ 为实因果序列,除 $n=0$ 处之外,$x(n)$ 和 $x(-n)$ 的非零部分之间将无重叠。$x(n)$ 可单独由共轭对称序列 $x_e(n)$ 恢复出来,即

$$x(n) = \begin{cases} 2x_e(n), & n > 0 \\ x_e(n), & n = 0 \\ 0, & n < 0 \end{cases} \tag{5.19}$$

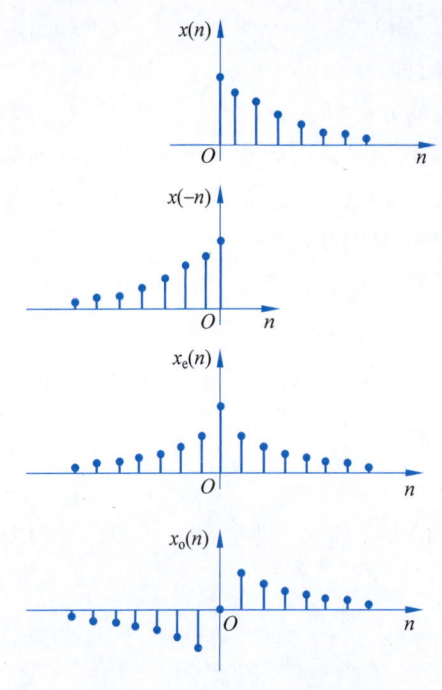

图 5.2 将实因果序列分解为共轭对称序列和共轭反对称序列

或除了 $n=0$ 处外,$x(n)$ 也可由其共轭反对称序列 $x_o(n)$ 单独恢复,即

$$x(n) = \begin{cases} 2x_o(n), & n > 0 \\ 0, & n < 0 \end{cases} \tag{5.20}$$

对于稳定的因果实序列 $x(n)$,其傅里叶变换为

$$X(e^{j\omega}) = X_R(e^{j\omega}) + jX_I(e^{j\omega}) \tag{5.21}$$

式中:$X_R(e^{j\omega})$ 为 $x_e(n)$ 的傅里叶变换;$X_I(e^{j\omega})$ 为 $x_o(n)$ 的傅里叶变换。

既然能由 $x_e(n)$ 单独恢复 $x(n)$,那么由 $X_R(e^{j\omega})$ 也可单独恢复出 $x(n)$;使用 $X_I(e^{j\omega})$ 亦然。这说明,实因果序列的傅里叶变换的实部和虚部并不独立,它们之间存在某种关系。

由式(5.19)和式(5.20)可得

$$x(n) = x_e(n)u_+(n) \tag{5.22}$$

或

$$x(n) = x_o(n)u_+(n) + x(0)\delta(n) \tag{5.23}$$

对式(5.22)两边取傅里叶变换,有

$$X(e^{j\omega}) = X_R(e^{j\omega}) * U_+(e^{j\omega}) = 2X_R(e^{j\omega}) * U(e^{j\omega}) - x(0)$$

$$= \frac{1}{\pi}\int_{-\pi}^{\pi} X_R(e^{j\theta})U(e^{j(\omega-\theta)})d\theta - x(0) \tag{5.24}$$

式中：$U(\mathrm{e}^{\mathrm{j}\omega})$ 为单位阶跃序列 $u(n)$ 的傅里叶变换，且

$$U(\mathrm{e}^{\mathrm{j}\omega}) = \sum_{k=-\infty}^{\infty} \pi\delta(\omega+2\pi k) + \frac{1}{2} - \frac{\mathrm{j}}{2}\cot\left(\frac{\omega}{2}\right) \tag{5.25}$$

将式(5.25)代入式(5.24)，可得

$$X(\mathrm{e}^{\mathrm{j}\omega}) = X_{\mathrm{R}}(\mathrm{e}^{\mathrm{j}\omega}) + \frac{1}{2\pi}\int_{-\pi}^{\pi} X_{\mathrm{R}}(\mathrm{e}^{\mathrm{j}\theta})\,\mathrm{d}\theta - \frac{\mathrm{j}}{2\pi}\int_{-\pi}^{\pi} X_{\mathrm{R}}(\mathrm{e}^{\mathrm{j}\theta})\cot\left(\frac{\omega-\theta}{2}\right)\mathrm{d}\theta - x(0) \tag{5.26}$$

由于

$$x(0) = \frac{1}{2\pi}\int_{-\pi}^{\pi} X_{\mathrm{R}}(\mathrm{e}^{\mathrm{j}\theta})\,\mathrm{d}\theta \tag{5.27}$$

将式(5.27)代入式(5.26)，可得

$$X(\mathrm{e}^{\mathrm{j}\omega}) = X_{\mathrm{R}}(\mathrm{e}^{\mathrm{j}\omega}) - \frac{\mathrm{j}}{2\pi}\int_{-\pi}^{\pi} X_{\mathrm{R}}(\mathrm{e}^{\mathrm{j}\theta})\cot\left(\frac{\omega-\theta}{2}\right)\mathrm{d}\theta \tag{5.28}$$

由式(5.28)和式(5.21)可得

$$X_{\mathrm{I}}(\mathrm{e}^{\mathrm{j}\omega}) = -\frac{1}{2\pi}\int_{-\pi}^{\pi} X_{\mathrm{R}}(\mathrm{e}^{\mathrm{j}\theta})\cot\left(\frac{\omega-\theta}{2}\right)\mathrm{d}\theta \tag{5.29}$$

对式(5.23)两边取傅里叶变换，可得

$$X_{\mathrm{R}}(\mathrm{e}^{\mathrm{j}\omega}) = \frac{1}{2\pi}\int_{-\pi}^{\pi} X_{\mathrm{I}}(\mathrm{e}^{\mathrm{j}\theta})\cot\left(\frac{\omega-\theta}{2}\right)\mathrm{d}\theta + x(0) \tag{5.30}$$

将此结果与式(5.1)对比可得，稳定的实因果序列信号的傅里叶变换展现在频域上的实部和虚部满足希尔伯特变换关系，而其幅度和相位又可以由其实部和虚部求出。此时的幅度和相位显然也存在着某种关系，所以也可以由傅里叶变换的幅度或者相位来重建信号序列或其傅里叶变换。下面讨论这样的序列。

将实因果序列 $x(n)$ 的傅里叶变换写成极坐标形式：

$$X(\mathrm{e}^{\mathrm{j}\omega}) = |X(\mathrm{e}^{\mathrm{j}\omega})|\mathrm{e}^{\mathrm{j}\arg[X(\mathrm{e}^{\mathrm{j}\omega})]} \tag{5.31}$$

对上式两边取对数，有

$$\ln X(\mathrm{e}^{\mathrm{j}\omega}) = \ln|X(\mathrm{e}^{\mathrm{j}\omega})| + \mathrm{j}\arg[X(\mathrm{e}^{\mathrm{j}\omega})] \tag{5.32}$$

记 $\ln X(\mathrm{e}^{\mathrm{j}\omega})$ 对应的时域信号为 $\check{x}(n)$，因为 $x(n)$ 是频谱 $X(\mathrm{e}^{\mathrm{j}\omega})$ 的逆变换，所以 $\check{x}(n)$ 又称为 $x(n)$ 的倒谱。

若 $\check{x}(n)$ 也是因果序列，则 $\ln X(\mathrm{e}^{\mathrm{j}\omega})$ 的实部和虚部也满足希尔伯特变换关系。

5.2.2 离散傅里叶变换下的希尔伯特变换关系

周期序列和有限长度序列可以用离散傅里叶变换来表示。从实际应用来讲，序列的傅里叶变换都要处理成离散傅里叶变换，因此，需把前面讨论的问题变成适合于离散傅里叶变换的形式，即研究序列的离散傅里叶变换的实部和虚部之间的关系。

在5.1节中，根据序列傅里叶变换的特性对频谱的单边性定义进行了修正，若把序列看成离散傅里叶变换意义下的有限长序列，则不能忘记它隐含的周期性。此时，长度

为 N 的有限长度序列可以看成周期为 N 的周期序列的一个周期,因此,为了推导离散傅里叶变换实部与虚部之间的关系,研究周期为 N 的周期序列 $x(n)$。在本节中,为了强调周期性,用下标 p 表示序列的单边性。为此,对周期序列的单边性定义应为

$$x_p(n) = \begin{cases} x(n), & 0 \leqslant n \leqslant \dfrac{N}{2} \\ 0, & \dfrac{N}{2}+1 \leqslant n \leqslant N-1 \end{cases} \tag{5.33}$$

式中:N 为偶数。有时也将式(5.33)定义的序列称为"因果性"周期序列。

同样,$x_p(n)$ 可以分解成周期的共轭对称序列 $x_{ep}(n)$ 与共轭反对称序列 $x_{op}(n)$ 之和,即

$$x_p(n) = x_{ep}(n) + x_{op}(n) \tag{5.34}$$

式中

$$\begin{aligned} x_{ep}(n) &= \frac{1}{2}[x_p(n) + x_p^*(N-n)], 0 \leqslant n \leqslant N-1 \\ x_{op}(n) &= \frac{1}{2}[x_p(n) - x_p^*(N-n)], 0 \leqslant n \leqslant N-1 \end{aligned} \tag{5.35}$$

对于具有式(5.33)性质的实序列,除了 $n=0$ 和 $n=\dfrac{N}{2}$ 外,$x_p(n)$ 与 $x_p(N-n)$ 的非零部分之间没有重叠。此时

$$x_p(n) = \begin{cases} 2x_{ep}(n), & 1 \leqslant n \leqslant \dfrac{N}{2}-1 \\ x_{ep}(n), & n = 0, \dfrac{N}{2} \\ 0, & \dfrac{N}{2}+1 \leqslant n \leqslant N-1 \end{cases} \tag{5.36}$$

或

$$x_p(n) = \begin{cases} 2x_{op}(n), & 1 \leqslant n \leqslant \dfrac{N}{2}-1 \\ x_p(n)\left[\delta(n) + \delta\left(n - \dfrac{N}{2}\right)\right], & n = 0, \dfrac{N}{2} \\ 0, & \dfrac{N}{2}+1 \leqslant n \leqslant N-1 \end{cases} \tag{5.37}$$

可以看出,$x_p(n)$ 可以由 $x_{ep}(n)$ 恢复出来,也可以由 $x_{op}(n)$、$x_p(0)$ 和 $x_p\left(\dfrac{N}{2}\right)$ 重构。

若周期为 N 的实周期序列的离散傅里叶级数为 $\widetilde{X}(k)$,则 $\widetilde{X}(k)$ 的实部 $\widetilde{X}_{pR}(k)$ 是 $x_{ep}(n)$ 的离散傅里叶级数的系数,虚部 $\widetilde{X}_{pI}(k)$ 是 $x_{op}(n)$ 的离散傅里叶级数的系数。因此根据式(5.36)和式(5.37)的一个重要结论是,按式(5.33)定义的因果周期(周期为 N)序列(或有限长序列),与之对应的 $\widetilde{X}(k)$ 可以由其实部恢复出来,也可以由其虚部恢复出来。或者说,此时的实部 $\widetilde{X}_{pR}(k)$ 与虚部 $\widetilde{X}_{pI}(k)$ 必然存在着某种变换关系。

为了找出两者的关系,令

$$u_{\mathrm{pN}}(n) = \begin{cases} 2, & 1 \leqslant n \leqslant \dfrac{N}{2} - 1 \\ 1, & n = 0, \dfrac{N}{2} \\ 0, & \dfrac{N}{2} + 1 \leqslant n \leqslant N - 1 \end{cases} \tag{5.38}$$

利用 $u_{\mathrm{pN}}(n)$ 可以把式(5.36)和式(5.37)表示成

$$x_{\mathrm{p}}(n) = x_{\mathrm{ep}}(n) u_{\mathrm{pN}}(n) \tag{5.39}$$

$$x_{\mathrm{p}}(n) = x_{\mathrm{op}}(n) u_{\mathrm{pN}}(n) + x_{\mathrm{p}}(n) \left[\delta(n) + \delta\left(n - \dfrac{N}{2}\right) \right] \tag{5.40}$$

$u_{\mathrm{pN}}(n)$ 的离散傅里叶级数的系数为

$$U_{\mathrm{pN}}(k) = \begin{cases} N, & k = 0 \\ 0, & k \text{ 为偶数} \\ -\mathrm{j}2\cot\left(\dfrac{\pi k}{N}\right) & k \text{ 为奇数} \end{cases} \tag{5.41}$$

从式(5.39)可以看到,$x_{\mathrm{p}}(n)$ 的离散傅里叶级数的系数是 $\widetilde{X}_{\mathrm{pR}}(k)$ 与 $U_{\mathrm{pN}}(k)$ 的循环卷积,即

$$\widetilde{X}_{\mathrm{p}}(k) = \dfrac{1}{N} \sum_{l=0}^{N-1} \widetilde{X}_{\mathrm{pR}}(l) \widetilde{U}_{\mathrm{pN}}(k - l) \tag{5.42}$$

若再令

$$\widetilde{U}_{\mathrm{pN}}(k) = V_{\mathrm{pN}}(k) + N\delta(k) \tag{5.43}$$

则

$$V_{\mathrm{pN}}(k) = \begin{cases} -\mathrm{j}2\cot\left(\dfrac{\pi k}{N}\right), & k \text{ 为奇数} \\ 0, & k \text{ 为偶数}, k \neq 0 \end{cases} \tag{5.44}$$

将式(5.43)和式(5.44)代入式(5.42),有

$$\widetilde{X}_{\mathrm{p}}(k) = \widetilde{X}_{\mathrm{pR}}(k) + \dfrac{1}{N} \sum_{l=0}^{N-1} \widetilde{X}_{\mathrm{pR}}(l) V_{\mathrm{pN}}(k - l) \tag{5.45}$$

由于 $\widetilde{X}_{\mathrm{p}}(k) = \widetilde{X}_{\mathrm{pR}}(k) + \mathrm{j}\widetilde{X}_{\mathrm{pI}}(k)$,于是可得 $\widetilde{X}_{\mathrm{pR}}(k)$ 与 $\widetilde{X}_{\mathrm{pI}}(k)$ 的关系为

$$\mathrm{j}\widetilde{X}_{\mathrm{pI}}(k) = \dfrac{1}{N} \sum_{l=0}^{N-1} \widetilde{X}_{\mathrm{pR}}(l) V_{\mathrm{pN}}(k - l), \quad 0 \leqslant k \leqslant N - 1 \tag{5.46}$$

类似地,对式(5.40)做同样的推演,可得

$$\widetilde{X}_{\mathrm{pR}}(k) = \dfrac{1}{N} \sum_{l=0}^{N-1} \mathrm{j}\widetilde{X}_{\mathrm{pI}}(l) V_{\mathrm{pN}}(k - l) + x_{\mathrm{p}}(0) + \\ \left[x_{\mathrm{p}}\left(\dfrac{N}{2}\right) \right] (-1)^k, \quad 0 \leqslant k \leqslant N - 1 \tag{5.47}$$

式(5.46)、式(5.47)表示了周期性实序列的傅里叶级数实部和虚部之间的希尔伯特变换关系。

5.3 复倒谱及其应用

复倒谱是指函数的傅里叶变换的对数的傅里叶逆变换。复倒谱对褶积信号具有线性分离作用,在实际信号处理中很有用处,应用于通信、建筑声学、地震分析、地质勘探和语音处理等领域。尤其在语音处理方面,应用复倒谱算法可制成同态预测声码器系统,用于高度保密的通信。

5.3.1 语音的同态处理

同态处理是一种设法将非线性问题转化为线性问题来进行处理的方法,它能将两个通过乘法或卷积合成的信号分开。

语音信号 $x(n)$ 可以看作声门激励信号 $x_1(n)$ 和声道冲激响应 $x_2(n)$ 的卷积,即

$$x(n) = x_1(n) * x_2(n) \tag{5.48}$$

同态系统由两个特征子系统和一个线性子系统组成:

第一个子系统是将卷积性信号转换为加性信号的运算,即

$$\begin{cases} Z[x(n)] = Z[x_1(n) * x_2(n)] = X_1(z) \cdot X_2(z) = X(z) \\ \ln X(z) = \ln X_1(z) + \ln X_2(z) = \hat{X}_1(z) + \hat{X}_1(z) = \hat{X}(z) \\ Z^{-1}[\hat{X}(z)] = Z^{-1}[\hat{X}_1(z) + \hat{X}_2(z)] = \hat{x}_1(n) + \hat{x}_2(n) = \hat{x}(n) \end{cases} \tag{5.49}$$

第二个子系统是对加性信号进行线性处理,即

$$\begin{aligned} \hat{x}(n) &= \alpha \hat{x}_1(n) + \beta \hat{x}_2(n) \\ \hat{y}(n) &= L[\hat{x}(n)] = L[\alpha \hat{x}_1(n) + \beta \hat{x}_2(n)] = \alpha L[\hat{x}_1(n)] + \beta L[\hat{x}_2(n)] \\ &= \alpha \hat{y}_1(n) + \beta \hat{y}_2(n) \end{aligned} \tag{5.50}$$

第三个子系统对 $\hat{y}(n)$ 进行逆变换,使其恢复为卷积性信号,即

$$\begin{aligned} \hat{y}(n) &= \hat{y}_1(n) + \hat{y}_2(n) \\ \hat{Y}(z) &= Z[\hat{y}_1(n) + \hat{y}_2(n)] = \hat{Y}_1(z) + \hat{Y}_2(z) \\ Y(z) &= \exp[\hat{Y}_1(z) + \hat{Y}_2(z)] = \exp[\hat{Y}_1(z)] \cdot \exp[\hat{Y}_2(z)] \\ y(n) &= Z^{-1}[\exp[\hat{Y}_1(z)] \cdot \exp[\hat{Y}_2(z)]] \\ &= Z^{-1}[\exp[\hat{Y}_1(z)]] * Z^{-1}[\exp[\hat{Y}_2(z)]] \\ &= \hat{y}_1(n) * \hat{y}_2(n) \end{aligned} \tag{5.51}$$

在许多实际问题中信号为两个或多个分量的乘积。例如,在有衰落的传输信道中,衰落效应可以看作一个缓变分量和传输信号相乘。又如,调幅信号可表示为载频信号与包络函数的乘积,在接收机内需要分离载波和包络。在这一类相乘信号中,用线性系统来分离信号各成分或单独地改善某一信号成分往往是无效的。但利用相乘信号的同态滤波处理,就可以取得较好的滤波效果。在多径或混响环境中进行通信、定位或记录,产生失真的效果可以看成干扰与所需信号的褶积。在语音信号处理中,经常要分离激励源

与声道冲激响应,至少在一段短时间内可以认为语音波形是由两者的褶积构成的。地震记录数据是地震子波与含有岩层结构信息的反射系数序列的褶积组合。

5.3.2 复倒谱与倒谱

令 $\hat{X}(e^{j\omega}) = \ln X(e^{j\omega})$,则可得

$$\ln X(e^{j\omega}) = \ln\{|X(e^{j\omega})| e^{j\arg[X(e^{j\omega})]}\} = \ln|X(e^{j\omega})| + j\arg[X(e^{j\omega})] \quad (5.52)$$

对其做傅里叶逆变换,可得

$$\hat{x}(n) = \frac{1}{2\pi}\int_{-\pi}^{\pi}\hat{X}(e^{j\omega})e^{j\omega n}d\omega = \frac{1}{2\pi}\int_{-\pi}^{\pi}\{\ln|X(e^{j\omega})| + j\arg[X(e^{j\omega})]\}e^{j\omega n}d\omega \quad (5.53)$$

$\hat{x}(n)$是时域序列,是$\ln X(e^{j\omega})$的逆傅里叶变换,称为$x(n)$的复倒频谱,简称复倒谱,也称为对数复倒谱。

$c(n)$是$\ln X(e^{j\omega})$实部的逆傅里叶逆变换,称为$x(n)$的倒谱,可表示为

$$c(n) = \frac{1}{2\pi}\int_{-\pi}^{\pi}\{\ln|X(e^{j\omega})|\}e^{j\omega n}d\omega \quad (5.54)$$

与复倒谱不同的是,在倒谱情况下一个序列经过正、反两个特征系统变换后,不能还原成自身,因为$c(n)$中只有幅值信息而无相位信息。尽管如此,但仍可用于语音信号分析中,因为人们的听觉对语音的感知特征主要包含在幅度信息中,相位信息不起主要作用。

复倒谱计算本质上为同态处理。在语音信号处理中,由于浊音信号的倒谱中存在峰值,出现位置等于该语音段的基音周期,而清音的倒谱中不存在峰值。由这个特性可以进行清音和浊音的判断,并且可以估计浊音的基音周期。

5.4 希尔伯特-黄变换

传统的数据分析方法是基于线性和平稳信号的假设,然而对实际系统,无论是自然的还是人为建立的,数据最有可能是非线性、非平稳的。

希尔伯特-黄变换是一种经验数据分析方法,其扩展是自适应性的,所以它可以描述非线性、非平稳过程数据的物理意义。

5.4.1 希尔伯特-黄变换的概述

希尔伯特-黄变换(HHT)是一种新的分析非线性非平稳信号的时频分析方法,由两部分组成:

第一部分为经验模态分解(EMD)(筛选过程),它是由 Huang 提出的,基于一个假设:任何复杂信号都可以分解为有限数目且具有一定物理定义的固有模态函数(IMF,也称为本征模态函数);EMD 方法能根据信号的特点,自适应地将信号分解成从高到低不同频率的一系列 IMF;该方法直接从信号本身获取基函数,因此具有自适应性,同时也存在计算量大和模态混叠的缺点。

第二部分为希尔伯特谱分析(HSA),利用希尔伯特变换求解每一阶 IMF 的瞬时频率,从而得到信号的时频表示,即希尔伯特谱。

简单来说,HHT 处理非平稳信号的基本过程:首先,利用 EMD 方法将给定的信号分解为若干 IMF,这些 IMF 是满足一定条件的分量;然后,对每个 IMF 进行希尔伯特变换,得到相应的希尔伯特谱,即将每个 IMF 表示在联合的时频域中;最后,汇总所有 IMF 的希尔伯特谱就会得到原始信号的时间-频率-能量分布。

在 HHT 中,为了能把复杂的信号分解为简单的单分量信号的组合,在进行 EMD 方法时,所获得的 IMF 必须满足下列两个条件:

(1) 在整个信号长度上,一个 IMF 的极值点和过零点数目必须相等或至多只相差一个。

(2) 在任意时刻,由极大值点定义的上包络线和由极小值点定义的下包络线的平均值为零,也就是说 IMF 的上包络线和下包络线对称于时间轴。

满足上述两个条件的 IMF 就是一个单分量信号。

连续时间信号的希尔伯特变换定义见式(5.1)。

5.4.2 经验模态分解

对于给定的信号,Huang 所介绍的 EMD 方法:

(1) 找到信号的极大值和极小值,用三次样条插值拟合上包络线 $u(t)$ 和下包络线 $v(t)$,计算上包络线和下包络线在每一点上的平均值,从而获得一平均值曲线 m_1,即 $m_1 = [u(t)+v(t)]/2$。

(2) 设分析信号为 $x(t)$,减去平均值 m_1,即 $h_1 = x(t) - m_1$。

如果,h_1 满足 IMF 的两个条件,那么 h_1 就是第一个 IMF 分量;否则,h_1 将作为原始信号,重复(1)、(2),得上包络线和下包络线的平均值 m_{11}。再判断 $h_{11} = h_1 - m_{11}$ 是否满足 IMF 的两个条件;若不满足,重复循环 k 次,得到 $h_{1k} = h_{1(k-1)} - m_{1k}$,直到满足 IMF 的两个条件。记 c_1 为信号经 EMD 得到的第一个 IMF 分量。

有两种筛分停止标准:

① 类似柯西收敛准则:

$$\text{SD}_k = \frac{\sum\limits_{t=0}^{T} |h_1(k-1) - h_{1k}|^2}{\sum\limits_{t=0}^{T} h_1^2(k-1)} \tag{5.55}$$

当 SD_k 小于预定值时,筛选停止。

② 筛分次数预先选定,在 s 次连续筛选内,当零点数和极点数相等或最多相差一个,筛选过程将停止。

(3) 将 c_1 从 $x(t)$ 中分离出来,得到 $r_1 = x(t) - c_1$。

将 r_1 作为原始数据,重复(1)~(3),得到 $x(t)$ 的第二个 IMF 分量 c_2;重复循环 n 次,得到信号 $x(t)$ 的 n 个 IMF 分量,则有

$$x(t)=\sum_{i=1}^{n}c_i+r_n \tag{5.56}$$

式中：r_n 为残余分量，分解结束时是一个恒定值或单调函数，代表信号的平均趋势。

上面的分解过程可以解释为尺度滤波过程，每个 IMF 分量都反映了信号的特征尺度，代表着非线性非平稳信号的内在模态特征。

5.4.3 希尔伯特谱分析

获得了信号的 IMF 分量以后，即可对每一阶 IMF 做希尔伯特变换。设 $c_i(t)$ 的希尔伯特变换为 $\hat{c}_i(t)$，则有

$$\hat{c}_i(t)=c_i(t)*\frac{1}{\pi t}=\frac{1}{\pi}\int_{-\infty}^{+\infty}\frac{c_i(\tau)}{t-\tau}\mathrm{d}\tau=\frac{1}{\pi}\int_{-\infty}^{+\infty}\frac{c_i(t-\tau)}{\tau}\mathrm{d}\tau \tag{5.57}$$

从而，信号 $x(t)$ 的解析信号为

$$z_i(t)=c_i(t)+\mathrm{j}\hat{c}_i(t)=a_i(t)\mathrm{e}^{\mathrm{j}\theta_i(t)} \tag{5.58}$$

式中：$a_i(t)$ 为瞬时振幅，$a_i(t)=\sqrt{c_i^2(t)+\hat{c}_i^2(t)}$；$\theta_i(t)$ 为瞬时相位，$\theta_i(t)=\arctan\left(\dfrac{\hat{c}_i(t)}{c_i(t)}\right)$。

解析信号的极坐标形式反映了希尔伯特变换的物理含义：它通过一正弦曲线的频率和幅值调制获得局部的最佳逼近。

根据瞬时频率的定义，IMF 分量的瞬时频率为

$$\omega_i(t)=\frac{\mathrm{d}\theta_i(t)}{\mathrm{d}t},\quad f_i(t)=\frac{1}{2\pi}\frac{\mathrm{d}\theta_i(t)}{\mathrm{d}t} \tag{5.59}$$

于是，有

$$z_i(t)=c_i(t)+\mathrm{j}\hat{c}_i(t)=a_i(t)\mathrm{e}^{\mathrm{j}\theta_i(t)}=a_i(t)\mathrm{e}^{\mathrm{j}\int_b^T\omega_i(t)\mathrm{d}t} \tag{5.60}$$

对每一阶 IMF 做希尔伯特变换，并求出相应的解析函数的幅值谱和瞬时频率，从而原始信号 $x(t)$ 可以表示为

$$x(t)=\sum_{i=1}^{n}c_i(t)=\mathrm{Re}\sum_{i=1}^{n}z_i(t)=\mathrm{Re}\sum_{i=1}^{n}a_i(t)\mathrm{e}^{\mathrm{j}\theta_i(t)}=\mathrm{Re}\sum_{i=1}^{n}a_i(t)\mathrm{e}^{\mathrm{j}\int\omega_i\mathrm{d}t} \tag{5.61}$$

上式反映了信号幅值、时间和瞬时频率之间的关系。信号的幅值可表示为时间、瞬时频率的函数 $H(\omega,t)$，从而获得信号幅值的时间、频率分布——希尔伯特谱，即

$$H(\omega,t)=\sum_{i=1}^{n}a_i(t)\mathrm{e}^{\mathrm{j}\int\omega_i\mathrm{d}t} \tag{5.62}$$

进而，对时间积分可获得信号的希尔伯特边际谱，即

$$h(\omega)=\int_0^T H(\omega,t)\mathrm{d}t \tag{5.63}$$

$H(\omega,t)$ 描述了信号的幅值在整个频率上随时间和频率的变化规律，$h(\omega)$ 描述了信号在每个频率上的总振幅（或能量）。

5.4.4 希尔伯特-黄变换的特点

与传统的信号或数据处理方法相比,希尔伯特-黄变换具有如下特点:

(1) HHT 能分析非线性非平稳信号。传统的数据处理方法,如傅里叶变换只能处理线性非平稳的信号,小波变换虽然在理论上能处理非线性非平稳信号,但是在实际算法实现中只能处理线性非平稳信号。历史上还出现过不少信号处理方法,然而它们不是受线性束缚,就是受平稳性束缚,并不能完全意义上处理非线性非平稳信号。HHT 不同于这些传统方法,它彻底摆脱了线性和平稳性束缚,适用于分析非线性非平稳信号。

(2) HHT 具有完全自适应性。HHT 能够自适应产生"基",即由"筛选"过程产生的 IMF。这点不同于傅里叶变换和小波变换。傅里叶变换的基是三角函数,小波变换的基是满足"可容性条件"的小波基,小波基也是预先选定的。在实际工程中,如何选择小波基不是一件容易的事,选择不同的小波基可能产生不同的处理结果。我们也没有理由认为所选的小波基能够反映被分析数据或信号的特性。

(3) HHT 不受海森伯格(Heisenberg)测不准原理制约,适合突变信号。傅里叶变换、短时傅里叶变换、小波变换都受 Heisenberg 测不准原理制约,即时间窗口与频率窗口的乘积为常数。这就意味着,如果要提高时间精度就得牺牲频率精度,反之亦然,故不能在时间和频率同时达到很高的精度,这就给信号分析处理带来一定的不便。而 HHT 不受 Heisenberg 测不准原理制约,它可以在时间和频率同时达到很高的精度,这使它非常适用于分析突变信号。

(4) HHT 的瞬时频率是采用求导得到的。傅里叶变换、短时傅里叶变换、小波变换有共同的特点,就是预先选择基函数,其计算方式是通过与基函数的卷积产生的。HHT 不同于这些方法,它借助希尔伯特变换求得相位函数,再对相位函数求导产生瞬时频率。这样求出的瞬时频率是局部性的,而傅里叶变换的频率是全局性的,小波变换的频率是区域性的。

习题

1. 简述 HHT 变换的原理和简要实现过程。
2. 设 $x[n]$ 为一个因果复值序列,其离散时间傅里叶变换为
$$X(e^{j\omega}) = X_R(e^{j\omega}) + jX_I(e^{j\omega})$$
如果 $X_R(e^{j\omega}) = 1 + \cos(\omega)$,求 $X_I(e^{j\omega})$。
3. 考虑一个实因果序列 $x[n]$,其离散时间傅里叶变换为 $X(e^{j\omega}) = X_R(e^{j\omega}) + jX_I(e^{j\omega})$,如果离散时间傅里叶变换的虚部 $X_I(e^{j\omega}) = 3\sin(2\omega)$,求其实部 $X_R(e^{j\omega})$,并思考结果唯一吗?
4. 设 $x[n]$ 的离散时间傅里叶变换 $X(e^{j\omega}) = e^{j\omega}$,求 $x[n]$ 的复倒谱。
5. 考虑一个序列 $x[n]$,其离散时间傅里叶变换为 $X(e^{j\omega})$,$x[n]$ 为实因果序列,且 $\text{Re}\{X(e^{j\omega})\} = 2 - \cos\omega$,求 $\text{Im}\{X(e^{j\omega})\}$。

6. 设序列 $x[n]=u(n)$, $n=1,2,3$。求 $x[n]$ 的离散希尔伯特变换。

7. 已知离散时间信号 $x[n]=\cos(0.3\pi n)+\sin(0.7\pi n)$，求其希尔伯特变换 $\hat{x}[n]$。

8. 设信号 $x(t)=\mathrm{e}^{\mathrm{j}2\pi f_0 t}$，其中 f_0 为某一固定频率，求其希尔伯特变换 $\hat{x}(t)$ 及解析信号 $z(t)$。

9. 证明：对任意实信号 $x(t)$，其解析信号 $z(t)=x(t)+\mathrm{j}\hat{x}(t)$ 的能量是原信号能量的两倍。

10. 设信号 $x(t)=\sin(2\pi f_1 t)+\cos(2\pi f_2 t)$，其中 $f_1\neq f_2$，求其希尔伯特变换 $\hat{x}(t)$。

第二篇

滤波器

第6章 数字滤波器

6.1 数字滤波器的特性

滤波器常用来描述设备根据作用于输入端的对象的某些属性进行分辨过滤,以让某部分通过。例如,空气过滤器只允许空气通过,而阻止存在于空气中的灰尘颗粒通过。在摄影方面,紫外线过滤器经常用来阻止存在于阳光中、可见光范围之外的紫外线通过,以避免影响胶片上的化学药品。在"数字信号处理"课程中,滤波器是指选择所需的某一个或某一些频带的信号内容通过,而抑制其他频带的信号内容使之充分衰减甚至无法通过。

对于有噪声的声音信号,可以设计适当的滤波器,让需要的声音信号通过,而滤除噪声。按滤波器处理的信号类型可分为模拟滤波器和数字滤波器。当其输入与输出信号都为模拟信号时,这类滤波器称为模拟滤波器(AF);当其输入与输出信号为数字信号时,称为数字滤波器(DF)。

数字滤波器具有很多优点,它较为灵活且使用方便。模拟滤波器由电阻、电容和电感等部件构成,滤波器特性对所用部件的性能非常敏感,而有些部件的特性随温度变化很大。数字滤波器主要用软件实现,较少依赖硬件。滤波软件只是一系列程序指令,因此数字滤波器的性能由一系列数字系数来确定。重新设计数字滤波器很简单,只要重新确定滤波程序的系数即可。此外,数字滤波器的系数可以在滤波器工作时进行调整,以改变滤波器的性能,适应实际应用的需要。重新设计模拟滤波器需要全部重新设计并构成电路,加大了处理难度且成本较高,特别是高阶模拟滤波器。高阶数字滤波器也比模拟滤波器实现起来简单很多。

在数字电路中信号仅在一组确定的量化电平上取值,而模拟电路中信号可取任意值,数字电路比模拟电路抗干扰能力强。但在对数字信号量化的同时也带来了噪声,对数字信号产生影响,采样引起的混叠现象也加大了数字信号的噪声。在实际应用中,模拟电路应采取特别的措施减小噪声,否则它的噪声通常比数字电路中量化和混叠引起的总噪声要大。

在滤波器的设计过程中通常将模拟滤波器变换成满足预定指标的数字滤波器,这是一种比较合理的设计方法。模拟滤波器的设计非常成熟,可以参考的指标和方法较多,所以利用模拟滤波器中研究出来的设计方法很方便。同时,许多有用的模拟设计方法有比较简单的现成设计公式,实现起来相当简单。这在本书的后续章节中会详细介绍。

6.2 数字滤波器的分类

从不同的角度出发,滤波器可以分成不同的种类。除了6.1节中提到的模拟滤波器和数字滤波器之外,按滤波器应用角度可以分为有源滤波器和无源滤波器。由有源滤波元件与运算放大器等组成的滤波器称为有源滤波器。有源滤波器的功能是让一定频率范围内的信号通过,抑制或充分衰减此频率范围以外的信号。有源滤波器可用在信息处理、数据传输、抑制干扰等方面,但主要用于低频范围。无源滤波器是由电感、电容和电阻的组合设计构成的滤波器。无源滤波器可滤除某一次或多次谐波,最普通易于采用的无源滤波器结构是将电感与电容串联,可对主要次谐波构成低阻抗旁路。单调谐滤波器、双调谐滤波器等都属于无源滤波器。

此外,按滤波器的通频带情况,可以分为低通滤波器(LPF)、高通滤波器(HPF)、带通滤波器(BPF)、带阻滤波器(BSF)和全通滤波器。在滤波器中,能使信号通过的频带部分称为滤波器的通带,抑制信号通过的频带部分称为滤波器的阻带,从通带到阻带的过渡频率范围称为过渡带。不同类型滤波器的理想幅频响应特性如图 6.1 所示。需要明确的是,理想滤波器在通频带内具有常数的幅频特性和线性的相频特性。但是,在所有情况下上述理想滤波器都是物理上不可实现的,只能作为实际滤波器的理想数学模型。一般来说,滤波器的幅频特性越好,其相频特性往往越差;反之亦然。

常见的低通滤波器、高通滤波器、带通滤波器等在人们的生产生活中有着广泛的应用。低通滤波器只允许低频信号通过而抑制高频信号。例如,可用低通滤波器消除音乐录音带中的背景噪声,因为音乐主要集中在低、中频频率分量中,低通滤波器可以过滤掉高频的噪声分量,而保留低、中频频率分量。高通滤波器只允许高频信号通过而抑制低频信号。例如,声呐系统中高通滤波器可以消除接收信号中的船和海浪的低频噪声,保留目标特征,提高目标的识别性能。带通滤波器是只允许某一频带的信号通过。例如,数字电话系统双音

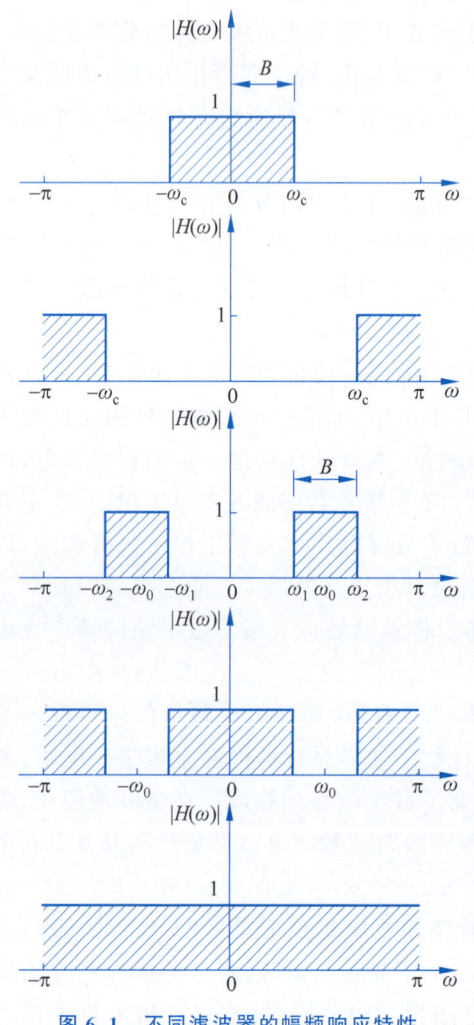

图 6.1 不同滤波器的幅频响应特性

多频信号的解码,每当按下电话键盘的一个按键时,产生一对音频信号,其中一个信号对按键的行编码,另一个对按键的列编码,接收端通过一组带通滤波器来识别每个按键。近年来,数字滤波器在语音信号处理、计算机芯片、军事航空等领域得到了广泛发展与应用。

6.3 数字滤波器的性能指标

数字滤波器的频率响应函数 $H(e^{j\omega})$ 可以表示为 $H(e^{j\omega}) = |H(e^{j\omega})| e^{j\theta(\omega)}$,其中:

$|H(e^{j\omega})|$为幅频特性函数；$\theta(\omega)$为相频特性函数。幅频特性反映信号的各频率成分通过滤波器后的幅度衰减情况，相频特性反映信号的各频率成分通过滤波器后在时间上的延时情况。一般情况下，数字滤波器的性能指标主要与幅频特性有关。

在理想数字滤波器的幅频特性函数中，通带平坦，即对通带内所有频率分量的影响相同，阻带内都为0，即完全抑制阻带内所有频率分量。在实际中这种性能很难达到。对于实际的物理可实现的滤波器，它的通带、阻带不再是平坦的，允许有一定的波动，而且在通带和阻带之间还有过渡带。因此，数字滤波器的性能指标往往包括幅频特性的允许误差(通带允许的最大衰减，阻带应达到的最小衰减)、通带截止频率和阻带截止频率。

下面以数字低通滤波器为例来说明这几个性能指标。图6.2表示数字低通滤波器的幅频响应(将$|H(e^{j\omega})|_{max}$归一化为1)。

ω_p称为通带截止频率，即滤波器幅频响应为$1-\delta_1$时对应的频率，通带频率范围为$0 \leqslant |\omega| \leqslant \omega_p$，通带中要求$1-\delta_1 \leqslant |H(e^{j\omega})| \leqslant 1$。$\omega_s$称为阻带截止频率，即滤波器幅频响应为$\delta_2$时对应的频率，阻带频率范围为$\omega_s \leqslant |\omega| \leqslant \pi$，阻带中要求$|H(e^{j\omega})| \leqslant \delta_2$。$\omega_p \sim \omega_s$称为过渡带，过渡带带宽为$\omega_s - \omega_p$，过渡带内的幅频响应一般是平滑下降的。

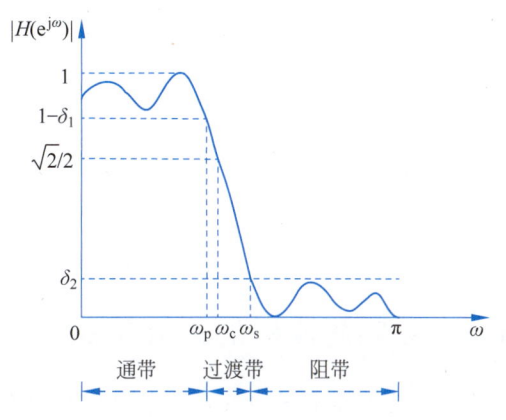

图6.2 数字低通滤波器的幅频响应

通带允许的最大衰减和阻带应达到的最小衰减一般用dB数表示。设通带允许的最大衰减为A_p(dB)，阻带应达到的最小衰减为A_s(dB)，A_p和A_s分别定义为

$$A_p = 20\lg \frac{|H(e^{j\omega})|_{max}}{|H(e^{j\omega_p})|} = -20\lg|H(e^{j\omega_p})| = -20\lg(1-\delta_1) \tag{6.1}$$

$$A_s = 20\lg \frac{|H(e^{j\omega})|_{max}}{|H(e^{j\omega_s})|} = -20\lg|H(e^{j\omega_s})| = -20\lg\delta_2 \tag{6.2}$$

当幅度下降到$\frac{\sqrt{2}}{2} \approx 0.707$时，此时$A_p = 3$dB，对应频率为$\omega_c$，也称为3dB截止频率。

图6.3展示了四种数字滤波器的幅频响应及性能指标示意图。其中ω_p为通带截止频率，ω_{st}为阻带截止频率，ω_{p2}为通带上截止频率，ω_{p1}为通带下截止频率，ω_{st2}为阻带上截止频率，ω_{st1}为阻带下截止频率。

设计无限冲激响应(IIR)数字滤波器时，需要借助模拟滤波器。模拟滤波器与数字滤波器的幅频特性曲线相似，因而通带截止频率、阻带截止频率、通带最大衰减、阻带最小衰减等性能指标定义也相似。但需要注意，模拟滤波器的幅频特性函数为$|H(j\Omega)|$，频率Ω的范围为$-\infty \sim \infty$(实际只考虑$[0,\infty)$)，而数字滤波器中频率ω的范围为$-\pi \sim \pi$(实际只考虑$[0,\pi]$)，通过$|H(e^{j\omega})|$的周期性得到其他频率上的幅度特性。

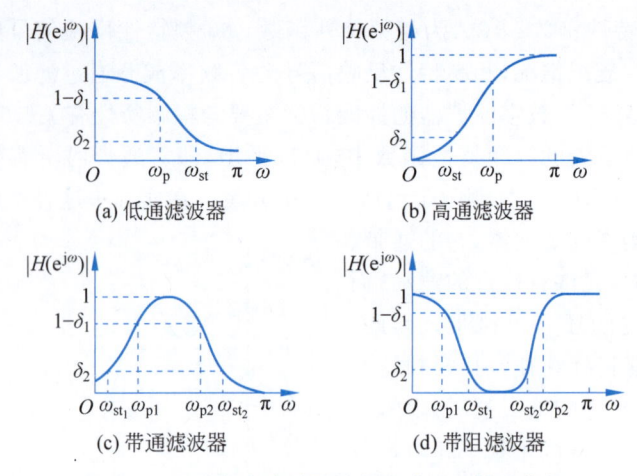

图 6.3　四种数字滤波器的幅频响应及性能指标

6.4　数字滤波器的设计思路

数字滤波器依据冲激响应序列长度的不同可分为无限冲激响应数字滤波器与有限冲激响应(FIR)数字滤波器。

IIR 数字滤波器的特点：

(1) 幅频特性精度高，优异的幅频特性是以牺牲非线性相位为代价的。

(2) 非线性相位，采用相位均衡(群时延均衡)网络可得到近似的线性相位。相位均衡器可采用全通网络，或采用时域均衡的办法。

(3) 在滤波器性能要求相同的情况下，IIR 滤波器的阶次比 FIR 滤波器低得多。

FIR 数字滤波器的特点：

(1) 可以实现严格的线性相位，线性相位对图像处理、视频信号及数据信号的传输等都非常重要。

(2) 由于冲激响应序列是有限长的，所以 FIR 滤波器是稳定的。

(3) 经过一定的延时，任何非因果的有限长序列都能成为因果的有限长序列，因而非因果 FIR 系统可以转换成因果 FIR 系统。

(4) 因为 $h(n)$ 是有限长的，所以可以用 FFT 算法来实现过滤信号，极大地提高运算效率。

另外，由于 FIR 滤波器和 IIR 滤波器的系统函数不同，FIR 滤波器 $H(z)$ 是 z^{-1} 的多项式，IIR 滤波器 $H(z)$ 是 z^{-1} 的有理分式，所以两种滤波器的设计方法不同。

IIR 数字滤波器的设计方法主要有：间接设计法和直接设计法。间接设计法是借助模拟滤波器设计方法进行设计的，先根据数字滤波器性能指标转换成原型模拟滤波器性能指标，再用模拟滤波器设计方法设计原型模拟滤波器，最后将原型模拟滤波器转换成数字滤波器。直接设计法是在时域或频域直接设计数字滤波器，这种设计方法一般是先确定最优准则，找出最优准则下使误差最小的滤波器系统函数。IIR 滤波器设计方法缺乏灵活性，只能设计特定类型的滤波器，不能逼近任意的频响。

FIR 滤波器设计无法通过模拟滤波器进行频率转换而得,原因是模拟滤波器无法直接设计严格线性相位。FIR 滤波器的设计方法主要有基于逼近理想滤波器频响特性的方法和最优化设计方法。FIR 滤波器的设计方法灵活性强,但其设计方法复杂、延迟大、阶数高,由于运算量比较大,因而在实现上需要比较多的运算单元和存储单元。

可以看出,设计数字滤波器一般分三步:

(1) 按照任务的要求,确定滤波器的性能指标。

(2) 用一个因果稳定的离散线性时不变系统的系统函数去逼近滤波器性能指标的要求。这个系统函数可以是 IIR 数字滤波器的系统函数或 FIR 数字滤波器的系统函数。

(3) 数字滤波器实现主要工作包括:选择运算结构,确定运算和系数存储的字长,选用通用计算机及相应的软件或专用数字滤波器硬件。

在实际中,FIR 滤波器应用于通带内要求具有线性相位特性的滤波问题。如果没有线性相位的要求,那么 IIR 滤波器或 FIR 滤波器都可以。但是,一般来说,滤波器阶数相同时,IIR 滤波器比 FIR 滤波器在阻带中的旁瓣更低。因此,如果可容忍一定的相位失真,选用 IIR 滤波器更适合,主要因为它的实现要求更少的参数、更少的存储量和具有更低的计算复杂度。

习题

1. 某低通滤波器的幅频特性如图 6.4 所示,在低通滤波器的频率响应中,( )是低通滤波器幅度响应下降至原始值 70.7% 的频率,( )之后的信号几乎被完全阻止。

  A. 通带截止频率 B. 阻带截止频率
  C. 3dB 截止频率 D. 过渡带频率

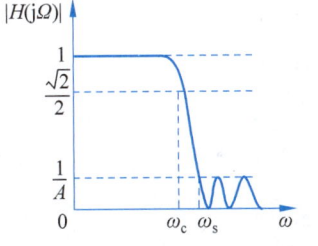

图 6.4 低通滤波器的幅频特性

2. 在音频信号处理中,为了去除低频噪声 50Hz 的工频干扰,同时保留高频语音信号,设计一个 _____ 滤波器,要求:语音信号最低频率,通带截止频率为 300Hz;需衰减的低频噪声上限频率,阻带截止频率为 50Hz;过渡带宽为 _____。

3. 简要描述低通滤波器、高通滤波器和带通滤波器的基本功能,并分别举出一个实际应用场景。

4. 思考并简述在以下两种情况下,选择使用 IIR 滤波器还是 FIR 滤波器,并说明理由:

(1) 设计一个具有极低相位失真的滤波器。

(2) 设计一个具有高效计算性能和较少存储需求的滤波器。

5. 设计目标:去除音频信号中频率大于 3kHz 的噪声,保留低频成分,要求:

(1) 选择滤波器类型(IIR 或 FIR),并说明理由。

(2) 若选择 IIR 滤波器,已知其通带截止频率 $f_p = 2.5$kHz,阻带截止频率 $f_s = 3.5$kHz,请计算过渡带宽 Δf,并验证是否满足 $\Delta f \leqslant 1$kHz。

第 7 章 无限冲激响应数字滤波器

本章主要讨论无限冲激响应数字滤波器的系统函数设计及其实现结构，其中重点介绍 IIR 滤波器的间接设计法。下面首先介绍无限冲激响应数字滤波器的设计方法。

7.1 无限冲激响应数字滤波器的设计方法

无限冲激响应数字滤波器的系统函数是 z 域上关于 z 的有理函数，可以表示为

$$H(z)=\frac{\sum_{k=0}^{M}a_k z^{-k}}{1-\sum_{k=1}^{N}b_k z^{-k}}=A\frac{\prod_{i=1}^{M}(1-c_i z^{-1})}{\prod_{i=1}^{N}(1-d_i z^{-1})} \tag{7.1}$$

设计无限冲激响应数字滤波器的系统函数，就是要确定 $H(z)$ 的各项系数 a_k 和 b_k 或者零极点 c_i、d_i 以及增益系数 A，使滤波器满足给定的性能指标要求。

由于模拟滤波器设计理论非常成熟，不仅有完整的设计公式，还有完善的图表和曲线供参考，并且有多种性能优良的典型滤波器可供选择（如巴特沃斯、切比雪夫和椭圆滤波器等），因此在 IIR 数字滤波器设计中采用间接法比较普遍。

本章重点介绍无限冲激响应数字滤波器的间接设计法，首先介绍模拟低通滤波器的设计，这是因为模拟低通滤波器是设计其他滤波器（模拟高通、模拟带通、模拟带阻）的基础，需要说明的是，设计的模拟低通滤波器是归一化的模拟低通滤波器，这是为了后续方便对其进行其他变换，在 7.2 节中不做区分，统一称为模拟低通滤波器。得到模拟低通滤波器后便能将其变换为所需的数字低通滤波器、高通滤波器、带通滤波器或带阻滤波器。这个过程会涉及频率变换，频率变换完成低通到高通、带通和带阻的变换，频率变换可以在模拟域中实现，也可以在数字域中实现，由此引出了两种设计方法，即模拟频率变换法与数字频率变换法。具体来讲，若所需 IIR 数字滤波器的系统函数为 $H_d(z)$，则模拟频率变换法是先对模拟低通滤波器 $H(s)$ 经过频率变换得到 $H_d(z)$ 对应指标下的模拟滤波器 $H_d(s)$，然后 $H_d(s)$ 再经过模拟到数字滤波器的变换，即模拟滤波器的数字化，得到所需的 $H_d(z)$；而数字频率变换法是先将模拟低通滤波器 $H(s)$ 经过模拟到数字滤波器的变换得到对应的数字低通滤波器 $H(z)$，然后 $H(z)$ 再通过频率变换得到所需的 $H_d(z)$。这两种方法如图 7.1 所示。

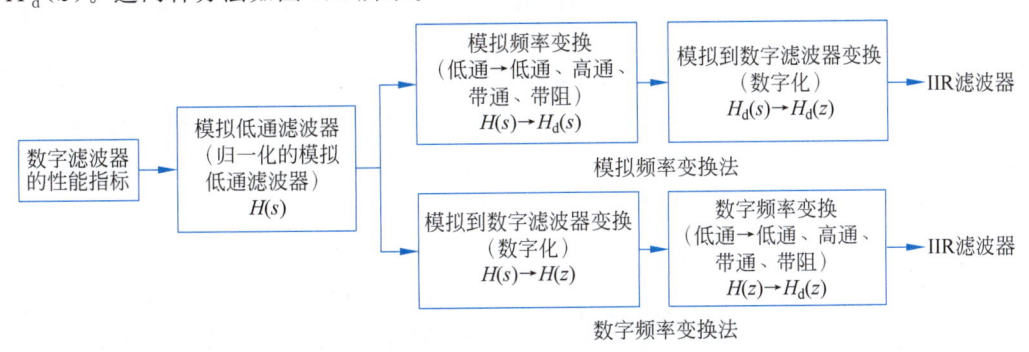

图 7.1 模拟频率变换法与数字频率变换法

随着计算机的普及，许多设计方法都有方便可供调用的设计程序或设计函数，掌握滤波器的基本设计原理，在工程实际中可以更好地利用计算机辅助设计滤波器。

7.2 模拟低通滤波器的设计

首先需要求解模拟低通滤波器的系统函数 $H(s)$，它是模拟低通滤波器的基本特征，完全反映了其幅频和相频特性，其中复变量 $s=\sigma+j\Omega$；然后把 $H(s)$ 变换为所要求的模拟低通滤波器、高通滤波器、带通滤波器或带阻滤波器的系统函数 $H_d(s)$。

在介绍利用模拟滤波器来设计数字滤波器前，先介绍理想滤波器和常用的巴特沃斯滤波器、切比雪夫滤波器和椭圆滤波器的设计方法。

7.2.1 理想滤波器

1. 理想滤波器的特点及分类

理想滤波器是一类很重要的滤波器，对信号滤波可以达到理想的效果，在没有噪声或干扰存在的情况下，理想低通滤波器能够无失真地通过所要求的信号。

理想滤波器有三个重要特点：①在滤波器的通带内幅度为常数（非零），在阻带中幅度为零；②具有线性相位；③单位冲激响应是非因果无限长的。

设输入信号（激励）为 $e(t)$，通过理想滤波器的输出（响应）为 $r(t)$，有

$$r(t)=Ce(t-t_0) \tag{7.2}$$

式中：C 为非零常数，t_0 为时延。

滤波器的频率响应定义为

$$H(j\Omega)=|H(j\Omega)|e^{j\varphi(\Omega)} \tag{7.3}$$

式中：$|H(j\Omega)|$ 和 $\varphi(\Omega)$ 分别为滤波器的幅频响应和相频响应。

因此，理想滤波器的幅频特性在通带为

$$|H(j\Omega)|=C \tag{7.4}$$

在阻带则为

$$|H(j\Omega)|=0 \tag{7.5}$$

相频特性为线性函数，有

$$\varphi(\Omega)=\arg[H(j\Omega)]=-\Omega t_d \tag{7.6}$$

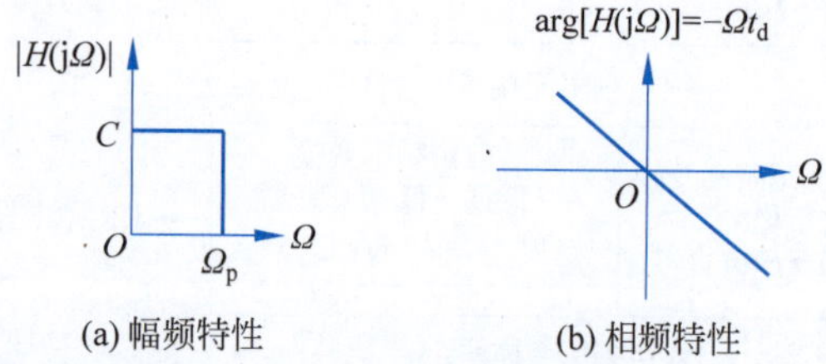

理想滤波器的过渡带宽度为零。理想低通滤波器的幅频和相频特性如图 7.2 所示。

理想滤波器可分为低通滤波器、高通滤波器、带通滤波器和带阻滤波器，低通滤波器、高通滤波器和带通滤波器的幅频响应可以表示为

图 7.2 理想滤波器的频率响应
(a) 幅频特性　(b) 相频特性

$$|H(\mathrm{j}\Omega)| = \begin{cases} C, & \Omega_1 < \Omega < \Omega_2 \\ 0, & \text{其他} \end{cases} \tag{7.7}$$

对于理想低通滤波器，$\Omega_1=0$，对于理想高通滤波器，$\Omega_2=\infty$。带阻滤波器的幅频响应可以表示为

$$|H(\mathrm{j}\Omega)| = \begin{cases} C, & \Omega < \Omega_1, \Omega > \Omega_2 \\ 0, & \text{其他} \end{cases} \tag{7.8}$$

它们的幅频特性如图 7.3 所示。

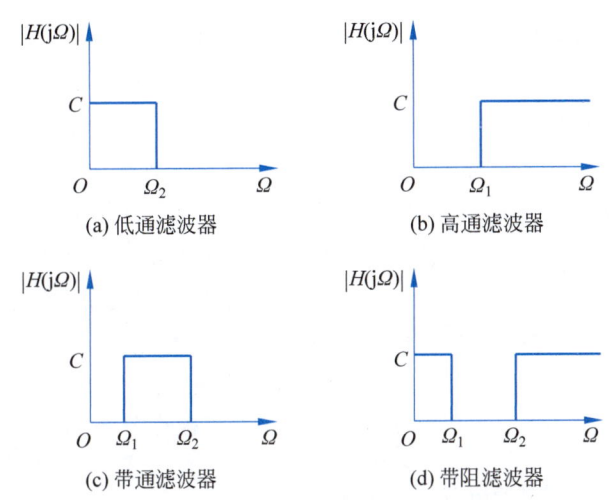

(a) 低通滤波器　　(b) 高通滤波器

(c) 带通滤波器　　(d) 带阻滤波器

图 7.3　各种理想模拟滤波器的幅频特性

对理想低通滤波器的频率响应进行傅里叶逆变换可以得到它的冲激响应 $h(t)$。易知，理想低通滤波器的冲激响应为 sinc 函数，它是非因果且持续时间无限长的。这种理想滤波器在实际生产中是难以实现的，一般只能按照某些准则设计滤波器，使之在误差容限内逼近理想滤波器，因此实际中通带和阻带中都允许一定的误差容限，即通带内幅频响应通常不是常数，阻带不是完全衰减到零。此外，在通带与阻带之间还需要设置一定宽度的过渡带，巴特沃斯滤波器、切比雪夫滤波器以及椭圆滤波器都存在一定宽度的过渡带。介绍完理想滤波器后，为设计模拟滤波器，还需要了解模拟滤波器频率响应的性质。

2. 频率响应的性质及 $H(s)$ 零极点的选择

模拟滤波器的幅频响应采用幅度平方函数表示：

$$|H(\mathrm{j}\Omega)|^2 = H(\mathrm{j}\Omega) \cdot H^*(\mathrm{j}\Omega) \tag{7.9}$$

在后面的模拟滤波器设计中，采用不同的多项式去逼近给定的滤波器幅度频率响应，然后由设计的幅频响应得到模拟滤波器的系统函数 $H(s)$。由幅频响应求系统函数需要使用频率响应的性质，因此首先介绍频率响应的性质。

在一个因果系统中，频率响应 $H(\mathrm{j}\Omega)$ 具有如下性质，它可以表示为

$$H(\mathrm{j}\Omega) = \int_0^\infty h(t)\mathrm{e}^{-\mathrm{j}\Omega t}\mathrm{d}t = \int_0^\infty h(t)[\cos(\Omega t) - \mathrm{j}\sin(\Omega t)]\mathrm{d}t = P(\Omega) - \mathrm{j}Q(\Omega)$$

$$\tag{7.10}$$

式中：$P(\Omega)$ 为 Ω 的偶函数；$Q(\Omega)$ 为 Ω 的奇函数。

那么幅频响应为

$$|H(j\Omega)| = \sqrt{P^2(\Omega) + Q^2(\Omega)} \tag{7.11}$$

式中：$P^2(\Omega)$ 和 $Q^2(\Omega)$ 都是 Ω 的偶函数，故 $|H(j\Omega)|$ 是 Ω 的偶函数。因此

$$H(-j\Omega) = P(-\Omega) - jQ(-\Omega) = P(\Omega) + jQ(\Omega) = H^*(j\Omega) \tag{7.12}$$

$$H(-j\Omega) \cdot H(j\Omega) = H^*(j\Omega) \cdot H(j\Omega) = |H(j\Omega)|^2 \tag{7.13}$$

所以

$$\begin{aligned}|H(j\Omega)|^2 &= H(j\Omega) \cdot H^*(j\Omega) = H(j\Omega) \cdot H(-j\Omega) \\ &= H(s) \cdot H(-s)|_{s=j\Omega} = |H(s)|^2|_{s=j\Omega}\end{aligned} \tag{7.14}$$

接下来由已知的 $|H(j\Omega)|^2$ 求得 $H(s)$。在式(7.14)中，设 $H(s)$ 有一个极点（或零点）位于 $s = s_0$，由于一般滤波器的系统函数 $H(s)$ 是实系数有理函数，极点（或零点）必定以共轭对的形式出现，因此 $s = s_0^*$ 处也有一个极点（或零点），所以与之对应的 $H(-s)$ 在 $s = -s_0$ 和 $s = -s_0^*$ 处必有极点（或零点）。由于稳定系统在虚轴上没有极点，临界稳定情况时才会出现虚轴上的极点，并且虚轴上的零点（或极点）都是偶次的。因此，$H(s)H(-s)$ 的零极点分布如图 7.4 所示，其分布呈象限对称，在虚轴 $j\Omega$ 上零点处所标的数字表示零点的阶数是二阶的。

图 7.4 $H(s)H(-s)$ 的零极点分布

实际可实现的滤波器是因果稳定的，当极点处于 s 平面的左半平面时，系统是稳定的。为使系统稳定，因此将落在左半平面的极点归属于 $H(s)$，将落在右半平面的极点归属于 $H(-s)$。

零点的分布与滤波器的相位特性有关。若要求最小相位延迟特性，则 $H(s)$ 应取左半平面的零点。若要求具有特殊相位的滤波器，则可以根据要求按照不同的组合来分配左半平面和右半平面内的零点。

3. 模拟滤波器系统函数 $H(s)$ 的计算步骤

当确定了零极点后，还需要计算对应的增益常数 K，最终确定系统函数 $H(s)$。模拟滤波器系统函数 $H(s)$ 计算步骤如下：

(1) 根据给定或计算得到的性能指标确定滤波器幅度平方函数 $|H(j\Omega)|^2$。

(2) 将 $\Omega = s/j$ 代入 $|H(j\Omega)|^2 = H(j\Omega) \cdot H(-j\Omega) = H(s) \cdot H(-s)$ 得到象限对称的 s 平面函数。

(3) 将 $H(s)H(-s)$ 因式分解，得到各个零点和极点。将左半平面的极点归于 $H(s)$，取以虚轴为对称的零点的任一半共轭对作为 $H(s)$ 的零点。

(4) 利用 $H(j\Omega)$ 和 $H(s)$ 的低频特性 $H(j\Omega)|_{\Omega=0} = H(s)|_{s=0}$，或高频特性确定系统增益常数 K。

(5) 由求出的零点 z_m、极点 p_n 及增益常数 K，完全确定系统函数 $H(s)$，即

$$H(s) = K \frac{(s-z_0)(s-z_1)\cdots(s-z_m)}{(s-p_0)(s-p_1)\cdots(s-p_n)} \qquad (7.15)$$

7.2.2 模拟低通滤波器的设计流程

实际生产中当确定了幅度平方函数$|H(\mathrm{j}\Omega)|^2$后,一般需要用一个多项式或有理式去逼近$|H(\mathrm{j}\Omega)|^2$。根据逼近函数(多项式或有理式)的不同,可以得到多种类型的滤波器。常用的逼近函数有巴特沃斯逼近、切比雪夫逼近和椭圆逼近等。

因此,首先需要设计出逼近函数对应的模拟滤波器,各种模拟滤波器包括低通滤波器、带通滤波器、高通滤波器、带阻滤波器,它们的设计都归结为先设计模拟低通滤波器,然后通过模拟频带变换得到所需类型的模拟滤波器。

只要确定了所需滤波器在通带截止频率Ω_p、阻带截止频率Ω_s处的衰减(以 dB 表示),就可求出滤波器的阶数N,然后可通过计算或者查表求得模拟低通滤波器的$H(s)$。

具体设计步骤如下:
(1) 给定或计算滤波器性能指标;
(2) 设定滤波器类型(如巴特沃斯滤波器或切比雪夫滤波器等);
(3) 计算滤波器所需阶数;
(4) 通过计算或查表来确定模拟低通滤波器的系统函数$H(s)$。

7.2.3 巴特沃斯滤波器

巴特沃斯滤波器最先由英国工程师史蒂芬·巴特沃斯(Stephen Butterworth)于1930年发表在英国《无线电工程》期刊的一篇论文中提出。巴特沃斯滤波器的幅度平方函数$|H(\mathrm{j}\Omega)|^2$具有通带内最大平坦的幅频特性,它可以表示为

$$|H(\mathrm{j}\Omega)|^2 = \frac{1}{1+\left(\dfrac{\Omega}{\Omega_\mathrm{c}}\right)^{2N}} \qquad (7.16)$$

式中:N为正整数,代表滤波器阶数。

在$\Omega=0$点,$|H(\mathrm{j}\Omega)|=1$;在$\Omega=\Omega_\mathrm{c}$点,$|H(\mathrm{j}\Omega)|=\dfrac{1}{\sqrt{2}}$,所以$\Omega_\mathrm{c}$就是巴特沃斯低通滤波器频率响应幅度衰减到3dB时的带宽,称为3dB截止频率。巴特沃斯滤波器设计中一般选择Ω_c(3dB点)作为频率参考点。

下面介绍巴特沃斯滤波器幅度特性的最大平坦性和3dB不变性。

(1) 最大平坦性:可以注意到,随着Ω从$0 \sim +\infty$,巴特沃斯滤波器的幅频响应$|H(\mathrm{j}\Omega)|$是单调递减的,在$\Omega=0$处具有最大平坦性,在$\Omega=\Omega_\mathrm{c}$附近,随Ω加大,幅度迅速下降。如图7.5所示,$|H(\mathrm{j}\Omega)|$在通带内有最大平坦的幅度特性。可以证明,N阶巴特沃斯滤波器$|H(\mathrm{j}\Omega)|^2$在$\Omega=0$处的前$2N-1$阶导数为零,故称巴特沃斯滤波器为最平幅度特性滤波器。

(2) 3dB不变性:随着阶数N的增大,巴特沃斯滤波器的幅频响应通带越平坦,过渡

带越窄,过渡带与阻带幅度下降的速度越快,总的幅频特性与理想低通滤波器的误差越小。从图7.5中可见,不论阶数 N 为多少,所有幅度特性曲线都在 $\Omega=\Omega_c$ 处交汇于 3dB 衰减处,这就是 3dB 不变性。

巴特沃斯滤波器设计的基本步骤如下:
(1) 确定滤波器阶数 N;
(2) 确定 3dB 截止频率 Ω_c;
(3) 确定归一化系统函数 $H(p)$;
(4) 确定滤波器的增益系数 K;
(5) 确定系统函数 $H(s)$。

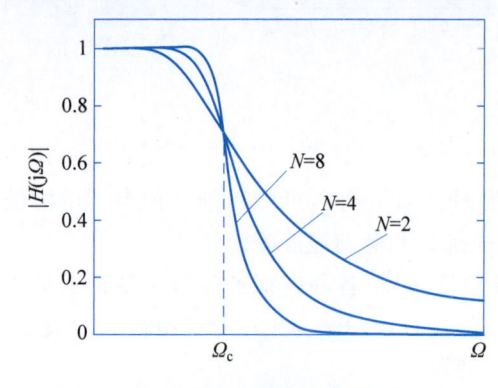

图 7.5 巴特沃斯低通滤波器的幅频特性

下面对以上步骤依次进行讲解。

1. 确定滤波器阶数 N

从式(7.16)可以看出,需要确定的未知参数是滤波器阶数 N。滤波器阶数受通带特性、过渡带的宽窄以及阻带衰减大小影响很大。因此,滤波器设计必须首先根据通带、阻带指标,恰当地选择阶数。

工程实际中习惯用损耗函数(或衰减函数)$\alpha(\Omega)$来描述滤波器的频率响应特性,即

$$\alpha(\Omega) = -20\lg|H(j\Omega)| = -10\lg|H(j\Omega)|^2 \tag{7.17}$$

显然,$\alpha(0)=0,\alpha(\Omega_c)=10\lg 2=3.0103\approx 3\text{dB}$。巴特沃斯滤波器的损耗函数为

$$\alpha(\Omega) = -20\lg|H(j\Omega)| = 10\lg\left(\frac{1}{|H(j\Omega)|^2}\right) = 10\lg\left[1+\left(\frac{\Omega}{\Omega_c}\right)^{2N}\right] \tag{7.18}$$

根据给定的通带指标 Ω_p、阻带指标 Ω_s 利用式(7.18)可计算得到通带最大衰减 A_p 和阻带最小衰减 A_s 分别为

$$A_p = 10\lg\left[1+\left(\frac{\Omega_p}{\Omega_c}\right)^{2N}\right] \tag{7.19}$$

$$A_s = 10\lg\left[1+\left(\frac{\Omega_s}{\Omega_c}\right)^{2N}\right] \tag{7.20}$$

所以

$$\left(\frac{\Omega_s}{\Omega_p}\right)^N = \sqrt{\frac{10^{A_s/10}-1}{10^{A_p/10}-1}} \tag{7.21}$$

$$N = \frac{\lg\left(\frac{10^{A_s/10}-1}{10^{A_p/10}-1}\right)}{2\lg\left(\frac{\Omega_s}{\Omega_p}\right)} \tag{7.22}$$

令

$$\sqrt{\frac{10^{A_s/10}-1}{10^{A_p/10}-1}} = k \tag{7.23}$$

$$\frac{\Omega_{\mathrm{s}}}{\Omega_{\mathrm{p}}}=\lambda \tag{7.24}$$

则滤波器阶数可进一步写为

$$N=\frac{\lg k}{\lg \lambda} \tag{7.25}$$

这里需要注意,因为 N 必须是整数,所以实际所取阶数需要将计算得到的结果进行向上取整。

2. 确定 3dB 截止频率 Ω_{c}

在设计滤波器过程中,若性能指标中没有给出 3dB 截止频率 Ω_{c},则需要单独计算。可分别由通带截止频率 Ω_{p} 处的衰减 A_{p} 或者阻带截止频率 Ω_{s} 处的衰减 A_{s} 求得 Ω_{c},即

$$\Omega_{\mathrm{c}}=\frac{\Omega_{\mathrm{p}}}{\sqrt[2N]{10^{A_{\mathrm{p}}/10}-1}} \tag{7.26}$$

$$\Omega_{\mathrm{c}}=\frac{\Omega_{\mathrm{s}}}{\sqrt[2N]{10^{A_{\mathrm{s}}/10}-1}} \tag{7.27}$$

使用不同方法求得的 Ω_{c} 一般是不同的,若用式(7.26)确定的滤波器通带衰减刚好满足要求,则阻带指标可超过要求(Ω_{s} 处衰减可能大于 A_{s}dB);若用式(7.27)确定的滤波器阻带衰减则刚好满足要求,而通带指标可超过要求(Ω_{p} 处衰减可能大于 A_{p}dB)。

3. 利用幅度平方函数 $|H(\mathrm{j}\Omega)|^{2}$ 确定归一化系统函数 $H(p)$

得到了巴特沃斯滤波器的阶数 N 和 3dB 截止频率 Ω_{c} 后,就可以确定幅度平方函数 $|H(\mathrm{j}\Omega)|^{2}$,因此就需要根据系统函数的物理可实现条件从幅度平方函数中恰当选取零点和极点来求出满足指标要求的 $H(s)$。

令 $s=\mathrm{j}\Omega$,将 $\Omega=s/\mathrm{j}$ 代入式(7.16)得到零极点形式的系统函数 $H(s)$,有

$$H(s)H(-s)=\left.|H(\mathrm{j}\Omega)|^{2}\right|_{\Omega=s/\mathrm{j}}=\left.\frac{1}{1+\left(\frac{\Omega}{\Omega_{\mathrm{c}}}\right)^{2N}}\right|_{\Omega=s/\mathrm{j}}=\frac{1}{1+\left(\frac{s}{\mathrm{j}\Omega_{\mathrm{c}}}\right)^{2N}} \tag{7.28}$$

由此式可求出 $H(s)H(-s)$ 的极点,可以看出巴特沃斯滤波器系统函数的全部零点都在 $s=\infty$ 处,在有限 s 平面只有极点,因而属于"全极点型"滤波器。其中位于 s 左半平面的极点为 $H(s)$ 的极点(使系统稳定),而余极点为 $H(-s)$ 的极点。

为方便后续计算,将 s/Ω_{c} 归一化为 p,即 $p=s/\Omega_{\mathrm{c}}$,并且有 $\left(\frac{1}{\mathrm{j}}\right)^{2N}=(-1)^{N}$,则式(7.28)可写为

$$H(p)H(-p)=\frac{1}{1+(-1)^{N}(p)^{2N}} \tag{7.29}$$

式中:$H(p)$ 为滤波器的归一化系统函数。

令式(7.29)的分母多项式为零,得 p_k 为

$$p_{k}=\mathrm{e}^{\mathrm{j}\frac{(2k+N+1)\pi}{2N}}, \quad k=0,1,\cdots,2N-1 \tag{7.30}$$

式中:$p_k=s_k/\Omega_{\mathrm{c}}$,为归一化极点。其分布特点如下:

(1) 这 $2N$ 个极点均匀分布在以 s 平面的原点为中心、半径为 1 的圆上（非归一化时半径为 Ω_c 的圆）。

(2) 极点间隔的角度为 $\frac{\pi}{N}\text{rad}$，其中一半位于 s 左半平面，另一半位于 s 右半平面。

(3) 极点不会落在虚轴上，这样滤波器才可能是稳定的。

(4) 当 N 为奇数时，实轴上存在极点；当 N 为偶数时，实轴上不存在极点。

例如，当 $N=3$ 时，极点有 6 个，间隔为 $\frac{\pi}{3}\text{rad}$，分别为

$$s_0 = \Omega_c e^{j\frac{1}{3}\pi}, \quad s_1 = \Omega_c e^{j\frac{2}{3}\pi}, \quad s_2 = -\Omega_c$$

$$s_3 = \Omega_c e^{-j\frac{2}{3}\pi}, \quad s_4 = \Omega_c e^{-j\frac{1}{3}\pi}, \quad s_5 = \Omega_c$$

当 $N=4$ 时，极点有 8 个，间隔为 $\frac{\pi}{4}\text{rad}$，分别为

$$s_0 = \Omega_c e^{j\frac{1}{8}\pi}, \quad s_1 = -\Omega_c e^{j\frac{3}{8}\pi}, \quad s_2 = \Omega_c e^{j\frac{5}{8}\pi}, \quad s_3 = \Omega_c e^{j\frac{7}{8}\pi}$$

$$s_4 = \Omega_c e^{-j\frac{7}{8}\pi}, \quad s_5 = \Omega_c e^{-j\frac{5}{8}\pi}, \quad s_6 = \Omega_c e^{-j\frac{3}{8}\pi}, \quad s_7 = \Omega_c e^{-j\frac{1}{8}\pi}$$

三阶和四阶巴特沃斯滤波器的极点分布如图 7.6 所示。

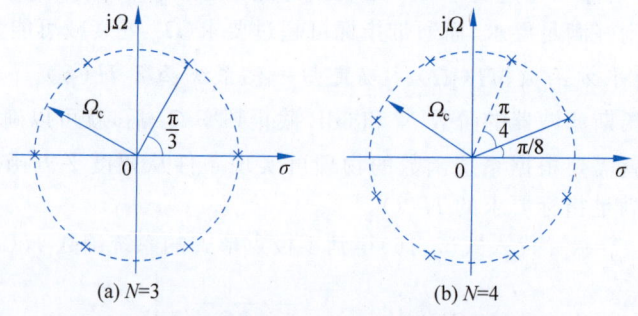

图 7.6 三阶和四阶巴特沃斯滤波器的极点分布

为使系统稳定，取 p_k 在 s 左半平面的 N 个根作为 $H(p)$ 的极点，即

$$p_k = e^{j\frac{(2k+N+1)\pi}{2N}}, \quad k = 0, 1, \cdots, N-1 \tag{7.31}$$

因此，$H(p)$ 可写为

$$H(p) = \frac{K}{(p-p_0)(p-p_1)\cdots(p-p_{N-1})} = \frac{K}{\prod_{k=0}^{N-1}(p-p_k)} \tag{7.32}$$

式中：K 为增益系数。

4. 确定滤波器的增益系数 K

利用滤波器低频特性来计算增益系数，即 $H(\text{j}\Omega)\big|_{\Omega=0} = H(s)\big|_{s=0} = H(p)\big|_{p=0}$。

由式(7.16)可得

$$|H(\text{j}\Omega)|\big|_{\Omega=0} = \frac{1}{\sqrt{1+(0/\Omega_c)^{2N}}} = 1$$

再由式(7.31)和式(7.32)可得

$$|H(p)||_{p=0} = \frac{K}{\prod_{k=0}^{N-1}|0-p_k|} = \frac{K}{\prod_{k=0}^{N-1}|p_k|} = \frac{K}{\left|\prod_{k=0}^{N-1}p_k\right|} = \frac{K}{|1|} = K$$

所以 $K=1$,故

$$H(p) = \frac{1}{\prod_{k=0}^{N-1}(p-p_k)} \tag{7.33}$$

5. 对 $H(p)$ 进行反归一化确定系统函数 $H(s)$

由于

$$p_k = s_k/\Omega_c \tag{7.34}$$

显然,有

$$p_k\Omega_c = s_k \tag{7.35}$$

将 $p=s/\Omega_c$ 和 $p_k\Omega_c=s_k$ 代入式(7.32)得到实际需要的巴特沃斯滤波器的系统函数为

$$H(s) = H(p)\Big|_{p=s/\Omega_c} = \frac{1}{\prod_{k=0}^{N-1}\left(\frac{s}{\Omega_c}-p_k\right)} = \frac{\Omega_c^N}{\prod_{k=0}^{N-1}(s-p_k\Omega_c)}\Bigg|_{p_k\Omega_c=s_k} = \frac{\Omega_c^N}{\prod_{k=0}^{N-1}(s-s_k)} \tag{7.36}$$

6. 巴特沃斯滤波器设计方法总结

(1) 根据给定或计算得到的性能指标 Ω_p、Ω_s、A_p 和 A_s,利用式(7.22)计算滤波器阶数 N 和 3dB 截止频率;

(2) 利用幅度平方函数 $|H(j\Omega)|^2$ 计算归一化极点 p_k;

(3) 根据 $H(s)$ 确定其增益系数 K,将增益系数和归一化极点 p_k 代入式(7.32)得到归一化系统函数 $H(p)$;

(4) 利用反归一化得到巴特沃斯滤波器系统函数 $H(s)$。

在实际生产中除了计算法,更多的是采用查表法。其做法是以通带截止频率 Ω_c 为参考频率进行频率归一化,用归一化频率根据巴特沃斯滤波器幅频特性曲线(图7.7)得到滤波器阶数 N,然后查表7.1确定归一化系统函数 $H(p)$ 的极点和分母多项式,进一步得到归一化系统函数 $H(p)$,最后进行反归一化得到系统函数 $H(s)$。

例 7.1 推导出三阶巴特沃斯低通滤波器的系统函数,设 $\Omega_c=1\text{rad/s}$。

解:由式(7.16)得,三阶巴特沃斯滤波器的幅度平方函数为

$$|H(j\Omega)|^2 = \frac{1}{1+\left(\frac{\Omega}{\Omega_c}\right)^{2N}} = \frac{1}{1+\Omega^6}$$

将 $\Omega^2=-s^2$ 代入上式,有

$$H(s)H(-s) = \frac{1}{1-s^6}$$

各极点满足

$$s_k = e^{j\frac{(2k+3+1)\pi}{6}} = e^{j\frac{(2k+4)\pi}{6}}, \quad k = 0, 1, \cdots, 5$$

得到6个极点 s_k 分别为

$$s_0 = e^{j\pi\frac{2}{3}} = -\frac{1}{2} + j\frac{\sqrt{3}}{2}, \quad s_1 = e^{j\pi} = -1, \quad s_2 = e^{j\pi\frac{4}{3}} = -\frac{1}{2} - j\frac{\sqrt{3}}{2},$$

$$s_3 = e^{j\pi\frac{5}{3}} = \frac{1}{2} - j\frac{\sqrt{3}}{2}, \quad s_4 = e^{j0} = 1, \quad s_5 = e^{j\pi\frac{1}{3}} = \frac{1}{2} + j\frac{\sqrt{3}}{2}$$

选择 s 左半平面的极点 s_0、s_1、s_2 作为 $H(s)$ 的极点,有

$$H(s) = \frac{K}{(s-s_0)(s-s_1)(s-s_2)} = \frac{K}{s^3 + 2s^2 + 2s + 1}$$

由 $H(j\Omega)|_{\Omega=0} = H(s)|_{s=0}$,得 $K = 1$,故

$$H(s) = \frac{1}{s^3 + 2s^2 + 2s + 1}$$

例 7.2 设计满足通带的截止频率 $f_p = 6\text{kHz}$,通带最大衰减 $A_p = 3\text{dB}$,阻带截止频率 $f_s = 12\text{kHz}$,阻带的最小衰减 $A_s = 25\text{dB}$ 指标的模拟巴特沃斯低通滤波器。求出该滤波器的系统函数。

解:

$$\Omega_p = 2\pi f_p = 12000\pi, \quad \Omega_s = 2\pi f_s = 24000\pi$$

(1) 求 N。按给定的参数,由式(7.22)可求得

$$N = \frac{\lg\left(\frac{10^{A_s/10} - 1}{10^{A_p/10} - 1}\right)}{2\lg\left(\frac{\Omega_s}{\Omega_p}\right)} = \frac{\lg\left(\frac{10^{25/10} - 1}{10^{3/10} - 1}\right)}{2\lg\left(\frac{24000\pi}{12000\pi}\right)} \approx 4.15$$

对计算得到的 N 向上取整,取 $N = 5$。

(2) 求 Ω_c。由于 $A_p = 3\text{dB}$,故 $\Omega_c = \Omega_p = 12000\pi$,也可利用式(7.26)计算得到 Ω_c,即

$$\Omega_c = \frac{\Omega_p}{\sqrt[2N]{10^{A_p/10} - 1}} = \frac{12000\pi}{\sqrt[10]{10^{3/10} - 1}} = \frac{12000\pi}{\sqrt[10]{2 - 1}} = 12000\pi$$

(3) 求归一化系统函数 $H(p)$。由式(7.30)得 $H(p)H(-p)$ 的极点为

$$p_k = e^{j\frac{(2k+5+1)\pi}{10}} = e^{j\frac{(2k+6)\pi}{10}}, \quad k = 0, 1, \cdots, 9$$

选择 s 左半平面的极点 p_0、p_1、p_2、p_3、p_4 作为 $H(p)$ 的极点,此时 $0 \leqslant k \leqslant 4$,有

$$p_0 = e^{j\frac{3}{5}\pi}, \quad p_1 = e^{j\frac{4}{5}\pi}, \quad p_2 = e^{j\pi}, \quad p_3 = e^{j\frac{6}{5}\pi}, \quad p_4 = e^{j\frac{7}{5}\pi}$$

所以

$$H(p) = \frac{1}{(p - e^{j\frac{3}{5}\pi})(p - e^{j\frac{4}{5}\pi})(p - e^{j\pi})(p - e^{j\frac{6}{5}\pi})(p - e^{j\frac{7}{5}\pi})}$$

$$= \frac{1}{(p+1)(p^2 + 0.6180p + 1)(p^2 + 1.6180p + 1)}$$

(4) 反归一化得到系统函数 $H(s)$：

$$H(s) = H(p)|_{p=s/\Omega_c}$$

$$= \frac{1}{\left(\frac{s}{\Omega_c}+1\right)\left(\left(\frac{s}{\Omega_c}\right)^2+0.6180\frac{s}{\Omega_c}+1\right)\left(\left(\frac{s}{\Omega_c}\right)^2+1.6180\frac{s}{\Omega_c}+1\right)}$$

$$= \frac{\Omega_c^5}{(s+\Omega_c)(s^2+0.6180s\Omega_c+\Omega_c^2)(s^2+1.6180s\Omega_c+\Omega_c^2)}$$

$$= [2.48832\times10^{20}\cdot\pi^5]\Big/\{(s+1.2\times10^4\cdot\pi)[s^2+0.6180(1.2\times10^4\cdot\pi)s+$$

$$(1.2\times10^4\cdot\pi)^2][s^2+1.6180(1.2\times10^4\cdot\pi)+(1.2\times10^4\cdot\pi)^2]\}$$

例 7.3 用查表法设计例 7.2 所述的巴特沃斯滤波器。

解：(1) 以通带截止频率 Ω_c 为参考频率，求得各归一化频率，$\lambda_s=2,\lambda_p=1$；

(2) 求 N，查图 7.7(巴特沃斯 LPF 归一化幅频特性)，得 $N=5$；

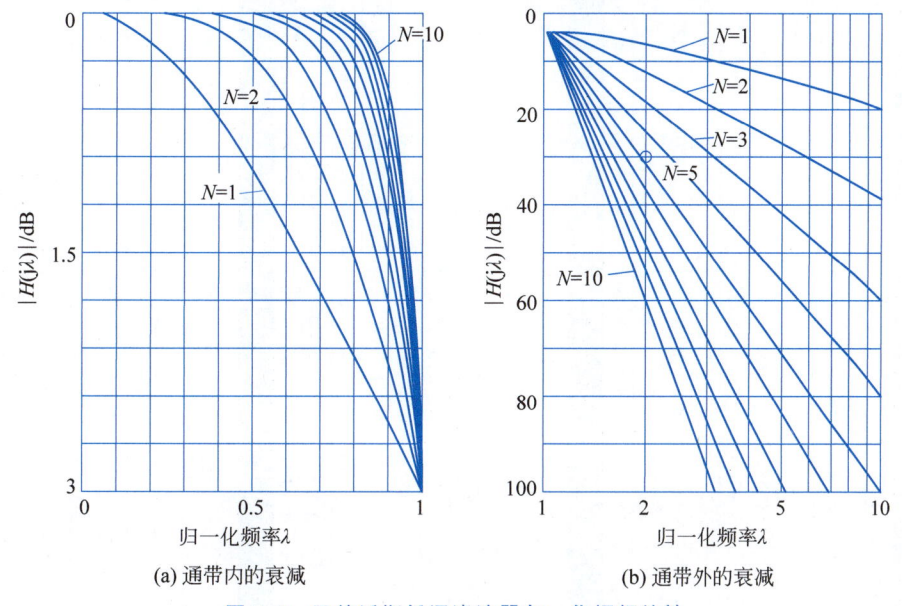

(a) 通带内的衰减

(b) 通带外的衰减

图 7.7 巴特沃斯低通滤波器归一化幅频特性

(3) 查表 7.1，得 $H(p)$ 的分母多项式(c 栏)

$$(p^2+0.6180340p+1)(p^2+1.6180340p+1)(p+1)$$

(4) 则系统函数 $H(s)$ 用

$$p=\frac{s}{\Omega_c}=\frac{s}{1.2\times10^4\cdot\pi}$$

代入分母多项式，可得

$$H(s)=[2.48832\times10^{20}\cdot\pi^5]\Big/\{(s+1.2\times10^4\cdot\pi)[s^2+0.6180(1.2\times10^4\cdot\pi)s+$$

$$(1.2\times10^4\cdot\pi)^2][s^2+1.6180(1.2\times10^4\cdot\pi)+(1.2\times10^4\cdot\pi)^2]\}$$

表 7.1 归一化的巴特沃斯低通滤波器传输函数的极点和分母多项式

(a) 极点

阶数 N	$p_{1,N}$	$p_{2,N-1}$	$p_{3,N-2}$	$p_{4,N-3}$	$p_{5,N-4}$
1	-1.00000000				
2	$-0.70710678 \pm j0.70710678$	-1.00000000			
3	$-0.50000000 \pm j0.86602540$	$-0.92387953 \pm j0.38268343$	-1.00000000		
4	$-0.38268343 \pm j0.92387953$	$-0.80901699 \pm j0.58778525$			
5	$-0.30901699 \pm j0.95105652$	$-0.70710678 \pm j0.70710678$	-1.00000000		
6	$-0.25881905 \pm j0.96592583$	$-0.62348980 \pm j0.78183148$	$-0.96592583 \pm j0.25881905$		
7	$-0.22252093 \pm j0.97492791$	$-0.55557023 \pm j0.83146961$	$-0.90096887 \pm j0.43388374$	-1.00000000	
8	$-0.19509032 \pm j0.98078528$	$-0.50000000 \pm j0.86602540$	$-0.83146961 \pm j0.55557023$	$-0.98078525 \pm j0.19509023$	
9	$-0.17364818 \pm j0.98480775$		$-0.76604444 \pm j0.64278761$	$-0.93969262 \pm j0.34202014$	-1.00000000

(b) 分母多项式 $A(p) = p^N + a_{N-1}p^{N-1} + a_{N-2}p^{N-2} + \cdots + a_0$

阶数 N	a_0	a_1	a_2	a_3	a_4	a_5	a_6	a_7	a_8
1	1.00000000								
2	1.00000000	1.41421356							
3	1.00000000	2.00000000	2.00000000						
4	1.00000000	2.61312593	3.41421356	2.61312593					
5	1.00000000	3.23606798	5.23606798	5.23606798	3.23606798				
6	1.00000000	3.86370331	7.46410162	9.14162017	7.46410162	3.86370331			
7	1.00000000	4.49395921	10.09783468	14.59179389	14.59179389	10.09783468	4.49395921		
8	1.00000000	5.12583090	13.13707118	21.84615097	25.68835593	21.84615097	13.13707118	5.12583090	
9	1.00000000	5.75877048	16.58171874	31.16343748	41.98638573	41.98638573	31.16343748	16.58171874	5.75877048

(c) 分母多项式 $A(p) = A_1(p)A_2(p)A_3(p)A_4(p)A_5(p)$

阶数 N	$A(p)$
1	$p+1$
2	$p^2 + 1.41421356p + 1$
3	$(p^2 + p + 1)(p+1)$
4	$(p^2 + 0.76536686p + 1)(p^2 + 1.84775907p + 1)$
5	$(p^2 + 0.61803399p + 1)(p^2 + 1.61803399p + 1)(p+1)$
6	$(p^2 + 0.51763809p + 1)(p^2 + 1.41421356p + 1)(p^2 + 1.93185165p + 1)$
7	$(p^2 + 0.44504187p + 1)(p^2 + 1.24697960p + 1)(p^2 + 1.80193774p + 1)(p+1)$
8	$(p^2 + 0.39018064p + 1)(p^2 + 1.11114047p + 1)(p^2 + 1.66293922p + 1)(p^2 + 1.96157056p + 1)$
9	$(p^2 + 0.34729636p + 1)(p^2 + p + 1)(p^2 + 1.53208889p + 1)(p^2 + 1.87938524p + 1)(p+1)$

7.2.4 切比雪夫滤波器

巴特沃斯滤波器的幅频特性曲线在通带和阻带内都是单调的,而且在过渡带下降缓慢,在阻带下降较快,如果提高阻带衰减,就必须增加滤波器的阶数,如果在频带边缘处满足设计性能指标,在频带其他位置性能指标就会有富余。因此,更有效的设计方法是将逼近精度均匀地分布在整个通带内,或者均匀分布在整个阻带内,或者同时均匀分布在两者之内,这可以通过选择具有等波纹特性的逼近函数来达到。

切比雪夫滤波器用以纪念俄罗斯数学家巴夫尼提·利沃维奇·切比雪夫(Пафнутий Львович Чебышёв),它采用切比雪夫函数来进行逼近,该函数具有等波纹特性,通带内等波纹波动,通带外单调下降,下降速度高于同阶的巴特沃斯滤波器。它牺牲了衰减的单调性,对于相同的滤波器阶数,在阻带可以得到更高衰减,可将指标的精度要求均匀地分布在通带内,或均匀分布在阻带内,从而设计出阶数较低的滤波器。

切比雪夫滤波器有两种形式:一种是在通带内为等纹波的,在阻带内是单调的,称为切比雪夫Ⅰ型滤波器;另一种是在通带内为单调的,在阻带内是等纹波的,称为切比雪夫Ⅱ型滤波器。在实际应用中根据具体要求确定采用何种形式的切比雪夫滤波器。由于切比雪夫滤波器的阶数 N 可以是偶数或奇数,因此在实际应用中有四种形式。图 7.8 和图 7.9 分别为 N 为奇数和 N 为偶数时Ⅰ型滤波器和切比雪夫Ⅱ型滤波器的幅频特性曲线。下面将以切比雪夫Ⅰ型滤波器为例(统称为切比雪夫滤波器),说明其设计方法。

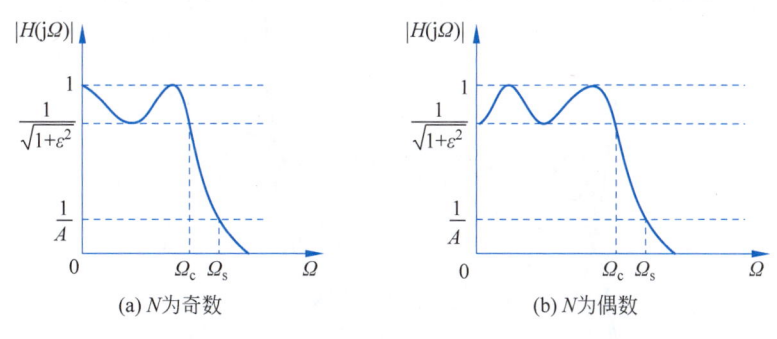

图 7.8 切比雪夫Ⅰ型滤波器的幅频特性曲线

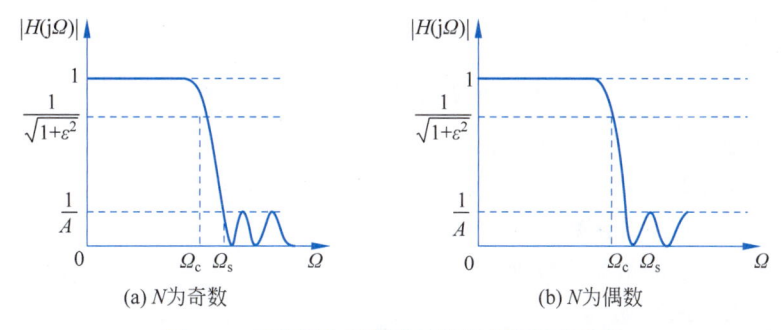

图 7.9 切比雪夫Ⅱ型滤波器的幅频特性曲线

切比雪夫滤波器的幅度平方函数可表示为

$$|H(\mathrm{j}\Omega)|^2 = \frac{1}{1+\varepsilon^2 C_N^2\left(\dfrac{\Omega}{\Omega_\mathrm{p}}\right)} \tag{7.37}$$

式中：ε 为通带波纹参数，ε 为小于 1 的正数，它与通带波动程度有关，ε 越大表示通带波动越大；Ω_p 为幅频响应某一衰减（如 0.1dB、1dB、3dB 等）处的截止频率，与巴特沃斯滤波器不同，不是特指 3dB 衰减处的截止频率，即切比雪夫滤波器 Ω_c 不必是 3dB 衰减处的带宽；$\dfrac{\Omega}{\Omega_\mathrm{p}}$ 为 Ω 相对于频率 Ω_p 的归一化频率，令其为 λ；$C_N(\lambda)$ 是 N 阶切比雪夫多项式，定义为

$$C_N(\lambda) = \begin{cases} \cos(N\arccos\lambda), & |\lambda| \leqslant 1 \\ \cosh(N\mathrm{arccosh}\lambda), & |\lambda| > 1 \end{cases} \tag{7.38}$$

当 $N=0$ 时，$C_0(\lambda)=1$；当 $N=1$ 时，$C_1(\lambda)=\lambda$；当 $N=2$ 时，$C_2(\lambda)=2\lambda^2-1$；当 $N=3$ 时，$C_3(\lambda)=4\lambda^3-3\lambda$。由此可归纳出高阶切比雪夫多项式的递推公式为

$$C_{N+1}(\lambda) = 2\lambda C_N(\lambda) - C_{N-1}(\lambda) \tag{7.39}$$

图 7.10 示出了 $N=0,1,\cdots,5$ 的切比雪夫多项式 $C_N(\lambda)$ 的曲线。由图 7.10 可知，当 $|x| \leqslant 1$ 时，$C_N(\lambda)$ 具有等波纹特性；当 $|x| > 1$ 时，$C_N(\lambda)$ 是双曲余弦函数，随 λ 增加而单调增加。

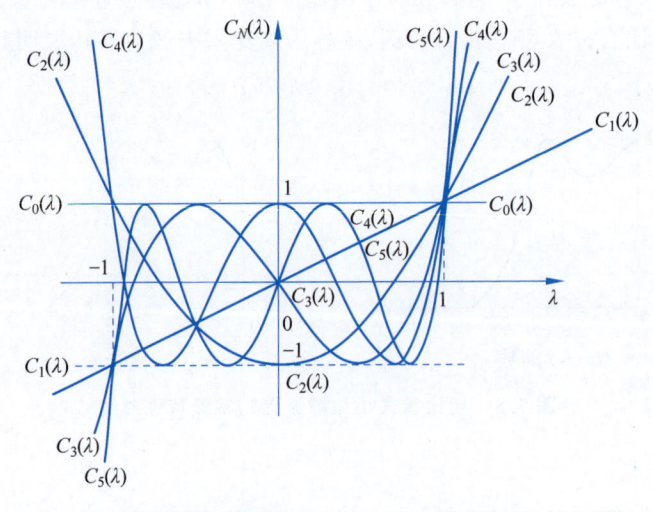

图 7.10 不同阶数切比雪夫多项式曲线

切比雪夫滤波器设计的基本步骤：
(1) 确定滤波器参数（滤波器阶数 N 和通带波纹参数 ε）；
(2) 确定归一化系统函数 $H(p)$；
(3) 确定滤波器的增益系数 K；
(4) 确定系统函数 $H(s)$。
下面对以上步骤依次进行讲解。

1. 确定滤波器阶数 N 和通带波纹参数 ε

由式(7.17)可得切比雪夫滤波器的损耗函数为

$$\alpha(\Omega) = -20\lg|H(\mathrm{j}\Omega)| = 10\lg\left(\frac{1}{|H(\mathrm{j}\Omega)|^2}\right) = 10\lg\left[1+\varepsilon^2 C_N^2\left(\frac{\Omega}{\Omega_\mathrm{p}}\right)\right] \quad (7.40)$$

因此,根据通带截止频率 Ω_p 和阻带截止频率 Ω_s 可以求得通带最大衰减 A_p 和阻带最小衰减 A_s 为

$$A_\mathrm{p} = 10\lg\left(1+\varepsilon^2 C_N^2\left(\frac{\Omega}{\Omega_\mathrm{p}}\right)\right) = 10\lg\left(1+\varepsilon^2 C_N^2\left(\frac{\Omega_\mathrm{p}}{\Omega_\mathrm{p}}\right)\right) = 10\lg(1+\varepsilon^2) \quad (7.41)$$

$$A_\mathrm{s} = 10\lg\left(1+\varepsilon^2 C_N^2\left(\frac{\Omega}{\Omega_\mathrm{p}}\right)\right) = 10\lg\left(1+\varepsilon^2 C_N^2\left(\frac{\Omega_\mathrm{s}}{\Omega_\mathrm{p}}\right)\right) \quad (7.42)$$

$$= 10\lg\left\{1+\varepsilon^2 \cosh^2\left[N\operatorname{arcosh}\left(\frac{\Omega_\mathrm{s}}{\Omega_\mathrm{p}}\right)\right]\right\}$$

因此,有

$$\varepsilon = \sqrt{10^{A_\mathrm{p}/10}-1} \quad (7.43)$$

$$N = \frac{\operatorname{arcosh}\left(\dfrac{\sqrt{10^{A_\mathrm{s}/10}-1}}{\varepsilon}\right)}{\operatorname{arcosh}\left(\dfrac{\Omega_\mathrm{s}}{\Omega_\mathrm{p}}\right)} = \frac{\operatorname{arcosh}\left(\sqrt{\dfrac{10^{A_\mathrm{s}/10}-1}{10^{A_\mathrm{p}/10}-1}}\right)}{\operatorname{arcosh}\left(\dfrac{\Omega_\mathrm{s}}{\Omega_\mathrm{p}}\right)} \quad (7.44)$$

令

$$\sqrt{\frac{10^{A_\mathrm{s}/10}-1}{10^{A_\mathrm{p}/10}-1}} = k \quad (7.45)$$

$$\frac{\Omega_\mathrm{s}}{\Omega_\mathrm{p}} = \lambda \quad (7.46)$$

则滤波器阶数可进一步写为

$$N = \frac{\operatorname{arcosh} k}{\operatorname{arcosh} \lambda} \quad (7.47)$$

注意,因为阶数 N 必须是整数,所以实际所取阶数需要将计算得到的结果进行向上取整。

2. 利用幅度平方函数 $|H(\mathrm{j}\Omega)|^2$ 确定归一化系统函数 $H(p)$

得到了切比雪夫滤波器的阶数 N 后,就可以确定幅度平方函数 $|H(\mathrm{j}\Omega)|^2$,因此需要根据系统函数的物理可实现条件从幅度平方函数中恰当选取零点和极点来求出满足指标要求的 $H(s)$。

令 $s=\mathrm{j}\Omega$,将 $\Omega=s/\mathrm{j}$ 代入式(7.37)得到零极点形式的系统函数 $H(s)$,有

$$H(s)H(-s) = |H(\mathrm{j}\Omega)|^2 \Big|_{\Omega=s/\mathrm{j}} = \frac{1}{1+\varepsilon^2 C_N^2\left(\dfrac{\Omega}{\Omega_\mathrm{p}}\right)} \Bigg|_{\Omega=s/\mathrm{j}} = \frac{1}{1+\varepsilon^2 C_N^2\left(\dfrac{s}{\mathrm{j}\Omega_\mathrm{p}}\right)}$$

$$(7.48)$$

由上式可求出 $H(s)H(-s)$ 的极点。与巴特沃斯滤波器相同,切比雪夫滤波器系统函数的全部零点都在 $s=\infty$ 处,在有限 s 平面只有极点,因而同样属于"全极点型"滤波器。

将 s/Ω_p 归一化为 p,即 $p=s/\Omega_p$,则式(7.48)可写为

$$H(p)H(-p)=\frac{1}{1+\varepsilon^2 C_N^2\left(\frac{p}{\mathrm{j}}\right)}=\frac{1}{1+\varepsilon^2 C_N^2(-\mathrm{j}p)} \tag{7.49}$$

式中:$H(p)$ 为滤波器的归一化系统函数。令式(7.49)分母多项式为零

$$1+\varepsilon^2 C_N^2(-\mathrm{j}p)=1+\varepsilon^2\cos^2[N\arccos(-\mathrm{j}p)]=0 \tag{7.50}$$

进一步,有

$$\arccos(-\mathrm{j}p)=\frac{\arccos\left(\pm\dfrac{\mathrm{j}}{\varepsilon}\right)}{N} \tag{7.51}$$

则可解得 $H(p)H(-p)$ 的极点 p_k 为

$$\begin{aligned}p_k=&\sinh\left(\frac{1}{N}\operatorname{arsinh}\frac{1}{\varepsilon}\right)\sin\left[\frac{(2k+1)\pi}{2N}\right]+\\&\mathrm{j}\cosh\left(\frac{1}{N}\operatorname{arsinh}\frac{1}{\varepsilon}\right)\cos\left[\frac{(2k+1)\pi}{2N}\right],\quad k=0,1,\cdots,2N-1\end{aligned} \tag{7.52}$$

若令

$$\sinh\left(\frac{1}{N}\operatorname{arsinh}\frac{1}{\varepsilon}\right)=a \tag{7.53}$$

$$\cosh\left(\frac{1}{N}\operatorname{arsinh}\frac{1}{\varepsilon}\right)=b \tag{7.54}$$

则 p_k 可以表示为

$$p_k=a\sin\left[\frac{(2k+1)\pi}{2N}\right]+\mathrm{j}b\cos\left[\frac{(2k+1)\pi}{2N}\right],\quad k=0,1,\cdots,2N-1 \tag{7.55}$$

进一步可以得到 s_k 为

$$s_k=a\Omega_p\sin\left[\frac{(2k+1)\pi}{2N}\right]+\mathrm{j}b\Omega_p\cos\left[\frac{(2k+1)\pi}{2N}\right],\quad k=0,1,\cdots,2N-1 \tag{7.56}$$

设 $s_k=\sigma_k+\mathrm{j}\mu_k$,可得

$$\sigma_k=a\Omega_p\sin\left[\frac{(2k+1)\pi}{2N}\right] \tag{7.57}$$

$$\mu_k=b\Omega_p\cos\left[\frac{(2k+1)\pi}{2N}\right] \tag{7.58}$$

切比雪夫滤波器的极点可用几何法在 s 平面上求解。对式(7.57)、式(7.58)分别取平方再简化,可得 $H(s)H(-s)$ 在 s 平面的极点分布满足的关系式为

$$\left(\frac{\sigma_k}{a\Omega_p}\right)^2+\left(\frac{\mu_k}{b\Omega_p}\right)^2=\left(\sin\left[\frac{(2k+1)\pi}{2N}\right]\right)^2+\left(\cos\left[\frac{(2k+1)\pi}{2N}\right]\right)^2=1 \tag{7.59}$$

这是一个椭圆方程，由于双曲余弦 $\cosh x$ 大于双曲正弦 $\sinh x$，故切比雪夫滤波器的 $2N$ 个极点位于 s 平面长轴为 $b\Omega_p$、短轴为 $a\Omega_p$ 的椭圆上，其中长轴位于虚轴上，短轴位于实轴上。求解切比雪夫滤波器极点位置的具体方法：先求出在半径为 $b\Omega_p$ 的大圆和半径为 $a\Omega_p$ 的小圆上按 $\dfrac{\pi}{N}$ rad 等间隔均分的各点，各有 $2N$ 个，它们呈虚轴对称并且不落在虚轴上。当 N 为奇数时，有落在实轴上的点；当 N 为偶数时，没有落在实轴上的点。椭圆上的极点位置确定：其垂直纵坐标为落在大圆上的各等间隔点的垂直纵坐标，其水平横坐标为落在小圆上的各等间隔点的水平横坐标。四阶切比雪夫滤波器的极点分布如图 7.11 所示。

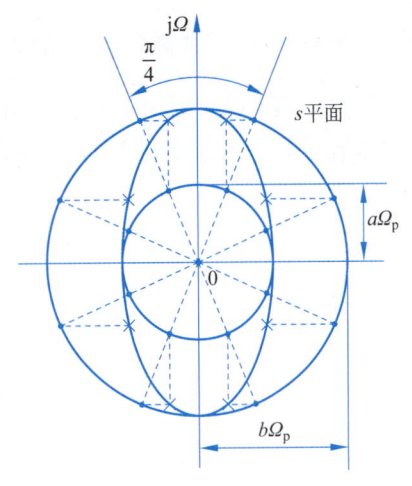

图 7.11 四阶切比雪夫滤波器的极点分布

为使系统稳定，取 p_k 在 s 左半平面的 N 个根（$\text{Re}[p_k]<0$）作为 $H(p)$ 的极点，即

$$\begin{aligned}p_k &= a\sin\left[\dfrac{(2k+1)\pi}{2N}\right] + jb\cos\left[\dfrac{(2k+1)\pi}{2N}\right] \\ &= -\sinh\left(\dfrac{1}{N}\text{arsinh}\dfrac{1}{\varepsilon}\right)\sin\left[\dfrac{(2k+1)\pi}{2N}\right] + \\ &\quad j\cosh\left(\dfrac{1}{N}\text{arsinh}\dfrac{1}{\varepsilon}\right)\cos\left[\dfrac{(2k+1)\pi}{2N}\right], \quad k=0,1,\cdots,N-1\end{aligned} \quad (7.60)$$

式中：$\dfrac{1}{N}\text{arsinh}\dfrac{1}{\varepsilon}$ 只取正值。

$H(p)$ 可写为

$$H(p)=\dfrac{K}{(p-p_0)(p-p_1)\cdots(p-p_{N-1})}=\dfrac{K}{\prod\limits_{k=0}^{N-1}(p-p_k)} \quad (7.61)$$

式中：K 为增益系数。

3. 确定滤波器的增益系数 K

由式(7.49)和式(7.61)可得

$$\dfrac{K}{\left|\prod\limits_{k=0}^{N-1}(p-p_k)\right|}=\dfrac{1}{\sqrt{1+\varepsilon^2 C_N^2(-jp)}} \quad (7.62)$$

$H(p)$ 可以写成分母多项式的形式，即

$$H(p)=\dfrac{K}{\prod\limits_{k=0}^{N-1}(p-p_k)}=\dfrac{K}{p^N+a_{N-1}p^{N-1}+a_{N-2}p^{N-2}+\cdots+a_0} \quad (7.63)$$

显然 $\prod_{k=0}^{N-1}(p-p_k)$ 最高阶 p^N 系数为 1，根据式(7.39)，多项式 C_N 的最高阶系数为 2^{N-1}，则 $1+\varepsilon^2 \cdot C_N^2(-\mathrm{j}p)$ 中最高阶 p^{2N} 系数为 $\varepsilon^2 \cdot (2^{N-1})^2$，所以 $1+\varepsilon^2 \cdot C_N^2(-\mathrm{j}p)$ 中最高阶 p^N 系数为 $\varepsilon \cdot 2^{N-1}$，为使式(7.62)中等号成立，需要将最高阶项系数化为 1 或 $\varepsilon \cdot 2^{N-1}$，则必须满足 $K=\dfrac{1}{\varepsilon \cdot 2^{N-1}}$，由此得到归一化系统函数为

$$H(p) = \dfrac{1}{\varepsilon \cdot 2^{N-1} \prod_{k=0}^{N-1}(p-p_k)} \tag{7.64}$$

4. 对 $H(p)$ 进行反归一化确定 $H(s)$

由于

$$p_k = s_k/\Omega_\mathrm{p} \tag{7.65}$$

显然

$$p_k \Omega_\mathrm{p} = s_k \tag{7.66}$$

将式(7.65)和式(7.66)代入式(7.64)得到实际需要的切比雪夫滤波器的系统函数为

$$\begin{aligned} H(s) &= H(p)\big|_{p=s/\Omega_\mathrm{p}} = \dfrac{1}{\prod_{k=0}^{N-1}\left(\dfrac{s}{\Omega_\mathrm{p}}-p_k\right)} \\ &= \dfrac{\Omega_\mathrm{p}^N}{\varepsilon \cdot 2^{N-1} \prod_{k=0}^{N-1}(s-p_k\Omega_\mathrm{p})}\bigg|_{p_k\Omega_\mathrm{p}=s_k} = \dfrac{\Omega_\mathrm{p}^N}{\varepsilon \cdot 2^{N-1} \prod_{k=0}^{N-1}(s-s_k)} \end{aligned} \tag{7.67}$$

5. 切比雪夫滤波器设计方法总结

(1) 根据给定以及计算得到的性能指标 Ω_p、Ω_s、A_p 和 A_s，利用式(7.44)计算滤波器阶数 N；

(2) 利用幅度平方函数 $|H(\mathrm{j}\Omega)|^2$ 计算归一化极点 p_k；

(3) 根据 $H(s)$ 确定增益系数 K，将增益系数和归一化极点 p_k 代入式(7.63)得到归一化系统函数 $H(p)$；

(4) 利用反归一化得到切比雪夫滤波器系统函数 $H(s)$。

与设计巴特沃斯滤波器类似，使用查表法设计切比雪夫滤波器的做法是以通带截止频率 Ω_p 为参考频率进行频率归一化。具用归一化频率根据切比雪夫滤波器幅频特性曲线(图 7.12)得到滤波器阶数 N。具体来说，对巴特沃斯滤波器一定是指 3dB 衰减处的频率点 Ω_c 的表格曲线，对于切比雪夫滤波器则是通带最大衰减分别为 0.2dB、1dB、3dB 时的表格曲线。根据给定的通带内最大衰减查表 7.2～表 7.4 确定 ε 以及归一化系统函数 $H(p)$ 的极点和分母多项式，进一步得到归一化系统函数 $H(p)$，最后进行反归一化得到系统函数 $H(s)$。

(a) 通带衰减0.2dB

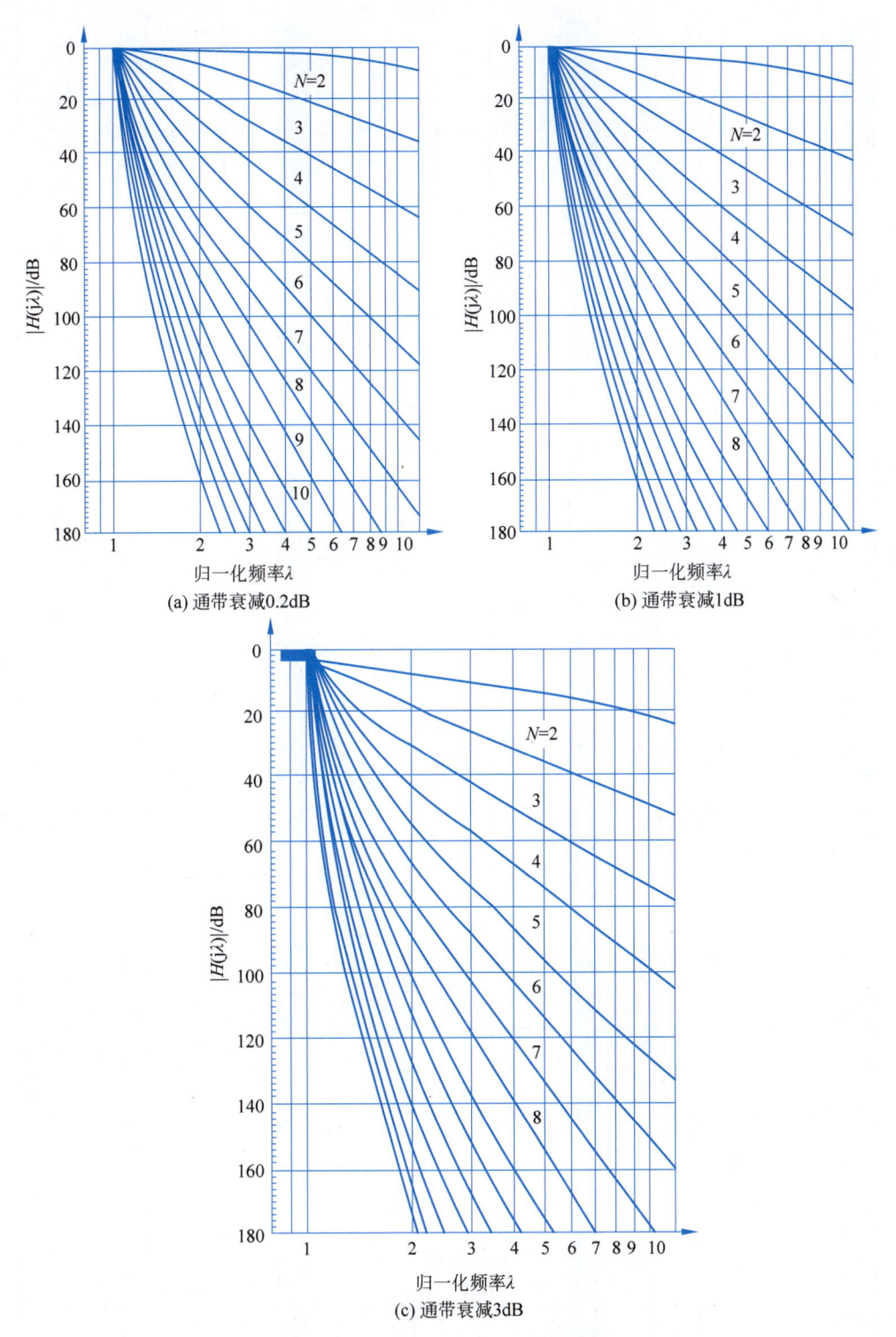

(b) 通带衰减1dB

(c) 通带衰减3dB

图 7.12　切比雪夫低通滤波器归一化幅频特性（N 为阶数）

表 7.2　通带衰减为 0.2dB 情况下，归一化的切比雪夫低通滤波器传输函数的极点和分母多项式（$\varepsilon=0.21709$）

(a) 极点位置

阶数 N	$p_{1,N}$	$p_{2,N-1}$	$p_{3,N-3}$	$p_{4,N-4}$	$p_{5,N-5}$
1	-4.60636099				
2	$-0.96354254\pm j1.19516285$				
3	$-0.40731707\pm j1.11701458$	-0.81463413			
4	$-0.22481072\pm j1.07150422$	$-0.54274109\pm j0.44383158$			
5	$-0.14258371\pm j1.04741496$	$-0.37328900\pm j0.64733805$	-0.46141058		
6	$-0.09852431\pm j1.03354455$	$-0.26917343\pm j0.75660712$	$-0.36769774\pm j0.27693743$		
7	$-0.07216630\pm j1.02491707$	$-0.20220548\pm j0.82191968$	$-0.29219539\pm j0.45613101$	-0.32431242	
8	$-0.05514327\pm j1.01921190$	$-0.15703476\pm j0.86404612$	$-0.23501912\pm j0.57733716$	$-0.27722396\pm j0.20273385$	
9	$-0.04351082\pm j1.01525261$	$-0.12528442\pm j0.89279816$	$-0.19194687\pm j0.66265908$	$-0.23545769\pm j0.35259353$	-0.25056884

(b) 分母多项式　$A(p)=p^N+a_{N-1}p^{N-1}+a_{N-2}p^{N-2}+\cdots+a_0$

阶数 N	a_0	a_1	a_2	a_3	a_4	a_5	a_6	a_7	a_8
1	4.60636099								
2	2.35682846	1.92708508							
3	1.15159025	2.07725754	1.62926827						
4	0.58920712	1.52213870	2.17827157	1.53510363					
5	0.28789756	1.08234729	1.86493313	2.36475740	1.49315599				
6	0.14730178	0.66110783	1.60289922	2.20817385	2.58161304	1.47079097			
7	0.07197439	0.41573867	1.11759023	2.17449134	2.55386738	2.81207554	1.45744677		
8	0.03682544	0.23654244	0.81273392	1.65937609	2.80404721	2.90162138	3.04957189	1.44884222	
9	0.01799360	0.14052449	0.51438217	1.35164765	2.28779160	3.49411391	3.25091261	3.29107898	1.44296846

(c) 分母多项式　$A(p)=A_1(p)A_2(p)A_3(p)A_4(p)A_5(p)$

阶数 N	$A(p)$
1	$p+4.60636099$
2	$p^2+1.92708508p+2.35682846$
3	$(p^2+0.81463413p+1.41362877)(p+0.81463413)$
4	$(p^2+0.44962144p+1.19866144)(p^2+1.08548218p+0.49155436)$
5	$(p^2+0.28516742p+1.11740822)(p^2+0.74657799p+0.55839122)(p+0.46141058)$
6	$(p^2+0.19704863p+1.07792137)(p^2+0.53834686p+0.64490967)(p^2+0.73539548p+0.21189597)$
7	$(p^2+0.14433260p+1.05566298)(p^2+0.40441097p+0.71643901)(p^2+0.58439078p+0.29343364)(p+0.32431242)$
8	$(p^2+0.11028655p+1.04183367)(p^2+0.31406951p+0.77123562)(p^2+0.47003824p+0.38855219)(p^2+0.55444791p+0.11795414)$
9	$(p^2+0.08702165p+1.03263106)(p^2+0.25056884p+0.81278475)(p^2+0.38389374p+0.47596066)(p^2+0.47091539p+0.17976252)(p+0.25056884)$

表 7.3 通带衰减为 1.0dB 情况下，归一化的切比雪夫低通滤波器传输函数的极点和分母多项式（$\varepsilon=0.50885$）

(a) 极点

阶数 N	$p_{1,N}$	$p_{2,N-1}$	$p_{3,N-3}$	$p_{4,N-4}$	$p_{5,N-5}$
1	-1.96522673				
2	$-0.54886716\pm j0.89512857$				
3	$-0.24708530\pm j0.96599867$	-0.49417060			
4	$-0.13953600\pm j0.98337916$	$-0.33686969\pm j0.40732899$			
5	$-0.08945836\pm j0.99010711$	$-0.23420503\pm j0.61191985$	-0.28949334		
6	$-0.06218102\pm j0.99341120$	$-0.16988172\pm j0.72722747$	$-0.23206274\pm j0.26618373$		
7	$-0.04570898\pm j0.99528396$	$-0.12807372\pm j0.79815576$	$-0.18507189\pm j0.44294303$	-0.20541430	
8	$-0.03500823\pm j0.99645128$	$-0.09969501\pm j0.84475061$	$-0.14920413\pm j0.56444431$	$-0.17599827\pm j0.19820648$	
9	$-0.02766745\pm j0.99722967$	$-0.07966524\pm j0.87694906$	$-0.12205422\pm j0.65089544$	$-0.14972167\pm j0.34633423$	-0.15933047

(b) 分母多项式 $A(p)=p^N+a_{N-1}p^{N-1}+a_{N-2}p^{N-2}+\cdots+a_0$

阶数 N	a_0	a_1	a_2	a_3	a_4	a_5	a_6	a_7	a_8
1	1.96522673								
2	1.10251033	1.09773433							
3	0.49130668	1.23840917	0.98834121						
4	0.27562758	0.74261937	1.45392476	0.95281138					
5	0.12282667	0.58053415	0.97439607	1.68881598	0.93682013				
6	0.06890690	0.30708064	0.93934553	1.20214039	1.93082492	0.92825096			
7	0.03070667	0.21367139	0.54861981	1.35754480	1.42879431	2.17607847	0.92312347		
8	0.01722672	0.10734473	0.44782572	0.84682432	1.83690238	1.65515567	2.42302642	0.91981131	
9	0.00767667	0.07060479	0.24418637	0.78631094	1.20160717	2.37811881	1.88147976	2.67094683	0.91754763

(c) 分母多项式 $A(p)=A_1(p)A_2(p)A_3(p)A_4(p)A_5(p)$

阶数 N	$A(p)$
1	$p+1.96522673$
2	$p^2+1.09773433p+1.10251033$
3	$(p^2+0.49417060p+0.99420459)(p+0.49417060)$
4	$(p^2+0.27907199p+0.98650488)(p^2+0.67373939p+0.27939809)$
5	$(p^2+0.17891672p+0.98831489)(p^2+0.46841007p+0.42929790)(p+0.28949334)$
6	$(p^2+0.12436205p+0.99073230)(p^2+0.33976343p+0.55771960)(p^2+0.46412548p+0.12470689)$
7	$(p^2+0.09141796p+0.99267947)(p^2+0.25614744p+0.65345550)(p^2+0.37014377p+0.23045013)(p+0.20541430)$
8	$(p^2+0.07001647p+0.99414074)(p^2+0.19939003p+0.72354268)(p^2+0.29840826p+0.29840826p+0.34085925)(p^2+0.35199655p+0.07026120)$
9	$(p^2+0.05553489p+0.99523251)(p^2+0.15933047p+0.77538620)(p^2+0.24410845p+0.43856211)(p^2+0.29944334p+0.14236398)(p+0.15933047)$

表 7.4 通带衰减为 3dB 情况下，归一化的切比雪夫低通滤波器传输函数的极点和分母多项式（$\varepsilon=0.99763$）

(a) 极点

阶数 N	$p_{1,N}$	$p_{2,N-1}$	$p_{3,N-3}$	$p_{4,N-4}$	$p_{5,N-5}$
1	-1.00237729				
2	$-0.32244983\pm j0.77715757$				
3	$-0.14931010\pm j0.90381443$	-0.29862021			
4	$-0.08517040\pm j0.94648443$	$-0.20561953\pm j0.39204669$			
5	$-0.05485987\pm j0.96592748$	$-0.14362501\pm j0.59697601$	-0.17753027		
6	$-0.03822951\pm j0.97640602$	$-0.10444497\pm j0.71477881$	$-0.14267448\pm j0.26162720$		
7	$-0.02814564\pm j0.98269568$	$-0.07886234\pm j0.78806075$	$-0.11395938\pm j0.43734072$	-0.12648537	
8	$-0.02157816\pm j0.98676635$	$-0.06144939\pm j0.83654012$	$-0.09196552\pm j0.55895824$	$-0.10848072\pm j0.19628003$	
9	$-0.01706520\pm j0.98955191$	$-0.04913728\pm j0.87019734$	$-0.07528269\pm j0.64588414$	$-0.09234789\pm j0.34366777$	-0.09827457

(b) 分母多项式 $A(p)=p^N+a_{N-1}p^{N-1}+a_{N-2}p^{N-2}+\cdots+a_0$

阶数 N	a_0	a_1	a_2	a_3	a_4	a_5	a_6	a_7	a_8
1	1.00237729								
2	0.70794778	0.64489965							
3	0.25059432	0.92834806	0.59724042						
4	0.17698695	0.40476795	1.16911757	0.58157986					
5	0.06264858	0.40796631	0.54893711	1.41502514	0.57450003				
6	0.04424674	0.16342991	0.69909774	0.69060980	1.66284806	0.57069793			
7	0.01566215	0.14615300	0.30001666	1.05184481	0.83144115	1.91155070	0.56842010		
8	0.01106168	0.05648135	0.32076457	0.47189898	1.46669900	0.97194732	2.16071478	0.56694758	
9	0.00391554	0.04759081	0.13138977	0.58350569	0.67893051	1.94386024	1.11232209	2.41014443	0.56594069

(c) 分母多项式 $A(p)=A_1(p)A_2(p)A_3(p)A_4(p)A_5(p)$

阶数 N	$A(p)$
1	$p+1.00237729$
2	$p^2+0.64489965p+0.70794778$
3	$(p^2+0.29862021p+0.83917403)(p+0.29862021)$
4	$(p^2+0.17034080p+0.90308678)(p^2+0.41123906p+0.19598000)$
5	$(p^2+0.10971974p+0.93602549)(p^2+0.28725001p+0.37700850)(p+0.17753027)$
6	$(p^2+0.07645903p+0.95483021)(p^2+0.20888994p+0.52181750)(p^2+0.28534897p+0.08880480)$
7	$(p^2+0.05629129p+0.96648298)(p^2+0.15772468p+0.62725902)(p^2+0.22791876p+0.20425365)(p+0.12648537)$
8	$(p^2+0.04315631p+0.97417345)(p^2+0.12289879p+0.70357540)(p^2+0.18393103p+0.32089197)(p^2+0.21696145p+0.05029392)$
9	$(p^2+0.03413040p+0.97950420)(p^2+0.09827457p+0.75965789)(p^2+0.15056538p+0.42283380)(p^2+0.18469578p+0.12663567)(p+0.09827457)$

例 7.4 设计模拟切比雪夫低通滤波器,要求通带截止频率 $f_p=3\text{kHz}$,通带衰减不大于 0.2dB,阻带截止频率 $f_s=12\text{kHz}$,阻带衰减不小于 50dB。

解:
$$\Omega_p = 2\pi f_p = 6000\pi, \quad \Omega_s = 2\pi f_s = 24000\pi$$

(1) 求 N。切比雪夫滤波器的通带波纹参数为
$$\varepsilon = \sqrt{10^{A_p/10} - 1} = \sqrt{10^{0.2/10} - 1} \approx 0.2171$$

按给定的参数,由式(7.44)可求得滤波器阶数为
$$N = \frac{\text{arcosh}\left(\frac{\sqrt{10^{A_s/10} - 1}}{\varepsilon}\right)}{\text{arcosh}\left(\frac{\Omega_s}{\Omega_p}\right)} = \frac{\text{arcosh}\left(\frac{\sqrt{10^{50/10} - 1}}{0.2171}\right)}{\text{arcosh}\left(\frac{24000\pi}{6000\pi}\right)} \approx 3.8659$$

对计算得到的 N 向上取整,取 $N=4$。

(2) 求 $H(p)$ 并利用反归一化得到 $H(s)$。由式(7.64)得 $H(p)$ 为
$$H(p) = \frac{1}{\varepsilon \cdot 2^{N-1} \prod_{k=0}^{N-1}(p-p_k)} = \frac{1}{1.7368 \prod_{k=0}^{3}(p-p_k)}$$

由式(7.60)得 $H(p)$ 对应的极点为
$$p_k = a\sin\left[\frac{(2k+1)\pi}{2N}\right] + jb\cos\left[\frac{(2k+1)\pi}{2N}\right], \quad k=0,1,2,3$$

式中
$$a = \sinh\left(\frac{1}{N}\text{arsinh}\frac{1}{\varepsilon}\right)$$
$$b = \cosh\left(\frac{1}{N}\text{arsinh}\frac{1}{\varepsilon}\right)$$
$$\frac{1}{N}\text{arsinh}\frac{1}{\varepsilon} = 0.5580$$

则有
$$H(s) = H(p)\Big|_{p=\frac{s}{\Omega_p}}$$
$$= \frac{\Omega_p^4}{1.7368 \times (s^2 + 0.44962144s\Omega_p + 1.19866144\Omega_p^2)(s^2 + 1.08548218s\Omega_p + 0.49155436\Omega_p^2)}$$
$$= \frac{(0.6 \times 10^4 \cdot \pi)^4}{1.7368 \times (s^2 + 0.44962144 \times (0.6 \times 10^4 \cdot \pi)s + 1.19866144 \times (0.6 \times 10^4 \cdot \pi)) \cdot (s^2 + 1.08548218 \times (0.6 \times 10^4 \cdot \pi)s + 0.49155436 \times (0.6 \times 10^4 \cdot \pi))}$$
$$= \frac{7.2687 \times 10^{16}}{(s^2 + 16731s + 4.779 \times 10^8)(s^2 + 40394s + 4.779 \times 10^8)}$$

例 7.5 用查表法设计例 7.4 所述的切比雪夫滤波器。

解：(1) 以通带截止频率 Ω_p 为参考频率,得到归一化 $\lambda_p=1, \lambda_s=4$;

(2) 查图 7.12 中曲线,得 $N=4$;

(3) 根据 $A_p=0.2\text{dB}$,计算 $\varepsilon=\sqrt{10^{A_p/10}-1}=0.2171$;

(4) 查表 7.2 得 $H(p)$ 的分母多项式为

$$A(p)=(p^2+0.44962144p+1.19866144)(p^2+1.08548218p+0.49155436)$$

则 $H(p)$ 可表示为

$$H(p)=\frac{1}{\varepsilon \cdot 2^{N-1} \prod_{k=0}^{N-1}(p-p_k)}=\frac{1}{\varepsilon \cdot 2^{N-1}} \cdot \frac{1}{A(p)}$$

代入得到

$$H(p)=\frac{1}{1.7368 \times (p^2+0.44962144p+1.19866144)(p^2+1.08548218p+0.49155436)}$$

(5) 求 $H(s)$:

$$H(s)=H(p)\big|_{p=\frac{s}{\Omega_p}}$$

$$=\frac{\Omega_p^4}{1.7368 \times (s^2+0.44962144s\Omega_p+1.19866144\Omega_p^2)(s^2+1.08548218s\Omega_p+0.49155436\Omega_p^2)}$$

$$=\frac{7.2687 \times 10^{16}}{(s^2+16731s+4.779\times 10^8)(s^2+40394s+4.779\times 10^8)}$$

7.2.5 椭圆滤波器

椭圆滤波器又称考尔(Cauer)滤波器,原因是其幅度特性是由雅可比椭圆函数来决定,特点是其幅频响应在通带内和阻带内均是等波纹的。此类滤波器的幅度平方函数可表示为

$$|H(j\Omega)|^2=\frac{1}{1+\varepsilon^2 J_N^2(\Omega)} \tag{7.68}$$

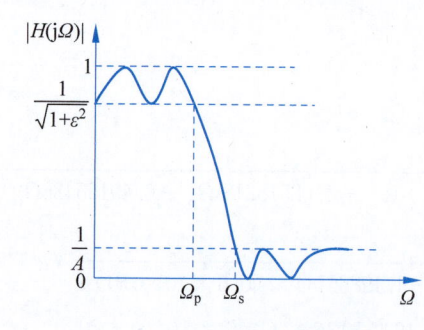

式中: $J_N(x)$ 为雅可比椭圆函数; N 为滤波器阶数; ε 为与通带波纹大小有关的参数。

滤波器阶数越大,通带、阻带中的起伏次数也越多,阶数 N 等于幅频响应在通带内(或阻带内)最大值个数与最小值个数之和。图 7.13 为椭圆滤波器的幅频响应。椭圆滤波器的幅度平方函数以及零点、极点分布等的分析较为复杂,不在本书讨论范围,对于更详细的讨论可参见有关文献。

图 7.13 椭圆滤波器的幅频响应

椭圆滤波器是一种零极点滤波器,它在有限频率范围内存在系统零点和极点,并且在通带和阻带内都具有等波纹的幅度,因此通带、阻带逼近特性良好。对于同样的性能指标,椭圆滤波器所需的阶数最低,而且其阻带内

的零点减少了过渡区,可获得极为陡峭的过渡带。但椭圆滤波器响应特性对参数的灵敏度大,利用传统的计算、查表方法设计、调整起来十分烦琐,利用计算机软件工具设计椭圆滤波器可以大大简化设计过程。

7.2.6 三类模拟滤波器的比较

7.2.2 节～7.2.4 节讨论了巴特沃斯滤波器、切比雪夫滤波器、椭圆滤波器三种类型模拟低通滤波器的设计方法,它们是主要考虑逼近幅度响应指标的滤波器。为了正确地选择滤波器类型以满足给定的幅频响应指标,对这三种幅度逼近滤波器的特性进行比较(表 7.5)如下:

(1) 从幅频特性比较。巴特沃斯滤波器在整个频带范围内具有单调下降的幅频特性;切比雪夫滤波器在通带中是等波纹幅频特性,在阻带中则是单调下降的;椭圆滤波器在通带、阻带中都是等波纹幅频特性。

(2) 从阶次 N 比较。在满足相同的滤波器幅频响应指标条件下,巴特沃斯滤波器阶数最高,椭圆滤波器的阶数最低,而且阶数差别较大。因而椭圆滤波器具有最好的性能价格比,应用较广泛,但同时它的设计在这几种滤波器中也最为复杂。

(3) 从过渡带宽比较。当阶次 N、通带最大衰减 A_p、阻带最小衰减 A_s 相同且通带截止频率 Ω_p 或阻带截止频率 Ω_s 相同时,巴特沃斯滤波器的过渡带宽最宽,切比雪夫滤波器的过滤带宽其次,而椭圆滤波器的过滤带宽最窄。

(4) 滤波器对参数敏感性的比较。对于参数敏感性,值越低则性能越优。巴特沃斯滤波器的参数敏感性最低,切比雪夫滤波器的参数敏感性较高,椭圆滤波器的参数敏感性最高。

表 7.5 三种滤波器的特性比较

滤波器类型	幅 频 特 性	相同性能下滤波器阶次	过 渡 带 宽	参数敏感性
巴特沃斯滤波器	单调下降	最高	最宽	最不敏感
切比雪夫滤波器	通带等波纹,阻带单调下降	次之	次之	次之
椭圆滤波器	通带、阻带均为等波纹	最低	最窄	最敏感

7.3 模拟滤波器的数字化

本节首先将从时域和频域两个角度出发,分别论证在什么条件下可以实现模拟系统的数字化,即 IIR 滤波器间接设计法中的数字频率变换的第一步——完成模拟低通滤波器到数字低通滤波器的变换;随后,相应地由时域数字化条件和频域数字化条件出发介绍由模拟滤波器转换为 IIR 数字滤波器的两种方法——冲激响应不变法和双线性变换法。

7.3.1 时域和频域的数字化

当数字滤波器 $H(z)$ 的输入 $x(n)$ 等于模拟滤波器 $H_a(\Omega)$ 输入 $x(t)$ 的采样 $x(nT)$,

并且数字滤波器的输出 $y(n)$ 也等于模拟滤波器输出 $y(t)$ 的采样 $y(nT)$,其中 T 为采样周期,即

$$x(n) = x(nT) \tag{7.69}$$
$$y(n) = y(nT) \tag{7.70}$$

此时,称 $H(z)$ 系统为模拟滤波器系统 $H_a(\Omega)$ 的数字化。下面从时域和频域两方面分析模拟滤波器系统实现数字化的条件。

1. 时域的数字化

设模拟滤波器 L_a 和数字滤波器 L_d 的冲激响应分别为 $h_a(t)$ 和 $h(n)$,当 $Th_a(t)$ 以 T 为采样周期的采样为 $h(n)$,即 $h(n) = Th_a(nt)$,并且当 T 足够小时,则称数字滤波器 L_d 为模拟滤波器 L_a 的数字化。数字化示意如图 7.14 所示。

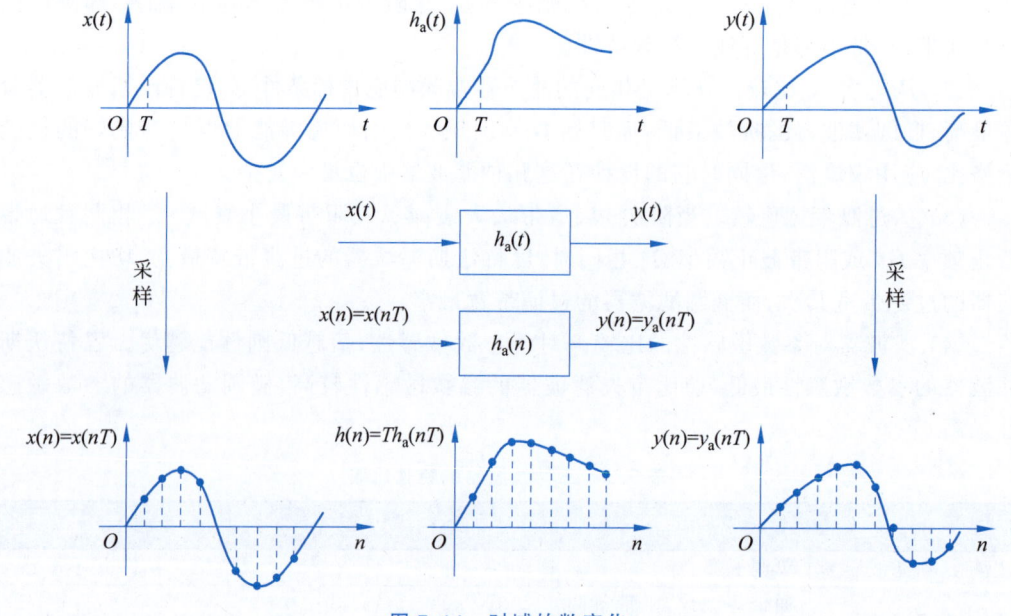

图 7.14 时域的数字化

证明:对于线性非移变的因果系统 $h_a(t)$,求解其输出为

$$y(t) = x(t) * h_a(t) = \int_0^\infty x(t-\tau)h_a(\tau)d\tau = \int_0^\infty W(\tau)d\tau \tag{7.71}$$

式中

$$W(\tau) = x(t-\tau)h_a(\tau) \tag{7.72}$$

此积分为 $W(\tau)$ 曲线 T 区间下的面积,曲线下的面积可近似地用多个宽度为 T 的矩形面积之和来表示(这里要求 T 足够小),即

$$\begin{aligned}
y(t) &\approx T[W(0) + W(T) + W(2T) + \cdots + W(kT) + \cdots] \\
&= T[x(t)h_a(0) + x(t-T)h_a(T) + \cdots + x(t-kT)h_a(kT) + \cdots] \\
&= T\sum_{k=0}^\infty x(t-kT)h_a(kT) = y_T(t)
\end{aligned} \tag{7.73}$$

再对模拟系统的输出主 $y(t)$ 以 T 为间隔采样,有

$$y(nT) \approx y_T(nT) = T\sum_{k=0}^{\infty} x(nT-kT)h_a(kT) \qquad (7.74)$$

$$= \sum_{k=0}^{\infty} x(nT-kT)Th_a(kT) = \sum_{k=0}^{\infty} x(nT-kT)h(k)$$

式中:$h(k) = Th_a(kT)$。

另外,当数字滤波器 $h(n)$ 的输入为 $x(n)$ 时,其输出为

$$y(n) = x(n) * h(n) = \sum_{k=0}^{\infty} x(n-k)h(k) \qquad (7.75)$$

令 $x(n) = x(nT)$,即模拟滤波器输入的采样为数字滤波器的输入,可以观察到式(7.74)和式(7.75)右边的最后结果相同,因此,有 $y(n) = y(nT)$。

因此,从时域的角度看,实现模拟滤波器的数字化条件为

$$h(n) = Th_a(nT) \qquad (7.76)$$

此时,数字滤波器的输入为模拟滤波器输入 $x(t)$ 的采样 $x(nT)$,其输出为模拟滤波器输出 $y(t)$ 的采样 $y(nT)$。

模拟滤波器时域数字化的条件也称为冲激响应不变准则。从冲激响应不变准则出发,可以得到设计 IIR 数字滤波器的冲激响应不变法,该方法将在 7.3.2 节详细阐述。此外,实现模拟系统的时域数字化还有一种阶跃响应不变准则,本书不予论述。

2. 频域的数字化

当以周期 T 对模拟信号 $x_a(t)$ 进行采样得到采样信号 $x_a(nT)$,那么采样信号的频谱即为原模拟信号的频谱周期延拓,即

$$X_a(\Omega) = \frac{1}{T}\sum_{n=-\infty}^{\infty} X_a(\Omega - n\Omega_s) \qquad (7.77)$$

式中:$\Omega_s = 2\pi/T$。$X_a(\Omega)$ 是采样信号 $x_a(nT)$ 的频谱,即离散信号 $x(n) = x_a(nT)$ 的离散时间傅里叶变换 $X(e^{j\omega})$,即

$$X_a(\Omega) = X(e^{j\omega}) = X(e^{j\Omega T}) \qquad (7.78)$$

式中:$\omega = \Omega T$,ω、Ω 分别为数字角频率和模拟角频率。

也就是说,离散信号的频谱既可表示为数字频率的函数,也可表示为模拟频率的函数。对于离散信号的傅里叶变换有

$$X(e^{j\omega}) = \sum_{n=-\infty}^{\infty} x(n)e^{-jn\omega} \qquad (7.79)$$

或

$$X(e^{j\Omega T}) = \sum_{n=-\infty}^{\infty} x(n)e^{-jn\Omega T} \qquad (7.80)$$

由式(7.79)、式(7.80)和式(7.77)可得

$$\sum_{n=-\infty}^{\infty} x(n)e^{-jn\Omega T} = \frac{1}{T}\sum_{n=-\infty}^{\infty} X_a(\Omega - n\Omega_s) \qquad (7.81)$$

或

$$\sum_{n=-\infty}^{\infty} Tx(n)\mathrm{e}^{-\mathrm{j}n\Omega T} = \sum_{n=-\infty}^{\infty} X_a(\Omega - n\Omega_s) \tag{7.82}$$

上式左边表示离散信号 $Tx(n)$ 的频谱，$Tx(n)$ 是对模拟信号 $Tx_a(t)$ 的采样。

模拟滤波器的冲激响应 $h_a(t)$ 也是模拟信号，其频谱 $H_a(\Omega)$ 即为此滤波器的频率响应。若对 $h_a(t)$ 采样，则由以上两式可知，有

$$\sum_{n=-\infty}^{\infty} H_a(\Omega - n\Omega_s) = \sum_{n=-\infty}^{\infty} Th_a(nT)\mathrm{e}^{-\mathrm{j}n\Omega T} \tag{7.83}$$

并令 $H(\mathrm{e}^{\mathrm{j}\Omega T})$ 表示 $h(n)$ 的频谱，$H(\mathrm{e}^{\mathrm{j}\Omega T})$ 也就是以 $h(n)$ 为冲激响应的数字滤波器的频率响应，则由式(7.83)可得

$$H(\mathrm{e}^{\mathrm{j}\Omega T}) = \sum_{n=-\infty}^{\infty} h(n)\mathrm{e}^{-\mathrm{j}n\Omega T} = \sum_{n=-\infty}^{\infty} H_a(\Omega - n\Omega_s) \tag{7.84}$$

因此，数字滤波器 L_d 的频率响应 $H(\mathrm{e}^{\mathrm{j}\Omega T}) = H(\mathrm{e}^{\mathrm{j}\omega})$ 是它所仿真的模拟滤波器 L_a 的频率响应 $H_a(\Omega)$ 的周期延拓，如图 7.15 所示。

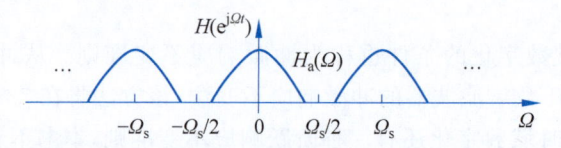

图 7.15 模拟滤波器频率响应的周期拓展

由图 7.15 可以看出，若 $H_a(\Omega)$ 被限制在一个周期以内，即 $-\Omega_s/2 \sim \Omega_s/2$，则 $H(\mathrm{e}^{\mathrm{j}\Omega T})$ 在此区间内与 $H_a(\Omega)$ 完全一致。若 $H_a(\Omega)$ 不被限带，则 $H(\mathrm{e}^{\mathrm{j}\Omega T})$ 将产生混叠失真。因此，从频域的观点来看，数字化应满足条件

$$H_a(\Omega) = 0, \quad |\Omega| > \frac{\Omega_s}{2} = \frac{\pi}{T} \tag{7.85}$$

综上所述，若有冲激响应为 $h_a(t)$、频率响应为 $H_a(\Omega)$ 的模拟滤波器，且当 $\Omega > \Omega_m$ 时，$H_a(\Omega) = 0$，则可以得到与之仿真的数字滤波器，它的冲激响应为 $h(n) = Th_a(nT)$，这里采样周期 T 应满足 $\dfrac{\pi}{T} = \dfrac{\Omega_s}{2} \geqslant \Omega_m$，此数字滤波器的频率响应 $H(\mathrm{e}^{\mathrm{j}\omega}) = H(\mathrm{e}^{\mathrm{j}\Omega T})$ 是 $H_a(\Omega)$ 的周期延拓，且在 $-\Omega_s/2 \sim \Omega_s/2$ 区间内与 $H_a(\Omega)$ 完全一致。

在 7.3.3 节介绍了由模拟滤波器设计数字滤波器的双线性变换法，该方法遵循了频域数字化条件先将 s 平面整个 $\mathrm{j}\Omega$ 轴压缩变换到 s_1 平面 $\mathrm{j}\Omega_1$ 轴上的 $-\pi/T \sim \pi/T$ 这一段横带，随后再进行 s 域到 z 域的变换，实现了从模拟滤波器到数字滤波器的转换，有效地避免了混叠失真现象的出现。

7.3.2 冲激响应不变法

将模拟滤波器变换成满足预定指标的数字滤波器是设计数字滤波器的常用方法。设计过程是依据对数字滤波器的指标要求设计模拟滤波器，再将模拟滤波器按照一定的

转换关系转换成数字滤波器 $H(z)$，因此设计数字滤波器的关键在于找到这种转换关系，将 s 平面上的 $H_a(s)$ 转换成 z 平面上的 $H(z)$。为了保证转换后的 $H(z)$ 稳定且满足技术指标的要求，对转换关系提出以下要求：

(1) 应当将因果稳定的模拟滤波器变换成因果稳定的数字滤波器。模拟滤波器因果稳定的条件是其系统函数 $H_a(s)$ 的极点全部位于 s 左半平面；数字滤波器因果稳定的条件是 $H(z)$ 的极点全部位于单位圆内。这表明，若模拟滤波器只有位于 s 左半平面的极点，则数字滤波器应当只有位于 z 平面单位圆内的极点。因此，转换关系应使 s 左半平面映射到 z 平面单位圆内。

(2) 数字滤波器的频率响应模仿模拟滤波器的频率响应，这意味着应将 s 平面的虚轴映射为 z 平面的单位圆，相应的频率之间呈线性关系。

工程上常用冲激响应不变法和双线性变换法设计数字滤波器，下面先研究在已经得到模拟滤波器的传输函数 $H_a(s)$ 后，根据冲激响应不变的规则来求数字滤波器的传输函数 $H(z)$。

1. 转换过程

依照在 7.3.1 节论证的冲激响应不变准则设计冲激响应不变法，其思路就是从滤波器的单位冲激响应出发，数字滤波器的单位冲激响应 $h(n)$ 逼近模拟系统的冲激响应 $h_a(t)$，使 $h(n)$ 等于 $h_a(t)$ 间隔 T 的采样值。即满足

$$h(n) = h_a(t)|_{t=nT} = h_a(nT) \tag{7.86}$$

设 $h_a(t)$ 的拉普拉斯变换即模拟滤波器的系统函数 $H_a(s)$ 只有单阶极点，且假定 $H_a(s)$ 的分母阶次大于分子阶次，则 $H_a(s)$ 的部分分式展开的结果为

$$H_a(s) = \sum_{i=1}^{N} \frac{A_i}{s - s_i} \tag{7.87}$$

则对其求逆变换，可得

$$h_a(t) = L^{-1}[H_a(s)] = \sum_{i=1}^{N} A_i e^{s_i t} u(t) \tag{7.88}$$

式中：$u(t)$ 为单位阶跃函数。

对 $h_a(t)$ 以间隔 T 采样，有

$$h(n) = h_a(nT) = \sum_{i=1}^{N} A_i e^{s_i nT} u(n) \tag{7.89}$$

对上式两边进行 z 变换，可得数字滤波器的传输函数为

$$H(z) = \sum_{n=-\infty}^{\infty} h(n) z^{-n} = \sum_{i=1}^{N} A_i \sum_{n=0}^{\infty} (e^{s_i T} z^{-1})^n = \sum_{i=1}^{N} \frac{A_i}{1 - e^{s_i T} z^{-1}} \tag{7.90}$$

由采样定理可知，时域的采样等效于频域的周期延拓，数字滤波器的频率响应 $H(e^{j\omega})$ 等于模拟滤波器频率响应 $H_a(j\Omega)$ 的周期延拓，等式之间还有 $1/T$ 的加权因子。也就是，随着采样频率 $f_s = 1/T$ 的不同，变换后 $H(e^{j\omega})$ 的增益也在改变。为了消除这一影响，在实际中采用变换关系

$$h(n) = Th_a(nT) \tag{7.91}$$

模拟滤波器 $H_a(s)$ 的表达式可写为

$$H_a(s) = L[Th_a(t)] = \sum_{i=1}^{N} \frac{A_i T}{s - s_i} \tag{7.92}$$

把模拟极点 $\{s_i\}$ 转换成数字极点 $\{e^{s_i T}\}$，则数字滤波器 $H(z)$ 的表达式也相应地写为

$$H(z) = L[Th_a(nT)] = L[h(n)] = \sum_{i=1}^{N} \frac{A_i T}{1 - e^{s_i T} z^{-1}} \tag{7.93}$$

2. s 平面和 z 平面的映射关系

下面分析从模拟滤波器到数字滤波器，s 平面和 z 平面之间的映射关系。前面已经推出，如果 s_i 是模拟滤波器的传输函数 $H_a(s)$ 的一个极点，则 $z_i = e^{s_i T}$ 就是与之仿真的数字滤波器的传输函数 $H(z)$ 的一个极点，反之亦然，即 s 平面的极点 s_i 与 z 平面 $z_i = e^{s_i T}$ 互相对应。推广极点的映射关系，可得冲激响应不变法 s 平面和 z 平面的映射关系，即

$$z = e^{sT} \tag{7.94}$$

令 $z = re^{j\omega}$，$s = \sigma + j\Omega$，由上式得

$$re^{j\omega} = e^{\sigma T} e^{j\Omega T} \tag{7.95}$$

故有

$$r = e^{\sigma T}, \quad \omega = \Omega T \tag{7.96}$$

式中：ω 为数字角频率，也是复变量 z 的辐角；Ω 为模拟角频率，也是复变量 s 的虚部。该式表示了 z 平面的半径和辐角与 s 平面的实部和虚部之间的关系。

由上式可知，当 $\sigma = 0$ 时，$r = 1$，即 s 平面上的虚轴映射为 z 平面上的单位圆；当 $\sigma < 1$ 时，$r < 1$，即 s 平面的左半平面映射到了 z 平面的单位圆内；当 $\sigma > 0$ 时，$r > 1$，即 s 平面的右半平面映射到了 z 平面的单位圆外。这说明如果 $H_a(s)$ 因果稳定，转换后的 $H(z)$ 仍是因果稳定。s 平面和 z 平面的映射关系如图 7.16 所示。

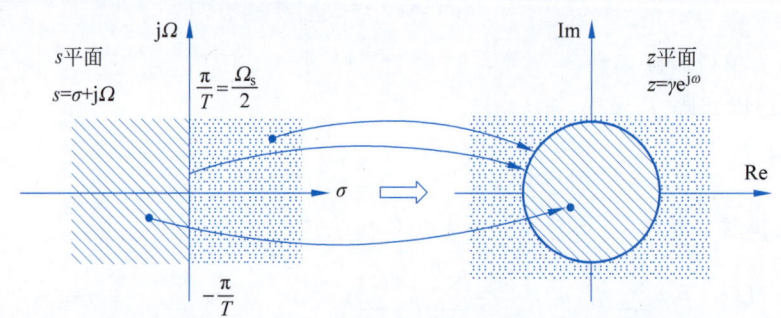

图 7.16 冲激响应不变法中 s 平面与 z 平面上变量映射关系

s 平面虚轴上的拉普拉斯变换是连续时间傅里叶变换，表示模拟滤波器的频率响应，而 z 平面单位上的 z 变换就是离散时间傅里叶变换，表示数字滤波器的频率响应。因此，s 平面上的虚轴映射为 z 平面上的单位圆，就是数字滤波器 $H(z)$ 的频率响应仿真了模拟滤波器 $H_a(s)$ 的频率响应，保持了滤波器的频率响应特性。另外，当模拟滤波器传

输函数 $H_a(s)$ 的极点都在 s 左半平面时,此系统是稳定的,而此时正好映射为数字滤波器的传输函数 $H(z)$ 的极点都在 z 平面的单位圆内,正与数字滤波器稳定的条件相吻合,即稳定的 $H_a(s)$ 映射到稳定的 $H(z)$,保持了滤波器的稳定性。

3. 混叠失真现象

在上述的讨论中,数字角频率 ω 与模拟角频率 Ω 呈线性关系。当 ω 自 $0 \sim \pi$ 和自 $0 \sim -\pi$ 变化,即 ω 在 z 平面单位圆上变化一周时,Ω 对应的值仅为自 $0 \sim +\pi/T$ 和自 $0 \sim -\pi/T$ 变化,这表明 s 平面的虚轴仅 $(-\pi/T, \pi/T)$ 这一段就映射为 z 平面上整个单位圆弧,而其他相继的各段在单位圆上重复。这就要求 $H_a(\Omega)$ 必须在 $(-\pi/T, \pi/T)$ 内严格限带,否则设计出来的数字滤波器在频域出现混叠失真。

由于数字滤波器的设计指标使用数字频率 ω 给出的,因为若增加采样频率 f_s(减小 T),则模拟滤波器的截止频率 Ω_s 也一定会成比例地增加($\Omega = \omega/T$),故不能用 $f_s = 1/T$ 来控制频率响应的混叠失真,只有使模拟滤波器的阻带衰减比指标要求更大来减小混叠失真。

在实际中模拟滤波器的频率响应无法做到真正的带限,就有混叠失真现象。当模拟滤波器频率响应在 $f > f_s/2(\Omega > \pi/T)$ 时,衰减越大,频率相应的混叠失真则越小。

4. 计算步骤

对于给定的数字低通滤波器技术指标 ω_p、ω_s、A_p 和 A_s,采用冲激响应不变法设计数字滤波器的过程如下:

(1) 确定采样间隔 T,并计算模拟频率:

$$\Omega_p = \frac{\omega_p}{T}, \quad \Omega_s = \frac{\omega_s}{T} \tag{7.97}$$

(2) 根据指标 Ω_p、Ω_s、A_p、A_s,设计模拟低通滤波器 $H_a(s)$。这个模拟滤波器可以是巴特沃斯滤波器、切比雪夫滤波器、切比雪夫滤波器之一。

(3) 利用部分分式展开,把 $H_a(s)$ 展成

$$H_a(s) = T \sum_{i=1}^{N} \frac{A_i}{s - s_i} \tag{7.98}$$

(4) 把模拟极点 $\{s_i\}$ 转换成数字极点 $\{e^{s_i T}\}$,得到数字滤波器的传输函数为

$$H(z) = T \sum_{i=1}^{N} \frac{A_i}{1 - e^{s_i T} z^{-1}} \tag{7.99}$$

5. 局限性

(1) 由于冲激响应不变法要求模拟滤波器是严格带限于 $f_s/2$ 的,故不能用于设计高通滤波器及带阻滤波器。这是由于 $f > f_s/2$ 时,它们的幅度响应仍不衰减,会产生混叠失真,故不能用冲激不变法来设计。

(2) 冲激不变法的变换关系只适用于并联结构的系统函数,且系统函数必须先展开成部分分式,系统函数的并联型实现结构将在 7.5.3 节中详细讲述。

例 7.6 利用冲激响应不变法把下面的模拟滤波器转换成数字滤波器 $H(z)$,其中

$T=0.1$。

$$H_a(s) = \frac{1}{s^2+7s+12}$$

解：把 $H_a(s)$ 展成部分分式形式，即

$$H_a(s) = \frac{1}{s^2+7s+12} = \frac{1}{s+3} - \frac{1}{s+4}$$

极点为 $s_1=-3$ 和 $s_2=-4$，而且 $T=0.1$，得到数字滤波器的传输函数：

$$H(z) = T\left(\frac{1}{1-\mathrm{e}^{-3T}z^{-1}} - \frac{1}{1-\mathrm{e}^{-4T}z^{-1}}\right) = \frac{0.1427z^{-1}}{1-1.4111z^{-1}+0.4965z^{-2}}$$

例 7.7 利用冲激响应不变法设计数字巴特沃斯低通滤波器，通带截止频率为 800Hz，通带内衰减不大于 3dB，阻带最低频率为 1800Hz，阻带内衰减不小于 7dB，给定 $T=1/4000\text{s}$。

解：由给定的指标要求得到模拟滤波器的技术要求为

$$\Omega_p = 2\pi f_p = 1600\pi, \quad A_p = 3\text{dB}$$
$$\Omega_s = 2\pi f_s = 3600\pi, \quad A_s = 7\text{dB}$$

滤波器的阶数为

$$N \geqslant \frac{\lg\left(\dfrac{10^{0.1A_s}-1}{10^{0.1A_p}-1}\right)}{2\lg\left(\dfrac{\Omega_s}{\Omega_p}\right)} = \frac{\lg(10^{0.1\times 7}-1)}{2\lg 2.13} \approx 0.917$$

取整后，$N=1$。

当 $k=0$ 时，p_k 处于 s 左半平面，系统是稳定的。

$$p_k = \frac{1}{\sqrt[N]{\varepsilon}}\mathrm{e}^{\mathrm{j}\frac{\pi}{2}}\mathrm{e}^{\mathrm{j}\frac{\pi(2k+1)}{2N}} = \mathrm{e}^{\mathrm{j}\left(\frac{\pi}{2}+\frac{\pi}{2}\right)} = -1$$

所以归一化的一阶巴特沃斯模拟滤波器传输函数 $H(p)=\dfrac{1}{p+1}$。

一阶巴特沃斯模拟滤波器传输函数为

$$H(s) = H(p)\big|_{p=\frac{s}{\Omega_p}} = \frac{\Omega_p^N}{\prod_{k=0}^{N-1}(s-p_k\Omega_p)} = \frac{\Omega_p}{s+\Omega_p} = \frac{1600\pi}{s+1600\pi}$$

根据冲激响应不变法把 $H(s)$ 转换成数字滤波器的传输函数，即

$$H(z) = T\sum_{i=1}^{N}\frac{A_i}{1-\mathrm{e}^{s_iT}z^{-1}} = \frac{T\Omega_p}{1-\mathrm{e}^{-\Omega_pT}z^{-1}} = \frac{1600\pi T}{1-\mathrm{e}^{-1600\pi T}z^{-1}}$$

上述模拟滤波器和数字滤波器的幅频响应分别为

$$|H(\mathrm{j}\Omega)| = \frac{1}{\sqrt{\left(\dfrac{\Omega}{1600\pi}\right)^2+1}}$$

$$|H(\mathrm{e}^{\mathrm{j}\omega})|=\frac{1600\pi T}{\sqrt{1-2\cos\omega\mathrm{e}^{-1600\pi T}+\mathrm{e}^{-3200\pi T}}}$$

7.3.3 双线性变换法

用冲激响应不变法把模拟滤波器的传输函数 $H_a(s)$ 转换成数字滤波器的传输函数 $H(z)$ 时,因为 $z=\mathrm{e}^{sT}$ 映射具有多值性,导致频域内具有混叠现象。双线性变换法能够克服冲激响应不变法中存在的混叠失真问题,其 s 平面和 z 平面是一一对应关系。下面研究由双线性变换法完成模拟滤波器到数字滤波器的转换。

1. 变换过程

双线性变换法的基本思路是将整个 s 平面映射到整个 z 平面上,而且也使 s 平面的左半平面映射到 z 平面的单位圆内。这样 s 平面和 z 平面是一一对应关系,消除了多值变换性,因此可以避免频率响应的混叠失真。

以上的映射关系包含了以下两个步骤:

第一步:将 s 平面整个 $\mathrm{j}\Omega$ 轴压缩变换到 s_1 平面 $\mathrm{j}\Omega_1$ 轴上的 $-\pi/T \sim \pi/T$ 这一段横带内,如图 7.17 所示,其映射关系为

$$\Omega = \frac{2}{T}\tan\left(\frac{1}{2}\Omega_1 T\right) \tag{7.100}$$

上式可以写成

$$\mathrm{j}\Omega = \frac{2}{T}\frac{\mathrm{e}^{\mathrm{j}\frac{\Omega_1 T}{2}}-\mathrm{e}^{-\mathrm{j}\frac{\Omega_1 T}{2}}}{\mathrm{e}^{\mathrm{j}\frac{\Omega_1 T}{2}}+\mathrm{e}^{-\mathrm{j}\frac{\Omega_1 T}{2}}} \tag{7.101}$$

将其解析延拓到整个 s 平面和整个 s_1 平面,即令 $\mathrm{j}\Omega=s$,$\mathrm{j}\Omega_1=s_1$。

则 s 与 s_1 存在如下的变换关系:

$$s = \frac{2}{T}\frac{\mathrm{e}^{\frac{s_1 T}{2}}-\mathrm{e}^{-\frac{s_1 T}{2}}}{\mathrm{e}^{\frac{s_1 T}{2}}+\mathrm{e}^{-\frac{s_1 T}{2}}} = \tanh\left(\frac{s_1 T}{2}\right) = \frac{2}{T}\frac{1-\mathrm{e}^{-s_1 T}}{1+\mathrm{e}^{-s_1 T}} \tag{7.102}$$

第二步:将 s_1 平面通过以下标准 z 变换映射到 z 平面,即

$$z = \mathrm{e}^{s_1 T} \tag{7.103}$$

通过上述分析可以得到 s 平面和 z 平面的映射关系为

$$s = \frac{2}{T}\frac{1-z^{-1}}{1+z^{-1}} \tag{7.104}$$

或

$$z = \frac{\frac{2}{T}+s}{\frac{2}{T}-s} \tag{7.105}$$

从上式中可以看到 z 与分子多项式、分母多项式中的 s 都呈线性变换关系,双线性变换

法也由此得名。若已知模拟滤波器的传输函数 $H_a(s)$，则经双线性变换法得到的数字滤波器传输函数为

$$H(z) = H_a(s)\Big|_{s=\frac{2}{T}\frac{1-z^{-1}}{1+z^{-1}}} \tag{7.106}$$

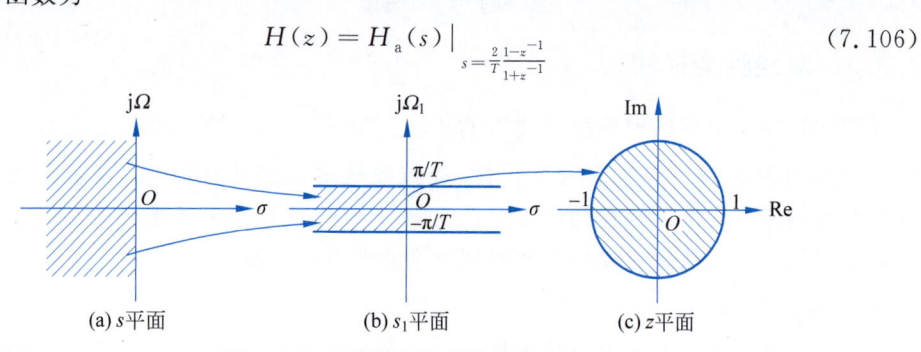

图 7.17　双线性变换法的映射关系

例 7.8　利用双线性变换把下述模拟滤波器转换成数字滤波器 $H(z)$，其中，$T=1$。

$$H_a(s) = \frac{1}{s^2 + 7s + 12}$$

解：根据上面讲的双线性变换法，有

$$H(z) = H_a(s)\Big|_{s=\frac{2}{T}\frac{1-z^{-1}}{1+z^{-1}}} = \frac{1}{\left(2 \times \frac{1-z^{-1}}{1+z^{-1}}\right)^2 + 7\left(2 \times \frac{1-z^{-1}}{1+z^{-1}}\right) + 12}$$

$$= \frac{1 + 2z^{-1} + z^{-2}}{30 + 16z^{-1} + 2z^{-2}}$$

2. 非线性频率变换关系

由上面的分析可知，$\omega = \Omega_1 T$，则数字频率 ω 与模拟角频率 Ω 之间的关系可写为

$$\Omega = \frac{2}{T} \tan\left(\frac{\omega}{2}\right) \tag{7.107}$$

或

$$\omega = 2\arctan\left(\frac{\Omega T}{2}\right) \tag{7.108}$$

双线性变换改变了数字频率 ω 与模拟频率 Ω 之间的线性关系 $\omega = \Omega T$，将其变为了非线性的正切关系，Ω 和 ω 的关系如图 7.18 所示。

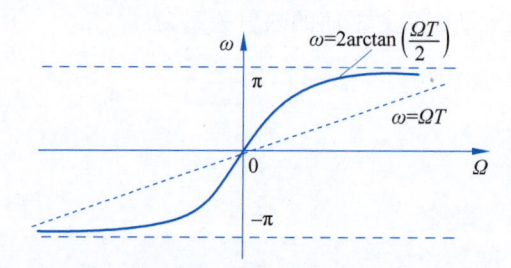

图 7.18　双线性变换法中数字频率和模拟频率的畸变关系

当数字频率 ω 由 $-\pi \sim +\pi$ 变化时,模拟频率 Ω 由 $-\infty \sim \infty$ 变化,也就是对应于模拟域中所有可能的频率值,即 s 平面的整个虚轴都映射到了 z 平面单位圆的一周之上,且 Ω 与 ω 是单值对应的。因此,采用双线性变换法设计的数字滤波器不存在频域混叠失真的问题,克服了冲激响应不变法的缺点。

但是,当 ω 值较小时,ω 与 Ω 还可以近似为线性关系;而当式 ω 值较大时,ω 与 Ω 之间的非线性十分明显。Ω 和 ω 的非线性关系使数字滤波器频响曲线不能保真地模仿模拟滤波器的曲线形状,对于幅频特性是分段常数的模拟滤波器,主要体现在数字滤波器频响曲线的转折点频率值与模拟滤波器转折点的频率值呈非线性关系。这种频率畸变可以通过预畸变进行处理,使得双线性变换后的频率正好映射到所需要的频率。

3. 频率预畸变

频率预畸变在实际中采用的方法也很简单,只需要对几个关键的频率转折点,如 ω_s 和 ω_p 根据式(7.107)或式(7.108)进行预弯曲处理。如图 7.19 所示,若给定数字滤波器的截止频率为 ω_s,则根据式(7.107)将它预畸为 $\Omega_s = \dfrac{2}{T} \tan\left(\dfrac{\omega_s}{2}\right)$,以此设计模拟滤波器,再将设计好的模拟滤波器经过双线性变换后得到的数字滤波器,其截止频率正是要求的截止频率 ω_s。

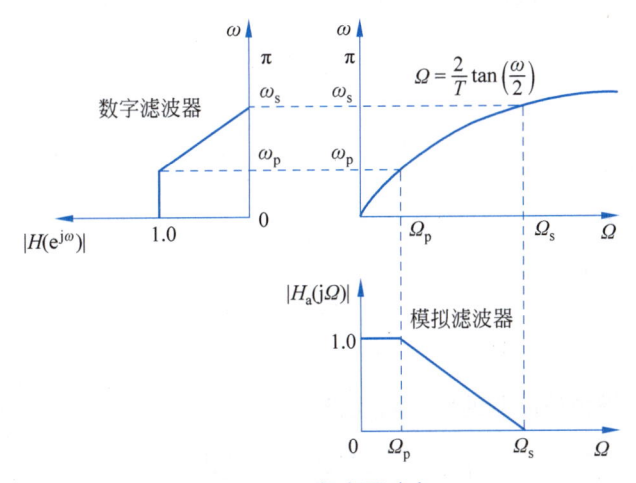

图 7.19 频率预畸变

4. 计算步骤

经过上面的讨论可知,采用双线性变换法设计时需要包含频率预畸变环节。对于给定数字低通滤波器技术指标 ω_p、ω_s、A_p 和 A_s,采用双线性变换法设计数字滤波器的过程如下:

(1) 给定数字滤波器的 ω_p、ω_s、A_p 和 A_s,或者以 Hz 表示的 f_s、f_p、A_p 和 A_s。

(2) 用式 $\omega = 2\pi f T$ 把以 Hz 表示的 f_s 和 f_p 转换为以弧度表示的 ω_s 和 ω_p。

(3) 计算预畸变模拟频率,以避免双线性变换带来的失真。根据 $\Omega = \dfrac{2}{T} \tan\left(\dfrac{\omega}{T}\right)$ 求得

修正后的预畸变频率 Ω_s、Ω_p。

(4) 根据 Ω_s、Ω_p、A_p 和 A_s 设计模拟低通滤波器原型,得到模拟滤波器的传输函数 $H_a(s)$。

(5) 利用双线性变换得到数字滤波器的传输函数 $H(z)=H_a(s)\big|_{s=\frac{2}{T}\frac{1-z^{-1}}{1+z^{-1}}}$。

例 7.9 利用双线性变换法设计一阶巴特沃斯数字低通滤波器,通带上限频率 $f_p=400\mathrm{Hz}$,通带中最大衰减 $A_p=3\mathrm{dB}$,采样频率 $f_s=1600\mathrm{Hz}$。

解:(1) 预畸变。数字滤波器的 ω_p 为

$$\omega_p = \Omega T = 2\pi f_p T = \frac{2\pi f_p}{f_s} = 0.5\pi(\mathrm{rad})$$

经过预畸变处理后,相应的模拟滤波器的通带上限频率为

$$\Omega_p = \frac{2}{T}\tan\left(\frac{\omega_p}{2}\right) = 3200(\mathrm{rad/s})$$

即模拟滤波器 3dB 衰减处的通带上限频率为

$$f_{AP} = \frac{\Omega_p}{2\pi} = 509(\mathrm{Hz})$$

一阶巴特沃斯低通模拟滤波器的传输函数为

$$H_a(s) = \frac{\Omega_p}{s+\Omega_p} = \frac{3200}{s+3200}$$

数字滤波器的传输函数为

$$H(z) = H_a(s)\big|_{s=\frac{2}{T}\frac{1-z^{-1}}{1+z^{-1}}} = \frac{3200}{\frac{2}{T}\frac{1-z^{-1}}{1+z^{-1}}+3200} = \frac{z+1}{2z}$$

(2) 无预畸变:

$$\Omega_p = \frac{\omega_p}{T} = 2\pi f_p = 800\pi(\mathrm{rad/s})$$

一阶巴特沃斯低通模拟滤波器的传输函数变为

$$H_a(s) = \frac{\Omega_p}{s+\Omega_p} = \frac{2513}{s+2513}$$

于是,有

$$H(z) = H_a(s)\big|_{s=\frac{2}{T}\frac{1-z^{-1}}{1+z^{-1}}} = \frac{z+1}{2.547z}$$

由上面可以看到,有无预畸变得到的结果完全不一样。对于预畸变处理,模拟滤波器是按着通带上限频率 509Hz 设计的,经过双线性变换后得到的数字滤波器的通带上限频率为所要求的 400Hz。对于未进行预畸变处理而设计的模拟滤波器,对应的数字滤波器的通带上限频率为

$$\omega_p = 2\arctan\left(\frac{\Omega_p T}{2}\right) = 1.332(\mathrm{rad})$$

3dB 通带上限频率为

$$f_p = \frac{\omega_p}{T} \cdot \frac{1}{2\pi} = 339 (\text{Hz})$$

由此可见，不经预畸变处理所得的数字滤波器的性能不符合给定的 400 Hz 技术要求。

7.4 高通、带通和带阻无限冲激响应数字滤波器的设计

7.4.1 模拟滤波器的频率变换

本节介绍将归一化模拟低通滤波器转换成一般的模拟低通、高通、带通、带阻滤波器的模拟频率变换方法。

设归一化模拟低通滤波器的系统函数为 $H_{LP}(p)$，变换后的各类模拟滤波器的系统函数为 $H_d(s)$，频率变换函数 $p = q(s)$，即有

$$H_d(s) = H_{LP}(p) |_{p=q(s)} \tag{7.109}$$

要求频率变换函数 $p = q(s)$ 是 s 的有理函数，使得有理函数 $H_{LP}(p)$ 变换后得到的 $H_d(s)$ 也是有理函数。频率变换函数 $p = q(s)$ 必须使 $H_{LP}(p)$ 的左半平面、虚轴、右半平面分别映射到 $H_d(s)$ 的左半平面、虚轴、右半平面，以保持滤波器的频率响应和稳定性。

下面分别说明四种模拟滤波器的频率变换方法。

1. 归一化模拟低通滤波器到模拟低通滤波器的频率变换

设归一化模拟低通滤波器的通带截止频率为 λ_p，阻带截止频率为 λ_s，变换后的模拟低通滤波器的通带截止频率为 Ω_p，阻带截止频率为 Ω_s，则频率变换函数为

$$p = \frac{1}{a} \frac{s}{\Omega_p} \tag{7.110}$$

截止频率的映射关系为

$$\lambda_p = \frac{1}{a}, \quad \lambda_s = \frac{1}{a} \frac{\Omega_s}{\Omega_p} \tag{7.111}$$

式中：a 为归一化参数。若变换后的模拟低通滤波器为巴特沃斯低通滤波器或切比雪夫低通滤波器，则 $a = 1$；若变换后的模拟低通滤波器为椭圆低通滤波器，则 $a = \sqrt{\frac{\Omega_s}{\Omega_p}}$。

图 7.20 示出归一化模拟低通滤波器到模拟低通滤波器的频率变换。

2. 归一化模拟低通滤波器到模拟高通滤波器的频率变换

设归一化模拟低通滤波器的通带截止频率为 λ_p，阻带截止频率为 λ_s，变换后的模拟高通滤波器的通带截止频率为 Ω_p，阻带截止频率为 Ω_s，则频率变换函数为

$$p = \frac{1}{a} \frac{\Omega_p}{s} \tag{7.112}$$

截止频率的映射关系为

$$\lambda_p = \frac{1}{a}, \quad \lambda_s = \frac{1}{a} \frac{\Omega_s}{\Omega_p} \tag{7.113}$$

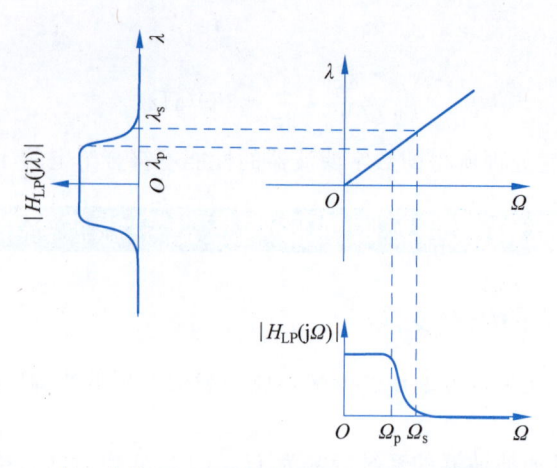

图 7.20 归一化模拟低通滤波器到模拟低通滤波器的频率变换

式中：a 为归一化参数。若变换后的模拟高通滤波器为巴特沃斯高通滤波器或切比雪夫高通滤波器，则 $a=1$；若变换后的模拟高通滤波器为椭圆高通滤波器，则 $a=\sqrt{\dfrac{\Omega_s}{\Omega_p}}$。

图 7.21 示出归一化模拟低通滤波器到模拟高通滤波器的频率变换。

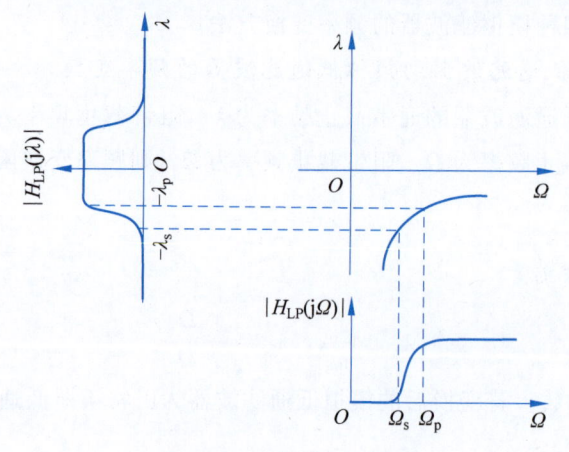

图 7.21 归一化模拟低通滤波器到模拟高通滤波器的频率变换

3. 归一化模拟低通滤波器到模拟带通滤波器的频率变换

设归一化模拟低通滤波器的通带截止频率为 λ_p，阻带截止频率为 λ_s，变换后的模拟带通滤波器的通带上、下截止频率分别为 Ω_{p2}、Ω_{p1}，阻带上、下截止频率分别为 Ω_{s2}、Ω_{s1}，则通带几何中心频率 $\Omega_{p0}=\sqrt{\Omega_{p1}\Omega_{p2}}$，通带宽度 $B_p=\Omega_{p2}-\Omega_{p1}$，频率变换函数为

$$p=\frac{1}{a}\frac{s^2+\Omega_{p0}^2}{B_p s} \tag{7.114}$$

截止频率的映射关系为

$$\lambda_p=\frac{1}{a}, \quad \lambda_s=\frac{1}{a}\frac{\Omega_{s2}-\Omega_{s1}}{\Omega_{p2}-\Omega_{p1}} \tag{7.115}$$

式中：a 为归一化参数。若变换后的模拟带通滤波器为巴特沃斯带通滤波器或切比雪夫带通滤波器，则 $a=1$；若变换后的模拟带通滤波器为椭圆带通滤波器，则 $a=\sqrt{\dfrac{\Omega_{s2}-\Omega_{s1}}{\Omega_{p2}-\Omega_{p1}}}$。

图 7.22 示出归一化模拟低通滤波器到模拟带通滤波器的频率变换。

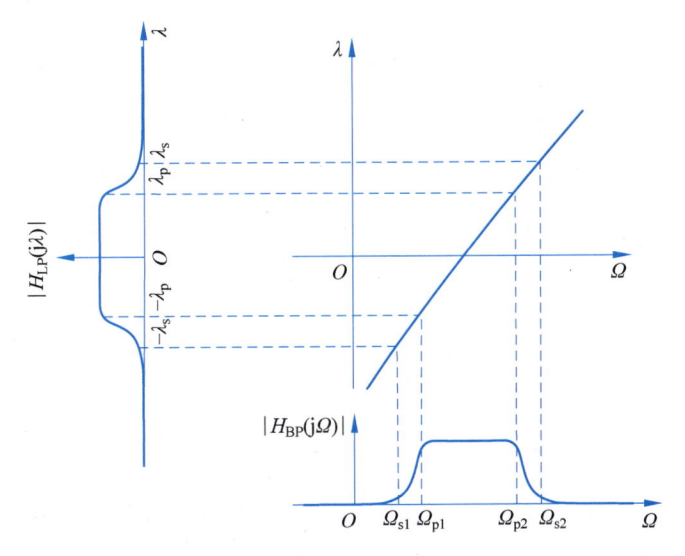

图 7.22 归一化模拟低通滤波器到模拟带通滤波器的频率变换

可以证明，由归一化模拟低通滤波器变换得到的带通滤波器的通带和阻带上、下截止频率关于通带几何中心频率 Ω_{p0} 几何对称，即

$$\Omega_{p1}\Omega_{p2}=\Omega_{s1}\Omega_{s2}=\Omega_{p0}^2 \tag{7.116}$$

若给定的带通滤波器的截止频率不满足式(7.116)，则需要保持通带特性不变，在满足阻带最小衰减要求的情况下，改变阻带截止频率中的一个，使得带通滤波器几何对称。具体方法如下：

(1) 计算 $\overline{\Omega}_{s1}=\dfrac{\Omega_{p1}\Omega_{p2}}{\Omega_{s2}}$，如果 $\overline{\Omega}_{s1}>\Omega_{s1}$，令 $\Omega_{s1}=\overline{\Omega}_{s1}$；

(2) 计算 $\overline{\Omega}_{s2}=\dfrac{\Omega_{p1}\Omega_{p2}}{\Omega_{s1}}$，如果 $\overline{\Omega}_{s1}<\Omega_{s1}$，令 $\Omega_{s2}=\overline{\Omega}_{s2}$。

4. 归一化模拟低通滤波器到模拟带阻滤波器的频率变换

设归一化模拟低通滤波器的通带截止频率为 λ_p，阻带截止频率为 λ_s，变换后的模拟带阻滤波器的通带上、下截止频率为 Ω_{p2}、Ω_{p1}，阻带上、下截止频率为 Ω_{s2}、Ω_{s1}，则阻带几何中心频率 $\Omega_{s0}=\sqrt{\Omega_{s1}\Omega_{s2}}$，通带宽度 $B_p=\Omega_{p2}-\Omega_{p1}$，频率变换函数为

$$p=\dfrac{1}{a}\dfrac{B_p s}{s^2+\Omega_{s0}^2} \tag{7.117}$$

截止频率的映射关系为

$$\lambda_p=\dfrac{1}{a}, \quad \lambda_s=\dfrac{1}{a}\dfrac{\Omega_{p2}-\Omega_{p1}}{\Omega_{s2}-\Omega_{s1}} \tag{7.118}$$

式中：a 为归一化参数。若变换后的模拟带阻滤波器为巴特沃斯带阻滤波器或切比雪夫带阻滤波器，则 $a=1$；若变换后的模拟带通滤波器为椭圆带阻滤波器，则 $a=\sqrt{\dfrac{\Omega_{p2}-\Omega_{p1}}{\Omega_{s2}-\Omega_{s1}}}$。

图 7.23 示出归一化模拟低通滤波器到模拟带阻滤波器的频率变换。

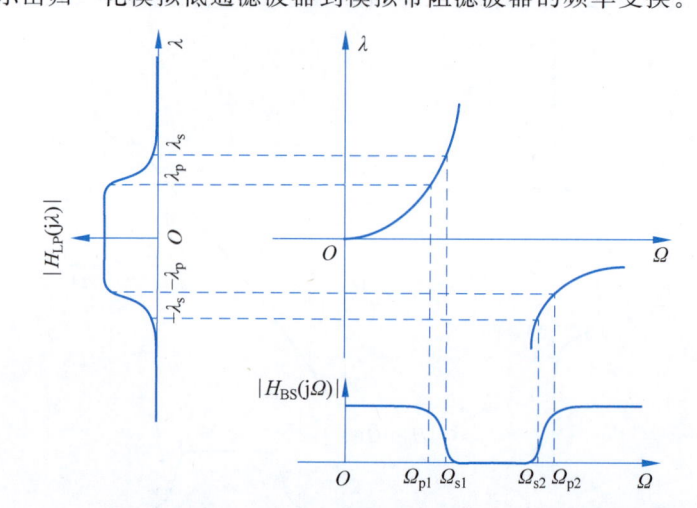

图 7.23 归一化模拟低通滤波器到模拟带阻滤波器的频率变换

可以证明，由归一化模拟低通滤波器变换得到的带阻滤波器的通带和阻带上、下截止频率关于阻带几何中心频率 Ω_{s0} 几何对称，即

$$\Omega_{p1}\Omega_{p2}=\Omega_{s1}\Omega_{s2}=\Omega_{s0}^2 \tag{7.119}$$

若给定的带阻滤波器的截止频率不满足式(7.119)，则需要保持带阻特性不变，改变通带截止频率中的一个，使得带阻滤波器几何对称。具体方法如下：

(1) 计算 $\bar{\Omega}_{p1}=\dfrac{\Omega_{s1}\Omega_{s2}}{\Omega_{p2}}$，如果 $\bar{\Omega}_{p1}>\Omega_{p1}$，令 $\Omega_{p1}=\bar{\Omega}_{p1}$；

(2) 计算 $\bar{\Omega}_{p2}=\dfrac{\Omega_{s1}\Omega_{s2}}{\Omega_{p1}}$，如果 $\bar{\Omega}_{p1}<\Omega_{p1}$，令 $\Omega_{p2}=\bar{\Omega}_{p2}$。

表 7.6 中归纳总结了以上四种模拟频率变换公式。

表 7.6 模拟滤波器的频率变换

滤波器类型转换 $H_{LP}(p)\to H_d(s)$	变换函数 $p=q(s)$	$H_{LP}(p)$ 的技术指标
归一化低通 $H_{LP}(p)\to$ 低通 $H_{LP}(s)$	$p=\dfrac{1}{a}\dfrac{s}{\Omega_p}$	$\lambda_p=\dfrac{1}{a}$ $\lambda_s=\dfrac{1}{a}\dfrac{\Omega_s}{\Omega_p}$
归一化低通 $H_{LP}(p)\to$ 高通 $H_{HP}(s)$	$p=\dfrac{1}{a}\dfrac{\Omega_p}{s}$	$\lambda_p=\dfrac{1}{a}$ $\lambda_s=\dfrac{1}{a}\dfrac{\Omega_p}{\Omega_s}$

滤波器类型转换 $H_{LP}(p) \to H_d(s)$	变换函数 $p = q(s)$	$H_{LP}(p)$的技术指标
归一化低通 $H_{LP}(p) \to$ 带通 $H_{BP}(s)$	$p = \dfrac{1}{a} \dfrac{s^2 + \Omega_{p0}^2}{B_p s}$	$\lambda_p = \dfrac{1}{a}$ $\lambda_s = \dfrac{1}{a} \dfrac{\Omega_{s2} - \Omega_{s1}}{\Omega_{p2} - \Omega_{p1}}$
归一化低通 $H_{LP}(p) \to$ 带阻 $H_{BS}(s)$	$p = \dfrac{1}{a} \dfrac{B_p s}{s^2 + \Omega_{s0}^2}$	$\lambda_p = \dfrac{1}{a}$ $\lambda_s = \dfrac{1}{a} \dfrac{\Omega_{p2} - \Omega_{p1}}{\Omega_{s2} - \Omega_{s1}}$

注意，巴特沃斯模拟低通滤波器的归一化系统函数是对通带衰减3dB处的截止频率Ω_c做归一化，即$\lambda_c=1$。因此，若通带最大衰减$A_p=3$dB，则$\lambda_p=\lambda_c=1$，利用技术指标λ_p、λ_s求出的$H_{LP}(p)$可以直接作为归一化模拟低通滤波器的系统函数；若通带最大衰减$A_p\neq3$dB，则利用技术指标λ_p、λ_s计算得到$H_{LP}(p)$后，需要先求出通带衰减3dB处的归一化截止频率λ_c，然后用λ_c将$H_{LP}(p)$进行反归一化，得到归一化模拟低通滤波器的系统函数。具体计算参见例7.10。

例7.10 设计巴特沃斯模拟带阻滤波器，阻带上、下截止频率分别为5kHz、7kHz，通带上、下截止频率分别为3kHz、9kHz，通带最大衰减为2dB，阻带最小衰减为20dB。

解：带阻滤波器的技术指标分别为

$$\Omega_{p1} = 2\pi \times 3 \times 10^3 (\text{rad/s}), \quad \Omega_{p2} = 2\pi \times 9 \times 10^3 (\text{rad/s})$$
$$\Omega_{s1} = 2\pi \times 5 \times 10^3 (\text{rad/s}), \quad \Omega_{s2} = 2\pi \times 7 \times 10^3 (\text{rad/s})$$
$$A_p = 2(\text{dB}), \quad A_s = 20(\text{dB})$$

则

$$\Omega_{s0}^2 = \Omega_{s1}\Omega_{s2} = 4\pi^2 \times 35 \times 10^6$$

由于

$$\Omega_{p1}\Omega_{p2} = 4\pi^2 \times 27 \times 10^6 \neq \Omega_{s1}\Omega_{s2}$$

不满足几何对称，因此需要改变通带截止频率中的一个。因为

$$\overline{\Omega}_{p1} = \dfrac{\Omega_{s1}\Omega_{s2}}{\Omega_{p2}} = 2\pi \times 3.89 \times 10^3 > \Omega_{p1}$$

所以令

$$\Omega_{p1} = \overline{\Omega}_{p1} = 2\pi \times 3.89 \times 10^3 (\text{rad/s})$$

则通带宽度为

$$B_p = \Omega_{p2} - \Omega_{p1} = 2\pi \times 5.11 \times 10^3 (\text{rad/s})$$

将新的技术指标代入表7.1中归一化低通到带阻的频率变换公式，得到归一化模拟低通滤波器的技术指标，即

$$\lambda_p = 1, \quad \lambda_s = \dfrac{2\pi \times 9 \times 10^3 - 2\pi \times 3.89 \times 10^3}{2\pi \times 7 \times 10^3 - 2\pi \times 5 \times 10^3} \approx 2.555$$

巴特沃斯滤波器的阶数为

$$N = \lg\left(\frac{10^{A_s/10}-1}{10^{A_p/10}-1}\right) \bigg/ \left[2\lg\left(\frac{\Omega_s}{\Omega_p}\right)\right] = \lg\left(\frac{10^2-1}{10^{0.2}-1}\right) \bigg/ [2\lg(2.555)] \approx 2.735$$

向上取整，$N=3$。

查表 7.1，可得巴特沃斯模拟低通滤波器的归一化系统函数为

$$H(p) = \frac{1}{p^3 + 2p^2 + 2p + 1}$$

由于巴特沃斯模拟低通滤波器的归一化系统函数要求通带衰减 3dB 处的截止频率为 1，而本题中 $\lambda_p=1$ 时，$A_p=2\text{dB}$，因此需要求出通带衰减 3dB 处的 λ_c，然后用 λ_c 将 $H_{LP}(p)$ 进行反归一化，得到 $\lambda_p=1$，$A_p=2\text{dB}$ 的归一化模拟低通滤波器的系统函数 $H_{LP}(p)$，即

$$\lambda_c = \lambda_p / \sqrt[2N]{10^{0.1A_p}-1} = 1/\sqrt[6]{10^{0.2}-1} \approx 1.0935$$

$$H_{LP}(p) = H\left(\frac{p}{\lambda_c}\right) = \frac{\lambda_c^3}{p^3 + 2\lambda_c p^2 + 2\lambda_c^2 p + \lambda_c^3}$$

根据表 7.1 中归一化低通到带阻的模拟频率变换公式，可得

$$H_{BS}(s) = H_{LP}(p)\big|_{p=\frac{B_p s}{s^2+\Omega_{s0}^2}}$$

$$= \frac{s^6 + 4.1452\times10^9 s^4 + 5.7277\times10^{18} s^2 + 2.6381\times10^{27}}{s^6 + 5.4056\times10^4 s^5 + 5.6063\times10^9 s^4 + 1.6913\times10^{14} s^3 + 7.7464\times10^{18} s^2 + 1.0321\times10^{23} s + 2.6381\times10^{27}}$$

7.4.2 利用模拟频率变换的 IIR 数字滤波器设计

设计高通、带通、带阻 IIR 数字滤波器的一个方案是基于模拟滤波器的频率变换。先根据所要求的数字滤波器的技术指标进行指标转换，设计归一化模拟低通滤波器，接着利用模拟频率变换将其转换成模拟高通、带通、带阻滤波器，最后通过模拟滤波器的数字化方法得到高通、带通、带阻 IIR 数字滤波器（注意，如果设计的是数字低通、带通滤波器，数字化方法可以采用冲激响应不变法或双线性变换法；如果设计的是数字高通、带阻滤波器，数字化方法只能采用双线性变换法）。具体设计步骤如下：

（1）数字—模拟滤波器指标转换。确定所求数字滤波器的技术指标，利用模拟滤波器的数字化方法将所求数字滤波器的技术指标转换成相应模拟滤波器的技术指标。对于带通或带阻滤波器，还需要判断转换后的截止频率是否满足几何对称，若不满足几何对称，则调整阻带截止频率或通带截止频率使截止频率几何对称。

（2）归一化模拟低通滤波器指标转换。根据表 7.4 中的模拟频率变换公式，将相应模拟滤波器的技术指标转换为归一化模拟低通滤波器的技术指标。

（3）归一化模拟低通滤波器设计。根据转换后的技术指标，用巴特沃斯逼近、切比雪夫逼近或椭圆逼近设计归一化模拟低通滤波器，得到系统函数 $H_{LP}(p)$。

（4）模拟频率变换。根据表 7.6 中的模拟频率变换公式，将系统函数 $H_{LP}(p)$ 转换成相应模拟滤波器的系统函数 $H_d(s)$。

(5) 模拟滤波器数字化。利用模拟滤波器的数字化方法将系统函数 $H_d(s)$ 变换成所求数字滤波器的系统函数 $H_d(z)$。

图 7.24 是利用模拟频率变换的 IIR 数字滤波器设计过程。

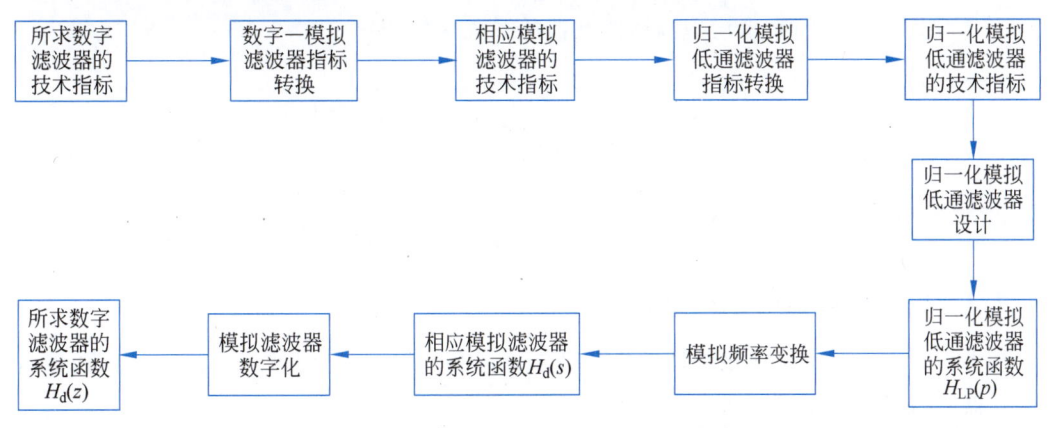

图 7.24 利用模拟频率变换的 IIR 数字滤波器设计过程

例 7.11 设计巴特沃斯数字高通滤波器,要求其通带截止频率 $\omega_p = 0.8\pi\text{rad}$,通带衰减不大于 3dB,阻带截止频率 $\omega_s = 0.5\pi\text{rad}$,阻带衰减不小于 18dB,采样间隔为 2s。

解:(1) 确定所求数字高通滤波器的技术指标,即
$$\omega_p = 0.8\pi\text{rad}, \quad A_p = 3\text{dB}$$
$$\omega_s = 0.5\pi\text{rad}, \quad A_s = 18\text{dB}$$

(2) 确定相应模拟高通滤波器的技术指标。由于设计的是数字高通滤波器,所以应选用双线性变换法,进行预畸变校正求模拟高通滤波器的截止频率,即
$$\Omega_p = \frac{2}{T}\tan\left(\frac{\omega_p}{2}\right) = \tan(0.4\pi) = 3.0777(\text{rad/s}), \quad A_p = 3\text{dB}$$
$$\Omega_s = \frac{2}{T}\tan\left(\frac{\omega_s}{2}\right) = \tan(0.25\pi) = 1(\text{rad/s}), \quad A_s = 18\text{dB}$$

(3) 将模拟高通滤波器的技术指标转换成归一化模拟低通滤波器的技术指标(因为 $A_p = 3\text{dB}$,所以 $\Omega_c = \Omega_p$),即
$$\lambda_p = \frac{\Omega_c}{\Omega_p} = 1, \quad A_p = 3\text{dB}$$
$$\lambda_s = \frac{\Omega_p}{\Omega_s} = 3.0777, \quad A_s = 18\text{dB}$$

(4) 设计归一化模拟低通滤波器 $H_{LP}(p)$。首先计算归一化模拟低通滤波器的阶数,即
$$N \geqslant \lg\left(\frac{10^{A_s/10} - 1}{10^{A_p/10} - 1}\right) \Big/ \left[2\lg\left(\frac{\Omega_s}{\Omega_p}\right)\right] = 1.84$$

向上取整,$N = 2$。

查表 7.1,得 $H_{LP}(p)$ 为

$$H_{LP}(p) = \frac{1}{p^2 + \sqrt{2}\,p + 1}$$

(5) 模拟频率变换,求模拟高通滤波器的系统函数,即

$$H_{HP}(s) = H_{LP}(p)\Big|_{p=\frac{\Omega_p}{s}} = \frac{s^2}{s^2 + \sqrt{2}\,\Omega_p s + \Omega_p^2} = \frac{s^2}{s^2 + 4.3525s + 9.4722}$$

(6) 用双线性变换法将 $H_{HP}(s)$ 转换成 $H_{HP}(z)$,即

$$H_{HP}(z) = H_{HP}(s)\Big|_{s=\frac{2}{T}\frac{1-z^{-1}}{1+z^{-1}}} = \frac{1 - 2z^{-1} + z^{-2}}{14.8247 + 16.9444z^{-1} + 6.1197z^{-2}}$$

7.4.3 数字滤波器的频率变换

本节讨论将数字低通滤波器转换成数字低通滤波器、高通滤波器、带通滤波器、带阻滤波器的数字频率变换方法。

设给定的数字低通滤波器的系统函数为 $H_{LP}(z)$,z 表示数字低通滤波器 $H_{LP}(z)$ 的复变量,$H_{LP}(z)$ 是 z^{-1} 的有理函数,所需的变换后的数字滤波器的系统函数为 $H_d(Z)$,Z 表示变换后的数字滤波器 $H_d(Z)$ 的复变量。从 z 平面到 Z 平面的映射关系定义为

$$z^{-1} = G(Z^{-1}) \tag{7.120}$$

则从 $H_{LP}(z)$ 到 $H_d(Z)$ 的变换表示为

$$H_d(Z) = H_{LP}(z)\Big|_{z^{-1}=G(Z^{-1})} \tag{7.121}$$

为保证变换后的系统函数 $H_d(Z)$ 是 Z^{-1} 的有理函数,映射函数 $G(Z^{-1})$ 必须是 Z^{-1} 的有理函数。为保证频率响应对应,z 平面的单位圆上必须映射成 Z 平面的单位圆上。为保证因果稳定的系统函数 $H_{LP}(z)$ 变换后得到的系统函数 $H_d(Z)$ 也是因果稳定的,z 平面的单位圆内必须映射成 Z 平面的单位圆内。

下面分别说明四种数字滤波器的频率变换方法。

1. 数字低通滤波器到数字低通滤波器的频率变换

这种情况下,$H_{LP}(z)$ 和 $H_{LP}(Z)$ 都是数字低通滤波器的系统函数,只是截止频率不同。设 θ 和 ω 分别是 z 平面和 Z 平面的数字频率变量,两个平面的单位圆分别为 $z=e^{j\theta}$,$Z=e^{j\omega}$,变换前和变换后的低通滤波器的通带截止频率分别为 θ_p 和 ω_p。频率变换函数为

$$z^{-1} = G(Z^{-1}) = \frac{Z^{-1} - \alpha}{1 - \alpha Z^{-1}} \tag{7.122}$$

式中:α 为实数,$|\alpha|<1$。

将 $z=e^{j\theta}$,$Z=e^{j\omega}$ 代入式(7.122),可得

$$e^{-j\theta} = \frac{e^{-j\omega} - \alpha}{1 - \alpha e^{-j\omega}} \tag{7.123}$$

则有

$$\omega = \arctan\left[\frac{(1-\alpha^2)\sin\theta}{2\alpha + (1+\alpha^2)\cos\theta}\right] \tag{7.124}$$

当 α 取不同值时，θ 和 ω 的关系如图 7.25 所示。从图中可以看出：当 $\alpha=0$ 时，$\omega=\theta$；当 $\alpha\neq 0$ 时，频率变换都为非线性变换。具体来说：当 $\alpha<0$ 时，$\omega>\theta$，频率扩张；当 $\alpha>0$ 时，$\omega<\theta$，频率压缩。

将通带截止频率 θ_p 和 ω_p 代入式(7.124)，可得

$$\alpha = \frac{\sin\left(\dfrac{\theta_p - \omega_p}{2}\right)}{\sin\left(\dfrac{\theta_p + \omega_p}{2}\right)} \tag{7.125}$$

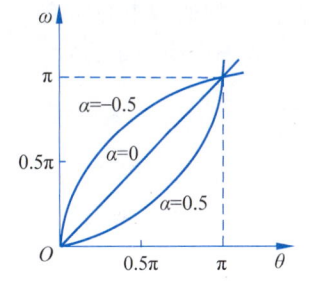

图 7.25　数字低通到数字低通变换的频率映射关系

结合式(7.122)和式(7.125)，可以从通带截止频率为 θ_p 的数字低通滤波器 $H_{LP}(z)$ 求得通带截止频率为 ω_p 的数字低通滤波器 $H_{LP}(Z)$，即

$$H_{LP}(Z) = H_{LP}(z)\Big|_{z^{-1}=\frac{Z^{-1}-\alpha}{1-\alpha Z^{-1}}} \tag{7.126}$$

2. 数字低通滤波器到数字高通滤波器的频率变换

设 θ 和 ω 分别是 z 平面和 Z 平面的数字频率变量，两个平面的单位圆分别为 $z=e^{j\theta}$，$Z=e^{j\omega}$，低通 $H_{LP}(z)$ 和变换后的高通滤波器 $H_{HP}(Z)$ 的通带截止频率分别为 θ_c 和 ω_c。

低通变换成高通，只需将频率响应旋转 180°，即将低通到低通的频率变换函数式(7.122)中的 Z^{-1} 用 $-Z^{-1}$ 代替，就完成了低通到高通的变换(此时 θ_p 对应 $-\omega_p$)。因此，频率变换函数为

$$z^{-1} = -\frac{Z^{-1}+\alpha}{1+\alpha Z^{-1}} \tag{7.127}$$

式中：α 为实数，$|\alpha|<1$。

将 $z=e^{j\theta_p}$，$Z=e^{-j\omega_p}$ 代入式(7.127)，可得

$$e^{-j\theta_p} = -\frac{e^{j\omega_p}+\alpha}{1+\alpha e^{j\omega_p}} \tag{7.128}$$

由式(7.128)得出

$$\alpha = -\frac{\cos\left(\dfrac{\theta_p+\omega_p}{2}\right)}{\cos\left(\dfrac{\theta_p-\omega_p}{2}\right)} \tag{7.129}$$

结合式(7.127)和式(7.129)，就可以从通带截止频率为 θ_p 的数字低通滤波器 $H_{LP}(z)$ 求得通带截止频率为 ω_p 的数字高通滤波器 $H_{HP}(Z)$，即

$$H_{HP}(Z) = H_{LP}(z)\Big|_{z^{-1}=-\frac{Z^{-1}+\alpha}{1+\alpha Z^{-1}}} \tag{7.130}$$

3. 数字低通滤波器到数字带通滤波器的频率变换

设 θ 和 ω 分别是 z 平面和 Z 平面的数字频率变量，两个平面的单位圆分别为 $z=e^{j\theta}$，$Z=e^{j\omega}$，低通滤波器 $H_{LP}(z)$ 的通带截止频率为 θ_p，变换后的数字带通滤波器 $H_{BP}(Z)$ 的通带上、下截止频率分别为 ω_{p2}、ω_{p1}。$H_{LP}(z)$ 的数字频率 0、$-\theta_c$、θ_c 分别对应于

$H_{BP}(Z)$ 的通带中心频率 ω_{p0}、通带下截止频率 ω_{p1}、通带上截止频率 ω_{p2}。

频率变换函数为

$$z^{-1} = -\frac{Z^{-2} + d_1 Z^{-1} + d_2}{d_2 Z^{-2} + d_1 Z^{-1} + 1} \tag{7.131}$$

式中：α、d_1、d_2 为实数，$|\alpha| < 1$。

将变换前后对应的频率代入式(7.131)，可解得 α、d_1、d_2 等参数，即

$$\begin{cases} d_1 = \dfrac{-2\alpha k}{k+1} \\ d_2 = \dfrac{k-1}{k+1} \\ k = \tan\left(\dfrac{\theta_p}{2}\right)\cot\left(\dfrac{\omega_{p_2} - \omega_{p_1}}{2}\right) \\ \alpha = \dfrac{\cos\left(\dfrac{\omega_{p_2} + \omega_{p_1}}{2}\right)}{\cos\left(\dfrac{\omega_{p_2} - \omega_{p_1}}{2}\right)} = \cos\omega_{p0} \end{cases} \tag{7.132}$$

结合式(7.131)和式(7.132)，就可以从通带截止频率为 θ_p 的数字低通滤波器 $H_{LP}(z)$ 求得通带上、下截止频率分别为 ω_{p2}、ω_{p1} 的数字带通滤波器 $H_{BP}(Z)$，即

$$H_{BP}(Z) = H_{LP}(z) \Big|_{z^{-1} = -\frac{Z^{-2} - \frac{2\alpha k}{k+1} Z^{-1} + \frac{k-1}{k+1}}{\frac{k-1}{k+1} Z^{-2} - \frac{2\alpha k}{k+1} Z^{-1} + 1}} \tag{7.133}$$

4. 数字低通滤波器到数字带阻滤波器的频率变换

设 θ 和 ω 分别是 z 平面和 Z 平面的数字频率变量，两个平面的单位圆分别为 $z = \mathrm{e}^{\mathrm{j}\theta}$，$Z = \mathrm{e}^{\mathrm{j}\omega}$，低通滤波器 $H_{LP}(z)$ 的通带截止频率为 θ_p，变换后的数字带阻滤波器 $H_{BS}(Z)$ 的阻带上、下截止频率分别为 ω_{s2}、ω_{s1}。$H_{LP}(z)$ 的数字频率 π、$-\theta_p$、θ_p 分别对应于 $H_{BS}(Z)$ 的阻带中心频率 ω_{s0}、阻带上截止频率 ω_{s2}、阻带下截止频率 ω_{s1}。

频率变换函数为

$$z^{-1} = \frac{Z^{-2} + d_1 Z^{-1} + d_2}{d_2 Z^{-2} + d_1 Z^{-1} + 1} \tag{7.134}$$

式中：α、d_1、d_2 为实数，$|\alpha| < 1$。

将变换前后对应的频率代入式(7.134)，可解得 α、d_1、d_2 等参数，即

$$\begin{cases} d_1 = \dfrac{-2\alpha}{1+k} \\ d_2 = \dfrac{1-k}{1+k} \\ k = \tan\left(\dfrac{\theta_p}{2}\right)\tan\left(\dfrac{\omega_{s2} - \omega_{s1}}{2}\right) \\ \alpha = \dfrac{\cos\left(\dfrac{\omega_{s2} + \omega_{s1}}{2}\right)}{\cos\left(\dfrac{\omega_{s2} - \omega_{s1}}{2}\right)} = \cos\omega_{s0} \end{cases} \tag{7.135}$$

结合式(7.134)和式(7.135),就可以从通带截止频率为 θ_p 的数字低通滤波器 $H_{LP}(z)$ 求得通带上、下截止频率分别为 ω_{s2}、ω_{s1} 的数字带通滤波器 $H_{BS}(Z)$,即

$$H_{BS}(Z) = H_{LP}(z)\bigg|_{z^{-1} = \frac{Z^{-2} - \frac{2\alpha}{1+k}Z^{-1} + \frac{1-k}{1+k}}{\frac{1-k}{1+k}Z^{-2} - \frac{2\alpha}{1+k}Z^{-1} + 1}} \quad (7.136)$$

表 7.7 中归纳总结了以上四种数字频率变换公式。

表 7.7 数字滤波器的频率变换

滤波器类型转换 $H_{LP}(z) \to H_d(Z)$	变换函数 $z^{-1} = G(Z^{-1})$	参　　数
低通 $H_{LP}(z) \to$ 低通 $H_{LP}(Z)$	$z^{-1} = \dfrac{Z^{-1} - \alpha}{1 - \alpha Z^{-1}}$	$\alpha = \dfrac{\sin\left(\dfrac{\theta_p - \omega_p}{2}\right)}{\sin\left(\dfrac{\theta_p + \omega_p}{2}\right)}$ 式中:θ_p、ω_p 分别为给定低通和所要求的数字低通滤波器的通带截止频率
低通 $H_{LP}(z) \to$ 高通 $H_{HP}(Z)$	$z^{-1} = -\dfrac{Z^{-1} + \alpha}{1 + \alpha Z^{-1}}$	$\alpha = -\dfrac{\cos\left(\dfrac{\theta_p + \omega_p}{2}\right)}{\cos\left(\dfrac{\theta_p - \omega_p}{2}\right)}$ 式中:θ_p、ω_p 分别为给定低通和所要求的数字高通滤波器的通带截止频率
低通 $H_{LP}(z) \to$ 带通 $H_{BP}(Z)$	$z^{-1} = -\dfrac{Z^{-2} + d_1 Z^{-1} + d_2}{d_2 Z^{-2} + d_1 Z^{-1} + 1}$	$\alpha = \dfrac{\cos\left(\dfrac{\omega_{p_2} + \omega_{p_1}}{2}\right)}{\cos\left(\dfrac{\omega_{p_2} - \omega_{p_1}}{2}\right)} = \cos\omega_{p0}$ $k = \tan\left(\dfrac{\theta_p}{2}\right)\cot\left(\dfrac{\omega_{p_2} - \omega_{p_1}}{2}\right)$ 式中:θ_p 为给定数字低通滤波器的通带截止频率,ω_{p_2}、ω_{p_1}、ω_{p0} 分别为所要求的数字带通滤波器的通带上截止频率、下截止频率、通带中心频率
低通 $H_{LP}(z) \to$ 带阻 $H_{BS}(Z)$	$z^{-1} = \dfrac{Z^{-2} d_1 Z^{-1} + d_2}{d_2 Z^{-2} + d_1 Z^{-1} + 1}$	$\alpha = \dfrac{\cos\left(\dfrac{\omega_{s2} + \omega_{s_1}}{2}\right)}{\cos\left(\dfrac{\omega_{s2} - \omega_{s_1}}{2}\right)} = \cos\omega_{s0}$ $k = \tan\left(\dfrac{\theta_p}{2}\right)\tan\left(\dfrac{\omega_{s2} - \omega_{s1}}{2}\right)$ 式中:θ_p 为给定数字低通滤波器的通带截止频率,ω_{s2}、ω_{s1}、ω_{s0} 分别为所要求的数字带阻滤波器的阻带上截止频率、下截止频率、阻带中心频率

例 7.12 数字低通滤波器的系统函数 $H_{LP}(z) = \dfrac{1 + z^{-1}}{2}$,利用数字频率变换将其变

换成高通滤波器,要求高通滤波器的通带从 $\omega_p = 0.5\pi\text{rad}$ 开始。

解：根据系统函数 $H_{LP}(z)$,可得数字低通滤波器的通带截止频率 $\theta_p = 0.5\pi\text{rad}$,根据表 7.7 中的频率变换公式可得

$$\alpha = -\frac{\cos\left(\dfrac{\theta_p + \omega_p}{2}\right)}{\cos\left(\dfrac{\theta_p - \omega_p}{2}\right)} = -\frac{\cos(0.5\pi)}{\cos 0} = 0$$

$$z^{-1} = -\frac{Z^{-1} + \alpha}{1 + \alpha Z^{-1}} = -Z^{-1}$$

变换后的数字高通滤波器的系统函数为

$$H_{HP}(Z) = H_{LP}(z)\big|_{z^{-1} = -Z^{-1}} = \frac{1 - Z^{-1}}{2}$$

7.4.4 利用数字频率变换的 IIR 数字滤波器设计

设计高通、带通、带阻数字 IIR 滤波器的另一个方案是基于数字滤波器的频率变换。先根据所求数字滤波器的技术指标进行指标转换,设计归一化模拟低通滤波器,然后通过模拟滤波器的数字化方法得到数字低通滤波器,最后利用数字频率变换将其转换成高通、带通、带阻 IIR 数字滤波器。其中,根据所求数字滤波器的技术指标得到归一化模拟低通滤波器有两种设计方法：第一种方法参见 7.4.2 节步骤(1)~(3),此处不再赘述。下面介绍使用第二种方法的具体设计步骤：

(1) 数字低通滤波器指标转换。确定所求数字滤波器的技术指标,利用表 7.7 中数字频率变换的参数公式,将所求数字滤波器的技术指标转换成数字低通滤波器的技术指标。

(2) 数字—模拟滤波器指标转换。利用模拟滤波器的数字化方法将数字低通滤波器的技术指标转换为归一化模拟低通滤波器的技术指标。

(3) 归一化模拟低通滤波器设计。根据转换后的技术指标,用巴特沃斯逼近、切比雪夫逼近或椭圆逼近设计归一化模拟低通滤波器,得到归一化系统函数 $H_{LP}(p)$。

(4) 模拟滤波器数字化。先将归一化系统函数 $H_{LP}(p)$ 去归一化得到 $H_{LP}(s)$,再利用模拟滤波器的数字化方法将模拟低通滤波器的系统函数 $H_{LP}(s)$ 转换成数字低通滤波器的系统函数 $H_{LP}(z)$。

(5) 数字频率变换。根据表 7.7 中的数字频率变换公式将系统函数 $H_{LP}(z)$ 变换成所求数字滤波器的系统函数 $H_d(z)$。

图 7.26 是利用数字频率变换的 IIR 数字滤波器设计过程。

例 7.13 采用双线性变换法和数字频率变换设计切比雪夫 I 型数字高通滤波器,要求通带截止频率为 $0.6\pi\text{rad}$,阻带截止频率为 $0.4586\pi\text{rad}$,通带波动为 1dB,阻带衰减为 15dB,采样频率为 1Hz。

解：(1) 确定所求数字高通滤波器的技术指标,即

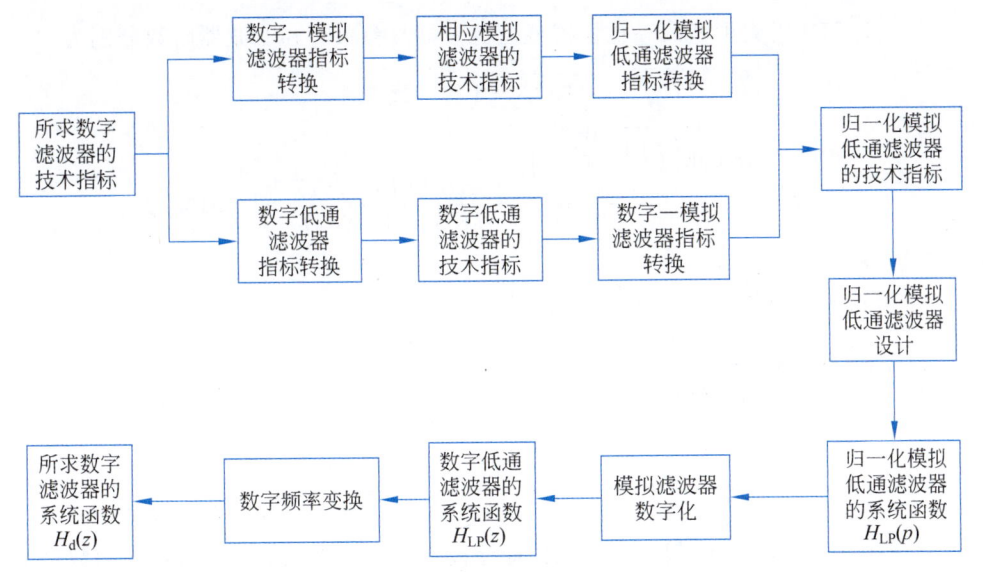

图 7.26 利用数字频率变换的 IIR 数字滤波器设计过程

$$\omega_p = 0.6\pi, \quad \omega_s = 0.4586\pi, \quad A_p = 1\text{dB}, \quad A_s = 15\text{dB}, \quad f = 1\text{Hz}$$

(2) 确定数字低通滤波器的技术指标。在 $(0,\pi)$ 范围内选择数字低通滤波器的通带截止频率(任选一截止频率会得到相同的结果,读者可自行验证),假设选择 $\theta_p = 0.2\pi$,则根据表 7.7 中的频率变换公式可得

$$\alpha = -\frac{\cos\left(\dfrac{\theta_p + \omega_p}{2}\right)}{\cos\left(\dfrac{\theta_p - \omega_p}{2}\right)} = -\frac{\cos\left(\dfrac{0.2\pi + 0.6\pi}{2}\right)}{\cos\left(\dfrac{0.2\pi - 0.6\pi}{2}\right)} \approx -0.38197$$

$$z^{-1} = -\frac{Z^{-1} + \alpha}{1 + \alpha Z^{-1}}$$

将 $z = e^{j\theta_s}, Z = e^{j\omega_s}$ 代入变换公式

$$e^{-j\theta_s} = -\frac{e^{-j\omega_s} + \alpha}{1 + \alpha e^{-j\omega_s}}$$

则可推得

$$\theta_s = \arg\left(-\frac{e^{-j_s} - \alpha}{1 - \alpha e^{-j\omega_s}}\right) = \arg\left(-\frac{e^{-j0.4586\pi} - 0.38197}{1 - 0.38197 e^{-j0.4586\pi}}\right) = 0.3\pi$$

因此数字低通滤波器的技术指标为

$$\theta_p = 0.2\pi, \quad \theta_s = 0.3\pi, \quad A_p = 1\text{dB}, \quad A_s = 15\text{dB}, \quad f = 1\text{Hz}$$

(3) 利用双线性变换得到模拟低通滤波器的技术指标为

$$\Omega_p = 2f\tan\left(\frac{\theta_p}{2}\right) = 0.6498(\text{rad/s})$$

$$\Omega_s = 2f\tan\left(\frac{\theta_s}{2}\right) = 1.0191(\text{rad/s})$$

(4) 设计切比雪夫Ⅰ型归一化模拟低通滤波器。参数 ε 和滤波器阶数分别为

$$\varepsilon = \sqrt{10^{0.1A_p-1}} = \sqrt{10^{0.1}-1} \approx 0.5088$$

$$N = \frac{\operatorname{arcosh}\left(\frac{\sqrt{10^{0.1A_s-1}}}{\varepsilon}\right)}{\operatorname{arcosh}(\Omega_s/\Omega_p)} = \frac{\operatorname{arcosh}(10.8761)}{\operatorname{arcosh}(1.5683)} \approx 3.0138$$

向上取整,$N=4$。

查表 7.3 可得归一化模拟低通滤波器的系统函数为

$$H_{LP}(p) = \frac{1}{\varepsilon \cdot 2^{N-1} \prod_{k=1}^{N}(p-p_k)}$$

$$= \frac{1}{4.0704 \times (p^2+0.2791p+0.9865)(p^2+0.6737p+0.2794)}$$

(5) 利用双线性变换将归一化模拟低通滤波器的系统函数 $H_{LP}(p)$ 转换为数字低通滤波器的系统函数 $H_{LP}(z)$。首先将 $H_{LP}(p)$ 反归一化,得到一般的模拟低通滤波器的系统函数为

$$H_{LP}(s) = H_{LP}(p)\Big|_{p=\frac{s}{\Omega_p}} = \frac{0.0438}{(s^2+0.1814s+0.4165)(s^2+0.4378s+0.1180)}$$

然后将 $H_{LP}(s)$ 转换为 $H_{LP}(z)$,即

$$H_{LP}(z) = H_{LP}(s)\Big|_{s=\frac{2}{T} \cdot \frac{1-z^{-1}}{1+z^{-1}}}$$

$$= \frac{0.001836(1+z^{-1})^4}{(1-1.4996z^{-1}+0.8482z^{-2})(1-1.5548z^{-1}+0.6493z^{-2})}$$

(6) 利用数字频率变换将数字低通滤波器的系统函数 $H_{LP}(z)$ 转换为数字高通滤波器的系统函数 $H_{HP}(Z)$,可得

$$H_{HP}(Z) = H_{LP}(z)\Big|_{z^{-1}=-\frac{Z^{-1}-0.38197}{1-0.38197Z^{-1}}}$$

$$= \frac{0.0243(1-Z^{-1})^4}{(1+0.5661Z^{-1}+0.7647Z^{-2})(1+1.0416Z^{-1}+0.4019Z^{-2})}$$

7.5 无限冲激响应数字滤波器的实现结构

在工程应用中无限冲激响应数字滤波器有两种实现方法:一是利用计算机软件编程实现;二是按照一定的结构,组合加法器、乘法器、延时单元等专用硬件实现。本节介绍第二种实现方法。对于同一个系统函数,理论上不同的实现结构也会有相同的计算结果,实际上不同的滤波器实现结构会产生不同的效果。选择实现结构时通常会考虑计算复杂性、存储数据量、运算误差、频率响应调节的方便程度(主要是调节零点、极点的方便程度),这四点在不同的实现结构中表现不一样。下面分别说明无限冲激响应数字滤波器的直接型、级联型与并联型三种实现结构,并总结其优缺点。

7.5.1 直接型实现结构

无限冲激响应数字滤波器是离散的递归型因果系统,递归表示输出对输入有反馈,即输出的现在值取决于输入的现在值、输入的过去值及输出的过去值。无限冲激响应数字滤波器在时域上可用线性差分方程描述:

$$y(n) = \sum_{k=0}^{M} a_k x(n-k) + \sum_{k=1}^{N} b_k y(n-k) \tag{7.137}$$

式中:n 为第 n 时刻;$x(n)$ 为第 n 时刻的输入;$y(n)$ 为第 n 时刻的输出;a_k、b_k 为实数。

对式(7.137)做 z 变换,可得系统函数为

$$H(z) = \frac{Y(z)}{X(z)} = \frac{\sum_{k=0}^{M} a_k z^{-k}}{1 - \sum_{k=1}^{N} b_k z^{-k}} \tag{7.138}$$

不对系统函数做任何变换,直接用加法器、乘法器、延时单元来实现,就得到 IIR 数字滤波器的直接型结构。由式(7.138),利用信号流图可画出如图 7.27 所示的结构,称为直接Ⅰ型。

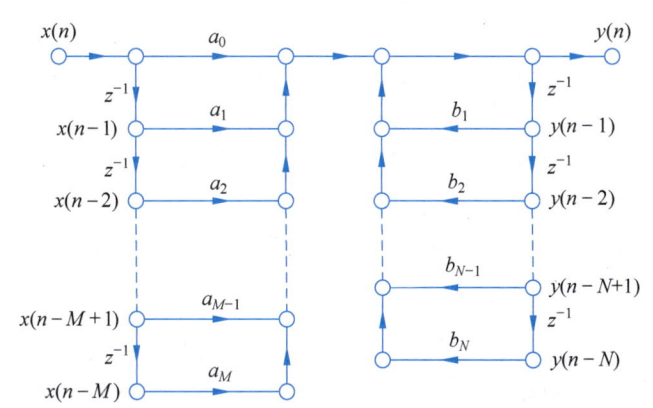

图 7.27 IIR 数字滤波器的直接Ⅰ型实现结构

由图 7.27 可以看出,直接Ⅰ型实现结构可看作两个滤波器级联,对于线性非移变系统,交换两个滤波器的次序不影响整个系统的输入与输出。因此,将图 7.27 中的左半部分与右半部分位置互换,再合并中间位置的延时单元,得到如图 7.28 所示的结构,称为直接Ⅱ型。

比较图 7.27 与图 7.28 可以看出,直接Ⅱ型比直接Ⅰ型节省 $\min\{M,N\}$ 个延时单元。

例 7.14 用直接Ⅰ型和直接Ⅱ型结构实现以下系统函数

$$H(z) = \frac{3 - 4.2z^{-1} + 0.5z^{-2}}{2 + 0.6z^{-1} - 0.4z^{-2}}$$

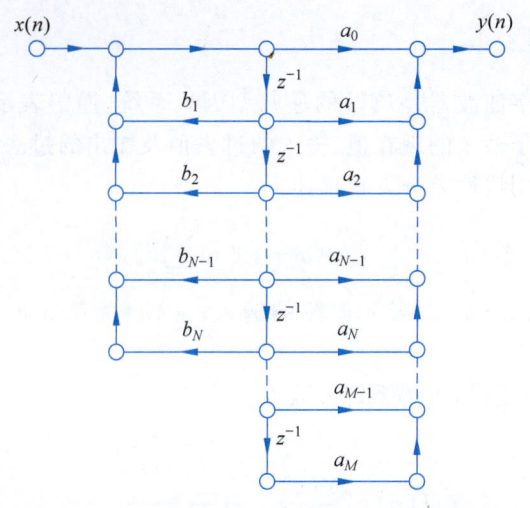

图 7.28 IIR 数字滤波器的直接 Ⅱ 型实现结构

解：将 $H(z)$ 分母的 z^0 项的系数化为 1，$z^{-k}(k=1,2,\cdots)$ 项前取负号，可得

$$H(z)=\frac{1.5-2.1z^{-1}+0.25z^{-2}}{1+0.3z^{-1}-0.2z^{-2}}=\frac{1.5-2.1z^{-1}+0.25z^{-2}}{1-(-0.3)z^{-1}-0.2z^{-2}}$$

系统函数为

$$H(z)=\frac{Y(z)}{X(z)}=\frac{\sum_{k=0}^{M}a_k z^{-k}}{1-\sum_{k=1}^{N}b_k z^{-k}}$$

两式相比，可得

$$a_0=1.5,\quad a_1=-2.1,\quad a_2=0.25,\quad b_1=-0.3,\quad b_2=0.2$$

直接 Ⅰ 型结构如图 7.29 所示。

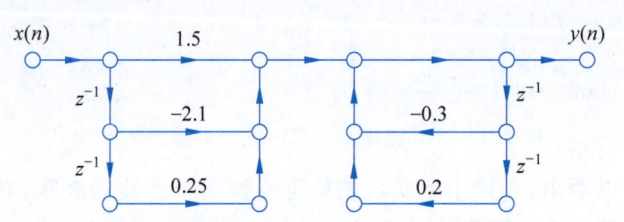

图 7.29 例 7.14 的直接 Ⅰ 型实现结构

直接 Ⅱ 型结构如图 7.30 所示。

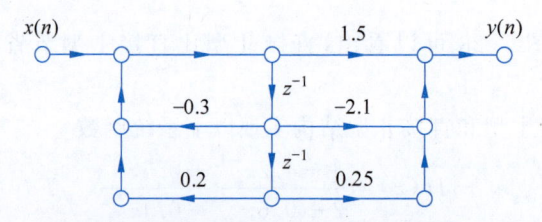

图 7.30 例 7.14 的直接 Ⅱ 型实现结构

7.5.2 级联型实现结构

对 IIR 数字滤波器的系统函数 $H(z)$ 进行因式分解,可得

$$H(z) = \frac{\sum\limits_{k=0}^{M} a_k z^{-k}}{1 - \sum\limits_{k=1}^{N} b_k z^{-k}} = A \frac{\prod\limits_{k=1}^{M}(1 - c_k z^{-1})}{\prod\limits_{k=1}^{N}(1 - d_k z^{-1})} \tag{7.139}$$

式中:c_k、d_k 分别为 $H(z)$ 的零点和极点。由于 a_k、b_k 为实数,c_k、d_k 应分别是实数或成对出现的共轭复数。将实零点、实极点分别构成一阶因式,将共轭成对的零点、极点分别构成具有实系数的二阶因式,即

$$\begin{aligned}
H(z) &= A \frac{\prod\limits_{k=1}^{M_1}(1 - f_k z^{-1}) \prod\limits_{k=1}^{M_2}(1 - g_k z^{-1})(1 - g_k^* z^{-1})}{\prod\limits_{k=1}^{N_1}(1 - e_k z^{-1}) \prod\limits_{k=1}^{N_2}(1 - h_k z^{-1})(1 - h_k^* z^{-1})} \\
&= A \frac{\prod\limits_{k=1}^{M_1}(1 - f_k z^{-1}) \prod\limits_{k=1}^{M_2}[1 - (g_k + g_k^*) z^{-1} + |g_k|^2 z^{-2}]}{\prod\limits_{k=1}^{N_1}(1 - e_k z^{-1}) \prod\limits_{k=1}^{N_2}[1 - (h_k + h_k^*) z^{-1} + |h_k|^2 z^{-2}]}
\end{aligned} \tag{7.140}$$

式中:$M = M_1 + 2M_2$;$N = N_1 + 2N_2$。

为充分利用延时单元,将分子、分母的二阶因式(一阶因式加上系数为 0 的 z^{-2} 项变为二阶因式)组合成一个二阶网络,IIR 数字滤波器则是若干二阶网络的级联,表示为

$$H(z) = A \prod_{k=1}^{K} \frac{1 + a_{1k} z^{-1} + a_{2k} z^{-2}}{1 + b_{1k} z^{-1} + b_{2k} z^{-2}} \tag{7.141}$$

式中:K 为 $\max\left\{\dfrac{M}{2}, \dfrac{N}{2}\right\}$ 的整数部分。

每个二阶网络可由 7.5.1 节所介绍的直接型实现。图 7.31 示出了 IIR 数字滤波器的级联型实现结构,其中每个基本的二阶网络由直接Ⅱ型实现。

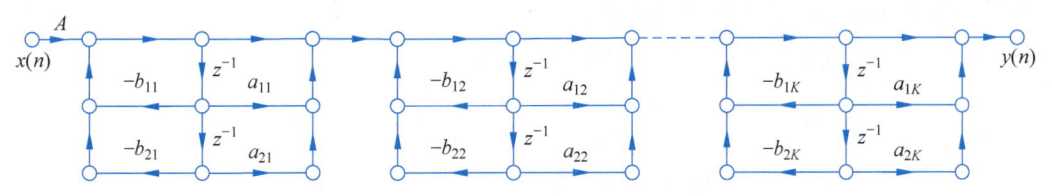

图 7.31 IIR 数字滤波器的级联型实现结构

例 7.15 已知 IIR 数字滤波器的系统函数为

$$H(z) = \frac{4z^3 + 0.48z^2 + z}{(z^2 - 2.36z + 0.9)(z - 5.7)}$$

画出该滤波器的级联型结构。

解：$H(z)$的分子、分母同除以z^3，得

$$H(z) = 4 \cdot \frac{1}{1-5.7z^{-1}} \cdot \frac{1+0.12z^{-1}+0.25z^{-2}}{1-2.36z^{-1}+0.9z^{-2}}$$

由此得出如图 7.32 所示的级联型结构，其中每个级联子网络都用直接Ⅱ型实现。

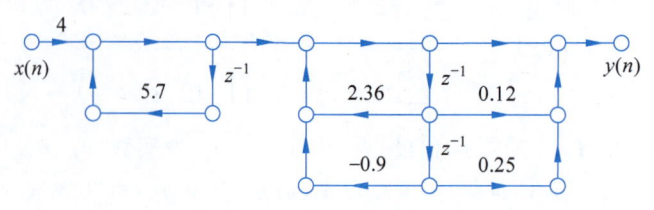

图 7.32 例 7.15 的级联型实现结构

7.5.3 并联型实现结构

IIR 滤波器的并联结构可通过对传输函数 $H(z)$ 按极点展开成部分分式形式，并将每一对共轭极点的分式合并成实系数的并联二阶基本节，就得到 IIR 滤波器的并联结构。其表达式为

$$H(z) = \frac{\sum_{k=1}^{M} a_k z^{-k}}{1-\sum_{k=1}^{N} b_k z^{-k}} = \sum_{k=1}^{N_1} \frac{A_k}{1+e_k z^{-1}} + \sum_{k=1}^{N_2} \frac{a_{0k}+a_{1k}z^{-1}}{1+\beta_{1k}z^{-1}+\beta_{2k}z^{-2}} + \sum_{k=0}^{M-N} C_k z^{-k} \tag{7.142}$$

其中：$N = N_1 + 2N_2$。

将上式写为更通用的形式，即

$$H(z) = \sum_{k=1}^{N_1} \frac{A_i}{1+e_i z^{-1}} + \sum_{k=1}^{N_2} \frac{a_{0k}+a_{1k}z^{-1}}{1+\beta_{1k}z^{-1}+\beta_{2k}z^{-2}} + \sum_{k=0}^{M-N} C_k z^{-k} \tag{7.143}$$

若 $M > N$，则不包括余式 $\sum_{k=0}^{M-N} C_k z^{-k}$ 这部分；若 $M = N$，则上式右端第二个求和式为 C_0。

由此式得到的并联型实现结构如图 7.33 所示，第一条支路为常数项支路，之后 N_1 条支路是一阶的，最后 N_2 条支路是二阶的。

例 7.16 实现下列传输函数的级联型结构：

$$H(z) = \frac{0.1432(1+3z^{-1}+3z^{-2}+z^{-3})}{1-0.1801z^{-1}+0.3419z^{-2}-0.0165z^{-3}}$$

解：对 $H(z)$ 进行部分分式展开，可得

$$H(z) = \frac{1.2916-0.0814z^{-1}}{1-0.1310z^{-1}+0.3355z^{-2}} + \frac{10.1764}{1-0.049z^{-1}} - 8.6788$$

它表示为一阶和二阶子网络之和，其并联型实现结构如图 7.34 所示。

直接型、级联型以及并联型实现结构的优缺点以及适应场景进行总结如下：

直接型实现结构的主要优点是简单直观，而且直接Ⅱ型实现结构所需的延时单元最

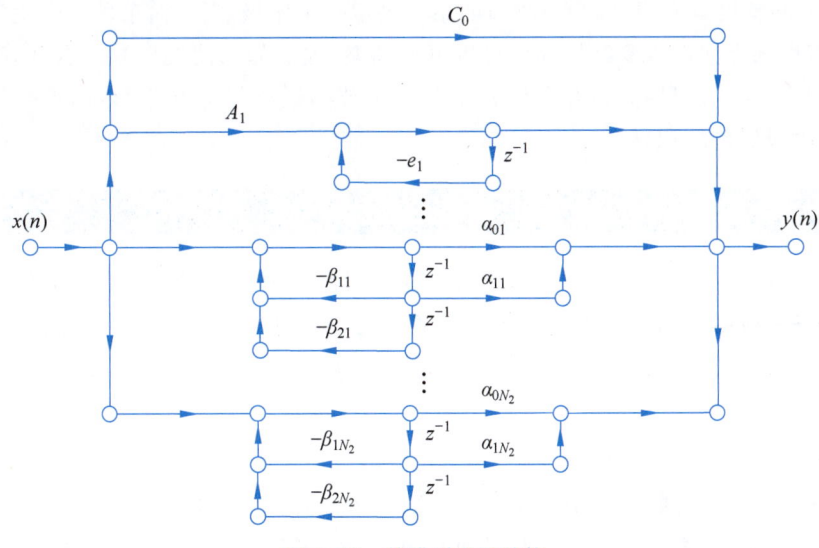

图 7.33 并联型实现结构

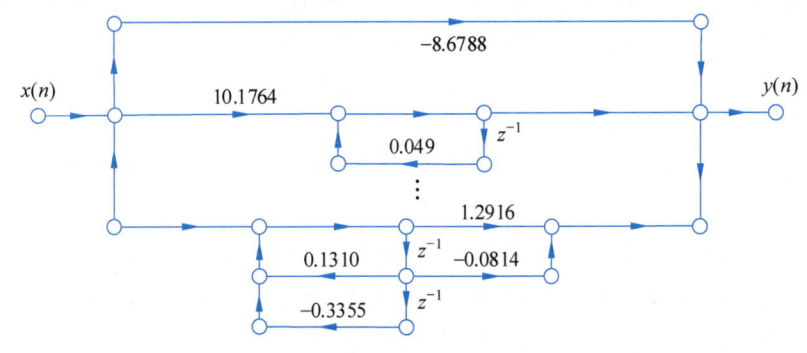

图 7.34 例 7.16 的并联型实现结构

少;缺点是滤波器调整不方便,因为系数 a_m 及 b_m 对滤波器性能的控制不直接,每个系数的变化都将影响零点或极点的分布。另外,直接型实现结构对有限字长非常敏感,因此在滤波器阶数比较高的时候要尽量避免这种实现结构。

级联型实现结构的主要优点是存储单元少,在硬件实现时,一个二阶节可以时分复用;各二阶节间是相互独立的,而且各自代表了一对零点和极点,所以调整滤波器系数也就是单独调整某一对极点和零点,并不影响其他零极点的分布,因而可以通过分别调整单独的零极点分布而控制滤波器的性能。

级联型实现结构同样也需注意有限字长的影响。理论上零点和极点可以任意组合,而且组合成的多个二阶节间的前后排列次序也没有影响。但由于有限字长的影响,零极点之间的不同组合以及各二阶节前后次序的不同,都将影响最终的滤波结果。为尽量减少其所带来的影响,有两个基本原则:一是尽量将相互靠近的零点和极点组合成一个基本的二阶节;二是尽量把极点最靠近单位圆的二阶节放在级联的最后一级。

并联型实现结构的主要优点有运算速度较高,因为并联结构使得信号同时加到了各个网络上；调整极点方便,因为一阶节的系数决定一个实极点,二阶节的系数决定一对共轭极点,零点却无法像级联结构那样可以单独调整,因而如果滤波器要求有准确的零点,就不能用并联结构。另外,在并联结构中各二阶节的运算误差互不影响,不会像级联型那样产生逐级误差的积累。

7.6 无限冲激响应数字滤波器的应用

无限冲激响应数字滤波器在音频处理、数字图像处理、语音处理、数字通信、雷达、声呐、土建工程、地震学和生物医学等领域有着广泛的应用。下面就无限冲激响应数字滤波器在地震波处理以及音乐信号处理中的应用加以介绍。

1. 地震波处理

由于地震突发性强、破坏范围广,甚至在地震会后引发次生灾害,如海啸、火灾等,对人类社会的危害性极强,因此地震工作者长期以来一直致力于对地震波信号的采集以及研究中,并在其中逐渐地探索出一些对地震预防以及救灾的方法,如对房屋抗震、逃生救援等。与此同时,也在对地震信号的研究中认识到了地球的内部构造和演化规律。

在目前的研究中常使用地震检波器对地震波进行采集,但由于地震采集环境和仪器对地震波的测量存在干扰,采集到的数据中除了地震震源激发的地震波外,还有地震脉动、波浪式低频干扰、爆破干扰、汽车干扰等,严重影响了对地震信号的分析。在工程应用中需要设计合适的滤波器滤除以上干扰所带来的影响,以便对地震信号进行更加精确的分析和处理。

滤除噪声的方法是对搜集到的数字地震信号采用傅里叶分析得到包含噪声信号的地震波的频谱图,分析频谱根据噪声信号的特性设计滤波器的性能指标,然后用滤波器对受干扰的地震波信号进行滤波获得清晰的地震信号。

下面分析地震波信号分别受到波浪式低频干扰、爆破干扰时的处理方法。

1) 波浪式低频干扰的消除

对含有低频波浪式背景干扰波的地震波信号进行频域分析,可以从地震波的频域图上看到集中在低频处的干扰噪声,地震波信号的时域波形和频谱分析如图 7.35 和图 7.36 所示。

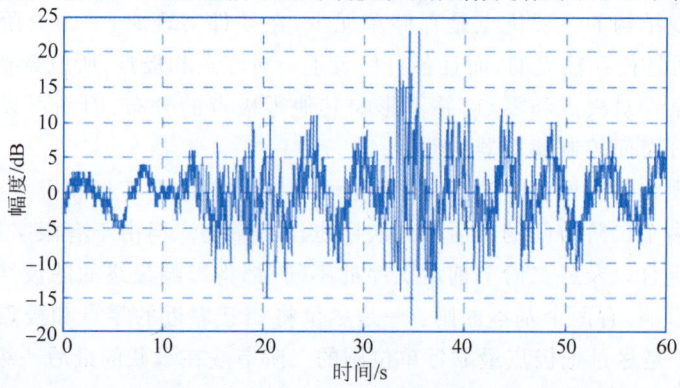

图 7.35 地震波信号的时域波形

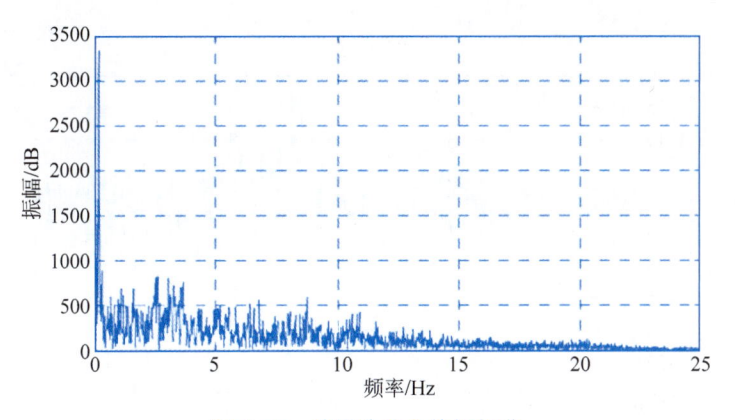

图 7.36 地震波信号的幅频谱

从图 7.36 可以看到噪声集中在低频段,因此需要设计一符合该地震波测量系统的 IIR 巴特沃斯高通滤波器来对地震波进行滤波。根据幅频谱中噪声的分布,选取高通滤波器的阻带边界频率为 0.2Hz,通带波浪为 1dB,阻带衰减为 30dB。IIR 高通滤波器的幅频特性如图 7.37 所示。

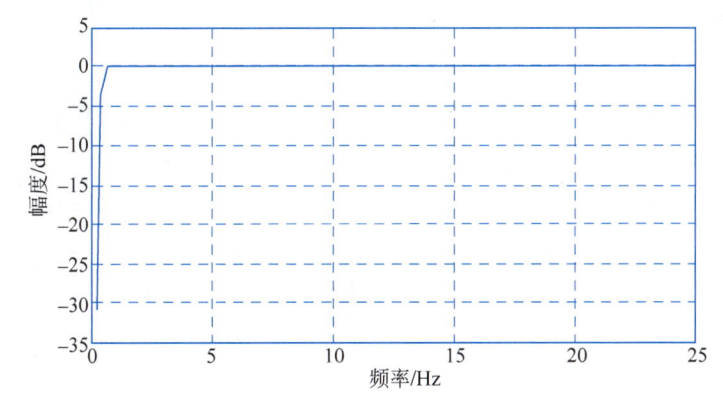

图 7.37 IIR 高通滤波器的幅频特性

经过高通滤波器滤波后的地震波信号的时域波形如图 7.38 所示。在时域波形中,地震波信号中的波浪式低频干扰基本被去除,通过巴特沃斯低通滤波器的滤波处理后,得到了更加清晰的地震波数据。

2) 爆破干扰的消除

地震波包含的爆破干扰是一种高频噪声,爆破干扰的频率要比地震波的频率要高得多,同样,对地震波进行频域分析,可以看到分布在 1.5Hz 以上频域段的高频噪声,地震波信号的原始波形及其幅频谱如图 7.39 和图 7.40 所示。

根据这一特点,设计 IIR 巴特沃斯低通滤波器滤除该爆破干扰,如图 7.41 所示,低通滤波器的通带边界频率为 1.5Hz,通带波纹为 1dB,阻带边界频率为 2.5Hz,阻带衰减为 30dB。

地震波信号的原始波形经低通滤波器滤波后的输出信号如图 7.42 所示。对比地震波信号的原始波形和滤波后的波形,波形中的高频毛刺信号已基本上被去除。

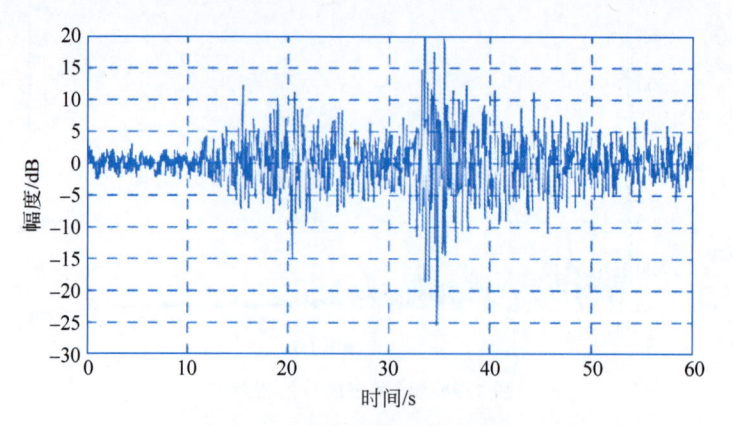

图 7.38 高通滤波后的输出信号

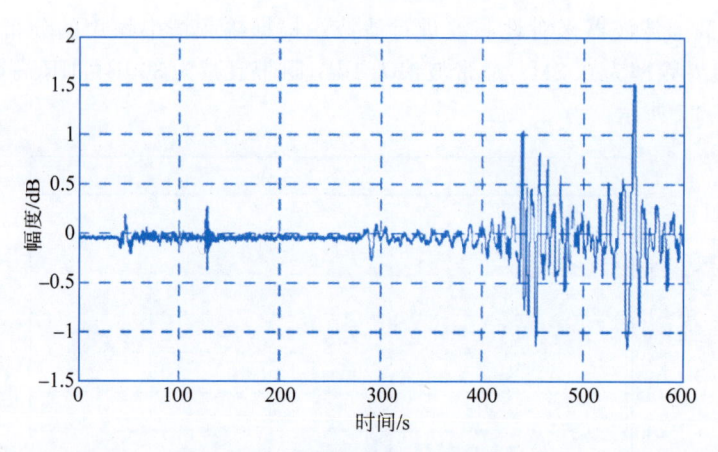

图 7.39 地震波信号的时域波形

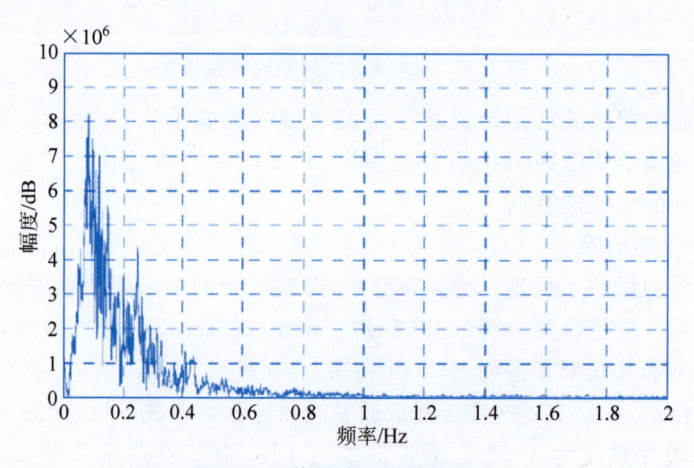

图 7.40 地震波信号的幅频谱

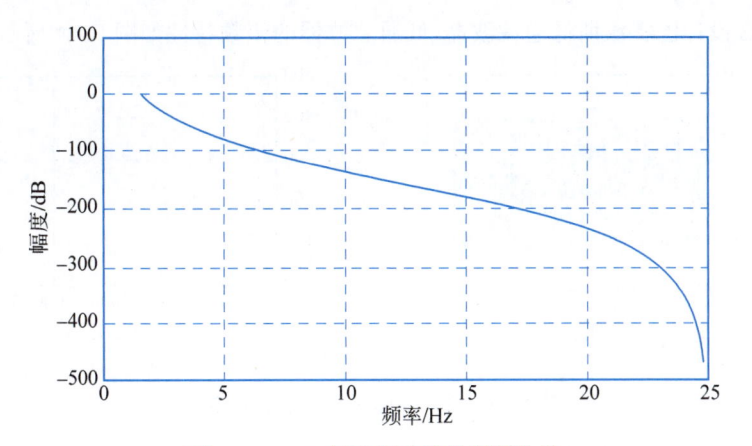

图 7.41　IIR 低通滤波器的幅频特性

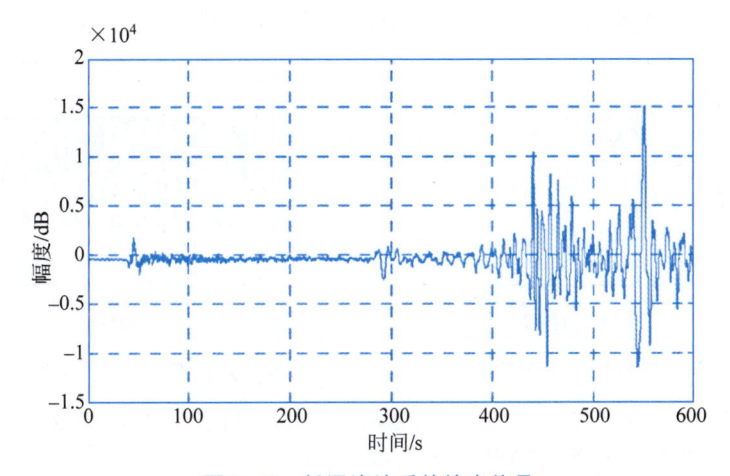

图 7.42　低通滤波后的输出信号

2. 音频信号的噪声消除

在生活中音频信号通常会受到各种噪声的干扰,如啸叫噪声、随机噪声、工频干扰,使听众的体验感差,甚至是无法听清音频信号中的内容,为此可以采用 IIR 滤波器技术对含有噪声的音频信号进行滤波和消除。

本节以含啸叫噪声的音频信号为例对其进行噪声消除。啸叫噪声常见于扩音系统,如多媒体会议厅、多媒体教室等场所。当麦克风和扬声器在同一会场时,声音从扬声器扩音后又被麦克风收取,形成了声音反馈回路,经过扬声器放大的声音信号不断地在该回路中叠加放大,当扩音的增益足够大时,在某些频率就会产生自激振荡,形成刺耳的啸叫。

消除音频信号中的啸叫噪声具体过程:首先,对含有啸叫噪声的音乐信号进行 FFT 分析,观察信号和噪声的频带范围。

由图 7.43 可见,音频信号的频带范围为 0~1000Hz,啸叫噪声的频率为 4000Hz。根据以上信号和噪声所在频带的特点,选用适当类型和参数的 IIR 滤波器对含啸叫噪声的音频信号进行时域滤波,根据 IIR 滤波器的设计方法,选取 $\omega_p=1000{\rm Hz},\omega_s=1200{\rm Hz},A_p=1{\rm dB}$

和 $A_s = 20\text{dB}$ 设计巴特沃斯低通滤波器,低通滤波器的幅频特性如图 7.44 所示。

(a)

(b)

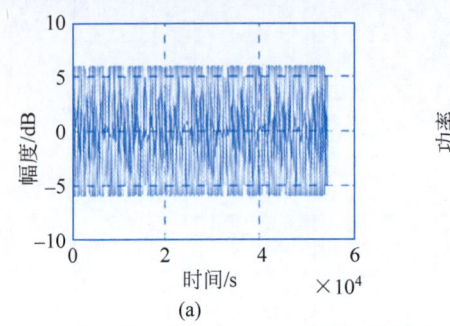

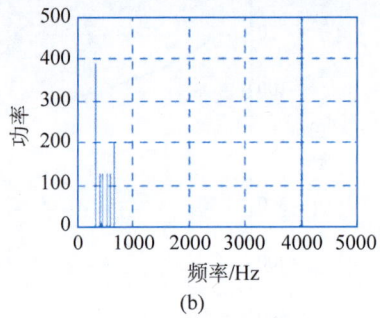

图 7.43 含啸叫噪声信号以及功率谱

利用设计好的滤波器对含啸叫噪声音频信号进行时域滤波。经过滤波后,音频中的啸叫噪声基本上已经被消除,得到了原始的音频信号,如图 7.45 所示。

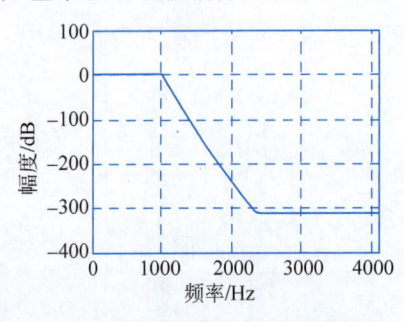

图 7.44 低通滤波器的幅频特性　　图 7.45 低通滤波消噪后的音乐信号

上面仅举了几个例子来说明 IIR 滤波器的应用,实际上滤波器的应用已经融入了人们生活当中。IIR 数滤波器的特点:

(1) IIR 数字滤波器的设计可以借助成熟的模拟滤波器,如巴特沃斯滤波器、切比雪夫滤波器和椭圆滤波器等,有现成的设计数据或图表可查,其设计工作量比较小,对计算工具的要求不高。在设计 IIR 数字滤波器时根据指标先求出模拟滤波器系统函数,然后通过一定的变换将模拟滤波器的系统函数转换成数字滤波器的系统函数。

(2) IIR 数字滤波器采用递归型结构,即结构上带有反馈环路。IIR 滤波器运算结构通常由延时乘以系数和相加等基本运算组成,可以组合成直接型、正准型、级联型和并联型四种结构形式,都具有反馈回路。运算中的舍入处理使误差不断累积,有时会产生寄生振荡。

(3) IIR 数字滤波器的相位特性不好控制,对相位要求较高时,需要增加相位校准网络。

习题

1. 已知模拟滤波器的幅度平方函数为

$$|H(\mathrm{j}\Omega)|^2 = \frac{\Omega^2 + \dfrac{1}{4}}{\Omega^4 + 16\Omega^2 + 256}$$

求系统函数 $H(s)$。

2. 已知模拟滤波器的幅度平方函数为

$$|H(\mathrm{j}\Omega)|^2 = \frac{16(25-\Omega^2)^2}{(49+\Omega^2)(36+\Omega^2)}$$

求系统函数 $H(s)$。

3. 设计一个模拟巴特沃斯低通滤波器,要求通带截止频率 $f_p=5\mathrm{kHz}$,通带最大衰减 $A_p=3\mathrm{dB}$,阻带截止频率 $f_s=10\mathrm{kHz}$,阻带最小衰减 $A_s=30\mathrm{dB}$,求出该滤波器的系统函数。

4. 设计一个模拟切比雪夫低通滤波器,要求通带截止频率 $f_p=500\mathrm{Hz}$,通带衰减不大于 1dB,阻带截止频率 $f_s=1\mathrm{kHz}$,阻带衰减不小于 40dB。

5. 利用冲激响应不变法设计一个巴特沃斯数字低通滤波器,采样频率为 10kHz,要求通带边缘频率为 1kHz,通带衰减不大于 1dB,阻带边缘频率为 1.5kHz,阻带衰减不小于 15dB。

6. 用双线性变换法设计一个切比雪夫数字低通滤波器,采样频率 $f_s=20\mathrm{kHz}$,通带边缘频率为 5kHz,其增益为 $-1\mathrm{dB}$,阻带边缘频率为 7.5kHz,其增益为 $-32\mathrm{dB}$。

7. 模拟滤波器的幅度平方函数为

$$|H_a(\mathrm{j}\Omega)|^2 = \frac{\Omega^2 + 1/4}{\Omega^4 + 16\Omega^2 + 256}$$

又有 $H_a(0)=1$。试求稳定的模拟滤波器的系统函数 $H_a(s)$,并用冲激响应不变法,将 $H_a(s)$ 映射成数字滤波器 $H(z)$。

8. 设计一个数字巴特沃斯高通滤波器,滤波器的各种指标和参量要求如下:

(1) 衰减 $A_s \geqslant 30\mathrm{dB}$,当 $f \leqslant 3\mathrm{kHz}$ 时;

(2) 衰减 $R_p \leqslant 3\mathrm{dB}$,当 $f \geqslant 5\mathrm{kHz}$ 时;

(3) 采样频率 $f_s=20\mathrm{kHz}$。

用双线性变换法设计滤波器,确定 $H(z)$ 的表达式。

9. 设计满足下列指标的巴特沃斯模拟带通滤波器,$A_p=1\mathrm{dB}$,$A_s=32\mathrm{dB}$,$\Omega_{p1}=600\pi\mathrm{rad/s}$,$\Omega_{p2}=800\pi\mathrm{rad/s}$,$\Omega_{s1}=300\pi\mathrm{rad/s}$,$\Omega_{s2}=1100\pi\mathrm{rad/s}$。

10. 用双线性变换法设计一个满足下列指标的巴特沃斯数字高通滤波器,通带截止频率为 $0.5\pi\mathrm{rad}$、通带波动为 3dB、阻带截止频率为 $0.125\pi\mathrm{rad}$、阻带衰减为 20dB、采样频率为 8kHz。

第 8 章 有限冲激响应数字滤波器

8.1 有限冲激响应数字滤波器概述

8.1.1 FIR 数字滤波器的特点

有限冲激响应滤波器(FIR)又称非递归型滤波器,对于任意一个在时域上长度有限的输入序列,经过 FIR 滤波器的输出,在时域上也是长度有限的序列。FIR 滤波器的输出只依赖现在与过去有限长时刻的输入,与过去的输出无关。

使 $x=\{x(0),x(1),\cdots,x(n)\}$ 为 $N-1$ 阶 FIR 滤波器关于现在与过去 $n-1$ 个历史时刻的输入序列,FIR 滤波器的输出可以表示为

$$y(n)=b_0 x(n)+b_1 x(n-1)+\cdots+b_{N-1}x(n-N+1)=\sum_{k=0}^{N-1}b_k x(n-k) \quad (8.1)$$

式中:$b(n)$ 为 FIR 滤波器的序列系数。当滤波器的冲激响应为 $h(n)$ 时,滤波器的输出可以表示为

$$y(n)=\sum_{k=0}^{N-1}h(k)x(n-k) \quad (8.2)$$

对比式(8.1)和式(8.2)可以发现,实际上冲激响应就是输入序列的系数,代表的是 FIR 滤波器的特性。FIR 滤波器的设计就是要确定式(8.1)中的系数组 b_k,即确定系统的冲激响应 $h(n)$。一般来说,滤波器的滚降越陡峭,需要的系数越多。对于一个性能较好的 FIR 滤波器,通常需要 100 个以上的滤波器系数。

FIR 滤波器具有以下特性:首先,FIR 滤波器的设计可以实现严格的线性相位,并且允许设计实现具有带通或带阻等任意幅频响应的系统。许多实际应用中,如图像处理、数据传输等,一般要求系统具有线性相位特性。这种情况下一般选择 FIR 滤波器,因为 IIR 滤波器的相频响应特性相对较差。其次,由于其冲激响应为有限长,因此可以通过使用快速傅里叶变换算法来实现滤波运算,从而大幅提高运算效率。最后,FIR 滤波器实现较为复杂,为取得同样滤波性能所需的阶数(系数个数)要高于 IIR 滤波器。

8.1.2 线性相位 FIR 数字滤波器

当正弦信号通过滤波器时,其幅度和相位都将发生改变,因为滤波器的幅频响应 $|H(\omega)|$ 和相频响应 $\theta(\omega)$ 都会随着频率的变化而改变。幅频响应的增益无量纲,相频响应中相位的量纲为弧度或者度。例如,对于输入 $A\sin(n\omega_0)$,输出为 $H(\omega_0)A\sin(n\omega_0+\theta)$,其中 $H=|H(\omega_0)|$ 为滤波器增益,$\theta=\theta(\omega_0)$ 为相位差。输入与输出频率相同,但幅度和相位都发生了变化。输出信号比输入信号滞后的采样点数 n 可以由 $n\omega_0+\theta=0$ 求得,则滤波器在 ω_0 处的相位延迟为

$$n=-\frac{\theta}{\omega_0} \quad (8.3)$$

图 8.1(a)表示输入信号,图(b)表示输出信号,由 $n\omega_0+\theta=0$ 可以得到 $n=2$,即相位延迟 2 个采样点。

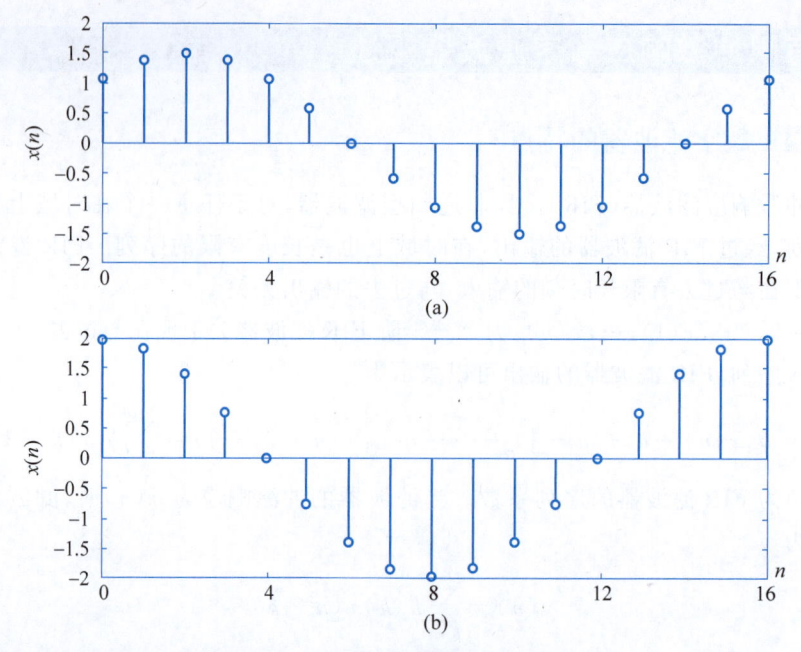

图 8.1 相位延迟

由于不同频率分量通过滤波器产生的相位延迟不同,最终产生了相位失真。确保不产生相位失真的方法是使不同的信号通过滤波器后产生相同的延迟。但是,对所有频率要求同样的相移并没有避免相位失真。例如,方波可以由多个正弦波相加得到:

$$y(t) = \frac{4}{\pi}\left[\sin(\Omega t) + \frac{1}{3}\sin(3\Omega t) + \frac{1}{5}\sin(5\Omega t) + \frac{1}{7}\sin(7\Omega t) + \frac{1}{9}\sin(9\Omega t) + \cdots\right] \tag{8.4}$$

如果每个正弦波相移 $\frac{\pi}{2}$ rad,如图 8.2 所示,相移之后的正弦波之和已经不再是方波:

$$\begin{aligned}y_{\mathrm{p}}(t) &= \frac{4}{\pi}\left[\sin\left(\Omega t - \frac{\pi}{2}\right) + \frac{1}{3}\sin\left(3\Omega t - \frac{\pi}{2}\right) + \frac{1}{5}\sin\left(5\Omega t - \frac{\pi}{2}\right) + \right.\\ &\quad \left.\frac{1}{7}\sin\left(7\Omega t - \frac{\pi}{2}\right) + \frac{1}{9}\sin\left(9\Omega t - \frac{\pi}{2}\right) + \cdots\right] \\ &= -\frac{4}{\pi}\left[\cos(\Omega t) + \frac{1}{3}\cos(3\Omega t) + \frac{1}{5}\cos(5\Omega t) + \right.\\ &\quad \left.\frac{1}{7}\cos(7\Omega t) + \frac{1}{9}\cos(9\Omega t) + \cdots\right]\end{aligned} \tag{8.5}$$

该问题可以通过线性相位解决。随着频率变化而改变相位,使滤波器具有线性相位特性,这可以通过使相位差 $\theta(\omega)$ 为频率 ω 的线性函数来实现。

FIR 数字滤波器的频率响应为

$$H(\mathrm{e}^{\mathrm{j}\omega}) = H(\omega)\mathrm{e}^{\mathrm{j}\theta(\omega)} = \sum_{n=0}^{N-1}h(n)\mathrm{e}^{-\mathrm{j}\omega n} \tag{8.6}$$

式中:$H(\omega)$ 为幅频响应函数,取值可正可负;$\theta(\omega)$ 为相频响应函数,$\theta(\omega) =$

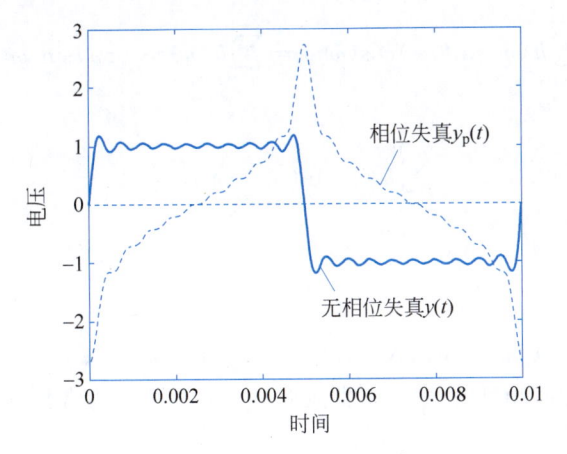

图 8.2 相位失真的影响

$\arg[H(\mathrm{e}^{\mathrm{j}\omega})]$。

滤波器的群延时和相延时分别定义为

$$\tau_g(\omega) = -\frac{\mathrm{d}\theta(\omega)}{\mathrm{d}\omega}$$
$$\tau_p(\omega) = -\frac{\theta(\omega)}{\omega} \tag{8.7}$$

恒延时滤波器定义为相延时或者群延时不随 ω 变化的滤波器,这时滤波器具有线性相位特性。下面将对滤波器的线性相位特性分情况讨论。

1. 恒相延时和恒群延时同时成立

当相延时和群延时都不随 ω 变化时,$\theta(\omega)$ 为一条不经过原点的直线。此时相频响应函数可以表示为

$$\theta(\omega) = -\tau\omega \tag{8.8}$$

$$H(\mathrm{e}^{\mathrm{j}\omega}) = \sum_{n=0}^{N-1} h(n)\mathrm{e}^{-\mathrm{j}\omega n} = \sum_{n=0}^{N-1} h(n)[\cos(\omega n) - \mathrm{j}\sin(\omega n)] \tag{8.9}$$

频率响应可表示为

$$H(\mathrm{e}^{\mathrm{j}\omega}) = H(\omega)\mathrm{e}^{\mathrm{j}\theta(\omega)} \tag{8.10}$$

故

$$\theta(\omega) = \arg[H(\mathrm{e}^{\mathrm{j}\omega})] = \arctan\left[-\frac{\sum_{n=0}^{N-1} h(n)\sin(\omega n)}{\sum_{n=0}^{N-1} h(n)\cos(\omega n)}\right] = -\tau\omega \tag{8.11}$$

于是,有

$$\tan(\tau\omega) = \frac{\sum_{n=0}^{N-1} h(n)\sin(\omega n)}{\sum_{n=0}^{N-1} h(n)\cos(\omega n)} = \frac{\sin(\tau\omega)}{\cos(\tau\omega)} \tag{8.12}$$

$$\sum_{n=0}^{N-1}h(n)\sin(\tau\omega)\cos(\omega n)=\sum_{n=0}^{N-1}h(n)\cos(\tau\omega)\sin(\omega n) \quad (8.13)$$

即有

$$\sum_{n=0}^{N-1}h(n)\sin(\tau\omega-n\omega)=0 \quad (8.14)$$

可以证明,当

$$\tau=\frac{N-1}{2} \quad (8.15)$$

$$h(n)=h[(N-1)-n], \quad 0\leqslant n\leqslant N-1 \quad (8.16)$$

时,式(8.14)成立,此时相延时 $\tau_p(\omega)$、群延时 $\tau_g(\omega)$ 相等且为常数,即

$$\tau_p(\omega)=\tau_g(\omega)=\tau=\frac{N-1}{2}$$

此时,无论 N 是奇数还是偶数,滤波器的冲激响应 $h(n)$ 都关于中心点偶对称。

由此可知,恒相延时和恒群延时同时成立的线性相位滤波器的必要条件是系统冲激响应 $h(n)$ 关于中心轴 $(N-1)/2$ 偶对称。当 N 为奇数时,对称中心轴位于整数样点上,当 N 为偶数时,对称中心轴位于非整数样点上,如图 8.3 所示。下面对 N 为奇数和偶数的情况分别讨论。

(a) $h(n)$ 为偶对称,N 为奇数

(b) $h(n)$ 为偶对称,N 为偶数

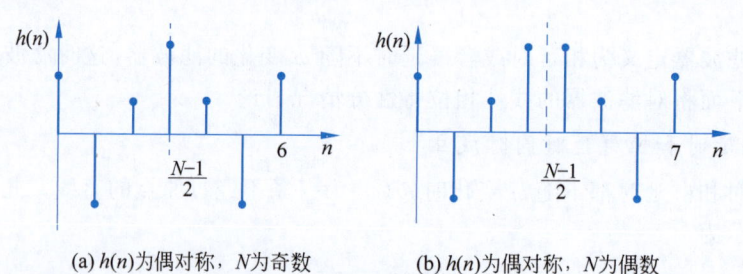

图 8.3 $h(n)$ 为偶对称时的情况

1) 线性相位 I 型($h(n)$ 为偶对称,N 为奇数)

由于 $h(n)$ 序列的长度为奇数,因此滤波器的频率响应函数可进行如下拆分:

$$H(e^{j\omega})=\sum_{n=0}^{N-1}h(n)e^{-jn\omega}=\sum_{n=0}^{\frac{N-1}{2}-1}h(n)e^{-jn\omega}+\sum_{n=\frac{N-1}{2}+1}^{N-1}h(n)e^{-jn\omega}+h\left(\frac{N-1}{2}\right)e^{-j\frac{N-1}{2}\omega}$$

$$(8.17)$$

对上式中右边和式的第二项进行变量代换后,可得

$$H(e^{j\omega})=\sum_{n=0}^{\frac{N-1}{2}-1}h(n)e^{-jn\omega}+\sum_{n=0}^{\frac{N-1}{2}-1}h(N-1-n)e^{-j(N-1)\omega}e^{jn\omega}+h\left(\frac{N-1}{2}\right)e^{-j\frac{N-1}{2}\omega}$$

$$(8.18)$$

再利用对称条件 $h(n)=h(N-1-n)$,可得

$$H(e^{j\omega}) = \sum_{n=0}^{\frac{N-1}{2}-1} h(n)\left[e^{-jn\omega} + e^{-j(N-1)\omega}e^{jn\omega}\right] + h\left(\frac{N-1}{2}\right)e^{-j\frac{N-1}{2}\omega}$$

$$= e^{-j\frac{N-1}{2}\omega}\left\{h\left(\frac{N-1}{2}\right) + \sum_{n=0}^{\frac{N-1}{2}-1} h(n)\left[e^{j\frac{N-1}{2}\omega}e^{-jn\omega} + e^{-j\frac{N-1}{2}\omega}e^{jn\omega}\right]\right\} \quad (8.19)$$

$$= e^{-j\frac{N-1}{2}\omega}\left\{h\left(\frac{N-1}{2}\right) + \sum_{n=0}^{\frac{N-1}{2}-1} h(n)2\cos\left[\omega\left(\frac{N-1}{2}-n\right)\right]\right\}$$

令 $n' = \frac{N-1}{2} - n$，则式(8.19)可表示为

$$H(e^{j\omega}) = e^{-j\frac{N-1}{2}\omega}\left\{h\left(\frac{N-1}{2}\right) + \sum_{n'=1}^{\frac{N-1}{2}} 2h\left(\frac{N-1}{2}-n'\right)\cos(n'\omega)\right\}$$

$$= e^{-j\frac{N-1}{2}\omega} + \sum_{n=0}^{\frac{N-1}{2}} a(n)\cos(n\omega) \quad (8.20)$$

$$= e^{j\theta(\omega)}H(\omega)$$

式中

$$a(n) = \begin{cases} h\pi\left(\dfrac{N-1}{2}\right), & n = 0 \\ 2h\left(\dfrac{N-1}{2} - n\right), & n \neq 0 \end{cases} \quad (8.21)$$

相频响应函数为

$$\theta(\omega) = -\tau\omega = -\frac{N-1}{2}\omega \quad (8.22)$$

幅频响应函数为

$$H(\omega) = \sum_{n=0}^{\frac{N-1}{2}} a(n)\cos(n\omega) \quad (8.23)$$

由此可见，当 $h(n)$ 为偶对称，N 为奇数时，滤波器的相频响应函数 $\theta(\omega)$ 是 ω 的线性函数，滤波器具有线性相位特性，这也证明了 $h(n)$ 偶对称是滤波器线性相位的充分条件。同时由于 $\cos(n\omega)$ 对于 $\omega = 0$、π、2π 均为偶对称。因此，此类滤波器的幅频响应函数 $H(\omega)$ 对于 $\omega = 0$、π、2π 也呈现出偶对称，如图8.4所示。

2) 线性相位 II 型($h(n)$ 为偶对称，N 为偶数)

由于 $h(n)$ 序列的长度为偶数，因此滤波器的频率响应函数可拆分成如下两部分：

$$H(e^{j\omega}) = \sum_{n=0}^{N-1} h(n)e^{-jn\omega} = \sum_{n=0}^{\frac{N}{2}-1} h(n)e^{-jn\omega} + \sum_{n=\frac{N}{2}}^{N-1} h(n)e^{-jn\omega} \quad (8.24)$$

对上式中右边合式的第二项进行变量代换，然后利用 $h(n)$ 的对称性 $h(n) = h(N-$

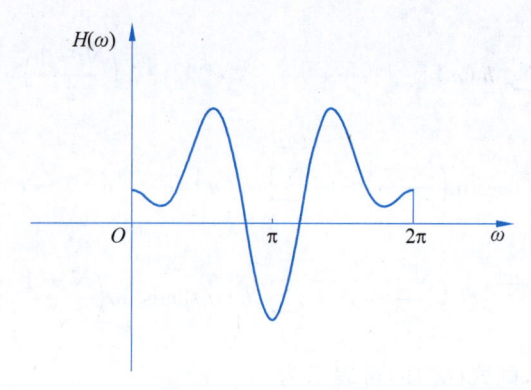

图 8.4 $h(n)$ 为偶对称，N 为奇数时的幅频率响应特性

$1-n$) 可得

$$\begin{aligned}
H(\mathrm{e}^{\mathrm{j}\omega}) &= \sum_{n=0}^{\frac{N}{2}-1} h(n)\mathrm{e}^{-\mathrm{j}n\omega} + \sum_{n=0}^{\frac{N}{2}-1} h(N-1-n)\mathrm{e}^{-\mathrm{j}(N-1)\omega}\mathrm{e}^{\mathrm{j}n\omega} \\
&= \sum_{n=0}^{\frac{N}{2}-1} h(n)[\mathrm{e}^{-\mathrm{j}n\omega} + \mathrm{e}^{-\mathrm{j}(N-1)\omega}\mathrm{e}^{\mathrm{j}n\omega}] \\
&= \mathrm{e}^{-\mathrm{j}\frac{N-1}{2}\omega} \sum_{n=0}^{\frac{N}{2}-1} 2h(n)(\mathrm{e}^{\mathrm{j}\frac{N-1}{2}\omega}\mathrm{e}^{-\mathrm{j}n\omega} + \mathrm{e}^{-\mathrm{j}\frac{N-1}{2}\omega}\mathrm{e}^{\mathrm{j}n\omega}) \\
&= \mathrm{e}^{-\mathrm{j}\frac{N-1}{2}\omega} \sum_{n=0}^{\frac{N}{2}-1} 2h(n)\cos\left[\omega\left(\frac{N-1}{2}-n\right)\right]
\end{aligned} \qquad (8.25)$$

令 $n' = \dfrac{N}{2} - n$，可得

$$\begin{aligned}
H(\mathrm{e}^{\mathrm{j}\omega}) &= \mathrm{e}^{-\mathrm{j}\frac{N-1}{2}\omega} \sum_{n'=1}^{\frac{N}{2}} 2h\left(\frac{N}{2}-n'\right)\cos\left[\omega\left(n'-\frac{1}{2}\right)\right] \\
&= \mathrm{e}^{-\mathrm{j}\frac{N-1}{2}\omega} \sum_{n=1}^{\frac{N}{2}} b(n)\cos\left[\left(n-\frac{1}{2}\right)\omega\right] \\
&= H(\omega)\mathrm{e}^{\mathrm{j}\theta(\omega)}
\end{aligned} \qquad (8.26)$$

式中

$$b(n) = 2h\left(\frac{N}{2}-n\right), \quad n = 1,2,\cdots,\frac{N}{2} \qquad (8.27)$$

相频响应函数为

$$\theta(\omega) = -\tau\omega = -\frac{N-1}{2}\omega \qquad (8.28)$$

幅频响应函数为

$$H(\omega) = \sum_{n=1}^{\frac{N}{2}} b(n) \cos\left[\left(n - \frac{1}{2}\right)\omega\right] \tag{8.29}$$

由此结果可以看出，当 $h(n)$ 偶对称，N 为偶数时，滤波器具有严格的线性相位，且幅频响应函数具有以下特性：

(1) 在 $\omega = \pi$ 处，有

$$H(\pi) = \sum_{n=1}^{\frac{N}{2}} b(n) \cos\left[\left(n - \frac{1}{2}\right)\pi\right] = 0$$

即 $H(\pi)$ 的值与 $b(n)$ 或 $h(n)$ 无关，恒为 0。这说明传输函数 $H(z)$ 在 $z = -1$ 处必有一个零点。因此，这种类型（$h(n)$ 为偶对称，N 为偶数）不能用于高通或带阻滤波器的设计，因为高通或带阻滤波器在 $\omega = \pi$ 处 $H(z)$ 不能为 0。

(2) 因为 $\cos\left[\left(n - \frac{1}{2}\right)\omega\right]$ 以 $\omega = \pi$ 为奇对称，所以 $H(\omega)$ 以 $\omega = \pi$ 为奇对称，以 $\omega = 0$、2π 为偶对称，如图 8.5 所示。

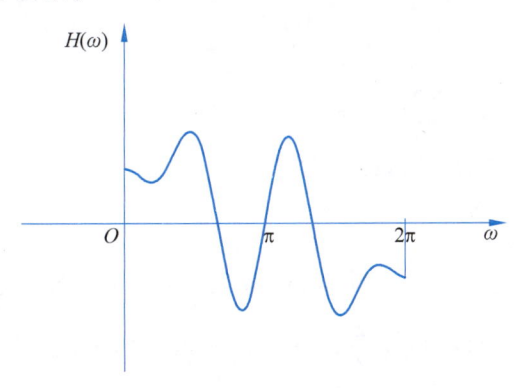

图 8.5 $h(n)$ 偶对称，N 为偶数时的频率响应特性

因此，综合以上讨论可知，FIR 滤波器同时满足恒定相延时和群延时的条件：冲激响应 $h(n)$ 对 $n = \dfrac{N-1}{2}$ 成偶对称，此时，无论 N 为奇数或偶数，滤波器均具有严格的线性相位，$\theta(\omega) = -\dfrac{N-1}{2}\omega$。信号通过此类滤波器时仅产生 $(N-1)/2$ 个采样点的延时。

2. 恒群延时单独成立

恒群延时成立时，即 $\tau_g(\omega)$ 为常数，而 $\tau_p(\omega)$ 为非常数，此时相频响应特性为不过原点的直线。除了产生线性相位，还有附加的固定相移。

此时相频响应函数为

$$\theta(\omega) = \varphi - \tau\omega \tag{8.30}$$

因为

$$H(e^{j\omega}) = \sum_{n=0}^{N-1} h(n) e^{-j\omega n} = \sum_{n=0}^{N-1} h(n)[\cos(\omega n) - j\sin(\omega n)] \tag{8.31}$$

又
$$H(\mathrm{e}^{j\omega}) = H(\omega)\mathrm{e}^{j\theta(\omega)} \tag{8.32}$$

于是,有

$$\theta(\omega) = \arg[H(\mathrm{e}^{j\omega})] = \arctan\left[-\frac{\sum_{n=0}^{N-1} h(n)\sin(\omega n)}{\sum_{n=0}^{N-1} h(n)\cos(\omega n)}\right] = \varphi - \tau\omega \tag{8.33}$$

$$\tan[\varphi - \tau\omega] = \frac{-\sum_{n=0}^{N-1} h(n)\sin(\omega n)}{\sum_{n=0}^{N-1} h(n)\cos(\omega n)} = \frac{\sin(\varphi - \tau\omega)}{\cos(\varphi - \tau\omega)} \tag{8.34}$$

故有

$$\sum_{n=0}^{N-1} h(n)\cos(\omega n)\sin(\varphi - \tau\omega) = -\sum_{n=0}^{N-1} h(n)\sin(\omega n)\cos(\varphi - \tau\omega) \tag{8.35}$$

即

$$\sum_{n=0}^{N-1} h(n)\sin[(n-\tau)\omega + \varphi] = 0 \tag{8.36}$$

存在使式(8.36)成立的一组条件为

$$\tau = \frac{N-1}{2} \tag{8.37}$$

$$h(n) = -h[(N-1)-n], \quad 0 \leqslant n \leqslant N-1 \tag{8.38}$$

$$\varphi = (2k+1)\frac{\pi}{2}, \quad k = 0, \pm 1, \pm 2, \cdots, \pm \infty \tag{8.39}$$

对于式(8.39)中 k 的取值,实际应用中只考虑 $k=0$,即 $\varphi = +\frac{\pi}{2}$ 这一种情况。因为幅频响应函数 $H(\omega)$ 是可正可负的实数,且具有周期性,因此,k 取其他值时的情况都可包含在 $k=0$ 情况中。

FIR 滤波器单独满足恒定群延时的条件:冲激响应 $h(n)$ 对 $n = \frac{N-1}{2}$ 成奇对称。此时,无论 N 为奇数或偶数,滤波器的相位函数均为线性,并包含有 $\frac{\pi}{2}$ 的固定相移,即

$$\theta(\omega) = \frac{\pi}{2} - \frac{N-1}{2}\omega \tag{8.40}$$

因此,信号通过此类滤波器时不仅产生 $(N-1)/2$ 个采样点的延时,还将产生 90°的相移。这类滤波器通常称为 90°移相器或正交变换器,适用于逼近理想数字希尔伯特变换器和微分器,具有很好的实用价值。理想的希尔伯特变换器是全通滤波器,它对输入信号产生 90°的相移,并用于实现通信系统中的信号调制。微分器应用于模拟和数字系统中对信号实现求导运算。

当 N 为奇数时，由于

$$h\left(\frac{N-1}{2}\right) = -h\left(N-1-\frac{N-1}{2}\right) = -h\left(\frac{N-1}{2}\right) \tag{8.41}$$

因此，必然有 $h\left(\frac{N-1}{2}\right)=0$，如图 8.6 所示。下面分 N 为奇数和偶数两种情况来讨论恒群延时单独成立时的线性相位 FIR 滤波器的频率响应特性。

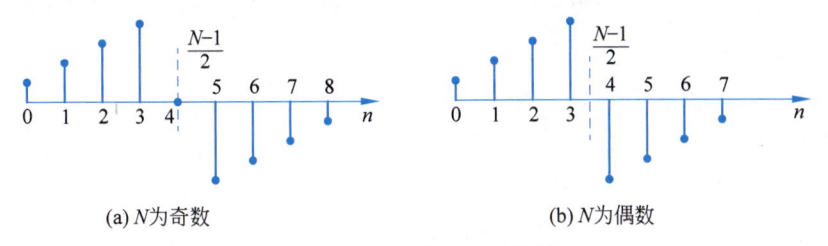

(a) N 为奇数

(b) N 为偶数

图 8.6 $h(n)$ 为奇对称时的情况

1) 线性相位 Ⅲ 型（$h(n)$ 为奇对称，N 为奇数）

在 $h(n)=-h(N-1-n)$ 及 N 为奇数的前提下，此时 $h\left(\frac{N-1}{2}\right)=0$，用与上面相同的方法可得到此时频率响应的表达式：

$$\begin{aligned}
H(\mathrm{e}^{\mathrm{j}\omega}) &= \mathrm{e}^{-\mathrm{j}\frac{N-1}{2}\omega}\left[\sum_{n=0}^{\frac{N-1}{2}-1} 2h(n)\mathrm{j}\sin\left(\frac{N-1}{2}-n\right)\omega\right] + h\left(\frac{N-1}{2}\right)\mathrm{e}^{-\mathrm{j}\frac{N-1}{2}\omega} \\
&= \mathrm{j}\mathrm{e}^{-\mathrm{j}\frac{N-1}{2}\omega}\left[\sum_{n=0}^{\frac{N-1}{2}-1} 2h(n)\sin\left(\frac{N-1}{2}-n\right)\omega\right] \\
&= \mathrm{e}^{\mathrm{j}\left(\frac{\pi}{2}-\frac{N-1}{2}\omega\right)}\left[\sum_{n=0}^{\frac{N-1}{2}-1} 2h(n)\sin\left(\frac{N-1}{2}-n\right)\omega\right]
\end{aligned} \tag{8.42}$$

令 $n'=\frac{N-1}{2}-n$，此时上式可表示为

$$H(\mathrm{e}^{\mathrm{j}\omega}) = \mathrm{e}^{\mathrm{j}\left(\frac{\pi}{2}-\frac{N-1}{2}\omega\right)} \sum_{n=1}^{\frac{N-1}{2}} c(n)\sin(n\omega) = H(\omega)\mathrm{e}^{\mathrm{j}\theta(\omega)} \tag{8.43}$$

式中

$$c(n)=2h\left(\frac{N-1}{2}-n\right), \quad n=1,2,\cdots,\frac{N-1}{2} \tag{8.44}$$

幅频响应函数为

$$H(\omega) = \sum_{n=1}^{\frac{N-1}{2}} c(n)\sin(n\omega) \tag{8.45}$$

相频响应函数为

$$\theta(\omega) = \frac{\pi}{2} - \frac{N-1}{2}\omega \tag{8.46}$$

由此也证明了,$h(n)$对$n=\dfrac{N-1}{2}$呈奇对称是滤波器线性相位的充分条件。

由以上分析可以得出,当$h(n)$为奇对称,N为奇数时系统频率响应的特点:

(1) 因为$\sin(n\omega)$在$\omega=0$、π、2π处都呈奇对称,因此幅频响应函数$H(\omega)$在$\omega=0$、π、2π处也呈奇对称,如图8.7所示。

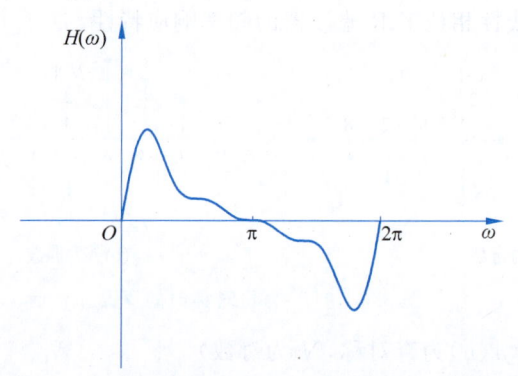

图8.7 $h(n)$为奇对称,N为奇数时的频率响应特性

(2) 由于在$\omega=0$、π、2π处,对于任意$c(n)$或$h(n)$的取值都有

$$H(\omega)=\sum_{n=1}^{\frac{N-1}{2}}c(n)\sin(n\omega)=0 \tag{8.47}$$

也就是传输函数$H(z)$在$z=\pm 1$处有零点。因此,这种类型的滤波器既不适用于低通滤波器的实现,也不适用于高通滤波器的实现。

2) 线性相位Ⅳ型($h(n)$为奇对称,N为偶数)

用相同的分析方法可以得到此类滤波器的频率响应函数表示式为

$$H(\mathrm{e}^{\mathrm{j}\omega})=\mathrm{e}^{\mathrm{j}\left(\frac{\pi}{2}-\frac{N-1}{2}\omega\right)}\sum_{n=1}^{\frac{N}{2}}d(n)\sin\left[\left(n-\frac{1}{2}\right)\omega\right]=H(\omega)\mathrm{e}^{\mathrm{j}\theta(\omega)} \tag{8.48}$$

式中

$$d(n)=2h\left(\frac{N}{2}-n\right),\quad n=1,2,\cdots,\frac{N}{2} \tag{8.49}$$

$$H(\omega)=\sum_{n=1}^{\frac{N}{2}}d(n)\sin\left[\left(n-\frac{1}{2}\right)\omega\right] \tag{8.50}$$

$$\theta(\omega)=\frac{\pi}{2}-\frac{N-1}{2}\omega \tag{8.51}$$

由以上结果可以得出,当$h(n)$为奇对称,N为偶数时系统频率响应的特点:

(1) 由于$\sin\left[\left(n-\dfrac{1}{2}\right)\omega\right]$在$\omega=0$、$2\pi$处为奇对称,在$\omega=\pi$处为偶对称,因此其幅频响应函数在$\omega=0$、$2\pi$处也为奇对称,在$\omega=\pi$处也为偶对称,如图8.8所示。

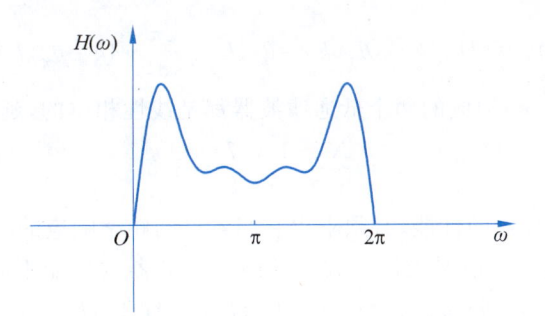

图 8.8 $h(n)$ 奇对称，N 为偶数时的频率响应特性

(2) 由于在 $\omega=0$、2π 处，有

$$H(\mathrm{e}^{\mathrm{j}\omega}) = \sum_{n=1}^{\frac{N}{2}} d(n)\sin\left[\left(n-\frac{1}{2}\right)\omega\right] = 0 \tag{8.52}$$

与 $d(n)$ 或 $h(n)$ 的取值无关，因此传输函数 $H(z)$ 在 $z=1$ 处为零点。显然，这种类型不能用于实现低通滤波器。

总结以上分析结果可知，线性相位 FIR 滤波器实现的约束条件：对于任意给定的数值 N（奇数或偶数），冲激响应 $h(n)$ 相对其中心轴 $(N-1)/2$ 必须呈偶对称或奇对称，此时滤波器的相位特性是线性的，且群延时为常数，$\tau = \dfrac{N-1}{2}$。

在实际应用中，应根据不同的需要（如低通、高通、带通、带阻、微分器和希尔伯特变换器等）来选择一类具有偶对称或奇对称、长度 N 为奇数或偶数的冲激响应序列 $h(n)$ 进行滤波器的设计实现。对线性相位 FIR 滤波器的设计，不借助于模拟滤波器的传输函数，而是采用直接逼近的方法，根据给定的滤波器频率响应的技术指标要求，确定滤波器的 N 个系数 $h(n)(n=0,1,2,\cdots,N-1)$，并同时满足相应的线性相位约束条件。

将在 8.2 节中介绍常见的 FIR 滤波器的设计方法。

例 8.1 已知图 8.9(a)中的 $h_1(n)$ 是偶对称序列，$N=8$，图 8.9(b)中的 $h_2(n)$ 是 $h_1(n)$ 圆周移 $\dfrac{N}{2}=4$ 后的序列。设 $H_1(k)=\mathrm{DFT}[h_1(n)]$，$H_2(k)=\mathrm{DFT}[h_2(n)]$，试问：

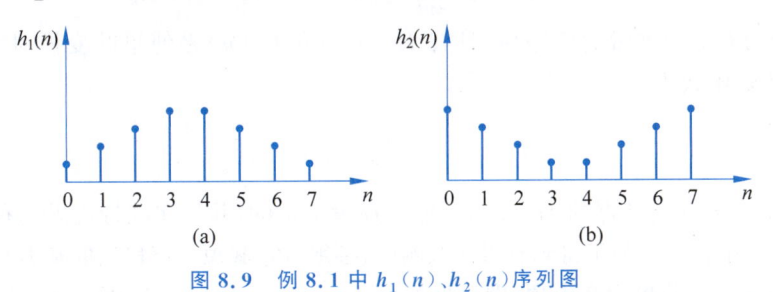

图 8.9 例 8.1 中 $h_1(n)$、$h_2(n)$ 序列图

(1) $H_1(k)=H_2(k)$ 成立吗？$\theta_1(k)$ 与 $\theta_2(k)$ 之间有何关系？

(2) $h_1(n)$ 和 $h_2(n)$ 各构成一个低通滤波器，它们是否是线性相位的？延时是多少？

(3) 这两个滤波器性能相同吗？如果不同的话，谁更优？为什么？

解：(1) $|H_1(k)|=|H_2(k)|$，$\theta_1(k)=\theta_2(k)+\dfrac{2\pi}{8}\cdot 4k=\theta_2(k)+k\pi$。

(2) $h_1(n)$ 及 $h_2(n)$ 构成的两个低通滤波器都是线性相位的，延时为

$$\tau=\frac{N-1}{2}=\frac{7}{2}=3.5$$

(3) 要知两个滤波器的性能，必须求出它们各自的频率响应的幅度函数，根据它们的通带起伏以及阻带衰减的情况加以比较。这两个滤波器的性能不同，从阻带看，$H_1(\omega)$ 阻带衰减大，而 $H_2(\omega)$ 的阻带衰减小，这一点 $H_1(\omega)$ 优于 $H_2(\omega)$；从通带看，它们都是平滑衰减，但 $H_1(\omega)$ 的通带较之 $H_2(\omega)$ 的通带要宽一些。

8.2 有限冲激响应数字滤波器的设计方法

有限冲激响应数字滤波器的设计原则是，寻找一个物理可实现的有限冲激响应序列尽可能地逼近理想滤波器的无限冲激响应，逼近程度越高，滤波器性能越好。

8.2.1 窗函数法

窗函数法是一种最直接的方法，就是将无限冲激响应序列截短，得到有限长度的冲激响应。它是设计 FIR 滤波器的一种最基础和常见的方法。在窗函数法中，通过采用不同的有限长窗函数 $w(n)$ 去截短无限长序列 $h_d(n)$，从而得到有限序列 $h(n)$，以此实现相应的 FIR 滤波器。窗函数的作用在于决定选取怎样的有限个样点来构成有限长序列。因此，窗函数的特性将决定所实现滤波器的性能。

1. 设计方法

假设 $H_d(\mathrm{e}^{\mathrm{j}\omega})$ 是要求的理想频率响应，则

$$H_d(\mathrm{e}^{\mathrm{j}\omega})=\sum_{n=-\infty}^{\infty}h_d(n)\mathrm{e}^{-\mathrm{j}\omega n} \tag{8.53}$$

式中：

$$h_d(n)=\frac{1}{2\pi}\int_{-\pi}^{\pi}H_d(\mathrm{e}^{\mathrm{j}\omega})\mathrm{e}^{\mathrm{j}\omega n}\mathrm{d}\omega$$

$h_d(n)$ 为对应的冲激响应序列，且有 $H_d(\mathrm{e}^{\mathrm{j}\omega})$ 和 $h_d(n)$ 是傅里叶变换对。所要求的滤波器的传输函数为

$$H_d(z)=\sum_{n=-\infty}^{\infty}h_d(n)z^{-n} \tag{8.54}$$

一般来说，理想滤波器的 $H_d(\mathrm{e}^{\mathrm{j}\omega})$ 可能是逐段恒定的，并且在频带边界上有不连续点。即 $h_d(n)$ 是无限长的。为了得到有限冲激响应，必须将它截短。窗口法的基本原理如下：

(1) 把 $h_d(n)$ 截短为有限项，即只保留 $h_d(n)$ 中 $n=-M\sim M$ 项，舍去此 $2M+1$ 项以外的其他项。则滤波器的传输函数变为

$$H_1(z)=\sum_{n=-M}^{M}h_d(n)z^{-n} \tag{8.55}$$

(2) 将截短后的 $h_d(n)$ 右移,使之成为因果性的序列,即

$$H(z) = z^{-M}H_1(z) = \sum_{n=-M}^{M} h_d(n)z^{-(n+M)} = \sum_{n=0}^{2M} h_d(n-M)z^{-n} \quad (8.56)$$

(3) 令 $h(n) = h_d(n-M)(n = 0,1,2,\cdots,2M)$,则

$$H(z) = \sum_{n=0}^{2M} h(n)z^{-n}, \quad z = e^{j\omega}$$

则有

$$H(e^{j\omega}) = \sum_{n=0}^{2M} h(n)e^{-jn\omega} \quad (8.57)$$

显然,$H(z)$ 是物理可实现的,且具有线性相位特性,其冲激响应 $h(n)$ 的持续时间也是有限长。但是,由于 $H(e^{j\omega})$ 对 $H_d(e^{j\omega})$ 的逼近是通过对 $h_d(n)$ 的截短来实现的,因此窗函数法必然会产生误差,且误差随截短长度的增大而减小。

2. 性能分析

加窗处理对理想频率响应的影响主要包括以下三方面。

1) 过渡带

过渡带是指正、负肩峰之间的频带,其宽度等同于所用窗函数频谱的主瓣宽度。不同窗函数所对应的窗函数频谱主瓣宽度不同,因此所造成的过渡带宽度也就不同。对于某一特定窗函数,增大窗的宽度 N 可使过渡带变窄,但 N 的增大也将使计算量随之增加。

2) 波动

波动是窗函数频谱的旁瓣引起。波动的幅度及大小分别取决于窗函数频谱旁瓣的相对幅度及旁瓣数量。旁瓣的相对幅度越大,波动的幅度也就越大,即肩峰越强,而旁瓣越多,产生的波动也越多。不同的窗函数对应有不同的窗函数频谱特性,最终产生不同的波动特性。因此,波动的幅度强弱完全取决于窗函数的类型,而与窗的宽度 N 无关。改变 N 的值只会影响 ω 坐标的比例、窗函数频谱的主瓣宽度及窗函数的频谱函数 $W(e^{j\omega})$ 的绝对值大小,而不会改变肩峰的相对值。

3) 吉布斯(Gibbs)现象

在对 $h_d(n)$ 截短时,由于矩形窗函数的频谱有较大的旁瓣,这些旁瓣在与 $H_d(e^{j\omega})$ 卷积时产生了吉布斯现象。长度 N 的改变只能改变主瓣及旁瓣宽度,不能改变窗函数主瓣和旁瓣的相对比例,因此不能改变肩峰和波动的相对大小(因为波动是旁瓣引起的),即增加 N,只能使通带、阻带内的振荡加快,过渡带减小,但相对振荡幅度却不减小。这种频域内的波动与所采用的滤波器参数个数无关,只要窗函数是一个时域有限长的序列,就会存在旁瓣波动,这种波动称为吉布斯现象,如图 8.10 所示,这种现象是一直存在的。

在设计 FIR 数字滤波器时,窗函数不仅影响过渡带宽度,还影响肩峰和波动的大小,为了减小吉布斯现象,选择窗函数应使其频谱符合两项要求:主瓣宽度尽量小,以使过渡带尽量陡;旁瓣相对于主瓣越小越好,这样可使肩峰和波动减小,即能量尽可能集中于主瓣内。

(a) $N=7$

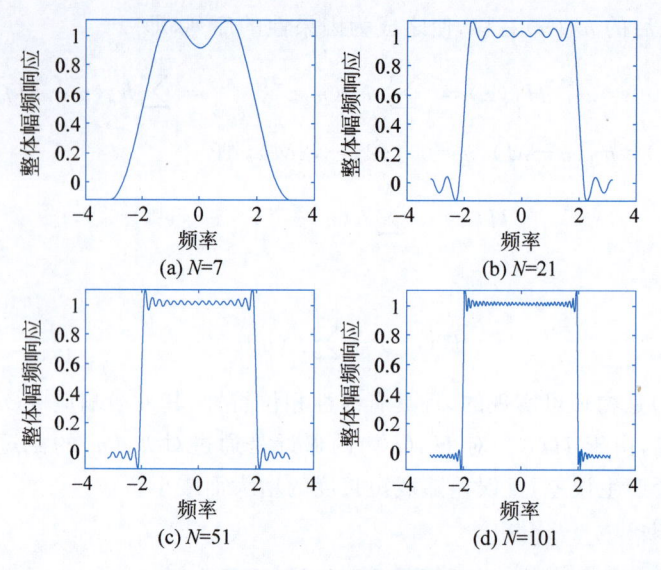

(b) $N=21$

(c) $N=51$

(d) $N=101$

图 8.10 吉布斯现象

对于窗函数,这两个要求是相互矛盾的,不可能同时达到最佳,要根据需要进行折中的选择。为了定量地比较各种窗函数的性能,给出三个指标:

(1) 3dB 带宽 B,单位为 $\Delta\omega = \dfrac{2\pi}{N}$(最大可能的频率分辨率);

(2) 最大旁瓣峰值 A(dB),A 越小,旁瓣引起的谱失真越小;

(3) 旁瓣谱峰渐进衰减速度 D(db/oct)。

一个好的窗口,应该有最小的 B、A 及最大的 D。

窗函数的作用是从理想低通脉冲响应 $h_1[n] = \sin(n\omega_1)/n\pi$ 的无限个采样点中选取有限个采样点,前文介绍的截短实际上可以看成理想滤波器与窗函数相乘的结果。

图 8.11(c)中左图中的有限脉冲响应 $h(n)$ 是图 8.11(a)中的左图中的理想响应 $h_1(n) = \sin(n\omega_1)/n\pi$ 与图 8.11(b)中的左图中的有限长矩形窗函数 $w(n)$ 相乘得到的,即 $h(n) = h_1(n)w(n)$。

长度 N 的矩形窗函数定义为

$$w_R(n) = \begin{cases} 1, & |n| \leqslant \dfrac{N-1}{2} \\ 0, & \text{其他} \end{cases} \quad (8.58)$$

矩形窗函数对应的频谱为

$$W_R(e^{j\omega}) = \sum_{n=-\infty}^{\infty} w_R(n) e^{-jn\omega} = \sum_{n=-\frac{N-1}{2}}^{\frac{N-1}{2}} e^{-jn\omega} = \frac{e^{-j\left(-\frac{N-1}{2}\right)\omega} - e^{-j\frac{N-1}{2}\omega} e^{-j\omega}}{1 - e^{-j\omega}}$$

$$= \frac{e^{-j\frac{\omega}{2}}(e^{j\frac{N}{2}\omega} - e^{-j\frac{N}{2}\omega})}{e^{-j\frac{\omega}{2}}(e^{j\frac{\omega}{2}} - e^{-j\frac{\omega}{2}})} = \frac{\sin\left(\dfrac{N\omega}{2}\right)}{\sin\left(\dfrac{\omega}{2}\right)} \quad (8.59)$$

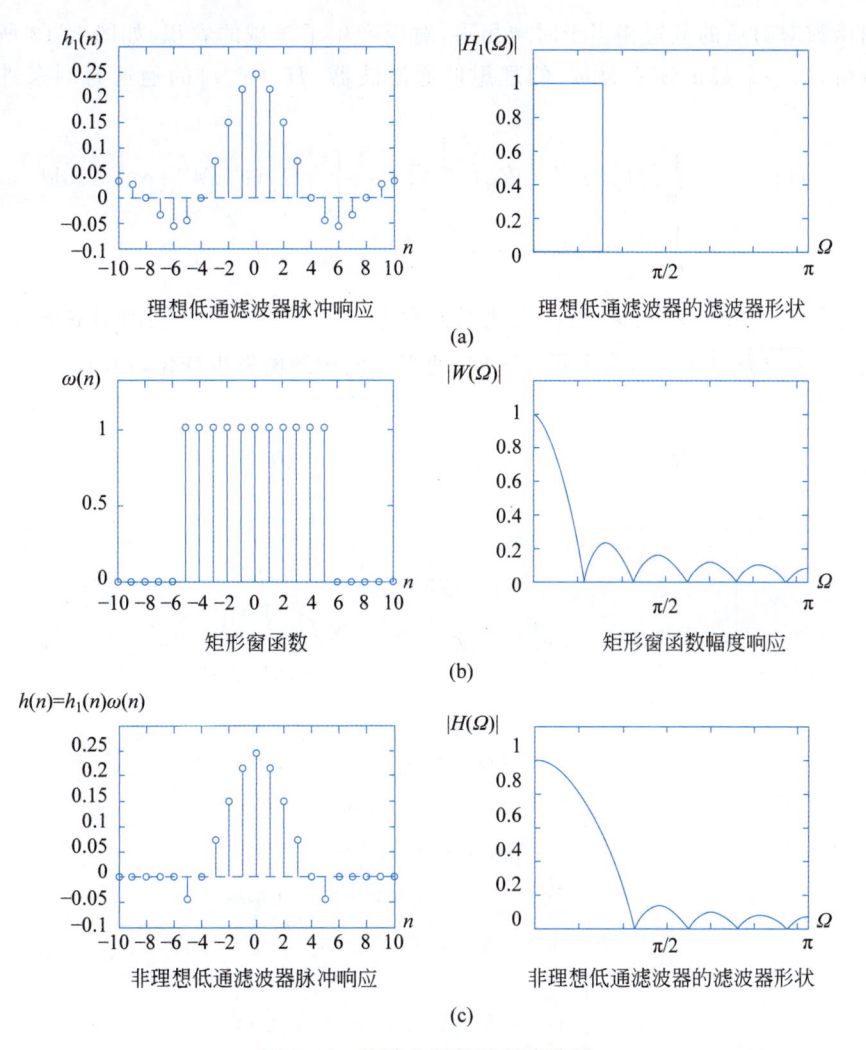

图 8.11 构造非理想低通滤波器

如图 8.12 所示,矩形窗函数的频谱为钟形偶函数,一个宽度为 $4\pi/N$ 的主瓣在 $\omega = \pm 2\pi/N$,主瓣两侧有无数幅度逐渐减小的旁瓣。

$$W_R(e^{j\omega}) = \frac{\sin(\omega N/2)}{\sin(\omega/2)}$$

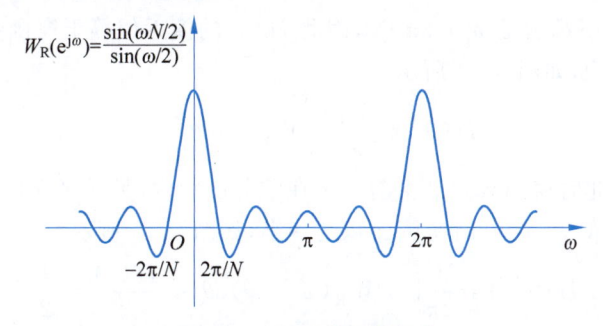

图 8.12 矩形窗函数频谱

窗函数对时域的截短相当于时域相乘,对应产生了频域的卷积,如图 8.13 所示。为便于分析,以一个截止频率为 ω_c 的理想低通滤波器 $|H_d(e^{j\omega})|$ 的逼近为例来进行分析讨论。

$$H(e^{j\omega}) = \frac{1}{2\pi}[H_d(e^{j\omega}) * W_R(e^{j\omega})] = \frac{1}{2\pi}\int_{-\pi}^{\pi} H_d(e^{j\theta})W_R[e^{j(\omega-\theta)}]d\theta$$
$$= \frac{1}{2\pi}\int_{-\omega_c}^{\omega_c} W_R[e^{j(\omega-\theta)}]d\theta \qquad (8.60)$$

式中积分等于 θ 由 $-\omega_c$ 到 ω_c 区间变化时函数 $W_R[e^{j(\omega-\theta)}]$ 与 θ 轴围出的面积,随着 ω 的变化,不同的旁瓣移入和移出积分区间,使得此面积的值发生变化,$|H(e^{j\omega})|$ 的大小产生波动。

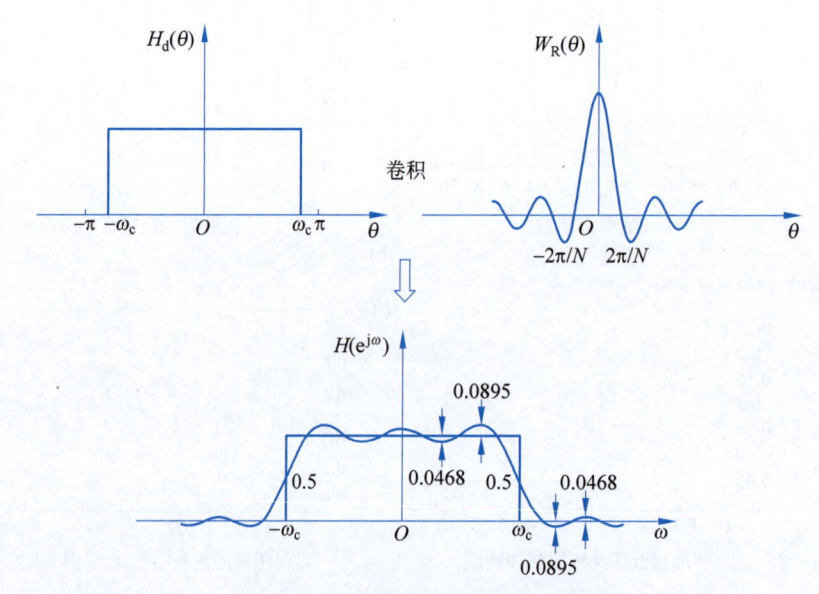

图 8.13 矩形窗函数对 $H(e^{j\omega})$ 的影响

当 $\omega = 0$ 时,有

$$H(e^{j0}) = \frac{1}{2\pi}\int_{-\omega_c}^{\omega_c} W_R(\theta)d\theta = H(0)$$

由于一般情况下都满足 $\omega_c \gg 2\pi/N$,因此 $H(0)$ 的值近似等于窗函数频谱 $W_R(e^{j\omega})$ 与 θ 轴围出的整个面积,如图 8.14 所示。

$$H(0) = \frac{1}{2\pi}\int_{-\omega_c}^{\omega_c} W_R(0)d\theta \approx 1$$

当 $\omega = \omega_c$ 时,此时窗函数频谱主瓣一半在积分区间内,另一半在区间外,窗函数频谱曲线围出的面积近似为 $\omega = 0$ 时所围面积的一半,如图 8.15 所示。

$$H(e^{j\omega_c}) = \frac{1}{2\pi}\int_{-\omega_c}^{\omega_c} W_R(\omega_c - \theta)d\theta \approx \frac{H(0)}{2} = \frac{1}{2}$$

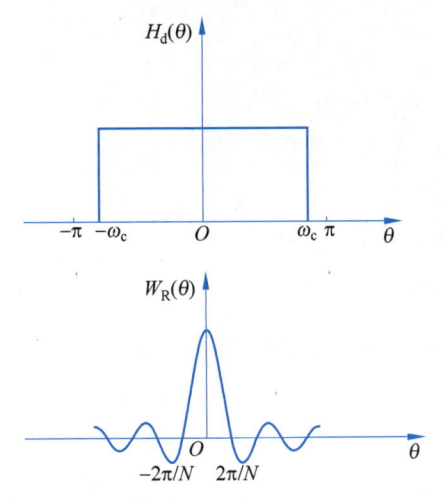

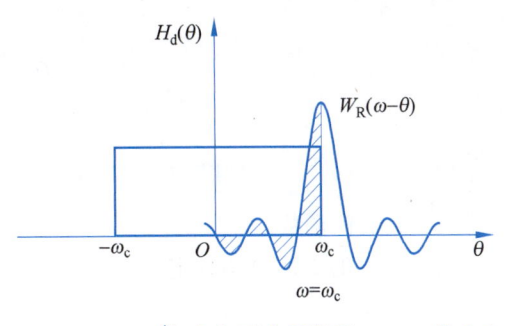

图 8.14　$H_d(e^{j\omega})$ 加矩形窗函数后 $\omega=0$ 的响应

图 8.15　$H_d(e^{j\omega})$ 加矩形窗函数后 $\omega=\omega_c$ 的响应

当 $\omega=\omega_c-2\pi/N$ 时，主瓣全部处于积分区间内，而其中一个最大负瓣刚好移出积分区间，这时得到最大值，形成正肩峰。之后，随着 ω 值的不断增大，$H(e^{j\omega})$ 的值迅速减小，此时进入滤波器过渡带，如图 8.16 所示。

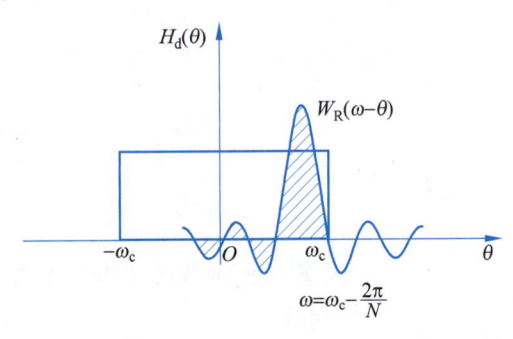

图 8.16　$H_d(e^{j\omega})$ 加矩形窗函数后 $\omega=\omega_c-2\pi/N$ 的响应

$$H(e^{j(\omega_c-\frac{2\pi}{N})})=\frac{1}{2\pi}\int_{-\omega_c}^{\omega_c}W_R\left(\omega_c-\frac{2\pi}{N}-\theta\right)d\theta\approx 1.0895H(0)$$

当 $\omega=\omega_c+2\pi/N$ 时，此时窗函数频谱的主瓣刚好全部移出积分区间，而其中一个最大负瓣仍全部处于区间内，因此得到最小值，形成负肩峰。之后，随着 ω 值的继续增大，$H(e^{j\omega})$ 的值振荡不断减小，形成滤波器阻带波动，如图 8.17 所示。

$$H(e^{j(\omega_c+\frac{2\pi}{N})})=\frac{1}{2\pi}\int_{-\omega_c}^{\omega_c}W_R\left(\omega_c+\frac{2\pi}{N}-\theta\right)d\theta\approx -0.0895H_1(0)=\min$$

3. 常见的窗函数

以下介绍的窗函数均为偶对称函数，具有线性相位特性。假设窗函数的宽度为 N，N 可为奇数或偶数，且窗函数的对称中心点在 $(N-1)/2$ 处，因此均为因果函数。

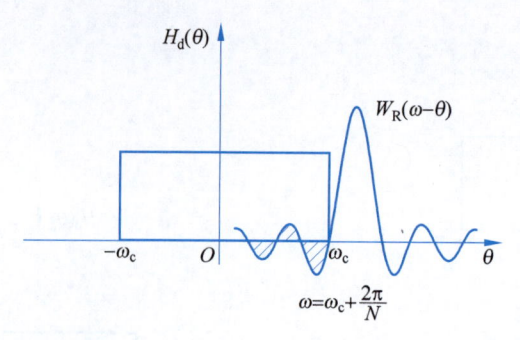

图 8.17 $H_d(e^{j\omega})$ 加矩形窗函数后 $\omega = \omega_c + 2\pi/N$ 的响应

1) 矩形窗函数

长度 N 的矩形窗函数定义为

$$w(n) = \begin{cases} 1, & 0 \leqslant n \leqslant N-1 \\ 0, & \text{其他} \end{cases} \tag{8.61}$$

矩形窗函数的频谱函数为

$$W_R(e^{j\omega}) = e^{-j\frac{N-1}{2}\omega} \frac{\sin\left(\dfrac{N\omega}{2}\right)}{\sin\left(\dfrac{\omega}{2}\right)} \tag{8.62}$$

幅频响应函数为

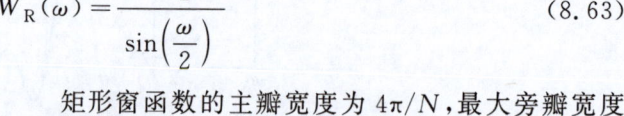

$$W_R(\omega) = \frac{\sin\left(\dfrac{N\omega}{2}\right)}{\sin\left(\dfrac{\omega}{2}\right)} \tag{8.63}$$

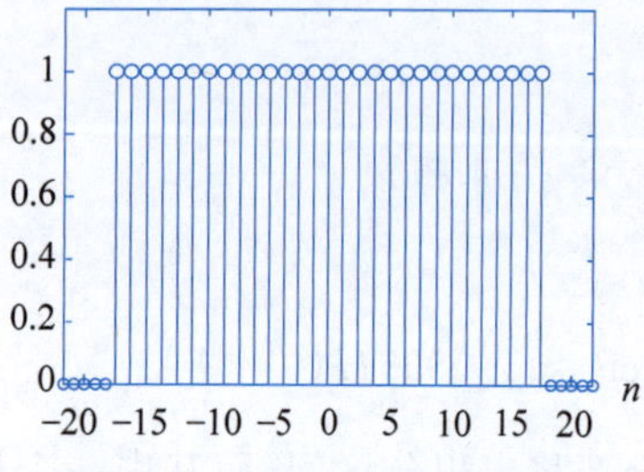

图 8.18 矩形窗函数脉冲响应

矩形窗函数的主瓣宽度为 $4\pi/N$，最大旁瓣宽度为 13dB。

矩形窗函数是最简单的窗函数，从阻带衰减的角度看，其性能最差。矩形窗函数是对无限长理想脉冲序列的一种直接截短，如图 8.18 所示，因此会引起很强的吉布斯效应。为了对过渡带和阻带衰减进行精确分析，对窗函数的幅频响应进行连续积分（或累积幅频响应），即

$$H_r(e^{j\omega}) = \frac{1}{2\pi}\int_{\omega-\omega_c}^{\omega+\omega_c} W_R(\lambda) d\lambda = \frac{1}{2\pi}\int_{\omega-\omega_c}^{\omega+\omega_c} \frac{\sin\left(\dfrac{N\lambda}{2}\right)}{\sin\left(\dfrac{\lambda}{2}\right)} d\lambda, \quad N \gg 1 \tag{8.64}$$

其振幅响应在 $\omega = \omega_1$ 处有第一个零点：

$$\frac{\omega_1 N}{2} = \pi \text{ 或 } \omega_1 = \frac{2\pi}{N} = \Delta\omega \tag{8.65}$$

而主瓣的宽度为 $2\Delta\omega$，所以过渡带宽也近似为 $2\Delta\omega$。大约在 $\omega = \dfrac{3\pi}{N}$ 处出现第一个旁瓣（主旁瓣），其幅度为

$$\left| W_R\left(\dfrac{3\pi}{N}\right) \right| = \left| \dfrac{\sin\left(\dfrac{3\pi}{2}\right)}{\sin\left(\dfrac{3\pi}{2N}\right)} \right| \approx \dfrac{2N}{3\pi}, \quad M \geqslant 1 \tag{8.66}$$

将它与主瓣振幅比较，则最大旁瓣峰值 $A = -13\text{dB}$。其累积幅频响应第一个旁瓣为 21dB，这个 21dB 的阻带衰减与窗函数的长度 N 无关，定义为最小阻带衰减，其只与窗口类型有关，如图 8.19 所示。根据最小阻带衰减，可以精确地计算出过渡带宽为 $1.8\pi/N$，它是近似带宽的一半。经过分析可得，矩形窗函数的三个性能指标：3dB 带宽 $B = 0.89\Delta\omega$，最大旁瓣峰值 $A = -13\text{dB}$，旁瓣谱峰衰减速度 $D = -6\text{dB/oct}$。

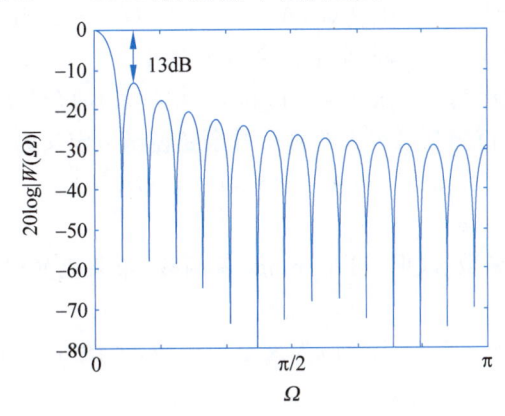

图 8.19 矩形窗函数幅度响应

2) 三角窗（巴特利特窗）函数

由于矩形窗函数从 0～1（或 1～0）有一个突变的过渡带，这造成了吉布斯现象。逐渐过渡的三角窗函数形式，是两个矩形窗函数的卷积

$$w(n) = \begin{cases} \dfrac{2n}{N}, & n = 0, 1, \cdots, \dfrac{N}{2} \\ w(N-n), & n = \dfrac{N}{2}, \cdots, N-1 \end{cases} \tag{8.67}$$

$$W(\omega) = \dfrac{2}{N} e^{-j\left(\frac{N}{2}-1\right)\omega} \left(\dfrac{\sin\left(\dfrac{N\omega}{4}\right)}{\sin\left(\dfrac{\omega}{2}\right)} \right)^2 \tag{8.68}$$

三角窗函数的相关参数：$B = 1.28\Delta\omega$，$A = -27\text{dB}$，$D = -12\text{dB/oct}$，近似过渡带宽为 $8\pi/N$，精确过渡带宽为 $6.1\pi/N$，最小阻带衰减为 25dB。与矩形窗函数比较，三角窗函数的阻带衰减性能有所改善，但代价是过渡带的加宽。

3) 升余弦窗函数

余弦窗函数定义为

$$w(n) = \sin\left(\frac{n\pi}{N-1}\right), \quad n = 0,1,2,\cdots,N-1 \tag{8.69}$$

$$w(n) = \cos\left(\frac{n\pi}{N-1}\right), \quad n = -\frac{N}{2},\cdots,-1,0,\cdots,\frac{N}{2} \tag{8.70}$$

频率响应函数为

$$W(\omega) = \frac{1}{2}e^{-j\frac{N}{2}\omega}\left[u\left(\omega - \frac{\pi}{N-1}\right) + u\left(\omega + \frac{\pi}{N-1}\right)\right] \tag{8.71}$$

式中

$$u(\omega) = e^{j\frac{\omega}{2}}\frac{\sin\left(\frac{N\omega}{2}\right)}{\sin\left(\frac{\omega}{2}\right)} \tag{8.72}$$

余弦窗函数性能指标：$B = 1.2\Delta\omega, A = -23\text{dB}, D = -12\text{dB/oct}$，近似过渡带宽为 $8\pi/N$，精确过渡带宽为 $6.1\pi/N$，最小阻带衰减为 34dB。

升余弦窗函数是频率为 $0 \sim 2\pi/(N-1)$ 和 $4\pi/(N-1)$ 的余弦序列的组合。升余弦窗函数的频率特性比矩形窗函数有很大改善。升余弦窗函数定义为

$$w(n) = A - B\cos n + C\cos(2n) \tag{8.73}$$

式中：A、B、C 为常数。

汉宁(Hanning)窗函数、汉明(Hamming)窗函数、布莱克曼(Blackman)窗函数都是升余弦窗函数的特例：

(1) 当 $A = 0.5, B = 0.5, C = 0$ 时，为汉宁窗函数，如图 8.20 所示。长度为 N 的汉宁窗函数定义为

$$w(n) = \sin^2\left(\frac{n\pi}{N-1}\right) = 0.5 - 0.5\cos\left(\frac{2n\pi}{N-1}\right), \quad n = 0,1,2,\cdots,N-1 \tag{8.74}$$

对应窗函数频谱为

$$W(e^{j\omega}) = \left\{0.5W_R(\omega) + 0.25\left[W_R\left(\omega - \frac{2\pi}{N-1}\right) + W_R\left(\omega + \frac{2\pi}{N-1}\right)\right]\right\}e^{-j\left(\frac{N-1}{2}\right)\omega}$$
$$\approx \left\{0.5W_R(\omega) + 0.25\left[W_R\left(\omega - \frac{2\pi}{N}\right) + W_R\left(\omega + \frac{2\pi}{N}\right)\right]\right\}e^{-j\left(\frac{N-1}{2}\right)\omega}, \quad N \gg 1$$
$$\tag{8.75}$$

其幅频响应函数为

$$W(\omega) \approx 0.5W_R(\omega) + 0.25\left[W_R\left(\omega - \frac{2\pi}{N}\right) + W_R\left(\omega + \frac{2\pi}{N}\right)\right] \tag{8.76}$$

汉宁窗函数的相关参数：$B = 1.44\Delta\omega, A = -32\text{dB}, D = -18\text{dB/oct}$，近似过渡带宽为 $8\pi/N$，精确过渡带宽为 $6.2\pi/N$，最小阻带衰减为 44dB，如图 8.21 所示。幅频响应中三个部分的求和结果，使得旁瓣互相抵消，从而使能量更有效地集中于主瓣之中，但付出的代价则是主瓣宽度比矩形窗宽出 1 倍，与矩形窗函数相比，最小阻带衰减性能明显提高，但过渡带也明显增大。

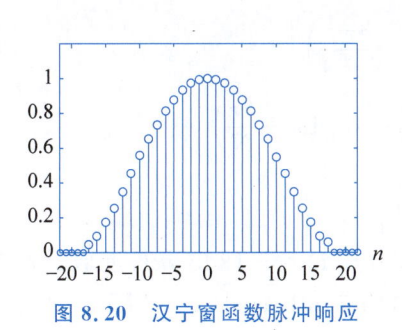

图 8.20　汉宁窗函数脉冲响应 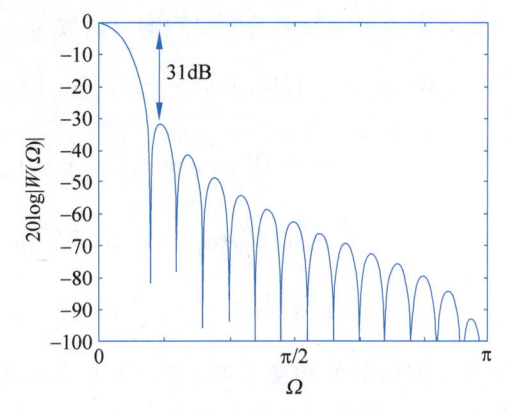　　　　　图 8.21　汉宁窗函数幅频响应

(2) 当 $A=0.54, B=0.46, C=0$ 时,为汉明窗函数,如图 8.22 所示。汉明窗函数的旁瓣幅度得到了进一步减小。长度为 N 的汉明窗定义为

$$w(n) = 0.54 - 0.46\cos\left(\frac{2n\pi}{N-1}\right), \quad n=0,1,2,\cdots,N-1 \quad (8.77)$$

汉明窗函数频谱的幅频响应函数为

$$\begin{aligned}W(\omega) &= 0.54W_R(\omega) + 0.23W_R\left(\omega - \frac{2\pi}{N-1}\right) + 0.23W_R\left(\omega + \frac{2\pi}{N-1}\right) \\ &\approx 0.54W_R(\omega) + 0.23W_R\left(\omega - \frac{2\pi}{N}\right) + 0.23W_R\left(\omega + \frac{2\pi}{N}\right)\end{aligned} \quad (8.78)$$

汉明窗函数的相关参数: $B=1.3\Delta\omega, A=-43\text{dB}, D=-6\text{dB/oct}$,近似过渡带宽为 $8\pi/N$,精确过渡带宽为 $6.6\pi/N$,最小阻带衰减为 53dB,如图 8.23 所示。通过这一系数调整,使能量的 99.963% 都集中在了窗函数频谱的主瓣内。

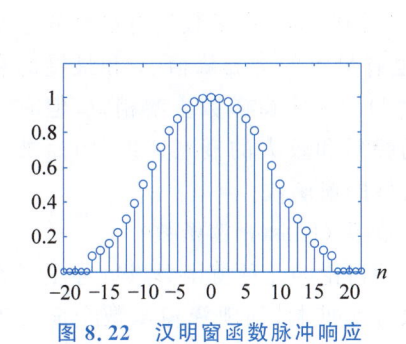

图 8.22　汉明窗函数脉冲响应 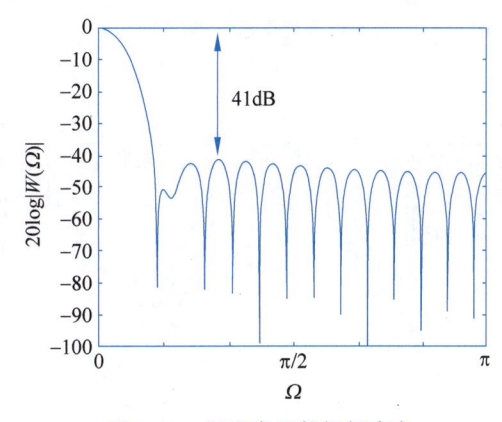　　　　　图 8.23　汉明窗函数幅频响应

(3) 当 $A=0.42, B=0.5, C=0.08$ 时,为布莱克曼窗函数,如图 8.24 所示。通过增加余弦的二次谐波分量,能够进一步抑制旁瓣。长度为 N 的布莱克曼窗函数定义为

$$w(n) = 0.42 - 0.5\cos\left(\frac{2n\pi}{N-1}\right) + 0.08\cos\left(\frac{2\pi}{N-1}2n\right), \quad n=0,1,2,\cdots,N-1$$

$$(8.79)$$

布莱克曼窗函数频谱的幅频响应函数为

$$W(\omega) = 0.42W_R(\omega) - 0.25\left[W_R\left(\omega - \frac{2\pi}{N-1}\right) + W_R\left(\omega + \frac{2\pi}{N-1}\right)\right] +$$
$$0.04\left[W_R\left(\omega - \frac{4\pi}{N-1}\right) + W_R\left(\omega + \frac{4\pi}{N-1}\right)\right]$$
$$\approx 0.42W_R(\omega) - 0.25\left[W_R\left(\omega - \frac{2\pi}{N}\right) + W_R\left(\omega + \frac{2\pi}{N}\right)\right] +$$
$$0.04\left[W_R\left(\omega - \frac{4\pi}{N}\right) + W_R\left(\omega + \frac{4\pi}{N}\right)\right]$$
(8.80)

布莱克曼窗函数的相关参数：$B = 1.68\Delta\omega$，$A = -58\text{dB}$，$D = -18\text{dB/oct}$，近似过渡带宽为 $12\pi/N$，精确过渡带宽为 $11\pi/N$，最小阻带衰减为 74dB，如图 8.25 所示。通过增加余弦的二次谐波分量，能够进一步抑制旁瓣，主瓣宽度却比矩形窗谱的主瓣宽度大 3 倍。

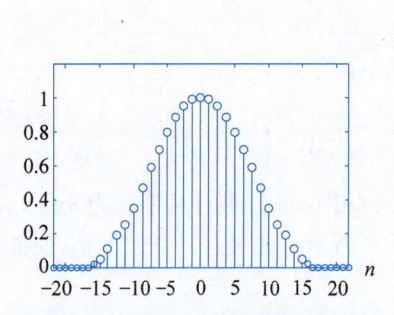

图 8.24 布莱克曼窗函数脉冲响应

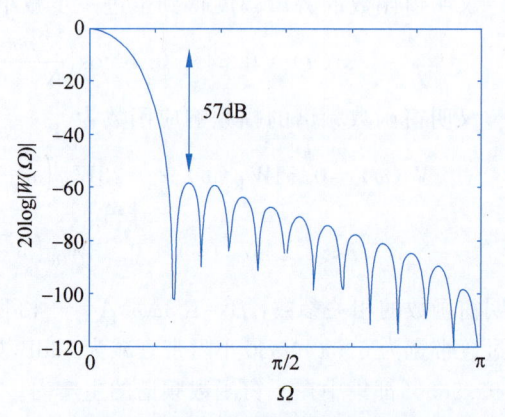

图 8.25 布莱克曼窗函数幅频响应

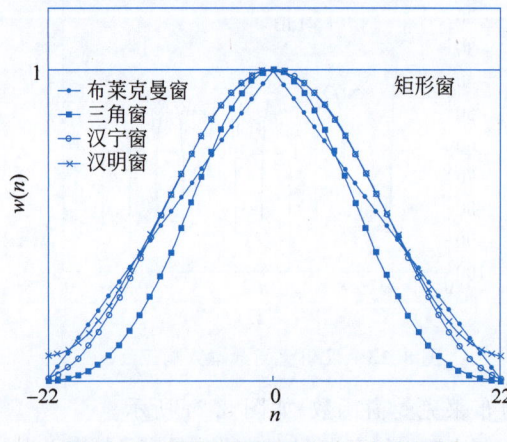

图 8.26 布莱克曼窗函数及其他窗函数

图 8.26 展示了所述几种常见的窗函数，可以看到，矩形窗函数具有最窄的主瓣 B，但也有最大的旁瓣峰值 A 和最慢的衰减速度 D。汉宁窗函数主瓣稍宽，但有着较小的旁瓣和较大的衰减速度，因而被认为是较好的窗函数。

4) 凯泽(Kaiser)窗函数

上面讨论的几种窗函数以牺牲主瓣宽度换取旁瓣抑制，而凯泽窗函数全面反映了这种主瓣和旁瓣衰减之间的互换关系，其脉冲响应如图 8.27 所示，幅度响应如图 8.28 所示。凯泽窗函数由 J.F.Kaiser 提出，由下式给出：

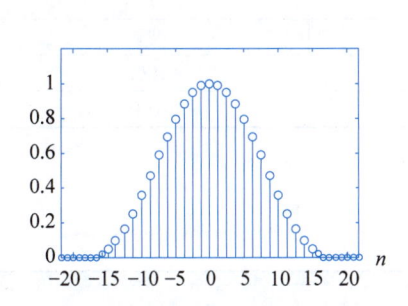

图 8.27 凯泽窗函数脉冲响应（$\beta=8$） 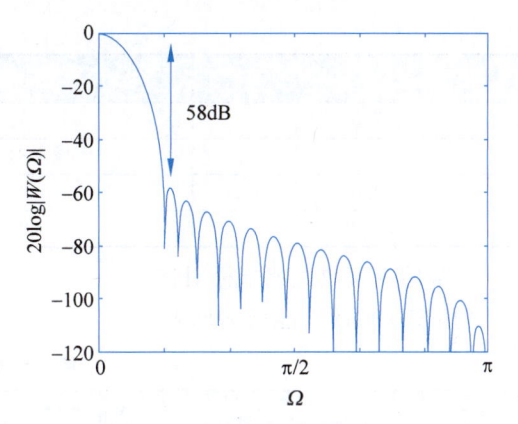　　图 8.28 凯泽窗函数幅度响应（$\beta=8$）

$$w(n) = \frac{I_0\left(\beta\sqrt{1-\left(1-\frac{2n}{N-1}\right)^2}\right)}{I_0(\beta)}, \quad 0 \leqslant n \leqslant N-1 \tag{8.81}$$

与其他窗函数一样，此范围之外的凯泽窗函数响应为零。$I_0(x)$ 是零阶修正第一类贝塞尔函数，定义为

$$I_0(x) = 1 + \sum_{j=1}^{\infty}\left[\frac{(x/2)^j}{j!}\right]^2 \tag{8.82}$$

通常用其前 20 项或 25 项之和近似表示。大多数具有信号处理能力的软件包提供了任意值的第一类 N 阶贝塞尔函数。可以设计凯泽窗函数以达到所需的阻带衰减，凯泽窗函数的形状由 $w(n)$ 式(8.81)中的 β 参数决定，可根据阻带要求计算得出。对于一个所期望的阻带衰减值 A，只要 $A>50\text{dB}$，β 的近似值可以用下面的经验公式得出：

给定通带截止频率 ω_p、阻带截止频率 ω_s、阻带最小衰减 A_s，参数 β 定义如下：

$$\beta = \begin{cases} 0.1102(A_s - 8.7), & A_s > 50 \\ 0.5842(A_s - 21)^{0.4} + 0.7886(A_s - 21), & 21 \leqslant A_s \leqslant 50 \\ 0, & A_s < 21 \end{cases} \tag{8.83}$$

对于过渡带宽 $\Delta\omega = \omega_s - \omega_p$，滤波器阶数为

$$N = \frac{A_s - 7.95}{2.286\Delta\omega} + 1 \quad \text{或} \quad N = \frac{A_s - 7.95}{14.36\Delta f} + 1 \tag{8.84}$$

凯泽窗函数实现了以同一种窗函数类型来满足不同窗函数性能需求的目的。对于相同的 N 值，凯泽窗函数可以提供不同的过渡带宽。参数 β 选得越大，其频谱的旁瓣越小，但主瓣宽度也相应地增大。表 8.1 给出了 β 值所对应的阻带衰减。

表 8.1 凯泽窗函数参数 β

β	预计阻带衰减/dB	实际滤波器阻带衰减/dB
5.0	54	56
6.0	63	64

续表

β	预计阻带衰减/dB	实际滤波器阻带衰减/dB
7.0	72	72
8.0	81	81
9.0	90	90
10.0	99	100

5) 常用窗函数性能指标对比

常用窗函数的性能指标见表 8.2。

表 8.2 常用窗函数的性能指标

窗 函 数	旁瓣峰值衰减/dB	窗函数主瓣函数	加窗后滤波器过渡带宽（Δω）	加窗后滤波器阻带最小衰减/dB
矩形窗函数	−13	$4\pi/N$	$1.8\pi/N$	−21
汉宁窗(升余弦窗)函数	−31	$8\pi/N$	$6.2\pi/N$	−44
汉明窗(改进升余弦窗)函数	−41	$8\pi/N$	$6.6\pi/N$	−53
布莱克曼窗（二阶升余弦窗)函数	−57	$12\pi/N$	$11\pi/N$	−74
凯泽窗函数($\beta=7.865$)	−57	$10\pi/N$	$10\pi/N$	−80

6) 窗函数法设计步骤

(1) 对 $H_d(e^{j\omega})$ 在 $-\pi \sim \pi$ 一个周期内进行傅里叶逆变换，得到 $h_d(n)$；

(2) 根据阻带衰减选择窗函数，根据过渡带宽度确定窗函数的宽度 N；

(3) 把 $h_d(n)$ 截短到所需的长度 $N=2M+1$；

(4) 将截短后 $h_d(n)$ 右移 M 个采样间隔，得到 $h(n)$；

(5) 将 $h(n)$ 乘以合适的窗函数，得到所需的滤波器的冲激响应，这时窗函数以 $n=M$ 对称(窗函数也可直接作用在 $h_d(n)$ 上，这时窗函数以原点为对称)；

(6) 利用 $h(n)$ 既可用硬件构成滤波器的系统函数 $H(z)$，也可直接用计算机软件实现滤波功能。

例 8.2 设计理想 FIR 低通滤波器，$\omega_c=0.5\pi$，其频率响应函数为

$$H_d(e^{j\omega}) = \begin{cases} 1, & 0 \leqslant |\omega| \leqslant \omega_c \\ 0, & \omega_c < |\omega| \leqslant \pi \end{cases}$$

基于如图 8.29 所示的频率响应，分别采用矩形窗函数和汉明窗函数，所加窗函数的长度 N 分别为 10、20、30，并观察加窗后对滤波器幅频特性的影响。

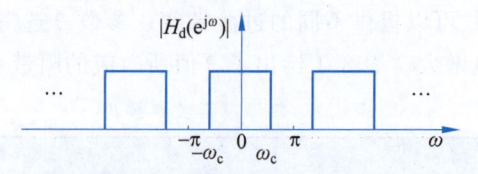

图 8.29 理想 FIR 低通滤波器频率响应

解：由 $H_d(e^{j\omega})$ 与 $h_d(n)$ 的傅里叶变换对关系求得低通 FIR 滤波器的冲激响应为

$$h_d(n) = \frac{1}{2\pi}\int_{-\omega_c}^{\omega_c} H_d(e^{j\omega}) \cdot e^{jn\omega} d\omega = \frac{1}{2\pi}\int_{-\omega_c}^{\omega_c} 1 \cdot e^{jn\omega} d\omega = \frac{1}{j2n\pi}(e^{jn\omega_c} - e^{-jn\omega_c})$$

$$= \frac{\sin(n\omega_c)}{n\pi}$$

将 $h_d(n)$ 移位 $\tau = \dfrac{N-1}{2}$，然后乘以长度为 N 的窗函数 $\omega(n)$，得到长度为 N 的所求 FIR 滤波器的冲激响应如下（$h(n)$ 为因果序列）：

$$h(n) = h_d(n-\tau)\omega(n) = \frac{\sin(n-\tau)\omega_c}{(n-\tau)\pi}\omega(n)$$

将 $\omega_c = 0.5\pi$ 代入上式，可得

$$h(n) = h_d(n-\tau)\omega(n) = \frac{\sin[(n-\tau)\times 0.5\pi]}{(n-\tau)\pi}\omega(n)$$

当 $N=13$ 时，$\tau = 6$，所对应的 $h(n)$：

(1) 加矩形窗时（如图 8.30(b) 所示），有

$$h(0) = h(12) = 0, h(1) = h(11) = 0.06366, h(2) = h(10) = 0$$
$$h(3) = h(9) = 0.10610, h(4) = h(8) = 0, \cdots, h(6) = 0.5$$

(2) 加汉明窗时，由于

$$\omega(n) = 0.54 - 0.46\cos\left(\frac{2n\pi}{N-1}\right), \quad n = 0,1,2,\cdots,N-1$$

可得 $h(n)$ 的序列如图 8.30(d) 所示。

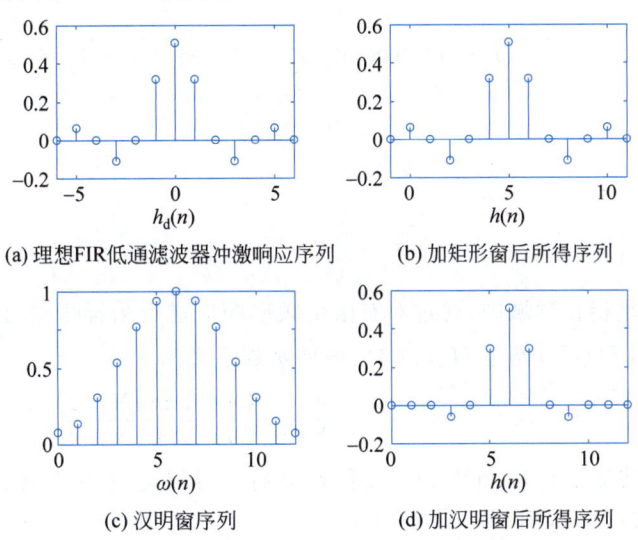

(a) 理想 FIR 低通滤波器冲激响应序列　　(b) 加矩形窗后所得序列

(c) 汉明窗序列　　(d) 加汉明窗后所得序列

图 8.30 加矩形窗和汉明窗前后序列

当 N 为 10、20、30 时，加矩形窗和汉明窗时所对应的滤波器幅频特性如图 8.31 所示。从图中可以看出，当 N 取不同值时，$H(e^{j\omega})$ 都从不同程度上近似于 $H_d(e^{j\omega})$。N 过小时，通带太窄，且阻带内波动大，随着 N 增大，通带接近 0.5π，阻带中的波动减少，但在

通带中会产生波动,且随着 N 增加,这些波动并不会消失。采用汉明窗后,通带的振动基本上消失,阻带的波动也明显减少,因此,滤波效果有所提高,但其代价是扩宽了过渡频段。

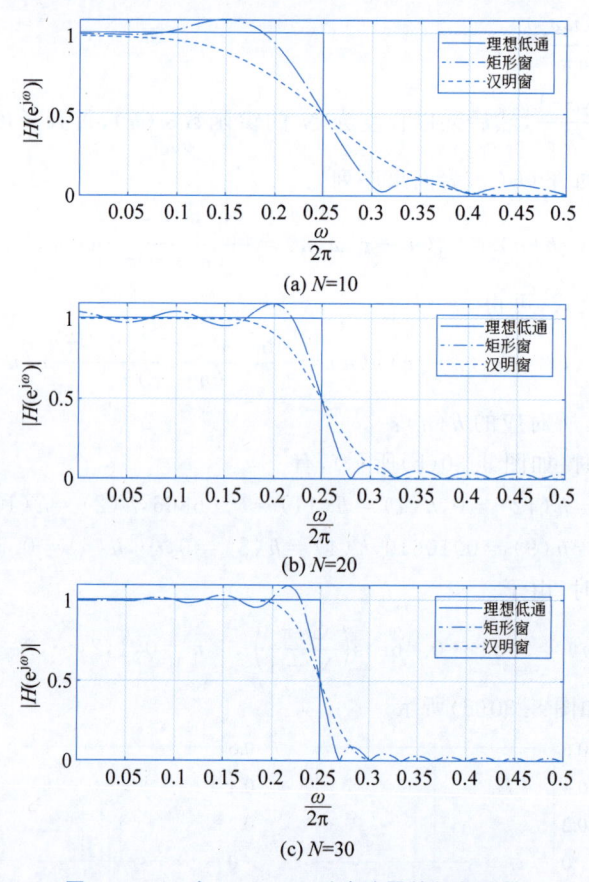

图 8.31 N 为 10、20、30 时滤波器的幅频特性

8.2.2 频率采样法

频率采样法是指在频域内,通过对有限个频率响应进行采样来逼近所期望的理想频率响应函数,即用 $H(e^{j\omega})$ 逼近 $H_d(e^{j\omega})$。内插函数定义为

$$S(\omega,k) = e^{j(N-1)k\pi/N} \frac{\sin[N(\omega-2\pi k/N)/2]}{N\sin[(\omega-2\pi k/N)/2]} \quad (8.85)$$

FIR 数字滤波器的传输函数 $H(z)$ 和频率响应可以通过内插函数,用其冲激响应 $h(n)$ 的 DFT 值 $H(k)$ 得到,即

$$H(z) = \frac{1-z^{-N}}{N}\sum_{k=0}^{N-1}\frac{H(k)}{1-W_N^{-k}z^{-1}} = \frac{1}{N}\sum_{k=0}^{N-1}H(k)\frac{1-z^{-N}}{1-W_N^{-k}z^{-1}} \quad (8.86)$$

$$H(e^{j\omega}) = e^{-j\frac{N-1}{2}\omega}\sum_{k=0}^{N-1}H(k)e^{j(N-1)k\pi/N}\frac{\sin[N(\omega-2k\pi/N)/2]}{N\sin[(\omega-2k\pi/N)/2]} \quad (8.87)$$

频率响应表示为

$$H(e^{j\omega}) = e^{-j\frac{N-1}{2}\omega} \sum_{k=0}^{N-1} H(k) S(\omega, k) \tag{8.88}$$

$H(k)$是通过对频率响应进行采样所得的序列,即

$$H(k) = H(z)|_{z=W_N^{-k}} = H(e^{j\omega})|_{\omega=\frac{2\pi}{N}k} = H(e^{j\frac{2\pi}{N}k}) \tag{8.89}$$

由此,先对期望的频率响应函数$H_d(e^{j\omega})$进行N点采样,确定$H(k)$的值。令

$$H(k) = H_d(e^{j\frac{2\pi}{N}k}), \quad k = 0, 1, 2, \cdots, N-1 \tag{8.90}$$

再根据式(8.86)和式(8.87),$H(k)$经过内插得到滤波器的频率响应函数$H(e^{j\omega})$以及传输函数$H(z)$。对理想传输函数$H_d(z)$逼近得到$H(z)$,在$H(k)$所对应的频率采样点上,$H_d(z)$和$H(z)$具有相同的频率响应,即

$$H(e^{j\frac{2\pi}{N}k}) = H(k) = H_d(k) = H_d(e^{j\frac{2\pi}{N}k}) \tag{8.91}$$

然而,在两个频率采样点之间,通过加权各采样点间的内插函数来确定频率响应值会存在逼近误差,且其大小是由理想频率响应$H_d(e^{j\omega})$的曲线形状和采样点数N决定。$H_d(e^{j\omega})$的特性曲线变化越平坦,采样点数N越大,内插值与理想值之间的误差越小,$H_d(e^{j\omega})$的特性曲线变化越振荡,内插引入的误差就越大,故在$H_d(e^{j\omega})$函数的不连续点附近会产生肩峰和波动。可以通过在理想滤波器频率响应的不连续点边缘增加一定的过渡采样点来增加过渡带宽,减小频带边缘的起伏振荡,进而增大阻带衰减,减小逼近误差,即减小通带边缘处采样点突然变化而引起的滤波器特性的振荡起伏。该采样点上的取值不同,产生的效果也不尽相同。在过渡带一般取1～3个采样值就可以得到合理满意的结果。

如果保证设计的FIR数字滤波器具有线性相位特性,就不能任意指定条件,而须对频域采样值$H(k)$提出相应的约束条件。

当$h(n)$为偶对称,N为偶数时,有

$$\begin{aligned} H_k &= H_{N-k} \\ \theta_k &= -k\pi \frac{N-1}{N} \end{aligned} \tag{8.92}$$

当$h(n)$为偶对称,N为偶数时,有

$$\begin{aligned} H_k &= -H_{N-k} \\ \theta_k &= -\frac{N-1}{N} k\pi \end{aligned} \tag{8.93}$$

当$h(n)$为奇对称,N为奇数时,有

$$\begin{aligned} H_k &= -H_{N-k} \\ \theta_k &= \frac{\pi}{2} - \frac{N-1}{N} k\pi \end{aligned} \tag{8.94}$$

当$h(n)$为奇对称,N为偶数时,有

$$H_k = H_{N-k}$$
$$\theta_k = \frac{\pi}{2} - \frac{N-1}{N}k\pi \tag{8.95}$$

例 8.3 利用频率采样法设计低通 FIR 滤波器,其截止频率是采样频率的 1/10,其中 $N=20$。

解: N 为偶数,且在通带内对 $H_d(e^{j\omega})$ 采样时,仅得两个点,因为

$$H(k) = H_d(e^{j\frac{2\pi}{N}k}), \quad k = 0,1,2,\cdots,N-1$$

进而可得

$$H_d(0) = 1$$
$$H_d(1) = e^{-j\frac{19\pi}{20}}$$
$$H_d(k) = H_d(N-k) = 0, \quad k = 2,3,\cdots,10$$
$$H_d(19) = H_d(20-1) = -e^{-j\frac{19(20-1)\pi}{20}} = e^{-j\frac{19\pi}{20}} = H_d^*(1)$$

由 $H_d(k)$ 经过 IDFT 可求得 $h(n)$,即

$$h(0) = h(19) = -0.04877 \qquad h(1) = h(18) = -0.0391$$
$$h(2) = h(17) = -0.0207 \qquad h(3) = h(16) = 0.0046$$
$$h(4) = h(15) = 0.03436 \qquad h(5) = h(14) = 0.0656$$
$$h(6) = h(13) = 0.0954 \qquad h(7) = h(12) = 0.12071$$
$$h(8) = h(11) = 0.1391 \qquad h(9) = h(10) = 0.14877$$

基于 $h(n)$ 可求出系统的 $H(e^{j\omega})$,其幅频响应如图 8.32 中曲线 1 所示。从图 8.32 中可以看到,由于 $H_d(e^{j\omega})$ 在通带截止频率 ω_c 处的突跳,滤波器的通带内和阻带内都有较大的波动。减小波动的方法为令 $H_d(e^{j\omega})$ 在 ω_c 处不产生跳变,即人为地增加一个过渡带。例如,使

$$H_d(2) = 0.5e^{-j\frac{19\times 2\pi}{20}}$$
$$H_d(18) = 0.5e^{j\frac{19\times 2\pi}{20}}$$

进而所得的 $H(e^{j\omega})$ 幅频曲线,如图 8.32 曲线 2 所示。从此曲线可以看到,增加 $H_d(2)$ 后,通带及阻带内的波动均有明显的下降,滤波器性能得到了优化。

上述是 $H_d(2)$ 的任意数值,其对于提高滤波器的通阻特性并不一定是最佳的。现将 $H_d(2)$ 的数值设为 $0.1,0.2,\cdots,0.9$,分别计算出 $H(e^{j\omega})$。结果表明,当振幅接近于 0.4 时,该方法的效率最佳。在 0.3~0.5 取何值为最好,尚待进一步搜索。若要在阻带中得到较大的衰减,可再增大过渡点,即可以将 $H_d(3)$ 和 $H_d(17)$ 再赋予一个 0~0.4 的幅值。 $H_d(k)$ 的值可以根据最小化通带和阻带中的绝对误差的最优化方法来确定。但这种方法很难求解,通常可以根据经验将幅值控制在 0.3~0.5 范围内,通过反复计算,以满足技术需求。

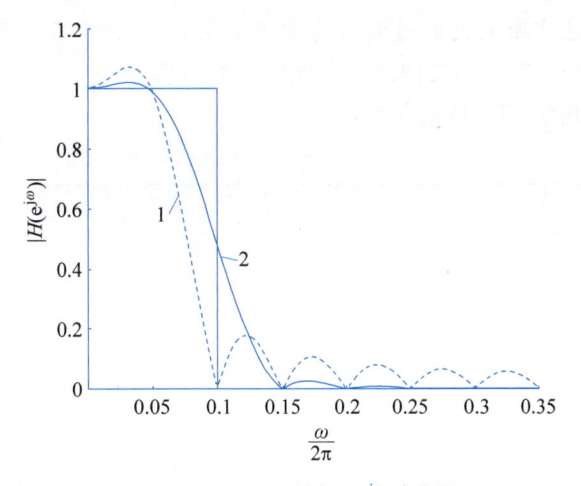

图 8.32　例 8.3 的 $|H(\mathrm{e}^{\mathrm{j}\omega})|$ 曲线

8.2.3　最优化方法

时域中的窗函数法和频域中的频率采样法实现起来都相对简单，所得结果虽然逼近最优，但并非最优化方法，不能准确指定通带和阻带边缘等关键点的频率值。本节介绍一种频域中的最优化设计方法——切比雪夫等波纹逼近法。

切比雪夫等波纹逼近法是一种最优化滤波器设计方法，它在最大误差最小化的优化准则下，可以精确控制通带和阻带的边缘，通过计算机进行迭代运算来实现对理想滤波器频率响应的最佳逼近。如果将理想频率响应和实际频率响应之间的加权逼近误差均匀地分散到滤波器的整个通带和阻带，并且最小化最大误差，那么切比雪夫逼近被视为最优设计准则，所得到的滤波器结构在通带和阻带都有纹波。

切比雪夫逼近力求使所感兴趣的区间 $[a,b]$ 内误差函数 $E(x)=|p(x)-f(x)|$ 均匀一致，并且通过合理地选择 $p(x)$ 使 $E(x)$ 的最大值达到最小，即

$$\min\{\max_{\omega\in A}|p(x)-f(x)|\} \tag{8.96}$$

切比雪夫逼近理论解决了 $p(x)$ 的存在性、唯一性及如何构造等一系列问题，因此这种方法称为最佳一致逼近法或切比雪夫等波纹逼近法。应用到滤波器设计中，就是通过选择滤波器的通带边界频率 ω_p、阻带边界频率 ω_s、通带容许偏差 δ_1、阻带容许偏差 δ_2 以及滤波器阶数 N 来确定 $H(\mathrm{e}^{\mathrm{j}\omega})$ 以使误差函数的最大值为最小，即

$$\min\{\max_{\omega\in A}|H_\mathrm{d}(\mathrm{e}^{\mathrm{j}\omega})-H(\mathrm{e}^{\mathrm{j}\omega})|\} \tag{8.97}$$

由于在滤波器设计中对通带与阻带内误差性能的要求是不同的，为了统一使用最大误差最小化准则，通常采用误差函数加权的方法来使不同频带（如通带和阻带）内的加权误差最大值是相等的，并且为最小，即

$$\min\{\max_{\omega\in A}|W(\mathrm{e}^{\mathrm{j}\omega})[H_\mathrm{d}(\mathrm{e}^{\mathrm{j}\omega})-H(\mathrm{e}^{\mathrm{j}\omega})]|\} \tag{8.98}$$

FIR 滤波器的传输函数的极点全部位于 z 平面的原点，而零点则任意分布在整个 z 平面上，不同的分布情况对应于不同的频率响应，即对应着不同的滤波器。因此，本节所

讨论的最佳设计方法实质上是通过调节传输函数的零点分布,使实际频率响应 $H(e^{j\omega})$ 与所期望的频率响应 $H_d(e^{j\omega})$ 之间的最大绝对误差为最小。

四种产生线性相位 FIR 滤波器的情形如表 8.3 所示。

表 8.3 四种产生线性相位 FIR 滤波器的情形

条件	L	$H(\omega)$
偶对称,N 为奇数	0	$\sum_{n=0}^{\frac{N-1}{2}} a(n)\cos(n\omega)$
偶对称,N 为偶数	0	$\sum_{n=1}^{\frac{N}{2}} b(n)\cos\left[\left(n-\frac{1}{2}\right)\omega\right]$
奇对称,N 为奇数	1	$\sum_{n=1}^{\frac{N-1}{2}} a(n)\sin(n\omega)$
奇对称,N 为偶数	1	$\sum_{n=1}^{\frac{N}{2}} b(n)\sin\left[\left(n-\frac{1}{2}\right)\omega\right]$

加权切比雪夫误差为

$$E(\omega) = W(\omega)[H_d(\omega) - H(\omega)] \tag{8.99}$$

$H(\omega)$ 可以分解为

$$H(\omega) = Q(\omega) \cdot P(\omega) \tag{8.100}$$

式中:$Q(\omega)$ 为 ω 的固定函数;$P(\omega)$ 为 M 个余弦函数的线性组合。

把式(8.100)代入式(8.99),可得

$$E(\omega) = W(\omega)Q(\omega)\left[\frac{H_d(\omega)}{Q(\omega)} - P(\omega)\right] \tag{8.101}$$

令

$$\hat{W}(\omega) = W(\omega) \cdot Q(\omega) \tag{8.102}$$

$$\hat{H}_d(\omega) = \frac{H_d(\omega)}{Q(\omega)} \tag{8.103}$$

把式(8.102)和式(8.103)代入式(8.101),可得

$$E(\omega) = \hat{W}(\omega)[\hat{H}_d(\omega) - P(\omega)] \tag{8.104}$$

因此,切比雪夫逼近问题可以叙述为求在要实现逼近的频带范围 A 内使 $E(\omega)$ 的极大绝对值为极小的系数组。用符号 $\|E(\omega)\|$ 表示此极小值($E(\omega)$ 的 L_∞ 范数),则有

$$\|E(\omega)\| = \min\left[\max_{\omega \in A} |E(\omega)|\right] \tag{8.105}$$

下面介绍切比雪夫逼近问题的一个重要性质——交替定理。

设 $P(\omega)$ 为 M 个余弦函数的线性组合,有

$$P(\omega) = \sum_{n=0}^{M-1} a(n)\cos(n\omega) \tag{8.106}$$

令 A 为区间 $0 \leq \omega \leq \pi$ 内的任一闭子集,则 $P(\omega)$ 是 $H_d(\omega)$ 在 A 内最佳切比雪夫逼

近的充要条件是加权误差函数 $E(\omega)$ 在 A 内至少含 $M+1$ 个极值频率点,即在 A 内必须存在 $M+1$ 个频率点 ω_i,且存在 $\omega_1 < \omega_2 < \cdots < \omega_{M+1}$,使得

$$E(\omega_i) = -E(\omega_{i+1}) = \pm \|E(\omega_i)\|, \quad i=1,2,\cdots,M \tag{8.107}$$

以及

$$|E(\omega)| = \max_{\omega \in A}[E(\omega)] \tag{8.108}$$

交替定理为最优化设计提供了很有意义的信息:若 $P(\omega)$ 为 M 个余弦函数的线性组合,则满足式(8.108)的充要条件是 $E(\omega)$ 在频率集 A 内至少含 $M+1$ 个最大值。

下面讨论对应于线性相位 FIR 滤波器的四种形式,幅频响应 $H(\omega)$ 能否分解为式(8.100)的形式,其中 $P(\omega)$ 满足

$$P(\omega) = \sum_{n=0}^{M-1} a(n)\cos(n\omega) \tag{8.109}$$

对于线性相位 I 型,有

$$H(\omega) = \sum_{n=0}^{\frac{N-1}{2}} a(n)\cos(n\omega) \tag{8.110}$$

$$Q(\omega) = 1 \tag{8.111}$$

$$P(\omega) = \sum_{n=0}^{\frac{N-1}{2}} a(n)\cos(n\omega) \tag{8.112}$$

$H(\omega)$ 的极值点数 N_e 的约束条件为

$$N_e \leqslant \frac{N+1}{2} \tag{8.113}$$

对于线性相位 II 型,利用三角公式

$$\cos\alpha + \cos\beta = 2\cos\frac{\alpha+\beta}{2}\cos\frac{\alpha-\beta}{2}$$

可得

$$\begin{aligned}H(\omega) &= \sum_{n=0}^{\frac{N}{2}} b(n)\cos\left[\left(n-\frac{1}{2}\right)\omega\right] \\ &= \bar{b}\left(\frac{N}{2}-1\right)\cos\frac{\omega}{2}\cos\left[\left(\frac{N}{2}-1\right)\omega\right] + \bar{b}\left(\frac{N}{2}-2\right)\cos\frac{\omega}{2} \\ &\quad \cos\left[\left(\frac{N}{2}-2\right)\omega\right] + \cdots + \bar{b}(1)\cos\frac{\omega}{2}\cos\omega + \bar{b}(0)\cos\frac{\omega}{2} \\ &= \cos\frac{\omega}{2}\sum_{n=0}^{\frac{N}{2}-1} \bar{b}(n)\cos n\omega\end{aligned} \tag{8.114}$$

式中

$$\bar{b}\left(\frac{N}{2}-1\right) = 2b\left(\frac{N}{2}\right)$$

$$\overline{b}(k-1) = 2b(k) - \overline{b}(k), \quad k = \frac{N}{2}-1, \frac{N}{2}-2, \cdots, 3, 2$$

$$\overline{b}(0) = b(1) - 2\overline{b}(1)$$

故有

$$Q(\omega) = \cos\frac{\omega}{2}$$

$$P(\omega) = \sum_{n=0}^{\frac{N}{2}-1} \overline{b}(n)\cos(n\omega)$$

$H(\omega)$ 的极值点数 N_e 的约束条件为

$$N_e \leqslant \frac{N}{2} \tag{8.115}$$

对于线性相位Ⅲ型,利用三角公式

$$\sin\alpha - \sin\beta = 2\sin\frac{\alpha-\beta}{2}\sin\frac{\alpha+\beta}{2}$$

可得

$$H(\omega) = \sin\omega \sum_{n=0}^{\frac{N-1}{2}-1} \overline{c}(n)\cos(n\omega) \tag{8.116}$$

式中

$$\overline{c}\left(\frac{N-1}{2}-1\right) = 2c\left(\frac{N-2}{2}\right)$$

$$\overline{c}\left(\frac{N-1}{2}-2\right) = 2c\left(\frac{N-2}{2}-1\right)$$

$$\overline{c}(k-1) = 2c(k) + \overline{c}(k+1), \quad k = \frac{N-1}{2}-2, \frac{N-1}{2}-3, \cdots, 3, 2$$

$$\overline{c}(0) = c(1) + \frac{1}{2}\overline{c}(2)$$

故有

$$Q(\omega) = \sin\omega$$

$$P(\omega) = \sum_{n=0}^{\frac{N-1}{2}-1} \overline{c}(n)\cos(n\omega) \tag{8.117}$$

$H(\omega)$ 的极值点数 N_e 的约束条件为

$$N_e \leqslant \frac{N-1}{2} \tag{8.118}$$

对于线性相位Ⅳ型,利用三角公式

$$\sin\alpha - \sin\beta = 2\sin\frac{\alpha-\beta}{2}\sin\frac{\alpha+\beta}{2}$$

可得

$$H(\omega) = \sum_{n=1}^{\frac{N}{2}} d(n)\sin\left[\left(n-\frac{1}{2}\right)\omega\right] = \sin\frac{\omega}{2}\sum_{n=0}^{\frac{N}{2}-1}\bar{d}(n)\cos(n\omega) \qquad (8.119)$$

式中

$$\bar{d}\left(\frac{N}{2}-1\right) = 2d\left(\frac{N}{2}\right)$$

$$\bar{d}(k-1) = 2d(k) + \bar{d}(k), \quad k = \frac{N}{2}-1, \frac{N}{2}-2, \cdots, 3, 2$$

$$\bar{d}(0) = d(1) + \frac{1}{2}\bar{d}(1)$$

故有

$$Q(\omega) = \sin\frac{\omega}{2}$$

$$P(\omega) = \sum_{n=0}^{\frac{N}{2}-1}\bar{d}(n)\cos(n\omega)$$

$H(\omega)$ 的极值点数 N_e 的约束条件为

$$N_e \leqslant \frac{N}{2} \qquad (8.120)$$

Remez 交换算法是利用交替定理来求解式(8.105)的一种最优化算法,可以用于设计任何最优的线性相位 FIR 滤波器。如图 8.33 所示,给定长度 N,通带截止频率和阻带截止频率,通过三步来求逼近问题的解。

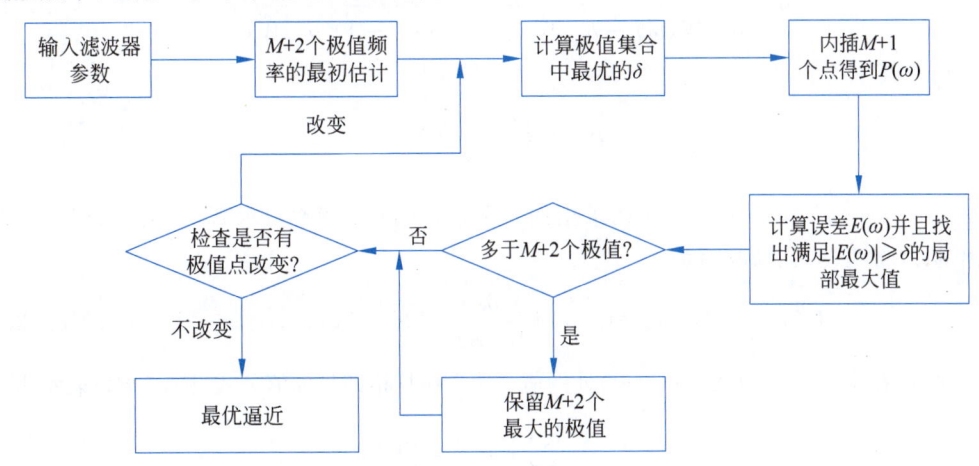

图 8.33 Remez 算法流程图

交错定理保证了切比雪夫最优化问题有唯一解。对于给定的一组频率($\omega_k, 0 \leqslant \omega_k \leqslant \omega_p$ 或 $\omega_p \leqslant \omega_k \leqslant \pi, k = 0, 1, \cdots, r$),求解满足下式的 δ 值,即

$$\hat{W}(\omega)[\hat{H}_d(\omega) - P(\omega)] = (-1)^k\delta, \quad k = 0, 1, \cdots, r \qquad (8.121)$$

式中的线性方程组可以重排为

$$P(\omega) + \frac{(-1)^k \delta}{\hat{W}(\omega)} = \hat{H}_d(\omega), \quad k = 0, 1, \cdots, r \tag{8.122}$$

式中 $P(\omega)$ 为待求值，假定

$$P(\omega) = \sum_{n=0}^{r-1} a(n)\cos(n\omega)$$

则式(8.121)可写成矩阵形式：

$$\begin{bmatrix} 1 & \cos\omega_0 & \cos2\omega_0 & \cos(r-1)\omega_0 & \dfrac{1}{\hat{W}(\omega)} \\ 1 & \cos\omega_1 & \cos2\omega_1 & \cos(r-1)\omega_1 & \dfrac{-1}{\hat{W}(\omega)} \\ \vdots & \vdots & \vdots & \vdots & \vdots \\ 1 & \cos\omega_{r-1} & \cos2\omega_{r-1} & \cos(r-1)\omega_{r-1} & \dfrac{(-1)^{r-1}}{\hat{W}(\omega)} \\ 1 & \cos\omega_r & \cos2\omega_r & \cos(r-1)\omega_r & \dfrac{(-1)^r}{\hat{W}(\omega)} \end{bmatrix} \begin{bmatrix} a(0) \\ a(1) \\ \vdots \\ a(r-1) \\ \delta \end{bmatrix} = \begin{bmatrix} \hat{H}_d(\omega) \\ \hat{H}_d(\omega) \\ \vdots \\ \hat{H}_d(\omega) \\ \hat{H}_d(\omega) \end{bmatrix}$$

(8.123)

通过求解式(8.123)可得到 δ 和所有 $a(k)(k=0,1,\cdots,r-1)$，但这种方法比较复杂，效率较低。一种更有效的方法是依据

$$\delta = \frac{b_0 \hat{H}_d(\omega) + b_1 \hat{H}_d(\omega) + \cdots + b_r \hat{H}_d(\omega)}{b_0/\hat{W}(\omega) - b_1/\hat{W}(\omega) + \cdots + (-1)^r b_r/\hat{W}(\omega)} \tag{8.124}$$

来求解。其中

$$b_k = \prod_{\substack{i=0 \\ i \neq k}}^{r} \frac{1}{x_k - x_i}$$

且 $x_k = \cos\omega_k$, $x_i = \cos\omega_i$。利用已求出的 δ 和给定的 t 个频率点求解 $P(\omega)$。首先，根据求出的 δ，将式(8.121)改写为

$$P(\omega) = \hat{H}_d(\omega) - (-1)^k \frac{\delta}{W(\omega)}, \quad K = 0, 1, 2, \cdots, r-1 \tag{8.125}$$

求出 $P(\omega)$ 在 ω_k, $(k=0,1,2,\cdots,r-1)$ 处的值。然后用拉格朗日插值公式，$P(\omega)$ 可以表示为

$$P(\omega) = \frac{\sum_{k=0}^{r-1} \left[\dfrac{\beta_k}{x - x_k}\right] P(\omega)}{\sum_{k=0}^{r-1} \left[\dfrac{\beta_k}{x - x_k}\right]} \tag{8.126}$$

式中

$$\beta_k = \prod_{\substack{i=0 \\ i \neq k}}^{r} \frac{1}{x_k - x_i}$$

$$x_k = \cos\omega_k, \quad x_i = \cos\omega_i, \quad x = \cos\omega$$

求出 $P(\omega)$ 后,就可以在频率点上计算误差函数,即

$$E(\omega) = \hat{W}(\omega)[\hat{H}_d(\omega) - P(\omega)]$$

点的个数等于 $16M$ 就足够了,其中 M 为滤波器的长度。对于密集的某些频率来说,若 $|E(\omega)| \geqslant \delta$,则选取一组新的对应于 $E(\omega)$ 的 $L+2$ 个最大的峰值点频率。因为选取的这组新的 $L+2$ 个极值频率对应于误差函数 $E(\omega)$ 的峰值,算法在每次迭代中都使 δ 增加,直到 δ 收敛于上界为止,因此 δ 也收敛于切比雪夫逼近问题的最优解。换言之,当密集中的所有频率 $|E(\omega)| \leqslant \delta$ 时,通过多项式 $H(\omega)$ 就已找到最优解。

根据交替定理,最优化滤波器设计程序步骤:首先规定所需频率响应 $H_d(e^{j\omega})$ 加权函数 $W(\omega)$ 和滤波器的相应长度 N;其次形成 $\hat{H}_d(\omega)$、$\hat{W}(\omega)$、$P(\omega)$;然后用 Remez 算法求解逼近问题;最后计算滤波器的冲激响应。

8.3 有限冲激响应数字滤波器的实现结构

有限冲激响应滤波器的差分方程形式为

$$y(n) = \sum_{k=0}^{N-1} b_k x(n-k) \tag{8.127}$$

冲激响应为

$$h(n) = \sum_{n=0}^{N-1} b_n$$

对应的系统函数为

$$H(z) = \sum_{m=0}^{N-1} h(m) z^{-m} = \frac{h(0)z^{N-1} + h(1)z^{N-2} + \cdots + h(N-2)z + h(N-1)}{z^{N-1}} \tag{8.128}$$

FIR 数字滤波器的特点:

(1) 单位冲激响应 $h(n)$ 是一个有限长因果序列,即为在有限点 n 处有值。

(2) 系统函数 $H(z)$ 在 $|z|>0$ 的区域内收敛,全部极点在 $|z|=0$ 处,为 $N-1$ 阶重极点,与 $h(n)$ 无关,故 FIR 滤波器具有稳定的优点。有 $N-1$ 个零点由 $h(n)$ 决定,位于有限 z 平面的任何位置;$z \to \infty$ 有 $N-1$ 阶零点。

(3) 结构上主要是非递归结构,没有输出到输入的反馈。

根据上述特点,下面阐述适合 FIR 数字滤波器实现结构。

8.3.1 FIR 数字滤波器的基本实现结构

1. 直接型结构

根据线性时不变系统输入与输出之间的卷积关系,有

$$\sum_{i=0}^{N-1} h(i) x(n-i) = h(n) * x(n) \tag{8.129}$$

图 8.34 是 FIR 数字滤波器的直接型结构(一)。直接型结构也称为 FIR 滤波器的卷积型结构或横截型结构。

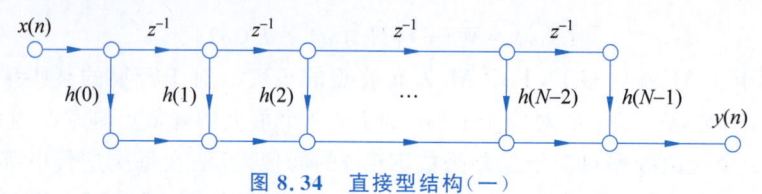

图 8.34 直接型结构(一)

该结构需要 $N-1$ 个存储空间来存放 $N-1$ 个输入,每个输出需要 N 次乘法和 $N-1$ 次加法。输出是输入的加权线性组合,利用转置定理也可以得到图 8.34 所示的另一种等效结构——直接型结构(二),如图 8.35 所示。

图 8.35 直接型结构(二)

2. 级联型结构

级联实现可以从式(8.128)的系统函数中得到。将 $H(z)$ 分解为二阶 FIR 系统:

$$H(z)=\sum_{n=0}^{N-1}h(n)z^{-n}=\prod_{k=1}^{\lfloor N/2 \rfloor}(\beta_{0k}+\beta_{1k}z^{-1}+\beta_{2k}z^{-2})$$

式中:$\lfloor N/2 \rfloor$ 表示对 $N/2$ 向上取整。

当 N 为偶数时,$N-1$ 是奇数,这时有奇数个根,所以 β_{2k} 中有一个为零;当 N 为奇数时,$N-1$ 是偶数,这时有偶数个根,所以有整数个二次三项式,即

$$N=3,\quad H(z)=\beta_{01}+\beta_{11}z^{-1}+\beta_{21}z^{-2}$$

$$\frac{Y(z)}{X(z)}=\beta_{01}+\beta_{11}z^{-1}+\beta_{21}z^{-2}$$

$$y(n)=\beta_{01}x(n)+\beta_{11}x(n-1)+\beta_{21}x(n-2)$$

FIR 数字滤波器的级联型结构如图 8.36 所示,由一系列二阶滤波器串联而成。级联型结构具有的特点:每个子网络可控制一对零点,零点可以独立调整;零点位置变化的灵敏度优于直接型;但需要系数 β_{ik} 多,所以乘法次数也多。

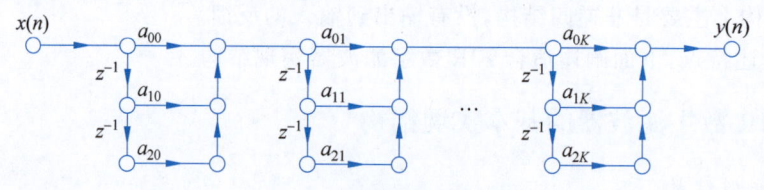

图 8.36 级联型结构

3. 频率采样型结构

FIR 数字滤波器的差分方程是非递归型的,上面两种结构也都是非递归型。频率采

样实现是 FIR 滤波器的另一种结构方式,其中描述滤波器的参数为所求的频率响应的参数,而不是冲激响应 $h(n)$。可以通过等间隔的频率采样指定需要的频率响应来得到该结构,即

$$\omega_k = \frac{2\pi}{N}(k+\alpha) \left(k=0,1,\cdots,\frac{N-1}{2}, N \text{ 为奇数}; \right.$$
$$\left. k=0,1,\cdots,\frac{N}{2}-1, N \text{ 为偶数}; \quad \alpha \text{ 为 0 或 } \frac{1}{2} \right) \tag{8.130}$$

并从等间隔频率采样解单位冲激响应 $h(n)$。所以频率响应为

$$H(\omega) = \sum_{n=0}^{N-1} h(n) e^{-j\omega n} \tag{8.131}$$

$H(\omega)$ 在频率 $\omega_k = \frac{2\pi}{N}(k+\alpha)$ 处的值为

$$H(k+\alpha) = H\left(\frac{2\pi}{N}(k+\alpha)\right)$$
$$= \sum_{n=0}^{N-1} h(n) e^{-j2\pi(k+\alpha)n/N}, \quad k=0,1,\cdots,N-1 \tag{8.132}$$

$\{H(k+\alpha)\}$ 的集合称为 $H(\omega)$ 的频率采样。当 $\alpha=0$ 时,$\{H(k)\}$ 对应于 $\{h(n)\}$ 的 N 点 DFT。

对式(8.132)求逆,并将 $h(n)$ 用频率采样的方式表示为

$$h(n) = \frac{1}{N} \sum_{k=0}^{M-1} H(k+\alpha) e^{j2\pi(k+\alpha)n/N}, \quad n=0,1,\cdots,N-1 \tag{8.133}$$

当 $\alpha=0$ 时,式(8.133)为 $\{H(k)\}$ 的 IDFT,若采用式(8.133)替换 z 变换 $H(z)$ 中的 $h(n)$,则有

$$H(z) = \sum_{n=0}^{N-1} h(n) z^{-n} = \sum_{n=0}^{N-1} \left[\frac{1}{N} \sum_{k=0}^{N-1} H(k+\alpha) e^{j2\pi(k+\alpha)n/N} \right] z^{-n} \tag{8.134}$$

通过将式(8.134)中的求和顺序互换并对 n 求和,有

$$H(z) = \sum_{k=0}^{N-1} H(k+\alpha) \left[\frac{1}{N} \sum_{n=0}^{N-1} (e^{j2\pi(k+\alpha)/N} z^{-1})^n \right]$$
$$= \frac{1-z^{-N} e^{j2\pi\alpha}}{N} \sum_{k=0}^{N-1} \frac{H(k+\alpha)}{1-e^{j2\pi(k+\alpha)/N} z^{-1}} \tag{8.135}$$

也可表示为

$$H(z) = \frac{1}{N} \sum_{k=0}^{N-1} H(k) \frac{1-z^{-N}}{1-W_N^{-k} z^{-1}} = \frac{1-z^{-N}}{N} \sum_{k=0}^{N-1} \frac{H(k)}{1-W_N^{-k} z^{-1}} \tag{8.136}$$

于是对滤波器频率响应 $H(e^{j\omega})$ 进行采样得到序列 $H(k)$,因此由上式所得结构称为频率采样型结构。上式中包含零点和极点,因此所描述的 FIR 滤波器具有与 UFIR 滤波器类似的递归形式。由于其极点 W_N^{-k} 被系统零点 $1-z^{-N}=0$ 的根抵消,因此所得的滤波器依旧稳定。

设

$$H_e(z) = 1 - z^{-N} \tag{8.137}$$

$$H_k(z) = \frac{H(k)}{1 - W_N^{-k} z^{-1}} \tag{8.138}$$

则 $H(z)$ 又可以写为

$$H(z) = \frac{1}{N} H_e(z) \left[\sum_{k=0}^{N-1} H_k(z) \right] \tag{8.139}$$

此系统由 $H_e(z)$ 和 $\sum_{k=0}^{N-1} H_k(z)$ 两个子网络级联而成,将这种滤波器实现视为两个滤波器的级联,即 $H(z) = H_1(z) H_2(z)$。

第一个子网络为

$$H_e(z) = 1 - z^{-N} = \frac{z^N - 1}{z^N}$$

梳状滤波器结构如图 8.37 所示。它的零点等距分布在单位圆上。

$H_e(z)$ 的频率响应为

$$H_e(e^{j\omega}) = 1 - e^{-jN\omega} \tag{8.140}$$

故其幅频响应为

$$|H(e^{j\omega})| = |1 - \cos(N\omega) + j\sin(N\omega)| = 2 \left| \sin\left(\frac{N}{2}\omega\right) \right| \tag{8.141}$$

梳状滤波器的幅频响应如图 8.38 所示。

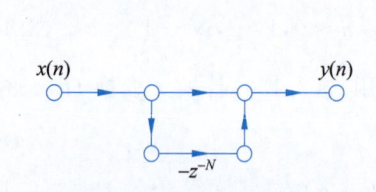

图 8.37 梳状滤波器结构

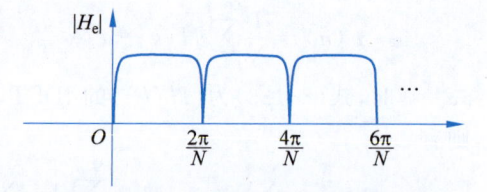

图 8.38 梳状滤波器的幅频响应

第二个子网络 $\sum_{k=0}^{N-1} H_k(z)$ 由 N 个一阶网络并联构成,网络结构如图 8.39 所示。

由于每个一阶并联分支都有一个极点 W_N^{-k},因此整个并联网络结构共含 N 个极点,即

$$z_k = W_N^{-k} = e^{j\frac{2\pi}{N}k}, \quad k = 0, 1, \cdots, N-1 \tag{8.142}$$

并且这 N 个极点也是均匀地分布在单位圆上。注意极点和零点位置都相同,而这正是指定所需频率响应的频率。

另外,由于

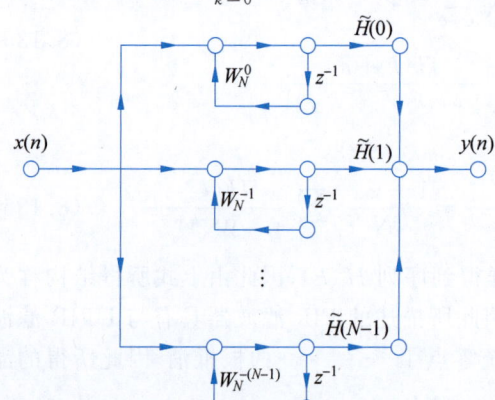

图 8.39 无耗并联谐振器

$$\sum_{k=0}^{N-1} H_k(z) = \sum_{k=0}^{N-1} \frac{H(k)}{1-W_N^{-k}z^{-1}} = \sum_{k=0}^{N-1} \frac{z \cdot H(k)}{z-W_N^{-k}} \tag{8.143}$$

该并联网络是一个无耗并联谐振器,其谐振频率为

$$\omega = \frac{2\pi}{N}k, \quad k=0,1,\cdots,N-1$$

通过以上分析可知,梳状滤波器在单位圆上均匀分布的 N 个零点正是并联谐振器的 N 个极点,故当这两个网络前后级联时,零极点正好相互抵消;另外,级联型结构还使梳状滤波器在 $z=0$ 处的极点与并联谐振器在 $z=0$ 处的一阶零点相互抵消。故结果为保留了滤波器原有的在 $z=0$ 的 $N-1$ 阶极点和有限 z 平面上的 $N-1$ 个零点。

此系统的零、极点在单位圆上相互抵消在理论上可行,实际上无法完全抵消,还需对上述网络结构进行修正。修正方法是将单位圆上的零点和极点都移到半径 r 接近于 1 的圆上,即通过在半径为 r(r 接近于 1)的圆上进行频率采样实现,由于这些极点处于单位圆内,即使不能完全被零点抵消,也不会对系统的稳定性产生影响。为此,用 rz^{-1} 来代替式(8.137)中的 z^{-1},即有

$$H(z) = \frac{(1-r^N z^{-N})}{N} \sum_{k=0}^{N-1} \frac{H(k)}{1-rW_N^{-k}z^{-1}} = \frac{1}{N} H_e(z) \sum_{k=0}^{N-1} \frac{H(k)}{1-rW_N^{-k}z^{-1}} \tag{8.144}$$

式中

$$H_e(z) = (1-r^N z^{-N})$$

这样梳状滤波器的零点移到了半径为 r 的圆上,有

$$z_k = r\mathrm{e}^{\mathrm{j}\frac{2\pi}{N}k}, \quad k=0,1,\cdots,N-1 \tag{8.145}$$

并联谐振器的极点也移到了半径为 r 的圆上,有

$$z_k = rW_N^{-k} = r\mathrm{e}^{\mathrm{j}\frac{2\pi}{N}k}, \quad k=0,1,\cdots,N-1 \tag{8.146}$$

将并联谐振器 $\sum_{k=0}^{N-1} H_k(z)$ 中的第 k 项及第 $N-k$ 项合并为一个二阶网络,则有

$$\frac{H(k)}{1-rW_N^{-k}z^{-1}} + \frac{H(N-k)}{1-rW_N^{-(N-k)}z^{-1}}$$

$$= \frac{H(k)}{1-rW_N^{-k}z^{-1}} + \frac{H^*(k)}{1-rW_N^{k}z^{-1}}$$

$$= \frac{|H(k)|\mathrm{e}^{\mathrm{j}\theta(k)}}{1-r\mathrm{e}^{\mathrm{j}\frac{2\pi}{N}k}z^{-1}} + \frac{|H(k)|\mathrm{e}^{-\mathrm{j}\theta(k)}}{1-r\mathrm{e}^{-\mathrm{j}\frac{2\pi}{N}k}z^{-1}}$$

$$= \frac{(1-r\mathrm{e}^{-\mathrm{j}\frac{2\pi}{N}k}z^{-1})|H(k)|\mathrm{e}^{\mathrm{j}\theta(k)} + (1-r\mathrm{e}^{\mathrm{j}\frac{2\pi}{N}k}z^{-1})|H(k)|\mathrm{e}^{-\mathrm{j}\theta(k)}}{(1-r\mathrm{e}^{\mathrm{j}\frac{2\pi}{N}k}z^{-1})(1-r\mathrm{e}^{-\mathrm{j}\frac{2\pi}{N}k}z^{-1})}$$

$$= \frac{|H(k)|\left\{2\cos[\theta(k)] - 2rz^{-1}\cos\left[\theta(k) - \frac{2\pi}{N}k\right]\right\}}{1-2rz^{-1}\cos\left(\frac{2\pi}{N}k\right) + r^2 z^{-2}}$$

$$= 2 \mid H(k) \mid H_k(z) \tag{8.147}$$

式中

$$H_k(z) = \frac{\cos[\theta(k)] - r\cos\left[\theta(k) - \frac{2\pi}{N}k\right]z^{-1}}{1 - 2rz^{-1}\cos\left(\frac{2\pi}{N}k\right) + r^2 z^{-2}} \tag{8.148}$$

由于滤波器的阶数 N 为偶数或奇数,故分不同情况来对式(8.147)进行分析讨论。

当 N 为偶数时,式(8.147)和式(8.148)中 k 的取值为 $1,2,\cdots,N/2-1$,故 $N-k = N-1, N-2, \cdots, N/2+1$,因此 $\sum_{k=0}^{N-1} H_k(z)$ 中共可以构成 $(N/2-1)\times 2 = N-2$ 个二阶网络,还剩下 $k=0$ 与 $k=N/2$ 两个子项,现对其单独分析。

对于 $k=0$,有

$$H_0(z) = \frac{H(0)}{1 - rW_N^0 z^{-1}} = \frac{H(0)}{1 - rz^{-1}} \tag{8.149}$$

对于 $k=N/2$,有

$$H_{\frac{N}{2}}(z) = \frac{H\left(\frac{N}{2}\right)}{1 - rW_N^{-N/2} z^{-1}} = \frac{H\left(\frac{N}{2}\right)}{1 + rz^{-1}} \tag{8.150}$$

当 N 为奇数时,$N-k = N-1, N-2, \cdots, (N+1)/2$,此时 $\sum_{k=0}^{N-1} H_k(z)$ 中共包括 $[(N-1)/2]\times 2 = N-1$ 个谐振器,还剩下 $k=0$ 时的 $H_0(z)$ 一项,此时 $H_0(z)$ 如式(8.149)所示。

因此,由式(8.136)可知:

当 N 为偶数时,有

$$H(z) = \frac{1}{N} H_e(z) \left[\sum_{k=1}^{\frac{N}{2}-1} 2 \mid H(k) \mid H_k(z) + H_0(z) + H_{\frac{N}{2}}(z)\right] \tag{8.151}$$

此时 FIR 滤波器的频率采样型网络结构如图 8.40 所示。

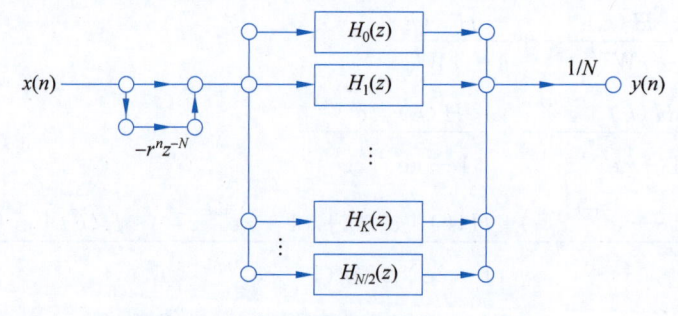

图 8.40 频率采样型网络结构(N 为偶数)

当 N 为奇数时,有

$$H(z) = \frac{1}{N} H_e(z) \left[\sum_{k=1}^{\frac{N-1}{2}} 2 \mid H(k) \mid H_k(z) + H_0(z) \right] \qquad (8.152)$$

式中：$H_e(z)$、$H_k(z)$、$H_0(z)$、$H_{N/2}(z)$ 的网络结构分别如图 8.41~图 8.44 所示。

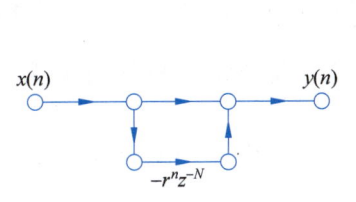

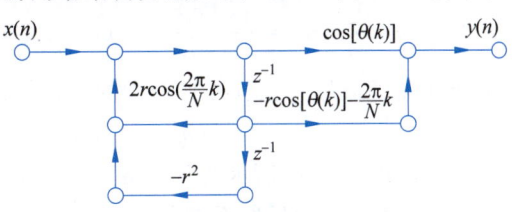

图 8.41 $H_e(z)$ 的网络结构

图 8.42 $H_k(z)$ 的网络结构

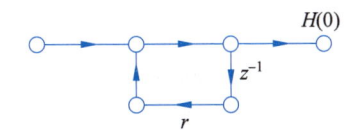

图 8.43 $H_0(z)$ 的网络结构

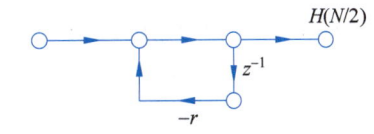

图 8.44 $H_{\frac{N}{2}}(z)$ 的网络结构

由于

$$H(0) = H(k) \big|_{k=0} = \sum_{n=0}^{N-1} h(n) W_N^{nk} \big|_{k=0} = \sum_{n=0}^{N-1} h(n) \qquad (8.153)$$

$$H\left(\frac{N}{2}\right) = H(k) \big|_{k=\frac{N}{2}} = \sum_{n=0}^{N-1} h(n) W_N^{nk} \big|_{k=\frac{N}{2}} = \sum_{n=0}^{N-1} (-1)^n h(n) \qquad (8.154)$$

当 $h(n)$ 为实序列时，$H(0)$ 和 $H(N/2)$ 必为实数。因此，在图 8.43 所示结构中，所有运算都为实数运算，且梳状滤波器的 N 个零点，即并联谐振器的 N 个极点都移到了半径为 r(r 接近于 1)的圆上。

4. 格型结构

格型网络在数字信号处理中很重要，尤其是应用于实时性要求比较高的场景时体现出更优越的特性。格型滤波器广泛应用于语音处理和自适应滤波器的实现中。

若输入为 $x(n)$，输出为 $y'(n)$，则单位采样响应为 $h_N(n)$ 的 N 阶 FIR 滤波器可用差分方程描述为

$$y'(n) = \sum_{k=0}^{N} h_N(k) x(n-k) \qquad (8.155)$$

对上式进行变形，可得

$$y'(n) = \sum_{k=0}^{N} h_N(k) x(n-k)$$

$$= h_N(0) x(n) + \sum_{k=1}^{N} h_N(k) x(n-k)$$

$$= h_N(0) \left(x(n) + \sum_{k=1}^{N} \frac{h_N(k)}{h_N(0)} x(n-k) \right)$$

$$= h_N(0)\left(x(n) + \sum_{k=1}^{N} p_N(k)x(n-k)\right) = h_N(0)y(n) \tag{8.156}$$

式中

$$p_N(n) = \frac{h_N(n)}{h_N(0)}, \quad y(n) = x(n) + \sum_{k=1}^{n} p_N(k)x(n-k) \tag{8.157}$$

对于1阶滤波器，由式(8.157)中的输入与输出之间关系得到此滤波器的输出为

$$y(n) = x(n) + p_1(1)x(n-1) \tag{8.158}$$

该结果可由图 8.45 所示的一级格型滤波器结构来实现。其中，两个输入都为 $x(n)$，系数 $k_1 = p_1(1)$，k_1 为反射系数。

$$f_1(n) = f_0(n) + k_1 g_0(n-1) = x(n) + k_1 x(n-1) = y(n) \tag{8.159}$$

$$g_1(n) = k_1 f_0(n) + g_0(n-1) = k_1 x(n) + x(n-1) \tag{8.160}$$

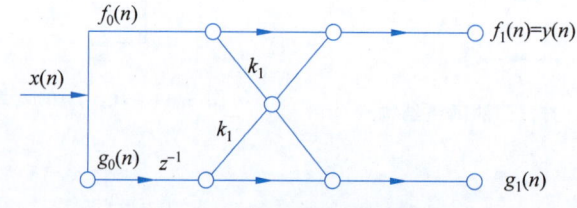

图 8.45　单级格型滤波器结构

对于2阶波波器，由式(8.157)中的输入与输出之间的关系得到此滤波器的输出为

$$y(n) = x(n) + p_2(1)x(n-1) + p_2(2)x(n-2) \tag{8.161}$$

该结果可由如图 8.46 所示的二级格型滤波器结构来实现。

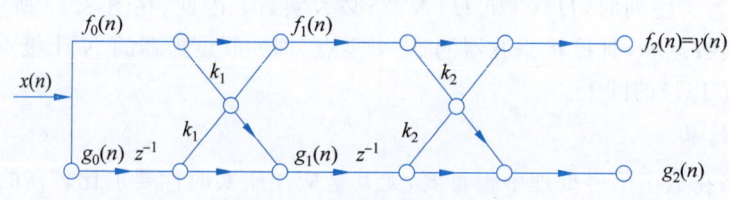

图 8.46　二级格型滤波器结构

实际上，第一段的输出为

$$f_1(n) = x(n) + k_1 x(n-1) \tag{8.162}$$

$$g_1(n) = k_1 x(n) + x(n-1) \tag{8.163}$$

第二段的输出为

$$f_2(n) = f_1(n) + k_2 g_1(n-1) \tag{8.164}$$

$$g_2(n) = k_2 f_1(n) + g_1(n-1) \tag{8.165}$$

将式(8.159)和式(8.160)代入式(8.164)中，可以得到二阶系统的输出为

$$\begin{aligned} f_2(n) &= f_1(n) + k_2 g_1(n-1) \\ &= x(n) + k_1 x(n-1) + k_2[k_1 x(n-1) + x(n-2)] \\ &= x(n) + k_1(1+k_2)x(n-1) + k_2 x(n-2) \end{aligned} \tag{8.166}$$

比较式(8.161)和式(8.166)可知，当 $k_1(1+k_2) = p_2(1)$，$k_2 = p_2(2)$，即系数

$$k_1 = \frac{p_2(1)}{1+p_2(2)}, \quad k_2 = p_2(2) \tag{8.167}$$

所以,格型滤波器的反射系数 k_1 和 k_2 可以通过直接型的系数 $\{q_n(k)\}$ 得到。

继续这种过程,通过推导可以得到 m 阶直接型 FIR 滤波器与 m 级格型滤波器之间的等价关系。格型滤波器通常使用下列递归方程描述:

$$\begin{cases} f_0(n) = g_0(n) = x(n) \\ f_m(n) = f_{m-1}(n) + k_m g_{m-1}(n-1), & m=1,2,\cdots,N \\ g_m(n) = k_m f_{m-1}(n) + g_{m-1}(n-1), & m=1,2,\cdots,N \\ f_N(n) = y(n) \end{cases} \tag{8.168}$$

各级反射系数 k_m 与冲激响应 $p_m(n)$ 之间的递归关系:

$$p_m(0) = 1 \tag{8.169}$$

$$p_m(m) = k_m \tag{8.170}$$

$$p_m(n) = k_m p_m(m-n) + (1-k_m^2) p_{m-1}(n), \quad 2 \leqslant m \leqslant N, 1 \leqslant n \leqslant m-1 \tag{8.171}$$

或可将上述关系表示为如下形式:

$$k_m = p_m(m) \tag{8.172}$$

$$p_{m-1}(n) = \frac{p_m(n) - k_m p_m(m-n)}{1-k_m^2}, \quad 2 \leqslant m \leqslant N, 1 \leqslant n \leqslant m-1 \tag{8.173}$$

式中: $f_m(n)$ 和 $g_m(n)$ 为第 m 级格型滤波器的输出,k_m 称为格型滤波器的反射系数。由此得到图 8.47 所示的 N 级格型滤波器结构。

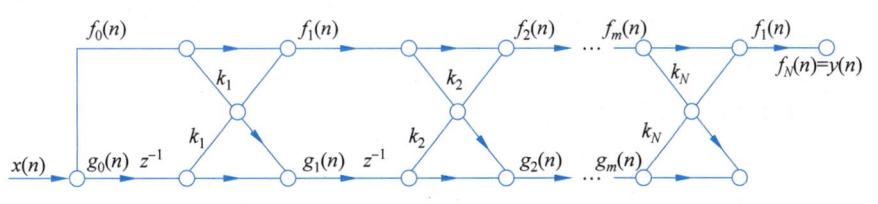

图 8.47 N 级格型滤波器结构

可以通过格型滤波器反射系数确定其对应的 FIR 滤波器系统。

例 8.4 给定反射系数为 $k_1 = \frac{1}{4}, k_2 = \frac{1}{2}, k_3 = \frac{1}{3}$ 的三级格型滤波器,求此格型结构对应的 FIR 滤波器系统。

解: 从单级系统开始递推求解,对于 $m=1$,有冲激响应

$$p_1(0) = 1 \quad p_1(1) = k_1 = \frac{1}{4}$$

对于二级格型,$m=2$,有冲激响应

$$p_2(0) = 1 \quad p_2(2) = k_2 = \frac{1}{2}$$

故有

$$p_2(1) = k_2 p_2(1) + (1-k_2^2) p_1(1)$$

求解得到
$$p_2(1) = \frac{3}{8}$$

对于三级格型，$m=3$，有冲激响应
$$p_3(0) = 1 \quad p_3(3) = k_3 = \frac{1}{3}$$

故有
$$p_3(1) = k_3 p_3(2) + (1-k_3^2) p_2(1)$$
$$p_3(2) = k_3 p_3(1) + (1-k_3^2) p_2(2)$$

求解方程组可得
$$p_3(1) = \frac{13}{24} \quad p_3(2) = \frac{5}{8}$$

故该三阶 FIR 滤波器的系统函数为
$$H(z) = 1 + \frac{13}{24}z^{-1} + \frac{5}{8}z^{-2} + \frac{1}{3}z^{-3}$$

8.3.2 线性相位 FIR 数字滤波器的实现结构

当 $h(n)$ 为奇对称或偶对称序列时，FIR 数字滤波器具有线性相位特性，因此利用 $h(n)$ 的对称条件可以将线性相位 FIR 数字滤波器的网络结构进行简化。下面分四种情况进行讨论。

1. 偶对称：$h(n) = h[N-1-n]$

1) N 为偶数

传输函数可进行如下分解：
$$\begin{aligned} H(z) &= \sum_{n=0}^{N-1} h(n) z^{-n} = \sum_{n=0}^{N/2-1} h(n) z^{-n} + \sum_{n=N/2}^{N-1} h(n) z^{-n} \\ &= \sum_{n=0}^{N/2-1} h(n) z^{-n} + \sum_{n=0}^{N/2-1} h(N-1-n) z^{-(N-1-n)} \\ &= \sum_{n=0}^{N/2-1} h(n) [z^{-n} + z^{-(N-1-n)}] \end{aligned} \tag{8.174}$$

其对应的线性相位滤波器结构如图 8.48 所示。

由于直接型结构 $h(n) \cdot z^{-n} + h(n) \cdot z^{-(N-1-n)}$ 先乘后加，现在是 $h(n) \cdot (z^{-n} + z^{-(N-1-n)})$ 先加后乘，故乘法器少了一半。

2) N 为奇数

传输函数可进行如下分解：
$$H(z) = \sum_{n=0}^{N-1} h(n) z^{-n} = \sum_{n=0}^{\frac{N-1}{2}-1} h(n) z^{-n} + \sum_{n=\frac{N-1}{2}+1}^{N-1} h(n) z^{-n} + h\left(\frac{N-1}{2}\right) z^{-\frac{N-1}{2}}$$

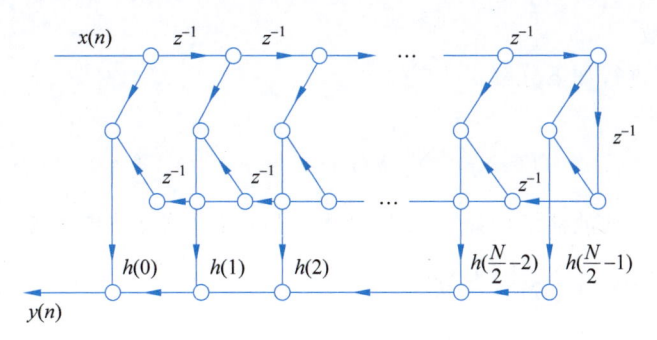

图 8.48　$h(n)$为偶对称，N为偶数时的线性相位滤波器结构

$$= \sum_{n=0}^{\frac{N-1}{2}h} h(n) [z^{-n} + z^{-(N-1-n)}] + h\left(\frac{N-1}{2}\right) z^{-\frac{N-1}{2}} \tag{8.175}$$

其对应的线性相位滤波器结构如图 8.49 所示。

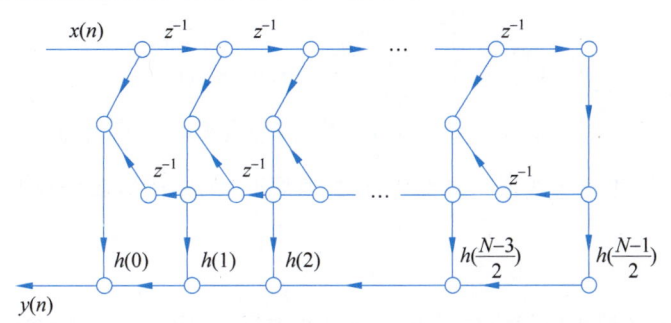

图 8.49　$h(n)$为偶对称，N为奇数时的线性相位滤波器结构

2. 奇对称：$h(n) = -h[N-1-n]$

1) N 为偶数

传输函数可进行如下分解：

$$H(z) = \sum_{n=0}^{\frac{N}{2}-1} h(n)[z^{-n} - z^{-(N-1-n)}] \tag{8.176}$$

其对应的线性相位滤波器结构如图 8.50 所示。

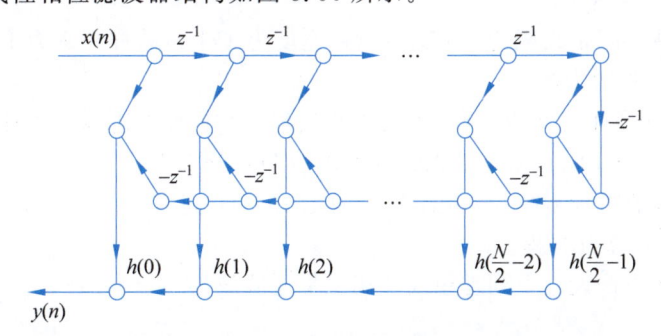

图 8.50　$h(n)$为奇对称，N为偶数时的线性相位滤波器结构

2) N 为奇数

传输函数可进行如下分解：

$$H(z) = \sum_{n=0}^{\frac{N-1}{2}-1} h(n)\left[z^{-n} - z^{-(N-1-n)}\right] \qquad (8.177)$$

其对应的线性相位滤波器结构如图 8.51 所示，可以看出这是将图 8.49 下面一排延时支路变为减号，并去掉 $h\left(\dfrac{N-1}{2}\right)$ 支路。

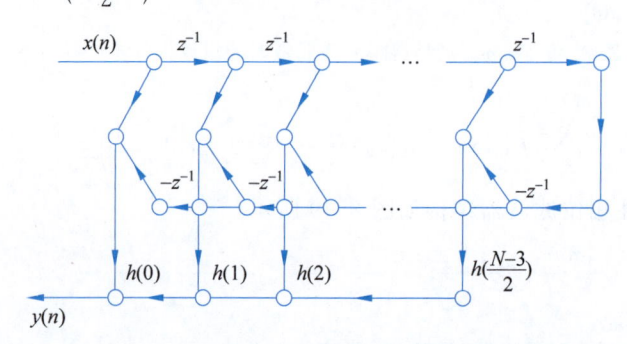

图 8.51 $h(n)$ 为奇对称，N 为奇数时的线性相位滤波器结构

上面各种线性相位滤波器结构都比直接型结构中的乘法器数量减少近 1/2。

习题

1. 用汉宁窗设计线性相位高通 FIR 数字滤波器，其中 $\omega_c = 0.5\pi$，$N=51$。

$$H_d(e^{j\omega}) = \begin{cases} e^{-j(\omega-\pi)\alpha}, & \pi - \omega_c \leqslant \omega \leqslant \pi \\ 0, & 0 \leqslant \omega < \pi - \omega_c \end{cases}$$

试求 $h(n)$ 的表达式，并确定 α 和 N 的关系。

2. 用汉明窗设计线性相位带通滤波器，其中 $\omega_c = 0.2\pi$，$\omega_0 = 0.5\pi$，$N=51$。

$$H_d(e^{j\omega}) = \begin{cases} e^{-j\omega\alpha}, & \omega_0 - \omega_c \leqslant \omega \leqslant \omega_0 + \omega_c \\ 0, & 0 \leqslant \omega < \omega_0 - \omega_c, \omega_0 + \omega_c < \omega \leqslant \pi \end{cases}$$

试求 $h(n)$ 的表达式。

3. 要求滤波器阻带衰减为 75dB，过渡带宽度为 1kHz，采样频率为 16kHz，那么应该选择什么窗函数，长度为多少？

4. 对 10kHz 采样信号设计低通 FIR 滤波器，其中通带边缘为 2kHz，阻带边缘为 3kHz，阻带衰减为 20dB，试解滤波器的冲激响应和差分方程。

5. FIR 滤波器阻带衰减为 50dB，通带为 1.75kHz，过渡带带宽为 1.5kHz，采样频率为 8kHz，试求解其差分方程。

6. 试用窗函数法设计下列理想线性相位带通滤波器 ($\omega_c = 0.1\pi$，$\omega_0 = 0.5\pi$)：

$$H_d(e^{j\omega}) = \begin{cases} e^{-j\omega\alpha}, & \omega_0 - \omega_c \leqslant \omega \leqslant \omega_0 + \omega_c \\ 0, & 0 \leqslant \omega < \omega_0 - \omega_c, \omega_0 + \omega_c < \omega \leqslant \pi \end{cases}$$

(1) 阻带衰减大于 50dB；

(2) 阻带衰减大于 60dB。

7. FIR 数字滤波器的 $h(n)$ 圆周偶对称，满足 $N=6$，且有
$$h(0)=h(5)=1.5$$
$$h(1)=h(4)=2$$
$$h(2)=h(3)=3$$

画出滤波器的结构。

8. FIR 滤波器传输函数 $H(z)=1+16z^{-4}+z^{-8}$，画出其直接型结构和级联型结构。

9. 求具有如下系统函数的 FIR 滤波器的格型滤波器对应系数：
$$H(z)=A_3(z)=1+\frac{13}{24}z^{-1}+\frac{5}{8}z^{-2}+\frac{1}{3}z^{-3}$$

10. $k_1=\frac{1}{4}$, $k_2=\frac{1}{4}$, $k_3=\frac{1}{3}$ 的三级格型滤波器，求直接型结构的 FIR 滤波器的系数。

第 9 章 空间滤波器

9.1 空间滤波器的特性

在阵列信号处理中的波束形成技术也称为空域滤波,下面将以空域波束形成为基础,介绍空间滤波器的特性。

9.1.1 阵列信号模型

阵列信号处理是信号处理的一个重要分支,它是指在空间的不同位置上将一组传感器按照一定方式分布形成传感器阵列,并用这些传感器阵列接收空间信号,再对其进行采样,从而获取来自信号源的空间离散观察数据。

阵列信号处理通过处理阵列接收到的信号增强所需的有用信号,以达到抑制无用干扰和噪声的目的。此外,该方法还可以提取出有用信号的特征及其所包含的各种信息,传感器阵列相较于传统的单个定向传感器具有许多优点,例如,波束控制会更加灵活,信号增益也会增高,抑制干扰的能力不断提高,以及具有较高的空间分辨能力。

由于单一天线的方向性是有限的,所以为了适合各种场合的应用,可以将工作在同一个频率上的两个及其以上的单个天线按照一定要求进行空间排列形成天线阵列,这种阵列又称为天线阵,而阵元就是构成天线阵的天线辐射单元。

以窄带信号的信号源为例构建阵列信号模型。令信号的载波为 $e^{j\omega t}$,并以平面波形式在空间沿波数向量 $\boldsymbol{k}$ 的方向传播,假设基准点处的信号为 $s(t)e^{j\omega t}$,则距离基准点 r 处的阵元接收的信号为

$$s_r(t) = s\left(t - \frac{1}{c}\boldsymbol{r}^\mathrm{T}\boldsymbol{\alpha}\right)\exp[j(\omega t - \boldsymbol{r}^\mathrm{T}\boldsymbol{k})] \tag{9.1}$$

式中: $\boldsymbol{k}$ 为波数向量; $\boldsymbol{\alpha} = \boldsymbol{k}/|\boldsymbol{k}|$,为电波传播方向,单位向量; $|\boldsymbol{k}| = \omega/c = 2\pi/\lambda$,为波数,$c$ 为光速,λ 为电磁波的波长; $(1/c)\boldsymbol{r}^\mathrm{T}\boldsymbol{\alpha}$ 为信号相对于基准点的延时; $\boldsymbol{r}^\mathrm{T}\boldsymbol{k}$ 为电磁波传播到离基准点 r 处的阵元相对于电波传播到基准点的滞后相位。

波传播方向角 θ 是相对于 x 轴的逆时针旋转方向定义的,显然,波数向量可表示为

$$\boldsymbol{k} = k[\cos\theta, \sin\theta]^\mathrm{T} \tag{9.2}$$

电波从点辐射源以球面波向外传播,只要离辐射源足够远,在接收的局部区域,球面波就可以近似为平面波。雷达和通信信号的传播一般满足这一远场条件。

设在空间有 N 个阵元组成阵列,将阵元从 1~N 编号,并以阵元 1(也可选择其他阵元)作为基准或参考点。设各阵元无方向性(全向),相对于基准点的位置向量分别为 $\boldsymbol{r}_i$ ($i=1,\cdots,N$; $\boldsymbol{r}_1=0$)。若基准点处的接收信号为 $s(t)e^{j\omega t}$,则各阵元上的接收信号分别为

$$s_i(t) = s\left(t - \frac{1}{c}\boldsymbol{r}_i^\mathrm{T}\boldsymbol{\alpha}\right)\exp[j(\omega t - \boldsymbol{r}_i^\mathrm{T}\boldsymbol{k})] \tag{9.3}$$

在通信里信号的频带 B 比载波值 ω 小得多,所以 $s(t)$ 的变化相对缓慢,延时 $(1/c)\boldsymbol{r}^\mathrm{T}\boldsymbol{\alpha} \ll (1/B)$,故有 $s(t-(1/c)\boldsymbol{r}^\mathrm{T}\boldsymbol{\alpha}) \approx s(t)$,即信号包络在各阵元上的差异可忽略,这种信号称为窄带信号。

这里的窄带信号是相对于信号(复信号)的载频而言,信号包络的带宽很窄,变化相

对缓慢,在各阵元上的差异可忽略,可以看作包络相同,只需考虑相位的变化,而它只依赖阵列的几何结构。均匀线阵则更简单,只依赖与 x 轴的夹角,如图9.1所示。

设 θ 为均匀线阵中信号入射方向与线阵法线方向的夹角,若以阵元1为参考点,阵元 m 与参考点的波程差为

$$\tau_m = \frac{1}{c}(m-1)d\sin\theta \tag{9.4}$$

则各阵元接收信号可写为

$$\begin{cases} x_1(t) = s(t)\mathrm{e}^{\mathrm{j}\omega t} \\ x_2(t) = s(t)\mathrm{e}^{\mathrm{j}\omega t}\mathrm{e}^{-\mathrm{j}\frac{2\pi}{\lambda}d\sin\theta} \\ \vdots \\ x_N(t) = s(t)\mathrm{e}^{\mathrm{j}\omega t}\mathrm{e}^{-\mathrm{j}\frac{2\pi}{\lambda}(N-1)d\sin\theta} \end{cases} \tag{9.5}$$

写成矢量的形式

$$\boldsymbol{x}(t) = \begin{bmatrix} x_1(t) \\ x_2(t) \\ \vdots \\ x_N(t) \end{bmatrix} = s(t)\mathrm{e}^{\mathrm{j}\omega t} \begin{bmatrix} 1 \\ \mathrm{e}^{-\mathrm{j}\frac{2\pi}{\lambda}d\sin\theta} \\ \vdots \\ \mathrm{e}^{-\mathrm{j}\frac{2\pi}{\lambda}(N-1)d\sin\theta} \end{bmatrix} \tag{9.6}$$

式中的向量部分为方向矢量或导向矢量,记为 $\boldsymbol{a}(\theta)$。在窄带条件下,只依赖阵列的几何结构和波的传播方向。

除了均匀线阵以外,还存在着面阵、圆阵等阵列信号。

假设有一个 $M \times N$ 的均匀面阵,其几何关系如图9.2所示,以阵列左上角的阵元为参考点,x 轴上有 M 个间距为 d 的阵元,y 轴上有 N 个间距为 d 的阵元。另假设信号的入射方位角为 θ,俯仰角为 φ,则信号入射到阵元 $P_{m\times n}$ 上引起的与参考阵元间的时延为

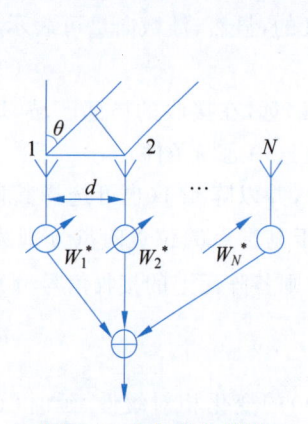

图9.1 均匀线阵模型

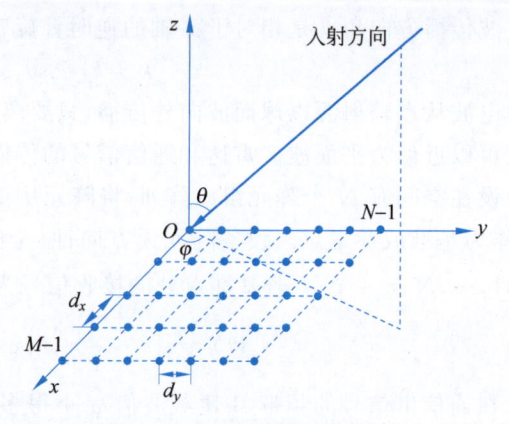

图9.2 平面阵空间几何关系

$$\tau_{m\times n} = \frac{\langle P_{m\times n}, r \rangle}{c} = \frac{1}{c}(md_x\sin\theta\cos\varphi + nd_y\sin\theta\sin\varphi) \tag{9.7}$$

信号相移为

$$\phi_{m\times n}(\theta,\varphi) = \frac{2\pi}{\lambda}(md_x\sin\theta\cos\varphi + nd_y\sin\theta\sin\varphi) = m\phi_x + n\phi_y \quad (9.8)$$

同理,对 K 个入射信号 $s_K(n)$ 有向量形式,展开为

$$\begin{bmatrix} x_{0\times 0}(n) \\ x_{0\times 1}(n) \\ \vdots \\ x_{(M-1)\times(N-1)}(n) \end{bmatrix} = \begin{bmatrix} e^{-j\phi_{0\times 0,1}} & e^{-j\phi_{0\times 0,2}} & \cdots & e^{-j\phi_{0\times 0,K}} \\ e^{-j\phi_{0\times 1,1}} & e^{-j\phi_{0\times 1,2}} & \cdots & e^{-j\phi_{0\times 1,K}} \\ \vdots & \vdots & & \vdots \\ e^{-j\phi_{(M-1)\times(N-1),1}} & e^{-j\phi_{(M-1)\times(N-1),2}} & \cdots & e^{-j\phi_{(M-1)\times(N-1),K}} \end{bmatrix} \begin{bmatrix} s_1(n) \\ s_2(n) \\ \vdots \\ s_K(n) \end{bmatrix}$$
(9.9)

均匀圆阵是 M 个各向同性的阵元均匀地分布在半径为 R 的圆上,如图 9.3 所示。以均匀圆阵的中心为参考点,阵元 m 相对参考点(即坐标原点)的延时为

$$\tau_m = \frac{1}{c}\left(R\cos\frac{2\pi m}{M}\sin\theta\cos\varphi + R\sin\frac{2\pi m}{M}\sin\theta\sin\varphi\right) = \frac{R}{c}\sin\theta\cos\left(\varphi - \frac{2\pi m}{M}\right) \quad (9.10)$$

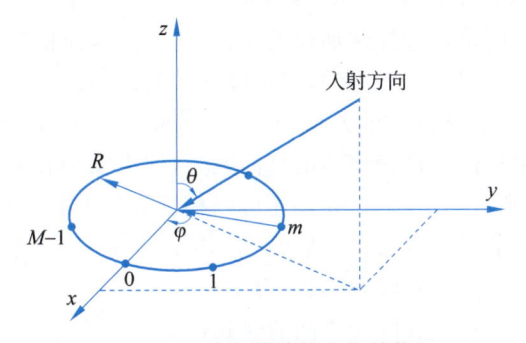

图 9.3 均匀圆阵的几何结构

相对相移为

$$\phi_m(\theta,\varphi) = \frac{2\pi}{\lambda}R\sin\theta\cos\left(\varphi - \frac{2\pi m}{M}\right) \quad (9.11)$$

同理,对 K 个入射信号 $s_K(n)$ 有向量形式,展开为

$$\begin{bmatrix} x_0(n) \\ x_1(n) \\ \vdots \\ x_{M-1}(n) \end{bmatrix} = \begin{bmatrix} e^{-j\phi_{0,1}} & e^{-j\phi_{0,2}} & \cdots & e^{-j\phi_{0,K}} \\ e^{-j\phi_{1,1}} & e^{-j\phi_{1,2}} & \cdots & e^{-j\phi_{1,K}} \\ \vdots & \vdots & & \vdots \\ e^{-j\phi_{M-1,1}} & e^{-j\phi_{M-1,2}} & \cdots & e^{-j\phi_{M-1,K}} \end{bmatrix} \begin{bmatrix} s_1(n) \\ s_2(n) \\ \vdots \\ s_K(n) \end{bmatrix} \quad (9.12)$$

9.1.2 波束形成

波束形成(BF)又称为空域滤波,是阵列处理的一个主要领域,并逐步成为阵列信号处理的标志之一。波束形成的实质是通过对各阵元加权进行空域滤波,来达到增强期望信号、抑制干扰的目的。在这一过程中,可以根据信号环境的变化自适应地改变各阵元的加权因子。

波束成形的基本思路：通过将各阵元的输出进行加权求和，在一段时间内将天线阵列波束"导向"到一个方向，对期望信号得到最大输出功率的导向位置给出波达方向估计。以均匀线阵为例，最后的输出就是各阵元的接收信号与各自的权重相乘之后的和，可以表示为

$$y(t) = \sum_{i=0}^{N} W_i^* x_i(t) = \boldsymbol{W}^H \boldsymbol{x}(t) = s(t) e^{j\omega t} \boldsymbol{W}^H \boldsymbol{a}(\theta) \tag{9.13}$$

式中：$\boldsymbol{x}(t) = [x_1(t) \quad x_2(t) \quad \cdots \quad x_N(t)]^T$；$\boldsymbol{W} = [W_1 \quad W_2 \quad \cdots \quad W_N]^T$；$W_i^*$ 为第 i 个通道的复加权系数，用来调整该通道的幅度和相位。

式(9.13)中，记 $P_W(\theta) = \boldsymbol{W}^H \boldsymbol{a}(\theta)$，称为方向图。当 $\boldsymbol{W}$ 对某个方向 θ_0 的信号同相相加时得 $P_W(\theta_0)$ 的模值最大。对于 $\boldsymbol{x}(t)$ 实际上是空域采样信号，波束形成实现了对方向角 θ 的选择，即实现了空域滤波。这一点可以对比时域滤波，实现频率选择。

阵列输出的绝对值与来波方向之间的关系称为天线的方向图。方向图一般有两类：一类是静态方向图，阵列输出的直接相加（不考虑信号及其来向），此时每一个阵元的权值都为1，其阵列的最大值出现在阵列法线方向（即 $\theta = 0$）；另一类是带指向的方向图（考虑信号指向），信号的指向是通过控制加权的相位来实现的，即相控阵列。

虽然阵列天线的方向图是全方向的，但是阵列的输出经过加权求和后可以被调整到阵列接收的方向，即增益聚集在一个方向，相当于形成了一个"波束"。这就是波束形成的物理意义所在。如果将传统通信比作电灯泡发光，波束赋形技术的作用就相当于手电筒，光可以智能地汇集到目标位置上，并且还可以根据目标的数目构造手电筒的数目，由全向的信号覆盖变为精准指向性服务，波束之间不会相互干扰，在相同的空间中能够提供更多的通信链路，极大地提高基站的服务容量。

为了在某一方向 θ 上补偿各阵元之间的时延以形成一个主瓣，常规波束形成器在对应方向上的加权向量的构成为

$$\boldsymbol{W} = [1 \quad e^{-j\omega\tau} \quad \cdots \quad e^{-j(N-1)\omega\tau}]^T \tag{9.14}$$

式中：τ 为与参考点的波程差。

观察式(9.14)可知，若空间中只有一个来自方向 θ 的信号，其方向向量 $\boldsymbol{a}(\theta)$ 的表示形式与此权向量一样，则有

$$y(t) = \boldsymbol{W}^H \boldsymbol{x}(t) = \boldsymbol{a}^H(\theta) \boldsymbol{x}(t) \tag{9.15}$$

常规波束形成器的输出功率可以表示为

$$P_{CBF}(\theta) = E\{y(t)^2\} = \boldsymbol{W}^H \boldsymbol{R} \boldsymbol{W} = \boldsymbol{a}^H(\theta) \boldsymbol{R} \boldsymbol{a}(\theta) \tag{9.16}$$

式中：$\boldsymbol{R}$ 为阵列输出 $\boldsymbol{x}(t)$ 的协方差矩阵，即 $\boldsymbol{R} = E\{\boldsymbol{x}(t)\boldsymbol{x}^H(t)\}$。

9.2 空间滤波器的性能描述

以图9.1中的均匀线阵为例，令 $\tau_l = (l-1)d\sin\theta/c$ 为与参考点的波程差，$g_0 = s(t)e^{j\omega t}$ 为来波的复振幅，则阵列的输出为

$$Y_0 = \boldsymbol{W}^H \boldsymbol{x}(t) = \sum_{l=1}^{N} \omega_l g_0 e^{-j\omega\tau_l} = \sum_{l=1}^{N} \omega_l g_0 e^{-j\frac{2\pi}{\lambda}(l-1)d\sin\theta} = \sum_{l=1}^{N} \omega_l g_0 e^{-j(l-1)\beta} \tag{9.17}$$

式中：$\beta = \dfrac{2\pi}{\lambda} d \sin\theta$，$\lambda$ 为入射信号的波长。

当式(9.17)中$\boldsymbol{\omega}_l = (l=1,2,\cdots,N)$时，式(9.17)可进一步化简为

$$Y_0 = N g_0 \mathrm{e}^{-\mathrm{j}(N-1)\beta/2} \dfrac{\sin(N\beta/2)}{N\sin(\beta/2)} \tag{9.18}$$

可得均匀线阵的静态方向图

$$P_0(\theta) = \left| \dfrac{\sin(N\beta/2)}{N\sin(\beta/2)} \right| \tag{9.19}$$

若要波束形成指向 θ_0，则可取 $\boldsymbol{W} = \boldsymbol{a}(\theta_0)$，$\beta_0 = \dfrac{2\pi}{\lambda} d \sin\theta_0$，代入式(9.19)可得

$$P(\theta) = \left| \dfrac{\sin[N(\beta - \beta_0)/2]}{N\sin(\beta - \beta_0)/2} \right| \tag{9.20}$$

此时的 $|P(\theta)|$ 就是天线功率方向图，如图 9.4 所示。

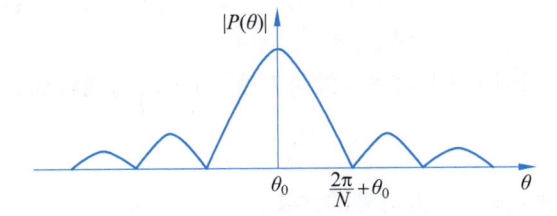

图 9.4 天线功率方向图 $|P(\theta)|$

类似于时域滤波，天线方向图就是最优权的傅里叶变换，如图 9.5 所示。图 9.5(a) 是天线方向图，图 9.5(b)是傅里叶变换图，可以看出两者非常相似。

(a)

(b)

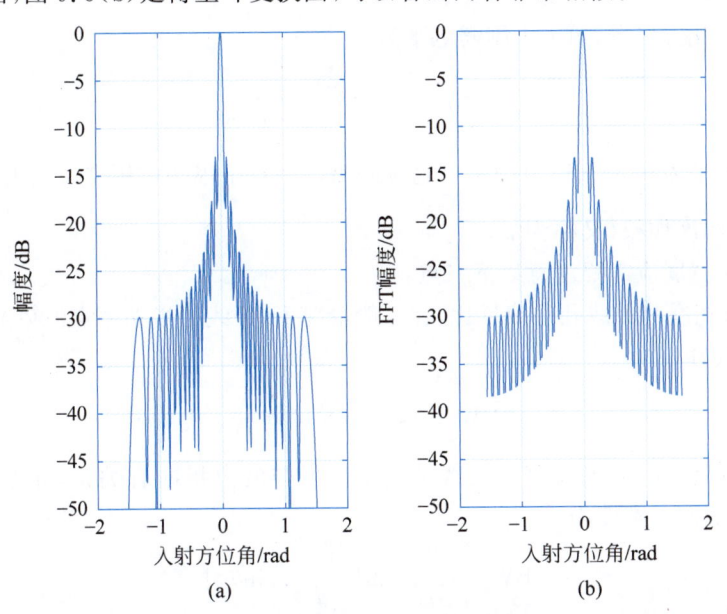

图 9.5 方向图和傅里叶变换图对比

9.2.1 波束宽度

1. 波束主瓣宽度

线阵的测向范围为$[-90°,90°]$,而一般的面阵如圆阵的测向范围为$[-180°,180°]$,对于线阵来说,由式(9.19)可知,N个阵元的均匀线阵的静态方向图为

$$P_0(\theta) = \left| \frac{\sin(N\beta/2)}{N\sin(\beta/2)} \right| \tag{9.21}$$

式中:

$$\beta = \frac{2\pi}{\lambda} d\sin\theta$$

对于天线静态方向图主瓣的零点,由$|P_0(\theta)|^2=0$可得零点波束宽度为

$$\text{BW}_0 = 2\arcsin(\lambda/Nd) \tag{9.22}$$

由$|P_0(\theta)|^2=1/2$可得半功率点波束宽度$\text{BW}_{0.5}$,即在$Nd \gg \lambda$的条件下,3dB带宽为

$$\text{BW}_{0.5} \approx 0.886(\lambda/Nd) \tag{9.23}$$

式(9.23)是静态方向图的半功率点波束宽度,对于均匀线阵而言,其波束宽度为

$$\text{BW}_{0.5} \approx \frac{51°}{D/\lambda} = \frac{0.89}{D/\lambda}(\text{rad}) \tag{9.24}$$

式中:D为天线的有效孔径;λ为信号的波长。

对于M阵元的等距均匀线阵,阵元间距为$\lambda/2$,则天线的有效孔径为

$$D = (M-1)\lambda/2$$

2. 副瓣宽度

对于归一化方向图,第l个副瓣电平为

$$d_l = \frac{2}{(2|l|+1)\pi} \tag{9.25}$$

则最大副瓣电平为$\frac{2}{3\pi}=-13.4(\text{dB})$。这种副瓣电平对于很多应用来说太大,为了降低副瓣,可以采用幅度加权(又称为加窗)。

关于波束宽度应需要注意以下三点:

(1)波束宽度与天线孔径成反比,在一般情况下,天线的半功率点波束宽度与天线孔径之间的关系为

$$\text{BW}_{0.5} \approx (40 \sim 60)\frac{\lambda}{D} \tag{9.26}$$

(2)对于某些阵列(如线阵),天线的波束宽度与波束指向有关系,如波束指向为θ_d时,均匀线阵的波束宽度为

$$\text{BW}_0 = 2\arcsin\left(\frac{\lambda}{Nd} + \sin\theta_d\right) \tag{9.27}$$

$$\text{BW}_{0.5} \approx 0.886\frac{\lambda}{Nd}\frac{1}{\cos\theta_d} \tag{9.28}$$

(3)波束宽度越窄,阵列的指向性越好,也就说明阵列分辨空间信号的能力越强。

9.2.2 分辨率

分辨率是指在多目标环境下雷达能否将两个或两个以上邻近目标区分开来的能力。在阵列测向中,某方向上对信源的分辨率与在该方向附近阵列方向向量的变化率直接相关。在方向向量变化较快的方向附近,随信源角度变化,阵列快拍数据变化也较大,分辨率也较高。表征分辨率为

$$D(\theta) = \left\| \frac{\mathrm{d}a(\theta)}{\mathrm{d}\theta} \right\| \propto \left\| \frac{\mathrm{d}\tau}{\mathrm{d}\theta} \right\| \qquad (9.29)$$

$D(\theta)$越大,表明在该方向上的分辨率越高。

对于均匀线阵,有

$$D(\theta) \propto \cos\theta \qquad (9.30)$$

说明信号在 0°方向分辨率最高,而在 60°方向分辨率已降了一半,所以一般线阵的测向范围为 $-60° \sim 60°$。

图 9.6 展示了阵元间距一定的情况下不同阵列个数下均匀线阵的方向图,此时的来波方向都指向 $\theta_0 = 0°$。从图中可以看出,随着 n 的增加,方向图的最高点逐渐变大,主瓣也逐渐变窄。由此可得,随着阵元数的增加,波束宽度变窄,分辨率提高。在此基础上,图 9.7 展示了波束宽度与阵元数目以及波达方向的关系,可以看出波束宽度随着阵元数目的增加而减小,在一定范围内波达方向对波束宽度的影响很小,可以忽略不计,超过这个范围波束宽度会随着波达方向的变大而变大。

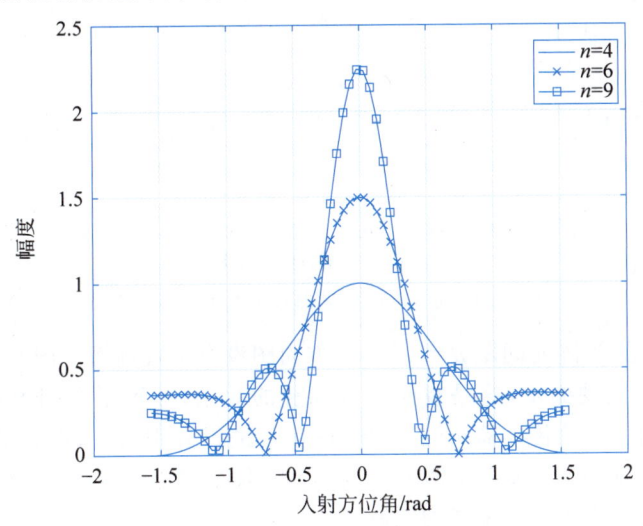

图 9.6 不同阵列个数下的方向图

图 9.8 展示了在阵列个数一定的情况下不同的阵元间距对方向图的影响。由图可以看出,在同等条件下,随着阵元间距的增大,波束宽度逐渐变窄,方向图衰减得越来越快,主次瓣的差距越大,次瓣衰减越快,效果越好。但阵元间距一定是越大越好吗?图 9.9 和图 9.10 分别展示了 $d = \lambda/2$ 和 $d = 2\lambda$ 时的天线方向图。

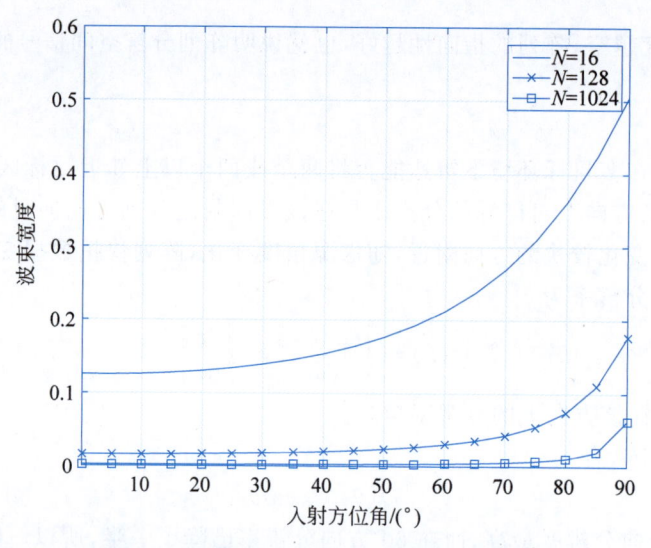

图 9.7 波束宽度与波达方向及阵元数目的关系

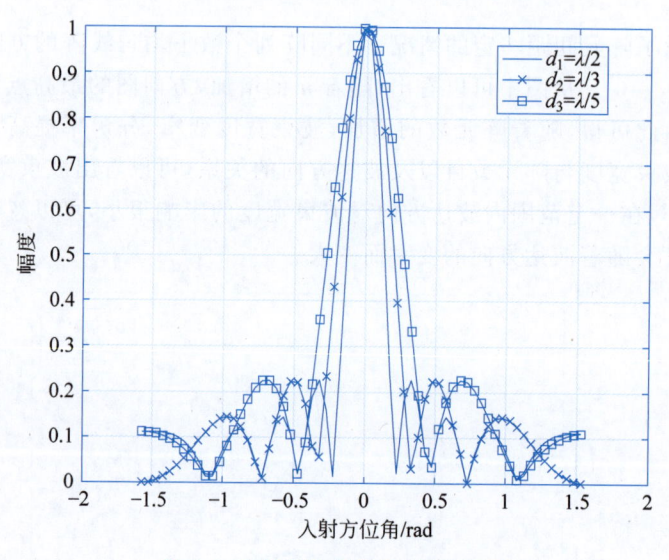

图 9.8 不同阵元间距下的方向图

由图 9.9 可见,当阵元间距 $d=\lambda/2$ 时,方向图没有出现栅瓣。图 9.10 可见,当阵元间距 $d=2\lambda$ 时,会出现栅瓣,这是空间信号混叠的效果,导致了空间模糊。在均匀线阵中,利用不同空间位置的传感器对同一时刻的信号进行分别接收,得到了空间采样,阵元间距 d 引入的时延,可以认为是时间采样间隔,联系到奈奎斯特采样定理,采样频率 $f_s=1/\tau \geqslant 2f_0$ 可以推出空间采样的限制:

$$d \leqslant \lambda/2 \tag{9.31}$$

阵元间距受到了波长的限制,那么波长又会怎样影响到方向图呢?图 9.11 展示了方向图与波长之间的关系。这里指定了不变的阵元间距,且均满足式(9.31)。

由图 9.11 可以看出,在其他条件不变时,随着波长的增大,方向图衰减得越来越慢,收敛性也变得越来越差。

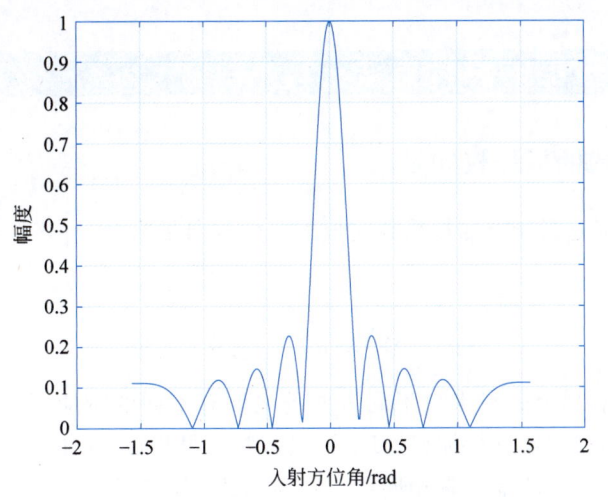

图 9.9 $d=\lambda/2$ 时的天线方向图

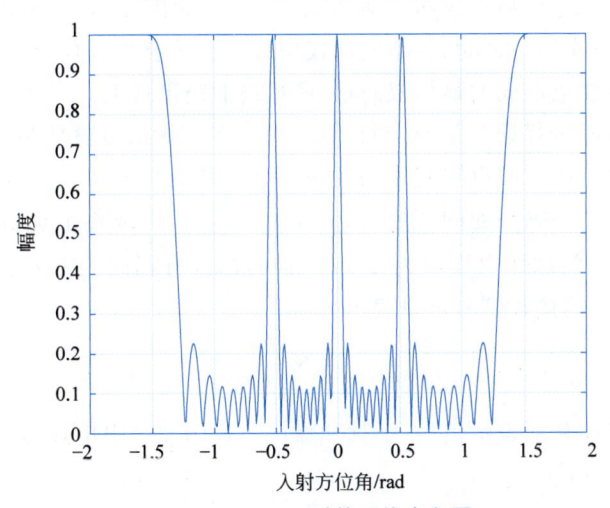

图 9.10 $d=2\lambda$ 时的天线方向图

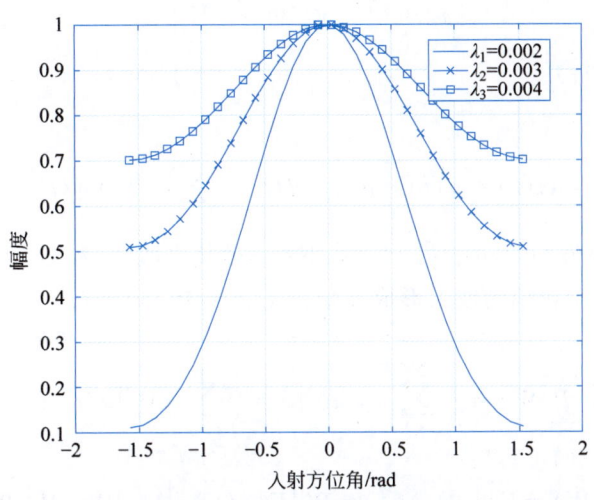

图 9.11 不同波长下的方向图

9.3 空间滤波器的设计方法

9.3.1 波束形成的最佳权向量

波束导向 θ_d 是通过调整加权系数完成的。令权向量为 $\mathbf{W}=[W_1 \quad W_2 \quad \cdots \quad W_N]^T$，则输出可表示为

$$y(n)=\mathbf{W}^H \mathbf{x}(n)=\sum_{i=0}^{N} W_i^* x_i(n) \tag{9.32}$$

对不同的权向量，上式对来自不同方向的电波有不同的响应，从而形成不同方向的空间波束。一般用移相器进行加权处理，即只调整信号相位，而不改变信号幅度，因为信号在任一瞬间各阵元上的幅度是相同的。不难看出，若空间只有一个来自方向 θ_d 的电波，其方向向量为 $\mathbf{a}(\theta_d)$，则当权向量 $\mathbf{W}$ 取 $\mathbf{a}(\theta_d)$ 时，输出 $y(n)=\mathbf{a}(\theta_d)^H \mathbf{a}(\theta_d)=N$ 最大，以实现导向定位作用。这时，各路的加权信号为相干叠加，这一结果称为空域匹配滤波。可以通过寻找波束形成的最佳权向量，使最终的输出最大。

匹配滤波在白噪声背景下是最佳的，但如果存在干扰信号就要另考虑。下面考虑更复杂情况下的波束形成。假设空间远场有一个感兴趣的信号 $d(t)$（或称期望信号，其波达方向为 θ_d）和 J 个不感兴趣的信号 $i_j(t)(j=1,2,\cdots,J$，或称干扰信号，其波达方向为 θ_{ij}）。令每个阵元上的加性白噪声为 $n_k(t)$，它们都具有相同的方差 σ^2。在这些假设条件下，第 k 个阵元上的接收信号可以表示为

$$x_k(t)=a_k(\theta_d)d(t)+\sum_{j=1}^{J} a_k(\theta_{ij})i_j(t)+n_k(t) \tag{9.33}$$

式中等号右边的三项分别表示信号、干扰和噪声。式(9.33)用矩阵形式表示，则有

$$\begin{bmatrix} x_1(t) \\ x_2(t) \\ \vdots \\ x_N(t) \end{bmatrix} = [\mathbf{a}(\theta_d), \mathbf{a}(\theta_{i_1}), \cdots, \mathbf{a}(\theta_{i_J})] \begin{bmatrix} d(t) \\ i_1(t) \\ \vdots \\ i_J(t) \end{bmatrix} + \begin{bmatrix} n_1(t) \\ n_2(t) \\ \vdots \\ n_N(t) \end{bmatrix} \tag{9.34}$$

或简记为

$$\mathbf{x}(t)=\mathbf{As}(t)+\mathbf{n}(t)=\mathbf{a}(\theta_d)d(t)+\sum_{j=1}^{J}\mathbf{a}(\theta_{ij})i_j(t)+\mathbf{n}(t) \tag{9.35}$$

式中：$\mathbf{a}(\theta_k)=[a_1(\theta_k),\cdots,a_N(\theta_k)]^T$，表示来自波达方向 $\theta_k(k=d,i_1,i_2,\cdots)$ 的发射信源的方向向量。N 个快拍的波束形成器输出 $y(t)=\mathbf{W}^H \mathbf{x}(t)(t=1,2,\cdots,N)$ 的平均功率为

$$P(\mathbf{W})=\frac{1}{N}\sum_{i=1}^{N}|y(t)|^2=\frac{1}{N}\sum_{i=1}^{N}|\mathbf{W}^H \mathbf{x}(t)|^2 \tag{9.36}$$

当 $N \to \infty$ 时，式(9.36)可写为

$$P(\mathbf{W})=E\{|y(t)|^2\}=\mathbf{W}^H E\{\mathbf{x}(t)\mathbf{x}^H(t)\}\mathbf{W}=\mathbf{W}^H \mathbf{R} \mathbf{W} \tag{9.37}$$

式中：$R = E\{x(t)x^H(t)\}$，为阵列输出的协方差矩阵。

式(9.37)可展开为

$$P(W) = E\{|d(t)|^2\}|W^H a(\theta_d)|^2 + \sum_{j=1}^{J} E\{|i_j(t)|^2\}|W^H a(\theta_{i_j})| + \sigma_n^2 \|W\|^2 \tag{9.38}$$

在获得式(9.38)的过程中，使用了各加性噪声具有相同的方差 σ_n^2 这一假设。为了保证来自方向 θ_d 期望信号的正确接收，并完全抑制其他 J 个干扰，很容易根据式(9.38)得到关于权向量的约束条件

$$W^H a(\theta_d) = 1, \quad W^H a(\theta_{i_j}) = 0 \tag{9.39}$$

约束条件式(9.39)称为波束"置零条件"，因为它强迫接收阵列波束方向图的"零点"指向所有 J 个干扰信号。在约束条件式(9.39)下，式(9.38)简化为

$$P(W) = E\{|d(t)|^2\} + \sigma_n^2 \|W\|^2$$

从提高信干噪比的角度来看，以上的干扰置零并不是最佳选择。这是因为虽然选定的权值可使干扰输出为零，但是可能使噪声输出加大。因此，抑制干扰和噪声应一同考虑。这样一来，波束形成器最佳权向量的确定可以叙述为，在式(9.39)的约束下求满足下式的权向量 W，即

$$\min_W E\{|y(t)|^2\} = \min_W \{W^H R W\} \tag{9.40}$$

这个问题很容易用拉格朗日(Lagrange)乘子法求解。令目标函数为

$$L(W) = W^H R W + \lambda [W^H a(\theta_d) - 1] \tag{9.41}$$

根据线性代数的有关知识，函数 $f(W)$ 对复向量 W 求偏导，可以得到

$$\frac{\partial (W^H A W)}{\partial W} = 2AW, \quad \frac{\partial (W^H c)}{\partial W} = c \tag{9.42}$$

由式(9.41)和式(9.42)易知，$\partial L(W)/\partial W = 0$ 的结果为 $2RW + \lambda a(\theta_d) = 0$，得到的接收来自方向 θ_d 的期望信号的波束形成器的最佳权向量为

$$W_{\text{opt}} = \mu R^{-1} a(\theta_d) \tag{9.43}$$

式中：μ 为比例常数；θ_d 为期望信号的波达方向。

这样就可以决定 $J+1$ 个发射信号的波束形成的最佳权向量。此时，波束形成器将只接收来自方向 θ_d 的信号，并抑制所有来自其他波达方向的信号。

注意到约束条件 $W^H a(\theta_d) = 1$ 也可等价地写作 $a^H(\theta_d) W = 1$，则式(9.43)两边同乘以 $a^H(\theta_d)$，并与等价的约束条件比较，可得式(9.43)中的常数 μ 应满足

$$\mu = \frac{1}{a^H(\theta_d) R^{-1} a(\theta_d)} \tag{9.44}$$

从上面介绍的阵列处理的基本问题可以看出，空域处理和时域处理的任务截然不同：传统的时域处理的任务主要提取信号的包络信息，作为载体的载波在完成传输任务后不再有用；传统的空域处理为了区别波达方向，主要利用载波在不同阵元间的相位差，包络反而不起作用，并利用窄带信号的复包络在各阵元的延迟可忽略不计这一特点来简化计算。

如式(9.43)和式(9.44)所示,波束形成器的最佳权向量 W 取决于阵列方向向量 $a(\theta_k)$,而在移动通信里的用户的方向向量一般是未知的,需要估计(称为波达方向(DOA)估计)。因此,在使用式(9.43)计算波束形成的最佳权向量之前,必须在已知阵列几何结构的前提下先估计期望信号的波达方向。该波束形成器可称最小方差无畸变响应(MVDR)。

9.3.2 空域滤波设计准则

由于传统的常规波束形成法分辨率较低,这促使科研人员开始对高分辨波束形成技术进行探索,自适应波束形成算法很快就成了研究热点。自适应波束形成在某种最优准则下通过自适应算法来实现权集寻优,它能够适应各种环境的变化,实时地将权集调整到最佳位置附近。首先介绍一些空域滤波设计准则。

波束形成算法是在一定准则下综合各输入信息来计算最优权值的数学方法。这些准则中最重要、最常用的如下:

1. 最大信噪比准则

假设阵列信号 $\boldsymbol{X}(t) = \boldsymbol{X}_s(t) + \boldsymbol{X}_n(t)$,信号分量 $X_s(t)$ 与噪声分量 $X_n(t)$ 统计无关,且各自相关矩阵已知:

$$\boldsymbol{R}_s(t) = E\{\boldsymbol{X}_s(t)\boldsymbol{X}_s^H(t)\}, \quad \boldsymbol{R}_n(t) = E\{\boldsymbol{X}_n(t)\boldsymbol{X}_n^H(t)\} \tag{9.45}$$

则

$$y(t) = \boldsymbol{W}^H \boldsymbol{x}(t) = \boldsymbol{W}^H \boldsymbol{X}_s(t) + \boldsymbol{W}^H \boldsymbol{X}_n(t) \tag{9.46}$$

此时的输出功率为

$$E\{|y(t)|^2\} = \boldsymbol{W}^H \boldsymbol{R}_s \boldsymbol{W} + \boldsymbol{W}^H \boldsymbol{R}_n \boldsymbol{W} \tag{9.47}$$

式中:$\boldsymbol{W}^H \boldsymbol{R}_s \boldsymbol{W}$ 为信号功率;$\boldsymbol{W}^H \boldsymbol{R}_n \boldsymbol{W}$ 为噪声功率。

由式(9.47)可知,MSNR 准则即

$$\max_{\boldsymbol{W}} \frac{\boldsymbol{W}^H \boldsymbol{R}_s \boldsymbol{W}}{\boldsymbol{W}^H \boldsymbol{R}_n \boldsymbol{W}} \tag{9.48}$$

也就是说,要使期望信号分量功率与噪声分量功率之比最大,但是必须要知道噪声的统计量和期望信号的波达方向。

在使用最大信噪比准则(MSNR)时,要利用下式中的瑞利熵来求解,即

$$\lambda_{\min}(R) \leqslant \frac{\boldsymbol{X}^H \boldsymbol{R} \boldsymbol{X}}{\boldsymbol{X}^H \boldsymbol{X}} \leqslant \lambda_{\max}(R) \tag{9.49}$$

则式(9.48)可以化简为

$$\max_{\boldsymbol{W}} \frac{\boldsymbol{W}^H \boldsymbol{R}_s \boldsymbol{W}}{\boldsymbol{W}^H \boldsymbol{R}_n \boldsymbol{W}} = \max_{\boldsymbol{W}} \frac{\boldsymbol{W}^H (\boldsymbol{R}_n^{\frac{1}{2}})^H \boldsymbol{R}_n^{-\frac{1}{2}} \boldsymbol{R}_s \boldsymbol{R}_n^{-\frac{1}{2}} \boldsymbol{R}_n^{\frac{1}{2}} \boldsymbol{W}}{\boldsymbol{W}^H \boldsymbol{R}_n^{\frac{1}{2}} \boldsymbol{R}_n^{\frac{1}{2}} \boldsymbol{W}} = \max_{\boldsymbol{V}} \frac{\boldsymbol{V}^H \boldsymbol{R}_{sn} \boldsymbol{V}}{\boldsymbol{V}^H \boldsymbol{V}} \tag{9.50}$$

式中

$$\boldsymbol{V} = \boldsymbol{R}_n^{\frac{1}{2}} \boldsymbol{W}, \quad \boldsymbol{R}_{sn} = \boldsymbol{R}_n^{-\frac{1}{2}} \boldsymbol{R}_s \boldsymbol{R}_n^{-\frac{1}{2}}$$

根据式(9.49)可以看出,求解 MSNR 即是求 $\boldsymbol{R}_{sn}$ 的最大特征值问题:
$$\boldsymbol{R}_{sn}\boldsymbol{V}_{opt} = \lambda_{max}\boldsymbol{V}_{opt} \tag{9.51}$$
展开 $\boldsymbol{R}_{sn}$ 和 $\boldsymbol{V}_{opt}$,可得
$$\boldsymbol{R}_s\boldsymbol{W}_{opt} = \lambda_{max}\boldsymbol{R}_n\boldsymbol{W}_{opt} \tag{9.52}$$
由式(9.52)可知,$\boldsymbol{W}_{opt}$ 是矩阵对 $(\boldsymbol{R}_s, \boldsymbol{R}_n)$ 的最大广义特征值对应的特征矢量。

这里有三个特例:

(1) 单点源信号:$\boldsymbol{X}_s(t) = s(t)\boldsymbol{a}(\theta_0)$,$\boldsymbol{R}_s = \sigma_s^2 \boldsymbol{a}(\theta_0)\boldsymbol{a}^H(\theta_0)$

则有
$$\sigma_s^2 \boldsymbol{a}(\theta_0)\boldsymbol{a}^H(\theta_0)\boldsymbol{W}_{opt} = \lambda_{max}\boldsymbol{R}_n\boldsymbol{W}_{opt}$$
$$\Rightarrow \mu\boldsymbol{a}(\theta_0) = \boldsymbol{R}_n\boldsymbol{W}_{opt}$$
$$\Rightarrow \boldsymbol{W}_{opt} = \mu\boldsymbol{R}_n^{-1}\boldsymbol{a}(\theta_0)$$

(2) 在高斯白噪声条件下,$\boldsymbol{R}_n = \sigma_n^2 \boldsymbol{I}_n$,则
$$\boldsymbol{R}_s\boldsymbol{W}_{opt} = \mu\boldsymbol{W}_{opt} = \lambda_{max}\sigma_n^2\boldsymbol{W}_{opt}$$
可见,$\boldsymbol{W}_{opt}$ 是 $\boldsymbol{R}_s$ 的最大特征值对应的特征矢量。

(3) 既是高斯白噪声又是单点源信号,则 $\boldsymbol{W}_{opt} = \boldsymbol{a}(\theta_0)$。

如何应用 MSNR 设计最优波束形成器,关键在于能否分别计算信号功率和噪声功率。例如,在仅含噪声(干扰)数据时,可以估计出 $\boldsymbol{R}_n$,从而得到 $\boldsymbol{W}^H\boldsymbol{R}_n\boldsymbol{W}$;当既有信号又有噪声时,$\boldsymbol{R}_x = \boldsymbol{R}_s + \boldsymbol{R}_n$,利用要估计单元周围的单元来估计噪声协方差矩阵,即用参考单元估计,或者存在智能天线时,使用扩频信号进行估计。

2. 最小均方误差准则

应用最小均方误差准则(MMSE)时,需要一个期望输出(参考)信号 $d(t)$,MMSE 就是使估计的误差 $y(t) - d(t)$ 的均方值最小化。

假设阵列信号为 $y(t) = \boldsymbol{W}^H\boldsymbol{x}(t)$,则均方误差可表示为
$$\sigma(\boldsymbol{W}) = E[|y(t) - d(t)|^2] = E[|\boldsymbol{W}^H\boldsymbol{x}(t) - d(t)|^2] \tag{9.53}$$
则 MMSE 的目标为
$$\min_{\boldsymbol{W}}\sigma(\boldsymbol{W}) \tag{9.54}$$
将式(9.53)展开,可得
$$\sigma(\boldsymbol{W}) = E[(\boldsymbol{W}^H\boldsymbol{x}(t) - d(t))\boldsymbol{x}^H(t)\boldsymbol{W} - d(t)]$$
$$= \boldsymbol{W}^H\boldsymbol{R}_x\boldsymbol{W} + E[|d(t)|^2] - \boldsymbol{W}^H\boldsymbol{r}_{xd} - \boldsymbol{r}_{xd}^H\boldsymbol{W} \tag{9.55}$$
式中:$\boldsymbol{r}_{xd} = E[\boldsymbol{x}(t)d^*(t)]$ 为相关矢量;$\boldsymbol{R}_x = E[\boldsymbol{x}(t)\boldsymbol{x}^H(t)]_{N\times N}$ 为相关矩阵。

可利用实函数对复变量求导法则求解,将式(9.55)对 $\boldsymbol{W}$ 求偏导,并令偏导为 0,可以得出 MMSE 意义下的最优权矢量:
$$\boldsymbol{W}_{opt} = \boldsymbol{R}_x^{-1}\boldsymbol{r}_{xd} \tag{9.56}$$
由式(9.56)可看出,应用此方法仅需阵列信号与期望输出信号的互相关矢量,因此寻找参考信号或与参考信号的互相关矢量是应用该准则的前提。

MMSE 可以应用在通信中的自适应均衡,或是雷达方面的多通道均衡,或者自适应天线旁瓣相消技术上。以天线旁瓣相消(ASC)技术为例,如图 9.12 所示。

获得好的干扰抑制性能的条件是主天线与辅助天线对干扰信号接收输出信号相关性较好。辅助天线增益小,应使其与主天线旁瓣电平相当,无方向性,最后得到的 $y(t)$ 几乎仅为干扰信号,此时加在辅助天线的权矢量 $W_{\text{opt}} = R_x^{-1} r_{xd}$。

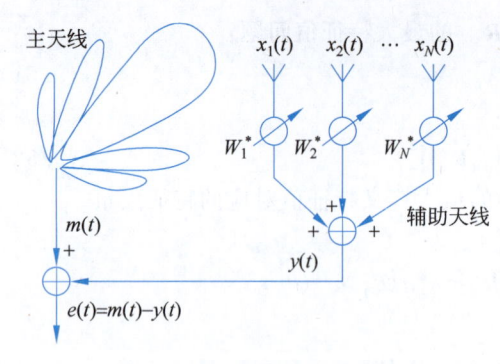

图 9.12 天线旁瓣相消技术

3. 线性约束最小方差准则

假设阵列信号 $y(t) = W^H x(t)$,则方差可表示为

$$E[|y(t)|^2] = W^H R_x W \tag{9.57}$$

导向矢量 $a(\theta_0)$ 为目标信号方位矢量,则信号为

$$x(t) = s(t) a(\theta_0) + J + N$$

代入阵列信号后可以得到

$$y(t) = W^H x(t) = s(t) W^H a(\theta_0) + W^H (J + N) \tag{9.58}$$

因为目的是寻找最优的权 W,可以固定信号分量,即令 $W^H a(\theta_0) = l$(其中 l 是任意非零常数),然后最小化方差,相当于使 $W^H (J+N)$ 的方差最小化,可以得到最优准则如下:

$$\begin{cases} \min_W W^H R_x W \\ \text{s. t. } W^H a(\theta_0) = l \end{cases} \tag{9.59}$$

可得 W 的最优解为

$$W = \mu R_x^{-1} a(\theta_0) \tag{9.60}$$

如果固定 $W^H a(\theta_0) = 1$,则有 $\mu = \dfrac{1}{a^H(\theta_0) R_x^{-1} a(\theta_0)}$。$\mu$ 的取值不影响信噪比(SNR)和方向图。此时线性约束最小方差(LCMV)准则就演变成了最小方差无失真响应(MVDR)波束形成器,其原理是在阵列输出信号能量保持不变的约束条件下,通过调节权重系数使阵列信号输出总功率(相关功率与非相关功率之和)达到最小。由于目标信号的强度得以保持,而噪声的方差被最小化,可以说 MVDR 使阵列输出信号的信噪比达到最大。

推广到约束多个方向:一般的线性约束最小方差法为

$$\begin{cases} \min_W W^H R_x W \\ \text{s. t. } W^H C = F \end{cases} \tag{9.61}$$

式中:C 为 $N \times L$ 的矩阵;F 为 $L \times 1$ 的常矢量。

W 的最优解为

$$W = R_x^{-1} C (C^H R_x^{-1} C)^{-1} F \tag{9.62}$$

特别地,当 $F=a(\theta_0)$,即约束单个方向,则 $F=1$。

针对白噪声时,R_x 为单位阵,$W^H R_x W=W^H W$,此时自适应滤波是无能力的。

LCMV 波束形成在效果上实际是 MVDR 波束形成的扩展形式,它将后者中期望信号不受影响的这一约束扩展为一组约束,即为目标方向无失真同时对其他噪声干扰方向陷零。它是一种广义约束,但是在使用时要求波束形成的指向 $a(\theta_0)$ 已知,而不要求参考信号和信号与干扰的相关矩阵。

4. 三种准则的比较

下面展示了在同等条件下三种准则下得到的方向图。这里的同等条件是指仿真阵列中有 8 个阵元,阵元间隔为 0.5λ,信号的入射角为 $0°$,干扰入射角为 $-30°$ 和 $30°$ 等环境条件都相同。图 9.13、图 9.14、图 9.15 分别表示了 MSNR、MMSE 和 LCMV 准则下得到的波束方向图,比较三幅图可以看出,三种准则最终形成的波束大致相同,能够看到干扰入射角的存在,但已有了明显改善。三种准则方向图的主要区别在于副瓣的大小和衰减速度。

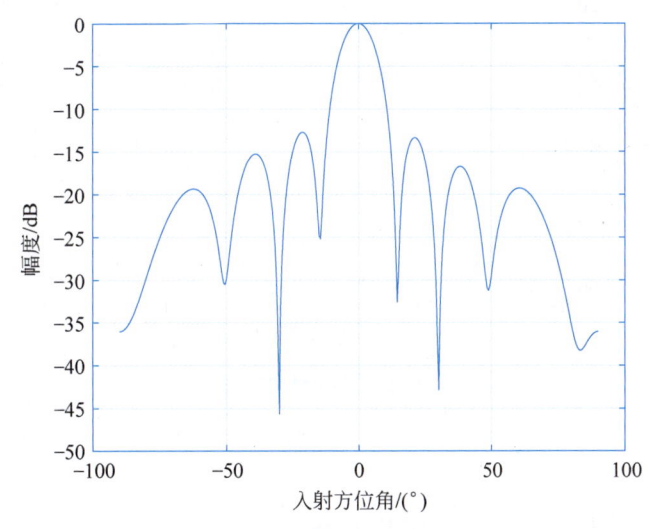

图 9.13 MSNR 方向图

以上三种准则的性能比较如表 9.1 所示。

表 9.1 三种统计最佳波束形成方法的性能比较

方法	MSNR	MMSE	LCMV
准则	使期望信号分量功率与噪声分量功率之比最大	使阵列输出与某期望响应的均方误差最小	在某种约束条件下使阵列输出的方差最小
代价函数	$J(W)=\dfrac{W^H R_s W}{W^H R_n W}$ 式中:R_n 为阵列噪声相关矩阵; R_s 为阵列信号相关矩阵	$J(W)=E[\|W^H x(t)-d(t)\|^2]$ 式中:$d(t)$ 为期望信号	$J(W)=W^H R_x W$ 约束条件:$W^H C=F$

续表

方法	MSNR	MMSE	LCMV
最佳解	$R_n^{-1}R_sW=\lambda_{max}W$ 式中：λ_{max} 为 $R_n^{-1}R_s$ 的最大特征值	$W=R_x^{-1}r_{xd}$ $R_x=E[x(t)x^H(t)]$ $r_{xd}=E[x(t)d^*(t)]$	$W=R_x^{-1}C(C^HR_x^{-1}C)^{-1}F$ $C=a(\theta)$，为约束方向的方向向量
优点	信噪比最大	不需要波达的方向的信息	广义约束
缺点	必须知道噪声的统计量和期望信号的波达方向	产生干扰信号	必须知道期望分量的波达方向

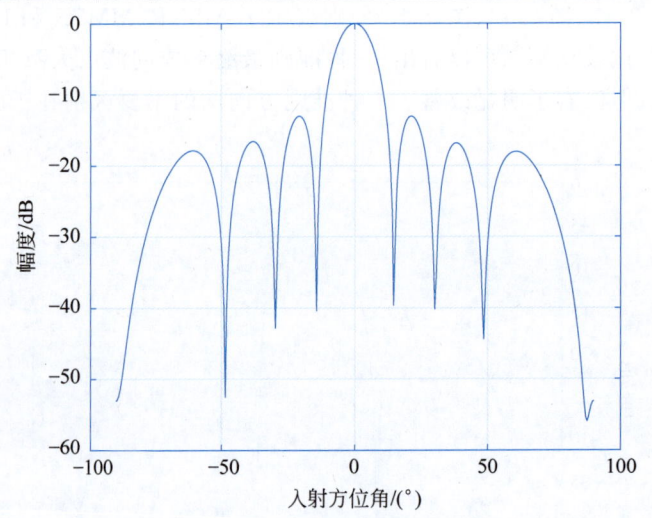

图 9.14 MMSE 方向图

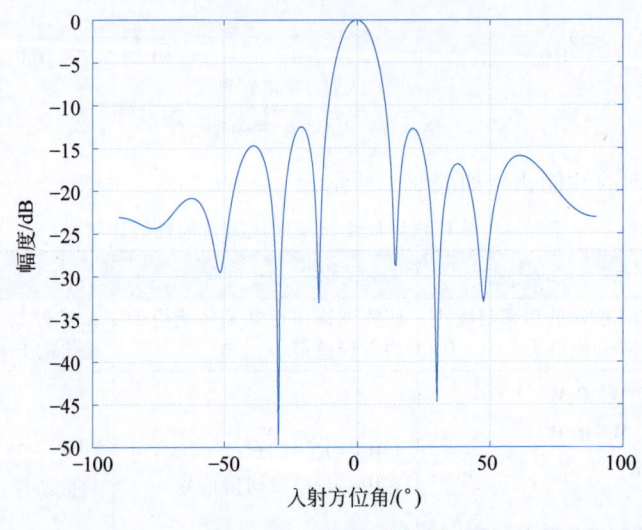

图 9.15 LCMV 方向图

对于阵列信号 $\boldsymbol{X}(t)=s(t)\boldsymbol{a}(\theta_0)+\boldsymbol{X}_n(t)$,$\boldsymbol{R}_s=\sigma_s^2\boldsymbol{a}(\theta_0)\boldsymbol{a}^H(\theta_0)$,假定已知 $\boldsymbol{a}(\theta_0)$,且信号 $s(t)$ 与噪声 $\boldsymbol{X}_n(t)$ 不相关,三种准则下得到的最优解如下:

MSNR:

$$\boldsymbol{W}_{MSNR}=\mu\boldsymbol{R}_n^{-1}\boldsymbol{a}(\theta_0) \tag{9.63}$$

式中

$$\mu=\sigma_s^2\frac{\boldsymbol{a}^H(\theta_0)\boldsymbol{W}_{MSNR}}{\lambda_{max}}$$

对比 LCMV 中的式(9.60),即

$$\boldsymbol{W}=\mu\boldsymbol{R}_x^{-1}\boldsymbol{a}(\theta_0)$$

式中:$\boldsymbol{R}_x=\sigma_s^2\boldsymbol{a}(\theta_0)\boldsymbol{a}^H(\theta_0)+\boldsymbol{R}_n$。

$\boldsymbol{R}_x$ 中含有期望信号分量,$\boldsymbol{R}_n$ 中不含期望信号分量,仅为噪声分量。

由矩阵求逆引理可以求得

$$R_x^{-1}=R_n^{-1}-\frac{\sigma_s^2 R_n^{-1}\boldsymbol{a}(\theta_0)\boldsymbol{a}^H(\theta_0)R_n^{-1}}{1+\sigma_s^2\boldsymbol{a}^H(\theta_0)R_n^{-1}\boldsymbol{a}(\theta_0)} \tag{9.64}$$

式(9.64)代入式(9.60),可得

$$\boldsymbol{W}_{LCMV}=\mu'\boldsymbol{R}_n^{-1}\boldsymbol{a}(\theta_0) \tag{9.65}$$

由式(9.63)和式(9.65)可知,在精确的方向矢量约束条件和精确的相关矩阵已知条件下,MSNR 准则与 LCMV 准则等效。若不满足上述条件,应该用 $\boldsymbol{R}_n$ 来计算。直接用 $\boldsymbol{R}_x$ 求逆计算最优权会导致信号相消。

在 MMSE 中,若 $\boldsymbol{X}_n(t)$ 与 $d(t)$ 不相关,则

$$\boldsymbol{r}_{xd}=E[s(t)d^*(t)]\boldsymbol{a}(\theta_0) \tag{9.66}$$

式(9.66)代入式(9.56),可得

$$\boldsymbol{W}_{MMSE}=\mu\boldsymbol{R}_x^{-1}\boldsymbol{a}(\theta_0) \tag{9.67}$$

式中:$\mu=E[s(t)d^*(t)]$。

由此可以看出,上述三个准则在一定条件下是等价的。

9.3.3 自适应波束形成算法

自适应波束形成在某种最优准则下通过自适应算法来实现权集寻优,在介绍完最优准则之后,接下来介绍自适应算法。

传统自适应波束形成的结构如图 9.16 所示,波束形成的权重通过自适应信号处理获得,假定阵元 m 的输出为连续基带(复包络)信号 $x_m(t)$,经过 A/D 转换后,变成离散基带信号 $x_m(t)(m=0,1,\cdots,M-1)$,并以阵元 0 为参考点。另外,假定共有 Q 个信源存在,$w_q(k)$ 表示在时刻 k 对第 q 个信号解调所加的权向量,其中 $q=1,\cdots,Q$。权向量用某种准

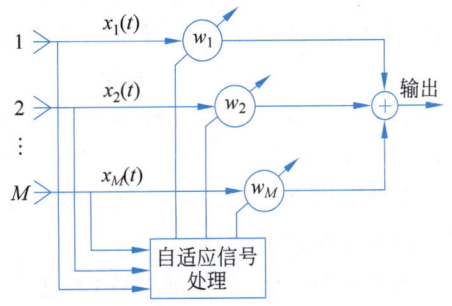

图 9.16 传统自适应波束形成的结构

则确定,以使解调出来的第 q 个信号的质量在某种意义下最优。

在最佳波束形成中,权向量通过代价函数的最小化确定。在典型情况下这种代价函数越小,阵列输出信号的质量也越好,因此当代价函数最小时自适应阵列输出信号的质量最好。常用的代价函数的形式包括最小均方误差(MMSE)方法,但是它在确定最佳权向量时需要求解方程。一般说不希望直接求解方程,理由如下:

(1) 由于移动用户环境是时变的,所以权向量的解必须能及时更新。

(2) 由于估计最佳解需要的数据是含噪声的,所以希望使用一种更新技术,它能够利用已求出的权向量求平滑最佳响应的估计,以减小噪声的影响。

因此,希望使用自适应算法周期更新权向量。

自适应算法既可采用迭代模式,也可采用分块模式。迭代模式是在每个迭代步骤,n 时刻的权向量加上一个校正量后,即组成 $n+1$ 时刻的权向量,用它逼近最佳权向量。在分块模式中,权向量不是在每个时刻都更新的,而是每隔一定时间周期才更新。由于一定时间周期对应于一个数据块而不是一个数据点,所以这种更新又称为分块更新。

为了使阵列系统能自适应工作,就必须将上节介绍的方法归结为自适应算法。这里以 MMSE 方法为例说明如何把它变成一种自适应算法。

考虑随机梯度算法,其更新权向量的一般公式为

$$w_q(k+1) = w_q(k) - \frac{1}{2}\mu \nabla \qquad (9.68)$$

式中:$\nabla = \frac{\partial}{\partial w_q(k)} J(w_q(k))$;$\mu$ 为收敛因子,它控制自适应算法的收敛速度。则

$$\nabla = \mathbf{R}_x w_q(k) - \mathbf{r}_{xd} = E\{\mathbf{x}(k)\mathbf{x}^H(k)\}w_q(k) - E\{\mathbf{x}(k)d_q^*(k)\} \qquad (9.69)$$

式中的数学期望用各自的瞬时值代替,可得 k 时刻的梯度估计值,即

$$\hat{\nabla}(k) = \mathbf{x}(k)[\mathbf{x}^H(k)w_q(k) - d_q^*(k)] = \mathbf{x}(k)f(k) \qquad (9.70)$$

式中:$f(k)$ 为阵列输出与第 q 个用户期望响应 $d_q(k)$ 之间的瞬时误差,且有

$$f(k) = \mathbf{x}^H(k)w_q(k) - d_q^*(k)$$

容易证明,梯度估计 $\hat{\nabla}(k)$ 是真实梯度 ∇ 的无偏估计。

将式(9.70)代入式(9.69),即得到熟悉的最小均方(LMS)自适应算法:

$$w_q(k+1) = w_q(k) - \mu \mathbf{x}(k)f(k) \qquad (9.71)$$

LMS 算法的主要思路是用瞬态值代替稳态值,而不需要求相关矩阵,更不涉及矩阵求逆,实现起来比较简单。其基本思路与梯度下降法是一致的,不同之处仅在于计算中用梯度向量的估计代替了真实梯度。不难想象,权系数的调整路径不可能准确地沿着理想的最快下降的路径,因而权系数的调整过程是有噪声的,或者说权向量不再是确定性函数,而变成随机变量,在迭代过程中存在随机波动。因此,LMS 算法也称为随机梯度法或者噪声梯度法。图 9.17 展示了 LMS 自适应算法的仿真结果,图 9.18 为该算法迭代过程中的误差图。

从图 9.18 中可以看到,LMS 算法的收敛性比较差,其中涉及的就是步长 μ 的取值。它会对算法的收敛速度、稳态误差和时变系统的跟踪速度产生直接的影响。使用较大的

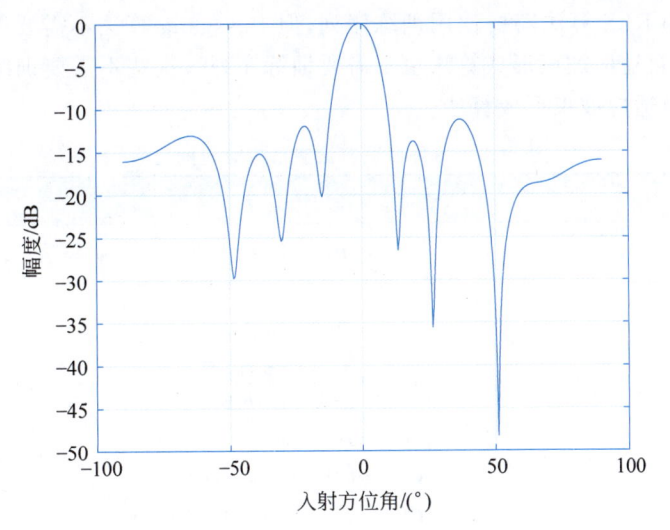

图 9.17 LMS 自适应波束形成算法仿真结果

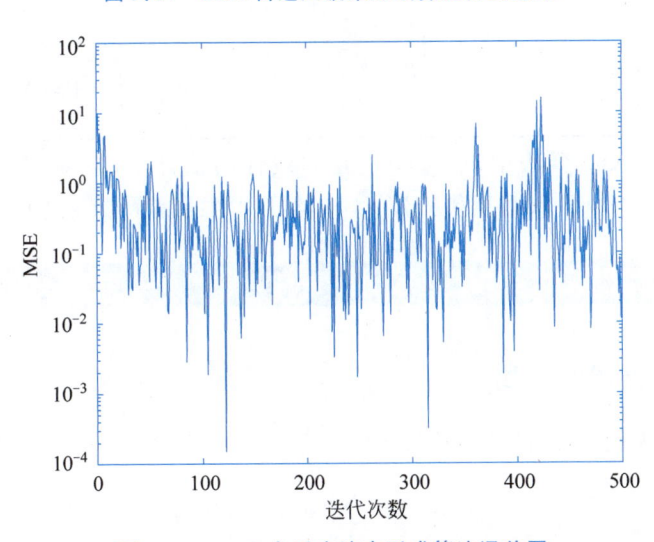

图 9.18 LMS 自适应波束形成算法误差图

步长值,虽然收敛速度加快,但是稳态误差增大,最终收敛的权向量会远离最佳维纳解;使用较小的步长值,虽然可以降低稳态误差,提高算法的精度,但是步长的减小将会降低算法的收敛速度及对时变系统的跟踪速度,不能及时调整至最优权值。

为满足 LMS 算法的收敛性及稳定性,μ 必须满足以下条件:

$$0 \leqslant \mu \leqslant 1/\lambda_{\max} \tag{9.72}$$

式中:$\lambda_{\max}$ 为 $x(k)$ 的自相关矩阵 $\hat{\boldsymbol{R}}_{xx}$ 的特征值最大值。

在实际应用中,收敛性、复杂性和鲁棒性的速度是在选择自适应波束形成算法时要考虑的主要因素。LMS 算法虽然实现简单,但是收敛得比较慢,对非平稳信号的适应性也比较差。为克服这些缺点,提出了其他一些算法,如基于最小二乘法的递推最小二乘(RLS)算法。表 9.2 列出 LMS 算法、RLS 算法和 Bussgang 算法的比较。从表 9.2 中可以看出，LMS 和 RLS 算法需要使用训练序列，但 Bussgang 算法不需要训练序列。除此之外，还有一些自适应波束形成算法也不需要训练序列。这些不需要训练序列的方法习惯上统称为盲自适应波束形成算法。

表 9.2 三种自适应波束形成算法的比较

算法	LMS 算法	RLS 算法	Bussgang 算法
初始化	$\hat{\boldsymbol{w}}_0 = 0$	$\hat{\boldsymbol{w}}_0 = 0, \boldsymbol{P}_0 = \delta^{-1} \boldsymbol{I}$	$\hat{\boldsymbol{w}}_0 = [1, 0, \cdots, 0]^T$
更新公式	$y(k) = \hat{\boldsymbol{w}}^H(k) \boldsymbol{x}(k)$ $e(k) = d(k) - y(k)$ $\hat{\boldsymbol{w}}(k+1) = \boldsymbol{w}(k) + \mu \boldsymbol{x}(k) e^*(k)$	$\boldsymbol{v}(k) = \boldsymbol{P}(k-1) \boldsymbol{x}(k)$ $\boldsymbol{u}(k) = \dfrac{\lambda^{-1} \boldsymbol{v}(k)}{1 + \lambda^{-1} \boldsymbol{x}^H(k) \boldsymbol{v}(k)}$ $a(k) = d(k) - \hat{\boldsymbol{w}}^H(k-1) \boldsymbol{x}(k)$ $\hat{\boldsymbol{w}}(k) = \boldsymbol{w}(k-1) + \boldsymbol{u}(k) a^*(k)$ $\boldsymbol{P}(k) = \lambda^{-1}[\boldsymbol{I} - \boldsymbol{u}(k) \boldsymbol{x}^H(k)] \cdot \boldsymbol{P}(k-1)$	$y(k) = \hat{\boldsymbol{w}}^H(k) \boldsymbol{x}(k)$ $e(k) = g[y(k)] - y(k)$ $\hat{\boldsymbol{w}}(k+1) = \boldsymbol{w}(k) + \mu \boldsymbol{x}(k) \cdot e^*(k)$
收敛因子	步长参数 μ $0 < \mu < \text{tr}(\boldsymbol{R})$	步长参数 λ $0 < \lambda < 1$	步长参数 μ

注意，在 Bussgang 算法中，$g[y(k)]$ 是非线性的估计子，它对解调器输出的信号 $y(k)$ 作用，并用 $g[y(k)]$ 代替期望信号 $d(k)$，然后产生误差函数 $e(k) = d(k) - y(k)$。

9.4 空间滤波器的结构及应用

9.4.1 空间滤波器的结构

以均匀线阵为例，最后的输出信号为

$$y(n) = \sum_{i=0}^{N} w_i^* x_i(n) \qquad (9.73)$$

可以直接得到空间滤波器的直接型结构，如图 9.19 所示。每个阵元接收到信号之后，再与相应的权重相乘，最后将得到的结果相加，输出的就是最终均匀线阵输出的结果。通过改变空域滤波器的 w，可使某些方向的信号通过滤波器，而抑制另一些方向的信号，这就是空域滤波。取适当的 w，可以使得最终输出的信号 $y(n) = 0$，也可以使得 $y(n) = Ms(n)$。

注意，这种结构与如图 9.20 的 FIR 滤波器的结构有些相似，都是对输入的信号进行处理之后（空域滤波器的各个阵元接收信号时会产生不同的时延，FIR 滤波器与过去的输入有关，而过去的输入会产生不同的时延），与各自对应的权重相乘，最后的和就是滤波器的输出。

图 9.19　空间滤波器结构

图 9.20　FIR 滤波器直接结构

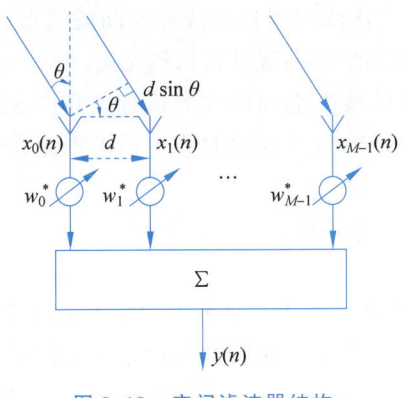

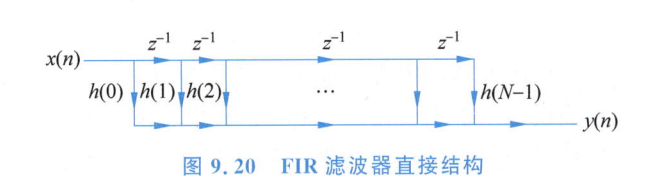

9.4.2　图像处理应用

空域滤波除了在波束信号处理方面进行应用,还经常应用在数字图像处理中。空域是仅考虑空间位置关系的计算,排除时间维度的影响。在数字图像领域,图像可以表示为 $I(x,y)$,即每幅图像中的像素点的数值仅由位置信息 (x,y) 决定。空间域的算法只会使用单幅图像本身的信息进行运算。图 9.21 显示了空域滤波在单幅图像上的基本实现。点 (x,y) 是图像中的一个任意位置,包含该点的小区域是点 (x,y) 的邻域,邻域是中心在 (x,y) 的矩形,其尺寸比图像小得多。

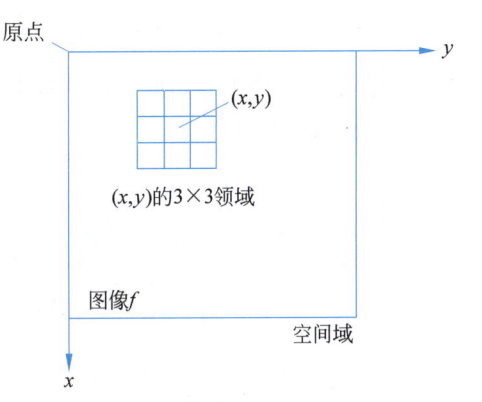

图 9.21　空间域一幅图像中
关于点 (x,y) 的一个 3×3 邻域

图 9.21 中给出的处理步骤:邻域原点从一个像素向另一个像素移动,对邻域中的像素进行运算,并在该位置产生输出。这样,对于任意指定的位置 (x,y),输出图像 g 在这些坐标处的值就等于对 f 中以 (x,y) 为原点的邻域进行运算的结果。假设该邻域是 3×3 的正方形,运算定义为"计算该邻域的平均灰度"。考虑图像中的任意位置,如 (100,150)。若该邻域的原点位于其中心处,则在该位置的结果 $g(100,150)$ 是计算 $f(100,150)$ 和它的 8 个邻点的和,再除以 9(由邻域包围的像素灰度的平均值)。然后,邻域的原点移动到下一个位置,并重复前面的过程,产生下一个输出图像 g 的值。

典型地,该处理从输入图像的左上角开始,以水平扫描的方式逐像素、逐行地处理。当该邻域的原点位于图像的边界上时,部分邻域将位于图像的外部。此时,可以在进行指定的计算时忽略外侧邻点,用 0 或其他指定的灰度值填充图像的边缘。被填充边界的厚度取决于邻域的大小。

简单来说,空间滤波器由一个邻域(典型地是一个较小的矩形)和对该邻域包围的图像像素执行的预定义操作组成。滤波产生一个新像素,新像素的坐标等于邻域中心的坐标,像素的值是滤波操作的结果。滤波器的中心访问输入图像中的每个像素,就生成了处理

(滤波)后的图像。若在图像像素上执行的是线性操作,则该滤波器称为线性空间滤波器;否则,就称为非线性空间滤波器,其结果取决于像素邻域的值,而与线性乘积和无关。

图 9.22 以线性滤波器为例说明了使用 3×3 邻域的线性空间滤波的机理。在图像中的任意一点(x,y),滤波器的响应$g(x,y)$是滤波器系数与由该滤波器包围的图像像素的乘积之和,即

$$g(x,y)=w(-1,1)f(x-1,y-1)+w(-1,0)f(x-1,y)+\cdots+w(1,1)f(x+1,y+1) \quad (9.74)$$

很明显,滤波器的中心系数$w(0,0)$对准位置(x,y)的像素。对于一个大小为$m\times n$的模板,假设$m=2a+1$且$n=2b+1$,其中a、b为正整数。这意味着在后续的讨论中关注的是奇数尺寸的滤波器,其最小尺寸是 3×3。一般来说,使用为$m\times n$的模板的滤波器对为$M\times N$的图像进行线性空间滤波,可表示为

$$g(x,y)=\sum_{s=-a}^{a}\sum_{t=-b}^{b}w(s,t)f(x+s,y+t) \quad (9.75)$$

式中:x和y是可变的,以便w中的每个像素可访问f中的每个像素。

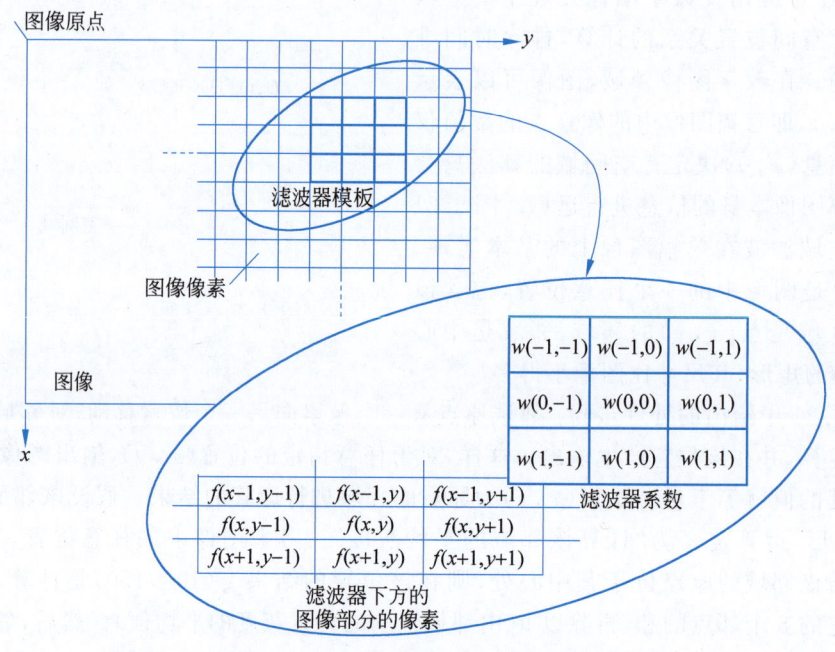

图 9.22 使用 3×3 的滤波器模板的线性空间滤波机理图

此外,也可以使用偶数尺寸的滤波器,或使用混合有偶数尺寸和奇数尺寸的滤波器。使用奇数尺寸的滤波器可简化索引,并更为直观,因为滤波器的中心落在整数值上。

线性滤波器可以分为高通、低通和带通滤波器,其类别主要由线性操作中的系数决定,可以选择突出重要的像素,也可以进行平均化,如均值滤波器和突出模板中心位置像素的加权均值滤波器。非线性滤波器包括中值滤波器、最大最小值滤波器等。深度学习中的卷积神经网络也是空域滤波的一种应用,下面进行简单的介绍。

1. 均值滤波器

平滑线性空间滤波器的输出响应是包含在滤波模板邻域内像素的简单平均值，因此这些滤波器也称为均值滤波器。均值滤波用邻域的均值代替对应中心点的像素值，减小了图像灰度的"尖锐"变化。由于典型的随机噪声是由灰度级的急剧变化组成的，因此均值滤波的主要应用就是降噪，即除去图像中不相干的细节，"不相干"是指与滤波器模板尺寸相比较小的像素区域。但图像边缘也是由图像灰度尖锐变化带来的特性，因而均值滤波总是存在不希望的边缘模糊的负面效应。

除了降噪之外，均值滤波器还可以应用在图像预处理领域，例如删去无用的小细节，连接中断的线段和曲线，以及实现图像的特殊效果（如阴影和朦胧）等。均值滤波是最简单的空域处理方法，它的平滑效果与所使用的邻域半径有关，半径越大，平滑图像的模糊程度越大。均值滤波的优点是算法简单，计算速度快；主要缺点是在降低噪声的同时会使图像产生模糊，特别是在边缘和细节处，邻域越大越模糊。

均值滤波器就是简单地求邻域的平均值，在此基础上，均值滤波器还可以衍生出另一种特殊的加权均值滤波器，为像素赋予不同的权重，这样从权值上看一些像素要比另一些更重要。例如，处于模板中心位置的像素比其他任何像素的权值都要大，正交方向相邻的像素比对角项的权值大。这样能够更好地保留部分重要的边缘和细节，实现局部平滑算法。

最简单的均值滤波器在设计时主要考虑滤波器的大小；而加权均值滤波器就要根据实际情况来设计滤波器的大小、形状和系数，以尽可能地保留最多的重要细节。

2. 中值滤波器

中值滤波是一种典型的非线性滤波技术，它是统计排序滤波技术的一种。统计滤波器是一种非线性空间滤波器，它的响应基于图像滤波器包围的图像区域中像素的排序，然后由统计排序的结果决定的值代替中心像素的值。最常见的中值滤波器线性平滑滤波器的模糊程度明显要低，对处理脉冲噪声（椒盐噪声）非常有效。

中值滤波器是使用排序后的中值对对应的像素进行赋值，例如，在 3×3 的邻域中中间值是灰度值排序后的第 5 个值，在 5×5 的邻域中中间值是第 13 个值。当邻域中具有多个相同灰度值的像素时，可以选取其中任何一个作为中间值。由于中值滤波需要对像素值进行排序，因此它的计算时间一般比线性滤波要长，尤其是对于较大尺寸的模板。

中值滤波是一种去除噪声的非线性处理方法，一般情况下中值滤波的结果要优于线性滤波，线性平滑滤波具有低通滤波的特性，但在降噪的同时也会模糊图像的边缘细节。中值滤波不会改变信号中的阶跃变化，因此能够平滑信号中的噪声，同时又不会模糊信号的边缘信息，这个性质使得它能够很好使用于图像空域滤波的相关应用。当噪声的特性未知时，中值滤波又具有较强的鲁棒性，使其能够很好地适应各种数据的平滑处理。特别地，中值滤波的冲激响应为 0，这个性质使得中值滤波在抑制脉冲噪声方面非常有效。

中值滤波的直观解释就是使模板中心位置对应像素的灰度值更加接近它周围像素的灰度值，以此来消除孤立的亮点或暗点。脉冲噪声是以孤立黑白像素的形式叠加在图像上，因此在图像处理中常称为椒盐噪声。为了完全滤除椒盐噪声，$n\times n$ 的模板的中值滤波处理要求邻域内孤立亮点或暗点的像素数小于 $n^2/2$，也就是要求噪声像素的数量要小于邻域内像素数的一半。中值滤波的模板形状和尺寸应该根据图像的特性和处理目的来确定。图 9.23 给出了常用的中值滤波模板，其中模板尺寸为 5。

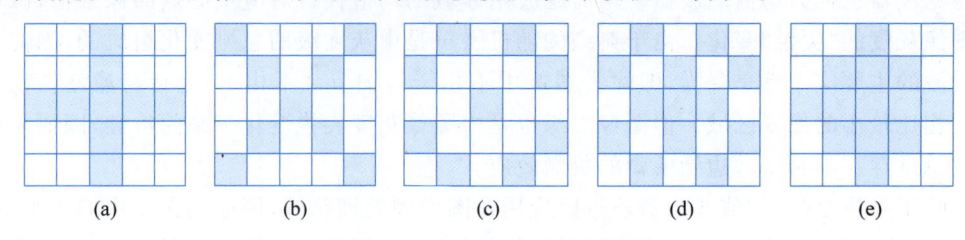

图 9.23 常用的中值滤波模板

不同形状的窗口会产生不同的滤波效果。通常，矩形和圆形窗口适合处理外轮廓线较长的物体图像，十字形窗口对于有尖顶角状的图像的处理效果较好。矩形邻域中值滤波的主要缺点是图像中的细线和显著的角点会遭到损坏。

下面简单地介绍其他的统计排序滤波方法。

首先是最大值滤波与最小值滤波，中值是选取其中的中位数，而这就是选取邻域像素中的最大值或最小值。显然，最大值滤波的输出值是邻域内像素的最亮点，最大值滤波能够有效地滤除椒噪声形成的白色像素点；而最小值滤波输出的是邻域内像素的最暗点，最小值滤波能够有效地滤除盐噪声形成的黑色像素点。

中值滤波在任何情况下都将固定储存模板对应的图像中邻域内像素的中间灰度值作为模板中心对应像素的输出值，这一方法可能引起边缘细节的失真。自适应中值滤波是在中值滤波的过程中自适应地调整中值滤波的输出值，能够去除较大概率的脉冲噪声，并平滑非脉冲噪声，又能够保持图像中的边缘和细节，这是中值滤波所做不到的。

自适应中值滤波包括两个阶段：阶段 A 计算中值滤波的输出，并判断其是否为脉冲噪声。若不是脉冲噪声，转到阶段 B 来判断待处理像素的灰度值 $f(x,y)$ 是否为脉冲噪声。若仍不是脉冲噪声，则输出的灰度值保持不变，也就是 $g(x,y)=f(x,y)$。通过不改变这些非脉冲噪声的像素来降低边缘和细节的失真。若 $f(x,y)$ 为脉冲噪声，在这种条件下，输出为阶段 A 中得到的结果，也就是中值滤波的输出，通过赋予邻域内像素的中间值来消除脉冲噪声。

若 A 阶段中的输出为脉冲噪声，就需要增大模板的尺寸并重复执行阶段 A，继续阶段 A 的循环，直到邻域内像素的中间值不是脉冲噪声，接下来才可以转到阶段 B，或者达到允许的最大模板尺寸。若达到了最大模板尺寸，则将最后得到的阶段 A 的输出作为像素 (x,y) 的输出。在这种情况下不能保证这个输出值为非脉冲噪声。显然，随着噪声概率的增大，允许的最大模板尺寸越大，自适应中值滤波过程发生提前终止的可能性越大，图像受噪声干扰的概率越小。

3. 卷积神经网络

卷积神经网络(Convolutional Neural Networks，CNN)通过卷积运算实现了对图像数据的特征提取，在网络中除了输入层和输出层以外，还设了卷积层、池化层和全连接层，如图 9.24 所示。

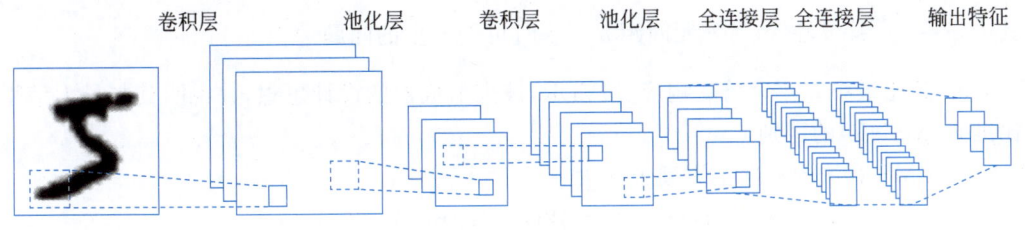

图 9.24 CNN 网络结构

卷积层通过卷积运算可以实现对图像的特征提取，在数学中，卷积运算如下：

$$y(t) = x(t) * h(t) = \int_{-\infty}^{\infty} x(p) h(t-p) \mathrm{d}p \tag{9.76}$$

这里涉及的卷积运算是在原始图像矩阵和设置好的滤波器矩阵之间进行的，最后就能得到一个新的特征矩阵，如图 9.25 所示。

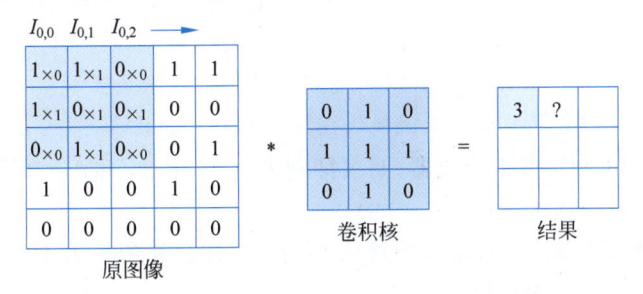

图 9.25 卷积运算原理图

图 9.25 中的卷积核就是滤波器，它的维度通常远小于原始图像矩阵的维度。在训练网络前设置好卷积运算时卷积核在原始图像矩阵上移动的距离，即步长。卷积核从原图像矩阵的左上角开始覆盖，对应框内的数字相乘后的和就是结果矩阵中位于(1,1)位置的值，计算完毕后卷积核向右移动步长值，继续进行下一个位置的值。卷积核的数量决定了最后卷积层输出结构的数量。

习题

1. 什么是波束形成(Beamforming)？它在阵列信号处理中的主要作用是什么？

2. 均匀线阵的导向矢量 $\boldsymbol{a}(\theta)$ 的表达式是什么？假设阵元间距为 d，阵元数为 N，入射波长为 λ，入射方向为 θ。

3. 一个均匀线阵由 8 个阵元组成，阵元间距为 $\lambda/2$，信号入射方向为 $0°$。计算其半功率点波束宽度(3dB 带宽)。

4. 均匀线阵的静态方向图公式为

$$P_0 = \frac{\sin\left(\frac{N\beta}{2}\right)}{N \sin\left(\frac{\beta}{2}\right)}$$

其中，$\beta = \dfrac{2\pi d}{\lambda}\sin\theta$，解释当阵元间距 $d > \dfrac{\lambda}{2}$ 时可能产生的问题。

5. 简述最小方差无畸变响应（MVDR）波束形成器的设计思想，并说明其与最大信噪比准则（MSNR）的区别。

6. LMS算法的权向量更新公式为
$$W(k+1) = W(k) + \mu x(k) e^*(k)$$
若步长 μ 过大或过小，分别会导致什么问题？

7. 对以下 3×3 图像区域应用均值滤波，计算中心像素的滤波结果（忽略边界填充）：
$$\begin{bmatrix} 5 & 8 & 2 \\ 3 & 1 & 7 \\ 4 & 6 & 9 \end{bmatrix}$$

8. 对以下 3×3 图像区域应用中值滤波，写出操作步骤并给出中心像素的结果：
$$\begin{bmatrix} 120 & 5 & 130 \\ 8 & 255 & 7 \\ 10 & 6 & 245 \end{bmatrix}$$

9. 设计一个 LCMV 波束形成器，要求抑制来自 $\theta = -30°$ 和 $\theta = 30°$ 的干扰，并推导其权向量表达式（假设导向矢量已知）。

10. 在卷积神经网络中，若输入图像大小为 32×32，卷积核大小为 3×3，步长为 1，无填充，计算卷积后特征图的尺寸。

第三篇

应用分析

第 10 章 多速率信号处理

10.1 采样定理

对如图 10.1 所示的模拟信号 $x_1(t)$、$x_2(t)$、$x_3(t)$ 如何采样,才能使得采样后的信号能够完全还原原始信号呢?

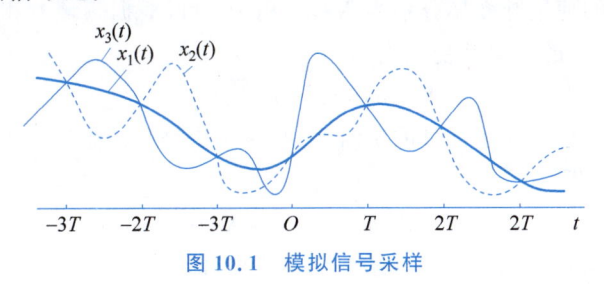

图 10.1 模拟信号采样

由图可以看出,在 T 的整数倍处对三个信号采样,采样出的信号是完全一致的,无法还原原始信号,因此要明确采样频率和原信号的中包含的最高频率分量的关系,这就是采样定理。

采样定理说明当对时域模拟信号采样时,以多大的采样周期(或称采样时间间隔)采样才不丢失原始信号的信息,或者说,可由采样信号无失真地恢复出原始信号。

通常来说,对于连续信号 $x(t)$ 采样时,是截取 $x(t)$ 在某一时刻的值。因此采样过程可以看作采样脉冲序列 $p(t)$ 与连续时间信号 $x(t)$ 相乘来完成。理想脉冲采样过程如图 10.2 所示。

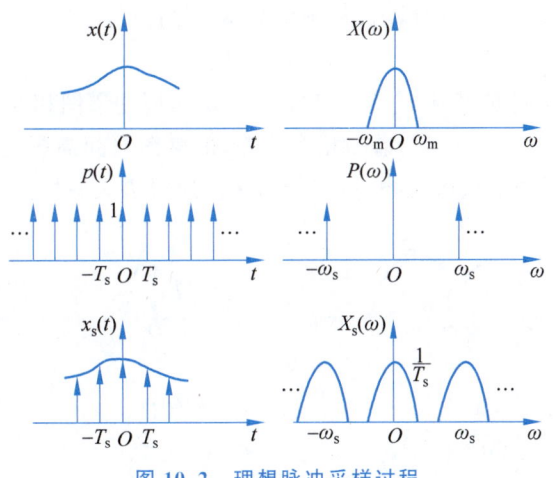

图 10.2 理想脉冲采样过程

$x(t)$ 为连续时间信号,假设它是带限信号,意味着它在频率上是有界的(否则就会发生频谱混叠)。$p(t)$ 为采样脉冲序列,是一系列冲激信号的延时叠加,其表达式为

$$p(t) = \sum_{n=-\infty}^{+\infty} \delta(t - nT_s) \tag{10.1}$$

对它做傅里叶变换得到其频域表达式为

$$P(\omega) = \sum_{k=-\infty}^{+\infty} \delta(\omega - k\omega_s) \tag{10.2}$$

采样过程可以看作采样脉冲序列 $p(t)$ 与连续时间信号 $x(t)$ 相乘,即

$$x_s(t) = x(t)p(t) \tag{10.3}$$

如果 $x(t)$ 和 $p(t)$ 的傅里叶变换分别为 $X(\omega)$ 和 $P(\omega)$,根据频域卷积定理,时域相乘等于频域卷积,则 $x_s(t)$ 的傅里叶变换为

$$X_s(\omega) = X(\omega) * P(\omega) \tag{10.4}$$

由于 $P(\omega)$ 在频域上也是冲激信号的延时叠加,一个信号与冲激信号进行卷积,就相当于将该信号进行移位,即

$$X(\omega) * \delta(\omega - k\omega_s) = X(\omega - k\omega_s) \tag{10.5}$$

因此,$X_s(j\omega)$ 的图像就是 $X(j\omega)$ 的一系列位移叠加,即

$$X_s(\omega) = \sum_{n=-\infty}^{\infty} X(\omega - n\omega_s) \tag{10.6}$$

此式表明,一个连续信号经过理想采样以后,它的频谱将沿着频率轴每隔一个采样频率 ω_s 重复出现一次,即其频谱产生了周期延拓,其幅值被采样脉冲序列的傅里叶系数 $(C_n = 1/T_s)$ 所加权,频谱形状不变。

当对模拟信号进行采样时,时域采样即频域频谱搬移。在频谱搬移时有可能发生频谱混叠,它是由于采样信号频谱发生变化,而出现高低频成分发生混淆的一种现象,如图 10.3 所示。信号 $x(t)$ 的傅里叶变换为 $X(\omega)$,其频带范围为 $-\omega_m \sim \omega_m$。采样信号 $x_s(t)$ 的傅里叶变换是一个周期谱图,其频率为 ω_s,并且

$$\omega_s = 2\pi/T_s \tag{10.7}$$

式中:T_s 为时域采样周期。当 T_s 较小时,$\omega_s > 2\omega_m$,周期谱图相互分离如图 10.3(b)所示;当 T_s 较大时,$\omega_s < 2\omega_m$,周期谱图相互重叠,即谱图之间高频与低频部分发生重叠,如图 10.3(c)所示,即发生频谱混叠,这将使信号复原时丢失原始信号中的高频信息。

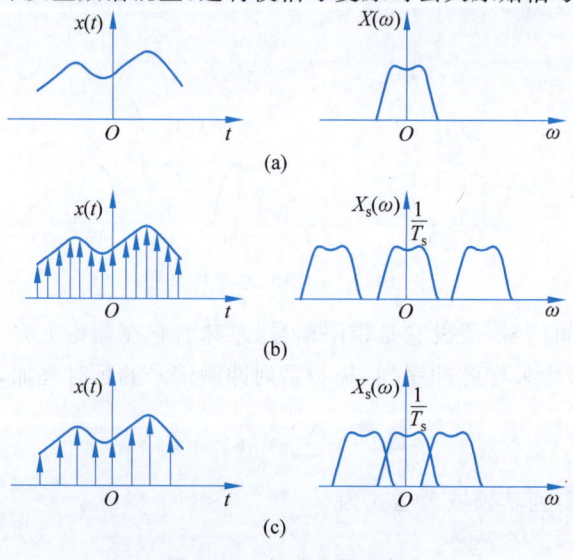

图 10.3 频谱混叠现象

下面从时域信号波形来看这种情况。图 10.3(a)是频率正确的情况,以及其复原信号。图 10.3(b)是采样频率过低的情况,复原的是虚假的低频信号。当采样信号的频率低于被采样信号的最高频率时,采样所得的信号中混入了虚假的低频分量,这种现象称为频率混叠。

上述情况表明,如果 $\omega_s > 2\omega_m$,就不发生频混现象,因此对采样脉冲序列的间隔 T_s 须加以限制,即采样频率 $\omega_s(2\pi/T_s)$ 或 $f_s(1/T_s)$ 必须大于或等于信号 $x(t)$ 中的最高频率 ω_m 的 2 倍,即 $\omega_s > 2\omega_m$,或 $f_s > 2f_m$。

在对连续信号 $x(t)$ 进行抽样时,为了保证采样后的信号能真实地保留原始模拟信号的信息,采样信号的频率 f_s 至少为原信号中最高频率 f_m 的 2 倍。这时采样出的信号 $x_s(t)$ 才能还原出原始信号 $x(t)$,这就是采样定理。

注意,在对信号进行采样时,满足了采样定理,只能保证不发生频率混叠,保证对信号的频谱做逆傅里叶变换时,可以完全变换为原时域采样信号 $x_s(t)$,而不能保证此时的采样信号能真实地反映原信号 $x(t)$。工程实际中采样频率通常大于信号中最高频率成分的 3~5 倍。

10.2 欠采样与过采样

前面所讨论的信号处理的各种方法是把采样率视为固定值,即在一个数字系统中只有一个采样频率。但在实际系统中经常会遇到采样率的转换问题,即要求一个数字系统能工作在"多采样率"状态:

(1) 在数字电视系统中,图像采集系统一般按 4∶4∶4 标准或 4∶2∶2 标准采集数字电视信号,再根据不同的电视质量要求,将其转换成其他标准的数字信号(如 4∶2∶2,4∶1∶1,2∶1∶1 等标准)进行处理、传输。这就要求数字电视演播室系统工作在多采样率状态(4∶2∶2 标准的含义是"亮度信号 Y 的采样率∶红色差信号 R-Y 的采样率∶蓝色差信号 B-Y 的采样率＝4∶2∶2",其他标准以此类推)。

(2) 在数字电话系统中,传输的信号既有语音信号,又有传真信号,甚至有视频信号,这些信号的带宽相差甚远。所以该系统应具有多采样率功能,并根据所传输的信号自动完成采样率转换。

(3) 对一个非平稳随机信号(如语音信号)做谱分析或编码时,不同的信号段可根据其频率成分的不同而采用不同的采样率,以达到既满足采样定理又最大限度地减少数据量的目的。

(4) 如果以高采样率采集的数据存在冗余,这时就希望在该数字信号的基础上降低采样速率,剔除冗余,减少数据量,以便存储、处理与传输。

信号采样率变换的方法有以下两种:

(1) 把数字信号经过 D/A 转换恢复出原模拟信号,再按新采样率对该模拟信号进行 A/D 转换,最终得到所要求的数字信号。这种方法的特点是实现技术简单,但前后两个采样率不同的数字信号之间有较大的误差。

(2) 在数字域中采用抽取和内插的方法进行不同采样率间的变换。抽取指采样率按整数因子降低,也称为下采样,是去掉过多数据的过程。内插指采样率按整数因子升高,也称为上采样,是增加数据的过程。抽取、内插二者结合使用便可实现信号采样率的转换。这种方法的特点是不引入误差,但处理技术较复杂。

10.2.1 信号的整数倍抽取

1. 信号的整数倍抽取的时域描述

设 $x(n_1,T_1)$ 是连续信号 $x_a(t)$ 的采样序列,采样率 $F_1=1/T_1$(Hz),称为采样间隔,单位为 s,即

$$x(n_1T_1)=x_a(n_1T_1) \tag{10.8}$$

若将采样率降低到原来的 $1/D$(D 为大于 1 的整数,称为抽取因子),采样间隔为 T_2,采样率 $F_2=1/T_2$,组成的新序列为 $y(n_2,T_2)$,则有

$$T_2=DT_1 \tag{10.9}$$

式中:n_1、n_2 分别表示 $x(n_1T_1)$ 和 $x(n_2T_2)$ 序列的序号,于是有

$$y(n_2T_2)=x(n_2DT_1) \tag{10.10}$$

当 $n_1=n_2D$ 时,有

$$y(n_2,T_2)=x(n_1,T_1) \tag{10.11}$$

或

$$y(n)=x(Dn) \tag{10.12}$$

D 倍抽取就是每隔 $D-1$ 个点抽取一个点,如图 10.4 所示。

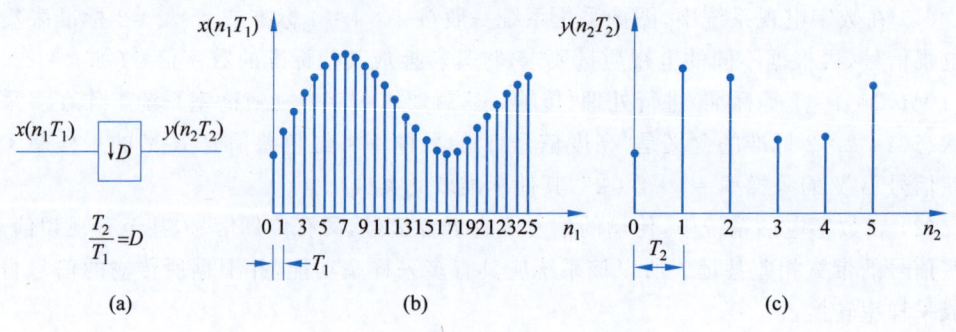

图 10.4 数字信号的 D 倍抽取

2. 信号的整数倍抽取的频域描述

$x_a(t)$ 和 $x(n_1T_1)$ 的傅里叶变换(图 10.5)分别为

$$X_a(j\Omega)=\int_{-\infty}^{\infty}x_a(t)e^{-j\Omega t}dt \tag{10.13}$$

$$X(e^{j\omega_1})=\sum_{n=-\infty}^{\infty}x(n_1T_1)e^{-j\omega_1 n_1} \tag{10.14}$$

式中:$\Omega=2\pi f$,f 为模拟频率变量;ω_1 为数字频率,且有

$$\omega_1=\Omega T_1=2\pi\frac{f}{F_1} \tag{10.15}$$

$$X(\mathrm{e}^{\mathrm{j}\omega_1}) = \frac{1}{T_1}\sum_{k=-\infty}^{\infty} x_\mathrm{a}\left(\mathrm{j}\frac{\omega_1}{T} - \mathrm{j}k\Omega_{\mathrm{sa1}}\right) \tag{10.16}$$

为了对抽样前后的频谱进行比较，作图时均以模拟角频率 Ω 为自变量（横坐标），即

$$X(\mathrm{e}^{\mathrm{j}\Omega T_1}) = X(\mathrm{e}^{\mathrm{j}\omega_1})\big|_{\omega_1=\Omega T_1} = \frac{1}{T_1}\sum_{k=-\infty}^{\infty} x_\mathrm{a}(\mathrm{j}\Omega - \mathrm{j}k\Omega_{\mathrm{sa1}}) \tag{10.17}$$

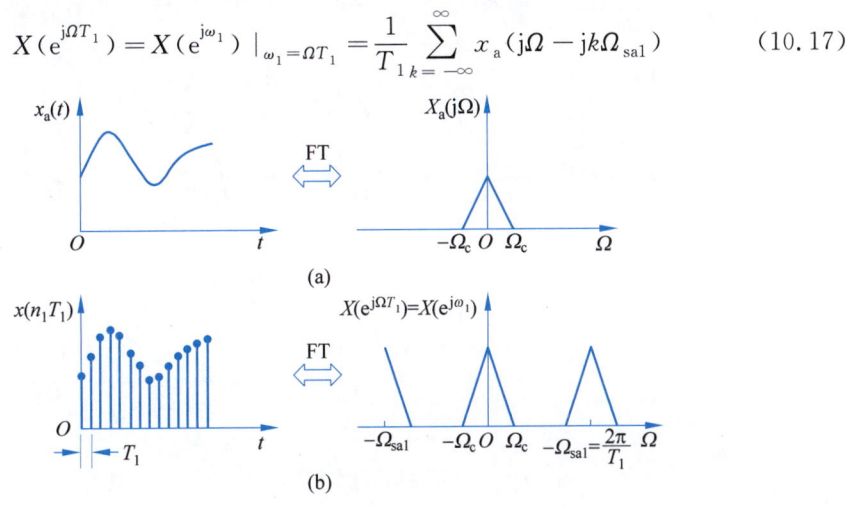

图 10.5　$x_\mathrm{a}(t)$、$x(n_1 T_1)$ 及其傅里叶变换

抽取后的 $y(n_2 T_2)$ 及其频谱 $Y(\mathrm{e}^{\mathrm{j}\omega_2})$ 如图 10.6 所示。为避免混叠，在抽取前对信号进行低通滤波，把信号的频带限制在 $\Omega_{\mathrm{sa2}}/2$ 以下。带有抗混叠滤波器的抽取系统框图如图 10.7 所示。该滤波器（$h(n_1 T_1)$）称为抗混叠滤波器（抽取滤波器），其频率响应为

$$H(\mathrm{e}^{\mathrm{j}\omega}) = \begin{cases} 1, & |\omega| < \dfrac{\pi}{D} \\ 0, & \dfrac{\pi}{D} \leqslant |\omega| \leqslant \pi \end{cases} \tag{10.18}$$

图 10.6　抽取后的 $y(n_2 T_2)$ 及其频谱 $Y(\mathrm{e}^{\mathrm{j}\omega_2})$

图 10.7　带有抗混叠滤波器的抽取系统框图

信号在抽取前后的时域和频域如图 10.8 所示。

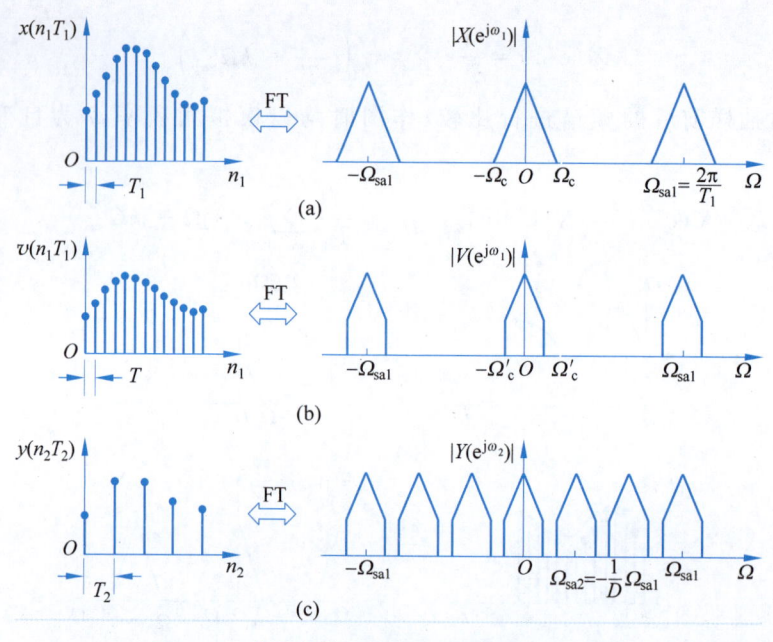

图 10.8　信号在抽取前后的时域和频域示意图

10.2.2　信号的整数倍内插

1. 整数倍内插的概念与内插方法

整数 I 倍内插是在已知的相邻两个原采样点之间插入 $I-1$ 个新采样值的点,如图 10.9 所示。从理论上讲,可以对已知的采样序列 $x(n_1T_1)$ 进行 D/A 转换,得到原来的模拟信号 $x(t)$,再对 $x(t)$ 进行较高采样率的采样得到 $y(n_2T_2)$,这里

$$T_1 = IT_2 \tag{10.19}$$

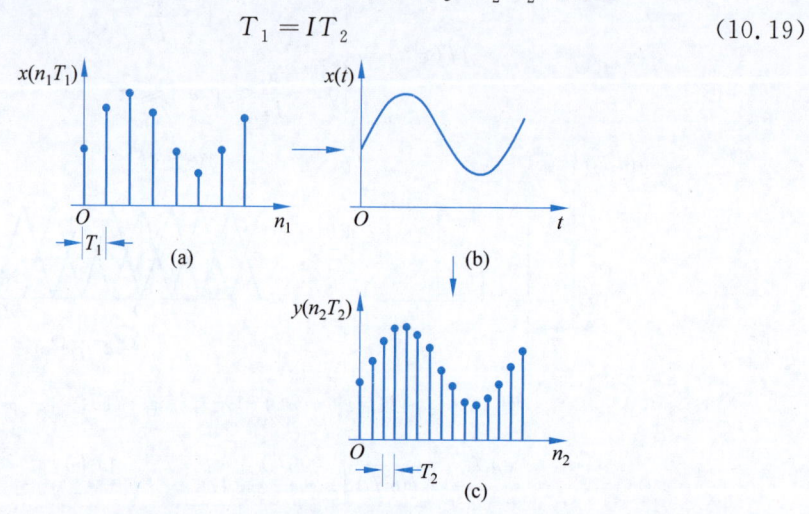

图 10.9　内插概念示意图

实际中采用零值内插方案,即先在已知采样序列的相邻两个样点间等间隔插入 $I-1$ 个 0 值点,然后进行低通滤波,如图 10.10 所示。内插过程中的各序列如图 10.11 所示。

图 10.10 零值内插方案的系统框图

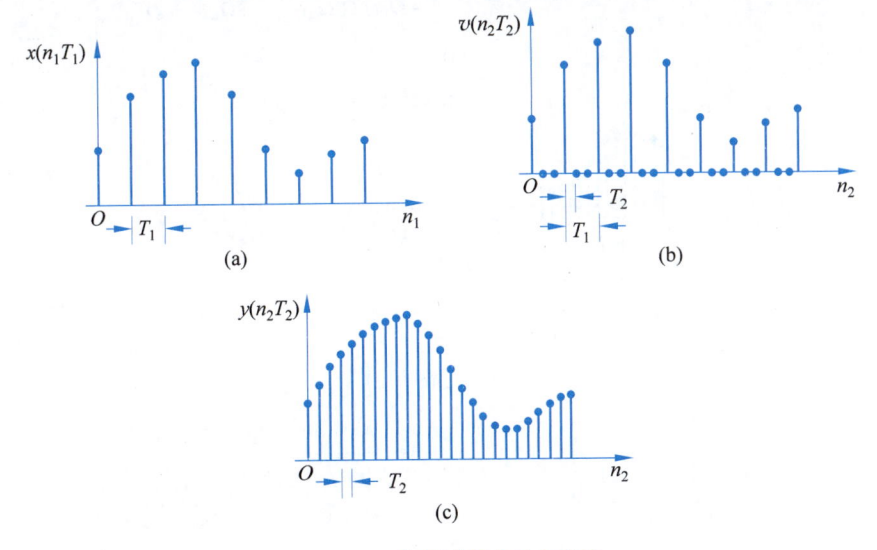

图 10.11 内插过程中的各序列

2. 整数倍内插的频域解释

为什么零值内插后,经低通滤波就能得到 I 倍内插的结果?设 $x(n_1 T_1)$ 为模拟信号 $x(t)$ 的采样序列,并假定 $x(t)$ 及其傅里叶变换 $X(\mathrm{j}\Omega)$ 如图 10.12 所示,$x(n_1 T_1)$、$y(n_2 T_2)$ 和 $X(\mathrm{e}^{\mathrm{j}\omega_1})$、$Y(\mathrm{e}^{\mathrm{j}\omega_2})$ 如图 10.13 所示。

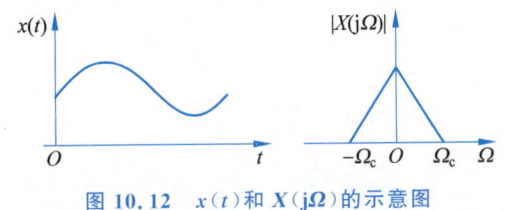

图 10.12 $x(t)$ 和 $X(\mathrm{j}\Omega)$ 的示意图

下面分析图 10.14 中 $v(n_2 T_2)$ 的频谱,最后讨论为了得到满足插值要求的 $y(n_2 T_2)$ (如图 10.13 所示),对 $h(n_2 T_2)$ 的技术要求:

$$v(n_2 T_2) = \begin{cases} x\left(n_2 \dfrac{T_1}{I}\right), & n_2 = 0, \pm I, \pm 2I, \cdots \\ 0, & \text{其他} \end{cases} \quad (10.20)$$

$$V(\mathrm{e}^{\mathrm{j}\omega_2}) = \sum_{n_2 = -\infty}^{\infty} v(n_2 T_2) \mathrm{e}^{-\mathrm{j}\omega_2 n_2}$$

$$= \sum_{n_2 = -\infty}^{\infty} v(n_2 T_2) \mathrm{e}^{-\mathrm{j}\Omega T_2 n_2}$$

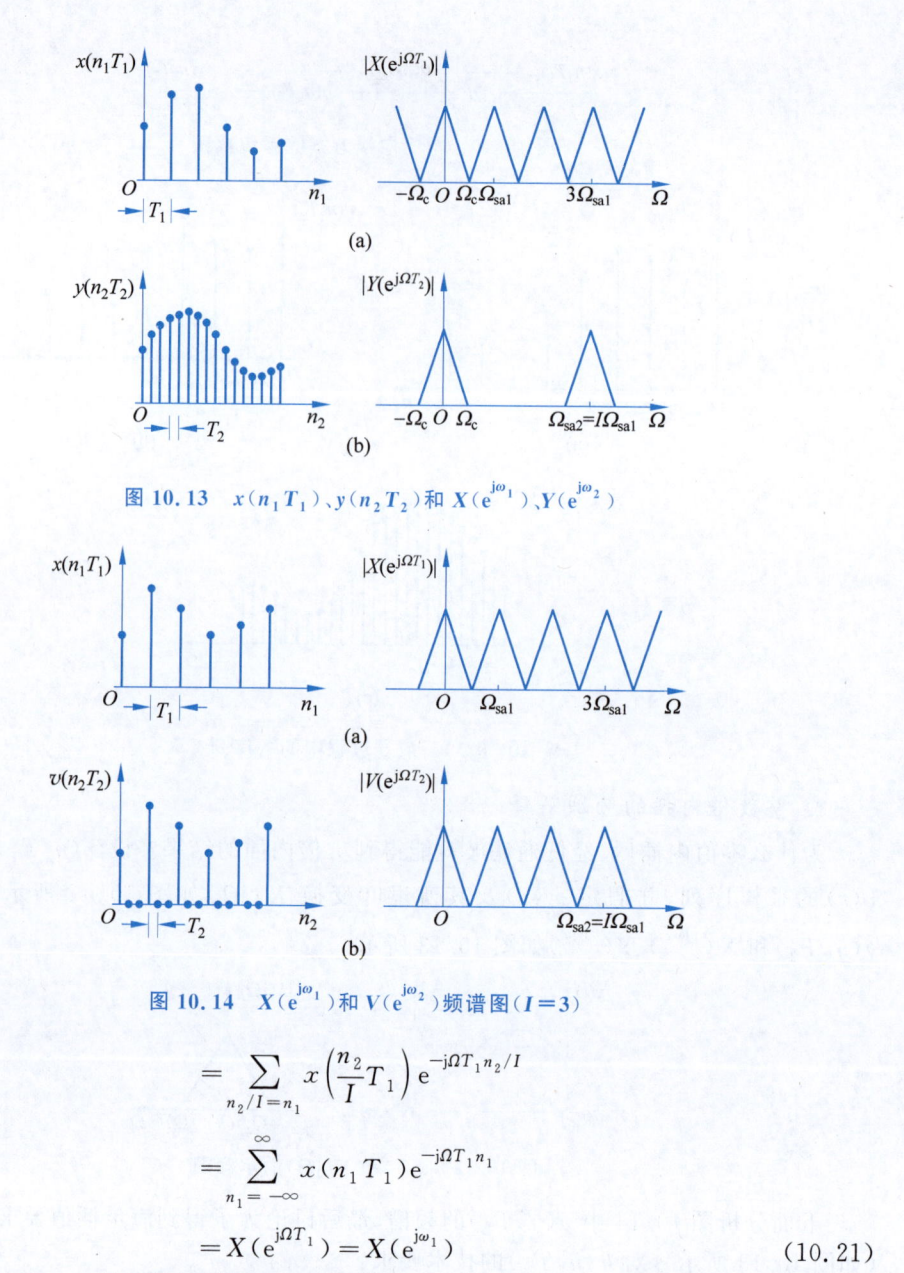

图 10.13 $x(n_1T_1)$、$y(n_2T_2)$ 和 $X(e^{j\omega_1})$、$Y(e^{j\omega_2})$

图 10.14 $X(e^{j\omega_1})$ 和 $V(e^{j\omega_2})$ 频谱图（$I=3$）

$$= \sum_{n_2/I=n_1} x\left(\frac{n_2}{I}T_1\right) e^{-j\Omega T_1 n_2/I}$$

$$= \sum_{n_1=-\infty}^{\infty} x(n_1 T_1) e^{-j\Omega T_1 n_1}$$

$$= X(e^{j\Omega T_1}) = X(e^{j\omega_1}) \tag{10.21}$$

为得到图 10.12 所示的频谱，就必须滤除图 10.14(b)中的这些镜像频谱，所以要求进行低通滤波，低通滤波器的理想幅频特性如图 10.15 所示。

图 10.15 低通滤波器的理想幅频特性

低通滤波器的理想幅频特性如下：

$$\Omega_c = \frac{\Omega_{sa1}}{2}\omega_c = \frac{\Omega_{sa1}}{2}T_2 = \frac{\pi}{T_1}\frac{T_1}{I} = \frac{\pi}{I} \tag{10.22}$$

低通滤波器（理想镜像滤波器）的幅频特性如下：

$$H(e^{j\omega_2}) = \begin{cases} C, & |\omega_2| < \frac{\pi}{I} \\ 0, & \frac{\pi}{I} \leqslant |\omega_2| \leqslant \pi \end{cases}$$

$$C = I \tag{10.23}$$

3. 用有理数 I/D 做采样率转换

前面已经讨论了采样率降低到 $1/D$ 的抽取，以及采样率提高到 I 倍的插值，其中 I、D 都是整数。本节讨论将采样率变为有理数 I/D 倍的一般情况。这可以通过把 D 取 1 的抽取和 I 倍采样率的插值结合起来而得到。一般是先做插值，再做抽取。这是因为，先抽取会使 $x(n)$ 的数据点数减少，会产生数据的丢失，并且抽取使得在 ω' 域上频谱会展宽 D 倍，在有些情况下还会产生频率响应的混叠失真。所以，对各种情况都合理的选择，是先做 I 倍插值，再做 D 取 1 的抽取，结构上就是两者的级联，如图 10.16 所示。

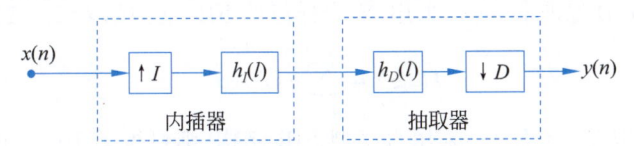

图 10.16 按有理数因子 I/D 的采样率转换方法

若信号 $x(n)$ 的采样率为 f_x，则内插器输出信号的采样率为

$$f_I = If_x \tag{10.24}$$

经过抽取器后，得到整个系统的输出信号的采样率为

$$f_y = \frac{I}{D}f_x \tag{10.25}$$

图 10.16 中，$h_I(l)$ 是插值器必须有的数字低通滤波器，它的作用是平滑和插值，将零值样点变成插值样点，$h_D(l)$ 是抽取前用来作防混叠失真的数字低通滤波器，它们都是工作在同一个采样频率 If_x 上，因而可以将它们合并为一个数字低通滤波器 $h(l)$，如图 10.17 所示。

图 10.17 按有理数因子 I/D 转换采样率的等效滤波器

等效滤波器 $h(l)$ 仍为理想低通滤波器，其等效带宽是 $h_I(l)$ 和 $h_D(l)$ 的最小带宽。由于此滤波器同时用作插值和抽取的运算，因而 $h(l)$ 应逼近的理想低通特性应为

$$H(e^{j\omega}) = \begin{cases} \dfrac{I}{D}, & |\omega| < \min\left(\dfrac{\pi}{I}, \dfrac{\pi}{D}\right) \\ 0, & \min\left(\dfrac{\pi}{I}, \dfrac{\pi}{D}\right) \leqslant |\omega| \leqslant \pi \end{cases} \tag{10.26}$$

10.3 多速率信号处理的实现

多速率信号处理,即采用级联积分梳状(CIC)滤波器、半带(HB)滤波器、FIR 滤波器和多相滤波器等实现抽取和内插以达到改变信号速率的目的。下面介绍使用 FIR 滤波器实现多速率信号处理的方法。

10.3.1 整数倍抽取器的 FIR 滤波器直接实现

整数(D)倍抽取器框图如图 10.18 所示。抗混叠低通滤波器用 FIR 结构时,抽取器的时域输入与输出关系为(设 $h(n_1 T_1)$ 长度为 N)

$$v(n_1 T_1) = \sum_{r=0}^{N-1} h(rT_1) x[(n_1 - r)T_1] \tag{10.27}$$

$$y(n_2 T_2) = v(n_2 D T_1) \tag{10.28}$$

图 10.18 整数(D)倍抽取器框图

其中低通防混叠失真滤波器 $h(n)$ 采用 N 个样值的 FIR 滤波器实现,其系统函数为

$$H(z) = \sum_{n=0}^{N-1} h(n) z^{-n} \tag{10.29}$$

按整数因子 D 抽取时,若 $H(z)$ 采用直接型 FIR 结构,则可得图 10.19 的流图结构实现。但是,这种结构有缺点,因为 $h(n)$ 工作在高采样率 f_s 情况下,$x(n)$ 的每一样值都要与滤波器所有系数相乘,但在每 D 个值中,只需要一个值,故浪费很多乘法。为提高运算效率,需要用等效变换方法。线性时不变系统符合交换律,即可以将级联的两部分交换次序而系统函数不变。但是,抽取(或插值)系统是线性时变系统,需要具体分析哪些部分符合交换律,哪些部分则不行。当抽取器(或插值器)与放大器级联时,是可以交换级联次序的。但当延时器(z^{-1})与 D 抽取器(或 I 插值器)级联时,就不能交换级联次序。例如,处于抽取器前的单位延时为 T,采样率 $f_s = 1/T$,而处于抽取器后的单位延时 $T' = DT$,采样频率 $f_s' = \dfrac{1}{T'} = f_s/D$,即抽取后采样率降低到 $1/D$,延时增加到 D 倍。由此可得图 10.20 的 D 抽取器的 FIR 直接型高效结构。在此图中,先对输入数据 $x(n)$ 作 D 取

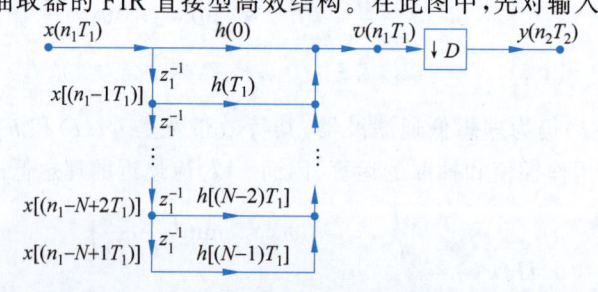

图 10.19 D 倍抽取器的直接型 FIR 滤波器结构

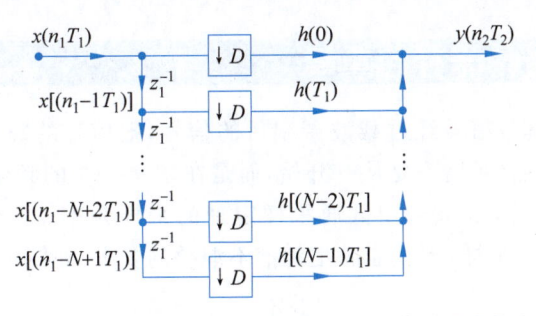

图 10.20　等效变换后 D 倍抽取器的 FIR 滤波器直接实现

1 抽取,再与各系数 $h(n)$ 相乘,随后相加,这些乘、加运算都是在低采样率 f_s/D 下进行的,即运算速度是图 10.19 的 $1/D$,因而是高效率的。

10.3.2　整数倍内插器的 FIR 滤波器直接实现

整数倍内插系统框图如图 10.21 所示。对插值器也可类似地讨论,得到图 10.22 和图 10.23。其中图 10.22 是与图 10.21 相对应的 FIR 滤波器流图结构,图 10.23 是高效 FIR 滤波器流图结构。由于图 10.23 中的乘、加运算都在输入端进行,其抽样频率 f_s 是输出采样频率 f'_s 的 $1/I$ 倍,故是高效率的。另外,利用转置定理也可由抽取器的流图结构经转置后得到与图 10.18 相同的插值器流图,可见下面的分析。转置定理是指,对一个线性时不变系统,将流图中所有支路箭头方向翻转,并将输入和输出交换,可得到转置后的新流图。由于延时和增益在转置前后相同,故转置前后的系统函数是相同的。对于抽取(或插值),由于它们是线性时(移)变系统,虽然转置后增益仍是不变的,但 D 取 1 的抽取就变成 1 变 D 的插值;反之亦然。例如,对抽取器,由于输出信号的抽样率是输入信号采样率的 $1/D$,转置后,输入、输出交换,其输出信号的采样率就是输入信号采样率的 D 倍,即已将抽取运算变成插值运算了。因而,图 10.18、图 10.19、图 10.20 分别与图 10.21、图 10.22、图 10.23 互为转置关系,不过抽取用 D 表示,插零值用 I 表示。

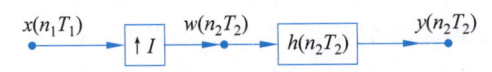

图 10.21　整数(D)倍内插器框图

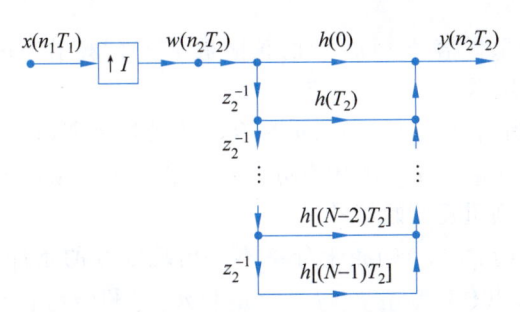

图 10.22　整数倍内插器 FIR 滤波器直接实现结构 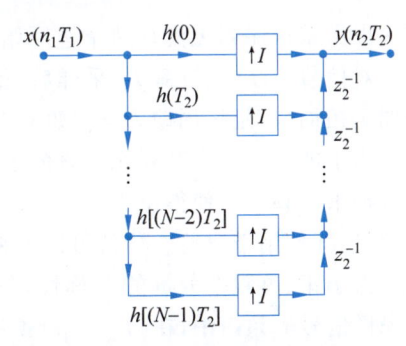　　图 10.23　内插系统直接实现的高效结构

10.4 带通信号的采样与重建

带通信号,即把基带信号经过载波调制后的信号,把信号的频率范围搬移到较高的频段以便在信道中传输(频谱不是从 0 开始,而是在 $f_L \sim f_H$ 的频带内)。实际中遇到的许多信号是带通型信号,如果采用低通采样定理的采样频率 $f_s \geqslant 2f_H$,对频率限制在 $f_L \sim f_H$ 的带通型信号采样,那么能满足频谱不混叠的要求,如图 10.24 所示。

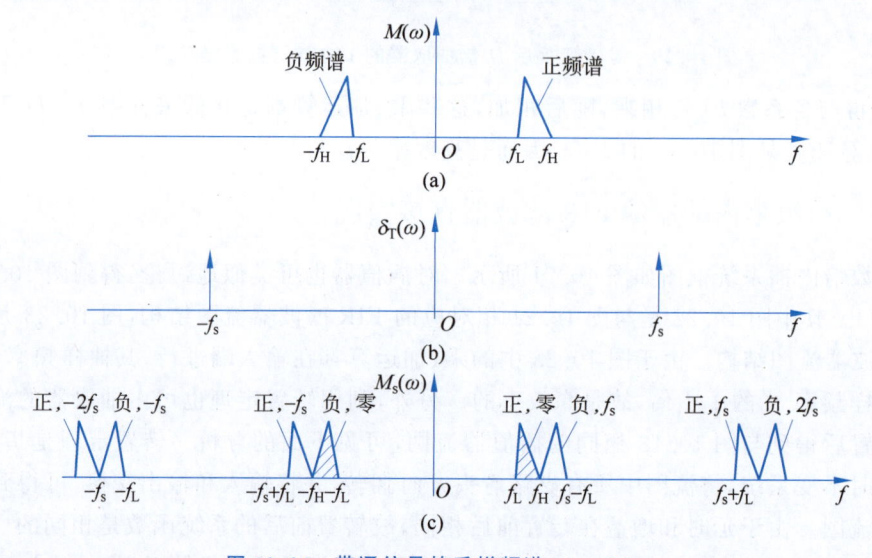

图 10.24 带通信号的采样频谱($f_s = 2f_H$)

然而,这样选择 f_s 太高了,它会使 $0 \sim f_L$ 一大段频谱空隙得不到利用,降低了信道的利用率。为了提高信道利用率,同时又使采样后的信号频谱不混叠,那么到底怎样选择 f_s 呢? 带通信号的采样定理将回答这个问题。

带通采样定理:一个频带限制在 $f_L \sim f_H$ 内的时间连续信号 $x(t)$,信号带宽 $B = f_H - f_L$,令 $M = f_H/B - N$,这里 N 为不大于 f_H/B 的最大正整数。若采样频率满足条件:

$$\frac{2f_H}{m+1} \leqslant f_s \leqslant \frac{2f_L}{m}, \quad 0 \leqslant m \leqslant N-1 \tag{10.30}$$

则可以由采样序列无失真地重建原始信号。

对信号 $x(t)$ 以频率 f_s 采样后,得到的采样信号 $x(nT_s)$ 的频谱是 $x(t)$ 的频谱经过周期延拓而成,延拓周期为 f_s,如图 10.25 所示。

为了能够由采样序列无失真的重建原始信号 $x(t)$,必须选择合适的延拓周期(也就是选择采样频率),使得位于 (f_L, f_H) 和 $(-f_H, -f_L)$ 的频带分量不会和延拓分量出现混叠,这样使用带通滤波器就可以由采样序列重建原始信号。

由于正、负频率分量的对称性,仅考虑 (f_L, f_H) 的频带分量不会出现混叠的条件。在采样信号的频谱中,在 (f_L, f_H) 频带的两边有 $(-f_H + mf_s, -f_L + mf_s)$ 和 $(-f_H + (m+1)f_s, -f_L + (m+1)f_s)$ 两个延拓频谱分量。为了避免混叠,延拓后的频带分量应满足

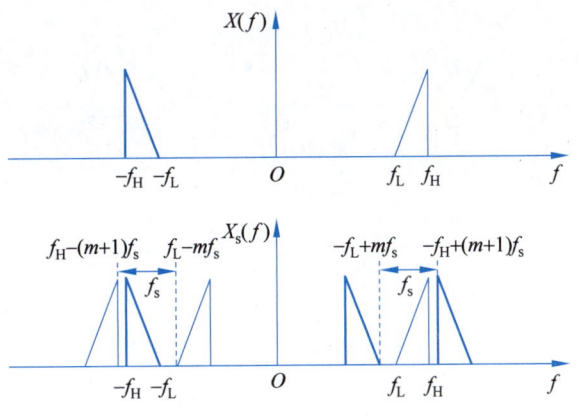

图 10.25 带通采样信号的频谱

$$\begin{cases} -f_L + mf_s \leqslant f_L \\ -f_H + (m+1)f_s \geqslant f_H \end{cases} \tag{10.31}$$

综合两式并整理得到

$$\frac{2f_H}{m+1} \leqslant f_s \leqslant \frac{2f_L}{m} \tag{10.32}$$

式中：m 大于或等于零。

如果 m 取零，则上述条件化为

$$f_s \geqslant 2f_H \tag{10.33}$$

这实际上是把带通信号看作低通信号进行采样。

m 取得越大，符合条件的采样频率会越低。但是 m 有上限，因为 $f_s \leqslant \frac{2f_L}{m}$。而为了避免混叠，延拓周期要大于 2 倍的信号带宽，即 $f_s \geqslant 2B$。因此

$$m \leqslant \frac{2f_L}{f_s} \leqslant \frac{2f_L}{2B} = \frac{f_L}{B} \tag{10.34}$$

由于 N 为不大于 f_H/B 的最大正整数，因此不大于 f_L/B 的最大正整数为 $N-1$，故有 $0 \leqslant m \leqslant N-1$。综上所述，要无失真地恢复原始信号 $x(t)$，采样频率应满足

$$\frac{2f_H}{m+1} \leqslant f_s \leqslant \frac{2f_L}{m}, \quad 0 \leqslant m \leqslant N-1 \tag{10.35}$$

(1) 若最高频率 f_H 为带宽的整数倍，即 $f_H = nB$。

此时 $f_H/B = n$，是整数，$m = n$，所以采样频率 $f_s = \frac{2f_H}{m} = 2B$。图 10.26 中示出了 $f_H = 5B$ 时的频谱图。采样后信号的频谱 $M_s(\omega)$ 既没有混叠也没有留空隙，而且包含有 $m(t)$ 的频谱 $M(\omega)$ 图中虚线所框的部分。这样，采用带通滤波器就能无失真地恢复原信号，且此时采样频率(2B)远低于按低通采样定理时 $f_s = 10B$ 的要求。显然，若 f_s 再减小，即 $f_s < 2B$ 时必然会出现混叠失真。由此可知，当 $f_H = nB$ 时，能重建原信号 $m(t)$ 的最小采样频率 $f_s = 2B$。

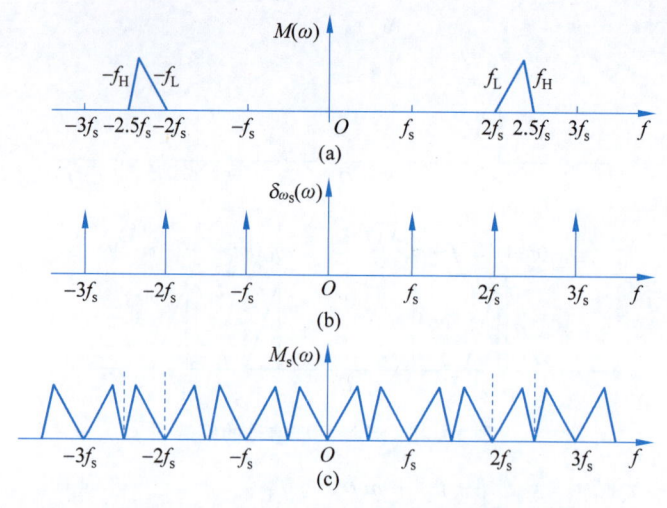

图 10.26 $f_H = nB$ 时带通信号的采样频谱

(2) 若最高频率 f_H 不为带宽的整数倍,即 $f_H = nB + kB$, $0 < k < 1$。

此时,$f_H/B = n + k$,由采样定理可知,m 是一个不超过 $n+k$ 的最大整数,显然 $m = n$,所以能恢复出原信号 $m(t)$ 的最小采样频率为

$$f_s = \frac{2f_H}{m} = \frac{2(nB+kB)}{n} = 2B\left(1 + \frac{k}{n}\right) \tag{10.36}$$

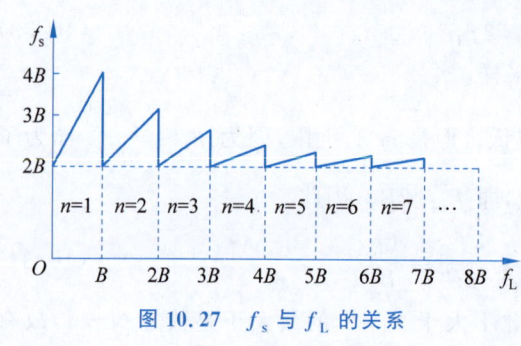

式中:n 为不超过 f_H/B 的最大整数;$0 < k < 1$。

根据式(10.36)和 $f_H = B + f_L$,画出的曲线如图 10.27 所示。

由图 10.27 可见,f_s 在 $2B \sim 4B$ 范围内取值,当 $f_L \gg B$ 时,f_s 趋近于 $2B$。这一点由式(10.36)也可以加以说明,当 $f_L \gg B$ 时,n 很大,所以不论 f_H 是否为带宽的整数倍,式(10.36)可简化为

$$f_s \approx 2B \tag{10.37}$$

图 10.27 f_s 与 f_L 的关系

实际应用广泛的高频窄带信号就符合这种情况,这是因为 f_H 大,而 B 小,f_L 当然也大,很容易满足 $f_L \gg B$。由于带通信号一般为窄带信号,容易满足 $f_L \gg B$,因此带通信号通常可按 $2B$ 速率采样。

习题

1. 设采样率转换系统输入为 $x(n_1 T_1)$,输出为 $x(n_2 T_2)$。

(1) 试画出信号整数倍内插系统原理框图,并解释其中各功能框的作用;

(2) 假设内插因子 $I = 5$,画出镜像频谱滤波器的幅频特性和系统中各点信号的频谱。

示意图。

2. 图 10.28(a)所示的多采样率系统,3 个滤波器的频率响应以及输入信号 $x(n)$ 的频谱都是以 2π 为周期并且偶对称的实函数,它们在 $0\sim\pi$ 区间的特性如图 10.28(b)、(c)所示。画出输出信号 $y_0(n)$、$y_1(n)$、$y_2(n)$ 的频谱。

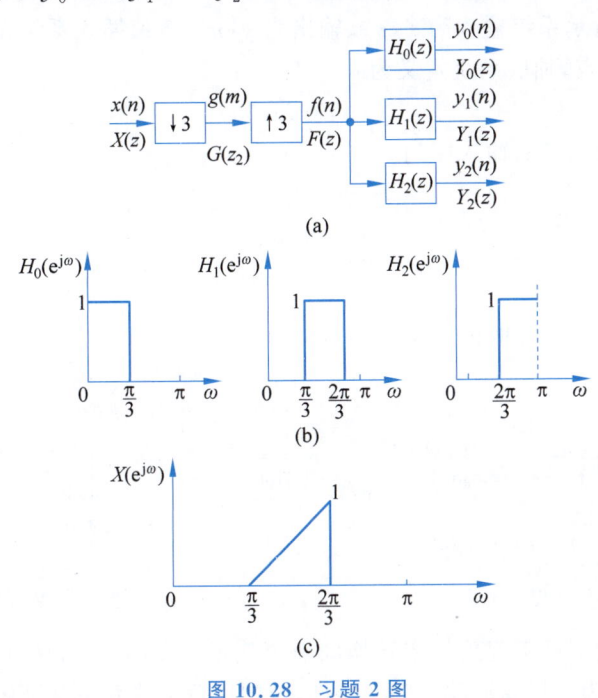

图 10.28 习题 2 图

3. 由一个离散时间序列 $x(n)$ 形成两个新序列 $x_p(n)$ 和 $x_d(n)$,其中 $x_p(n)$ 相当于以采样周期为 2 对 $x(n)$ 采样而得到,而 $x_d(n)$ 则是以 2 对 $x(n)$ 进行抽取而得到,即

$$x_p(n) = \begin{cases} x(n), & n=0,\pm 2,\pm 4,\cdots \\ 0, & n=\pm 1,\pm 3,\cdots \end{cases}$$

$$x_d(n) = x(2n)$$

(1) 若 $x(n)$ 形成如图 10.29(a)所示,画出 $x_p(n)$ 和 $x_d(n)$。

(2) $X(e^{j\omega}) = \text{DTFT}[x(n)]$ 如图 10.29(b)所示,画出 $X_p(e^{j\omega}) = \text{DTFT}[x_p(n)]$, $X_d(e^{j\omega}) = \text{DTFT}[x_d(n)]$。

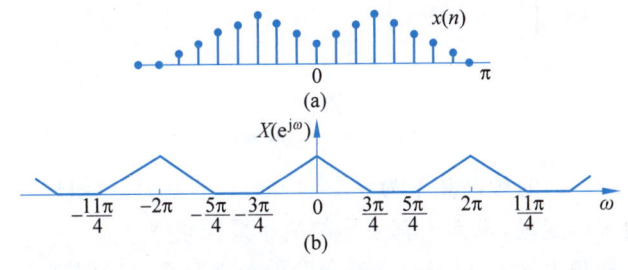

图 10.29 习题 3 图

4. 已知用有理数 I/D 作采样率转换的两个系统,如图 10.30 所示。

(1) 写出 $X_{Id1}(z)$、$X_{Id2}(z)$、$X_{Id1}(e^{j\omega})$、$X_{Id2}(e^{j\omega n})$ 的表示式;

(2) 若 $I=D$,试分析这两个系统是否有 $x_{Id1}(n)=x_{Id2}(n)$,说明理由;

(3) 若 $I\neq D$,在什么条件下 $x_{Id1}(n)=x_{Id2}(n)$,并说明理由。

5. 图 10.31 所示系统输入为 $x(n)$、输出为 $y(n)$,零值插入系统在每一序列 $x(n)$ 值之间插入 2 个零值点,抽取系统定义为

$$y(n)=w(5n)$$

式中:$w(n)$ 为抽取系统的输入序列。

若输入

$$x(n)=\frac{\sin(w_1 n)}{\pi n}$$

试确定 $\omega_1 \leqslant \frac{3}{5}\pi, \omega_1 > \frac{3}{5}\pi$ 时的输出 $y(n)$:

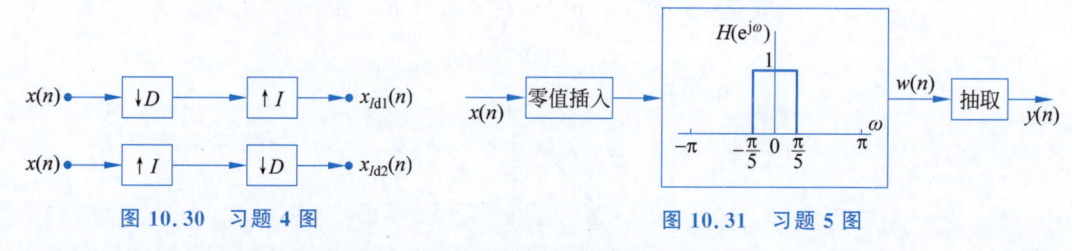

图 10.30 习题 4 图

图 10.31 习题 5 图

6. 下面是在数字域实现采样率转换的简单例子。在图 10.32(a) 得到 $x(n)$,图(b) 得到 $x_1(n)$,图(c) 为模拟滤波器的频率特性,希望用数字域方法直接从 $x(n)$ 得到 $x(n)$,给出具体实现方法的框图,并给出各框图的具体指标要求。

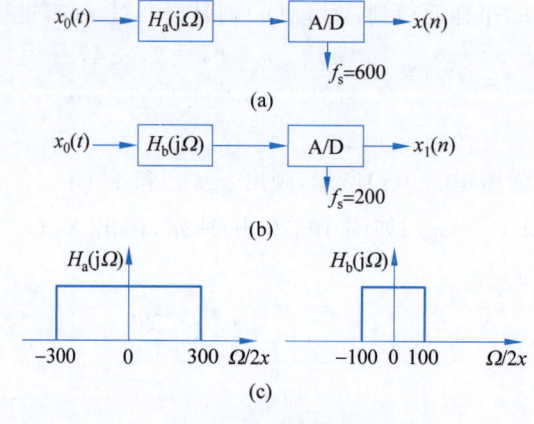

图 10.32 习题 6 图

7. 设信号 $x(t)x(t)$ 的最高频率为 $f_H=12kHz$,带宽 $B=4kHz$。

(1) 根据带通采样定理,求无失真采样的最小采样频率 f_s。

(2) 若实际采样频率 $f_s=8kHz$,是否会发生频谱混叠?说明理由。

8. 假设信号 $x(n)$ 及其频谱 $X(e^{j\omega})$ 如图 10.33 所示。按因子 $D=2$ 直接对 $x(n)$ 抽取，得到信号 $y(m)=x(2m)$。画出 $y(m)$ 的频谱函数曲线，说明抽取过程中是否丢失了信息。

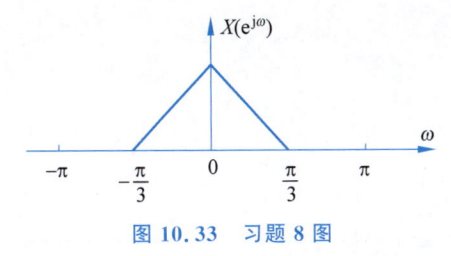

图 10.33 习题 8 图

9. 设信号 $x(n)$ 的采样频率为 $f_x=12\text{kHz}$，按采样频率转换 $f_y=26\text{kHz}$ 对其进行采样率转换。

10. 已知线性相位 FIR 抽取滤波器的阶段数为 14，试画出 3 倍抽取滤波器系统的多相结构图。

第11章 数字信号采集与恢复

11.1 量化与编码

模拟信号数字化从原理上看一般要经过采样、量化与编码,它们分别完成对模拟信号时间轴的离散化、取值域的离散化,以及将已被离散化的数值编成对应 0、1 序列的码组。其中,量化与编码共同完成模/数转换,如图 11.1 所示。

```
模拟信号 --采样(时间上的离散化)--> 采样数据信号 --量化、编码(幅度上的离散化)--> 数字信号
```

图 11.1 模/数转换过程

从信息的角度来看,当信号由连续幅度转换成离散幅度时,必然会有信息的损失,因此,信息量化属于有失真编码。通过适当的设计可以将这种损失减至能接受的地步。从这种意义出发,数字信号量化与编码要研究的问题便是如何进行有效的设计,在一定条件下编码的失真最小。

量化是属于限失真。为了简化,在这里对于量化仅取 $2^3=8$ 电平量化。对以上三个基本步骤用比较形象的图表示,如图 11.2 所示。

在如图 11.2 所示数字信号采集过程中,图 11.2(a)表示模拟信源输出的原始连续模拟信号 $x(t)$。图 11.2(b)表示对原始模拟信号按均匀间隔 T_s 采样后在时间上离散化的连续样值序列 $x(kT_s)$,其取值是 0~7 电平区间内的某一个连续值。图 11.2(c)表示对已在时间上离散化的连续样值再经过取值离散化的量化处理后的量化序列值,其量化是按照"四舍五入"在 0~7 的 8 个整数值中选取某一个值。例如当 $t=0$ 时,取值 0.3,它小于 0.5,量化后应为 0 电平,当 $t=1$ 时,取值 1.9,超过 1.5 小于 2.5,量化后应取值为 2 电

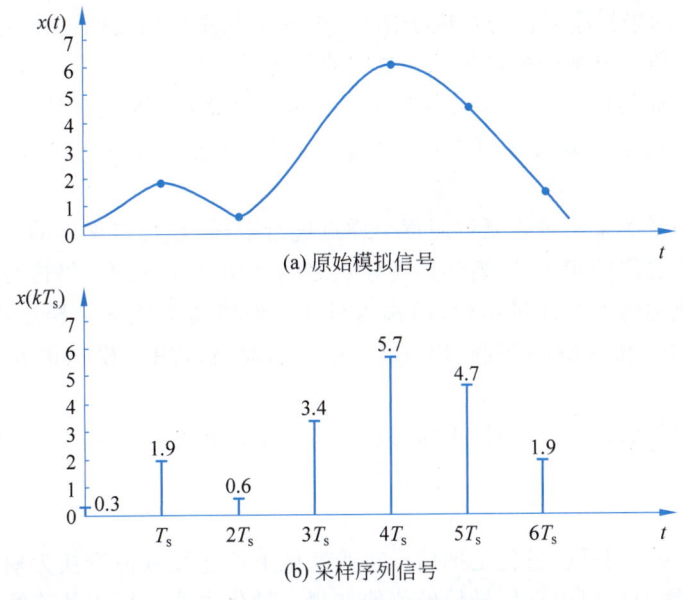

(a) 原始模拟信号

(b) 采样序列信号

图 11.2 数字信号采集过程

$x(kT_s)$

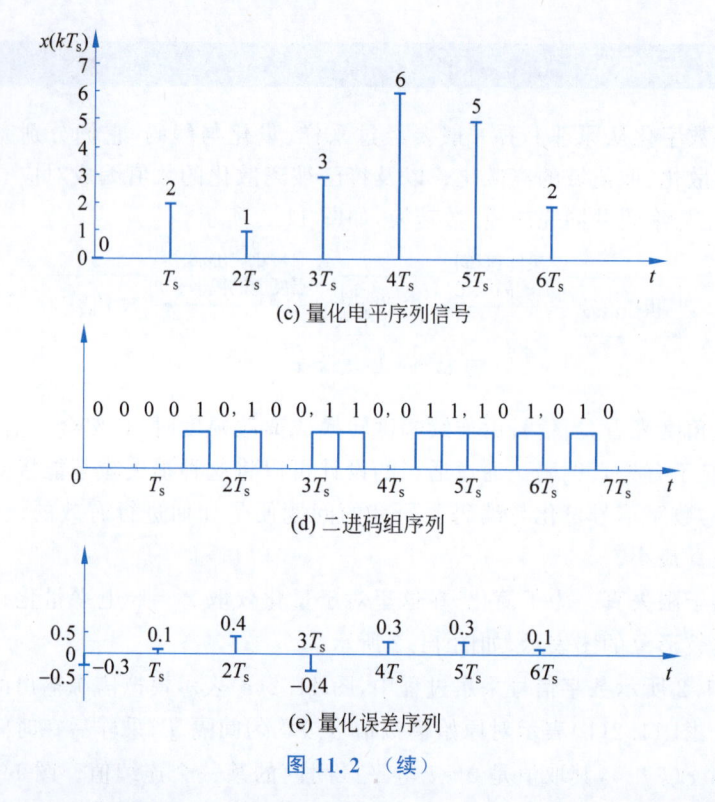

7
6 — 6
5 — 5
4
3 — 3
2 — 2　　　　　　　　　　 2
1 　　 1
0 — 0
　　 T_s　$2T_s$　$3T_s$　$4T_s$　$5T_s$　$6T_s$　　t

(c) 量化电平序列信号

0 0 0 　1 0, 1 0 0, 1 1 0, 0 1 1, 1 0 1, 0 1 0

0　T_s　$2T_s$　$3T_s$　$4T_s$　$5T_s$　$6T_s$　$7T_s$　t

(d) 二进码组序列

0.5
　　0.1　0.4　　　0.3　0.3　0.1
0
　−0.3　T_s　$2T_s$　$3T_s$　$4T_s$　$5T_s$　$6T_s$　　t
−0.5　　　　　　−0.4

(e) 量化误差序列

图 11.2 （续）

平，以此类推，显然量化属于限失真编码。图 11.2(d)表示对每个量化序列值进行对应的二进制编码。8 电平可以采用 3 位二进制编码来表示，例如，当 $t=0$ 时，0 量化电平可以编成 3 位二进制码组为 000，$t=1$ 时，2 量化电平可以编成 010，以此类推。图 11.2(e)表示图 11.2(b)中的采样序列值与对应于图(c)中的量化序列值之间的量化误差值。例如当 $t=0$ 时，量化值 0 电平与采样值 0.3 之间的量化误差为 −0.3，当 $t=1$ 时，量化误差为 $2-1.9=0.1$，以此类推。由于量化误差在接收端无法消除，因此它是一类不可逆失真，而且其失真与量化电平数直接有关，量化级数越多，量化失真越小，所以量化是属于限失真。

上述数字信号的采集过程是按照逐个样点进行采样、量化与编码的。没有考虑模拟信号各个采样点之间的相关性，换句话说样点之间是相互独立的。将这类建立在逐个独立样点上的量化称为一维标量量化，简称为量化。而将这类按逐个样点进行采样、量化与编码的方法称为脉冲编码调制（PCM）。它是当前最常用的模拟语音数字化的编码方法。

采样定理在前面已经介绍过，下面将进一步对量化和编码做深入的分析。

11.1.1　量化

在数字信号处理领域，量化是把信号在幅度域上的连续取值变换为幅度域上离散取值，用一些不连续的幅值逼近信号精确值的过程。量化主要应用于从连续信号到数字信号的转换中。连续信号经过采样成为离散信号，离散信号经过量化即成为数字信号。

量化是把经过抽样得到的瞬时值将其幅度离散,即把瞬时采样值用最接近的电平值(通常是二进制)表示。其特点是时间离散、幅值离散。M 个采样值区间是等间隔划分的,称为均匀量化。M 个采样值区间也可以不均匀划分,称为非均匀量化。

需要指出,在模拟信号的数字化中,模拟信号在时间上的离散化,不致引入失真(因为各样值仍是一个连续变量,此连续变量所包含的信息量是无限大)。若将时间上离散的样值进一步在取值域上离散化(量化),则因量化后的量化电平是离散的,此离散随机变量载荷的信息量是有限的,所以量化必然会产生量化误差,引入失真。量化信号在编成二进制代码后,在接收端无法无失真地恢复出原来的连续变量,因为后者的取值有无限个可能值,因而对连续变量的量化编码不可能是无失真编码,只能是在限定失真条件下的编码,称为限失真编码。在限定失真条件下所需的比特数最少的编码是最佳限失真编码。

综上所述,对连续信源的限失真编码的主要方法是量化。量化时,必须使量化引入的失真足够小。

量化可分为一维标量量化与多个样值联合量化的多维矢量量化两大类型。本节着重讨论标量量化。

1. 标量量化的基本原理

对采样序列的每个样值逐一进行量化称为标量量化或一维量化。一般而言,标量量化是一个从 R 到 $\{y_1, y_2, \cdots, y_k\}$ 的映射:

$$y = Q(x) = y_k, \quad x \in (x_{k-1}, x_k), \quad k = 1, 2, \cdots, M \tag{11.1}$$

如图 11.3 所示,y_k 为量化电平,x_k 为分层电平或量化边界,M 为量化级数。图 11.4 是对 $x(t)$ 采样后进行标量量化的示意图。

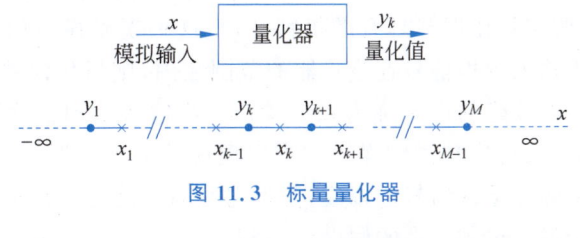

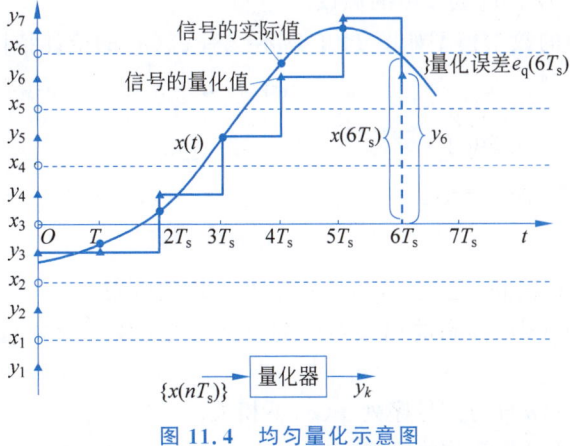

图 11.3 标量量化器

图 11.4 均匀量化示意图

假设 $x(t)$ 是平稳过程，其一维概率密度函数为 $p(x)$，则量化器输入的信号功率为

$$S = E[x^2] = \int_{-\infty}^{\infty} x^2 \mathrm{d}x \tag{11.2}$$

样值 x 处于量化区间 (x_{k-1}, x_k) 的概率为

$$q_k = \int_{x_{k-1}}^{x_k} p(x) \mathrm{d}x \tag{11.3}$$

样值 x 处于量化区间 (x_{k-1}, x_k) 条件下，x 的条件概率密度函数为

$$p_k(x) = \begin{cases} \dfrac{p(x)}{q_k}, & x \in (x_{k-1}, x_k) \\ 0, & x \notin (x_{k-1}, x_k) \end{cases} \tag{11.4}$$

量化器输出功率为

$$S_q = \sum_{M}^{k=1} q_k y_k^2 \tag{11.5}$$

2. 量化误差分析

量化后的信号和抽样信号的差值称为量化误差。量化误差在接收端表现为噪声，称为量化噪声。量化级数越多，误差越小，相应的二进制码位数越多，要求传输速率越高，频带越宽。为使量化噪声尽可能小而所需码位数又不太多，通常采用非均匀量化的方法进行量化。非均匀量化根据幅度的不同区间来确定量化间隔，幅度小的区间量化间隔取得小，幅度大的区间量化间隔取得大。

采用统计方法，分析量化对模/数转换器性能的影响。量化误差依赖输入信号的特性及量化器的非线性特征，除非特别简单的情况，否则很难进行确定性分析。

对于统计方法，假定量化误差具有随机特性，把这种误差视为加到原始（未量化）信号中的噪声模型。若输入模拟信号在量化器的范围之内，则量化误差的幅度 $e_q(n)$ 是有界的（$|e_q(n)| < \Delta/2$），最终的误差称为颗粒噪声。当输入落到量化器范围之外（截断）时，$e_q(n)$ 会变成无界，最终出现过载噪声。当出现这种类型的误差时，会导致信号严重失真。唯一的措施是降低输入信号的幅度，使得它的动态范围落在量化器的转换范围之内。下面分析是基于没有过载噪声的假设。

量化误差 $e_q(n)$ 的数学模型如图 11.5 所示。对 $e_q(n)$ 的统计特性进行以下假设：

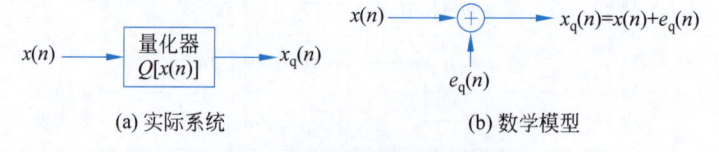

(a) 实际系统　　　　　　(b) 数学模型

图 11.5　量化噪声的数学模型

(1) 误差 $e_q(n)$ 在区间 $-\Delta/2 < e_q(n) < \Delta/2$ 上均匀分布。

(2) 误差序列 $|e_q(n)|$ 静态的白噪声序列。换言之，对于 $m \neq n$，误差 $e_q(n)$ 和误差 $e_q(m)$ 不相关。

(3) 误差序列 $|e_q(n)|$ 与信号序列 $x(n)$ 不相关。

(4) 信号序列 $x(n)$ 是零均值且静态的。

通常这些假设是不成立的。然而,当量化步长很小且信号序列 $x(n)$ 的两个连续样本之间的变化经过好几个量化级别时,这些假设成立。

基于这些假设,通过计算信号与量化噪声(功率)比(SQNR),就可以定量分析加性噪声 $e_q(n)$ 对期望信号的影响,用比例的对数(以 dB 形式)表示为

$$\text{SQNR} = 10\lg \frac{P_x}{P_n} \tag{11.6}$$

式中:P_x 为信号功率,$P_x = \sigma_x^2 = E[x^2(n)]$;$P_n$ 为量化噪声功率,$P_n = \sigma_e^2 = E[e_q^2(n)]$。

如果量化误差在区间 $(-\Delta/2, \Delta/2)$ 上均匀分布,如图 11.6 所示,那么误差的均值为零,方差(量化噪声功率)为

$$P_n = \sigma_e^2 = \int_{-\Delta/2}^{\Delta/2} e^2 p(e) \mathrm{d}e$$

$$= \frac{1}{\Delta} \int_{-\Delta/2}^{\Delta/2} e^2 \mathrm{d}e = \frac{\Delta^2}{12} \tag{11.7}$$

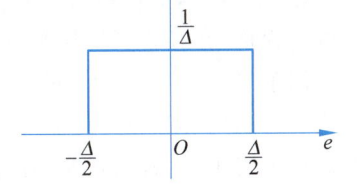

图 11.6 量化误差的概率密度函数

模/数转换器的编码操作就是将每个量化级别分配一个唯一的二进制数。如果有 L 个级别,那最少需要 L 个不同的二进制数。长为 $b+1$ 位的字,可以表示 2^{b+1} 个不同的二进制数。因此,要求 $2^{b+1} \geqslant L$,或者等价地,$b+1 \geqslant \log_2 L$。于是,就可以得出模/数转换器的步长或分辨率 $\Delta = \frac{R}{2^{b+1}}$,其中 R 为量化器的转换范围。

结合上式,SQNR 的表达式可写为

$$\text{SQNR} = 10\lg \frac{P_x}{P_n} = 20\lg \frac{\sigma_x}{\sigma_e} = 6.02b + 16.81 - 20\lg \frac{R}{\sigma_x} (\text{dB}) \tag{11.8}$$

式中的最后一项取决于模/数转换器的范围以及输入信号的统计特性。例如,如果假设 $x(n)$ 为高斯分布。并且量化器的范围扩展为从 $-3\sigma_x \sim 3\sigma_x$(即 $R = 6\sigma_x$),那么每 1000 个输入信号的幅度中,平均不到 3 个输出会出现过载。对于 $R = 6\sigma_x$,式(11.8)可写为

$$\text{SQNR} = 6.02b + 1.25 \text{dB} \tag{11.9}$$

SQNR 常用来确定模数转换器的精度,这意味着量化器每增加一位,信号与量化噪声比增加 6dB。由于制造工艺限制,模/数转换器的实际性能要低于理论值。因此,模/数转换器的有效位数可能会稍低于它本身的位数。例如,一个 16 位的模/数转换器可能只有 14 个有效位的精度。

11.1.2 编码

编码是信息从一种形式或格式转换为另一种形式的过程,也称为计算机编程语言的代码,简称编码。用预先规定的方法将文字、数字或其他对象编成数码,或将信息、数据转换成规定的电脉冲信号。

脉冲编码调制就是把一个时间连续、取值连续的模拟信号变换成时间离散,取值离散的数字信号后在信道中传输。脉冲编码调制就是对模拟信号先采样,再对样值幅度量化、编码的过程。PCM 系统原理图如图 11.7 所示。

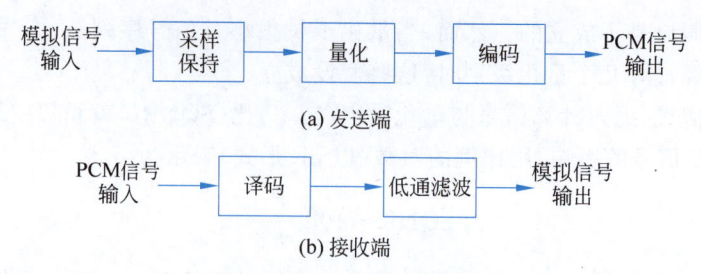

图 11.7 PCM 系统原理图

(a) 发送端: 模拟信号输入 → 采样保持 → 量化 → 编码 → PCM信号输出

(b) 接收端: PCM信号输入 → 译码 → 低通滤波 → 模拟信号输出

在 PCM 中,对模拟信号采样、量化,将量化后的信号电平值转换成对应的二进制码组的过程称为编码,而将其逆过程称为译码。从理论上看,任何一个可逆的二进制码组均可用于 PCM。目前最常见的二进制码有自然二进制码(NBC)、折叠二进制码(FBC)和格雷二进制码(RBC)。在 PCM 中实际采用的是 FBC,下面将重点介绍 FBC。三种二进制码可用表 11.1 表示其编码规律。

表 11.1 自然码、折叠码和格雷码

样值脉冲	量化级	NBC b_1	b_2	b_3	b_4	FBC b_1	b_2	b_3	b_4	RBC b_1	b_2	b_3	b_4
正极性样值脉冲	15	1	1	1	1	1	1	1	1	1	0	0	0
	14	1	1	1	0	1	1	1	0	1	0	0	1
	13	1	1	0	1	1	1	0	1	1	0	1	1
	12	1	1	0	0	1	1	0	0	1	0	1	0
	11	1	0	1	1	1	0	1	1	1	1	1	0
	10	1	0	1	0	1	0	1	0	1	1	1	1
	9	1	0	0	1	1	0	0	1	1	1	0	1
	8	1	0	0	0	1	0	0	0	1	1	0	0
负极性样值脉冲	7	0	1	1	1	0	0	0	0	0	1	0	0
	6	0	1	1	0	0	0	0	1	0	1	0	1
	5	0	1	0	1	0	0	1	0	0	1	1	1
	4	0	1	0	0	0	0	1	1	0	1	1	0
	3	0	0	1	1	0	1	0	0	0	0	1	0
	2	0	0	1	0	0	1	0	1	0	0	1	1
	1	0	0	0	1	0	1	1	0	0	0	0	1
	0	0	0	0	0	0	1	1	1	0	0	0	0

由表 11.1 可见,如果将 16 个量化级分成两部分:0~7 的 8 个量化级对应于负极性样值脉冲,8~15 的 8 个量化级对应于正极性样值脉冲。对于自然二进制码,它则是一般的十进制正整数的二进制表示,在 16 个量化级中;$2^4=16$,采用 4 位码元表示为 $b_1=2^3$,$b_2=2^2$,$b_3=2^1$,$b_4=2^0$。比如,第 11 个量化级可表示为

$$11 = 2^3 + 0 + 2^1 + 2^0 = 8 + 0 + 2 + 1 \tag{11.10}$$

其对应的码组可表示为 1011,其余以此类推。对于自然二进制码,正、负极性的上下两部分无任何相似之处。

对于折叠码却不然,它除去最高位以外,其上部正极性部分与下部负极性部分显折叠关系。而最高位 b_1,上半部分为全"1",下半部分则为全"0",这种码的使用特点是对于像话音这类双极性信号,可用最高位 b_1 的"1"与"0"表示"正"与"负"的极性,而码组中其余的后 3 位 b_2、b_3、b_4 则表示信号的绝对值。即只要正、负极性信号的绝对值相同,就可进行相同的编码,即在量化级中 1 与 14 其 b_2、b_3、b_4 均分别为 110;2 与 13 其 b_2、b_3、b_4 均分别为 101,等等。换句话说,在用最高位 b_1 表示极性以后,双极性信号可以采用单极性编码方法来实现,因此折叠码可以大为简化编码过程。折叠码的另一个优点是一旦传输中出现误码时,对小信号影响较小,对大信号影响较大。比如误码发生在小信号,即 1000 误为 0000,由上述表 11.1 可见,对于自然码误差为 8 个量化级(8 与 0),而对于折叠码仅有一个量化级(8 与 7)。但是对于大信号,比如 1110 误为 0111,对自然码误差为 8 个量化级(15 与 7),而对于折叠码误差为 15 个量化级(15 与 0)。由于话音信号小幅度出现的概率比大幅度出现的概率大,从统计观点看,它可以减少均方误差功率,因而,在 PCM 标准中采用了折叠码。

格雷码的主要特点是对任何相邻电平的码组,仅有 1 位码元(位)发生变化。

下面介绍 CCITT G.711 建议的电话信号的 PCM 编码规则。

电话信号的带宽为 300~3400Hz,采样速率 f_s=8kHz,对每个采样脉冲进行 A 律或 μ 律对数压缩非均匀量化及非线性编码。如图 11.8 所示,每个样值用 8 位二进制代码表示,这样,每路标准话路的比特率为 64kb/s,而这 8 位二进制代码是按国际上电话信号的 PCM 编码规则来决定的。

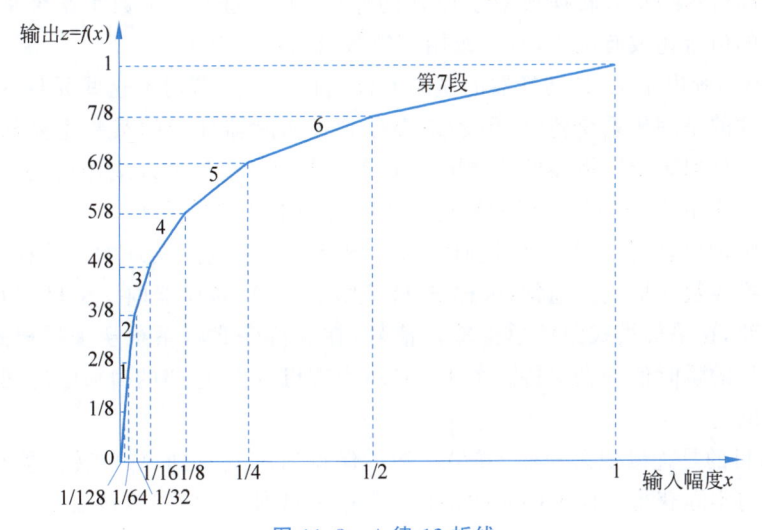

图 11.8 A 律 13 折线

每个样值用 8 比特代码来表示,即 $[b_1][b_2b_3b_4][b_5b_6b_7b_8]$。这 8 比特分为三部分: b_1 为极性码,0 代表负值,1 代表正值。$[b_2$~$b_4]$ 称为段落码,表示段落的号码,其值为 0~7,代表 8 个段落。$[b_5b_6b_7b_8]$ 表示每个段落内均匀分层的位置,其值为 0~15,代表任一段落内的 16 个均匀量化间隔。在 PCM 解码时,根据 8 比特码确定某段落内均匀分层的位置,然后取其量化间隔的中间值作为量化电平。

11.2 模/数转换器与抗混叠技术

11.2.1 模/数转换器

模/数转换器是指一个将模拟信号转变为数字信号的电子元件。通常的模/数转换器是将一个输入电压信号转换为一个输出的数字信号。数字信号不具有实际意义,仅表示相对大小,故任何一个模/数转换器都需要一个参考模拟量作为转换的标准,比较常见的参考标准为最大的可转换信号大小。而输出的数字量表示输入信号相对于参考信号的大小。

模/数转换器将模拟信号转换为数字值,以便在处理和控制系统中使用。TI 的模/数转换器产品系列提供采样速度高达 10.4GSPS 的高速器件和分辨率高达 32 位的精密器件,可采用各种封装选项,适用于工业、汽车、医疗、通信、企业和个人电子产品应用。

1. 基本原理

把输入的模拟信号按规定的时间间隔采样,并与一系列标准的数字信号相比较,数字信号逐次收敛,直至两种信号相等为止。然后显示出代表此信号的二进制数,模/数转换器有很多种,如直接的、间接的、高速高精度的、超高速的等。每种又有许多形式。同模/数转换器功能相反的称为数/模转换器,也称译码器,它是把数字量转换成连续变化的模拟量的装置,也有多种形式。

连续时间(模拟)信号转换成数字序列的操作,可以通过一个数字系统来处理,这需要将采样后的值量化成有限级,每一级用一定数目的位来表示。

图 11.9(a)画出了 A/D 转换器的基本元件结构图。本节讨论这些元件的性能要求。虽然重点关注的是理想系统特性,但还是要提到在实际器件中的某些主要缺陷,并且指出这些缺陷是如何影响转换器的性能的。本节集中于与信号处理应用密切相关的方面,A/D 转换器及其相关电路的实际问题可以查阅说明书和器件手册。

在实际中,对模拟信号的采样是通过采样保持(S/H)电路实现的。采样的信号于是经过量化转换成数字形式。通常,采样 S/H 集成在 A/D 转换器内。S/H 是用数字方式控制模拟电路,在采样模式跟踪模拟输入信号,在保持模式将系统从采样模式切换到保持模式时信号的瞬时值一直保持。图 11.9(b)为理想 S/H 电路的时域响应图(S/H 是即时准确响应的)。

S/H 的目的是连续地采样输入信号,然后保持值不变直到 A/D 转换器得到信号的数字表示。与实际获得采样值的时间相比,利用 S/H 使得 A/D 转换器能够以更慢的速度运行。如果没有 S/H,那么输入信号在转换期间的半个量化步长内不可以改变。这个约束在实际中是做不到的。因此,S/H 在高带宽信号(信号变化很快)的高分辨率(每个样本 12 位或更高)A/D 转换器中是至关重要的。

理想的 S/H 在转换过程中不会引入失真,并可以准确地模拟理想采样器。然而采样处理周期中出现的错误(抖动)、采样间隙持续时的非线性变化转换期间保持的电压发生的改变(电压降落),这些与时间有关的退化确实出现在实际器件中。

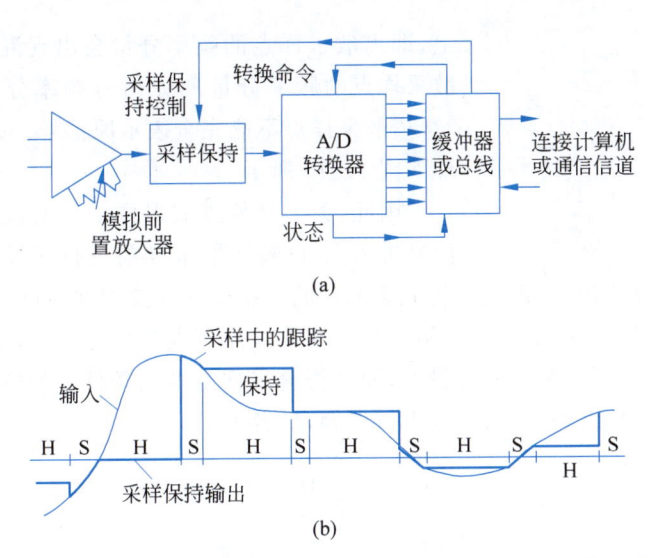

图 11.9 A/D 转换器的基本组成结构图和理想采样保持电路的时域响应

A/D 转换器收到转换命令后,就开始转换,完成转换所需要的时间应该小于 S/H 保持模式的持续时间。此外,采样周期 T 应该大于采样模式和保持模式的持续时间。

2. 模/数转换器产品

德州仪器 TI 公司 ADC3541、ADC3542 和 ADC3543（ADC354x）系列器件是低噪声、超低功耗、14 位、10～65MSPS 高速模/数转换器。这些器件可实现低功耗,噪声频谱密度为－155dBFS/Hz。ADC354x 可实现出色的直流精度以及中频采样支持,因此是各种应用的出色选择。高速控制环路受益于只有一个时钟的低延迟。该 ADC 在 65MSPS 下的功耗仅为 79mW,功耗有效地随低采样率而变化。

ADC354x 使用 SDR、DDR 或串行 CMOS 接口输出数据,提供功耗超低的数字接口,并能灵活地更大限度减少数字互连的次数。这些器件属于引脚对引脚兼容系列,具有不同的速度等级。这些器件支持－40～105℃的扩展工业温度范围。

11.2.2 抗混叠技术

对连续信号进行等间隔采样时,如果不能满足采样定理,采样后就会有频率重叠现象,即高于和低于采样频率的信号混杂在一起,出现失真现象,这种失真就是混叠失真。当混叠发生时,原始采样信号无法从取样信号还原。混叠发生在时域上称为时间混叠,混叠发在频域上称为空间混叠。

根据香农采样定理,在对带限模拟信号进行离散化采样时,当采样频率的频域大于信号带宽的 2 倍时,利用这些离散的采样点就可以完全表示原模拟信号。

因此,如果信号带宽 f_h 小于采样频率 $\dfrac{f_s}{2}$（奈奎斯特频率）,此时,信号的离散采样点可以完全表示原信号,其频率分量与原信号的频率分量一样;若信号带宽大于奈奎斯特频率,则大于奈奎斯特频率的频率成分将以 $\dfrac{f_s}{2}$ 为对称轴,等幅度地叠加到 $0\sim f_s$ 的频段

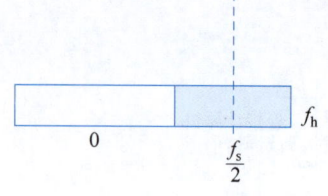

图 11.10 采样信号混叠原理图

上,即离散采样点的频率分量会出现混叠现象,这样离散采样点的频率分量和原信号频率分量不再相同,此时,离散采样点不能完全表示原信号。采样信号混叠原理如图 11.10 所示。

因此,为了避免离散采样信号的混叠现象,在模拟信号进入 A/D 转换器采样前进行滤波,将大于奈奎斯特频率的频率成分滤掉,从而达到抗混叠的目的。这样的滤波器称为抗混叠滤波器。

抗混叠滤波器一般指低通滤波器。抗混叠滤波器可提高采样频率,使之达到最高信号频率的 2 倍以上,可限制信号的带宽,使之符合采样定理的条件。如图 11.11 所示,前后两个滤波器为模拟低通滤波器,前者抗混叠,后者平滑。

图 11.11 抗混叠滤波器

11.3 数/模转换器与补偿技术

11.3.1 数/模转换器

数/模(D/A)转换器是把数字量转变成模拟的器件。D/A 转换器基本上由权电阻网络、运算放大器、基准电源和模拟开关组成。

D/A 转换器将数字量转换为模拟信号,以便在处理和控制系统中使用。TI 的 D/A 转换器产品系列提供高速度和高精度,可采用各种封装选项,广泛用于工业、汽车、通信、企业和个人电子产品。

1. 基本原理

D/A 转换器由数码寄存器、模拟电子开关电路、解码网络、求和电路及基准电压组成。数字量以串行或并行方式输入,存储于数码寄存器中,数字寄存器输出的各位数码分别控制对应位的模拟电子开关,使数码为 1 的位在位权网络上产生与其权值成正比的电流值,再由求和电路将各种权值相加,即得到数字量对应的模拟量。

在实际中,D/A 转换通常由具有 S/H 功能的 D/A 转换器紧接着一个低通(平滑)滤波来实现,如图 11.12 所示。D/A 转换器以对应于二进制字的电信号作为输入产生与二进制字的值成比例的输出电压或电流。在理想情况下,对于三位的双极性信号,输入—输出特性如图 11.13 所示,与各点相连的线是一条穿过原点的直线。与理想值的典型偏差是偏移误差、增益误差以及输入—输出特性中的非线性。

图 11.12 数模转换过程

D/A 转换器的一个重要参数是调整时间,定义为当输入的码字作用后,D/A 转换器

(2) 量化误差；

(3) 若量化级数增加到 64(6 位二进制)，量化误差减小多少？

2. 某 A 律 13 折线 PCM 编码器的设计输入范围为 $[-6,+6]$V，若采样值为 $x=-2.4$V，求编码器的输出码组、解码器输出的量化电平。

3. 某 PCM 系统采用 8 位均匀量化，输入信号功率 $P_x=20$mW，量化噪声功率 $P_n=0.5$mW。求：

(1) 理论 SQNR(dB)；

(2) 若信号功率提升至 80mW，SQNR 如何变化？

4. 输入信号 $x=-4.5$V，A 律 13 折线 PCM 编码器参数为：分段数 8，每段 $\Delta=1$V。求编码输出码组。

5. 采样频率 $f_s=10$kHz，为避免混叠，抗混叠滤波器的截止频率应设为多少？若信号最高频率 $f_h=3$kHz，滤波器过渡带宽度至少为多少？

6. 某 D/A 转换器输出存在 $\sin x/x$ 失真，若在输出端串联一个补偿滤波器 $H(f)=\text{sinc}(fT)$，理论上能否完全消除失真？说明理由。

7. 简述均匀量化与非均匀量化的优缺点。

8. 某 PCM 系统采用折叠码(4 位)，输入信号概率分布如下：

电平值	-7	-5	-3	-1	1	3	5	7
概率	0.05	0.10	0.15	0.20	0.20	0.15	0.10	0.05

(1) 计算平均量化信噪比。

(2) 若改用非均匀量化(按概率分配量化间隔)，理论最大 SNR 提升多少？

(3) 若加入 10dB 信道噪声，系统能否可靠传输。

9. 简述采样保持(S/H)电路的孔径效应及其补偿方法。

10. 某音频信号带宽为 20kHz，若采用 16 位 ADC 采样，为满足奈奎斯特定理，最小采样频率应为多少？实际工程中为何常采用 44.1kHz 或 48kHz？

第12章 有限字长效应

12.1 有限字长效应概述

在理想情况下,数字信号处理不涉及数字和运算的精度问题,即认为数字信号与系统都是无限精度的,不存在精度问题。然而,实际情况下,对于任何一个数字系统,无论是使用专用硬件构成的还是使用通用计算机软件实现的,其信号序列的量值、运算过程中的结果及数字系统的有关参数都要存储在有限字长的存储器中。即在数字系统中的每个数都是用有限长的二进制码表示,由于其字长是有限的,因此其精度也是有限的。一个实际的数字系统是将无限精度的数据作为有限字长的数据来处理的。将无限精度的数据有限化会使实际系统与原设计的系统产生一定的误差,严重时可使所实现的系统达不到原设计要求。因此,在设计数字系统时,分析其有限字长的效应是十分必要的。

有限字长意味着有限运算精度、有限动态范围,表现在以下三方面:

(1) 系数的量化误差:把系统系数用有限二进制数表示时产生的量化误差(受计算机中存储器的字长影响);

(2) A/D 转换的量化误差:A/D 转换器将模拟输入信号变为一组离散电平时产生的量化误差(受 A/D 转换器精度或位数的影响);

(3) 算术运算的运算误差:数字运算运程中,因为存储器字长有限,必须对运算结果做出处理而产生的各种误差,如溢出、舍入及误差累积等(受计算机的精度影响)。

这三种误差对数字系统造成的影响,前两种是对模拟量量化所引起的误差,后一种是数字量在运算过程中经常需要对运算结果做尾数处理所引起的误差。这三种因素对一个数字系统所造成的影响很复杂,与系统结构、采用数制、量化方式和运算方式及系统所采用的字长有关,因此要同时对这些因素进行综合分析是困难的,精确地知道误差的大小有时也没有必要。因此,可以简化分析,对以上三种误差分别进行分析。

近年来,随着计算机和微处理器技术的飞速发展,硬件的运算速度和运算精度都在不断提高,数字信号处理中的有限字长效应问题已经不是很重要了。但在实际应用中,考虑实际系统的硬件成本、实现的复杂性以及运行速度,还不能选用更长的字长,因此还必须考虑实际系统的有限字长效应问题。

12.2 数的表示与量化误差

运算过程中,有限字长效应与所用的数制(定点制、浮点制)、码制(原码、反码、补码)及量化方式(舍入、截尾处理)都有复杂的关系。例如,使用定点制时每次乘法之后都会引入误差,浮点制时每次加法和乘法之后都会引入误差。

12.2.1 二进制数的表示

在数字系统中,把系统系数用有限长二进制数表示时会产生系数量化误差。在数字信号处理时,二进制数的表示有定点制和浮点制两种。浮点制运算比定点制运算的动态范围大,处理精度高;但实现较复杂且运算速度慢,因而常用于计算机上的软件实现,进行非实时处理。定点制在实时处理中运算得到广泛应用,因为它运算速度较快且硬件实现较经济;但由于定点运算的动态范围和处理精度受限制较大,有限字长效应问题显得较突出。

1. 定点制

定点制是指在数字系统的整个运算过程中,小数点在二进制数码中的位置是固定不变的。定点制总是把数限制在±1之间,可表示的数的位数由寄存器的长度决定。如寄存器长$L+1$位,则一位表示符号位,L位表示数据字长。最高位为符号位,代表数的正、负号,0为正,1为负,小数点紧跟在符号位后。数的本身只有小数部分,称为尾数。尾数可表示的数的最小数为2^{-L},即寄存器最低位上的1。这个值称为量化间距。

在定点制中,运算过程中的所有数值的绝对值都必须小于1。如果运算过程中出现数据的绝对值超过1,就要进位到符号位,导致数据错误,称为"溢出"。为此,对于大于1的数,就要乘上一个比例因子,使其绝对值小于1,运算完后,再除以同一比例因子还原为原数值输出。

定点制的加法运算不会增加字长,因为小数点后的位数不变;但是可能会出现"溢出",例如$0.1010+0.1100=1.0110$,产生了"溢出"。为了防止运算结果出现预期的"溢出",可以预先选择恰当的比例因子,使计算结果绝对值小于1。

定点制的乘法运算不会产生"溢出",因为乘数的绝对值都小于1,乘积的绝对值将会更小。但是相乘后的字长会增加1倍,$L+1$位的定点数相乘后字长为$2L$位,也就需要$2L$位字长的存储单元。所以,定点制每次乘法运算后都要进行尾数处理,使结果仍然保持字长为L位。一般有截尾和舍入两种处理方法。截尾就是将寄存器容纳不下的低位数截断;舍入是在数据的$L+1$位加1,然后截断为L位。截尾或舍入都会引起误差。这种对尾数进行处理产生的误差就称为量化误差。

2. 浮点制

由于定点制所表示数的范围非常有限,所以产生了浮点制来扩充数的范围,以便给精度要求高的场合下使用。浮点制是指在数字系统的整个运算过程中,小数点在二进制数码中的位置是变化的。浮点制的优势是可以避免定点制动态范围小、有溢出现象的问题。

$$x=\pm M\times 2^c, \quad \frac{1}{2}\leq M<1$$

尾数　　指数　　阶数

图 12.1 浮点制表示

二进制数浮点制表示的格式为(n,b),其中b为指数位,n为尾数位。一个数的二进制浮点表示如图12.1所示。

尾数用带符号位的定点数表示,c的最大值由指数位数b确定。尾数的字长决定了浮点制运算的精度,而阶码的字长决定了浮点制数的动态范围。

为了充分利用尾数的有效位数,浮点制中总是使尾数的第一位保持为1,称为浮点制的规格化形式。当尾数不满足规格化要求时,可以将尾数左移,同时调整阶码,实现尾数的规格化。例如,二进制数0.0101×2^{11}是非规格化表示,把它的尾数左移并相应地调整阶码,写为0.101×2^{10},就变成为规格化的表示。

浮点制的乘法运算是尾数相乘指数相加,其中尾数相乘的方法与定点制相同,不会产生溢出，但会使字长增加，就需要做截尾或舍入处理。如果尾数相乘的结果为非规格化的数，还需要进行规格化，即尾数左移并调整阶码。

浮点乘法尾数相乘后尾数的位数可能超出存储单元的字长，因此需要做尾数处理，会产生量化误差。此外，由于指数项相当于增益因子，所以浮点乘法的绝对误差增长很快。

浮点制的加法运算存在以下两种情况：

情况一：两个阶码相同的浮点数相加，就是两个数的尾数相加，与定点运算相同，和数的阶码即是两数原来的阶码。

情况二：两个阶码不相同的浮点数相加，首先要解除阶码小的数的规格化表示，使它的阶码与大阶码数相等，再作尾数相加。在此过程中，阶码加1，尾数的小数点要左移1位，超过字长的尾数部分要作截尾或舍入处理。

对于情况二，由于只有阶码最大的数保留了原来的精度，因此浮点加法使精度降低。此外，浮点加法，尾数的位数可能超出存储单元的字长，因此需要做尾数处理，会产生量化误差。

3. 定点制和浮点制的原码与补码表示

由于定点制或浮点制的尾数部分，整数位都用作符号位，根据负数表达方式的不同，二进制码又可以分为原码和补码表示。

1) 原码表示的优、缺点

原码乘除运算方便，不论是正还是负数，乘除结果的符号位直接就是两数符号位的逻辑加，数值由两数尾数部分乘除运算求出。但用原码做加法运算时，先要判断两数符号位是否相同，符号位不同时实际上要做减法运算。并且还要经过判断，选择绝对值大的数减绝对值小的数，这就增加了运算时间。

2) 补码表示的优点

采用补码做加法运算比较方便，并且如果有几个数相加，只要最终结果不出现溢出，即使在运算过程中有溢出情况，也不会影响最后结果的正确性。

4. 定点数的表示

浮点制相乘、相加都要对尾数处理做量化处理，且一般浮点数都用较长的字长，精度较高。此外，采用专用 DSP 芯片实现数字信号处理时，一般采用定点二进制数补码表示方法和舍入量化方式。因此，讨论误差影响时主要针对定点制、补码、舍入等内容重点分析。

定点数有原码、反码和补码三种表示方式。设有一个 $(b+1)$ 位码定点数 $\beta_0\beta_1\beta_2\cdots\beta_b$，则：

(1) 原码表示为

$$x=(-1)^{\beta_0}\sum_{i=1}^{b}\beta_i 2^{-i} \tag{12.1}$$

例：$1.111\rightarrow -0.875, 0.010\rightarrow 0.25$。

(2) 反码表示（正数同原码，负数将原码中的尾数按位求反）为

$$x = -\beta_0(1-2^{-b}) + \sum_{i=1}^{b} \beta_i 2^{-i} \tag{12.2}$$

例：正数表示为 0.101，其反码为 1.010。

（3）补码表示（正数同原码，负数则将原码中的尾数求反加 1）为

$$x = -\beta_0 + \sum_{i=1}^{b} \beta_i 2^{-i} \tag{12.3}$$

例：$x=-0.75$，正数表示为 0.110，取反为 1.001，补码为 1.010。

补码加法运算规律：正、负数可直接相加，符号位同样参加运算，如符号位发生进位，则进位的 1 丢掉。

12.2.2 定点制的量化误差

定点制中的乘法运算完毕后会使字长增加，例如原来是 b 位字长，运算后增长到 b_1 位，需对尾数做量化处理使 b_1 位字长降低到 b 位。量化处理有两种方式：一是截尾，保留 b 位，抛弃余下的尾数；二是舍入，按最接近的值取 b 位码。

两种处理方式产生的误差不同；另外，码制不同，误差也不同。

当数 x 被量化时，就会引入量化误差 E，有

$$E = [x] - x \tag{12.4}$$

式中：$[x]$ 为 x 的量化值，即经过截尾或舍入处理后的值。E 的范围取决于数的表示形式及量化方法。

1. 截尾处理

1) 正数（三种码形式相同）

一个 b_1 位的正数 x 为

$$x = \sum_{i=1}^{b_1} \beta_i 2^{-i} \tag{12.5}$$

用 $[\cdot]_T$ 表示截尾处理，则

$$[x]_T = \sum_{i=1}^{b} \beta_i 2^{-i} \tag{12.6}$$

截尾误差：

$$aE_T = [x]_T - x = -\sum_{i=b+1}^{b_1} \beta_i 2^{-i} \tag{12.7}$$

可见，$E_T \leqslant 0$，β_i 全为 1 时，E_T 有最大值：

$$E_T = -\sum_{i=b+1}^{b_1} 2^{-i} = -(2^{-b} - 2^{-b_1}) \tag{12.8}$$

"量化宽度"或"量化阶"$q=2^{-b}$：代表 b 位字长可表示的最小数。一般，$2^{-b_1} \ll 2^{-b}$，因此正数的截尾误差为

$$-q < E_T \leqslant 0 \tag{12.9}$$

2) 负数(三种码表示方式不同,所以误差也不同)

(1) 原码($\beta_0=1$):

$$x = -\sum_{i=1}^{b_1} \beta_i 2^{-i} \tag{12.10}$$

$$[x]_T = -\sum_{i=1}^{b} \beta_i 2^{-i} \tag{12.11}$$

$$E_T = [x]_T - x = \sum_{i=b+1}^{b_1} \beta_i 2^{-i} \tag{12.12}$$

$$0 \leqslant E_T < q \tag{12.13}$$

(2) 补码($\beta_0=1$):

$$x = -1 + \sum_{i=1}^{b_1} \beta_i 2^{-i} \tag{12.14}$$

$$[x]_T = -1 + \sum_{i=1}^{b} \beta_i 2^{-i} \tag{12.15}$$

$$E_T = \sum_{i=1}^{b} \beta_i 2^{-i} - \sum_{i=1}^{b_1} \beta_i 2^{-i} \tag{12.16}$$

因为 $b_1 > b$,所以 $-q < E_T \leqslant 0$。

(3) 反码($\beta_0=1$):

$$x = -1 + \sum_{i=1}^{b_1} \beta_i 2^{-i} + 2^{-b_1} \tag{12.17}$$

$$[x]_T = -1 + \sum_{i=1}^{b} \beta_i 2^{-i} + 2^{-b} \tag{12.18}$$

$$E_T = [x]_T - x = -\sum_{i=b+1}^{b_1} \beta_i 2^{-i} + (2^{-b} - 2^{-b_1}) \tag{12.19}$$

($E_T > 0$,与原码的相同)

$$0 \leqslant E_T < q \tag{12.20}$$

对于定点制,补码的截尾误差 E_T 均是负值,原码、反码的截尾误差取决于数的正、负,正数时为负,负数时为正,如图12.2所示。

2. 舍入处理

通过 $b+1$ 位上加 1 后做截尾处理实现。就是通常的四舍五入法,按最接近的数取量化,所以不论正数、负数,还是原码、补码、反码,误差总是在 $\pm\frac{q}{2}$ 之间,即

$$-\frac{q}{2} < E_R < +\frac{q}{2} \tag{12.21}$$

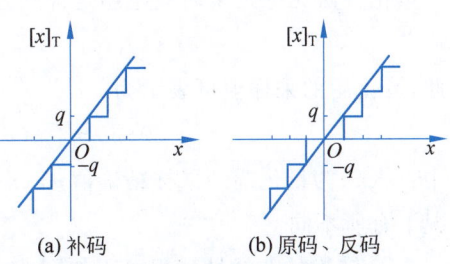

(a) 补码　　(b) 原码、反码

图 12.2 定点制截尾处理的量化特性

以$[x]_R$表示对x做舍入处理。定点制舍入处理的量化特性如图12.3所示。由于舍入处理的误差是对称分布,截尾处理的误差是单极性分布,所以它们的统计特性是不相同的。一般来讲舍入处理的误差比截尾处理的误差小,对信号进行量化时多用舍入处理。

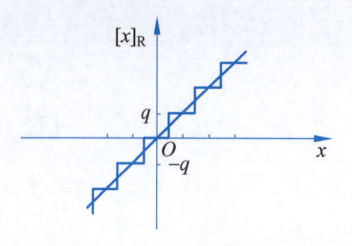

图12.3 定点制舍入处理的量化特性

由以上分析可以看出,舍入和截尾都产生非线性关系。定点补码截尾法量化误差的统计平均值为$-\dfrac{q}{2}$,相当于给信号增加了一个直流分量,从而改变了信号的频谱结构;而舍入法的统计平均值为0,比定点补码截尾法要好。

12.2.3 量化误差

上面分析了量化误差的范围,但要精确地分析量化误差的一些特征几乎是不可能的,因为它与信号本身的具体情况有关。实际上不一定有此必要,一般知道量化误差的平均效应就足够了。因此,只需通过分析量化误差的统计特性来描述量化误差,将有限字长效应的统计分析结果作为设计的依据。例如,A/D转换器的量化误差决定了A/D转换器所需字长。

为了研究量化误差对数字信号处理系统精度的影响,必须了解舍入和截尾误差的特性,最方便的方法是把这些量化误差看成随机变量进行统计分析,对每种误差求出概率密度函数,并进行较为合理的假设,即量化误差在整个可能出现的范围内是等概率的,也就是均匀分布的。

1. A/D转换的量化效应

模拟信号需经过A/D转换器才能进入数字处理系统。如图12.4所示,A/D转换器由采样器和量化器两部分组成,采样器实现时域上的离散化,产生序列$x(n)$,$x(n)$具有无限精度,量化器对每个采样值$x(n)$做截尾或舍入处理,即将无限精度的模拟信号$x(t)$转换为数字信号$x(n)$。

量化方法无论是采取截尾还是舍入处理,其误差都可以表示为

$$e = [x]_T - x \tag{12.22}$$

因此,量化后的采样值可表示为

$$\hat{x}(n) = [x(n)]_T = x(n) + e(n) \tag{12.23}$$

式中:$x(n)$为量化前的采样精确值;$e(n)$为量化误差,量化误差的范围在截尾和舍入的情况下有所不同。

A/D转换的非线性过程可用如图12.5的统计模型表示,等效于在原有信号上附加了一个量化误差信号。

图 12.4　A/D 转换的非线性模型

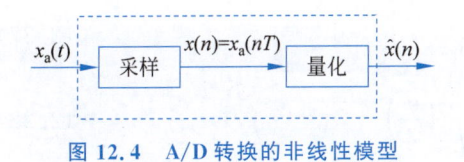

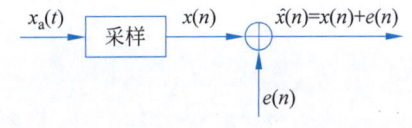

图 12.5　量化噪声的统计模型

将量化误差 $e(n)$ 看作随机变量,为了进行统计分析,对 $e(n)$ 的统计特性做以下假设:

(1) $e(n)$ 是平稳随机序列,即它的统计特性不随时间变化,即 $\bar{e}(n)$、σ_n^2 均与 n 无关;

(2) $e(n)$ 与取样序列 $x(n)$ 是不相关的,即 $E[e(n)*x(n)]=0$(互相关函数为 0),$e(n)$ 与输入信号是统计独立的;

(3) $e(n)$ 序列本身的任意两个值之间不相关,即 $e(n)$ 本身是白噪声过程,$E[e(n)*e(n)]=0$(自相关函数为 0);

(4) $e(n)$ 在误差范围内均匀分布(等概率分布的随机变量),即 $P(e)$(概率密度)下的面积为 1。

根据以上假设可知,量化误差是一个与信号序列完全不相关的白噪声序列,称为量化噪声,它与信号的关系是相加性的,是一个加性白噪声。也就是说,量化后的信号可以等效为无限精度的信号与量化噪声相叠加,因而信噪比是衡量量化效应的一个重要指标。量化效应的目的是选择合适的字长,以满足信噪比指标。

量化噪声的均值和方差计算公式如下:

$$m_e = E[e(n)] = \int_{-\infty}^{\infty} e(n) p(e(n)) \mathrm{d}e(n) = \int_{-\infty}^{\infty} e p(e) \mathrm{d}e \tag{12.24}$$

$$\sigma_e^2 = E[(e(n)-m_e)^2] = \int_{-\infty}^{\infty} (e-m_e)^2 p(e) \mathrm{d}e \tag{12.25}$$

式中:$E[\cdot]$ 为数学期望;m_e 与 n 无关;$p(e)$ 为量化误差 e 的概率密度。

下面分别对舍入误差及截尾误差的均值和方差进行分析。

截尾和舍入时的量化噪声概率密度图如图 12.6 所示。

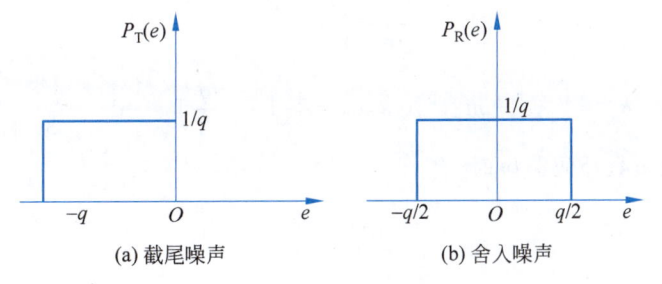

(a) 截尾噪声　　(b) 舍入噪声

图 12.6　截尾和舍入时的量化噪声概率密度图

对于舍入误差:

$$P(e) = \begin{cases} \dfrac{1}{q}, & -\dfrac{q}{2} \leqslant e(n) \leqslant \dfrac{q}{2} \\ 0, & \text{其他} \end{cases} \tag{12.26}$$

$$m_e = \int_{\frac{q}{2}}^{\frac{q}{2}} e(n) p(e(n)) \mathrm{d}e(n) = \frac{1}{q} \int_{-\infty}^{\infty} e \mathrm{d}e = 0 \tag{12.27}$$

$$\sigma^2 e_e = \int_{-\frac{q}{2}}^{\frac{q}{2}} (e - m_e)^2 p(e) \mathrm{d}e = \frac{1}{3q} \left[\left(\frac{q}{2} \right)^3 - \left(-\frac{q}{2} \right)^3 \right] = \frac{q^2}{12} \tag{12.28}$$

舍入时,有

$$\begin{cases} m_e = 0 \\ \sigma_e^2 = \dfrac{q^2}{12} \end{cases} \tag{12.29}$$

对于正数及负数补码截尾误差：

$$P(e) = \begin{cases} \dfrac{1}{q}, & -\dfrac{q}{2} \leqslant e(n) \leqslant 0 \\ 0, & \text{其他} \end{cases} \tag{12.30}$$

$$m_e = \int_{-q}^{0} e p(e) \mathrm{d}e = \frac{1}{2q} e^2 \Big|_{-q}^{0} = -\frac{q}{2} \tag{12.31}$$

$$\sigma_e^2 = \int_{-q}^{0} (e - m_e)^2 p(e) \mathrm{d}e = \int_{-q}^{0} \left(e + \frac{q}{2} \right)^2 \frac{1}{q} \mathrm{d}e = \frac{q^2}{12} \tag{12.32}$$

正数及负数补码截尾时,有

$$\begin{cases} m_e = -\dfrac{q}{2} \\ \sigma_e^2 = \dfrac{q^2}{12} \end{cases} \tag{12.33}$$

对于负数原码及反码的截尾误差：

$$P(e) = \begin{cases} \dfrac{1}{q}, & 0 \leqslant e(n) \leqslant \dfrac{q}{2} \\ 0, & \text{其他} \end{cases} \tag{12.34}$$

$$m_e = \int_0^q e p(e) \mathrm{d}e = \frac{1}{2q} e^2 \Big|_0^q = \frac{q}{2} \tag{12.35}$$

$$\sigma_e^2 = \int_0^q (e - m_e)^2 p(e) \mathrm{d}e = \int_0^q \left(e - \frac{q}{2} \right)^2 \frac{1}{q} \mathrm{d}e = \frac{q^2}{3} \tag{12.36}$$

负数原码及负数反码截尾时,有

$$\begin{cases} m_e = \dfrac{q}{2} \\ \sigma_e^2 = \dfrac{q^2}{3} \end{cases} \tag{12.37}$$

式中：$q = 2^{-b}$，b 为数字系统字长。量化噪声的均方差和 A/D 转换的字长直接相关：字长越长，q 越小，量化噪声越小；字长越短，q 越大，量化噪声越大。

不同情况下的量化噪声概率密度图如图 12.7 所示。

信号功率与噪声功率之比,即信噪比为

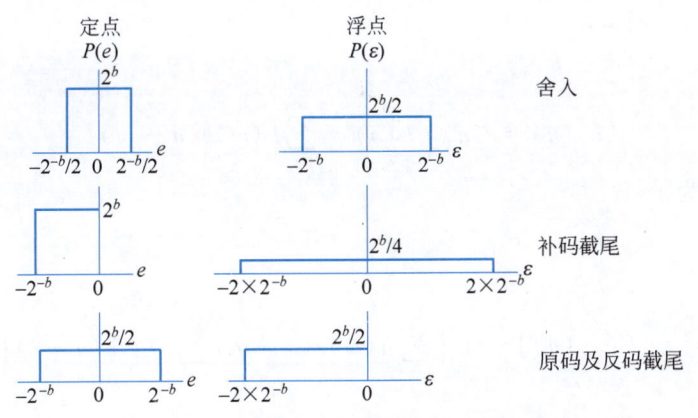

图 12.7 不同情况下的量化噪声概率密度图

$$\frac{\sigma_x^2}{\sigma_e^2} = \frac{\sigma_x^2}{\frac{1}{12}q^2} = \frac{12\sigma_x^2}{2^{-2b}} = 12 \times 2^{2b}\sigma_x^2 \tag{12.38}$$

用对数表示为

$$\text{SNR} = 10\lg\left(\frac{\sigma_x^2}{\sigma_e^2}\right) = 10\lg[(12 \times 2^{2b})\sigma_x^2] = 6.02(b+1) + 10\lg(3\sigma_x^2)$$

$$= 6.02b + 10.79 + 10\lg\sigma_x^2 \text{(dB)} \tag{12.39}$$

由此可见：

(1) 信号功率 σ_x^2 越大，信噪比越高（但受 A/D 转换器动态范围的限制）。

(2) 最小信噪比：SNR=10.79+6.02b。

(3) 随着字长 b 增加，信噪比增大，字长每增加 1 位，则 SNR 增加约 6dB，但 A/D 转换器的成本也会随字长 b 的增加而迅速增加。另外，输入信号本身有一定的信噪比，过分追求减少量化噪声提高输出信噪比是没有意义的。输入信号越大，输出信噪比越高。但一般 A/D 转换器的输入都有一定的动态范围限定，过大的动态范围会发生限幅失真。因此应该根据实际需要合理选择 A/D 转换器的字长。实际应用中，线性 A/D 一般要求 12 位以上，非线性 A/D 一般要求 8 位以上才能满足通信要求。

2. 量化噪声通过线性系统

为了单独分析量化噪声通过系统后的影响，将系统近似看作完全理想的（具有无限精度的线性系统）。在输入端线性相加的噪声，在系统的输出端也是线性相加的。如图 12.8 所示，量化的信号通过线性系统等于信号 $x(n)$ 与量化误差 $e(n)$ 分别通过系统的响应之和。系统输出：

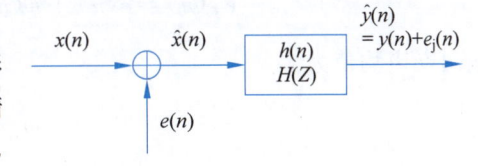

图 12.8 量化噪声通过线性系统

$$\hat{y}(n) = \hat{x}(n) * h(n) = (x(n) + e(n)) * h(n)$$
$$= x(n) * h(n) + e(n) * h(n) \tag{12.40}$$

(1) 对于舍入噪声:

输出噪声为

$$e_f(n) = e(n) * h(n) = \sum_{m=0}^{\infty} h(m)e(n-m) \tag{12.41}$$

输出噪声均值为

$$m_{ef} = 0 \tag{12.42}$$

输出噪声方差为

$$\sigma_{ef}^2 = E[e_f(n)]^2 = E\Big[\sum_{m=0}^{\infty} h(m)e(n-m) \sum_{l=0}^{\infty} h(l)e(n-l)\Big]$$

$$= \sum_{m=0}^{\infty} \sum_{l=0}^{\infty} h(m)h(l) E[e(n-m)e(n-l)] \tag{12.43}$$

由于 $e(n)$ 是白噪声的,各变量之间互不相关,即

$$E[e(n-m)e(n-l)] = \delta(m-l)\sigma_e^2 \tag{12.44}$$

把式(12.44)代入式(12.43),可得

$$\sigma_f^2 = \sum_{l=0}^{\infty} \sum_{m=0}^{\infty} h(m)h(l)\delta(m-l)\sigma_e^2 = \sigma_e^2 \sum_{m=0}^{\infty} h^2(m) \tag{12.45}$$

根据帕塞瓦尔(Parseval)定理可得

$$\sum_{m=0}^{\infty} h^2(m) = \frac{1}{2\pi}\int_{-\pi}^{\pi} |H(e^{j\omega})|^2 d\omega \tag{12.46}$$

因此,有

$$\sigma_{ef}^2 = E[e_f(n)]^2 = \frac{\sigma_e^2}{2\pi}\int_{-\pi}^{\pi} |H(e^{j\omega})|^2 d\omega \tag{12.47}$$

(2) 对于截尾噪声:

系统输出为

$$y(n) = (x(n) + e(n)) * h(n) \tag{12.48}$$

输出噪声为

$$e_f(n) = e(n) + h(n) = \sum_{m=0}^{\infty} h(m)e(n-m) \tag{12.49}$$

输出噪声均值为

$$m_e = \pm \frac{q}{2} \tag{12.50}$$

输出噪声方差为

$$\sigma_{ef}^2 = E[e_f(n)]^2 = \frac{\sigma_e^2}{2\pi}\int_{-\pi}^{\pi} |H(e^{j\omega})|^2 d\omega \tag{12.51}$$

输出噪声除以上方差以外,还有一直流分量,即

$$m_f = E[e_f(n)] = E\Big[\sum_{m=0}^{\infty} h(m)e(n-m)\Big] = m_e \sum_{m=0}^{\infty} h(m) = m_e H(e^{j0}) \tag{12.52}$$

12.3 DFT/FFT 运算的有限字长效应

在数字滤波和频谱分析中都广泛地用到 DFT，FFT 是 DFT 的快速算法，所以了解有限寄存器长度对 DFT，尤其是 FFT 运算的影响是非常重要的。但是，精确分析这种影响相当困难。为了在 DFT 和 FFT 运算中能够选取恰当的寄存器长度，采用较为简化的分析就能满足要求，即与前面一样使用可加性噪声的方式来分析。由于在使用专用的 DSP 芯片实现数字信号处理时，一般采用定点二进制数补码表示方法和舍入量化方式，因此下面重点讨论定点舍入时的情况。

12.3.1 DFT 定点舍入计算误差分析

信号 $x(n)$ 的 DFT 为

$$X(k)=\sum_{n=0}^{N-1}x(n)W_N^{nk},\quad k=0,1,\cdots,N-1 \tag{12.53}$$

若将上式中的 $X(k)$ 当作输出，$x(n)$ 当作输入，而 W_N^{nk} 的作用相当于单位冲激响应，则无限精度下第 k 个 $X(k)$ 值的运算流图如图 12.9 所示。

不考虑 W_N^{nk} 的量化误差，仅讨论运算引起的误差。因为定点舍入运算 $x(n)W_N^{nk}$ 每次相乘都会产生误差，与前面的分析类似，将每次舍入误差等效为一个噪声源，此时第 k 个 $X(k)$ 值的等效统计模型如图 12.10 所示。

图 12.9　无限精度下第 k 个 $X(k)$ 值的运算流图

图 12.10　加入量化噪声后第 k 个 $X(k)$ 值的等效统计模型

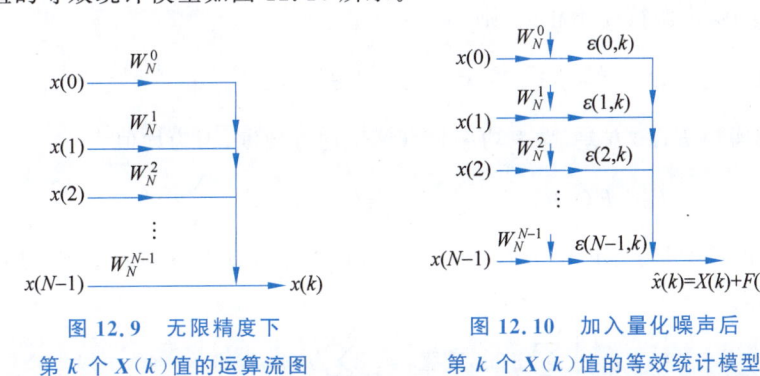

图 12.10 中 $X(k)$ 是无限精度下第 k 个 $X(k)$ 值的运算结果，$\hat{x}(k)$ 是有限精度下第 k 个 $X(k)$ 值的运算结果，$F(k)$ 是第 k 个 $X(k)$ 值运算结果的误差。由图 12.10 可见，各误差直接加至输出端，因此总的误差输出为

$$F(k)=\sum_{n=0}^{N-1}\varepsilon(n,k) \tag{12.54}$$

有限精度运算下的输出为

$$\hat{X}(k)=X(k)+F(k) \tag{12.55}$$

通常 $x(n)$、W_N^{nk} 均为复数，计算 $x(n)W_N^{nk}$ 的一次复数乘法是由四次实数乘法实现的，因此一次复数乘法会产生四次误差，即

$$Q[x(n)W_N^{kn}] = Q\left[(\text{Re}[x(n)] + j\text{Im}[x(n)])\left(\cos\left(\frac{2\pi}{N}kn\right) - j\sin\left(\frac{2\pi}{N}kn\right)\right)\right]$$

$$= \text{Re}[x(n)]\cos\left(\frac{2\pi}{N}kn\right) + \varepsilon_1(n,k) + \text{Im}[x(n)]\sin\left(\frac{2\pi}{N}kn\right) + \varepsilon_2(n,k) +$$

$$j\left\{\text{Im}[x(n)]\cos\left(\frac{2\pi}{N}kn\right) + \varepsilon_3(n,k)\right\} - j\text{Re}[x(n)]\sin\left(\frac{2\pi}{N}kn\right) + \varepsilon_4(n,k)$$

$$= x(n)W_N^{kn} + [\varepsilon_1(n,k) + \varepsilon_2(n,k)] + j[\varepsilon_3(n,k) - \varepsilon_4(n,k)]$$

$$= x(n)W_N^{kn} + \varepsilon(n,k) \tag{12.56}$$

为了简化计算对输出噪声 $F(k)$ 方差的计算，对 $\varepsilon_i(n,k)(i=1\sim4)$ 的统计特性做如下假设：

（1）所有误差 $\varepsilon_i(n,k)$ 是平稳的零均值白噪声序列，在 $-\frac{2^{-b}}{2}\sim\frac{2^{-b}}{2}$ 均匀分布，故方差 $\sigma_{\varepsilon_i}^2 = \frac{1}{12}2^{-2b}$；

（2）各 $\varepsilon_i(n,k)$ 噪声源彼此不相关，且某一次复乘的四个误差源与其他复乘的噪声源互不相关；

（3）各误差 $\varepsilon_i(n,k)$ 与输入 $x(n)$ 不相关，从而与输出 $X(k)$ 也不相关。

复乘误差的模平方为

$$|\varepsilon(n,k)| = [\varepsilon_1(n,k) + \varepsilon_2(n,k)]^2 + [\varepsilon_3(n,k) - \varepsilon_4(n,k)]^2 \tag{12.57}$$

由于各 $\varepsilon_i(n,k)$ 噪声源彼此不相关，则

$$E[|\varepsilon(n,k)|^2] = \sigma_{\varepsilon_1}^2 + \sigma_{\varepsilon_2}^2 + \sigma_{\varepsilon_3}^2 + \sigma_{\varepsilon_4}^2 = 4\frac{2^{-2b}}{12} = \frac{1}{3}2^{-2b} = \sigma_B^2 \tag{12.58}$$

可以得到输出噪声 $F(k)$ 方差（噪声功率）为（等于均方幅度，因为均值为0）

$$E[|F(k)|^2] = \sum_{n=0}^{N-1}E[|\varepsilon(n,k)|^2] = \frac{N}{3}2^{-2b} \tag{12.59}$$

可以看出，输出噪声的方差正比于 N。由于定点运算受到动态范围的限制，要防止 $X(k)$ 溢出，因此要求

$$|X(k)| = \left|\sum_{n=0}^{N-1}x(n)W_N^{kn}\right| = \left|\sum_{n=0}^{N-1}x(n)W_N^{kn}\right|$$

$$\leqslant \sum_{n=0}^{N-1}|x(n)||W_N^{kn}| = \sum_{n=0}^{N-1}|x(n)| \leqslant 1 \tag{12.60}$$

再由上式得出输出不溢出的充分条件为

$$\sum_{n=0}^{N-1}|x(n)| \leqslant \sum_{n=0}^{N-1}x_{\max} = Nx_{\max} \leqslant 1$$

$$x_{\max} \leqslant 1/N \tag{12.61}$$

即输入只要乘以 $1/N$ 因子，就可保证 $X(k)$ 不溢出。这样却降低了输出端的信噪比，因此这是一种在最坏的情况下也不会出现溢出的条件。提高输出信噪比，总是使输入尽量选得大一些。

若 $N=2^m$,则

$$E[|F(k)|^2]=\frac{1}{3}\times 2^{-2(b-\frac{m}{2})} \tag{12.62}$$

即对同样的量化噪声电平,DFT 点数增加 4 倍($m=2$),字长需增加 1 位。

12.3.2 FFT 定点舍入计算误差分析

定点 FFT 运算的有限字长效应与具体采用的算法有关,算法不同,定点 FFT 运算的有限字长效应就不同。这里只讨论用得最多的基 2-FFT 算法,且以时间抽选(DIT)法为例来加以分析。其他 FFT 算法的误差分析可做相应的修改。

$N=2^M$ 点的基 2、时选 FFT 分为 M 级,每级有 $N/2$ 个蝶形,表示由 m 列到 $m+1$ 列的基本蝶形定点舍入运算的统计模型如图 12.11 所示。

图 12.11 中基本蝶形节点的下标 $m=0$ 表示输入序列 $x(n)$,$m+1=M$ 表示输出序列 $X(k)$。由图可见,每个基本蝶形有一次复数乘法,产生一个误差源 $\varepsilon(m,j)$。该误差源与 DFT 分析中的误差源具有相同的统计特性,所以一次复数乘法引入误差的方差为

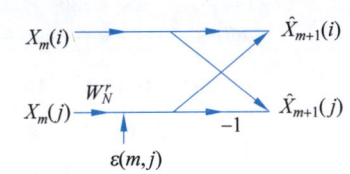

图 12.11　蝶形定点舍入运算的统计模型

$$E[|\varepsilon(m,j)|^2]=\sigma_\varepsilon^2=\frac{1}{3}\times 2^{-2b} \tag{12.63}$$

由于定点的加法运算无误差,不影响方差,并且

$$E[|\varepsilon(m,j)W_N^r|^2]=|W_N^r|^2E[|\varepsilon(m,j)|^2]=E[|\varepsilon(m,j)|^2] \tag{12.64}$$

所以乘以系数 W_N^r 对方差也没有影响。因此,各误差源 $\varepsilon(m,j)$ 通过后级蝶形时,即误差从源头传输到输出端时方差不会变化。计算第 k 个 $X(k)$ 值运算结果的总输出误差 $F(k)$,只要计算从输入端到输出端所涉及的蝶形数量即可。

图 12.12 是 $N=8$ 点的 FFT 时选流图,图中实线标明了与 $X(3)$ 计算相关的蝶形。

由图 12.12 可见,与 $X(3)$ 有关的蝶形:第三级 1 个,第二级 2 个,第一级 4 个,共有蝶形 $1+2+4=7$(个)。输出噪声源为

$$F(3)=7\varepsilon(m,j) \tag{12.65}$$

输出噪声方差为

$$E[|F(3)|^2]=\frac{7q^2}{3}=7\times\frac{2^{-2b}}{3} \tag{12.66}$$

由此可以类推 $N=2^M$ 点时噪声输出的一般情况,共有 M 级蝶形,与第 k 个 $X(k)$ 有关的蝶形:M(末级)级 1 个,$M-1$ 级(末前级)2 个,$M-2$ 级 4 个,…,总共有蝶形 $1+2+2^2+\cdots+2^{M-1}=2^M-1=N-1$。

总的输出噪声方差为

$$E[|F(k)|^2]=(N-1)\sigma_\varepsilon^2 \tag{12.67}$$

当 N 很大时,有

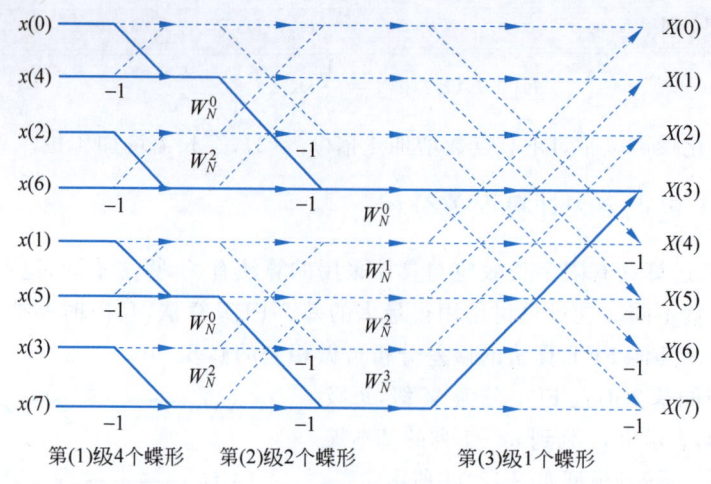

图 12.12　8 点 FFT 的时选流图中 X(3) 的计算流程

$$E[|F(k)|^2] = (N-1)\sigma_\varepsilon^2 \approx N\sigma_\varepsilon^2 \tag{12.68}$$

由图 12.11 可知蝶形运算关系为

$$X_{m+1}(i) = X_m(i) + W_N^r X_m(j) \tag{12.69}$$

由上式可以得

$$|X_{m+1}(i)| \leqslant |X_m(i)| + |W_N^r| |X_m(j)| = |X_m(i)| + |X_m(j)|$$
$$\leqslant 2\max[|X_m(i)|, |X_m(j)|] \tag{12.70}$$

这说明,蝶形结的最大输出不超过输入的 2 倍,但有可能为输入的 2 倍。一个 N 点 FFT 有 $M = \log_2 N$ 级蝶形,所以 FFT 的最后输出不超过输入的 2^M 倍,但有可能为输入的 2^M 倍,即

$$\max|X(k)| \leqslant 2^M \max|x(n)| = N\max|x(n)| \tag{12.71}$$

所以若要保证 $|X(k)|$ 不溢出,即 $\max|X(k)| \leqslant 1$,就要求

$$|x(n)| \leqslant \frac{1}{N}, \quad 0 \leqslant n \leqslant N-1 \tag{12.72}$$

假设信号是在 $-1/N \sim 1/N$ 均匀等概分布的白色随机信号,其方差为

$$\sigma_x^2 = \frac{1}{3}x_m^2 = \frac{1}{3N^2} \tag{12.73}$$

FFT 输出的方差为

$$E[|X(k)|^2] = E\left[\left|\sum_{n=0}^{N-1} x(n) W_N^{kn}\right|^2\right] = \sum_{n=0}^{N-1} E[x(n)|^2] = N\sigma_x^2 = \frac{1}{3N} \tag{12.74}$$

输出信噪比为

$$\frac{E[|F(k)|^2]}{E[|F(k)|^2]} = \frac{N \times \frac{2^{-2b}}{3}}{\frac{1}{3N}} = N^2 \times 2^{-2b} \tag{12.75}$$

可以看出,当输入为白噪声且满足 $|x(n)| \leqslant \frac{1}{N}$ 时,也就是如果原来输入满足定点小

数要求 $x(n) < 1.0$，那么在输入端乘上 $\dfrac{1}{N}$ 的比例因子，此时输出噪信比与 N^2 成正比，说明 FFT 算法仅提高运算速度，噪信比与直接算法相同；同时，如果 FFT 每增加一级运算（M 加 1），即 N 加倍，输出噪信比将增加 4 倍。或者说，为了保持噪信比不变或运算精度不变，N 增加 1 倍时字长要增加 1 位。

这里的结论是假设输入为白噪声的前提下得到的，如果输入不是白噪声，输出噪信比仍然正比于 N，只不过比例常数有所改变。

这种防止溢出的办法使得输入幅度被限制得过小，造成输出噪信比过小。我们要想办法加以改善。根据前面的分析，一个蝶形结的最大输出幅度不超过输入的 2 倍，又知输入是满足 $|x(n)| < 1$ 的，因而如果对每个蝶形结的两个输入支路都乘上 1/2 的比例因子，其统计模型如图 12.13 所示，就可保证蝶形结运算不发生溢出。

因为共有 $M = \log_2 N$ 级蝶形，所以对全部 FFT 运算相当设置了比例因子 $\left(\dfrac{1}{2}\right)^M = \dfrac{1}{N}$。与前面所讨论的 FFT 处理不同，是把 $1/N$ 的比例因子分解到每级运算中。

因此，在保持输出信号方差不变的情况下，输入幅度增加了 N 倍，即达到
$$|x(n)| < 1$$

这时，对白色噪声输入信号，这里得到的最大输出信号幅度仍和前面一样，但是输出噪声电平要小得多，这是因为 FFT 前几级引入的噪声都被后面几级的比例因子衰减掉了。

由图 12.14 可见，由于多乘了一个系数，每个蝶形噪声源由一个变为两个，且

$$E[|\varepsilon(m,i)|^2] \approx E[|\varepsilon(m,j)|^2] = \sigma_\varepsilon^2 = \dfrac{1}{3} \times 2^{-2b} \tag{12.76}$$

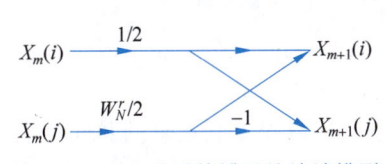

图 12.13 改进后的蝶形结统计模型　　图 12.14 乘比例因子 1/2 后的蝶形结统计模型

这样每个蝶形噪声方差为

$$E[|\varepsilon(m,i)|^2] + E[|\varepsilon(m,j)|^2] = 2\sigma_\varepsilon^2 = \dfrac{2}{3} \times 2^{-2b} \tag{12.77}$$

这个误差每通过后一级蝶形，受 1/2 比例因子的加权作用，其幅度被衰减到 1/2，而方差被衰减到 1/4。噪声源所处的运算级不同，最后的影响也不同。因此，输出噪声的总方差为

$$E[|F(k)|^2] = 2\left[\sigma_B^2 + \dfrac{1}{4} \times 2\sigma_B^2 + \dfrac{1}{4^2} \times 2^2 \sigma_B^2 + \cdots + \dfrac{1}{4^{M-1}} \times 2^{M-1} \sigma_B^2\right]$$

$$= 2\sigma_B^2 \left[1 + \dfrac{1}{2} + \dfrac{1}{2^2} + \cdots + \dfrac{1}{2^{M-1}}\right] = 2\sigma_B^2 \left[\dfrac{1 - (1/2)^M}{1 - \dfrac{1}{2}}\right]$$

$$= 4\sigma_B^2[1-(1/2)^M] \tag{12.78}$$

若 $M \gg 1$,则输出方差为

$$E[|F(k)|^2] \approx 4\sigma_B^2 = \frac{4}{3} \times 2^{-2b} \tag{12.79}$$

上式证明,噪声方差一次次地被 $\left(\dfrac{1}{2}\right)^2$ 衰减,使得输出噪声越来越小的处理方法比一次性乘以 1/N 比例因子的方法好。输出噪信比为

$$\frac{E[|F(k)|^2]}{E[|X(k)|^2]} = \frac{4\sigma_B^2[1-(1/2)^M]}{\dfrac{1}{3N}} \approx \frac{4}{3} 2^{-2b} \times 3N = 4N \times 2^{-2b} \tag{12.80}$$

由上式看出,此时输出噪信比不是和 N 成正比,而是和 N^2 成正比,即当 N 每增加到 4 倍时(增加两级蝶形运算),为了保持输出噪信比不变,寄存器长度 b 只需增加 1 位。这显然比把 1/N 的比例因子全放在输入端的情况要好多了。这个结论不仅对白噪声输入序列正确,对其他很多输入序列也都成立,只不过和 N 成正比的比例系数有所不同。

因而,只要有可能,就应把 1/N 的衰减分散到各级蝶形中,在每一级中插入 1/2 的比例因子,以改善输出噪信比。

12.3.3 FFT 浮点舍入计算误差分析

与定点情况相同,对不同的 FFT 算法,相应的有限字长效应不同。下面省略推导过程,介绍几点结论:

(1) 浮点运算不论是加法还是乘法都产生误差。

(2) 浮点制的输出节点噪声与其输入节点变量相关。因为前一级误差通过后一级蝶形时其方差保持不变,所以浮点 FFT 总的输出误差与从输入 $x(n)$ 到输出经过的蝶形个数有关。

(3) 输出噪信比正比 M,远小于定点制的 $N=2^M$,相同尾数字长情况下,浮点制信噪比比定点小,运算精度高。这是由浮点制数字表达的复杂性换来的。

(4) 浮点信噪比不随信号幅度大小变化,这也是所有浮点制运算的共同特点。

12.3.4 系数量化对 FFT 的影响

当系统确定后,系数值就是已知的,因而量化后系数值也是可知的,所以对一个具体系统,系数量化误差不是随机性的。利用统计的分析方法目的是在不知系数的具体数值时,一定字长下,对系数量化造成的影响做统计估计。

了解 FFT 系数量化效应影响很有必要,但要精确分析也不易。所以分析时为方便要做许多假设,也采用输入、输出方式分析,即输入为 $x(n)$,输出为 $X(k)$,将系数量化误差等效为随机噪声。在系数上引入一个随机噪声,也就是系数用它的真值加上一个白噪声序列来代替,从而估计这个噪声引起的输出噪信比。这与量化引起的系数误差有细微的不同,但二者大体上相似。

理想的,即无限精度的 DFT 运算为

$$X(k) = \sum_{n=0}^{N-1} x(n) W_N^{nk} \quad (12.81)$$

系数量化后,上式可表示为

$$\hat{X}(k) = \sum_{n=0}^{N-1} x(n) \hat{W}_N^{nk} = X(k) + F(k) \quad (12.82)$$

式中:$F(k)$ 为系数量化引起的 DFT 计算误差。由某个 $x(n)$ 计算 $X(k)$ 要经过 $M = \log_2 N$ 个蝶形,故 $\hat{W}_N^{nk}$ 中有 M 个因子,均是 W_N 的各次幂系数,其中一些可能是不需相乘的 ± 1。为了分析方便,也为了得到最差情况下误差的影响,假定这 M 个因子都有误差,即 $x(n)$ 通过每级蝶形时,都乘了系数 $W_N^{a_i}(i=1,2,\cdots,M)$,总的乘积为 $\prod_{i=1}^{M} W_N^{a_i} = W_N^{nk}$。

系数量化后,每个支路的 $W_N^{a_i}$ 成为 $W_N^{a_i} + \delta_i$,从而有

$$\hat{X}(k) = \sum_{n=0}^{N-1} x(n) \hat{W}_N^{nk} = \sum_{n=0}^{N-1} x(n) \left[\prod_{i=1}^{M} (W_N^{a_i} + \delta_i) \right] = X(k) + F(k) \quad (12.83)$$

则系数量化后的误差为

$$F(k) = \hat{X}(k) - X(k) = \sum_{n=0}^{N-1} x(n) (\hat{W}_N^{nk} - W_N^{nk}) \quad (12.84)$$

因为

$$\hat{W}_N^{nk} = \prod_{i=1}^{M} (W_N^{a_i} + \delta_i) = \prod_{i=1}^{M} W_N^{a_i} + \sum_{n=0}^{N-1} \delta_i \prod_{\substack{j=1 \\ j \neq i}}^{M} W_N^{a_j} + \cdots + \prod_{i=1}^{M} \delta_i \quad (12.85)$$

一般 δ_i 很小,忽略与其有关的高次项:

$$\hat{W}_N^{nk} = \prod_{i=1}^{M} (W_N^{a_i} + \delta_i) \approx \prod_{i=1}^{M} W_N^{a_i} + \sum_{n=0}^{N-1} \delta_i \prod_{\substack{j=1 \\ j \neq i}}^{M} W_N^{a_j} \quad (12.86)$$

故

$$\hat{W}_N^{nk} - W_N^{nk} = \sum_{n=0}^{N-1} \delta_i \prod_{\substack{j=1 \\ j \neq i}}^{M} W_N^{a_j} \quad (12.87)$$

与前面相同,假定 δ_i 是统计独立、白色等概的随机变量,则有

$$E[\hat{W}_N^{nk} - W_N^{nk}] = E\left[\sum_{n=0}^{N-1} \delta_i \prod_{\substack{j=1 \\ j \neq i}}^{M} W_N^{a_j} \right] = \sum_{n=0}^{N-1} E[\delta_i] \prod_{\substack{j=1 \\ j \neq i}}^{M} W_N^{a_j} = 0 \quad (12.88)$$

所以

$$E[F(k)] = \sum_{n=0}^{N-1} x(n) E[(\hat{W}_N^{nk} - W_N^{nk})] = 0 \quad (12.89)$$

δ_i 的方差为

$$\sigma_{\delta_i}^2 = E[|\delta_i|^2] = E[|\mathrm{Re}(\delta_i)|^2 + |\mathrm{Im}(\delta_i)|^2] = 2\sigma_e^2 = q^2/6 = 2^{-2b}/6 \quad (12.90)$$

令

$$\prod_{\substack{j=1\\j\neq i}}^{M} W_N^{a_j} = b_i$$

则 $\hat{W}_N^{nk} - W_N^{nk}$ 的方差为

$$E[|\hat{W}_N^{nk} - W_N^{nk}|^2] \approx E\left[\left(\sum_{n=0}^{M}\delta_i b_i\right)\left(\sum_{n=0}^{M}\delta_i b_i\right)^*\right] = E\left[\sum_{n=0}^{M}|\delta_i b_i|^2\right]$$

$$= E\left[\sum_{n=0}^{M}|b_i|^2|\delta_i|^2\right] \tag{12.91}$$

因为

$$|b_i| = \prod_{\substack{j=1\\j\neq i}}^{M}|W_N^{a_j}| = 1$$

所以

$$E[|\hat{W}_N^{nk} - W_N^{nk}|^2] \approx ME[|\delta_i|^2] = \frac{Mq^2}{6} \tag{12.92}$$

则输出误差 $F(k)$ 的方差为

$$\sigma_F^2 = E[|F(k)|^2] = \sum_{n=0}^{N-1} E[|x(n)(\hat{W}_N^{nk} - W_N^{nk})|^2]$$

$$= \sum_{n=0}^{N-1}|x(n)|^2 [|\hat{W}_N^{nk} - W_N^{nk}|^2] \tag{12.93}$$

$$= \sum_{n=0}^{N-1}|x(n)|^2 Mq^2/6 = \sum_{n=0}^{N-1}|x(n)|^2 \frac{M}{6}2^{-2b}$$

实际上系数量化误差与运算误差不同,对一个确定的滤波器,系统的字长 b 一定,每个系数量化后的数值是可知的,其系数的量化误差也是确定值。在分析中将其假设为随机变量,用统计方法分析是为了对误差的大小作概率估计,即 σ_F^2 是最有可能出现的估值。由上式估计的误差比实际误差稍大,可大致估计。

根据帕塞瓦尔定理可得

$$\sum_{n=0}^{N-1}|x(n)|^2 = \frac{1}{N}\sum_{k=0}^{N-1}|X(k)|^2 \tag{12.94}$$

上式为输出序列的平均功率,假定输入 $x(n)$ 是统计独立、白色等概的随机变量,则 $X(k)$ 也是统计独立、白色等概的随机变量,序列的平均功率与序列的方差相等,由此得到噪信比为

$$\frac{\sigma_F^2}{\frac{1}{N}\sum_{k=0}^{N-1}|X(k)|^2} = \frac{M}{6}2^{-2b} \tag{12.95}$$

可以看出,输出噪信比与 $M = \log_2 N$ 成正比,因而随 N 增加而增加的速度很慢。当 N 加倍时,M 只增加 1,噪信比增加很小。

上述有关误差的所有统计分析与实际情况都有一定的误差,通常要比实际误差稍大一些,但仍可以用于粗略估计,以选择合适的寄存器字长。

12.4 数字滤波器的有限字长效应

实现数字滤波器所包含的基本运算有延时、乘系数和相加三种。因为延时并不造成字长的变化，所以只需讨论乘系数和相加运算造成的影响。在定点制运算中，相乘的结果尾数位数会增加。例如：两个 b 位尾数的数相乘后尾数是 $2b$ 位，必须被舍入或截尾成 b 位尾数；相加的结果尾数字长不变，不必舍入或截尾，但相加的结果可能超出有限寄存器长度，产生溢出，故有动态范围问题。在浮点制运算中，相加及相乘都可能使尾数位数增加，故都会有舍入或截尾，但动态范围则不成问题。

分析数字滤波器运算误差的目的是选择滤波器运算位数（寄存器长度），以便满足信号噪声比值的技术要求。前面已分析，舍入或截尾的处理是非线性过程，分析非常麻烦，精确计算不仅不大可能，也没有必要，因而可以采用前面提出的统计方法，得到舍入或截尾的平均效果即可。下面以定点舍入情况下的 IIR 和 FIR 数字滤波器为例，讨论运算中的有限字长效应。

定点制乘法运算中要对结果做截尾或舍入处理，加法运算中存在溢出问题，因此要考虑运算中的动态范围。例如，在实现数字滤波时，将遇到相乘运算。典型的相乘可以表示为

$$y(n) = a \cdot x(n) \tag{12.96}$$

式中：$x(n)$ 为数据值；a 为滤波器系数。

若 a 和 $x(n)$ 的字长分别为 C 位和 B 位，则乘积 $y(n)$ 的字长应为 $B+C$ 位。但需要将此乘积寄存在 B 位字长的寄存器中，因而就必须对此乘积做舍入或截尾处理，这就会引入非线性，产生量化误差。

采用统计分析的方法，把定点乘法运算后的截尾或舍入处理过程模型化为在精确乘积上叠加一个截尾或舍入量化噪声。根据叠加原理，滤波器输出端的噪声等于作用于滤波器结构中不同位置上的量化噪声在输出端发生的响应的总和，这样仍可以用线性流图来表示，由此不难计算滤波器输出端的信噪比。图 12.15(a) 表示无限精度相乘，图 12.15(b) 表示有限精度相乘（$Q_R[\cdot]$ 表示舍入处理），图 12.15(c) 表示利用统计分析方法，将误差等效为独立的噪声叠加的统计模型。

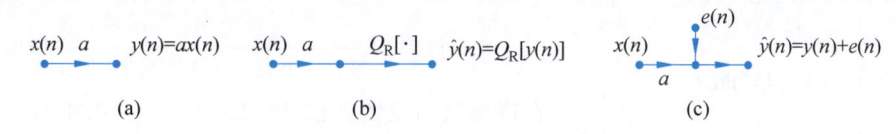

图 12.15 定点相乘运算统计分析的流图表示

为分析方便，对舍入误差 $e(n)$ 再做如下假设：
(1) 所有误差 $e(n)$ 是平稳的零均值白噪声序列；
(2) 每个误差在量化误差范围内均匀等概分布；
(3) 两个不同噪声源彼此不相关；
(4) 误差 $e(n)$ 与输入 $x(n)$ 不相关，且与系统中任何节点变量不相关，从而与输出

$y(n)$ 也不相关。

根据以上假定,及舍入误差范围 $\left(-\dfrac{2^{-b}}{2} \sim \dfrac{2^{-b}}{2}\right)$,可以得到其均值为 0,方差为

$$\sigma_e^2 = E[e^2(n)] = \frac{2^{-2b}}{12} = \frac{q^2}{12} \tag{12.97}$$

采用统计方法,实际输出可以表示为

$$\hat{y}(n) = y(n) + f(n) \tag{12.98}$$

式中:$f(n)$ 为由噪声产生的输出,其均值与方差为

$$m_f = m_e \sum_{m=-\infty}^{\infty} h_e(m) = 0 \tag{12.99}$$

$$\sigma_f^2 = \sigma_e^2 \sum_{m=-\infty}^{\infty} h_e^2(m) \sigma_f^2 = \frac{\sigma_e^2 \dfrac{1}{\mathrm{j}2\pi} \oint_C h_e(z) h_e(z^{-1}) \mathrm{d}z}{z = \sigma_e^2 \sum_{k=-\infty}^{+\infty} h_e^2(k)} \tag{12.100}$$

式中:$h_e(m)$ 为噪声 $e(n)$ 到输出节点的单位脉冲响应;$h_e(z)$ 为 $h(m)$ 的 z 变换。

按照上面四项假定,总的输出噪声的方差也等于每个输出噪声方差之和。因为均值为零的信号,其方差与平均功率相同,所以计算零均值噪声的方差就是计算噪声的平均功率。

12.4.1 IIR 滤波器定点舍入运算时的有限字长效应

下面以 IIR 滤波器为例,进一步讨论 IIR 滤波器的有限字长效应与 IIR 滤波器的结构的关系。

二阶 IIR 低通数字滤波器系统函数为

$$H(z) = \frac{0.04}{(1 - 0.9z^{-1})(1 - 0.8z^{-1})} \tag{12.101}$$

采用定点制算法,尾数做舍入处理,分别计算其直接型、级联型、并联型三种结构的舍入误差。

1. 直接型结构

$$H(z) = \frac{0.04}{(1 - 0.7z^{-1})(1 - 0.72z^{-2})} \tag{12.102}$$

直接型结构流图如图 12.16(a)所示,图中有三次乘法运算,产生三个噪声源,$e_0(n)$、$e_1(n)$、$e_2(n)$ 分别为系数 0.04、1.7、−0.72 相乘后引入的舍入噪声。采用线性叠加的方法,得到噪声的统计模型如图 12.16(b)所示,利用线性系统叠加性计算输出噪声的方差。

由图得到噪声的传输函数为

(a) 直接型结构流图

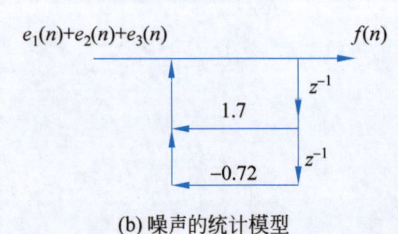

(b) 噪声的统计模型

图 12.16 直接型结构及其统计模型

$$H_e(z)=\frac{1}{(1-0.9z^{-1})(1-0.8z^{-1})}=\frac{9}{1-0.9z^{-1}}-\frac{8}{1-0.8z^{-1}} \tag{12.103}$$

对应的单位冲激响应为

$$h_e(n)=(9\times 0.9^n-8\times 0.8^n)u(n) \tag{12.104}$$

则有

$$f(n)=[e_1(n)+e_2(n)+e_3(n)]*h_e(n) \tag{12.105}$$

$$\begin{aligned}\sigma_f^2&=[\sigma_{e1}^2+\sigma_{e2}^2+\sigma_{e3}^2]\sum_{n=0}^{\infty}h_e^2(n)=3\sigma_{e1}^2\sum_{n=0}^{\infty}(9\times 0.9^n-8\times 0.8^n)^2\\&=3\sigma_e^2\sum_{n=0}^{\infty}(81\times 0.9^{2n}-2\times 8\times 9\times 0.72^n+64\times 0.8^{2n})\\&=269.7\times\frac{2^{-2b}}{12}=22.48\times 2^{-2b}\end{aligned} \tag{12.106}$$

2. 级联型结构

$$H(z)=\frac{0.04}{1-0.9z^{-1}}\cdot\frac{1}{1-0.8z^{-1}} \tag{12.107}$$

级联型定点舍入相乘的统计模型如图 12.17 所示。

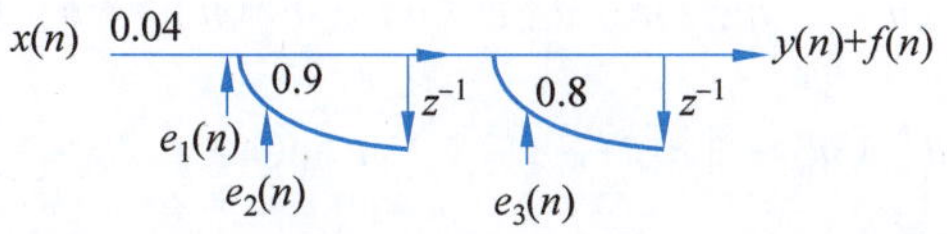

图 12.17　级联型定点舍入相乘的统计模型

由图 12.17 可见，有三次乘法运算，产生三个噪声源。可利用线性系统性质分别计算输出噪声的方差。

$e_1(n)$与$e_2(n)$的传递函数相同，都为

$$\begin{aligned}H_{e1}(z)=H_{e2}(z)&=\frac{1}{(1-0.9z^{-1})(1-0.8z^{-1})}\\&=\frac{9}{1-0.9z^{-1}}-\frac{8}{1-0.8z^{-1}}\end{aligned} \tag{12.108}$$

$e_3(n)$的传递函数为

$$H_{e3}(z)=\frac{1}{1-0.8z^{-1}}\leftrightarrow h_{e3}(n)=0.8^n u(n) \tag{12.109}$$

$$f(n)=[e_1(n)+e_2(n)]*h_{e1}(n)+e_3(n)*h_{e3}(n) \tag{12.110}$$

$$\begin{aligned}\sigma_f^2&=[\sigma_{e1}^2+\sigma_{e2}^2]\sum_{n=0}^{\infty}h_{e1}^2(n)+\sigma_{e3}^2\sum_{n=0}^{\infty}h_{e3}^2(n)\\&=2\sigma_e^2\times 89.8+\sigma_e^2\sum_{n=0}^{\infty}(0.8)^{2n}=\frac{2^{-2b}}{6}\times 89.8+\frac{2^{-2b}}{12}\cdot\frac{1}{1-0.64}\end{aligned}$$

$$= 14.967 \times 2^{-2b} + \frac{2^{-2b}}{12} \times 2.778 = 15.2 \times 2^{-2b} \tag{12.111}$$

3. 并联型结构

$$H(z) = \frac{0.36}{1-0.9z^{-1}} + \frac{-0.32}{1-0.8z^{-1}} \tag{12.112}$$

并联型定点舍入相乘的统计模型如图 12.18 所示。

由图 12.18 可见有四次乘法运算，产生四个噪声源，同样可利用线性系统性质分别计算输出噪声的方差。

由图可见，$e_1(n)$ 与 $e_2(n)$ 的传递函数相同，即

$$H_{e1}(z) = H_{e2}(z) = \frac{1}{1-0.9z^{-1}} \leftrightarrow 0.9^n u(n) \tag{12.113}$$

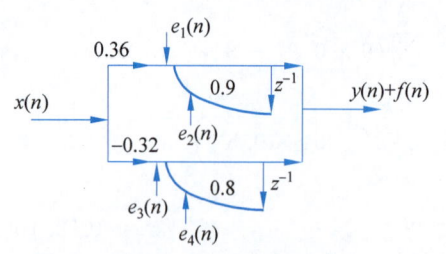

图 12.18 并联型定点舍入相乘的统计模型

$e_3(n)$ 与 $e_4(n)$ 的传递函数相同，即

$$H_{e3}(z) = H_{e4}(z) = \frac{1}{1-0.8z^{-1}} \leftrightarrow 0.8^n u(n) \tag{12.114}$$

$$f(n) = [e_1(n) + e_2(n)] * h_{e1}(n) + [e_3(n) + e_3(n)] * h_{e3}(n) \tag{12.115}$$

$$\sigma_f^2 = [\sigma_{e1}^2 + \sigma_{e2}^2] \sum_{n=0}^{\infty} h_{e1}^2(n) + [\sigma_{e3}^2 + \sigma_{e4}^2] \sum_{n=0}^{\infty} h_{e3}^2(n) = 2\sigma_e^2 \sum_{n=0}^{\infty} [h_{e1}^2(n) + h_{e3}^2(n)]$$

$$= \frac{2^{-2b}}{6} \left[\sum_{n=0}^{\infty} (0.9^{2n} + 0.8^{2n}) \right] = \frac{2^{-2b}}{6} \left[\frac{1}{1-0.81} + \frac{1}{1-0.64} \right]$$

$$= \frac{2^{-2b}}{6} \left[\frac{1}{1-0.19} + \frac{1}{1-0.36} \right] = \frac{2^{-2b}}{6} [5.26 + 2.778] = 1.34 \times 2^{-2b} \tag{12.116}$$

比较三种结构误差：

$$22.48 \times 2^{-2b} > 15.2 \times 2^{-2b} > 1.34 \times 2^{-2b}$$

可知 IIR 滤波器的有限字长效应与它的结构有关。直接型结构误差大于级联型结构误差大于并联型结构误差，原因如下：

（1）直接型结构的所有舍入误差都经过全部网络的反馈环节，反馈过程中误差积累，输出误差很大。

（2）级联型结构的每个舍入误差只通过其后面的反馈环节，而不通过它前面的反馈环节，误差小于直接型。

（3）并联型结构的每个并联网络的舍入误差只通过本身的反馈环节，与其他并联网络无关，积累作用最小，误差最小。

这个结论对 IIR 滤波器具有普遍意义。从有效字长效应看，不论直接 I 型或直接 II 型都是最差的，高阶系统时要避免使用。级联结构较好，并联结构最好，具有最小的运算误差。

结果还说明：无论哪种结构，误差都与字长 b 有关，b 越大，误差越小。

12.4.2　FIR 滤波器定点舍入运算时的有限字长效应

IIR 滤波器的分析方法同样适用于 FIR 滤波器。FIR 滤波器无反馈环节（频率采样型结构除外），不会造成舍入误差的积累，舍入误差的影响比同阶 IIR 滤波器小。下面分别就横截型结构和级联型结构的运算舍入噪声进行讨论。

1. 横截型结构

N 阶 FIR 的系统函数为

$$H(z) = \sum_{m=0}^{N-1} h(m) z^{-m} \tag{12.117}$$

在无限精度情况下，直接型结构的差分方程为

$$y(n) = \sum_{m=0}^{N-1} h(m) x(n-m) \tag{12.118}$$

在有限字长情况下，横截型结构 FIR 滤波器的差分方程为

$$\hat{y}(n) = \sum_{i=1}^{N-1} [h(m) x(n-m)]_R = y(n) + e_f(n) \tag{12.119}$$

式中：$e_f(n)$ 为输出噪声。

由于每一次乘法运算后就要做舍入运算，从而产生一个舍入噪声，即

$$[h(m) x(n-m)]_R = h(m) x(n-m) + e_m(n) \tag{12.120}$$

可以得出

$$\hat{y}(n) = \sum_{i=1}^{N-1} [h(m) x(n-m)]_R = \sum_{i=1}^{N-1} [h(m) x(n-m)] + \sum_{i=1}^{N-1} e_m(n) \tag{12.121}$$

比较两式可得

$$e_f(n) = \sum_{m=0}^{N-1} e_m(n) \tag{12.122}$$

从图 12.19 所示的横截型 FIR 滤波器舍入噪声分析也可以看出，这些舍入噪声 $e_m(n)$ 都直接加在了输出端。因此输出噪声 $e_f(n)$ 是这些舍入噪声 $e_m(n)$ 的总和。

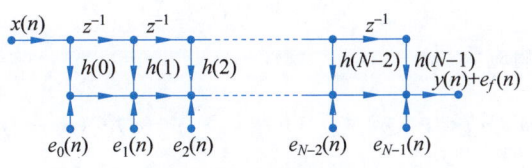

图 12.19　横截型 FIR 滤波器舍入噪声分析

根据舍入噪声互不相关的统计特性，其数学期望为零，方差为

$$\sigma_f^2 = \sum_{m=0}^{N-1} \sigma_e^2 = N \frac{q^2}{12} = N \frac{2^{-2b}}{12} \tag{12.123}$$

上式表明：输出噪声是舍入噪声直接总和，根本不经过系统，所以与系统的参数无关；输出噪声的方差与字长 b 和系统阶数 N 有关，当要求输出噪声限制在某一水平的情况下，阶数越高的滤波器需要的字长也越长；对于线性相位 FIR 滤波器，乘法次数可以减少，

因此输出噪声方差也会相应减少。

2. 级联型结构

级联型结构系统函数可写为

$$H(z)=\prod_{i=1}^{M}h_1(z)=\prod_{i=1}^{M}(a_{0i}+a_{1i}z^{-1}+a_{2i}z^{-2}) \quad (12.124)$$

单位采样响应为 N 点序列，若 N 为奇数，$M=\dfrac{N-1}{2}$；若 N 为偶数，$M=\dfrac{N}{2}$。级联型 FIR 滤波器实现的框图如图 12.20 所示，每一级的舍入噪声为 N^2。

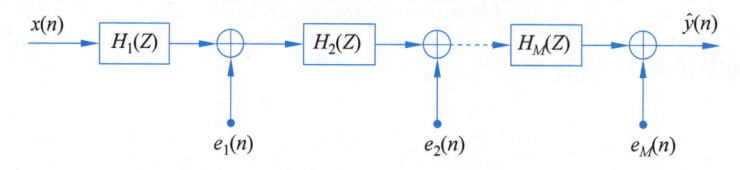

图 12.20 级联型 FIR 滤波器实现框图

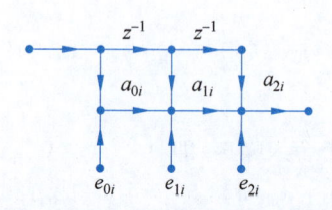

由如图 12.21 所示的二阶基本节统计模型可以看出，各级的舍入噪声 $e_i(n)$ 是该二阶节中乘系数后舍入噪声的直接相加，即

$$e_i(n)=e_{0i}(n)+e_{1i}(n)+e_{2i}(n)$$

由于 $e_{ki}(n)$ 是统计独立的，数学期望为零，方差为 $q^2/12$，因此 N^2 的方差为 $3q^2/12$。

图 12.21 二阶基本节统计模型

由图 12.20 可见，第 i 个基本节的舍入噪声 N^2 在达到输出端之前，要通过其后的所有二阶节滤波，若用 $G_i(z)$ 表示噪声 N^2 切入点到系统输出端之间的系统函数，则有

$$G_i(z)=\begin{cases}\prod_{k=i+1}^{M}H_k(z),&1\leqslant i\leqslant M-1\\1,&i=M\end{cases} \quad (12.125)$$

其逆变换为

$$g_i(n)=Z^{-1}[G_i(z)]$$

那么 N^2 在输出端的响应为

$$v_i(n)=e_i(n)*g_i(n)=\sum_{r=0}^{N-2i}g_i(r)e_i(n-r) \quad (12.126)$$

输出噪声的方差为

$$\sigma_{vi}^2=E[v_i^2(n)]=e\left[\sum_{r=0}^{N-2i}g_i(r)e_i(n-r)\sum_{l=0}^{N-2i}g_i(l)e_i(n-l)\right]=\sum_{r=0}^{N-2i}|g_i(r)|^2\sigma_{ei}^2 \quad (12.127)$$

式中：σ_{ei}^2 为第 i 个基本节的舍入噪声 N^2 的方差，已知 N^2 方差为 $3q^2/12$，则有

$$\sigma_{vi}^2=\dfrac{q^2}{4}\sum_{i=0}^{N-2i}|g_i(r)|^2 \quad (12.128)$$

由于 $i=1,2,\cdots,M$，而各级的乘积舍入量化噪声在系统输出端的响应的方差值和就是系统量化噪声的总方差，即

$$\sigma_o^2 = \sum_{i=1}^{M}\sigma_{vi}^2 = \frac{q^2}{4}\sum_{i=1}^{M}\sum_{r=0}^{N-2i}|g_i(r)|^2 \qquad (12.129)$$

习题

1. 将十进制数 0.4375、0.625、-0.4375、-0.625 分别用 $b=4$ 的原码、补码、反码表示。

2. 当二进制码 0.1001、0.1101、1.1000、1.1011 分别为原码、补码、反码时，写出相应的十进制数。

3. 设数字滤波器的系统函数为

$$H(z) = \frac{0.017221333z^{-1}}{1-1.7235682z^{-1}+0.74081822z^{-2}}$$

现用 8 位字长的寄存器来存放其系数，试求此时该滤波器的实际 $H(z)$ 表示。

4. 一阶 IIR 滤波器的系统函数为

$$H(z) = \frac{1}{1-0.9z^{-1}}$$

用定点制运算，舍入处理，要求输出精度 $\sigma_f^2/\sigma_y^2 = -80\text{dB}$，问需要几位尾数字长。

5. 设 DF 的系统函数为

$$H(z) = \frac{0.0373}{1+1.7z^{-1}+0.745z^{-2}} = \frac{0.0373}{1-a_1z^{-1}-a_2z^{-2}}$$

利用 a_2 变化造成的极点位置灵敏度，为保持极点在其正常值的 0.3% 内变化，试确定所需要的最小字长。

6. 在定点制运算中，为了使输出不发生溢出，在网络的输入端加一比例因子 A，即网络输出为

$$y(n) = A\sum_{m=0}^{\infty}h(m)x(n-m)$$

若输入 $x(n)$ 的动态范围为 $\pm x_{\max}$，则比例因子 A 可以按下式确定，即

$$|y(n)| \leqslant A\sum_{m=0}^{\infty}|h(m)||x(n-m)|$$

因此，有

$$y_{\max} \leqslant Ax_{\max}\sum_{m=0}^{\infty}|h(m)|$$

为了保证不发生溢出，必须使 $y_{\max} \leqslant 1$，故有

$$A \leqslant \frac{1}{x_{\max}\sum_{m=0}^{\infty}|h(n)|}$$

现有二阶网络：

$$H(z)=\frac{1}{(1-0.9z^{-1})(1-0.8z^{-1})}$$

采用定点制运算,输入动态范围为 $x_{\max} \leqslant 1$:

(1) 采用直接型结构,如图 12.22(a)所示,为使运算过程中任何地方都不出现溢出,比例因子 A_1 应该选多大?

(2) 采用级联型结构,如图 12.22(b)所示,比例因子 A_2 应选多大?

(3) 在级联结构中,每一单元网络分别加一比例因子,如图 12.22(c)所示,以使该环节不出现溢出,这时比例因子 A_3、A_4 应选多大?

(4) 在以上三种情况下,信号的最大输出 $y_{\max}$ 各为多少?输出信号噪声比 $y_{\max}^2/\sigma_f^2$,谁最高?谁最低?

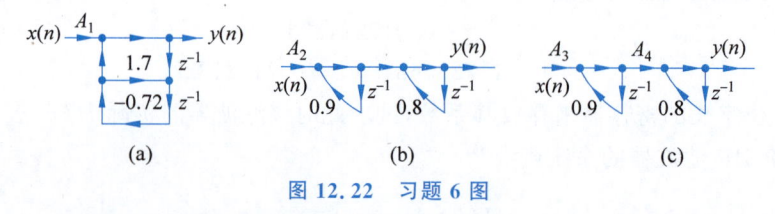

图 12.22 习题 6 图

7. N 阶 FIR 滤波器的系统函数为

$$H(z)=\sum_{i=0}^{N} a_i z^{-i}$$

采用直接型结构,用 b 位字长舍入方式对其系数做量化。

(1) 试用统计方法估算系数量化所引起的频率响应的均方偏差的统计平均值 σ_τ^2;

(2) 当 $N=1024$ 时,若要求 $\sigma_\tau^2 \leqslant 10^{-8}$,则系数字长 b 应为多少?

8. 设输入序列 $x(n)$ 通过一量化器 $Q[\cdot]$ 的输入与输出关系如图 12.23 所示,量化器输出的形式为 $x(n)=x(n)+e(n)$。误差序列 $e(n)$ 是一个平稳随机过程,它在误差范围内有均匀分布的概率密度,它的各采样值之间互不相关,并且 $e(n)$ 与 $x(n)$ 也不相关。假设 $x(n)$ 是均值为 0、方差为 σ_x^2 的平稳白噪声。

(1) 写出 $e(n)$ 的误差范围,求 $e(n)$ 的均值和方差。

(2) 求信噪比 σ_x^2/σ_e^2。

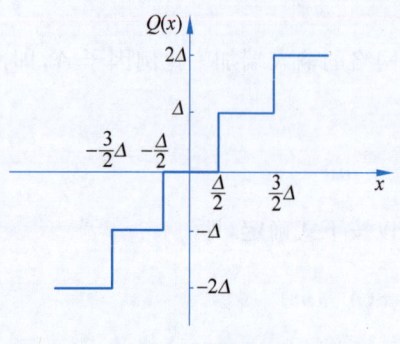

图 12.23 习题 8 图

9. FIR 滤波器的系统函数为

$$H(z)=\sum_{n=0}^{N-1} a_n z^{-n}$$

用直接型结构实现,以 6 位(包括符号位)字长舍入方式进行量化处理。

(1) 计算乘积项的有限字长效应产生的输出噪声功率 σ_f^2。

(2) 当 $N=512$ 时,若要求 $\sigma_f^2 \leqslant 10^{-8}$,则字长至少应为多少?

10. 在用模型表示数字滤波器中舍入和截尾效应时,把量化变量表示为
$$y(m) = Q[x(n)] = x(n) + e(n)$$
式中:$Q[\cdot]$表示舍入或截尾操作;$e(n)$表示量化误差。

在适当的假定条件下,可以假设$e(n)$是白噪声序列,即
$$E[e(n)e(n+m)] = \sigma_x^2 \delta(m)$$
舍入误差的一阶概率分布如图 12.24(a)所示,截尾误差的一阶概率分布如图 12.24(b)所示。

(1) 求舍入噪声的均值和方差。

(2) 求截尾噪声的均值和方差。

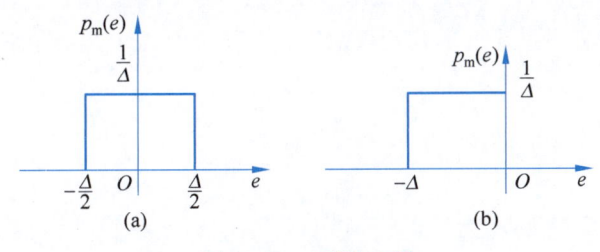

图 12.24 习题 10 图

第13章 无线通信信号处理

13.1 正交频分复用通信系统介绍

人类使用无线通信的历史可以追溯到古代战争中的烽火台、旌旗等。人类采用这种十分直观的方式实现信息传输一直持续到 19 世纪末。1864 年,英国物理学家麦克斯韦在总结已有的电磁学知识后,提出了电磁波的存在。1886 年,德国物理学家赫兹通过实验证实了电磁波的存在,验证了麦克斯韦的预言。1897 年,意大利科学家马可尼首次使用无线电波进行信息传输并且获得成功。

现代移动无线通信技术发展始于 20 世纪 20 年代,70 年代中期迎来了蓬勃的发展时期。1978 年,美国贝尔实验室成功研制出了先进移动电话系统(AMPS),建成了能大大提高系统容量的蜂窝状模拟移动通信网。移动通信能够迅猛发展,除了用户需求迅速增加这一主要推动力之外,也有微电子技术和大规模集成电路也得到迅速发展的原因。这一时期诞生的移动通信系统称为第一代移动通信系统。第一代移动通信系统采用了频分多址技术和模拟技术,包括模拟蜂窝和无线电话系统。第一代移动通信系统在发展初期得到了较为广泛的应用,但是由于它频谱利用率低,抗干扰能力差,不适合未来多媒体通信业务的需求,慢慢地在日益激烈的市场竞争中被淘汰。

进入 20 世纪 80 年代中期,数字移动通信进入发展和成熟时期,蜂窝模拟网容量已经不能满足移动用户的需求,欧洲率先推出全球移动通信系统(Global System for Mobile Communications,GSM),美国推出窄带码分多址(Code Division Multiple Access,CDMA)蜂窝移动通信系统,从此码分多址这种新的无线接入技术在移动无线通信领域中占有越来越重要的地位。除上述的通信系统之外,还有欧洲的 DCS-1900、美国的 IS-54 等。这些数字移动通信系统共同组成了第二代移动通信系统。

随着时间的推移,第二代移动通信系统已越来越难以满足用户的需求,第三代移动通系统(3G)应运而生。从技术层面上看,3G 系统主要是以 CDMA 为核心技术。但是对于高速数据业务来讲,单载波时分多址接入(Time Division Multiple Access,TDMA)系统和窄带 CDMA 系统都存在很大的问题。由于无线信道之中存在时延扩展,高速信息流的符号宽度相对较窄,所以不可避免地会存在较为严重的码间串扰(ISI)。

为了解决这一问题,除了均衡器之外,其他途径之一就是采用多个载波,将信道分成多个子信道。例如,有 20 个子信道,那么每个载波的调制码元速率会降低到 1/20,每个子信道的带宽也将会减少至 1/20。如果子信道的带宽足够小,信道特性就会接近理想信道特性,码间串扰的问题也得到了很好的解决。1957 年出现的 Kineplex 系统就是基于这种思想所搭建的系统,该系统采用了 20 个正弦子载波并行传输码元,系统的总信息传输速率达到了 3kb/s,克服了短波信道上严重多径效应的影响。

当下的多媒体通信信息传输速率要求已经达到了若干兆比特每秒,随着传输码元速率不断提高,传输带宽不断变宽,相应的技术也要不断地发展来匹配需求。为了解决上述的问题,正交频分复用(OFDM)技术开始得到越来越多的重视。OFDM 也是一类多载波并行调制技术,它和上述所介绍系统有以下区别:

(1) 各路已调信号是严格正交的,方便在接收端能够将信号完全地分离出来。

(2) 各路子载波的调制可以是多进制调制。

(3) 各路子载波的已调信号频谱可以有部分重叠,以便提高频谱利用率和传输速率。

(4) 每路子载波的调制方式可以不同,根据各个子载波处的信道优劣程度判断采取哪种方式。比如,可以将 BPSK 和 16QAM 应用到不同的子信道中得到不同的传输速率,并且可以自适应地改变调制方式来适应信道特性的变化。

在图 13.1 中进行了单载波调制和多载波调制特性的比较。单载波调制情况下,占用带宽 B 较大,码元持续时间 T 较短,信道特性 $|C(f)|$ 不够理想,容易出现码间串扰,但在多载波调制的情况下,码元持续时间 $T_B = NT_b$,码间串扰得到改善。

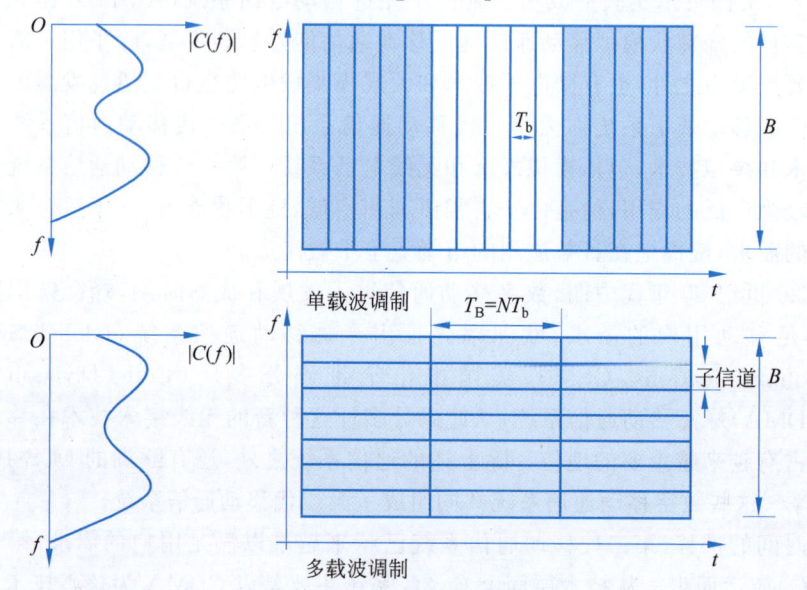

图 13.1 多载波调制原理图

OFDM 具有以下优点:

(1) 便于与其他多种接入方法结合使用,构成 OFDMA 系统,使得多个用户可以利用 OFDM 技术进行信息的传输,如多载波码分多址(MC-CDMA)等。

(2) 高速数据流通过串并变换使得每个子载波上的数据符号持续长度相对增加,降低了接收机内均衡的复杂度,甚至可以在不使用均衡器的情况下有效消除 ISI 影响。

(3) 传统的频分多路传输各个子信道之间要保留足够的保护频带,但是由于 OFDM 系统各个子载波之间存在正交性,允许子信道频谱相互重叠,因此 OFDM 能够最大限度地利用频谱资源。

(4) 各个子信道的正交调制和解调可以采用离散傅里叶逆变换和离散傅里叶变换来实现,子载波数很大时可以采用快速傅里叶变换。随着大规模集成电路技术与 DSP 技术的发展,快速傅里叶变换及其逆变换实现难度大大降低。

(5) 无线数据业务一般具有非对称性,下行链路的数据传输量一般会大于上行链路的数据传输量,这就要求物理层支持非对称高速率数据传输,OFDM 系统可以通过使用不同数量的子信道来实现上行和下行链路中不同的传输速率。

(6) 可以有效抵抗窄带干扰。

OFDM 具有以下缺点：

(1) 对信道产生的频率偏移和相位噪声很敏感。OFDM 系统对于子载波的正交性有很严格的要求，相位噪声或者频率偏移都会破坏各个子载波之间的正交性，产生子载波干扰，同时发射端和接收端本地振荡器频率偏差也会让 OFDM 系统子载波之间的正交性受到影响。

(2) 信号峰值功率和平均功率的比值较大，将会降低射频功率放大器的效率。OFDM 发送信号是由多个子载波上的信号叠加而成的，多个信号同向叠加所产生的瞬时功率远大于信号平均功率，这就使得峰值平均功率较大，对于发送滤波器的线性范围要求就会增加，并且会降低射频功率放大器的效率。当对设备的要求不能得到满足的时候，子载波的正交性就会受到破坏，频谱泄漏，信号畸变，最终整个系统的性能大幅度下滑。

与 OFDM 系统有关的关键技术有以下方面：

(1) 信道估计。在 OFDM 系统中，信道估计器在设计上主要注意两方面：一是导频信息的选择，无线信道一般是衰落信道，所以导频信息需要不断传送来对信道进行跟踪；二是信道估计器的选择，OFDM 系统要求信达估计器具备较低的复杂度和良好的导频跟踪能力。

(2) 时域、频域同步。OFDM 系统对定时和频率偏移敏感，所以时域和频域同步十分重要。下行链路中，基站向各个移动终端广播发送同步信号。在上行链路中，来自不同移动终端的信号必须同步到达基站，才能保证子载波间的正交性。基站根据各移动终端发来的子载波携带信息进行时域和频域同步信息的提取，再由基站发回移动终端，以便让移动终端进行同步。

(3) 降低峰值平均功率比。OFDM 信号在时域上表现为 N 个正交子载波信号叠加，如果这 N 个信号恰好峰值相加，OFDM 将产生最大峰值，是平均功率的 N 倍。为了解决这一问题，产生了信号畸变技术、信号扰码技术等降低 OFDM 系统峰值平均功率比(PAPR)的方法。

(4) 信道编码和交织。对于衰落信道中的随机错误可以采用信道编码，对于衰落信道中的突发错误可以采用交织技术。在 OFDM 系统中，如果信道衰落不是太严重，均衡处理中无法再利用信道的分集特性来改善系统性能，因为 OFDM 系统自身具有利用信道分集特性的能力，同时 OFDM 系统的结构也为其在子载波间进行编码提供了可能，例如 COFDM 方式。

(5) 均衡。OFDM 技术利用了多径信道的分集特性，一般情况下无须再做均衡。在高度散射的信道中，信道记忆长度很长，循环前缀的长度必须随之加长才能避免出现 ISI。但是，过长的循环前缀长度会导致能量损失较大，可以考虑增加均衡器使得循环前缀长度减小，即通过增加系统的复杂性来换取提高频带利用率。

13.2 正交频分复用通信系统的实现

13.2.1 OFDM 信号的调制和解调

在 OFDM 系统中,每个 OFDM 符号都由多个经过调制的子载波叠加而成,每个子载波的调制可以自适应地选择多进制相移键控(MPSK)或者多进制正交幅度调制(MQAM),图 13.2 为 OFDM 调制解调的原理图。

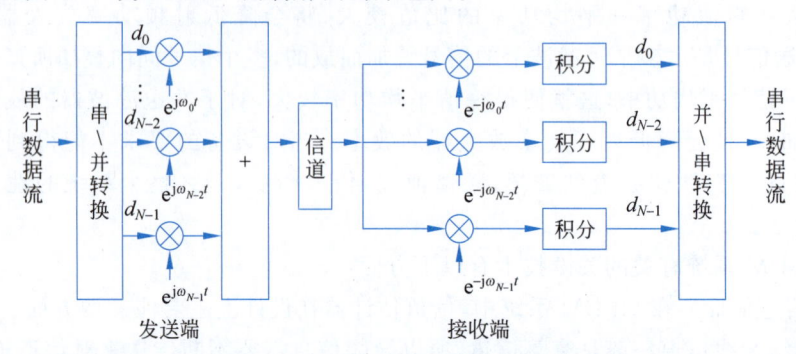

图 13.2　OFDM 调制解调的原理图

假设 OFDM 系统中有 N 个子信道,每个子信道采用的子载波为

$$x_k(t) = B_k\cos(2\pi f_k + \varphi_k), \quad k=0,1,2,\cdots,N-1 \tag{13.1}$$

式中:B_k 为第 k 路子载波的振幅;f_k 为第 k 路子载波的频率;φ_k 为第 k 路子载波的初始相位。

N 路子信号之和为

$$e(t) = \sum_{k=0}^{N-1} x_k(t) = \sum_{k=0}^{N-1} B_k\cos(2\pi f_k t + \varphi_k) \tag{13.2}$$

式(13.2)还可以写成复数形式,即

$$e(t) = \sum_{k=0}^{N-1} B_k e^{j(2\pi f_k t + \varphi_k)} \tag{13.3}$$

式中:B_k 为复数,表示第 k 路子信道中的复输入数据。

式(13.3)等号右边是复函数。实际中,物理信号 $e(t)$ 是实函数,所以输入的复数据 B_k 应该使得式(13.3)等号右边的虚部等于零。N 路子信道信号只有满足正交条件,才能在接收时能够完全分离。码元持续时间 T_B 内任意两个子载波正交条件为

$$\int_0^{T_B} \cos(2\pi f_k t + \varphi_k)\cos(2\pi f_i t + \varphi_i)\mathrm{d}t = 0 \tag{13.4}$$

利用三角公式,上式可改写为

$$\int_0^{T_B} \cos(2\pi f_k t + \varphi_k)\cos(2\pi f_i t + \varphi_i)\mathrm{d}t$$

$$= \frac{1}{2}\int_0^{T_B} \cos[2\pi(f_k - f_i)t + \varphi_k - \varphi_i]\mathrm{d}t +$$

$$\frac{1}{2}\int_0^{T_B}\cos[2\pi(f_k+f_i)t+\varphi_k+\varphi_i]\mathrm{d}t=0 \tag{13.5}$$

令式(13.5)等于 0 的条件为

$$(f_k+f_i)T_B=m,\quad (f_k-f_i)T_B=n \tag{13.6}$$

式中：m 和 n 均为整数，并且 φ_k 和 φ_i 可以取得任意值。

由式(13.6)可以得出

$$f_k=(m+n)/2T_B,\quad f_i=(m-n)/2T_B \tag{13.7}$$

即子载频满足

$$f_k=k/2T_B \tag{13.8}$$

式中：k 为整数。

子载频间隔为

$$\Delta f=f_k-f_i=n/T_B \tag{13.9}$$

所以最小子载频间隔为

$$\Delta f_{\min}=1/T_B \tag{13.10}$$

现在来观察 OFDM 在频域上的特点。

假设在一个子信道中，子载波的频率为 f_B、码元持续时间为 T_B，此码元的波形与其频谱密度如图 13.3 所示。

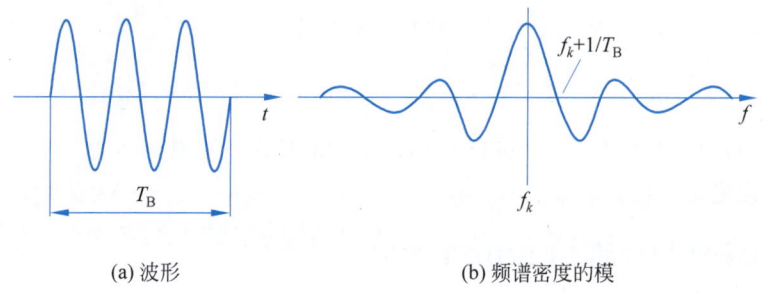

(a) 波形　　　　　　　(b) 频谱密度的模

图 13.3　子载波码元波形和频谱

相邻子载波的频率间隔和最小容许间隔相等，即

$$\Delta f=1/T_B \tag{13.11}$$

各个子载波合成之后的频谱密度如图 13.4 所示。虽然各个子载波频谱之间有互相重叠的部分，但是在一个码元持续时间内它们之间都是相互正交的，利用这种正交特性，接收端可以将各路载波分隔开来。OFDM 正是利用了这样密集的子载频，并且子载波之间无须保护间隔，提高了频带利用率。在子载波受到调制时，若采用了 BPSK、QPSK、16QAM 等类调制，各路频谱只有幅度和相位发生变化，位置和形状都不会发生改变，始终保持其正交性。各路子载波可以根据其所处频段的信道特性不同采用不同的调制，随信道特性的变化而改变，具有很大的灵活性。

现在具体分析 OFDM 系统的频带利用率。设 OFDM 系统中有 N 路子载波，每路子载波均采用 M 进制调制，子信道码元持续时间为 T_B，则此 OFDM 系统所占用的带宽为

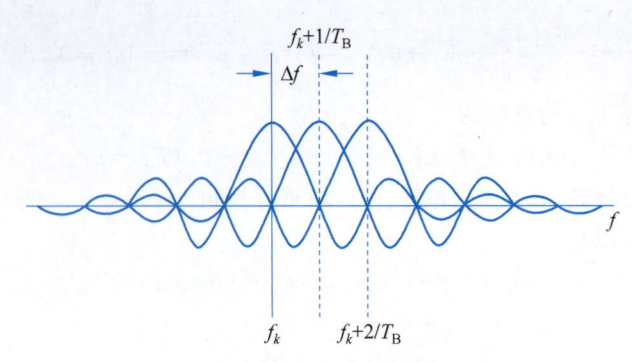

图 13.4 多路子载波频谱

$$B_{\text{OFDM}} = \frac{N+1}{T_B} \quad (\text{Hz}) \tag{13.12}$$

频带利用率等于单位带宽传输的比特率,即

$$\eta_{\text{b/OFDM}} = \frac{N\log_2 M}{T_B} \cdot \frac{1}{B_{\text{OFDM}}} = \frac{N}{N+1}\log_2 M \quad (\text{b/(s·Hz)}) \tag{13.13}$$

当 N 很大时,有

$$\eta_{\text{b/OFDM}} \approx \log_2 M \quad (\text{b/(s·Hz)}) \tag{13.14}$$

在得到相同传输速率的前提下,若采用单个载波的 M 进制码元传输,则码元持续时间会缩短为 T_B/N,占用带宽变为 $2N/T_B$,故频带利用率为

$$\eta_{\text{b/M}} = \frac{N\log_2 M}{T_B} \cdot \frac{T_B}{2N} = \frac{1}{2}\log_2 M \quad (\text{b/(s·Hz)}) \tag{13.15}$$

通过比较式(13.14)和式(13.15)可以看出,OFDM 系统与单载波调制系统相比,频带利用率大约可以增至 2 倍。

13.2.2 OFDM 信号的 DFT/IDFT 实现

传统的频分多路复用方法将频带分成若干不相交的子频道来并行传输,而 OFDM 信号表示式的形式与离散傅里叶逆变换(IDFT)式相同,故可以通过计算 IDFT 和 DFT 的方法进行调制和解调。

首先回顾离散傅里叶变换(DFT)公式,时间信号 $s(t)$ 的采样函数为 $s(k)$($k=0,1,2,\cdots,N-1$),则 $s(k)$ 的离散傅里叶变换为

$$S(n) = \frac{1}{\sqrt{K}}\sum_{k=0}^{K-1}s(k)\text{e}^{-\text{j}(2\pi/K)nk}, \quad n=0,1,2,\cdots,K-1 \tag{13.16}$$

其离散傅里叶逆变换为

$$s(k) = \frac{1}{\sqrt{K}}\sum_{n=0}^{K-1}S(n)\text{e}^{\text{j}(2\pi/K)nk}, \quad k=0,1,2,\cdots,K-1 \tag{13.17}$$

故当 OFDM 信号中的 $\varphi_k = 0$ 时,式(13.3)可写为

$$e(t) = \sum_{k=0}^{N-1} B_k \text{e}^{\text{j}2\pi f_k t} \tag{13.18}$$

若信号采样函数 $s(k)$ 是实函数,则其 K 点 DFT 的值 $S(n)$ 一定满足对称性条件:
$$S(K-k)=S^*(k), \quad k=0,1,2,\cdots,K-1 \tag{13.19}$$
式中:$S^*(k)$ 为 $S(k)$ 的复共轭。

式(13.17)和式(13.18)形式上很相像,当暂时不考虑两式常数因子和求和因子的不同时,可以将 K 路 OFDM 并行信号子信道中的信号码元取值为 B_k,当作式(13.17)中的 K 个离散值 $S(n)$。也就是说可以用计算 IDFT 的方法来获得 OFDM 信号。通过 N 点的 IDFT 运算可以把频域数据符号式变换成时域的信号 $s(k)$,再经过载波调制发送到无线信道中,然后接收端对接收信号进行相干解调,最后将基带信号进行 N 点 DFT 运算,恢复发送数据。实际系统中,由于 DFT/IDFT 有快速算法 FFT/IFFT,因此可采用运算效率更高的 FFT/IFFT 来代替,以显著降低运算的复杂度。

下面给出这个问题的具体计算过程。设 OFDM 系统输入的信号是串行的二进制码元,每个码元持续时间为 T_b,可以将此码元序列分为帧,每帧中有 F 个码元,即有 F 比特。之后可以将此 F 比特分成不同的组,每组比特数可以不同,如图 13.5 所示。

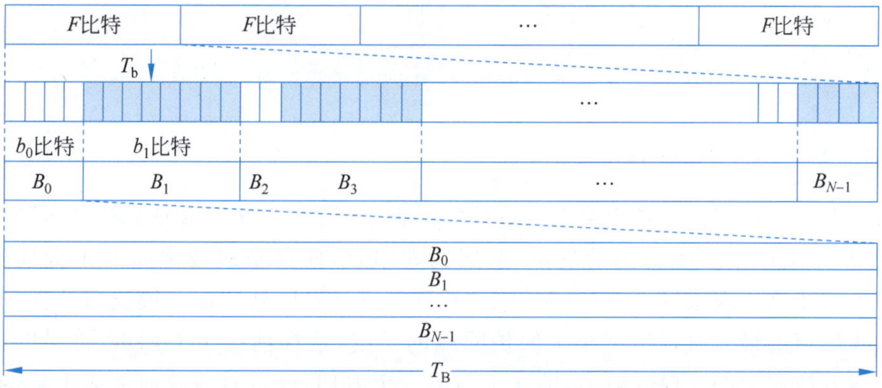

图 13.5 码元分组

每组中 b_i 比特可以看成 M_i 进制的码元 B_i,并且经过串/并转换后 F 个串行的码元 b_i 转将会变为 N 个并行码元 B_i,此时各路并行的码元 B_i 持续时间均为 $T_B=F \cdot T_b$,但是码元 B_i 所包含的比特数是不同的,所以各个码元 B_i 要进行各自不同 MQAM 调制。为了使用 IDFT 方法实现 OFDM 信号,首先令 OFDM 的最低子载波频率为 0,来满足式(13.17)等号右边第一项的指数因子为 1,之后可以用上变频的方法将 OFDM 信号频谱搬移到指定高频上去,从而得到已调信号最终频率位置。

之后,令 $K=2N$,使得 IDFT 项数等于子信道 N 的 2 倍,并利用式(13.19)的对称性条件,由 N 个并行复数码元序列 $\{B_i\}(i=0,1,2,\cdots,N-1)$,生成 $K=2N$ 个等效的复数码元序列 $\{B'_n\}(n=0,1,2,\cdots,2N-1)$,令 $\{B'_n\}$ 中的元素:

$$B'_{K-n-1}=B_n^*, \quad n=1,2,\cdots,N-1 \tag{13.20}$$

$$B'_{K-n-1}=B_{K-n-1}, \quad n=N,N+1,N+2,\cdots,2N-2 \tag{13.21}$$

$$B'_0=\text{Re}(B_0) \tag{13.22}$$

$$B'_{K-1}=B'_{2N-1}=\text{Im}(B_0) \tag{13.23}$$

将用这种方法生成的新码元序列$\{B'_n\}$作为$S(n)$,代入式(13.17)中,得到

$$e(k) = \frac{1}{\sqrt{K}}\sum_{n=0}^{K-1} B'_n \mathrm{e}^{\mathrm{j}(2\pi/K)nk}, \quad k=0,1,2,\cdots,K-1 \tag{13.24}$$

式中:$e(k)=e(kT_B/K)$,相当于 OFDM 信号 $e(t)$ 的采样值,所以 $e(t)$ 可以表示为

$$e(t) = \frac{1}{\sqrt{K}}\sum_{n=0}^{K-1} B'_n \mathrm{e}^{\mathrm{j}(2\pi/T_B)nt}, \quad 0 \leqslant t \leqslant T_B \tag{13.25}$$

子载波频率 $f_k=n/T_B(n=0,1,2,\cdots,N-1)$。

式(13.24)中的离散采样信号 $e(k)$ 经过 D/A 转换后就可以得到式(13.25)的 OFDM 信号 $e(t)$,具体实现过程如图 13.6 所示。

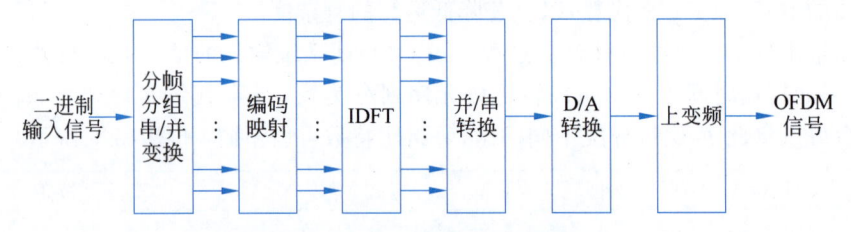

图 13.6 OFDM 的 IDFT 实现原理图

13.2.3 保护间隔与循环前缀

由于电磁波在传播路径中会遇到各种障碍物,发送端的发送信号会经过多种路径到达接收端,从而产生多径时延的现象,造成码间串扰,使得子载波之间的正交性遭到破坏。为了防止这一现象发生,可以在每个 OFDM 符号末尾处增加一段空白的保护间隔,要求无线信道的最大时延扩展小于保护间隔的长度,这样前一个 OFDM 符号的多径分量就会落入所添加的空白间隔内,消除了与下一个 OFDM 符号混叠而造成干扰的可能,如图 13.7 所示。

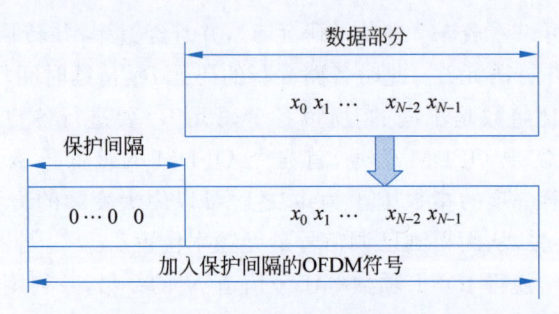

图 13.7 加入保护间隔的 OFDM 符号

虽然添加空白的保护间隔防止了符号间的干扰,但是在接收端子载波之间不再严格正交,子载波之间会产生干扰,如图 13.8 所示。

在一个 FFT 时间长度内,子载波 1 和子载波 2 之间不再相差整数个周期,当接收端对子载波 1 进行解调时,就会受到子载波 2 的干扰产生判决误差,无法恢复出原有的数据。

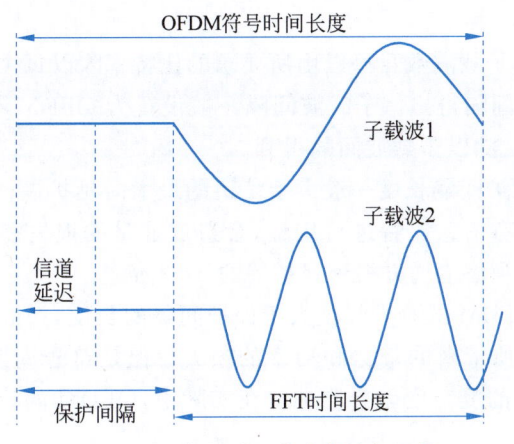

图 13.8　多径时延产生载波间干扰

为了不引入子载波之间的干扰,同时也要解决符号间的干扰。1980 年,Peled 和 Ruix 提出循环前缀概念,即将每个 OFDM 符号末尾处的部分数据点复制到符号最前端,形成循环前缀,如图 13.9 所示。

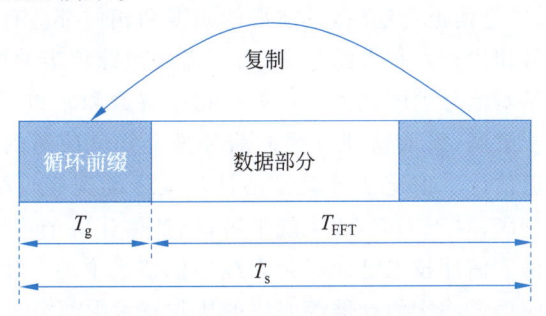

图 13.9　加入循环前缀的 OFDM 符号

循环前缀的长度是由最大多径时延扩展决定的,循环前缀的长度要大于最大多径时延扩展。假设一个 OFDM 符号的周期为 T_{FFT},加入的循环前缀长度为 T_g,则一个 OFDM 符号的周期扩展为

$$T_s = T_{FFT} + T_g \tag{13.26}$$

在接收端抽样开始时刻 T_x 需要满足

$$\tau_{max} < T_x < T_g \tag{13.27}$$

式中:τ_{max} 为多径信道的最大时延扩展。

由于前一个符号的干扰只存在[0,τ_{max}]时间段之内,故不会产生相应的码间干扰。同时,在 FFT 运算时间之中,每个 OFDM 所包含的子载波个数也为整数,保证了子载波之间的正交性。

13.2.4　OFDM 系统参数的选择

在 OFDM 系统中需要选择带宽、比特率、时延扩展、保护间隔、符号周期、子载波数目等。在系统设计时,需要综合考虑各方面的需求,来进行权衡选择。比较重要的

OFDM系统参数如下：

（1）子载波数目：子载波数目可以由所要求的比特率除以每个子信道中的比特率来确定，也可以由子载波间隔得出。子载波间隔一般设置为OFDM符号持续时间的倒数，子载波数目可以由3dB除以子载波间隔得到。

（2）保护间隔：保护间隔长度一般大于信道的最大时延扩展；但是保护间隔不能过长，因为保护间隔中没有信息比特进行传输，会造成能量的损失和频谱资源的浪费。在实际中，保护间隔一般为信道均方根延迟扩展的2~4倍。

（3）符号周期：OFDM的符号长度大于保护间隔的长度，一般要求符号周期尽量大一些，以减少保护间隔所带来的带宽和功率的损失。但是符号周期越大，所需要的子载波数目就会越多，计算的复杂度就会增加。在实际中，OFDM的符号周期一般是保护间隔的5~6倍。

OFDM系统中各个参数之间是相互影响的，实际进行设计的时候应该综合考虑。

13.3 基于FFT的正交频分复用频率信道估计算法

无线通信中，信号经过信道传输后，其波形的幅度和相位都会有很大的变化，接收端恢复出的信号与原信号相比存在很大的失真，所以需要跟踪信道响应的变化对接收到的信号进行校正。接收端对信号的解调方式一般有相干解调和非相干解调，在实际的移动通信系统中常采用相干解调，采取这种方式的前提是要知道信道的状态信息，故在相干解调之前需要进行信道估计。信道估计就是估计从发送端到接收端之间无线通信链路的时域或者频域冲激响应，对于OFDM系统来讲，就是估计每个符号或者每个子载波的时域或者频域响应。信道估计技术已经成为无线通信技术中的一项关键技术，最大似然检测、分集接收、自适应信道均衡估计器等先进的接收技术中都需要用到信道估计。

OFDM信道估计技术可以分为盲信道估计和非盲信道估计。盲信道估计要求大量数据，需要利用接收信号的统计特性来进行信道估计。虽然盲信道估计不需要额外的辅助导频信息且传输效率较高，但是其运算量较大，收敛速度较慢，在快衰落信道下性能会下降很多，影响了其在实际中的应用。

非盲信道估计中又包含基于判决反馈信道估计和导频辅助信道估计。基于判决反馈的信道估计是利用已知的通过判决产生的反馈信息来进行信道估计的方法，这种方法虽然简单，但是也存在着问题，当信道变化缓慢时，利用前一个符号来估计当前的信道可以达到理想的性能，当信道变化比较剧烈时，利用前一个符号来估计当前的信道会产生巨大的偏差，得到估计的结果也不太准确。故基于判决反馈的信道估计方法不适用于快衰落信道之中。

基于导频的信道估计方法是在发送端的适当位置插入导频信号，接收端利用接收到的导频符号来估计导频信道的信息，之后再利用插值算法获取整个信道的信息。这种方法复杂度低，性能优越，逐渐成为信道估计中的热门方向。在选择这种方法进行信道估计时，通常需要考虑三方面：一是根据信道的特点选择合适的导频结构；二是设计出既能对导频信道做出估计又具有较低复杂度的信道估计器；三是利用估计出的导频信道信息经过合适的插值算法得到数据信道信息的估计值,从而对数据子载波上接收到的信号进行均衡,正确解调恢复出原始的发送数据。

13.3.1 无线信道特征

在无线通信中,发射信号在传播过程中经常会受到环境中各种物体所引起的吸收、遮挡、反射、折射等的影响,最终会形成多条路径分量到达接收设备。不同路径的信号分量具有不同的传播时延、相位和振幅并且会附加有信道噪声,这些信号分量叠加导致严重的衰落。衰落会导致有用信号的功率降低,使得接收设备所接收到的信号产生严重的失真、波形展宽和畸变,甚至会造成通信系统解调器输出出现大量的差错,以至于不能通信。

同时,如果接收设备或者发送设备处于移动状态或者信道特性随时间发生变化,所接收的信号由于多普勒频移会产生更为严重的失真。一般来讲,无线信道对信号的影响主要分成三类。

(1) 路径损耗:也称为大尺度衰落,一般用来描述大尺度区间范围内(数百或数千米)接收信号强度随发送端和接收端之间的距离变化而改变的特性。

(2) 阴影衰落:也称为中尺度衰落,用来表示传播环境的地形起伏、建筑物和其他障碍物对电波阻塞或屏蔽而引起的衰落。

(3) 多径衰落:也称为小尺度衰落,用来描述在数个或数十个波长的小尺度区间内,接收信号场强的瞬时值快速变化的特性。

大尺度衰落和阴影衰落主要影响的是无线区域的覆盖,发送信号在这两种衰落中变化缓慢,也称为慢衰落,主要通过对接收设备合理设计来消除这种影响。而小尺度衰落由于发送信号在较短路径长度或者传播时间上变化非常迅速,也称为快衰落。

1. 无线信道的多径衰落

无线信道接收设备接收到的信号是通过不同的直射、反射等路径到达的,即多径传播。由于各个路径上的信号到达时间和相位都不相同,不同相位的信号在接收端进行叠加,同向叠加会使得信号幅度加强,反向叠加使得信号幅度削弱,从而产生多径衰落,造成时间的弥散性。

发射信号到达接收天线所经历的传播路径不同,故具有不同的时间延迟。最大的时延扩展是第一个到达接收天线的信号分量和最后到达的信号分量之间的时间差。

在频域内,与时延扩展相关的另一个重要概念是相干带宽,实际应用中,可以用最大时延扩展的倒数来定义相干带宽,即

$$B = \frac{1}{\tau_{\max}} \tag{13.28}$$

当信号带宽大于相干带宽时,接收信号产生频率选择性衰落;当信号带宽小于信道的相干带宽时,接收信号产生的是平坦性衰落。

2. 无线信道的时变性及多普勒频移

时延扩展和相干带宽只是描述了无线信道的时间色散特性,却不能描述出无线信道

的时变性。无线信道的时变性是发射机与接收机之间的相对运动或者信道之中其他物体的运动引起的,用来描述无线信道这一特性的两个重要参数是多普勒频移和相干时间。

当移动台在运动中进行通信时,接收信号频率会发生变化,这种现象称为多普勒效应。多普勒效应会导致频率偏移,这个频移称为多普勒频移。当移动台以速度 v 移动,并且其运动方向和入射波的夹角为 θ 时,多普勒频移可表示为

$$f_d = \frac{v}{\lambda}\cos\theta = \frac{vf_c}{c}\cos\theta = f_m\cos\theta \tag{13.29}$$

式中:λ 为载波波长;f_c 为载波频率;c 为光速;f_m 为最大多普勒频移。

由式(13.29)可以看出,多普勒频移与移动台速度和载波频率成正比。当移动台背向入射波运动时,多普勒频移为负,移动台接收信号频率会减小;当移动台向入射波方向移动时,多普勒频移为正,移动台接收到信号频率会增加。单一频率信号 f_0 到达接收端时,由于存在多普勒频移,频率不再是位于频率轴 f_0 处的单一信号,而是分布在 $(f_0 - f_m, f_0 + f_m)$ 内,存在一定宽度的频谱,多普勒频移造成信道是时变的。

相干时间为

$$T_c \approx \frac{1}{f_m} \tag{13.30}$$

相干时间是指一段时间内两个信号具有很强的幅度相关性。当符号的时间宽度大于无线信道的相干时间时,信号的波形就可能发生变化,产生时间选择性衰落,即快衰落;当符号的宽度小于相干时间时,信号波形不会发生畸变,产生非时间选择性衰落,即慢衰落。

小尺度衰落信道各类型总结如表 13.1 所示。

表 13.1 小尺度衰落信道各类型总结

多径时延扩展		多普勒频移扩展	
平坦衰落	频率选择性衰落	快衰落	慢衰落
$B_s < B_c$	$B_s > B_c$	$B_s < B_d$	$B_s > B_d$
$T_s > \sigma_\tau$	$T_s < \sigma_\tau$	$T_s > T_c$	$T_s < T_c$

注:B_s 为信号带宽;T_s 为信号周期;σ_τ 为时延扩展;B_c 为相干带宽;B_d 为多普勒频移扩展;T_c 为相干时间。

3. 无线多径信道模型

1) 加性高斯白噪声信道模型

加性高斯白噪声信道模型是一种理想模型,如图 13.10 所示。

图 13.10 加性高斯白噪声信道模型

输入信号 $x(t)$ 经过传输信道并且叠加高斯白噪声之后得到输出信号 $y(t)$,输出信号 $y(t)$ 的表达式为

$$y(t) = x(t) * h(t) + n(t) \tag{13.31}$$

式中:$h(t)$ 为信道时域冲激响应;$n(t)$ 为加性高斯白噪声。

在此信道模型中,信道衰落的幅度 a 服从高斯分布,其概率密度函数为

$$p(a) = \frac{1}{\sqrt{2\pi}} e^{-\frac{a^2}{2}} \tag{13.32}$$

2) 瑞利多径衰落信道模型

瑞利多径衰落是指在多径传播过程中只有反射波的情况。每条路径上的到达波形都服从高斯分布且相互独立,相位在 $0 \sim 2\pi$ 均匀分布,那么这些多径信号叠加之后产生的信号波形幅度服从瑞利分布。瑞利多径信道模型如图 13.11 所示。

在瑞利多径衰落信道中,输入信号 $x(t)$ 经过传输信道之后得到的输出信号为

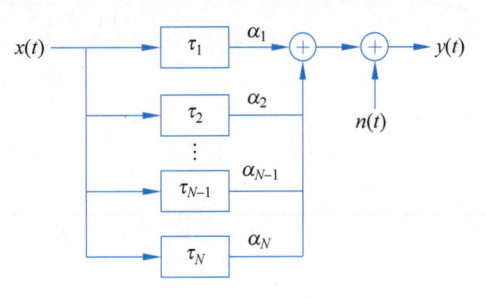

图 13.11 瑞利多径衰落信道模型

$$y(t) = \sum_{n=0}^{N-1} \alpha_n(t) x(t - \tau_n) + n(t) \tag{13.33}$$

瑞利分布概率密度函数为

$$p(r) = \frac{r}{\sigma^2} e^{-\frac{r^2}{2\sigma^2}} \tag{13.34}$$

瑞利分布的参数主要有多径数 N、衰落系数 $\{a_n\}$、各路延时 $\{\tau_n\}$ 以及白噪声功率。

3) 莱斯衰落信道模型

莱斯衰落信道中传播信号的多径之中存在一条直射波的传播路径,并且在此信道中的信号不服从均匀分布,包络服从莱斯分布。莱斯分布的概率密度函数为

$$p(r) = \frac{r}{\sigma^2} e^{-\frac{r^2 + a^2}{2\sigma^2}} I_0\left(\frac{2a}{\sigma^2}\right) \tag{13.35}$$

式中: a 为直射波的幅度; r 为衰落信号的包络; σ^2 为信号的方差; $I_0(\cdot)$ 为零阶贝塞尔函数。

13.3.2 基于时域训练序列的信道估计算法

对于 OFDM 系统,传输信号通常都是由帧组成的,每帧又分为若干 OFDM 符号,包括训练符号和传输数据符号,其中的训练符号用于估计系统的频率偏移和信道参数等信息。图 13.12 为 OFDM 时域信道估计方法原理框图。

信号在发送端首先经过调制之后,每隔一定数量的 OFDM 符号,插入一个长度为 L_p 的 m 序列 s,作为发送端时域信道估计的训练序列,经过信道发送出去。

m 序列又称为最大长度移位寄存器序列,是自相关性很好的二进制序列,如果 m 序列的长度为 L_p,用 i 代表循环移位的位数,则一个周期内归一化自相关函数满足

$$C_p(i) = \begin{cases} 1, & i = 0 \\ -1/L_p, & 1 \leqslant i \leqslant L_p - 1 \end{cases} \tag{13.36}$$

由于系统同步是利用时域内的训练序列完成的,因此可以利用这些信息进行信道估

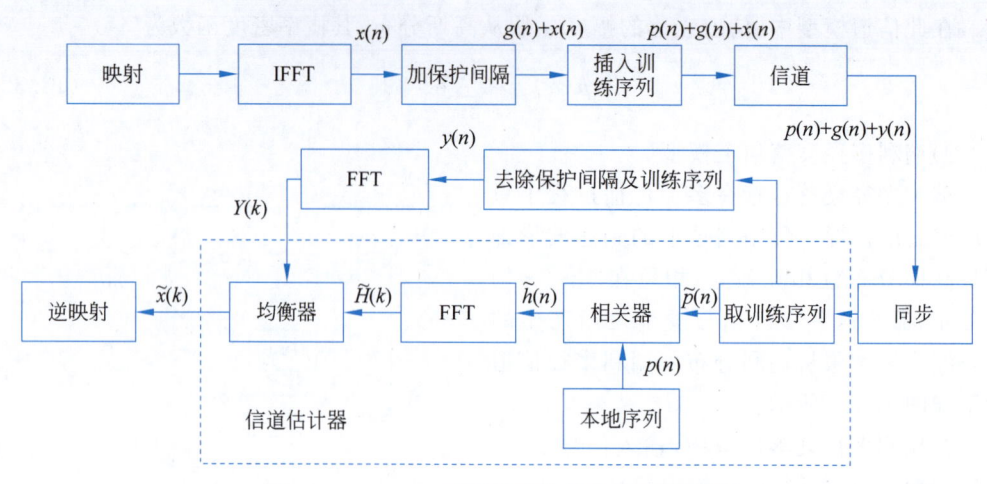

图 13.12　OFDM 时域信道估计方法原理框图

计,而无须在频域额外插入导频,这样就可以大大地提高系统的频带利用率。下面简要说明算法实现过程。

在接收端同步完成之后,首先取出训练序列记为

$$\hat{p}(n) = p(n) * h(n) \tag{13.37}$$

将 $\hat{p}(n)$ 和本地存储的 m 序列 $p(n)$ 做互相关运算,即

$$\hat{p}(n) \otimes p(n) = [\hat{p}(n) * h(n)] \otimes p(n) = [\hat{p}(n) \otimes p(n)] * h(n) \tag{13.38}$$

由于已知 m 序列的自相关函数可以近似地看作常数 R,所以可得

$$R * h(n) = [\hat{p}(n) \otimes p(n)] \tag{13.39}$$

为了减少噪声对信道估计的影响,可以丢弃时域冲激响应 $\tilde{h}(n)$ 中较小的估计值,其作用相当于时域滤波。然后做 FFT,得到 $\tilde{H}(k)$,$y(n)$ 经过 FFT 之后,得到 $Y(k) = \tilde{X}(k)\tilde{H}(k)$,所以

$$\tilde{X}(k) = Y(k)H(k)^{-1} \tag{13.40}$$

$\tilde{X}(k)$ 即为均衡后的数据。

13.3.3　基于导频的 OFDM 频域信道估计算法

图 13.13 给出了 OFDM 频域信道估计原理框图。

首先二进制信息进入信号映射器中进行分组和映射,之后将导频信号均匀插入具有特定周期的所有子载波中。IDFT 模块将把长度为 N 的数据序列 $\{X(K)\}$ 转换为时间信号 $\{x(n)\}$:

$$x(n) = \text{IDFT}\{X(k)\} = \sum_{k=0}^{N-1} X(k) e^{j2\pi kn/N}, \quad n = 0,1,2,\cdots,N-1 \tag{13.41}$$

在 IDFT 模块之后,插入保护间隔用来防止符号间串扰,最终得到的 OFDM 符号结果如下:

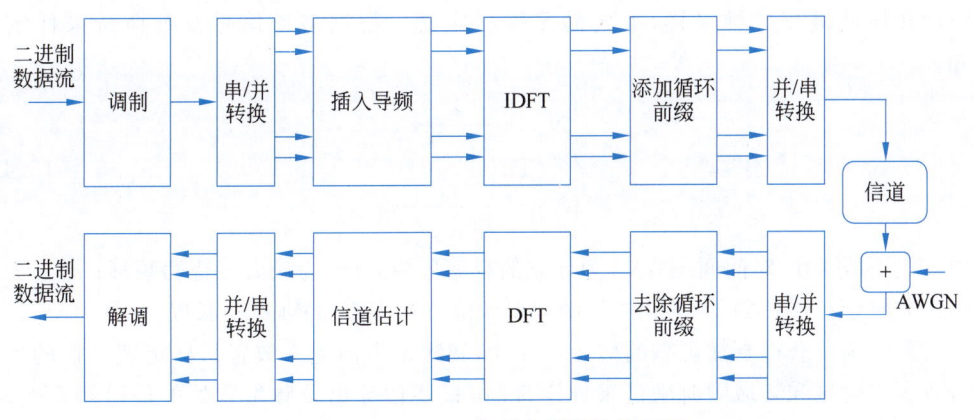

```
二进制                              插入导频      IDFT      添加循环      并/串
数据流  → 调制 → 串/并转换 →               →         →  前缀    → 转换
                                                                          ↓
                                                                         信道
                                                                          ↓
二进制                              信道估计     DFT       去除循环     串/并
数据流  ← 解调 ← 并/串转换 ←               ←         ←  前缀    ← 转换  ← ⊕ ← AWGN
```

图 13.13 OFDM 频域信道估计原理图

$$x_f(n) = \begin{cases} x(N+n), & n = -N_g, -N_g+1, \cdots, -1 \\ x(n), & n = 0, 1, \cdots, N-1 \end{cases} \tag{13.42}$$

式中：N_g 为保护间隔的长度。传输的信号 $x_f(n)$ 经过频率选择性衰落信道后会被附加上额外的高斯白噪声。接收到的信号如下：

$$y_f(n) = x_f(n) \otimes h(n) + w(n) \tag{13.43}$$

式中：$h(n)$ 为信道的冲激响应，可以表示为

$$h(n) = \sum_{i=0}^{r-1} h_i e^{j(2\pi/N)f_{D_i}T_n} \delta(\lambda - \tau_i), \quad 0 \leq n \leq N-1 \tag{13.44}$$

在接收端，把接收到的串行数据流进行串/并转换，并去掉循环前缀，再对该时域采样序列进行 DFT，得到频域的信号：

$$y_f(n), \quad -N_g \leq n \leq N-1 \tag{13.45a}$$
$$y(n) = y_f(n+N_g), \quad n = 0, 1, \cdots, N-1 \tag{13.45b}$$
$$Y(k) = \text{DFT}\{y(n)\} = \frac{1}{N}\sum_{n=0}^{N-1} y(n) e^{-j(2\pi kn/N)}, \quad k = 0, 1, 2, \cdots, N-1 \tag{13.45c}$$

接下来利用已知的导频序列进行信道估计，在不考虑符号间干扰和子载波间干扰的情况下，无线信道系统模型可以表示如下：

$$Y_p = X_p H + W_p \tag{13.46}$$

式中：X_p 为发送的已知导频信号；Y_p 为接收端接收到的导频信号；W_p 为导频子信道上叠加的高斯白噪声；H 为导频信道处的频率响应值。最后再进行并/串变换，解调得到输出序列。

13.3.4 导频结构的选择

在设计导频时要考虑导频的密度和导频的图案，不同的导频结构对信道估计的精度和性能都有很大的影响。在设计导频时要注意导频间隔的选取：一方面导频间隔应选取得大一些，这样可以提高系统的传输效率和频带利用率；另一方面导频间隔应选取得小一些，这样就可以很好地跟踪信道的变化。导频符号在进行传输时可以看成对随机信号

的时域和频域进行二维采样,故要满足采样定理。根据多维信号奈奎斯特采样定理可知:

$$\begin{cases} N_t \leq \dfrac{1}{2f_m T} \\ N_f \leq \dfrac{1}{2\tau_{max}\Delta f} \end{cases} \tag{13.47}$$

式中:N_t 为导频的时间间隔;N_f 为导频的频率间隔;f_m 为最大多普勒频移;τ_{max} 为信道的最大时延扩展;Δf 为子载波间的频率间隔;T 为 OFDM 符号长度。

实际中为了获得更加可靠的估计,在时间和频率方向通常放置采样定理 2 倍的导频符号数。当时域和频域同时满足采样定理时,只要估计出导频位置处的信道频率响应,通过插值运算就可以获得所有数据位置的信道估计值。

OFDM 符号中包含时域和频域二维信息,导频既可以在时间或者频率进行一维插入,也可以在时间和频率进行二维插入。常见的一维导频图案有块状导频和梳状导频,二维导频图案有矩形导频等。一维导频的插入方式只注重了时间选择性或者频率选择性,而二维导频插入方式就很好地兼顾了时间选择性和频率选择性。

图 13.14 为块状导频结构,黑色的圆代表导频信息,灰色的圆代表数据信息。块状导频结构的特点是根据导频间隔,在特定的 OFDM 符号的所有子载波上插入导频符号,其余位置用于传输有用的数据信息。由于块状导频符号在时间轴上是离散等间隔分布的且满足时域抽样定理,而在频率轴上是连续分布的,因此它对频率选择性不太敏感,这种导频结构适用于一些慢衰落信道。

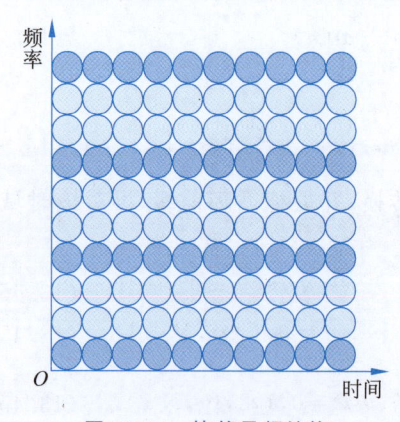

图 13.14 块状导频结构

图 13.15 是梳状导频结构,黑色圆与灰色圆的含义同上。梳状导频的特点是导频符号根据导频间隔的选取,均匀地插在特定子载波的所有 OFDM 符号位置处,其余位置用于传输有用信息。这种间隔的选择满足频域采样定理。在时域上看,特定子载波上面的导频是连续的,没有导频的子载波信道特性估计,只能借助有导频的子载波信道进行频域插值算法来得到。梳状导频结构对时间选择性衰落较为敏感,可以消除快衰落信道对系统的影响,更适用于平坦衰落信道。

如图 13.16 是矩形导频结构,黑色圆与灰色圆的含义同上。它是一种二维导频结构,矩形导频结合了块状导频结构和梳状导频结构的优点。根据导频间隔的选取,矩形导频在时间轴和频率轴两个方向上均匀等间隔分布,充分利用了时频域的二维信息,所以能更好地反映出信道的特征。矩形导频结构对快衰落信道和频率选择性信道都有一定的适应能力,且所需的导频数目较少,提高了频带的利用率,一般情况下二维导频信道估计方法性能更优越。但是,因为要同时实现时域和频域采样过程,二维导频结构应用的复杂度高出一维导频结构复杂度很多,所以在间隔选择上一般会让 N_t 和 N_f 比较大。

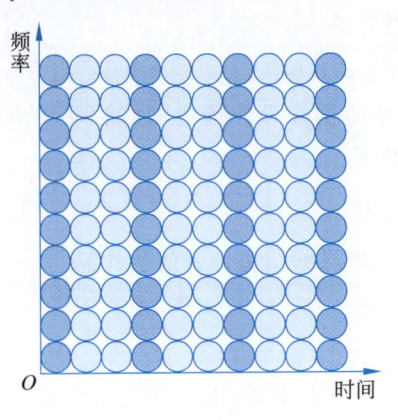

图 13.15　梳状导频结构

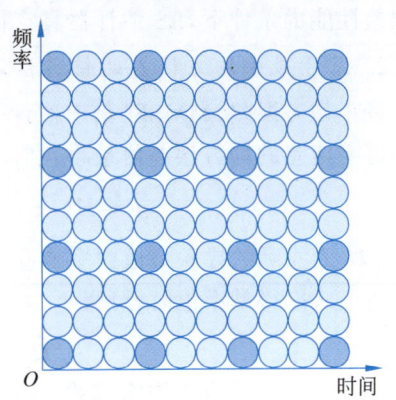

图 13.16　矩形导频结构

13.3.5　导频位置处的信道估计

1. 基于最小二乘的信道估计

最小二乘(LS)的信道估计算法,假设代价函数如下:

$$J = (\boldsymbol{Y}_p - \hat{\boldsymbol{Y}}_p)^H (\boldsymbol{Y}_p - \hat{\boldsymbol{Y}}_p) = (\boldsymbol{Y}_p - \boldsymbol{X}_p \hat{\boldsymbol{H}}_{LS})^H (\boldsymbol{Y}_p - \boldsymbol{X}_p \hat{\boldsymbol{H}}_{LS}) \quad (13.48)$$

式中:$\boldsymbol{X}_p$ 为发送的已知导频信号;$\boldsymbol{Y}_p$ 为接收端接收到的导频信号;$\hat{\boldsymbol{Y}}_p$ 为经过信道估计后得到的导频信号的输出;$\hat{\boldsymbol{H}}_{LS}$ 为导频信道响应 H 的估计值,LS 准则的目的就是求得使上述代价函数式取得最小值时 $\hat{\boldsymbol{H}}_{LS}$ 的取值。

对 J 求关于 $\hat{\boldsymbol{H}}_{LS}$ 的偏导数,并将所求的偏导数置为零,可得

$$\frac{\partial J}{\partial \hat{\boldsymbol{H}}_{LS}} = \frac{\partial}{\partial \hat{\boldsymbol{H}}_{LS}} ([\boldsymbol{Y}_p - \boldsymbol{X}_p \hat{\boldsymbol{H}}_{LS}]^H [\boldsymbol{Y}_p - \boldsymbol{X}_p \hat{\boldsymbol{H}}_{LS}])$$

$$= -2\boldsymbol{X}_p^T [\boldsymbol{Y}_p - \boldsymbol{X}_p \hat{\boldsymbol{H}}_{LS}] = 0 \quad (13.49)$$

对上式求解可得出 LS 的导频信道的频率响应 H 的估计值 $\hat{\boldsymbol{H}}_{LS}$,即

$$\hat{\boldsymbol{H}}_{LS} = \boldsymbol{X}_p^{-1} \boldsymbol{Y}_p \quad (13.50)$$

将式(13.46)代入式(13.50),可得

$$\hat{\boldsymbol{H}}_{LS} = \boldsymbol{X}_p^{-1} \boldsymbol{Y}_p = \boldsymbol{X}_p^{-1} (\boldsymbol{X}_p \boldsymbol{H} + \boldsymbol{W}_p) = \boldsymbol{H} + \boldsymbol{X}_p^{-1} \boldsymbol{W}_p \quad (13.51)$$

式中:$\boldsymbol{W}_p$ 为高斯白噪声。

由此得到信道估计的期望值为

$$E\{\hat{\boldsymbol{H}}_{LS}\} = E\{\boldsymbol{X}_p^{-1} \boldsymbol{Y}_p\} = E\{\boldsymbol{H} + \boldsymbol{X}_p^{-1} \boldsymbol{W}_p\} = \boldsymbol{H} \quad (13.52)$$

通过式(13.52)可以看出,LS 估计是无偏的信道估计。LS 准则的最大优点就是原理简单,易于实现,计算量小,只需要将导频位置处的接收信号除以相应位置的发送导频

信号就可以得到导频位置处的信道信息。但是,由于没有考虑信道噪声的影响,估计的精度受到了限制。当信道的噪声较大时,就会大大影响数据信道信息的估计。在保证一定误差性能的条件下,LS估计器具有很高的实用性。

2. 基于最小均方误差的信道估计

最小均方误差(MMSE)信道估计算法的目的是使实际导频信道响应和估计出的导频信道响应差的均方误差值最小。假设代价函数如下:

$$J = E\{|\varepsilon|^2\} = E\{|\boldsymbol{H} - \hat{\boldsymbol{H}}_{\text{MMSE}}|^2\} \tag{13.53}$$

式中:$\boldsymbol{H}$ 为实际的导频信道频率响应;$\hat{\boldsymbol{H}}_{\text{MMSE}}$ 为对应导频信道位置的估计值。

当上式取得最小值时,可得

$$\hat{\boldsymbol{H}}_{\text{MMSE}} = \boldsymbol{R}_{HY} \boldsymbol{R}_{YY}^{-1} \boldsymbol{Y}_{\text{p}} \tag{13.54}$$

式中:$\boldsymbol{R}_{HY}$ 为导频位置传输函数与所接收信号的互协方差矩阵;$\boldsymbol{R}_{YY}$ 为导频位置处接收信号的自协方差矩阵,具有

$$\boldsymbol{R}_{HY} = E(\boldsymbol{H}\boldsymbol{Y}_{\text{p}}^{\text{H}}) = \boldsymbol{R}_{HH} \boldsymbol{X}_{\text{p}}^{\text{H}} \tag{13.55}$$

$$\boldsymbol{R}_{YY} = E(\boldsymbol{Y}_{\text{p}} \boldsymbol{Y}_{\text{p}}^{\text{H}}) = \boldsymbol{X}_{\text{p}} \boldsymbol{R}_{HH} \boldsymbol{X}_{\text{p}}^{\text{H}} + \sigma_n^2 (\boldsymbol{X}_{\text{p}} \boldsymbol{X}_{\text{p}}^{\text{H}})^{-1} \tag{13.56}$$

其中:$\boldsymbol{R}_{HH}$ 为信道传输函数的自协方差矩阵;σ_n^2 为高斯白噪声的方差。

把 $\boldsymbol{R}_{HY}$ 和 $\boldsymbol{R}_{YY}$ 代入 $\hat{\boldsymbol{H}}_{\text{MMSE}}$,可得

$$\hat{\boldsymbol{H}}_{\text{MMSE}} = \boldsymbol{R}_{HH} (\boldsymbol{R}_{HH} + \sigma_n^2 (\boldsymbol{X}_{\text{p}}^{\text{H}} \boldsymbol{X}_{\text{p}})^{-1})^{-1} \boldsymbol{X}_{\text{p}}^{-1} \boldsymbol{Y}_{\text{p}} \tag{13.57}$$

把式(13.50)代入式(13.57),可得

$$\hat{\boldsymbol{H}}_{\text{MMSE}} = \boldsymbol{R}_{HH} (\boldsymbol{R}_{HH} + \sigma_n^2 (\boldsymbol{X}_{\text{p}} \boldsymbol{X}_{\text{p}}^{\text{H}})^{-1})^{-1} \hat{\boldsymbol{H}}_{\text{LS}} \tag{13.58}$$

将 $(\boldsymbol{X}_{\text{p}} \boldsymbol{X}_{\text{p}}^{h})^{-1}$ 用 $E\{(\boldsymbol{X}_{\text{p}} \boldsymbol{X}_{\text{p}}^{h})^{-1}\}$ 来代替,并且这种近似带来的损失可以几乎忽略不计。在等概率调制下,有

$$E\{(\boldsymbol{X}_{\text{p}} \boldsymbol{X}_{\text{p}}^{\text{H}})^{-1}\} = E\{|1/x_k^2|\} \boldsymbol{I} \tag{13.59}$$

式中:$\boldsymbol{I}$ 为单位阵。

平均信噪比为

$$\text{SNR} = E\{|x_k|^2\}/\sigma_n^2 \tag{13.60}$$

$$\beta = E\{|x_k|^2\}/E\{|1/x_k|^2\} \tag{13.61}$$

从而,MMSE公式可以进一步简化为

$$\hat{\boldsymbol{H}}_{\text{MMSE}} = \boldsymbol{R}_{HH} \left(\boldsymbol{R}_{HH} + \frac{\beta}{\text{SNR}} \boldsymbol{I}\right)^{-1} \hat{\boldsymbol{H}}_{\text{LS}} \tag{13.62}$$

MMSE算法估计的效果比LS算法要好,因为它在最优化求解时考虑了信道模型和加性噪声的影响。但是MMSE算法需要对矩阵进行求逆运算,当OFDM系统的子载波数目增大时,矩阵运算量也会变得很大,对硬件的要求会比较高,限制了其在实际中的应用。

3. 基于奇异值分解算法的信道估计

在实际系统中MMSE算法的复杂度过高,其应用受到了限制,为了降低MMSE算

法的复杂度,进一步提高信道估计的性能,一种方法是利用最佳低阶理论简化 MMSE,奇异值分解(SVD)算法就是通过对矩阵变换的低阶近似,降低了实现的复杂度。

信道冲激响应矩阵自相关函数的奇异值分解可以表示为

$$\boldsymbol{R}_{HH} = \boldsymbol{U}\boldsymbol{\Lambda}\boldsymbol{U}^{H} \tag{13.63}$$

式中: $\boldsymbol{U}$ 为奇异向量酉矩阵; $\boldsymbol{\Lambda}$ 为奇异值 $\lambda_1 \geqslant \lambda_2 \geqslant \cdots \geqslant \lambda_n$ 的对角矩阵。

把式(13.63)代入式(13.62),可得

$$\boldsymbol{H}_{SVD} = \boldsymbol{U}\boldsymbol{\Lambda}_P \boldsymbol{U}^{H} \hat{\boldsymbol{H}}_{LS} \tag{13.64}$$

式中: $\boldsymbol{\Lambda}_P$ 为对角矩阵,其对角上的元素为

$$\delta_k = \begin{cases} \dfrac{\lambda_k}{\lambda_k + \dfrac{\beta}{SNR}}, & k = 1, 2, \cdots, p \\ 0, & k = p+1, \cdots, N \end{cases} \tag{13.65}$$

可以看出,SVD 算法通过对自相关矩阵 $\boldsymbol{R}_{HH}$ 进行 SVD 分解,避免了求逆运算。基于 SVD 的低阶信道估计的实现框图如图 13.17 所示,可以把矩阵 $\boldsymbol{U}^H$ 当作一种变换,λ_k 可以认为是 $\boldsymbol{H}_{LS}$ 经过 $\boldsymbol{U}^H$ 变换得到的数据中所包含的信道能量。从这 N 个点中选取 P 个最大的点,认为这 P 个点中所包含的信道能量大于噪声,而对其余 $N-P$ 个信道能量小于噪声的点置为零,从而达到以较低阶数的估计器来平滑 $\hat{\boldsymbol{H}}_{LS}$ 的目的。

总的来说,SVD 算法首先要进行 LS 估计得到 $\hat{\boldsymbol{H}}_{LS}$,然后映射到阶数为 P 的子空间来进行滤波处理,其中 P 为信道的近似阶数,通常用循环前缀长度代替,从而得到信道估计的值。若子空间的维数较小,而且能够很好地描述信道的特性,则可以得到复杂度很低并且性能较好的估计器。

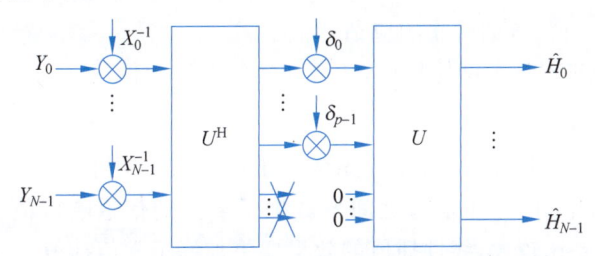

图 13.17 基于 SVD 的低阶信道估计的实现框图

13.3.6 插值算法

1. FFT 插值算法

基于导频的 OFDM 信道估计系统中,在得到了导频位置的频率响应估计值后,为了得到完整的信道响应,可以通过插值的方法来估计数据点处的信道信息。这里重点介绍 FFT 插值算法。

FFT 插值算法是一种快速有效的插值算法,它的基本思路是将导频位置处的频率响应估计值经过 IFFT 到时域,然后在时域进行补零处理,再通过 FFT 回频域,从而得到所

有数据位置处的信道响应估计值。这种方法利用了信号处理过程中在时域补零等效于在频域进行插值的原理来恢复出信道的频率响应。FFT 插值算法框图如图 13.18 所示。

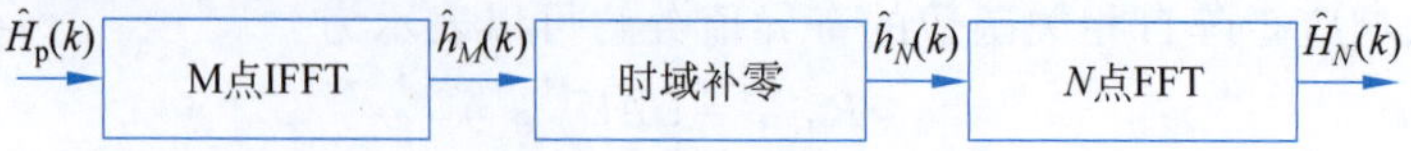

$$\hat{H}_p(k) \rightarrow \boxed{M\text{点IFFT}} \xrightarrow{\hat{h}_M(k)} \boxed{\text{时域补零}} \xrightarrow{\hat{h}_N(k)} \boxed{N\text{点FFT}} \rightarrow \hat{H}_N(k)$$

图 13.18　FFT 插值算法框图

首先得到导频位置处的频率响应估计值 $\hat{H}_p(k)(0 \leqslant k \leqslant M, M$ 为导频子载波的个数),对 $\hat{H}_p(k)$ 进行 IFFT 到时域,得到时域的冲激响应:

$$\hat{h}_p(n) = \frac{1}{M}\sum_{k=0}^{M-1}\hat{H}_p(k)\mathrm{e}^{\mathrm{j}2\pi\frac{k}{M}n}, \quad n=0,1,\cdots,M-1 \tag{13.66}$$

然后在信号中间或者尾部补零,如果在中间补零,可得

$$\hat{h}_N(n) = \begin{cases} \hat{h}_p(n), & 0 \leqslant n \leqslant M/2 \\ 0, & M/2 \leqslant n < N-M/2 \\ \hat{h}_p(n-N+M), & N-M/2 \leqslant n \leqslant N-1 \end{cases} \tag{13.67}$$

如果在尾部补零,可得

$$\hat{h}_N(n) = \begin{cases} \hat{h}_p(n), & n=0,1,\cdots,M-1 \\ 0, & n=M,M+1,\cdots,N-1 \end{cases} \tag{13.68}$$

这样就得到了 N 点的时域序列 $\hat{h}_N(n)$,再对 $\hat{h}_N(n)$ 进行 N 点 FFT,可得

$$\hat{H}_N(k) = \sum_{n=0}^{N-1}\hat{h}_N(n)\mathrm{e}^{-\mathrm{j}2\pi\frac{k}{N}n}, \quad k=0,1,\cdots,N-1 \tag{13.69}$$

式中:$\hat{H}_N(k)$ 为所有位置的频率响应估计值。

FFT 插值算法实现复杂度比较低,适合在实际系统中使用。

2. 常值插值算法

常值插值算法思路非常简单,即首先估计出前一个导频子载波的信道响应值,然后用其近似表示两个相邻的导频信道之间的数据子载波的信道响应值。这种算法虽然容易理解但是内插误差比较大,线性插值的效果要更加好于常值插值。

3. 线性插值算法

如果数据子信道在相邻的导频范围内的传输函数满足线性关系,就可以利用线性插值法进行线性内插。对于第 k 个子信道,$mL \leqslant k \leqslant (m+1)L$,那么应用线性插值得到的信道的频率响应为

$$\hat{H}(k) = \hat{H}(ml+L) = \left(1-\frac{l}{L}\right)\hat{H}_p(m) + \frac{l}{L}\hat{H}_p(m+1)$$

$$= \hat{H}_p(m) + \frac{l}{L}\hat{H}_p(m+1) - \hat{H}_p(m), \quad 0 \leqslant l \leqslant L \tag{13.70}$$

式中:L 为导频间隔;$\hat{H}_p(m)$ 为导频位置的频率响应;l 为数据子载波相符前一个相邻

导频的偏移量；$\hat{H}(k)$为相邻两个导频之间数据位置处的频率响应。

线性插值容易实现，复杂度较低，插值性能比较好，是一种在实际中应用比较广泛的算法。例如，二维插值算法就是分别在时域和频域中用到了两个级联的一维线性插值，达到了很好的效果。

4. 高斯插值算法

高斯插值算法也称为二阶线性插值算法，是利用相邻的前后三个连续的导频子载波进行插值得到的，表达式为

$$\hat{H}(k)=\hat{H}(mL+l)=C_1\hat{H}_p(m-1)+C_0\hat{H}_p(m)+C_{-1}\hat{H}_p(m+1) \quad (13.71)$$

C_1、C_0 和 C_{-1} 分别为

$$\begin{cases} C_1 = \dfrac{\alpha(\alpha-1)}{2} \\ C_0 = -(\alpha-1)(\alpha+1) \\ C_{-1} = \dfrac{\alpha(\alpha+1)}{2} \end{cases} \quad (13.72)$$

式中：m 为数据子载波相对于前一个相邻导频的偏移量，$0 \leqslant m \leqslant L$；$L$ 为导频间隔；k 是介于第 p 个导频和第 $p+1$ 个导频之间的数据位置，$pL \leqslant k \leqslant (p+1)L$；$p$ 为导频的相对位置，$p=1,2,\cdots,N_p-1$；N_p 是导频的个数。式中：$\alpha = \dfrac{m}{L}$。

由于内插时考虑了多个导频信号的传输函数，高斯内插的估计精度高于线性内插。

习题

1. 简要解释 OFDM 系统中循环前缀(CP)的作用，并说明在什么情况下需要调整其长度。

2. OFDM 系统为何能有效利用频谱资源，提升数据传输速率？简要阐述其优势。

3. 一个无线通信系统中信号的带宽 $B=1\text{MHz}$，信号的最大多普勒频移 $f_d=100\text{Hz}$，计算该信号的相干时间。

4. 一辆火车以 $v=80\text{m/s}$ 的速度驶向一个固定的信号发射器，发射信号的频率 $f_0=300\text{MHz}$，火车与发射器之间的夹角 $\theta=60°$，计算接收到的信号频率。

5. OFDM 系统中信道的最大延迟扩展为 $500\mu\text{s}$，符号周期为 $128\mu\text{s}$，计算需要的循环前缀长度以避免符号间干扰。

6. OFDM 系统的带宽为 10MHz，子载波数量为 512，计算每个子载波的频率间隔和每个 OFDM 符号的时长。

7. 64QAM 调制的 OFDM 系统中，子载波数量为 256，符号周期为 $200\mu\text{s}$，信道延迟扩展为 $400\mu\text{s}$。计算系统的有效数据速率。

8. OFDM 系统中，子载波数量为 256，符号周期为 $50\mu\text{s}$，信道的最大延迟扩展为 $200\mu\text{s}$，使用 16QAM 调制。计算该系统的理论最大数据速率，并讨论如何优化该速率。

9. OFDM 系统数据传输使用 48 个子载波,有效带宽内插入 DC 子载波,有效带宽外共有 15 个子载波。无线信道的最大时延拓展为 $0.6\mu s$,一个 OFDM 符号长度为 $8\mu s$,其中循环前缀长度为 $1.6\mu s$,试问:

(1) 子载波间隔是多少?若每个子载波采用 64QAM 和 1/2 码率的信道编码,不考虑参考信号在时间上的开销,则总的信息传输速率是多少?

(2) 假设某一时刻系统处于定时同步状态,并且系统不做定时调整。考虑无线信道的时延扩展刚达到最大值,则当接收机逐渐远离发射机时,最远移动多少后会出现符号间干扰?

10. 假设一个系统的带宽为 20MHz,需要留 2MHz 为保护带宽,剩余带宽用于数据传输。假设子载波间隔为 15kHz,每个子载波均采用 16QAM 调制,且经填充 CP 后,1ms 能发送 14 个 OFDM 符号。试问:

(1) 做 IFFT 或者 FFT 的点数是多大?

(2) 信息传输速率是多少?

第14章 音频信号处理

14.1 音频信号概述

14.1.1 概述

声音其实是一种能量波,因此也有频率和振幅的特征,频率对应于时间轴,振幅对应于电平轴。由于存储空间是相对有限的,数字编码过程中必须对弦线的点进行采样。采样的过程就是抽取某点的频率值,很显然,在 1s 内抽取的点越多,获取的频率信息越丰富,根据奈奎斯特采样定理,为了复原波形,一次振动中必须有 2 个点的采样。CD 的采样率为 44.1kHz。仅有频率信息是不够的,还必须获得该频率的能量值并量化,用于表示信号强度。量化电平数为 2 的整数次幂,CD 为 16 位的采样大小,即 2 的 16 次方。采样率和采样大小的值越大,记录的波形越接近原始信号。

根据采样率和采样大小可知,相对自然界的信号,音频编码最多只能做到无限接近,至少目前的技术只能这样了,相对自然界的信号,任何数字音频编码方案都是有损的,因为无法完全还原。在计算机应用中能够达到最高保真水平的是 PCM 编码,其广泛用于素材保存及音乐欣赏,CD、DVD 以及 WAV 文件中均有应用。因此,PCM 编码约定俗成了无损编码,因为 PCM 编码代表了数字音频中最佳的保真水准,并不意味着 PCM 编码就能够确保信号绝对保真,PCM 编码也只能做到最大限度地无限接近。人们习惯性地把 MP3 列入有损音频编码范畴,是相对 PCM 编码的值。

声音的特点包括频率、振幅和音色,频率决定声音的音高,振幅决定声音的大小,音色决定声音的感觉。某一乐器发出的给定声音的最低频率是它的基频,还有其他频率组合在声音中,它们是基频的整数倍,称为谐波。

分贝常建立在一些公认的参考点上,而参考点会根据被测对象的不同而变化。对于声音,参考点是听觉阈值的气压振幅(dB_{SPL}),dB_{SPL} 适合作为测量声音的单位,因为它的值是对数增长而不是线性增长。

$$dB_{SPL} = 20\lg\left(\frac{E}{E_0}\right) \tag{14.1}$$

式中:E 为被测声音的气压振幅;$E_0 = 0.00002 Pa$。

14.1.2 音频编码分类

根据编码方式音频编码技术分为波形编码、参数编码和混合编码。一般来说,波形编码的话音质量高,编码率也很高;参数编码的编码率很低,产生的合成语音的音质不高;混合编码使用参数编码技术和波形编码技术,编码率和音质介于它们之间。

1. 波形编码

波形编码是指不利用生成音频信号的任何参数直接将时间域信号变换为数字代码,使重构的语音波形尽可能地与原始语音信号的波形形状保持一致。波形编码的基本原理是在时间轴上对模拟语音信号按一定的速率采样,然后将幅度样本分层量化,并用代码表示。

波形编码方法简单、易于实现、适应能力强并且语音质量好。压缩方法简单也使得压缩比较低，导致编码率较高。一般来说，波形编码的复杂程度比较低，编码率较高。编码率在 16kb/s 以上的音频质量相当高，编码率低于 16kb/s 时音质会急剧下降。

最简单的波形编码方法是脉冲编码调制，它只对语音信号进行采样和量化处理。它的优点是编码方法简单，延迟时间短，音质高，重构的语音信号与原始语音信号几乎没有差别；不足之处是编码率较高(64kb/s)，对传输通道的错误较敏感。

2. 参数编码

参数编码是从语音波形信号中提取生成语音的参数，利用这些参数通过语音生成模型重构出语音，使重构的语音信号尽可能地保持原始语音信号的语意。也就是说，参数编码是把语音信号产生的数字模型作为基础，然后求出数字模型的模型参数，再按照这些参数还原数字模型，进而合成语音。

参数编码的编码率较低，可以达到 2.4kb/s，产生的语音信号是通过建立的数字模型还原出来的，因此重构的语音信号波形与原始语音信号的波形可能会存在较大的区别，失真会比较大。而且受到语音生成模型的限制，增加数据速率也无法提高合成语音的质量。虽然参数编码的音质比较低，但是保密性很好，一直应用于军事。典型的参数编码方法为线性预测编码(LPC)。

3. 混合编码

混合编码是指同时使用两种或两种以上的编码方法进行编码。这种编码方法克服了波形编码和参数编码的弱点，并结合了波形编码高质量和参数编码的低编码率，能够取得比较好的效果。

数字音频压缩编码过程如图 14.1 所示，保证信号在听觉方面不产生失真的前提下，对音频数据信号尽可能大地压缩，

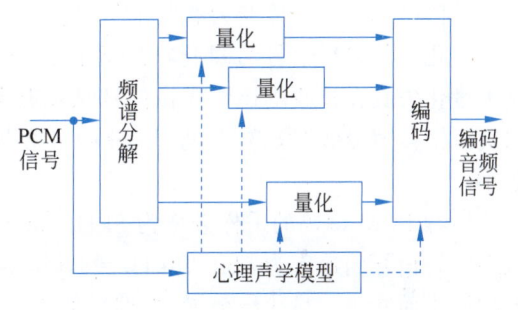

图 14.1 数字音频压缩编码过程

降低数据量。数字音频压缩编码采取去除声音信号中的冗余成分的方法来实现。冗余成分是指音频中不能被人耳感知到的信号，即[20,20k]Hz 以外频率的信号。由计算出的掩蔽阈值决定从公共比特池中分配给该声道不同频率域中多少比特数，接着进行量化以及编码工作，将控制参数及辅助数据加入数据之中，产生编码后的数据流。

14.1.3 常见音频编码格式

1. PCM 编码

PCM 编码是数字通信的编码方式之一。在 PCM 编码过程中，将输入的模拟信号进行采样、量化和编码，用二进制进行编码的数来代表模拟信号的幅度；接收端再将这些编码还原为原来的模拟信号。数字音频的 A/D 转换包括采样、量化和编码三个过程，如图 14.2 所示。

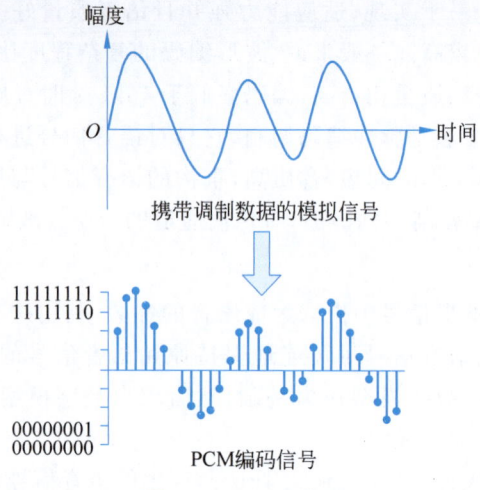

图 14.2 PCM 编码

虽然采样信号是时间轴上离散的信号,但仍然是模拟信号,其样值在一定的取值范围内可有无限多个值。显然,对无限个样值一给出数字码组来对应是不可能的。为了实现以数字码表示样值,必须采用"四舍五入"的方法把样值分级"取整",使一定取值范围内的样值由无限多个值变为有限个值,这一过程称为量化。

量化后的采样信号与量化前的采样信号相比,当然有所失真,且不再是模拟信号。这种量化失真在接收端还原模拟信号时表现为噪声,并称为量化噪声。量化噪声的大小取决于把样值分级"取整"的方式,分的级数越多,即量化级差或间隔越小,量化噪声也越小。

话音 PCM 编码的采样频率为 8kHz,每个量化样值对应一个 8 位二进制码,故话音数字编码信号的速率为 8bit×8kHz=64kb/s=8kB/s。量化噪声随量化级数的增多和级差的缩小而减小。量化级数增多,即样值个数增多,就要求更长的二进制编码。因此,量化噪声随二进制编码的位数增多而减小,即随数字编码信号的速率提高而减小。

2. WAV 格式

WAV 对音频流的编码没有硬性规定,除了 PCM 编码之外,还有几乎所有支持 ACM 规范的编码都可以为 WAV 的音频流进行编码。

在 Windows 平台下,基于 PCM 编码的 WAV 是被支持得最好的音频格式,所有音频软件都能完美支持,由于本身可以达到较高的音质的要求,因此 WAV 也是音乐编辑创作的首选格式,适合保存音乐素材。基于 PCM 编码的 WAV 作为一种中介格式,常使用在其他编码的相互转换中。

3. MP3 编码

MP3 是目前最为普及的音频压缩格式,是 MPEG(Moving Picture Experts Group) Audio Layer-3 的简称,是 MPEG1 的衍生编码方案。MP3 可以做到 12∶1 的压缩比并保持基本可听的音质。MP3 编码技术的发布之初是非常不完善的,由于缺乏对声音和人耳听觉的研究,早期的 MP3 编码器几乎全是以粗暴方式来编码,音质破坏严重。随着新技术的不断导入，MP3编码技术一次一次地被改良。

4. VBR

动态比特率(VBR)技术，可以让MP3文件的每一段甚至每一帧都可以有单独的比特率，这样做的好处是在保证音质的前提下最大限度地限制了文件的大小。

5. RA格式

大部分音乐网站的在线试听采用了RA(RealAudio)格式。RA格式可以根据用户的带宽来控制自己的码率，在保证流畅的前提下尽可能提高音质。RA格式可以支持多种音频编码，包括ATRAC3。与WMA格式一样，RA格式不但支持边读边放，也支持使用特殊协议来隐匿文件的真实网络地址，从而实现只在线播放而不提供下载的欣赏方式。RA和WMA是目前互联网上用于在线试听最多的音频媒体格式。

6. MIDI格式

MIDI文件包含指示一个音符何时开始，何时结束，这个音符是什么，按下它的速度、力度，以及演奏的乐器等信息。每个MIDI信息传递一个音乐事件，MIDI标准将128种乐器（包括噪声效果）识别为独特的数字，如小提琴的数字是41。MIDI音序器是硬件设备或者软件应用程序，可以通过音序器接收、储存、编辑MIDI数据。硬件音序器可以独立存储、编辑MIDI文件而不需要链接计算机。

14.1.4 音频信号感知

1. 听觉特性

正常人的听觉系统是极为灵敏的，人耳所能感觉的最低声压接近空气分子热运动产生的声压。正常人可听声音的频率范围为16Hz～16kHz，年轻人可听到20kHz的声音，老年人可听到的高频声音要减少到10kHz左右。

人耳感知的声音响度是频率和声压级的函数，通过比较不同频率和幅度的语音可以得到主观等响度曲线，如图14.3所示。在图14.3中，最上面那条等响度曲线是痛阈，最下面那条等响度曲线是听阈。该曲线组在3～4kHz附近稍有下降，意味着感知灵敏度有提高，这是外耳道的共振引起的。

2. 掩蔽效应

迄今为止，人耳听觉特性的研究大多在心理声学和语言声学领域内进行。实践证明，虽然声音客观存在，但是人的主观感觉（听觉）和客观实际（声波）并不完全一致，人耳听觉有其独有的特性。人的听觉系统具有复杂的功能，没有哪种物理仪器具有人耳那样的特性。听觉机构不但是极端灵敏的声音接收器，它还具有选择性，可以起到分析器的作用。此外，它还可以判别响度、音调和音色。这些功能在一定程度上是与大脑的结合而产生的，因此听觉特性涉及心理声学和生理声学方面的问题。虽然现今对于听觉系统的复杂结构与其信息处理过程科学已经有所揭示，但对真正的实质问题还没完全掌握。

掩蔽是一种常见的心理声学现象，是由人耳对声音的频率分辨机制决定的。它是指在一个较强的声音附近，相对较弱的声音将不被人耳觉察，即被强音所掩蔽。较强的音

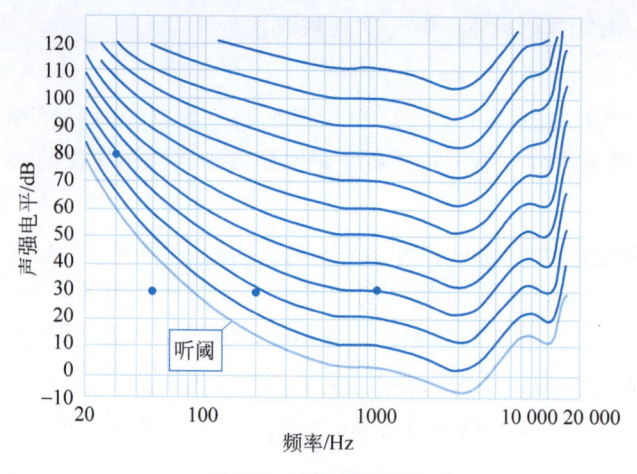

图 14.3 等响度曲线

称为掩蔽者,弱音称为被掩蔽者。掩蔽效应分为同时掩蔽和异时掩蔽两类。同时掩蔽是指掩蔽现象发生在掩蔽者和被掩蔽者同时存在时,也称为频域掩蔽。声音能否被听到取决于它的频率和强度。正常人听觉的频率范围为 20Hz~20kHz,强度范围为 5~130dB。人耳不能听到听觉区域以外的声音。在听觉区域内,人耳对声音的响应随频率而变化,最敏感的频率段为 2~4kHz。在这个频率段以外,人耳的听觉灵敏度逐渐降低。人耳刚好可听到的最低声压级称为听阈,它是声音频率的函数,图 14.4 中虚线是人耳在安静时的听阈曲线。人耳不能听到声级低于听阈的声音,例如,把一个纯音信号作为目标,若它的声压级低于听阈(安静时阈值),则无法被人耳听见。

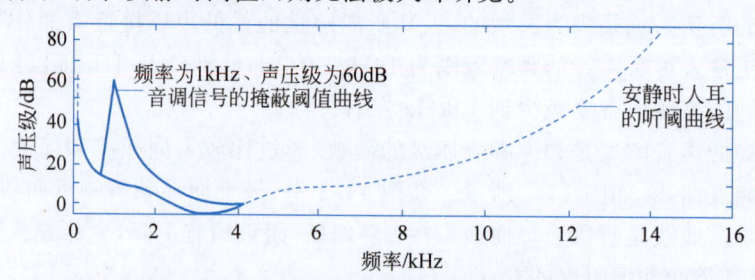

图 14.4 频率为 1kHz、声压级为 60dB 的音调信号的掩蔽阈值曲线

由于一个较强信号(掩蔽者)的存在,听力阈值不等于安静时的阈值。在掩蔽者频率的邻域内,听力阈值被提高。而新阈值,也就是不可闻的被掩蔽者的最大声压级,称为掩蔽阈值。图 14.4 中实线是频率为 1kHz、声压级为 60dB 的音调信号产生的掩蔽阈值曲线。当目标信号的声压级低于掩蔽者的掩蔽阈值时,目标信号被掩蔽,即不被人耳所察觉。利用人类听觉系统的这一特性,一方面可以把被掩蔽的弱信号看作与人耳无关的信号,不必对其进行编码处理;另一方面在语音编码中通过对量化噪声的频谱进行适当整形,使量化噪声低于掩蔽阈值曲线,在主观听觉上能够被音频信号所掩蔽,这样既降低了量化的码率,又提高了音频编码的主观质量。

异时掩蔽的掩蔽效应发生在掩蔽者和被掩蔽者不同时存在时,也称为时域掩蔽。异时掩蔽又分为前掩蔽和后掩蔽两种。掩蔽效应发生在掩蔽者开始之前的某段时间称为前掩蔽,掩蔽效应发生在掩蔽者结束之后的某段时间称为后掩蔽。图 14.5 给出了同时掩蔽和异时掩蔽现象。从图中得知,同时掩蔽在掩蔽者持续的时间内一直有效,它是一种较强的掩蔽效应;而异时掩蔽随着时间的推移很快衰减。一般后掩蔽可持续 100ms,而前掩蔽仅持续 20ms。

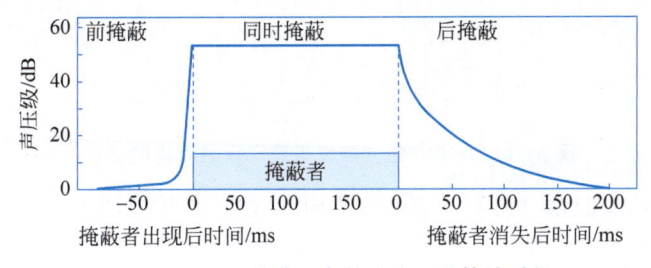

图 14.5 三种掩蔽现象的强度以及持续时间

前掩蔽效应对抑制时间分辨率不够造成的预回声起着重要的作用。语音信号是分帧处理的,帧长的选择受一些因素制约,如过长的帧会使时间分辨率下降,产生严重的预回声。解决预回声的方法是缩短帧长,以提高时间分辨率,这样预回声的影响就被限制在较短的时间内。当帧长缩短到 2～5ms 时,由于前掩蔽效应,预回声会被随之而来的冲激响应所掩蔽。

14.2 音频信号变换

14.2.1 短时傅里叶变换

为了得到短时的语音信号,要对语音信号进行加窗操作,如下式所示:

$$w(n) = \begin{cases} 1, & 0 \leqslant n \leqslant N-1 \\ 0, & \text{其他} \end{cases} \tag{14.2}$$

窗函数平滑地在语音信号上滑动,将语音信号分成帧。分帧可以连续,也可以采用交叠分段的方法,交叠部分称为帧移,一般为窗长的一半。

虽然窗函数的频率响应具有低通特性,但不同的窗口形状影响分帧后短时特征的特性。

由于语音信号的特性是随着时间缓慢变化的,由此引出的语音信号短时分析。如同在时域特征分析中用到的一样,这里的傅里叶频谱分析也采用相同的短时分析技术。信号 $x(n)$ 的短时傅里叶变换定义为

$$X_n(\omega) = \sum_{m=-\infty}^{\infty} x(m)w(n-m)e^{-j\omega m} \tag{14.3}$$

式中:$w(n)$ 为窗口函数。

可以从两个角度理解函数 $X_n(\omega)$ 的物理意义:一是直接从频率轴方向来理解,当 n 固定时,例如 $n=n_0$,$X_{n_0}(\omega)$ 是将窗函数的起点移至 n_0 处截取信号 $x(n)$,再做傅里叶

变换而得到的一个频谱函数。二是从时间轴方向来理解,当频率固定时,如 $\omega = \omega_k$, $X_n(\omega_k)$ 可以看作信号经过一个中心频率为 ω_k 的带通滤波器产生的输出。这是因为窗口函数 $w(n)$ 通常具有低通频率响应,而指数项对语音信号 $x(n)$ 有调制的作用,可使频谱产生移位,即将 $x(n)$ 频谱中对应于频率 ω_k 的分量平移到零频。这时的短时傅里叶变换可以理解为如图14.6所示的带通滤波器的作用。

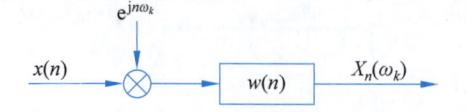

图 14.6　从带通滤波器作用理解短时傅里叶变换

不同的窗口函数的短时傅里叶变换有不同的效果,具体如图14.7所示。

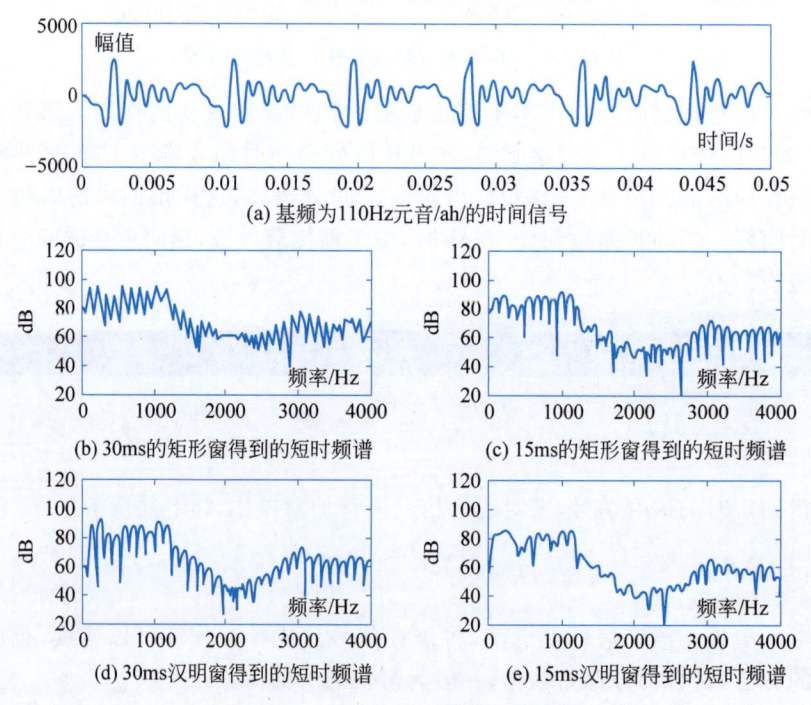

图 14.7　男性元音对应的短时频谱

前面讨论了短时傅里叶变换,从分析中得到语音信号的短时谱 $X_n(\omega)$。下面简要讨论如何由 $X_n(\omega)$ 来恢复信号 $x(n)$,这就是短时傅里叶逆变换。傅里叶变换建立了信号从时域到频域的变换桥梁,而傅里叶逆变换则建立了信号从频域到时域的变换桥梁,这两个域之间的变换为一对一映射关系。$X_n(\omega)$ 可以看作加窗后函数的傅里叶变换,为了实现逆变换,将 $X_n(\omega)$ 进行频率采样,即令 $\omega_k = 2\pi k/L$,则有

$$X_n(\omega_k) = \sum_{m=-\infty}^{\infty} x(m) w(n-m) \mathrm{e}^{-\mathrm{j}\omega_k m} \tag{14.4}$$

式中:L 为频率采样点数。

将 $X_n(\omega_k)$ 在时域 n 上每隔 R 个样本采样,则可令

$$Y_r(\omega_k) = X_{rR}(\omega_k), \quad n = rR, r = 1, 2, \cdots \tag{14.5}$$

用这些 $Y_r(\omega_k)$ 求出其离散傅里叶逆变换，即

$$y_r(n) = \frac{1}{L}\sum_{k=0}^{L-1} Y_r(\omega_k) \mathrm{e}^{\mathrm{j}\omega_k m} \tag{14.6}$$

而

$$y(n) = \sum_{r=-\infty}^{\infty} y_r(n) \tag{14.7}$$

可以证明，$x(n)$ 和 $y(n)$ 之间只相差一个比例因子，它们的关系如下：

$$y(n) = x(n)W(0)/R$$

$$x(n) = \frac{R}{LW(0)} \sum_{r=-\infty}^{+\infty} \sum_{k=0}^{L-1} Y_r(\omega_k) \mathrm{e}^{\mathrm{j}\omega_k n} \tag{14.8}$$

14.2.2 Gabor 变换

传统的傅里叶分析适合于平稳信号处理，它使用的是一种全局的变换。因此，传统的傅里叶分析无法表达信号的时频局域性质。为了分析和处理非平稳信号，人们基于时频分析思想提出了短时傅里叶变换。14.2.1 节介绍了短时傅里叶变换，本节将从时频分析的角度对短时傅里叶变换进行总结，并将进一步介绍 Gabor 变换。

前面介绍短时傅里叶变换中的"短时"是直接延续时域分析中对语音的分帧概念而引出的。为了表示信号随时间变化的频谱，采用加窗技术将信号在时间上分成许多段，然后对每个小段求傅里叶变换，得到对应于不同时刻的信号的频谱，这是短时傅里叶变换的思路。

Gabor 在 1946 年的论文中，为了提取信号的包括时间和频率两方面的局部信息，引入了一个时间局部化的"窗口函数"。所取的窗函数为一个高斯函数，其有两个原因：一是高斯函数的傅里叶变换仍为高斯函数，这相当于傅里叶逆变换也是用高斯函数加窗的，同时体现了频域的局部化；二是 Gabor 变换作为一般的"窗口函数"具有最优性，这是在不确定原理明确之后才看出来的，即在时频窗面积最小的意义下，Gabor 变换是最优的窗口傅里叶变换。一般认为只有在 Gabor 变换出现后，才有了真正意义上的时频分析。

对于函数 $x(n) \in L^2(R)$，其 Gabor 变换的定义为

$$G_x(n, \omega) = \sum_{\tau=-\infty}^{+\infty} x(\tau) g_a^*(\tau - n) \mathrm{e}^{-\mathrm{j}\omega\tau} \tag{14.9}$$

式中：$g_a^*(n)$ 为高斯函数，具有

$$g_a^*(n) = \frac{1}{2\sqrt{\pi q}} \exp\left(-\frac{n^2}{4a}\right)$$

其中：a 为大于零的固定常数。

由于

$$\sum_{n=-\infty}^{+\infty} g_a(\tau-n) = 1$$

因此

$$\sum_{n=-\infty}^{+\infty} G_x(n,\omega) = X(\omega)$$

这表明，信号 $x(n)$ 的 Gabor 变换 $G_x(n,\omega)$ 是对任何 $a>0$ 在时间 $\tau=n$ 附近对 $x(n)$ 傅里叶变换的局部化。对于任意给定 $\omega \in R$，这种局部化完成得很好，达到了对 $X(\omega)$ 的精确分解，从而完整地给出了 $x(n)$ 频谱的局部信息，充分体现了 Gabor 变换在时间域的局部化思路。对于任意的 $x(n) \in L^2(R)$，它的短时傅里叶变换可写为与 Gabor 变换相似的形式，即

$$C_x(n,\omega) = \sum_{\tau=-\infty}^{+\infty} x(\tau) w^*(\tau-n) \mathrm{e}^{-\mathrm{j}\omega\tau} \quad (14.10)$$

实际上，如果窗函数 $w(n)$ 的傅里叶变换也满足窗函数的条件，那么短时傅里叶变换同时也给出了信号 $x(n)$ 在如下时频窗中的局部信息，即

$$[E(w)+n-\Delta(w), E(w)+n+\Delta(w)] \cdot [E(W)+\omega-\Delta(W), E(W)+\omega+\Delta(W)] \quad (14.11)$$

选定窗口函数 $w(n)$ 之后，这个时频窗是一条边与坐标轴平行的与 (n,ω) 无关的矩形，其固定的面积为 $4\Delta(w)\Delta(W)$，该矩形的中心坐标为 $(E(w)+n, E(W)+\omega)$。当窗函数的时域中心和频域中心都在原点时，时频窗的中心正好就是参数对 (n,w)，这时短时傅里叶变换就真正给出了信号在时间点 n 附近和频率点 ω 附近，且时频窗为如下形式的时间和频率的局部信息，即

$$[n-\Delta(w), n+\Delta(w)] \cdot [\omega-\Delta(W), \omega+\Delta(W)] \quad (14.12)$$

这也是称它们为时频分析方法的原因。

短时傅里叶变换的时频分析能力用时频窗矩形的面积 $4\Delta(w)\Delta(W)$ 来衡量。在时频窗的形状固定不变时，窗函数面积越小，说明它的时频局部化描述能力越强；窗函数面积越大，说明它的时频局部化描述能力越差。当然，要得到尽量精确的时频局部化描述，选择使时频窗面积 $4\Delta(w)\Delta(W)$ 尽量小的窗函数。但是，不确定原理说明这种潜力是有限度的。

总之，作为信号分析的工具，短时傅里叶变换和 Gabor 变换发展了傅里叶变换，能够满足信号处理的某些特殊需要。但进一步的研究发现，这两种变换都没有离散的正交基。这决定了它们在进行数值计算时，没有像离散傅里叶变换中 FFT 那样的快速算法，使其应用受到限制；另外，当选定窗函数后，对短时傅里叶变换和 Gabor 变换来说，时频窗函数的形状是固定的，它不能随着所分析的信号成分是高频还是低频等信息做相应的变化，而非平稳信号都包含着丰富的频率成分，所以它们对非平稳信号分析能力是有限的。

14.3 音频信号处理及其应用

14.3.1 语音识别

语音识别是机器通过识别和理解过程把人类的语音信号转变为相应的文本或命令的技术。其根本目的是研究出一种具有听觉功能的机器，能直接接收人的语音，理解人的意图，并做出相应的反应。从技术上看，它属于多维模式识别和智能接口的范畴。语音识别技术是一项集声学、语音学、计算机、信息处理、人工智能等于一体的综合技术，广泛应用在信息处理、通信与电子系统、自动控制等领域。

语音识别系统本质上是一种模式识别系统，基本框图如图14.8所示，与常规的模式识别系统一样，包含特征提取、模式匹配和参考模式库三个基本单元。但是由于语音识别系统所处理的信息是结构非常复杂、内容极其丰富的人类语言信息，因此它的系统结构比通常的模式识别系统要复杂得多。

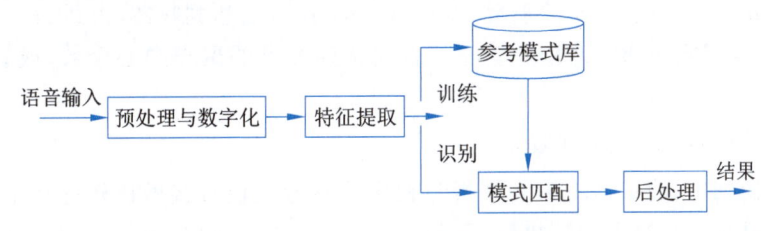

图 14.8 语音识别的原理框图

图 14.8 中的后处理单元涉及句法分析、语音理解、语意网络以及语言模型等。它往往不是一个孤立的单元，而是与匹配计算单元、参考模式库融合在一起，构成一个逻辑关系复杂的系统整体。

1. 基于矢量量化的识别技术

矢量量化是20世纪70年代末才发展起来的，它广泛应用于语音编码、语音识别与合成、图像压缩等领域，在语音信号处理中占有十分重要的地位。量化可以分为标量量化和矢量量化。标量量化是将采样后的信号值逐个进行量化，将一维的零到无穷大值之间设置若干量化阶梯，当某个输入信号的幅值落在某相邻的两个量化阶梯之间时，就被量化为与其最近的一个阶梯的值。矢量量化是将若干采样信号分成一组，即构成一个矢量，然后对此矢量依次进行量化。它是将 d 维无限空间划分为 K 个区域边界，每个区域称为一个胞腔，然后将输入信号的矢量与这些胞腔的边界进行比较，并被量化为"距离"最小的胞腔的中心矢量值，如图14.9所示。矢量量化会带来信息损失。这里胞腔的中心称为码字，而码字的组合称为码书。

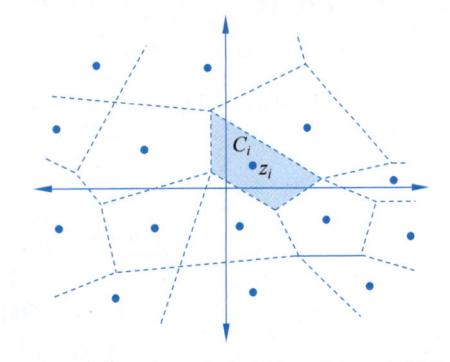

图 14.9 具有16个胞腔的二维平面的划分

在矢量量化中主要有两个问题：一是划分 K 个区域的边界。这需要用大量的输入信号矢量，经过统计实验才能确定。这个过程称为"训练"或建立码本，一般采用 K 均值（K-means）算法或者 LBG 算法。二是确定两个矢量在进行比较时的测度。可以采用欧几里得距离（均方差距离）或 Itakura-Satio 距离，以及似然比失真等。输入矢量被量化后，得到在码本中与该矢量具有最小失真的某个码字的角标作为存储、传输和匹配的参数。可以看出，量化器本身存在一定的区分能力，因而可以用在语音识别中。

K-means 算法是在码书大小已知的情况下对样本聚类的方法，但在很多应用中事先聚类中心的个数未知，即码书大小未知，这时可以采用 LBG（依据 Linde、Buzo、Gray 来命名）算法，其核心思想是先生成一个聚类中心的码本，再逐层分裂，直到聚类误差达到要求。算法具体步骤如下：

（1）初始化：$K=1$，得到初始的码本中心 z_i。

（2）分裂：将所有的样本按照最近邻原则划分到 K 个胞腔中，在 z_i 相对应的胞腔中的样本选择距离最远的两个点作为新的聚类中心，这样将 K 个胞腔分裂成 $2K$ 个胞腔。

（3）K-means：按照 $2K$ 个胞腔，执行 K-means 方法达到收敛，得到 $2K$ 个聚类中心。

（4）结束：重复步骤（2）和步骤（3），直到达到要求的聚类中心个数，或者误差达到要求。

2. 动态时间归正的识别技术

在语音识别中，简单地将输入模板与相应的参考模板直接做比较存在很大的缺点。因为语音信号具有相当大的随机性，即使是同一个人在不同时刻发的同一个语音，也不可能具有完全相同的时间长度，因此时间归正处理是必不可少的。动态时间弯折（DTW）是把时间归正和距离测度计算结合起来的一种非线性归正技术，也是语音识别中一种很成功的匹配算法。

动态时间弯折是采用动态规划（DP）技术将一个复杂的全最优化问题转化为许多局部最优化问题，一步一步地进行决策。假设参考模板的特征矢量序列为 $\boldsymbol{X}=\{x_1, x_2, \cdots, x_I\}$，输入语音特征矢量序列为 $\boldsymbol{Y}=\{y_1, y_2, \cdots, y_J\}$。DTW 算法就是要寻找一个最佳的时间归正函数，使待测语音的时间轴 j 非线性地映射到参考模板的时间轴 i 上，使总的累积失真量最小，如图 14.10 所示。

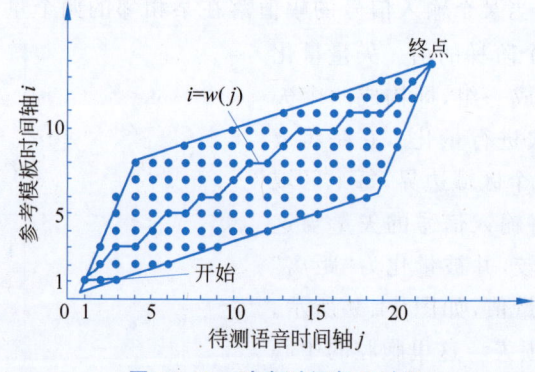

图 14.10 动态时间归正过程

设时间归正函数为

$$C = \{c(1), c(2), \cdots, c(N)\} \tag{14.13}$$

式中：N 为路径长度；$c(n)=(i(n),j(n))$ 表示第 N 个匹配点对，是由参考模板的第 $i(n)$ 个特征矢量与待测模板的第 $j(n)$ 个特征矢量构成的匹配点对。DTW 算法就是通过局部优化的方法实现加权距离总和最小，即

$$D = \min_c \frac{\sum_{n=1}^{N}[d(x_{i(n)}, y_{j(n)}) \cdot W_n]}{\sum_{n=1}^{N} W_n} \tag{14.14}$$

式中：$d(x_{i(n)}, y_{j(n)})$ 为局部匹配距离；W_n 为加权函数，其选取应考虑两个因素，一是根据第 n 对匹配点前一步局部路径的走向来选取，惩罚 45°方向的局部路径，以便适应 $[I,J]$ 的情况，二是考虑语音各部分给予不同权值，以加强某些区别特征。

在式(14.14)所表达的优化过程中，可以对时间归正函数 C 做某些限制，以保证匹配路径不违背语音信号各部分特征的时间顺序。归正函数一般满足如下约束：

(1) 单调性：$i(n) \geqslant i(n-1), j(n) \geqslant j(n-1)$。

(2) 起点和终点约束：一般要求 $i(1)=j(1)=1; i(N)=I, j(N)=J$。

(3) 连续性：一般规定不允许跳过任何一点，即 $i(n)-i(n-1) \leqslant 1$ 和 $j(n)-j(n-1) \leqslant 1$。

(4) 最大归正量不超过某一极限，最简单的情形为 $|i(n)-j(n)| < M$，其中 M 为窗宽。

通常还对归正函数所处的区域做某些规定，例如位于平行四边形内，为了实现以上约束条件，需要设计局部路径的约束，它用于限制当第 n 步为 $(i(n),j(n))$ 时，前几步存在几种可能的局部路径。

图 14.11 给出了三种典型的局部路径约束，图 14.11(a)、(b)、(c)分别给出了路径受一步、二步和三步约束的情况。

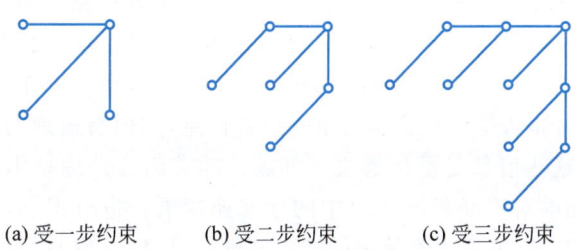

(a) 受一步约束　　(b) 受二步约束　　(c) 受三步约束

图 14.11　三种典型的局部路径约束

下面定义一种最小累积失真函数 $g(i,j)$，表示到匹配点对 (i,j) 为止的前面所有可能的路径中最佳路径的累积匹配距离。$g(i,j)$ 存在如下递推关系：

$$g(i,j) = \min_{(i',j') \to (i,j)} \{g(i',j') + d(x_i, y_j) W_n\} \tag{14.15}$$

式中：(i',j') 表示局部路径 $(i',j') \to (i,j)$ 的起点；W_n 的取值与局部路径有关。

基于上述定义及相应的约束和规则，以局部路径约束和平行四边形区域约束为例，DTW 算法的具体步骤如下：

(1) 初始化：令 $i(1)=j(1)=l, g(1,1)=2d(x_1,y_1)$ (14.16)

$$g(i,j) = \begin{cases} 0, & (i,j) \in \text{Reg} \\ \text{huge}, & (i,j) \notin \text{Reg} \end{cases} \quad (14.17)$$

式中：约束区域 Reg 可以假定是这样一个平行四边形，它有两个位于$(1,1)$和(I,J)的顶点，相邻两条边的斜率分别为 2 和 1/2。

(2) 递推求累积距离：

$$g(i,j) = \min \{ g(i-1,j) + d(x_i,y_j) \cdot W_n(1);$$
$$g(i-1,j-1) + d(x_i,y_j) \cdot W_n(2);$$
$$g(i,j-1) + d(x_i,y_j) \cdot W_n(3) \} \quad (14.18)$$

$$i=2,3,\cdots,I; \; j=2,3,\cdots,J; \; (i,j) \in \text{Reg} \quad (14.19)$$

对于图 14-11(a)所示的局部路径，一般取距离加权值 $W_n(1)=W_n(3)=1, W_n(2)=2$，归正函数的点数随 I 和 J 的值而变，这可以用 $\sum W_n$ 作为分母来补偿，如式(14.14)所示。

(3) 回溯求出所有的匹配点对：根据每步的上一步最佳局部路径，由匹配点对(I,J)向前回溯直到$(1,1)$。这个回溯过程对于求平均模板或聚类中心来讲是必不可少的，但在识别过程往往不必进行。

14.3.1 语音识别的应用技术

近年来，语音识别技术的应用范围越来越广泛，并出现了一些新的应用方向，如语音信息检索、发音学习校正等。

1. 语音信息检索

随着多媒体技术和网络技术的迅速发展，数据量急剧增多，如何在海量数据中挑选出有用的信息并进行相应的分类和检索，对合理地利用信息资源具有重要的意义。多媒体信息检索技术就是在这一背景下应运而生。目前对多媒体信息检索的研究多为基于文本的信息检索，并且已经相当成熟，出现了 Google 等检索工具。相比之下，基于语音和图像内容的信息检索技术还很不完善，存在着大量的问题需要解决。

语音作为数字化信息的一个重要类型，正发挥着越来越重要的作用。在广播电视新闻节目、学术会议的录音报告等中包含着大量的语音信息，如何有效地对这些信息进行分类、检索，并充分利用好这些信息是亟待解决的问题。随着语音处理技术的发展和逐步完善，语音识别技术已经能够对广播新闻节目中的标准连续语音进行识别，具有很高的识别率。由于语音具有直观、自然、方便人类使用的特点，所以利用现有成熟的语音识别技术对多媒体数据进行检索，将极大地提高人们对现有多媒体数据信息的利用率。目前，正在制定多媒体音视频信息检索的国际标准，人们更期望直接用语音来检索存储体中相关的音频信息而不是只用文本检索。由此看来，基于语音内容的信息检索是有着广阔发展前景的研究方向。

有关音频信息分类和检索的研究大致可分成四类：直接对音频信息进行的分类；基于内容的音频检索；为视频分类而做的音频分析和检索；视频检索。

2. 基于语音的情感处理

在人与人的交流中，除了言语信息外，非言语信息也起着非常重要的作用。传统的语音处理系统仅着眼于语音词汇传达的准确性,完全忽视了包含在语音信号中的情感因素,所以它只是反映了信息的一个方面。近年来,许多研究者开始研究情感对语音的影响,以及尝试对语音处理算法的适应技术。

有许多关于语音和情感之间相互联系的研究,例如:Williams 发现情感对语音的基音轮廓有很大的影响;Murray 认为与情感关系最大的声道参数是基音、音长、强度和声音质量,并且基本情感与声音的连带关系与不同文化有关。

基于语音的情感识别过程如图 14.12 所示。语音信号经数字化和预处理之后,进行端点检测,然后计算特征,这一部分与通常的语音处理过程相似。在上述的过程之后,根据训练和识别的不同分别进行不同的处理:训练时产生表征不同情感的模板;识别时,包含待识情感的语音与情感模板库中的各个模板进行比较,从而确定相应的情感类型。

数字化过程与其他语音信号处理过程相似,之后特征也是按帧计算的。特征通常分为语音特征和韵律特征。一般来说,语音中的情感特征往往通过语音韵律的变化表现出来。例如,当一个人发怒时,讲话的速率会变快,音量会变大,声调会变高等,这些都是人

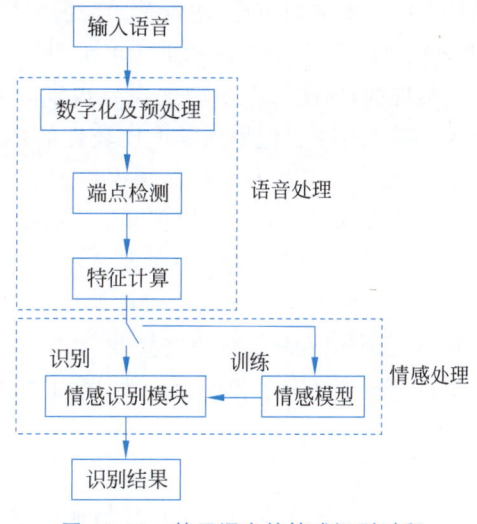

图 14.12 基于语音的情感识别过程

们直接可以感觉到的。因此,在情感识别中韵律特征起着非常重要的作用。同时语音学特征也很重要,因为发音过程中韵律特征和语音特征紧密相连,仅通过控制韵律特征并不可能表达出情感来,因此一般是将两种特征结合起来考虑。另外,由于语音信号中的情感信息或多或少受到语句词汇内容的影响,所以为了使分析结果消除这方面的影响,一般通过分析情感语音与不带感情的平静语音的相对关系,找出这种相对特征的构造、特点和分布规律,用来处理和识别不同的情感语音信号。与情感相关的语音特征通常包括信号的振幅、共振峰频率、基音频率、信号的持续时间等。

3. 嵌入式语音识别技术

嵌入式语音识别技术是指应用各种先进的微处理器在板级或芯片级用软件或硬件实现语音识别技术。语音识别系统的嵌入式实现要求算法在保证识别效果的前提下尽可能优化,以适应嵌入式平台存储资源少、实时性要求高的特点。实验室中高性能的大词汇量连续语音识别系统代表当今语音识别技术的先进水平,但由于嵌入式平台资源和速度方面的限制,其嵌入式实现尚不成熟。中小词汇量的命令词语音识别系统由于算法相对简单,对资源的需求较小,且系统识别率和鲁棒性较高,能满足大多数应用的要求,因而成为嵌入式应用的主要选择。嵌入式系统的硬件通常是用性能比较高的数字信号处理器来实现,如采用 TMS320 系列的 DSP。

目前,在嵌入式平台实现的主要是对系统的运算资源和存储资源要求比较低的特定

人孤立词语音识别系统。而在现实中更多的语音识别应用要求系统具有非特定人的特点。相对而言,特定人语音识别系统可以对整词进行声学建模,识别则采用简单的 DTW 等匹配算法,这对小词汇量识别系统的实现效果比较理想。其缺点是：如果词表更换,就要求采集大量数据,重新训练模型,且训练好的模型又具有特定人的局限性。目前在嵌入式语音识别研究中,非特定人识别系统的研究是热点。

对嵌入式语音识别系统,声学处理单元都选用比较小的子词单元,例如对汉语语音,选用考虑上下文的声母、韵母单元。识别算法可以采用 DTW 算法或离散隐马尔可夫模型(HMM)算法。对系统的训练可采用基于最小分类的判别学习方法。由于训练算法是离线实现的,因此可在不增加在线识别时系统代价的同时,较大幅度地提高系统性能。嵌入式系统经常会应用到噪声比较强的场合,因此,有效的端点检测及噪声处理方法是非常必要的。同时,在这种系统中拒识算法必不可少,如在手机应用中不应该让语音识别系统将识别错的电话号码拨出,以免造成用户无谓的损失。在实际应用中,拒绝一个错误识别或集外词并提醒用户重新输入比输出错误结果更能让人接受。对识别算法一般采用简化的 Viterbi Beam 搜索算法。嵌入式语音识别系统可广泛用于语音导航、语音拨号、智能家电和玩具的语音控制。

目前国外已有了相应的产品,国内市场上也出现了具备语音识别功能的手机。

14.3.2 语音合成

语音合成的主要目的是让机器能说话,使一些其他存储方式的信息能够转化成语音信号,让人能够简单地通过听觉就可以获得大量的信息。语音合成技术除了在人机交互中的应用外,在自动控制、测控通信系统、办公自动化、信息管理系统、智能机器人等领域也有着广阔的应用前景。目前各种语音报警器、语音报时器、公共汽车上的自动报站、电话查询业务,以及打印出版过程中的文本校对等均已实现商品化。另外,语音合成技术还可以作为听觉、视觉和语音表达有障碍的伤残人的通信辅助工具。

语音合成已发展到一个新阶段,其中文—语转换技术在声学处理部分的技术已趋于成熟,它的主要问题是规则系统还不够完善。只有从本民族语言的语音学的研究中吸取丰富的知识,才能合成出连续自然的语音。文—语转换系统中另一个重要部分,即语言学处理部分,在国际上也尚处探索阶段,必将成为这个领域今后发展的热点。从目前的研究情况来看,词汇量有限的语音合成比较成熟,已经逐步实用化。但是,大词汇量的语音合成技术至今还未达到真正的完美程度。

1. 语音合成的基本原理

实际上,人在发出声音之前是要进行一段大脑的高级神经活动,即首先有说话的意向,然后围绕意向生成一系列相关的概念,最后将这些概念组织成语句发音输出。日本学者 Fujisaki 按照人在说话过程中所用到的各种知识将语音合成由浅到深分成从文本到语音的合成、从概念到语音的合成和从意向到语音的合成三个层次,如图 14.13 所示。目前语音合成的研究还只是局限在从文本到语音的合成,即通常所说的 TTS 系统。

语音合成是一个分析—存储—合成的过程。一般是选择合适的基元,将基元用一定

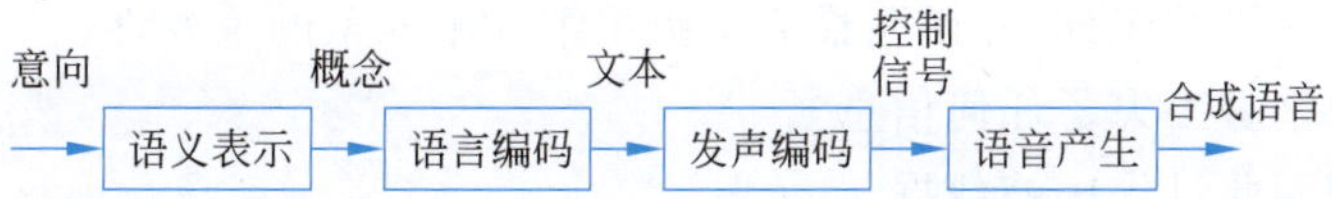

意向 → 语义表示 → 概念 → 语言编码 → 文本 → 发声编码 → 控制信号 → 语音产生 → 合成语音

图 14.13 语音合成的三个层次

的参数编码方式或波形方式进行存储,形成一个语音库。合成时,根据待合成的语音信息,从语音库中取出相应的基元进行拼接,并将其还原成语音信号。在语音合成中,为了便于存储,必须先将语音信号进行分析或变换,因而在合成前还必须进行相应的逆变换。其中,基元是语音合成系统所处理的最小的语音学基本单元,待合成词语的语音库就是所有合成基元的集合。根据基元的选择方式以及其存储形式的不同,可以将合成方式笼统地分成波形合成方法和参数合成方法。

2. 波形合成技术

波形合成是一种相对简单的语音合成技术,它把人的发音波形直接存储或者进行简单波形编码后存储,组成一个合成语音库;根据待合成的信息,在语音库中取出相应单元的波形数据,拼接或编辑到一起,经过解码还原成语音。这种系统中语音合成器主要完成语音的存储和回放任务。若选择词组或者句子这样较大的合成单元,则能够合成高质量的语句,并且合成的自然度好,但所需要的存储空间相当大。虽然在波形合成方法中可以使用波形编码技术(如 ADPCM、APC 等)压缩一些存储量,但由于存储容量的限制,词汇量不可能做到很大。通常,波形合成方法可合成的语音词汇量在 500 字以下,一般以语句、短句、词或者音节为合成基元。

3. 参数合成方法

参数合成方法也称为分析合成方法,它是一种比较复杂的方法。为了减少存储空间,必须先对语音信号进行各种分析,用有限个参数表示语音信号以压缩存储容量。可以根据语音生成模型得到线性预测系数、线谱对参数或共振峰参数等具体表示。这些参数比较规范、存储量少。参数合成方法的系统结构较为复杂,并且用参数合成时,由于提取参数或编码过程中,难免存在逼近误差,用有限个参数很难适应语音的细微变化,所以合成的语音质量以及清晰度比波形合成法差一些。

习题

1. 30 帧/s 的数字视频使用 352×255 像素的视频帧,像素深度为 8。计算 1s 数据的大小,在 64kb/s 通信信道上实时传输 1s 数据需要多大的压缩比?

2. 多分辨率分析用于将数据分离为粗略和细节的过程。

应用下列变换到序列 $[x_{n,i}]=[6,8,3,11,9,5,7,2]$

$$x_{n-1,i} = (x_{n,2i} + x_{n,2i+1})/2$$
$$d_{n-1,i} = (x_{n,2i} - x_{n,2i+1})/2$$

式中:i 为序列中的索引位置,$i=0,\cdots,7$;n 是级数。下一个级数是 $n-1$。在每个级别上,计算 $x_{n-1,i}$ 和 $d_{n-1,i}$ 的顺序,i 继续,直到没有其他级别。

(1) 计算每一级的序列,并说明最后一级中第一个元素的重要性。
(2) 过程中是否丢失了任何信息?
(3) 如何使用此过程压缩数据。

3. 一段音频信号以 44.1kHz 的采样率和 16 位量化进行编码,采用立体声格式。计算 1min 音频数据的存储大小(以 MB 为单位)。

4. 一个音频信号被帧长为 1024、帧移为 256 的窗函数分帧处理,信号总采样点数为 100000,求可得到的帧数。

5. 一个语音信号主要频率分布在 300~3400Hz,若使用带通采样策略进行采样,试确定可能的最小采样率。

6. 在数字音频处理中,若使用 12 位 PCM 编码,求信号的动态范围。

7. 一个 16 位线性量化系统量化范围为 [$-1V, +1V$],计算量化间隔及最大量化误差。

8. 已知一段音频信号的采样率为 44.1kHz,量化位数为 16 位,立体声双声道。计算 1min 音频的未压缩数据量? 如果采用 MP3 压缩后数据量为 5MB,求压缩比。

9. 一段语音信号的短时傅里叶变换(STFT)使用汉宁窗,窗长为 256,帧移为 128。若原始信号长度为 2048,求 STFT 后的总帧数。

10. 给定一个离散信号序列 $x[n]=[2,-1,3,0,4]$,计算其离散小波变换(DWT)的第一级近似系数和细节系数,使用 Haar 小波基。

第15章 雷达感知信号处理

15.1 雷达系统概述

雷达是用于定位和检测物体(如飞机、舰船、行人和自然环境)的一种电磁系统,它将能量辐射到空间并探测由物体反射的回波信号,雷达接收到的回波可以表明目标的存在,通过比较回波信号与发射信号,就可以确定目标位置及其他相关信息。雷达可以在光学和红外传感不能穿透的条件下(如黑暗、浓雾、雨雪等环境)工作,高精度测距和全天候工作能力是其最重要的属性。

雷达(radar)源于 radio detection and ranging,意为"无线电检测与测距",即用无线电的方式来发现目标,其历史可以追溯到现代电磁理论发展的早期。1886 年,赫兹实验证实了无线电波的反射特性;20 世纪初,德国工程师 Hulsmeyer 利用电磁波反射进行了船只检测实验;20 世纪 20 年代,无线电先驱马可尼在其实验中观察到了目标的无线电检测,并对这一概念进行广泛宣传;1922 年,美国海军实验室偶然发现了船只经过产生的接收机起伏信号,双基地连续波雷达由此诞生。但双基地雷达的两站式配置较为麻烦,仅能在目标越过发射机与接收机间的线路时发挥检测作用,这使得双基地雷达的应用受到限制。在雷达的发射机与接收机合为一处并采用脉冲波形以前,雷达的实用性非常有限。

雷达的早期发展离不开军事需要的驱动。20 世纪 30 年代,美国、英国、俄罗斯、法国、德国等均开展了对雷达的独立研究,取得了重大进展。早期雷达的通用频率比现代雷达低很多,大多数采用的频率在 100~200MHz,英国构建的 Chain Home 监视雷达网络工作在 30MHz,德国的 600MHz 的 Wurzburg 雷达代表了战争初期实战用的最高频率。与微波雷达相比,早期雷达具有一定的局限性。1940 年,英国伯明翰大学研究人员发明了高功率微波磁控管,使雷达技术得到了极大发展,它赋予了雷达在更高频率工作的能力。与此同时,美国在麻省理工学院建立了辐射实验室。二者奠定了微波波段雷达发展的基础,此后微波雷达成为主流。

目前,雷达的用途也越来越多。军事上,雷达可用于陆海空的监视、导航和武器制导;在气象方面,雷达可以对大范围地区的气象条件进行监视、预测和告警;在交通上,雷达可以对航线进行引导,帮助测量飞机高度,规避恶劣天气。此外,在地理测绘和环境特性研究上,雷达也发挥了重要作用。

15.1.1 雷达基本原理

雷达的基本原理如图 15.1 所示。发射机发射电磁信号,由天线辐射到空中。发射信号中的一部分被目标拦截并向许多方向辐射,朝向雷达的辐射信号被雷达天线采集,并传输到接收机。在接收机中,该信号被处理以检测目标的存在并确定其位置。通过测量雷达信号到目标的往返时间,得到目标的距离。目标的角度位置可以根据接收到的回波信号幅度最大时雷达天线所指的方向获得。如果目标是运动的,由于多普勒效应,回波信号的频率会漂移,该频率漂移与目标相对于雷达的速度成正比。

虽然现代雷达能够从目标回波信号中提取出距离之外的更多信息,但距离测量仍是

图 15.1 雷达的基本原理

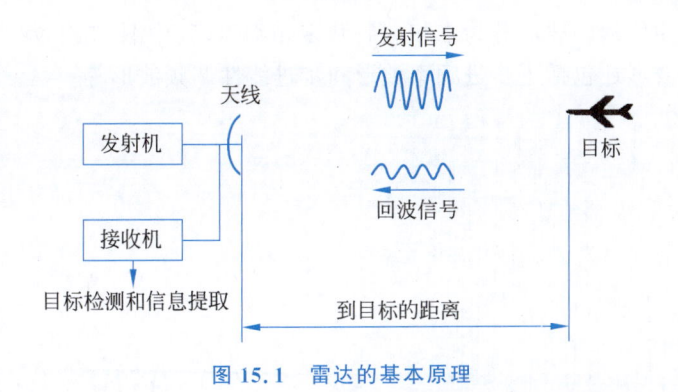

其最重要的功能之一。雷达到目标的距离根据雷达信号到目标的往返时间 T_R 确定。电磁波在空间中以光速传播，$c=3\times10^8$ m/s。因此，雷达信号传播到距离为 R 的目标并反射回雷达所用时间为 $2R/c$，故目标距离为

$$R = \frac{cT_R}{2} \tag{15.1}$$

15.1.2 雷达波形

雷达发射信号的模型一般可以表示为

$$x(t) = a(t)\sin[\Omega t + \theta(t)] \tag{15.2}$$

式中：Ω 为射频载波频率(rad/s)；$a(t)$ 为射频载波的幅度调制，在脉冲雷达中，$a(t)$ 通常为矩形窗函数，从而以脉冲形式控制波形的开关状态；$\theta(t)$ 为载波的相位或频率调制，在不同的信号波形中，$\theta(t)$ 可以为零，可以是非零常数，也可以是非平凡函数。

在雷达波形中，按照雷达信号是否连续发射可以将波形分为脉冲波和连续波(CW)。在脉冲波中，简单脉冲是频率恒定为射频载波频率的恒定幅值脉冲串。线性调频(LFM)脉冲的频率于脉冲开启时随时间线性增加，其波形定义为

$$x(t) = \cos\left(\pi\frac{\beta}{\tau}t^2\right), \quad 0 \leqslant t \leqslant \tau \tag{15.3}$$

若使用复数表达式，则有

$$x(t) = e^{j\pi\beta t^2/\tau} = e^{j\theta(t)}, \quad 0 \leqslant t \leqslant \tau \tag{15.4}$$

该波形的瞬时频率为相位的微分，即

$$F_i(t) = \frac{1}{2\pi}\frac{d\theta(t)}{dt} = \frac{\beta}{\tau}t \text{ (Hz)} \tag{15.5}$$

如图 15.2 所示。在脉宽 τ 内，$F_i(t)$ 线性扫过了整个 β 带宽。其对应波形如图 15.3 所示。LFM 波形经常称为"鸟鸣"线性调频信号，它与具有线性变化频率的正弦波声音信号类似。

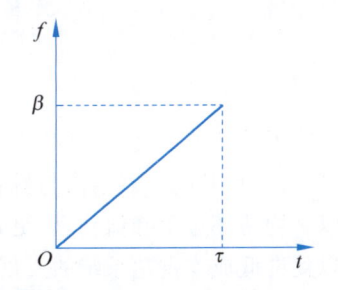

图 15.2 LFM 信号的瞬时频率

相位编码脉冲波形具有恒定的射频(RF)频率，但在脉冲持续时间内其相位以固定的间隔在两个或多个确定值之间转换，按照可选择的相

位状态的数量,相位编码波形分为二相编码和多相编码,其中图 15.4 为二相编码脉冲波形。此外,脉冲波形还包括了步进频率波形和步进线性调频波形等。

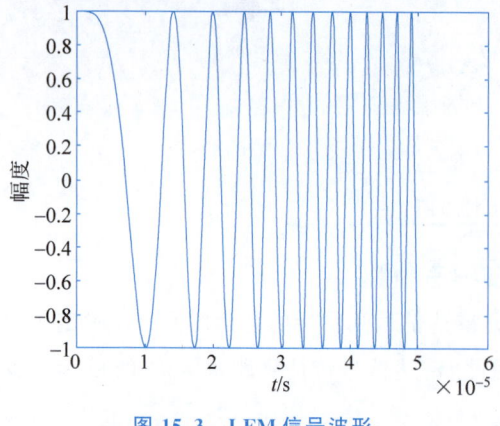

图 15.3　LFM 信号波形

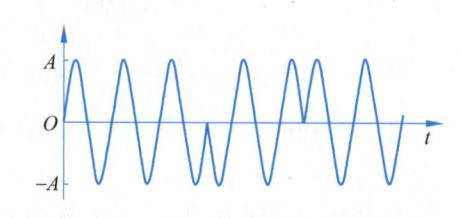

图 15.4　二相编码脉冲波形

一种简单的单基脉冲雷达组成框图如图 15.5 所示。其中,波形产生器产生需要的信号波形,发射机将波形调制到射频上,将其功率放大。发射机输出端与天线依靠一个双工器连接,双工器通过分时的方式切换天线的发射与接收。天线接收到的回波信号通过双工器进入接收机。接收机通常采用超外差设计,第一级通常是一个低噪声射频放大器,用来将较弱的回波信号进行放大,随后的一级或几级调制将信号最终变换到基带上。每一级的调制都通过一个混频器和本振实现。调制完毕后,基带信号被送入信号处理器,根据雷达功能的需要进行数据输出。跟踪雷达通常输出目标距离和坐标的检测数据流,成像雷达输出的则是二维或三维图像。

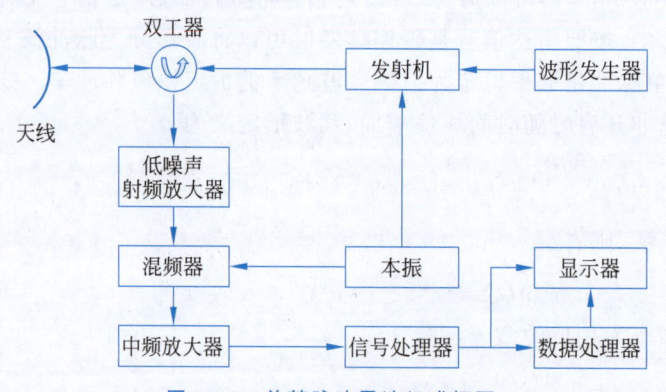

图 15.5　单基脉冲雷达组成框图

除了脉冲波形之外,雷达中也采用连续波波形。连续波雷达可以进行不间断的发射与接收,而且其收发器结构与脉冲雷达相比更加简单。因为连续波雷达发射是连续的,所以平均功率等于峰值功率,更适用于固态和其他峰值功率受限的发射源,并且固态源可以促进低成本雷达系统的发展。由于连续波必须在发射时接收,故连续波雷达可以利用由目标运动给回波信号带来的多普勒频移,在频域中将回波信号、强发射信号以及杂波信号区分开来,多普勒频移也可用于测出目标的径向速度。简单的连续波雷达不测距离,但可以通过对载波进行调频或调相来获得距离相关信息。

与脉冲雷达类似,连续波雷达也可采取不同的波形,包括恒定频率、线性和非线性调频、相位编码、频率编码等,以及在脉冲雷达不常见到的技术,如频移键控、正弦调制和噪声调制。最常见的连续波是调频连续波(FMCW)。

与脉冲雷达相比,连续波雷达在信号结构与信号接收有所不同。图 15.6 是 FMCW 雷达组成框图。通过对比调频连续波雷达与脉冲雷达的组成框图发现,连续波雷达在信号发生器后接入压控振荡器来对连续波进行频率调制,由于连续波必须在发射时被接收,故不能采用双工器对天线进行分时,而是用两个天线完成发射与接收。

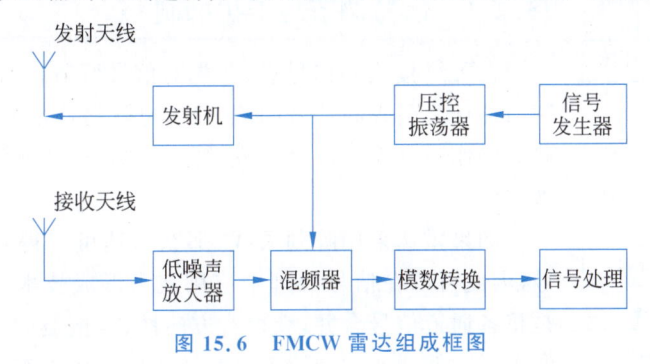

图 15.6 FMCW 雷达组成框图

雷达的结构并不是固定的,很多雷达系统在中频完成某些信号处理功能,如匹配滤波、脉冲压缩、多普勒滤波等。不同雷达系统结构区别还包括雷达系统是在哪一点将模拟信号进行数字化的。早期的雷达系统是全模拟的,现在很多雷达是将信号转换到基带后进行数字化,此类雷达的中频上的信号处理都是依靠模拟技术完成的。目前,越来越多的雷达设计在中频就对信号进行数字化,这样 A/D 转换更加靠近雷达的前端,使得在中频就可以使用数字信号处理技术。

15.2 雷达信号处理概述

雷达系统能否对环境中感兴趣的目标或特征进行检测、跟踪或成像,除了受目标、环境和雷达特性的影响,还与物体反射回波的方式有关。两个最重要的信号质量测度是信干比(SIR)和分辨率。改善 SIR 和提高分辨率是大部分雷达信号处理的主要目标。

离散时间信号 $x[n]$ 由期望信号 $s[n]$ 和干扰信号 $w[n]$ 组成,即

$$x[n] = s[n] + w[n] \tag{15.6}$$

该信号的信干比定义为期望信号功率与干扰信号功率之比。如果 $s[n]$ 为确定信号,其信号功率通常取自信号峰值处,在某些情况下也会采用平均信号功率代替峰值功率。干扰信号总被建模为随机过程,功率等于均方值 $E\{|w[n]|^2\}$。在干扰为零均值的情况下,干扰的功率也等于干扰的方差。

SIR 影响检测、跟踪和成像性能的方式是各不相同的。一般而言,检测性能的改善与 SIR 有关。在 SIR 增大时,检测概率也会增大。在雷达成像时,SIR 直接影响图像的对比度或动态范围。故许多信号处理操作均以增加 SIR 为首要目标。

如果两个等强度的散射体在系统输出端产生两个分离的、可辨识的信号,就认为它们是可以分辨的。与之相对的是这两个散射体的回波在系统输出端合并成一个不可分辨的输出的情况。分辨率的概念可应用于距离、横向、多普勒频移、速度和到达角。两个散射体可能在某一维可分辨的同时,在另一维是不可分辨的。

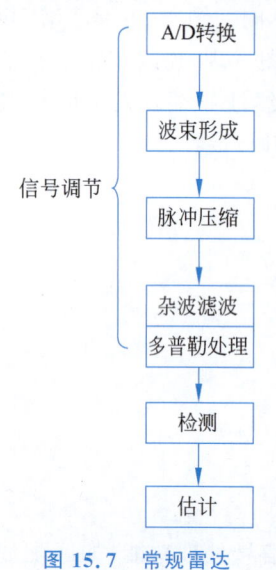

图 15.7 给出了常规雷达信号处理流程示例,此流程并不是唯一的,且在不同的雷达系统中进行数字化的位置也是不同的。信号处理运算可大致分类为信号调节、成像、检测和估计等。

15.2.1 信号调节与干扰抑制

在天线接收到信号后,首先对信号调节,其目的是在进行检测与估计之前提高信号的信干比,也就是让信号变得更加干净。此类操作通常需要波束形成、脉冲压缩、杂波滤波和多普勒处理来完成。

如果雷达采用阵列天线,那么雷达可以得到多个通道的信号,因此可以在信号处理中应用波束形成技术。固定波束形成是将各通道信号合并,获得有方向性、有增益的方向图。高增益的主瓣和低增益的旁瓣可以有选择性地增强雷达天线观测方向散射体的回波强度,同时抑制其他方向散射体的回波(主要为杂波)。通过恰当地选择合并通道的加权,可以使天线波束的主瓣指向需要的方向,自适应波束形成对其进行了拓展,通过检查多通道信号间的相关特性,可以辨别出天线副瓣内是否存在干扰和杂波;通过对通道合并的加权进行设计,不仅能使天线获得高增益的主瓣和较低的副瓣,还能在干扰的方向形成方向图的零点。

图 15.7 常规雷达信号处理流程示例

脉冲压缩是一种特殊的匹配滤波。雷达的目标检测性能随发射能量增大而提高,而距离分辨率随发射波形瞬时带宽的增加而提高。那么在一定功率下,增加发射能量需要增加脉冲长度,而增加脉冲长度又会降低其瞬时带宽,也会降低其分辨能力。由此可以看出,雷达的灵敏度和距离分辨率是一对矛盾。脉冲压缩提供了解决的办法,它可以使发射波形的带宽和时间宽度解耦合,两个参数独立设定,从而重新设计调制波形,最常见的一个选择是线性调频。脉冲压缩设计一个波形及对应的匹配滤波器,使匹配滤波器对于单个散射体的回波响应能将绝大多数的能量集中在非常短的时间内,这样能在较长的脉冲下获得较好的分辨率。

杂波处理和多普勒处理紧密联系,它们都是抑制杂波,提高目标检测性能的技术。它们依靠杂波与目标回波存在不同的多普勒频移来工作。其主要区别是一个在时间域实现,另一个在频率域进行处理。杂波滤波器采用运动目标显示(MTI)的形式,它仅仅是对雷达的回波进行高通滤波,抑制回波中的常数分量,这些常数分量就是不运动的杂波。多普勒处理则是采用 FFT 算法,直接计算回波的频谱。由于运动目标和杂波多普勒频移不同,它们的能量集中于谱的不同部分,使我们可以对目标检测和分离。相较于杂波滤波,多普勒处理能够获得更多信息,如目标数目和近似速度,其代价则是需要更多的能量和时间资源,处理也更为复杂。

15.2.2 数据积累与相位历程建模

数据积累是提高信干比常用的一项雷达信号处理操作,包括相干积累和非相干积累。其中,相干积累是指对信号的幅度和相位进行积累,非相干积累仅对信号的幅度进行积累。

假设某一时间接收机收到回波信号,且该回波由受加性噪声污染的复回波 $A\mathrm{e}^{\mathrm{j}\phi}$ 构成,假设加性噪声是功率为 σ_w^2 的随机过程的一个样本,则信干比为

$$\chi_1 = \frac{信号功率}{噪声功率} = \frac{A^2}{\sigma_\mathrm{w}^2} \tag{15.7}$$

假定测量重复 $N-1$ 次,且获得了相同的确定性回波,但每次的噪声是独立的,对各个测量值进行相加得到的和保留了相位信息,这就是相干积累,即

$$z = \sum_0^{N-1} \{A\mathrm{e}^{\mathrm{j}\phi} + w[n]\} = NA\mathrm{e}^{\mathrm{j}\phi} + \sum_0^{N-1} w[n] \tag{15.8}$$

积累后信号功率为 $N^2 A^2$,假设噪声独立且均值为零,则积累后的噪声功率为各噪声样本的功率和,积累后的信干比为

$$\chi_N = \frac{N^2 A^2}{N\sigma_\mathrm{w}^2} = N\chi_1 \tag{15.9}$$

对 N 个测量值进行积累会使信干比改善 N 倍,称为积累增益。正是由于信号分量的相位是对齐的,而噪声分量相位随机,所以在积累时信号功率增加比噪声功率更快。这种增益的获取也是以联合处理 N 个回波所需要的时间和计算量为代价的。

在目标处于运动状态时,回波信号分量中会具有多普勒频移,导致回波信号相位不一致。若直接对信号进行积累,其信号功率将小于 $N^2 A^2$,在预知多普勒频移值的情况下,可以在进行积累之前对相位进行补偿,从而使回波相位对齐,从而保证积累增益仍然是 N。这种对相位进行补偿以便对补偿后的目标信号分量进行同相相加的处理,称为相位历程建模。它在很多雷达信号处理中非常重要,且对于获得足够信干比增益是必需的。

在非相干积累中,由于只选择对幅度相关的数据进行积累,如幅度、幅度平方或对数幅度等,没有利用信号的全部信息,故非相干积累的效率比相干积累低。许多情形下,非相干积累增益约为 N^α,其中 α 的取值范围从 0.7 或 0.8(对于较小的 N)至 0.5(对于较大的 N),而不是与 N 直接呈正比关系。

在信号处理过程中,相干积累主要用于相干解调后,对基带复数据求积累。非相干积累用于包络检测后,对幅度求积累。

15.2.3 目标检测与估计

雷达信号处理的基本功能是检测感兴趣目标的存在,目标存在的信息是否包含在雷

达的回波脉冲中。回波不仅包含可能存在的目标信号,还有接收机噪声、杂波回波和其他干扰。信号处理器必须采用某些方法对接收回波进行分析,确定其中是否包含目标信号感兴趣的回波。如果有目标回波,还要确定其距离、角度和速度。

雷达信号的复杂性使我们需要采用统计模型,在干扰信号中检测目标实际是统计判决理论的内容。在大多数情况下,可以采用阈值检测技术获得最优的检测性能。在这种方法中,雷达回波信号的每个复样本都要和一个预先计算好的阈值进行比较:若信号幅度低于阈值,则可以认为在信号中只存在噪声和干扰,将其表示为假设 H_0;若信号高于阈值,则可认为噪声和干扰信号背景上叠加的目标回波造成了这样的强信号,将其表示为假设 H_1。检测逻辑必须对每个雷达测量值进行检测,以选择一个假设对雷达测量值进行最佳说明。这种阈值检测的判决是统计处理的结果,因而有一定的错误概率。在目标不存在的情况下,检测出假设 H_1 的概率称为虚警概率,用 P_{FA} 表示;对应地,在目标确实存在的情况下,检测出假设 H_1 的概率称为检测概率,用 P_D 表示。

1. 奈曼-皮尔逊检测准则

在雷达领域,通常使用的检测准则是贝叶斯准则的一种特殊情况——奈曼-皮尔逊检测准则,即将 P_{FA} 约束在一个指定范围内,使检测概率达到最大。在这一准则下获得的 P_D 和 P_{FA} 通常受雷达系统质量及信号处理机设计的影响。然而,提高 P_D 意味着 P_{FA} 也会增大。系统设计者通常要决定可承受的虚警率值,因为虚警率太高可能会带来一些不良后果,如对虚假目标进行跟踪甚至攻击。

通常,检测是基于 N 个采样数据 y_n 的,将其组成矢量 $\mathbf{y}$,检测数据矢量 $\mathbf{y}$ 可以看成 N 维空间内的一个点。为获得完整的决策准则,必须对空间内的任一点进行判定,来判断两种假设哪个成立。将所有符合假设 H_1 的观测值 $\mathbf{y}$ 组成的区域表示为 R_1,那么检测概率及虚警概率分别为

$$P_D = \int_{R_1} p_y(\mathbf{y} \mid H_1) \mathrm{d}\mathbf{y} \tag{15.10}$$

$$P_{FA} = \int_{R_1} p_y(\mathbf{y} \mid H_0) \mathrm{d}\mathbf{y} \tag{15.11}$$

因为概率密度为非负值,故验证了上文所述 P_D 和 P_{FA} 必然同时升降的判断。当区域 R_1 扩展,包含更多可能的观测值 $\mathbf{y}$ 时,有更多的概率点参与积累,故 P_D 和 P_{FA} 同时增大。若 R_1 收缩,P_D 和 P_{FA} 将同时降低。为增大检测概率,必须允许虚警概率同时增大。

奈曼-皮尔逊准则的目的是保证虚警率不超出可容忍范围的情况下,使检测性能达到最优,即以 $P_{FA} \leqslant a$(a 为最大允许的虚警概率)为条件,选择 R_1 使 P_D 最大。可用拉格朗日乘子法来解决这一最优化问题,建立方程

$$F \equiv P_D + \lambda(P_{FA} - a) \tag{15.12}$$

为寻找最优解使 F 最大,选择满足约束条件 $P_{FA} = a$ 的 λ 值。将值代入式中,得

$$F = \int_{R_1} p_y(\mathbf{y} \mid H_1) \mathrm{d}\mathbf{y} + \lambda \left(\int_{R_1} p_y(\mathbf{y} \mid H_0) \mathrm{d}\mathbf{y} - a \right)$$

$$= -\lambda a + \int_{R_1} \{p_y(\boldsymbol{y} \mid H_1) + \lambda p_y(\boldsymbol{y} \mid H_0)\} \mathrm{d}\boldsymbol{y} \tag{15.13}$$

为获得最大的 F 值,需要使 R_1 内的积累值最大,进而可得到,当区域 R_1 由所有在 N 维空间内满足 $p_y(\boldsymbol{y}|H_1) + \lambda p_y(\boldsymbol{y}|H_0) > 0$ 的点组成时,积累值最大。由此可直接推导出决策准则为

$$\frac{p_y(\boldsymbol{y} \mid H_1)}{p_y(\boldsymbol{y} \mid H_0)} \underset{H_0}{\overset{H_1}{\gtrless}} -\lambda \tag{15.14}$$

上式即为似然比检验(LRT)。注意这里需要模型 $p_y(\boldsymbol{y}|H_1)$ 和 $p_y(\boldsymbol{y}|H_0)$ 来计算 LRT,似然比值大于阈值,则选择假设 H_1,确定目标存在;反之,则选择假设 H_0,表明目标不存在。为方便起见,也将 LRT 简写为

$$\Lambda(y) \underset{H_0}{\overset{H_1}{\gtrless}} \eta \tag{15.15}$$

式中

$$\Lambda(y) = p_y(\boldsymbol{y} \mid H_1)/p_y(\boldsymbol{y} \mid H_0), \quad \eta = -\lambda$$

因为 Λ 是随机数据 y 的函数,所以用 Λ 代替 y 来表达 P_{FA},然后从表达式求解出 η,就可以计算出 LRT 的检测阈值。需求解以下表达式:

$$P_{FA} = \int_{\eta}^{+\infty} p_{\Lambda}(\Lambda \mid H_0) \mathrm{d}\Lambda = a \tag{15.16}$$

注意,上式仅为阈值求解的理论形式,对于不同的雷达系统及噪声干扰,阈值的确定还需要进一步分析。

2. 恒虚警率检测

在阈值检测时有很多重要的细节,不同的检测器设计采用不同的信号和阈值进行比较,包括复信号采样的幅度、幅度平方、幅度的对数。而阈值是按照噪声和干扰的统计特性进行计算得到的,其目标是将虚警率控制在一个可接受的范围。然而在实际系统中噪声和干扰的统计特性很少能够精确获取,这就很难预先计算一个固定的阈值。实际上,所需的阈值通常利用从数据中估计得到的统计量进行设置,该过程称为恒虚警率(CFAR)检测。

1) 单元平均 CFAR

在方差为 σ_w^2 高斯白噪声干扰下,对一个非起伏目标进行非标准化数据采样($N=1$)的情况下,虚警率和阈值的关系为

$$T = -\sigma_w^2 \ln P_{FA} \tag{15.17}$$

式中,阈值与干扰功率成正比。为了获得稳定的检测性能,人们通常会使雷达具有恒定的虚警概率。为达到此目的,实际干扰噪声功率电平必须实时地从数据中进行估计,从而相应调整雷达检测阈值以获得期望的虚警概率。

雷达检波处理机示意如图 15.8 所示,这类检波器用于具有距离-多普勒处理能力的

雷达系统,而其他系统在进行检测判决时有可能仅考虑距离单元的一维信息。用 x_i 表示当前待检单元(CUT),该单元将与干扰功率决定的阈值进行比较。如果待检测单元中的采样值大于阈值,那么检波处理机就会判决对应单元存在目标。接下来检测下一单元,直至所有单元检测完毕。

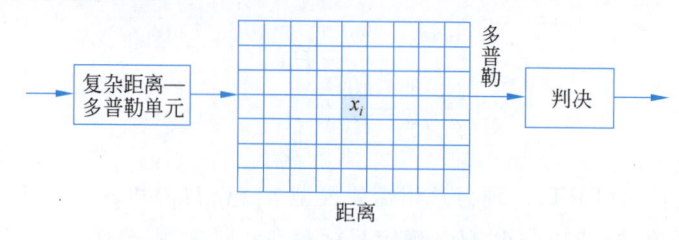

图 15.8 雷达检波处理机示意

为了设置待检测单元所需的阈值,必须知道单元内的干扰功率。由于实际系统中干扰功率是变化的,故采用数据估计得到。CFAR 处理基于两个假设:一是邻近单元所含杂波的统计特性与待检单元一致;二是邻近单元不包含任何目标,仅为干扰噪声。在上述条件下,CUT 的干扰杂波统计特性可从邻近单元的数据估计得到。

假设干扰噪声是独立同分布的,且 I 通道和 Q 通道的信号功率均为 $\sigma_w^2/2$,则待检单元的概率密度为

$$p_{x_i}(x_i) = \frac{1}{\sigma_w^2} \exp(-x_i/\sigma_w^2) \tag{15.18}$$

根据式(15.17),设定阈值需要已知参数 σ_w^2 的大小。当无法获得准确的 σ_w^2 值时,必须估计得到该参数值。

假设待检单元周围有 N 个相邻单元可以用来估计,且每个单元的干扰是独立同分布的,则 N 个样本数据组成的联合概率密度为

$$p_x(x) = \frac{1}{\sigma^{2N}} \prod_{i=1}^{N} \exp(-x_i/\sigma_w^2) = \frac{1}{\sigma^{2N}} \exp\left[-\left(\sum_{i=1}^{N} x_i\right)/\sigma_w^2\right] \tag{15.19}$$

上式为观测数据的似然函数。取上式最大值可以得到 σ_w^2 的最大似然估计。更方便的一种等效方法是利用其对数似然函数,即

$$\ln p_x = -N \ln \sigma_w^2 - \frac{1}{\sigma_w^2} \sum_{i=1}^{N} x_i \tag{15.20}$$

设上式关于 σ_w^2 的导数等于 0,可得

$$\frac{\mathrm{d} \ln p_x}{\mathrm{d} \sigma_w^2} = 0 = -N \frac{1}{\sigma_w^2} - \frac{1}{-(\sigma_w^2)^2} \sum_{i=1}^{N} x_i \tag{15.21}$$

解上式可以得到最大似然估计恰好是已知数据样本的平均,即

$$\hat{\sigma}_w^2 = \frac{1}{N} \sum_{i=1}^{N} x_i \tag{15.22}$$

因此要求的阈值可以由估计到的干扰功率乘一个系数得到。因为干扰功率及相应的检测阈值是由待检单元周围邻近单元数据求平均得到,故这种 CFAR 方法称为单元平均

CFAR(CA CFAR)。

图 15.9 给出了如何选择参与平均的数据的两种方法。图 15.9(a)为仅对距离单元处理采用的一维参考窗,待检单元位于中间,两边灰色单元数据称为参考单元,用来平均以估计噪声。紧邻待检单元的距离单元称为保护单元,在平均处理时不采用其中的数据样本。原因在于保护单元中可能含有目标的反射能量,其额外能量往往使干扰参数的估计值变大。参考单元、保护单元和待检单元称为 CFAR 处理窗。

图 15.9(b)给出了典型距离—多普勒处理机二维数据处理的情况,其二维就是距离和速度维。类似一维处理,此时将参考窗应用到二维的距离—多普勒数据矩阵。

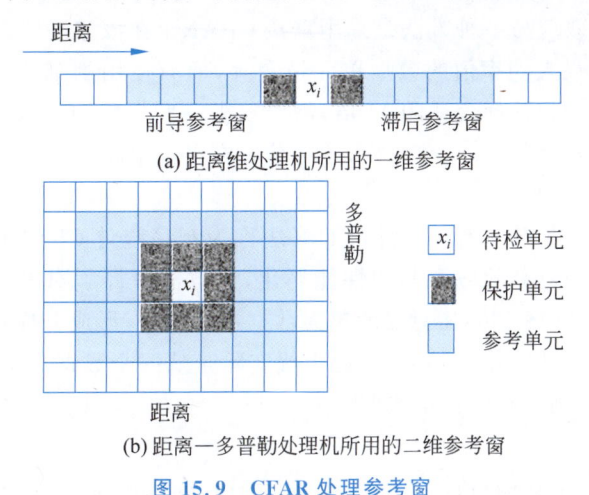

(a) 距离维处理机所用的一维参考窗

(b) 距离—多普勒处理机所用的二维参考窗

图 15.9 CFAR 处理参考窗

单元平均 CFAR 处理基于两个主要假设:

(1) 目标是独立的。具体为目标间至少分开一个参考窗的长度,使参考窗内不会有同时存在两个目标的可能。

(2) 干扰是均匀的,即参考窗内的所有干扰数据样本是独立同分布的,且和包含目标的单元内的干扰同分布。

在实际情况中经常会有不满足假设的情况。当两个或两个以上目标同时位于参考窗内,其中一个为待检单元,而其余目标落在参考单元时,会出现目标遮蔽情况。假设位于参考单元内的目标回波功率超过了周围干扰的功率,就会提高干扰功率的估计值,进而提高 CFAR 的检测阈值。参考单元内的目标可能会遮蔽待检单元的目标,这是因为检测阈值提高会降低检测概率,增加了丢失目标的可能性。

若主要的干扰来自杂波,则往往使干扰具有严重的非均匀性。雷达波束照射的区域可能包含部分开阔地和部分植被覆盖地,也可能是部分陆地和部分水域。当待检单元位于或靠近具有不同反射率的区域边界时,CFAR 处理的前后参考窗内的数据特性会有区别。此类杂波的边缘效应会导致在边缘处的检测发生虚警,也可能会遮蔽掉低反射率区域内靠近边缘的目标。

因为非均匀杂波和干扰目标引起的性能局限性,促进了 CA CFAR 的发展。一种常用的 CFAR 改进方法是单元平均选小恒虚警处理技术(SOCA CFAR),也称为最小 CA

CFAR。这种技术用于抑制目标遮蔽效应。在 N 个单元的 SOCA CFAR 处理中,前后参考窗内的数据分别进行平均处理,得到两个独立的干扰功率估计值,然后利用两个估计值中较小的值作为干扰功率的估计值。若干扰目标存在于两个子参考窗中的一个时,则将会使这个子窗的估计值增大,这时,两个估计值中更小的一个会更接近真实的干扰功率,所以应该使用该值来计算检测阈值。对于不太可能出现紧邻目标,但杂波严重不均匀的情况,则更要注意杂波边缘的虚警。此时常用单元平均选大 CFAR(GOCA CFAR)。类似于 SOCA CFAR 的处理,GOCA CFAR 的处理分别对前后参考窗内的数据进行平均处理,但阈值由两个估计值中较大值决定。

解决目标遮蔽效应另一种方法是采用审核 CFAR。在该方法中,N 个参考单元中的 M 个($M<N$)拥有最大功率值的数据单元被舍弃,而只使用剩余的 $N-M$ 个单元来估计干扰功率的大小。为选择合适的 M 值,需要获得一些先验知识,如预计的干扰目标最大数目,以及它们是限制在一个单元内,还是分布在多个单元内。

2) 有序统计 CFAR

CFAR 检测方法是基于有序统计量的算法称为有序统计 CFAR(OS CFAR)。这类算法主要目的是抑制遮蔽效应引起的性能恶化,该方法舍弃了对参考单元的数据平均,从而估计干扰功率。OS CFAR 对参考单元数据进行排序,形成升序排列的新序列,选取第 k 个有序量作为干扰功率的估计,因此干扰实际是从一个数据样本估计得到的。从本质上来说,该阈值依赖所有的样本数据。

3. 估计

在检测环节中,被检测目标的距离、角度和多普勒分辨单元提供了目标坐标位置的粗略估计。检测完成后,雷达会利用信号处理的方法精确估计过阈值时刻相对于脉冲发射时刻的时间延迟,以提高目标距离的估计精度,同时也会精确估计目标相对于天线波束中心方向的角度,有些情况下还要精确估计目标的径向速度。

假设有一个矢量包含 N 个测量数据样本 $x=\{x_i, i=0,\cdots,N-1\}$,它与未知确定参数 θ 有关。θ 可以是目标角度、延时或多普勒频移的真值。估计量 $f(x)$ 是一种从数据中计算 θ 的估计值 $\hat{\theta}$ 的算法,即

$$\hat{\theta} = f(x) \tag{15.23}$$

如果数据是含噪声的,$\hat{\theta}$ 将会是随机变量,具有特定的概率密度函数。由于不同估计量的质量是不同的,希望估计量具有无偏性、一致性和最小方差性。无偏性和一致性分别定义为

$$E\{\hat{\theta}\} = \theta \tag{15.24}$$

$$\lim_{N \to \infty} \{\sigma_{\hat{\theta}}^2\} \to 0 \tag{15.25}$$

无偏性表明,估计与参数真值在平均意义下相等。一致性表明,随着用于估计参数的数据量增加,精度将会改善并渐进到 0(理想精度)。最小方差性是对所有可能的无偏估计量的目标应当选择具有最小方差的一个。

比较估计量的性能,需要知道估计量的最小方差。克拉美罗下界(CRLB)为任意无

偏估计量给出了下限,无偏估计量的方差只能无限逼近此下限,而不能低于它。将 x 在给定 θ 的条件下的联合概率密度表示为 $p_x(x|\theta)$,此时 CRLB 为

$$\sigma_{\hat{\theta}}^2 \geq \frac{1}{E[\{\partial \ln[p_x(x|\theta)]/\partial \theta\}^2]} \qquad (15.26)$$

若无偏估计量的方差能取到 CRLB,则称为有效估计量。

含有高斯白噪声的信号的情况较为重要,需要进一步关注。假设测量数据 x 是由 N 个实值信号加上噪声样本组成的,即

$$x[n] = s[n;\theta] + w[n], \quad n = 0, 1, \cdots, N-1 \qquad (15.27)$$

式中:θ 为待估计的参数;$w[n]$ 的方差为 σ_w^2。

将 x 的概率密度代入式(15.26),可得

$$\sigma_{\hat{\theta}}^2 \geq \frac{\sigma_w^2}{\sum_{n=0}^{N-1}\left(\frac{\partial s[n;\theta]}{\partial \theta}\right)^2} \qquad (15.28)$$

如果信号和噪声都是复值的,待估计的参数是实值,CRLB 就变为

$$\sigma_{\hat{\theta}}^2 \geq \frac{\sigma_w^2}{2\sum_{n=0}^{N-1}\left|\frac{\partial s[n;\theta]}{\partial \theta}\right|^2} \qquad (15.29)$$

CRLB 给出了无偏估计量的最小方差,但不是总能找到满足最小方差的无偏估计。最大似然估计(MLE)是目前用于获得实用估计器的常用方法。

θ 的 MLE 就是使得问题似然函数最大的估计量 $\hat{\theta}$。似然函数是数据 x 关于 θ 的概率密度函数,即

$$\hat{\theta} = \arg\max_{\theta}\{p_x(\theta|x)\} \qquad (15.30)$$

通常情况下,采用似然函数对数的最大值,因为这样可以极大地简化代数形式,即

$$\hat{\theta} = \arg\max_{\theta}\{\ln[p_x(\theta|x)]\} \qquad (15.31)$$

1) 距离估计

将由复值发射信号的回波和复加性高斯白噪声叠加的复值连续信号作为雷达接收机的输入信号。回波信号被未知延时 t_0,组成了接收信号部分 $s(t-t_0)$。接收机输入信号 $x(t)=s(t-t_0)+w(t)$,噪声功率为 σ_w^2。目的是估计未知的实参数 t_0,用估计得到的结果乘以 $c/2$,就可以得到相应的目标距离 R_0。

接收机输出信号以奈奎斯特频率采样产生观测数据 $x[n]=s[n-n_0]+w[n]$,信号持续时间内的样本数记为 M,覆盖有用的最大时间间隔所需的样本数记为 N,则离散数据为

$$x[n] = \begin{cases} w[n], & 0 \leq n \leq n_0 - 1 \\ s[n-n_0] + w[n], & n_0 \leq n \leq n_0 + M - 1 \\ w[n], & n_0 + M \leq n \leq N - 1 \end{cases} \qquad (15.32)$$

上述的信号模型表明,适当的似然函数对于信号加噪声的样本是非零均值的复高斯随机

变量的概率密度函数。由于噪声是独立同分布的,最终的联合似然函数为

$$p_x(x \mid \theta) = \left\{ \prod_{n=0}^{n_0-1} \frac{1}{\sqrt{2\pi\sigma_w^2}} \exp\left[-\frac{1}{2\sigma_w^2} \mid x[n] \mid^2\right] \right\} \cdot$$

$$\left\{ \prod_{n=n_0}^{n_0+M-1} \frac{1}{\sqrt{2\pi\sigma_w^2}} \exp\left[-\frac{1}{2\sigma_w^2} \mid x[n] - s[n-n_0] \mid^2\right] \right\} \cdot$$

$$\left\{ \prod_{n=n_0+M}^{N-1} \frac{1}{\sqrt{2\pi\sigma_w^2}} \exp\left[-\frac{1}{2\sigma_w^2} \mid x[n] \mid^2\right] \right\}$$

$$= \frac{1}{(2\pi\sigma_w^2)^{N/2}} \exp\left[-\frac{1}{2\sigma_w^2} \sum_{n=0}^{N-1} \mid x[n] \mid^2\right] \cdot$$

$$\left\{ \prod_{n=n_0}^{n_0+M-1} \exp\left[-\frac{1}{2\sigma_w^2}(-2\mathrm{Re}\{x[n]s^*[n-n_0]\} + \mid s[n-n_0] \mid^2)\right] \right\} \quad (15.33)$$

式中,由于信号和噪声样本只出现在最后一行的指数部分里,所以最大化似然函数等同于最小化此部分,这部分可改写为

$$\exp\left[-\frac{1}{2\sigma_w^2} \sum_{n=n_0}^{n_0+M-1} (-2\mathrm{Re}\{x[n]s^*[n-n_0]\} + \mid s[n-n_0] \mid^2)\right] \quad (15.34)$$

令 $n' = n - n_0$,包含 $\mid s \mid^2$ 的求和可看成 $\sum_{n'=0}^{M-1} \mid s[n'] \mid^2 = E_s$,并不依赖 n_0。因此,问题可以简化为最大化 $\mathrm{Re}\left\{ \sum_{n=n_0}^{n_0+M-1} x[n]s^*[n-n_0] \right\}$。又因为在求和区间外 $s(n-n_0)$ 为零,故求和部分与 $z[n_0] = \sum_{n=-\infty}^{\infty} x[n]s^*[n-n_0]$ 是相同的,$z[n_0]$ 可看成脉冲响应 $h[n] = s^*[-n]$ 的匹配滤波器的输入为 $x[n]$ 时所得到的输出。n_0 的 MLE 为

$$\hat{n}_0 = \arg\max_{n_0} \left\{ \mathrm{Re}\left[\sum_{n=-\infty}^{\infty} x[n]s^*[n-n_0] \right] \right\} = \arg\max_{n_0}\{z[n_0]\} \quad (15.35)$$

上式表明了用最大似然估计获得延时的方法,即接收端样本通过一个与接收波形匹配的滤波器,然后找到最大输出实部对应的样本点即可。

另一类常见的时延估计方法是多种分裂波门法或迟早波门法。该类方法尝试找到一个时延,在这个延时两侧的有限窗能量近似相等。例如,矩形脉冲的匹配滤波输出三角波,如果估计延时与三角波中心位置相同,那么在一个脉冲长度内带噪声的三角波电压波形的前向求和与后向求和很可能是相等的。

2) 多普勒信号估计

在能量为 σ_w^2 的加性复高斯白噪声 $w[n]$ 中,均匀采样的复值正弦信号 $s[n]$ 用归一化周期频率可表示为

$$x[n] = s[n] + w[n] = A\exp[\mathrm{j}(2\pi f_0 n + \phi)] + w[n]$$

$$= \widetilde{A}\exp(\mathrm{j}2\pi f_0 n) + w[n], \quad 0 \leqslant n \leqslant N-1 \quad (15.36)$$

式中：$\tilde{A} = A\exp(j\phi)$，为正弦信号的复幅度。对其进行多普勒估计时，需要对参数 A、f_0、ϕ 同时估计。包含三个参数的似然函数为

$$l(A, f_0, \phi \mid x) = l(\tilde{A}, f_0 \mid x) = \frac{1}{(\pi\sigma_w^2)^N}\exp\left[-\frac{1}{\sigma_w^2}\sum_{n=0}^{N-1}\mid x[n] - \tilde{A}\exp(j2\pi f_0 n)\mid^2\right]$$
(15.37)

最大似然函数等价为对下面的指数项最小：

$$J(\tilde{A}, f_0) \equiv \sum_{n=0}^{N-1}\mid x[n] - \tilde{A}\exp(j2\pi f_0 n)\mid^2 \tag{15.38}$$

先假定 f_0 已知，对 J 关于 $\tilde{A} = \tilde{A}_R + j\tilde{A}_I$ 求最小。令 J 对 $\tilde{A}_R$ 的偏导等于 0，则有

$$\frac{\partial J}{\partial \tilde{A}_R} = \sum_{n=0}^{N-1}\{2\tilde{A}_R - x[n]e^{-j2\pi f_0 n} - x^*[n]e^{j2\pi f_0 n}\}$$

$$= 2N\tilde{A}_R - \sum_{n=0}^{N-1}2\mathrm{Re}\{x[n]e^{-j2\pi f_0 n}\} = 0 \tag{15.39}$$

求 $\tilde{A}_I$ 的最小值过程相同。最后，求出的估计 $\hat{\tilde{A}}$ 如下：

$$\hat{\tilde{A}} = \frac{1}{N}\sum_{n=0}^{N-1}x[n]e^{-j2\pi f_0 n} \tag{15.40}$$

假设参数 f_0 已知，那么 $\tilde{A}$ 的最大似然估计就是数据的 DTFT 在 f_0 处的值。如果 f_0 未知，那么 J 还需关于 f_0 求最小。将 J 展开为

$$J(\tilde{A}, f_0) = \sum_{n=0}^{N-1}[x[n] - \hat{\tilde{A}}e^{j2\pi f_0 n}][x^*[n] - \hat{\tilde{A}}^*e^{j2\pi f_0 n}]$$

$$= \sum_{n=0}^{N-1}\mid x[n]\mid^2 - \hat{\tilde{A}}^*\sum_{n=0}^{N-1}x[n]e^{-j2\pi f_0 n} -$$

$$\hat{\tilde{A}}\sum_{n=0}^{N-1}x^*[n]e^{j2\pi f_0 n} + \sum_{n=0}^{N-1}\mid\hat{\tilde{A}}\mid^2 \tag{15.41}$$

中间两项求和为 $N\hat{\tilde{A}}$、$N\hat{\tilde{A}}^*$，可简化为

$$J(\tilde{A}, f_0) = \sum_{n=0}^{N-1}\mid x[n]\mid^2 - N\mid\hat{\tilde{A}}\mid^2 = \sum_{n=0}^{N-1}\mid x[n]\mid^2 - \frac{1}{N}\left|\sum_{n=0}^{N-1}x[n]e^{-j2\pi f_0 n}\right|^2$$
(15.42)

上式第一项与 f_0 无关，最小化 J 等同于最大化第二项，即最大化数据 DTFT 模值的平方。

故在复正弦信号中加入复高斯白噪声的情况下，幅度、频率、相位的最大似然估计可以由以下顺序操作：

（1）计算数据 $x[n]$ 的离散时间傅里叶变换 $X(f)$。

（2）$\hat{f}_0$ 是 DTFT 模值的峰值出现的位置，$\hat{f}_0 = \arg\max_f\{\mid X(f)\mid^2\}$。

(3) 复幅度的最大似然估计是 $X(f)$ 在 $\hat{f}_0$ 处大小的 $1/N$。

3) 角度估计

为了在三维空间中定位目标位置,还需要估计的参数是俯仰角和方位角。与雷达天线定向有关的估计目标角度的方法有两种:一是在多个天线相位中心采用相位测量,本质为相位干涉法;二是在天线波束控制或者波瓣转换的过程中使用多个幅度测量。估计方法的选择取决于可用天线的种类和数据采集方式。

(1) 基于相位的角度测量。

考虑图 15.10 中的均匀线阵,每个灰色三角形代表具有独立接收机的天线相位中心,这可以表示相控阵天线的子阵或者独立的阵元,距离间隔为 d。波长为 λ 的电磁平面波以与阵列法线成 θ 角到达阵列。

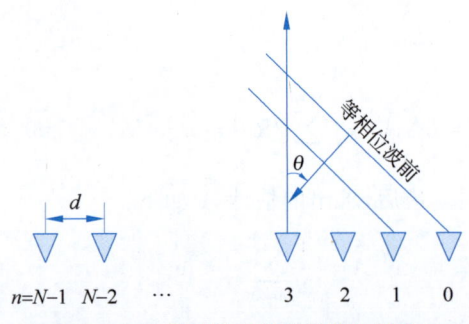

图 15.10 平面波对等距线阵的影响

假设等相位波前在时刻到达相位中心 0,波前需要沿传播方向传播 $d\sin\theta$,以到达相位中心 1,花费时间 $d\sin\theta/c$。如果在相位中心 0 获得信号为 $y_0(t)=A\exp\{j[\Omega t+\phi]\}$,则在相位中心 1 处的信号为

$$y_1(t)=A\exp\{j[\Omega(t-d\sin\theta/c)+\phi]\}$$

那么,在第 n 个相位中心的信号为

$$y_n(t)=A\exp\{j[\Omega(t-nd\sin\theta/c)+\phi]\}, \quad 0\leqslant n\leqslant N-1 \tag{15.43}$$

将某一时刻的 N 组电压样本排列成一个列矢量 $\mathbf{y}$,即

$$y[n]\equiv y_n(t_0)=A\exp\{j[\Omega(t_0-nd\sin\theta/c)+\phi]\}=\hat{A}\exp(-j2\pi nd\sin\theta/\lambda)$$

$$\mathbf{y}=[y[0],y[1],\cdots,y[N-1]]^T \tag{15.44}$$

空间相位历程矢量 $\mathbf{y}$ 称为到达阵列信号的空间快拍。归一化的空间频率 $k_\theta=2\pi d\sin\theta/\lambda$,则空间快拍转化为

$$\mathbf{y}=\hat{A}[1\mathrm{e}^{-\mathrm{j}k_\theta}\cdots\mathrm{e}^{-\mathrm{j}(N-1)k_\theta}]^T \tag{15.45}$$

上式表明,快拍是对具有归一化弧度空间频率 $-k_\theta$ 的复正弦信号的采样。对其进行估计与对频率进行估计方法一致。

(2) 基于天线扫描的角度测量。

雷达天线以某根轴线作为指向角参考线。假设此时雷达报告在某个位置检测到目标,可以暂时假定目标角度为 $0°$。但还是需要一种方法确定目标在主波束内的位置,以得到比波束宽度更好的精度。

该估计方法利用了视线方向和偏离视线方向上双程天线方向图的不同增益导致目标回波强度的不同。假设目标在雷达指向角时被检测到。首先天线向指向方向的一侧移动,测量目标回波幅度;然后将天线向另一侧移动,再次测量目标回波幅度。通过测量目标幅度随角度变化的曲线,可以确定目标方向相对于初始视轴方向的角度。这种根据多次测量目标幅度的结果进行目标角度预测的过程称为天线扫描。当测量按照时间顺序进行,称为时序天线扫描。如果天线可以一次性形成多个波束,在笛卡儿坐标系内提供对应于初始中心波束和成对的正交偏移波束的多个输出信号,这种天线称为单脉冲天线(因为它可以在单脉冲上形成目标角度测量所需的所有信号)。

15.2.4 点云信息处理

机载雷达、车载雷达、卫星雷达等在工作时对环境、物体等进行扫描测量会采集大量的数据,这些数据在三维空间内以矢量的形式呈现,称为点云数据。点云数据一般代表物体的外表面形状,还可以表示一个点的颜色、灰度值、深度、分割结果等。由于点云数据中包含许多有价值的信息,故对点云数据的处理也具有重要意义。

1. 点云数据预处理

原始采集的点云数据往往包含大量散列点、孤立点,所以通过点云滤波的方法去除这些点。点云滤波的主要方法有双边滤波、高斯滤波、条件滤波、直通滤波、随机采样一致滤波、VoxelGrid 滤波等。

2. 点云关键点

关键点的数量比原始点云或图像的数量少很多,它与局部特征描述子结合在一起组成关键点描述子,常用来描述和代表原始数据,在后续的识别、追踪等技术上加快了对数据的处理速度。因此关键点技术成为点云信息处理中非常关键的技术。常见的点云关键点提取算法有:ISS3D、Harris3D、NARF、SIFT3D 等。

3. 点云配准

点云配准是点云数据处理的基础性工作。在实际采集过程中,因为被测物体尺寸过大,物体表面被遮挡或者扫描角度等因素,单次的扫描往往得不到物体完整的几何信息。为了获得被测物体的完整几何信息,就需要通过求解坐标之间转换关系,将连续扫描的两帧或多帧激光点云转换到同一坐标系中。常用的点云配准算法有正态分布变换和 ICP 点云配准。

4. 点云分割聚类

点云分割的目的是提取点云中的不同物体,从而进行单独处理。点云分割聚类算法是将点云数据集根据其特征进行分割和聚类,常用的点云分割算法包括 DBSCAN、K-means 和欧几里得聚类等。DBSCAN 算法是根据每个点云之间的密度将点云数据集分割成多个聚类,而 K-means 算法是依据点云数据到 K 个聚类中心的欧氏距离将点云数据反复聚类到 K 个聚类中。

5. 目标识别

目标识别算法是指将点云分割聚类算法分割聚类后的多个点云数据集进行识别,目标识别算法主要有 SVM 算法、RF 算法和人工神经网络等。SVM 算法是对聚类分割后的待测点云数据集进行识别,通过核函数将图像的特征空间从非线性空间转换到线性空间,利用线性分类方法在线性空间进行分类识别。RF 算法是利用多个单分类器对测试集进行分类,共同参与投票,选出最终识别结果。

15.3 窄带波束成形技术和宽带波束成形技术

15.3.1 窄带波束成形技术

在波束形成中,借助传感器阵列可以在存在噪声和干扰信号的情况下从某些特定方向到达期望信号。这些传感器被放置在不同的空间位置并对空间中的传播波进行采样,然后对收集到的空间样本进行处理,目的是要衰减甚至消除所不需要的干扰信号。故阵列系统的特定空间响应是通过朝向干扰信号的"零陷"和指向期望信号的"波束"来实现的。

图 15.11 给出基于线性阵列的窄带波束形成的一般结构,其中 M 个传感器在空间之中对波场进行采样,之后这些空间采样点 $x_m(t)(m=0,1,2,\cdots,M-1)$ 的瞬时线性组合得到在时刻 t 的输出:

$$y(t)=\sum_{m=0}^{M-1} x_m(t)\mathcal{W}_m^* \tag{15.46}$$

式中,上标"*"表示的是共轭转置。

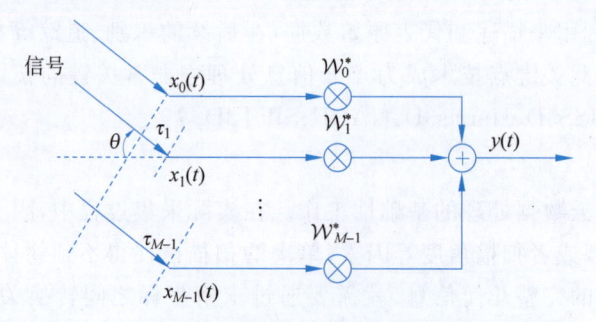

图 15.11 基于线性阵列的窄带波束形成的一般结构

这种结构的波束形成器只适用于正弦或者窄带信号,因此又称为窄带波束形成器。窄带意味着确保由阵列的相对端接收的信号仍然相关,入射信号的带宽应该保持足够窄。

现在分析阵列对具有角频率 ω 和 DOA 角度 θ 的入射复平面波 $e^{j\omega t}$ 的响应,其中 $\theta \in [-\pi/2, \pi/2]$,是入射方向和阵列法线之间的夹角。假设第一个传感器信号的相位是 0,第一个传感器所接收到的信号表示为 $x_0(t)=e^{j\omega t}$,第 m 个传感器接收到的信号表示为 $x_m(t)=e^{j\omega(t-\tau_m)}(m=1,2,\cdots,M-1)$,其中 τ_m 表示从传感器 0 到传感器 m 的信号传播

延迟,故波束形成器的输出表示为

$$y(t) = e^{j\omega t} \sum_{m=0}^{M-1} e^{-j\omega \tau_m} \mathcal{W}_m^* \qquad (15.47)$$

式中：$\tau_0 = 0$。

该波束形成器的响应为

$$P(\theta, \omega) = \sum_{m=0}^{M-1} e^{-j\omega \tau_m} \mathcal{W}_m^* = \mathbf{w}^H \mathbf{d}(\theta, \omega) \qquad (15.48)$$

式中加权矢量 $\mathbf{w}$ 包含有传感器的 M 个共轭复系数,可以表示为

$$\mathbf{w} = [\mathcal{W}_0 \quad \mathcal{W}_1 \quad \cdots \quad \mathcal{W}_{M-1}]^T \qquad (15.49)$$

$\mathbf{d}(\theta, \omega)$ 为

$$\mathbf{d}(\theta, \omega) = [1 \quad e^{-j\omega \tau_1} \quad \cdots \quad e^{-j\omega \tau_{M-1}}]^T \qquad (15.50)$$

该矢量也称为导向矢量或者方向矢量。

基于导向矢量,简单讨论源信号到达方向的模糊性导致的空间混叠问题。在阵列处理中,传感器对入射信号在空间中进行采样。若阵列的阵元间距过大,来自不同空间位置的信号不能够被阵列传感器足够密集地采样,则不同位置的源信号将具有相同的阵列导向矢量,不能基于接收的阵列信号唯一地确定它们的位置。

对于具有相同角频率 ω 和相应波长 λ,但是不同 DOA 角度 θ_1 和 θ_2 的信号 $(\theta_1, \theta_2) \in [-\pi/2, \pi/2]$,混叠意味着 $\mathbf{d}(\theta_1, \omega) = \mathbf{d}(\theta_2, \omega)$,即

$$e^{-j\omega \tau_m(\theta_1)} = e^{-j\omega \tau_m(\theta_2)} \qquad (15.51)$$

对于阵元间距为 d 的均匀线性阵列,有

$$\tau_m = m\tau_1 = m(d\sin\theta)/c, \quad \omega\tau_m = m(2\pi d\sin\theta)/\lambda$$

则式(15.51)可写为

$$e^{-jm(2\pi d\sin\theta_1)/\lambda} = e^{-jm(2\pi d\sin\theta_2)/\lambda} \qquad (15.52)$$

为了避免混叠,必须满足条件 $|2\pi(\sin\theta)d/\lambda|_{\theta_1, \theta_2} < \pi$,那么有 $|d/\lambda \sin\theta| < 1/2$。因为 $|\sin\theta| \leq 1$,所以阵元间距 $d < \lambda/2$。当设置 $d = \lambda/2$ 时,则 $\omega\tau_m = m\pi\sin\theta$,故均匀间距的窄带波束形成器的响应为

$$P(\theta, \omega) = \sum_{m=0}^{M-1} e^{-jm\pi\sin\theta} \mathcal{W}_m^* \qquad (15.53)$$

对于具有相同系数的 FIR 滤波器,其频率响应有

$$P(\Omega) = \sum_{m=0}^{M-1} e^{-jm\Omega} \mathcal{W}_m^* \qquad (15.54)$$

式中：$\Omega \in [-\pi, \pi]$ 为归一化频率。

对于式(15.53)中给出的波束形成器的响应,当 θ 从 $-\pi/2 \sim \pi/2$ 变化时,$\pi\sin\theta$ 从 $-\pi \sim \pi$ 相应地变化,这与式(15.54)中 Ω 的变化范围相同,所以均匀间距的线性阵列的设计可以通过现有的 FIR 滤波器的设计方法直接实现。

这里简单举例,如果要形成指向角度区间 $\theta \in [-\pi/6, \pi/6]$ 的平稳波束相应,同时抑制

$\theta \in [-\pi/2, -\pi/4]$、$[\pi/4, \pi/2]$ 的方向到达的信号,相当于设计一个具有通带 $\Omega \in [-0.5\pi, 0.5\pi]$ 和阻带 $\Omega \in [-\pi, -0.71\pi]$、$[0.71\pi, \pi]$ 的 FIR 滤波器。之后可以用 MATLAB 函数 remez 进行设计,可以将设计得到的结果直接作为波束形成器的系数。最终可以得到波束形成器根据 DOA 角度 θ 变化的幅度响应 $|P(\theta,\omega)|$。$|P(\theta,\omega)|$ 称为波束形成器的波束方向图,用来描述相对于从不同方向到达并具有不同频率信号的灵敏度。如图 15.12 表示了以 dB 为单位的幅度响应图,其定义如下:

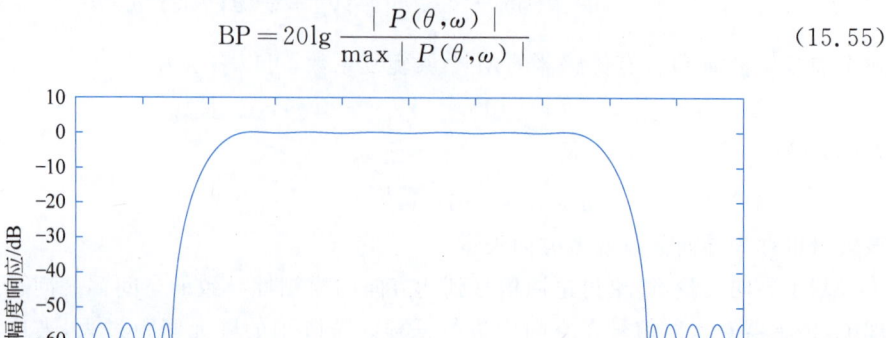

$$BP = 20\lg \frac{|P(\theta,\omega)|}{\max |P(\theta,\omega)|} \tag{15.55}$$

图 15.12 窄带波束形成器的幅度响应

对于 $d = \alpha\lambda/2 (\alpha \leqslant 1)$ 的一般情况来说,由式(15.53)给出的波束形成器的响应将变为

$$P(\theta,\omega) = \sum_{m=0}^{M-1} e^{-jm\alpha\pi\sin\theta} \mathcal{W}_m^* \tag{15.56}$$

其设计与上面唯一的区别是 FIR 滤波器可以在区域 $\Omega \in [-\pi, -\alpha\pi]$ 和 $[\alpha\pi, \pi]$ 上具有任意响应而不影响窄带波束滤波器。

15.3.2 宽带波束成形技术

窄带波束形成结构只用于窄带信号,当信号带宽增加时,这种结构性能将显著减低。一组宽带信号中的每个信号都是由无限个不同频率的信号分量组成,因此加权值对于不同的频率是不同的,可以把加权矢量写成

$$\boldsymbol{w}(\omega) = [\mathcal{W}_0(\omega) \ \mathcal{W}_1(\omega) \ \cdots \ \mathcal{W}_{M-1}(\omega)]^T \tag{15.57}$$

所以对于每个接收到的传感器信号具有单个常数系数的窄带波束形成结构在宽带环境中将不能有效工作。

传统上,形成一组频率相关加权的简单方法是使用一系列抽头延迟线(TDL)或者离散形式的 FIR/IIR 滤波器。TDL 和 FIR/IIR 滤波器都执行时间滤波处理,对每个接收到的宽带信号形成频率相关响应,补偿不同频率分量的相位差。宽带波束形成一般结构

如图 15.13 所示。遵循这样结构的波束形成器对传播的波场在时间和空间上进行采样，该宽带波束器的输出可以表示为

$$y(t) = \sum_{m=0}^{M-1} \sum_{i=0}^{J-1} x_m(t-iT_s) \times \mathcal{W}_{m,i}^* \tag{15.58}$$

式中：T_s 为 TDL 的相邻抽头之间的延时；$J-1$ 为与图 15.13 中 M 个传感器通道中每个通道相关联的延时单元的数量。

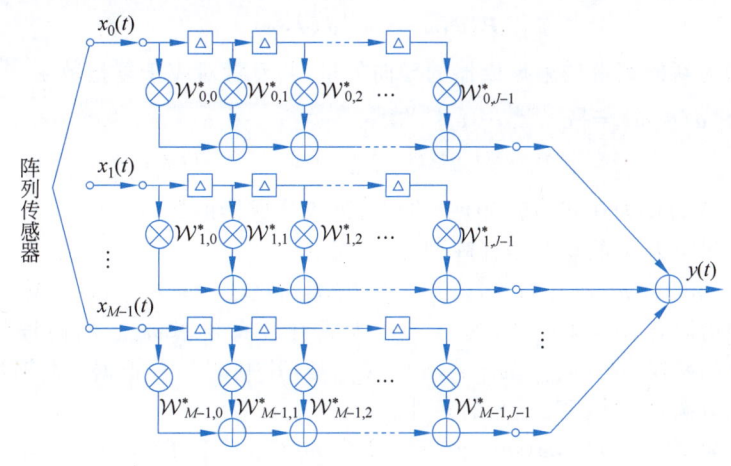

图 15.13 宽带波束形成一般结构

式(15.58)采用矢量形式，可以写为

$$y(t) = \mathbf{w}^H \mathbf{x}(t) \tag{15.59}$$

加权矢量 $\mathbf{w}$ 包含所有 MJ 个传感器系数，有

$$\mathbf{w} = \begin{bmatrix} \mathbf{w}_0 \\ \mathbf{w}_1 \\ \vdots \\ \mathbf{w}_{J-1} \end{bmatrix} \tag{15.60}$$

式中，每个矢量 $\mathbf{w}_i (i=0,1,2,\cdots,J-1)$ 包含了在 M 个 TDL 的第 i 个抽头位置的 M 个共轭复数系数，其可以表示为

$$\mathbf{w}_i = [\mathcal{W}_{0,i} \; \mathcal{W}_{1,i} \; \cdots \; \mathcal{W}_{M-1,i}]^T \tag{15.61}$$

类似地，输入数据也可以表示为

$$\mathbf{x} = \begin{bmatrix} \mathbf{x}_0(t) \\ \mathbf{x}_1(t-T_s) \\ \vdots \\ \mathbf{x}_{J-1}[t-(J-1)T_s] \end{bmatrix} \tag{15.62}$$

式中：$\mathbf{x}_i(t-iT_s)(i=0,1,\cdots,J-1)$ 包含对应于第 i 个加权系数矢量 $\mathbf{w}_i$ 的第 i 个数据片，且有

$$\mathbf{x}(t-iT_s) = [x_0(t-iT_s) \; x_1(t-iT_s) \; \cdots \; x_{M-1}(t-iT_s)]^T \tag{15.63}$$

对于入射的复平面波信号 $e^{j\omega t}$，假设 $x_0(t)=e^{j\omega t}$，之后有

$$x_m(t-iT_s)=e^{j\omega[t-(\tau_m+iT_s)]}\quad(m=0,1,\cdots,M-1;\ i=0,1,\cdots,J-1)\quad(15.64)$$

阵列输出为

$$y(t)=e^{j\omega t}\sum_{m=0}^{M-1}\sum_{i=0}^{J-1}e^{-j\omega(\tau_m+iT_s)}\cdot\mathcal{W}_{m,i}^*=e^{j\omega t}\times P(\theta,\omega)\quad(15.65)$$

式中：$P(\theta,\omega)$ 为波束形成器的角度和频率相关响应，用矢量形式表示为

$$P(\theta,\omega)=\boldsymbol{w}^H\boldsymbol{d}(\theta,\omega)\quad(15.66)$$

其中：$\boldsymbol{d}(\theta,\omega)$ 为新的宽带波束形成器的导向矢量，其元素对应于复指数 $e^{-j\omega(\tau_m+iT_s)}$：

$$\boldsymbol{d}(\theta,\omega)=[e^{-j\omega\tau_0}\ \cdots\ e^{-j\omega\tau_{M-1}}\ e^{-j\omega(\tau_0+T_s)}\ \cdots\ e^{-j\omega(\tau_{M-1}+T_s)}\ \cdots$$
$$e^{-j\omega[\tau_0+(J-1)T_s]}\ \cdots\ e^{-j\omega[\tau_{M-1}+(J-1)T_s]}]^T\quad(15.67)$$

当 $J=1$ 时，该式简化为在式(15.50)中的窄带波束形成器的导向矢量。

对于阵元间距为 d 的均匀线性阵列，有关系式

$$\tau_m=m\tau_1=m(d\sin\theta)/c,\omega\tau_m=m(2\pi d\sin\theta)/\lambda\quad m=0,1,\cdots,M-1$$

故为了避免频谱混叠，$d<\lambda_{min}/2$，其中 λ_{min} 为具有最高频率 ω_{max} 的信号分量的波长。假设阵列工作频率在 $\omega\in[\omega_{min},\omega_{max}]$，$d=\alpha\lambda_{min}/2$，其中 $\alpha\leqslant1$。根据奈奎斯特采样定理，系统采样周期应满足 $T_s\leqslant T_{min}/2$ 的条件。

用归一化频率 $\Omega=\omega T_s$，$\omega(m\tau_1+iT_s)$ 变为 $m\mu\Omega\sin\theta+i\Omega$，其中 $\mu=d/(cT_s)$，导向矢量 $\boldsymbol{d}(\theta,\omega)$ 变为

$$\boldsymbol{d}(\theta,\omega)=[1\ \cdots\ e^{-j(M-1)\mu\Omega\sin\theta}\ e^{-j\Omega}\ \cdots\ e^{-j\Omega[\mu\sin\theta(M-1)+1]}\ \cdots$$
$$e^{-j(J-1)\Omega}\ \cdots\ e^{-j\Omega[\mu\sin\theta(M-1)+J-1]}]^T\quad(15.68)$$

同时，有

$$P(\theta,\omega)=\sum_{m=0}^{M-1}\sum_{i=0}^{J-1}e^{-j\Omega(m\mu\sin\theta+i)}\times\mathcal{W}_{m,i}^*=\sum_{m=0}^{M-1}e^{-jm\mu\Omega\sin\theta}\sum_{i=0}^{J-1}e^{-ji\Omega}\times\mathcal{W}_{m,i}^*$$
$$=\sum_{m=0}^{M-1}e^{-jm\mu\Omega\sin\theta}\times W_m(e^{j\Omega})\quad(15.69)$$

式中：$W_m(e^{j\Omega})$ 为在第 m 个传感器的 TDL 系数的傅里叶变换，且有

$$W_m(e^{j\Omega})=\sum_{i=0}^{J-1}e^{-ji\Omega}\times\omega_{m,i}^*$$

对于 $\alpha=1$ 和 $T_s=T_{min}/2$ 的情况，$\mu=1$。

15.4 基于 FFT 的目标距离估计、速度估计和角度估计

在雷达系统中可以利用线性调频连续波(LFMCW)的时频特性对发射信号与接收信号进行 FFT 相关的信号处理，从而获得目标的参数估计。常用的 LFMCW 包括锯齿波、三角波以及梯形波等，每种波形都有其独特的应用价值，本节以锯齿波为例进行分析。

15.4.1 距离估计

FMCW 雷达发射天线发射的"啁啾"(chirp)信号，遇到目标后原路返回，返回信号与

发射信号间延时 τ，此延时为

$$\tau = \frac{2d}{c} \tag{15.70}$$

式中：d 为目标与雷达的距离；c 为光速。

发射与回波信号的时间—频率曲线如图 15.14 所示，由于接收信号只是在发射信号上延时 τ，故两曲线平行。由于混频器将发射与接收"啁啾"进行混频，故混频后的中频信号在时频图中是一条平行于时间轴的横线，如图 15.15 所示。理想情况下，中频信号是一个频率恒定的单音信号，频率为 $S\tau$，持续时间为发射和接收信号重叠的时间，其中 S 是时频曲线中"啁啾"信号的斜率。结合式(15.70)，可以得到

$$f_{\text{IF}} = \frac{2Sd}{c} \tag{15.71}$$

该式说明中频信号的频率 f_{IF} 包含了目标的距离信息。那么对经过数字化的中频信号进行快速傅里叶变换，选取频域峰值频率作为 f_{IF}，根据式(15.71)即可计算出目标的距离信息。

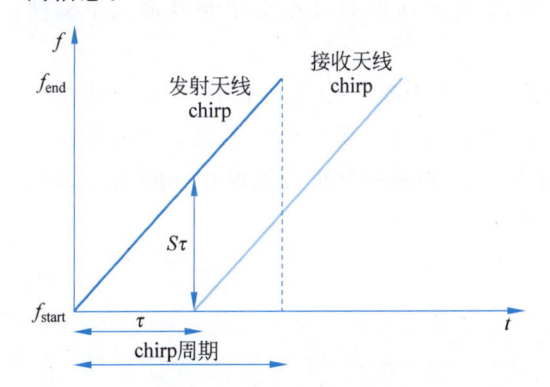

图 15.14　发射与回波信号的时间—频率曲线

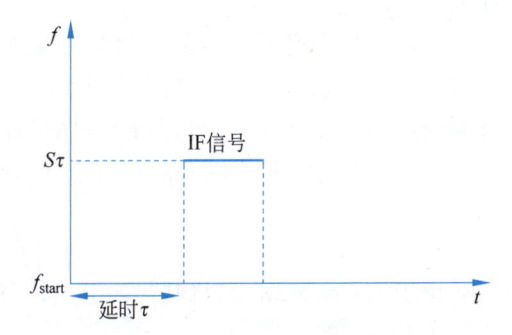

图 15.15　中频信号时间—频率曲线

时域上，单个发射信号可表示为

$$s(t) = \exp j[2\pi f_{\text{start}} t + \pi S t^2 + \phi_0] \tag{15.72}$$

式中：f_{start} 为 LFMCW 起始频率；S 为 chirp 信号斜率；ϕ_0 为初始相位。

那么接收信号可表示为

$$s_{\text{r}}(t) = \exp j[2\pi f_{\text{start}}(t-\tau) + \pi S(t-\tau)^2 + \phi_0] \tag{15.73}$$

进行混频处理之后，得到中频信号为

$$s_{\text{IF}}(t) = \exp j[2\pi S\tau t + 2\pi f_{\text{start}}\tau + 2\pi \tau^2] \tag{15.74}$$

由于 τ 一般极短，故 $2\pi\tau^2$ 可作为高阶无穷小舍去。代入 $f_{\text{start}} = c/\lambda$，并结合式(15.70)，可以将中频信号表示为

$$s_{\text{IF}}(t) = \exp j\left(\frac{4\pi Sd}{c}t + \frac{4\pi d}{\lambda}\right) \tag{15.75}$$

对中频信号进行快速傅里叶变换并取频域峰值频率作为 f_{IF}，即有

$$S_{\text{IF}}(f) = \text{FFT}(s_{\text{IF}}(t)) \tag{15.76}$$

$$f_{\text{IF}} = \arg\max_f (S_{\text{IF}}(f)) \tag{15.77}$$

由式(15.71)可计算出目标的距离信息,即

$$d = \frac{f_{\text{IF}} c}{2S} \tag{15.78}$$

同样地,当雷达探测范围内有多个距离不同的目标时,混频器对不同目标的接收信号与发射信号进行混频,会产生不同频率的中频信号,对其做 FFT 后,频域将出现对应于不同目标的多个峰值,根据式(15.78)可计算得到它们的距离。

能获得的最大中频为系统中低通滤波器的截止频率,记为 f_{IFmax}。由奈奎斯特采样定理可知,采样率满足

$$F_S \geqslant 2f_{\text{IFmax}} \tag{15.79}$$

结合式(15.78),可得

$$d \leqslant \frac{F_S c}{4S} \tag{15.80}$$

即最大不模糊距离 $d_{\max} = F_S c / 4S$。由此可见,雷达系统的采样率会限制其最大不模糊距离。

距离分辨率代表雷达分辨目标距离的能力。由于本节中距离估计采用的是基于 FFT 的方法,故该问题实际转化为中频信号进行 FFT 后的频率分辨能力。由傅里叶变换理论可知,观测窗口 T 可以分辨频率间隔为 $1/T$ 的频率分量。假设频率间隔为 Δf,对应的距离差为 Δd,实际观测窗口为 T_c,则有

$$\Delta f > \frac{1}{T_c} \tag{15.81}$$

由于 $\Delta f = 2S\Delta d/c$,将其代入上式,可得

$$\Delta d > \frac{c}{2ST_c} \tag{15.82}$$

式中:B 为射频带宽。

故距离分辨率为

$$d_{\text{res}} = \frac{c}{2B} \tag{15.83}$$

由上式可知,雷达的距离分辨率只与射频带宽有关。

15.4.2 速度估计

当雷达在同一距离上有多个探测目标时,仅在距离维上进行 FFT 无法对目标进行区分,故目标的速度也是对探测物体进行区分的重要参数。

当雷达只需要对单个物体进行速度估计时,可以通过发射两个 chirp 进行简单速度测算,如图 15.16 所示。相隔 T_c 的两个连续发射的信号,在遇到运动的物体返回,进行混频后的中频信号会具有不同的相位,如图 15.17 所示。由式(15.75)可知:第一个 chirp 的中频信号的相位为 $4\pi d/\lambda$,d 是第一个 chirp 碰撞时目标与雷达的距离。假设物

体相对于雷达的径向速度为 v,那么在 T_c 时间内物体径向运动了 vT_c 的距离;第二个 chirp 的中频信号的相位为 $4\pi(d+vT_c)/\lambda$。因此,两个中频信号的相位差为

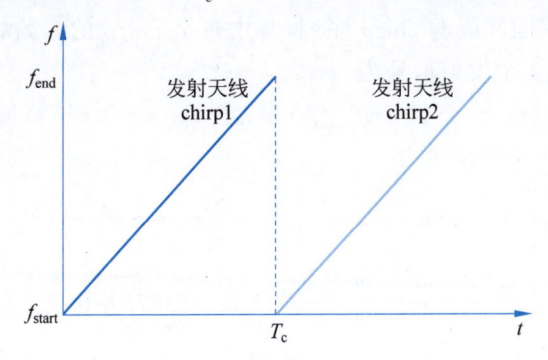

图 15.16 连续发射两个 chirp

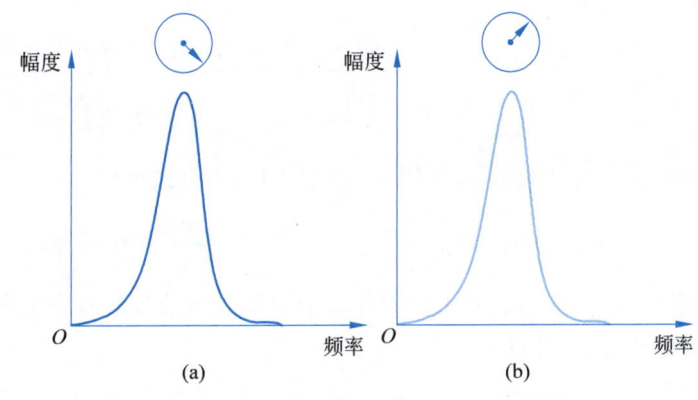

图 15.17 两个 chirp 进行 FFT 后的相位

$$\Delta\phi = \frac{4\pi vT_c}{\lambda} \tag{15.84}$$

因此,可以通过相位差进行相位的估算,即

$$v = \frac{\lambda\Delta\phi}{4\pi T_c} \tag{15.85}$$

当同一距离下存在多个不同速度的物体时,简单两个 chirp 的相位差无法分辨出所有目标的速度。此时,可以周期性地发射两个以上等间隔的 chirp 序列,如图 15.18 所示。

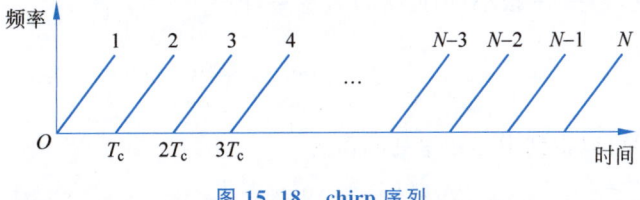

图 15.18 chirp 序列

通过对整个时间序列上的 chirp 的中频信号进行距离 FFT,从而产生一组位置完全相同但相位各不相同的峰值。进行距离 FFT 后对整个序列的相位进行差分,结果变为

包含了物体径向速度的角频率。因此，可以对整个距离 FFT 处理后的离散序列进行第二个维度上的 FFT，以分辨不同速度的目标物。

假设有 N 个等时间间隔的 chirp 序列，其中每个 chirp 的起始频率为 f_{start}，时频图中斜率为 S，则第 $k+1$ 个发射信号为

$$s_{k+1}(t) = \exp\{j[2\pi f_{\text{start}}(t-kT_c) + \pi S(t-kT_c)^2]\} \quad (15.86)$$

混频后得到第 $k+1$ 个中频信号为

$$s_{\text{IF},k+1}(t) \approx \exp\left\{j\left\{2\pi\left[f_{\text{start}}\tau - \frac{S}{2}\tau^2 + S\tau(t-kT_c)\right]\right\}\right\} \quad (15.87)$$

令 $t' = t - kT_c$，且将 $\tau = \dfrac{2(d+vt'+vkT_c)}{c}$ 代入式（15.87）并化简，可得

$$s_{\text{IF},k+1}(t') \approx \exp\left\{j2\pi\left[\left(\frac{2f_{\text{start}}v}{c} + \frac{2Sd}{c} + \frac{2SvkT_c}{c} - \frac{(4Svd+4Sv^2kT_c)}{c^2}\right)t' \right.\right.$$
$$\left.\left. + \left(\frac{2Sv}{c} - \frac{2Sv^2}{c^2}\right)t'^2 + \frac{2f_{\text{start}}(d+vkT_c)}{c} - \frac{2S(d^2+(vkT_c)^2+2vkT_cd)}{c^2}\right]\right\} \quad (15.88)$$

由于 $v \ll c$，故忽略 c^{-2} 项及调频项，并用 ϕ_k 表示相位，由上式可得

$$s_{\text{IF},k+1}(t') \approx \exp\left\{j\left[2\pi\left(\frac{2f_{\text{start}}v}{c} + \frac{2Sd}{c} + \frac{2SvkT_c}{c}\right)t' + \phi_k\right]\right\} \quad (15.89)$$

由上式可知，多个 chirp 的中频信号可以看作多个单频分段信号的时序组合。对第 $k+1$ 个中频信号做傅里叶变换，可得

$$S_{\text{IF},k+1}(f) = \int_{-T_c/2}^{T_c/2} s_{\text{IF},k+1}(t')\exp(-j2\pi ft)\mathrm{d}t'$$
$$= \int_{-T_c/2}^{T_c/2} \exp\left\{j\left[2\pi\left(\frac{2f_{\text{start}}v}{c} + \frac{2Sd}{c} + \frac{2SvkT_c}{c}\right)t' + \phi_k\right]\right\}\exp(-j2\pi ft') \quad (15.90)$$

由上式可得到第 $k+1$ 个中频信号的幅频特性。中心频率为

$$f_{k+1} = \frac{2f_{\text{start}}v}{c} + \frac{2Sd}{c} + \frac{2SvkT_c}{c}$$

由目标距离产生的频率，目标速度产生的多普勒频移和目标移动 k 个周期所产生的频移组成，一般情况下，$\dfrac{2SvkT_c}{c}$ 很小，因此可将其忽略，即

$$f_{k+1} \approx \frac{2f_{\text{start}}v}{c} + \frac{2Sd}{c}$$

从式（15.90）可以得到中心频率处幅值为

$$A(k) = \exp\{j\phi_k\}T_c \quad (15.91)$$

将

$$\phi_k = 2\pi\left[\frac{2f_{\text{start}}(d+vkT_c)}{c} - \frac{2S(d^2+(vkT_c)^2+2vkT_cd)}{c^2}\right]$$

代入式(15.91),且忽略 c^{-2} 项,可得

$$A(k) \approx T_c \exp\left\{j2\pi\left(\frac{2f_{\text{start}}vT_ck}{c} + \frac{2f_{\text{start}}d}{c}\right)\right\}, \quad k \in [0,1,2,3,\cdots,N-1]$$
(15.92)

由上式可以看出,N 个中频信号的傅里叶变换在中心频率处组成的峰值信号可看作一个单一频率的离散信号,且频率和相位分别为

$$f_A = \frac{2f_{\text{start}}vT_c}{c}, \quad \phi_A = \frac{2f_{\text{start}}d}{c}$$

从中可以看出,频率 f_A 仅与目标速度有关,与目标距离无关。当目标相对雷达径向速度为 0 时,幅值函数为仅与距离有关的常数。因此,可对相邻两周期的信号频谱相减,从而在消去静止目标的同时保留运动目标的信息。

对式(15.92)进行快速傅里叶变换,可得

$$\begin{aligned}F_A(k) &= \sum_{i=0}^{N-1} A(i)\exp\left(-j\frac{2\pi ki}{N}\right) \\ &= \sum_{i=0}^{N-1} T_c \exp\left\{j\left(4\pi\frac{f_{\text{start}}vT_ci}{c} + \phi_A\right)\right\}\exp\left(-j\frac{2\pi ki}{N}\right) \\ &= T_c \exp\{j\phi_A\}\sum_{i=0}^{N-1}\exp\left\{ji2\pi\left(\frac{2f_{\text{start}}vT_c}{c} - \frac{k}{N}\right)\right\} \\ &= T_c \exp\{j\phi_A\}\frac{1-\exp\left\{jN2\pi\left(\frac{2f_{\text{start}}vT_c}{c} - \frac{k}{N}\right)\right\}}{1-\exp\left\{j2\pi\left(\frac{2f_{\text{start}}vT_c}{c} - \frac{k}{N}\right)\right\}}\end{aligned}$$
(15.93)

当 $\frac{2f_{\text{start}}vT_c}{c} = \frac{k}{N}$,即多普勒频率 $f_d = \frac{2f_{\text{start}}v}{c} = \frac{k}{NT_c}$ 时,$|F_A(k)|$ 取最大。因此可利用多个 chirp 信号进行二次 FFT 求得峰值最高点对应的频率,进而求出目标的速度。

由此可以解得目标的无模糊速度为

$$v = \frac{f_d\lambda}{2} = \frac{k\lambda}{2NT_c}$$
(15.94)

目标运动情况下的无模糊距离可由一次 FFT 后的中心频率,并结合多普勒频率得出,即

$$d = \frac{(f_{k+1} - f_d)c}{2S}$$
(15.95)

在利用中频信号中心频率处的幅值信息求多普勒频率时,相当于对多个周期的一次 FFT 后的幅频函数在中心频率处做时间间隔 T_c 的采样。因此,速度维 FFT 的采样频率 $f_{s,2} = 1/T_c$,速度维 FFT 的频率分辨率为 $\Delta f_d = 1/NT_c$。故雷达的速度分辨率为

$$\Delta v = \frac{\Delta f_d \lambda}{2} = \frac{\lambda}{2NT_c}$$
(15.96)

由上式可知,雷达的速度分辨率主要取决于单个 chirp 信号的时宽和处理的信号个数,即

增大单个信号的时宽或增加扫频个数可以提高速度分辨率。

由奈奎斯特采样定理可知,多普勒维 FFT 可以测得的目标最大无模糊频率为
$$f_{d,max} = f_{s,2}/2 = 1/2T_c$$

因此,采用 FFT 的方法测得目标的最大无模糊速度为
$$v_{max} = \frac{f_{d,max}\lambda}{2} = \frac{\lambda}{4T_c} \tag{15.97}$$

15.4.3 角度估计

在通过 FFT 估计得到目标的距离、速度参数后,需要进一步对目标的角度进行估计,才能得到目标的具体方位。FMCW 雷达完成速度的估计实质上是在时间上进行 chirp 信号的扩展。在空间上进行 chirp 信号的扩展可以完成对角度的测算。

FMCW 雷达系统可以利用多个接收天线估计目标相对于雷达的到达角。对于远场信号而言,回波信号平行射入各个接收天线。因此,对于同一信号当到达角不为 0 时,不同阵元间存在波程差(回波到达不同接收阵元的时间差),而波程差会使阵元之间产生相位差,利用接收阵元之间的相位差就可以估计出目标的角度信息。

图 15.19 示出了具有一个发射天线和两个接收天线的雷达,两接收天线间距离 d。回波信号与雷达夹角 θ。反射信号到达第一个接收天线时,需要经过 $d\sin\theta$ 的附加距离才能到达第二个接收天线。故两接收天线间的相位差为
$$\Delta\phi = \omega\frac{d\sin\theta}{c} = 2\pi\frac{d\sin\theta}{\lambda} \tag{15.98}$$

从而,可以得到到达角为
$$\theta = \arcsin\left(\frac{\lambda\Delta\phi}{2\pi d}\right) \tag{15.99}$$

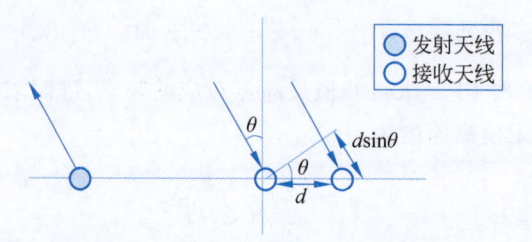

图 15.19 利用两个接受天线估算到达角

雷达的最大角视场(FoV)表示在不考虑发射信号波束宽度的条件下雷达所能覆盖的最大角度范围。由相位的周期性可知,若准确测量由波程差产生的相位差,则需要相位差满足 $|\Delta\phi| < \pi$。结合式(15.98),可得到雷达的最大角视场为
$$\theta = \arcsin\left(\frac{\lambda}{2d}\right) \tag{15.100}$$

由上式可得,雷达的最大角视场与波长和接收阵元间距的比值有关。当两阵元间隔 $d = \lambda/2$ 时,角视场最大,即 $\theta_{max} = \pm 90°$。

对空间中的多个接收阵元,在窄带远场的条件下,任意相邻两阵元间的波程差为

$$\tau = \frac{d\sin\theta}{c} \tag{15.101}$$

故各阵元在同一时刻接收到的信号相当于是对回波空间信息以波程差 τ 为采样间隔的采样,即空时等效性。每个接收天线的相对于前一天线都有固定相移,故在 N 个天线上信号的相位线性变化,可以通过对接收天线阵列的信号序列进行快速傅里叶变换来获得角度信息,称为角度FFT。

阵列天线的接收信号可以表示为

$$x(n) = \begin{bmatrix} x_1(t) \\ x_2(t) \\ \vdots \\ x_N(t) \end{bmatrix} = \begin{bmatrix} s(t)\mathrm{e}^{\mathrm{j}\omega t} \\ s(t)\mathrm{e}^{\mathrm{j}\omega(t+\tau)} \\ \vdots \\ s(t)\mathrm{e}^{\mathrm{j}\omega[t+(N-1)\tau]} \end{bmatrix}$$

$$= s(t)\mathrm{e}^{\mathrm{j}\omega t} \begin{bmatrix} 1 \\ \mathrm{e}^{\mathrm{j}\omega\tau} \\ \vdots \\ \mathrm{e}^{\mathrm{j}\omega(N-1)\tau} \end{bmatrix} = s(t)\mathrm{e}^{\mathrm{j}\omega t} a_\theta(n) \tag{15.102}$$

式中:ω 为载波频率;$a_\theta(n)$ 为阵列导向矢量。

从而可将阵列导向矢量的第 i 个元素为

$$a_\theta(i) = \mathrm{e}^{\mathrm{j}\omega(i-1)\tau} = \mathrm{e}^{\mathrm{j}2\pi\frac{d\sin\theta}{\lambda}(i-1)}, \quad 0 \leqslant i \leqslant N \tag{15.103}$$

导向矢量的各个元素可以看作以采样频率 $f_s = 1$ 对函数 $\mathrm{e}^{\mathrm{j}2\pi\frac{d\sin\theta}{\lambda}t}$ 的采样。对接收天线阵列的信号序列进行 N 点角度维FFT:

$$X(k) = \mathrm{FFT}(x(n)) \tag{15.104}$$

若进行 N 点角度维FFT后的峰值位置为 m,则由该目标引起的阵元相位差为

$$\Delta\phi = 2\pi f_s \frac{m}{N} = 2\pi \frac{m}{N} \tag{15.105}$$

由此可以得到目标的到达角为

$$\theta = \arcsin\left(\frac{\lambda\Delta\phi}{2\pi d}\right) = \arcsin\left(\frac{\lambda m}{Nd}\right) \tag{15.106}$$

由离散傅里叶变换的性质可知,两个离散频率可分辨的前提是满足

$$\Delta\phi > \frac{2\pi}{N} \tag{15.107}$$

联合式(15.98),并设两个离散频率对应的角度差为 $\Delta\theta$,可得

$$\Delta\phi = \frac{2\pi d}{\lambda}[\sin(\theta + \Delta\theta) - \sin\theta] > \frac{2\pi}{N}$$

$$\frac{2\pi d}{\lambda}\cos\theta\,\Delta\theta > \frac{2\pi}{N} \tag{15.108}$$

$$\Delta\theta > \frac{\lambda}{Nd\cos\theta}$$

故雷达的角度分辨率为 $\lambda/(Nd\cos\theta)$。一般地，雷达系统接收天线的间距 d 为固定的，角度分辨率一般只与阵元数有关，接收天线阵元越多，角度分辨率越高。

习题

1. 分别计算往返时间为 1ns、1μs、1ms 和 1s 时的距离。

2. 线性调频脉冲波形为 $x(t)=\exp[jt^2]$（$0\leqslant t\leqslant 1$）的信号，在 $t=\dfrac{1}{2}$ 时的瞬时频率为多少？

3. 雷达接收到的噪声是零均值高斯白噪声，其方差 $\sigma^2=4$（任意功率单位）。假设雷达系统采用 CA CFAR 检测算法对一个非起伏目标进行非标准化数据采样（$N=1$），且已知虚警概率 $P_{FA}=0.05$。计算此时的检测阈值。

4. 假设一个雷达系统的工作频率为 5GHz，其目标以 50m/s 的速度远离雷达，计算接收信号相对于发射信号的频率偏移，并讨论这种变化对雷达性能的影响。

5. 考虑一个雷达系统，假设雷达系统接收到了一个由信号和加性高斯白噪声组成的复回波信号。已知信号的幅度为 5V，相位为 θ，噪声功率为 4W，在接收到回波后，进行了 10 次独立测量，每次测量都得到了相同的确定性回波信号，但噪声是独立的。对这 10 次测量值进行相干积累后，计算积累后的信干比，并解释如何在原有基础上增大信干比。

6. 设计一个用于汽车防撞系统的 LFMCW 雷达，要求能够区分相距至少 0.5m 的两个物体。假设光速为 3×10^8m/s，计算所需的最小射频带宽，并说明如何选择调制参数以满足这一需求。

7. 假设一个雷达系统使用线性阵列进行窄带波束成形。该阵列由 M 个等间距排列的天线单元组成，每个单元之间的距离为 d，工作频率为 f_0，入射信号的角频率为 ω，DOA（到达方向）角度为 θ，给定第一个传感器接收到的信号为 $x_0(t)=Ae^{j\omega t}$，请推导出第 m 个传感器 $x_m(t)$ 的表达式，并思考当 d 过大时会产生什么现象，采取什么措施可以避免这种现象。

8. 如果在一个雷达系统中，通过连续发射两个 Chirp 信号后，测量到相位差为 $\pi/2$rad，已知每个 Chirp 信号的时间宽度为 1ms，请计算目标的径向速度。假设雷达工作频率为 10GHz。

9. 在某雷达系统中，该系统利用等距接收天线估算到达角（AoA），假设相邻阵元间的间距为半个波长（即 $\lambda/2$），当进行 N 点角度维 FFT 后的峰值位置为 m 时，若由该目标引起的阵元相位差为 $\pi/4$，请计算目标的到达角。

10. 采用 Chirp 信号和 FFT 来对雷达测算中的距离、角度和速度等量进行测量，与传统的估计方法相比有什么优点？

第16章 图像视频信号处理

16.1 图像视频处理概述

16.1.1 图像处理基础

一幅图像可定义为一个二维函数 $f(x,y)$，其中 x 和 y 是空间（平面）坐标，而在任何一对空间坐标 (x,y) 处的幅值 f 称为图像在该点处的强度或灰度，如图 16.1 所示。当 x、y 和灰度值 f 是有限的离散数值时，该图像称为数字图像。数字图像处理是指借助于数字计算机来处理数字图像。注意，数字图像是由有限数量的元素组成的，每个元素都有一个特定的位置和幅值。这些元素称为图画元素、图像元素或像素。像素是广泛用于表示数字图像元素的术语。

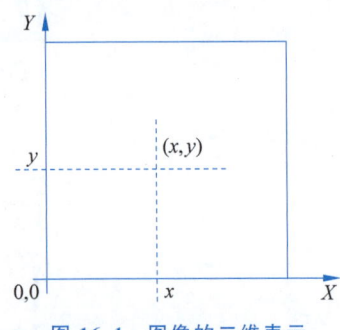

图 16.1 图像的二维表示

常见的图像有初级、中级和高级三种处理方式。初级处理如降低噪声的图像预处理、对比度增强和图像锐化。初级处理以输入、输出都是图像为特征。中级处理涉及诸多任务，如把一幅图像分割为不同区域或目标，减少这些目标物的描述，以使其更适合计算机处理及对不同目标的分类（识别）。中级处理以输入为图像，输出是从这些图像中提取的特征（如边缘、轮廓及各物体的标识等）为特征。高级处理涉及"理解"已识别目标的总体，就像在图像分析中那样，以及在连续统一体的远端执行与视觉相关的认知功能。

1. 采样和量化

为便于计算机后续处理，需要首先将图片进行数字化，包括采样和量化两方面。采样可理解为将时间轴分割为离散的片段，量化可理解为将图像灰度值进行离散处理。一幅数字图像的本质是一组对应的像素值，如图 16.2 所示。

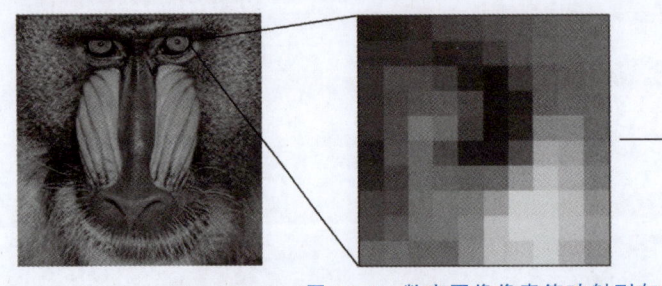

图 16.2 数字图像像素值映射到灰度矩阵

2. 像素和分辨率

像素由图像的小方格组成，这些小方块都有一个明确的位置和被分配的色彩数值，小方格颜色和位置就决定该图像所呈现出来的样子。可以将像素视为整个图像中不可分割的单位或元素。不可分割的意思是它不能够再切割成更小单位抑或是元素，以一个单一颜色的小格存在。每个点阵图像包含了一定量的像素，这些像素决定图像在屏幕上所呈现的大小。

直观上看,空间分辨率是图像中可辨别的最小细节的度量。在数量上,空间分辨率可以有很多方法来说明,其中单位距离的线对数和单位距离的点数(像素数)是最通用的度量。图像分辨率定义为单位距离内可分辨的最大线对数量。单位距离的点数是印刷和出版业中常用的图像分辨率的度量。图像分辨率表示了图像中存储的信息量,是每英寸图像内有多少个像素点,分辨率的单位为像素/英寸(PPI)。图像分辨率的表达方式也为"水平像素数×垂直像素数",也可以用规格代号来表示。高分辨率的图像比低分辨率的图像清晰。

3. 相邻像素

数字图像中像素间包含几个重要关系。如前所述,图像由 $f(x,y)$ 表示。本节中引用某个特殊的像素时,通常使用小写字母,如 p 和 q。位于坐标 $(x,1)$ 处的像素 p 有 4 个水平和垂直的相邻像素,其坐标是

$$(x+1,y),(x-1,y),(x,y+1),(x,y-1) \tag{16.1}$$

这组像素称为 p 的 4 邻域,用 $N_4(p)$ 表示。每个像素距 (x,y) 一个单位距离,若 (x,y) 位于图像的边界上,则 p 的某些相邻像素位于数字图像的外部。

p 的 4 个对角相邻像素的坐标为

$$(x+1,y+1),(x+1,y-1),(x-1,y+1),(x-1,y-1) \tag{16.2}$$

用 $N_D(p)$ 表示。这些点与 4 个邻点一起称为 p 的 8 邻域,用 $N_8(p)$ 表示。与前面一样,如果 (x,y) 位于图像的边界上,则 $N_D(p)$ 和 $N_8(p)$ 中的某些邻点会落入图像的外边。

4. 图像直方图

图像的直方图是衡量图像像素分布的一种方式,可以通过分析像素分布处理太亮或太暗的图像,通过均衡化处理使用直方图均衡化对图像进行优化,让图像变得清晰。灰度级范围为 $[0,L-1]$ 的数字图像的直方图是离散函数 $h(r_k)=n_k$,其中 r_k 是第 k 级灰度值,n_k 是图像中灰度为 r_k 的像素个数。常用 $M \times N$ 表示的图像总像素除每个分量来归一化直方图,M 和 N 是图像的行数和列数。因此,归一化后的直方图由下式给出

$$p(r_k) = \frac{n_k}{M \times N}, \quad k=0,1,\cdots,L-1 \tag{16.3}$$

简单地说,$p(r_k)$ 是灰度级 r_k 在图像中出现的概率的估计。归一化直方图的所有分量之和应等于 1。图像的直方图如图 16.3 所示。

(a)

(b)

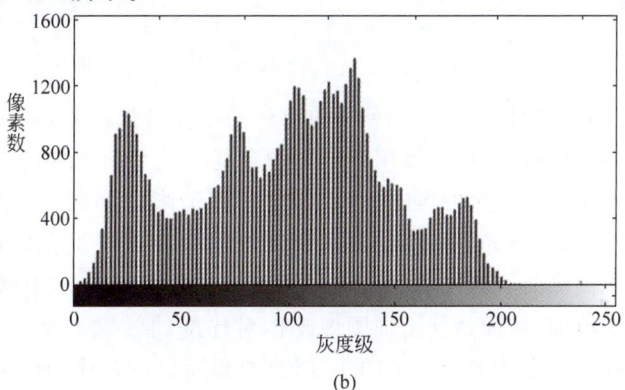

图 16.3　数字图像灰度直方图

在暗图像中,直方图的分量集中在灰度级的低(暗)端。类似地,亮图像直方图的分量倾向于灰度级的高端。低对比度图像具有较窄的直方图,且集中于灰度级的中部。高对比度图像中直方图的分量覆盖了很宽的灰度级范围,而且像素的分布没有太不均匀,只有少量垂线比其他的高许多。图 16.4 和图 16.5 分别表示了高对比度亮图像以及低对比度亮图像的直方图。可以得出这样的结论:若一幅图像的像素倾向于占据整个可能的灰度级并且分布均匀,则该图像会有高对比度的外观并展示灰色调的较大变化。最终效果将是一幅灰度细节丰富且动态范围较大的图像。

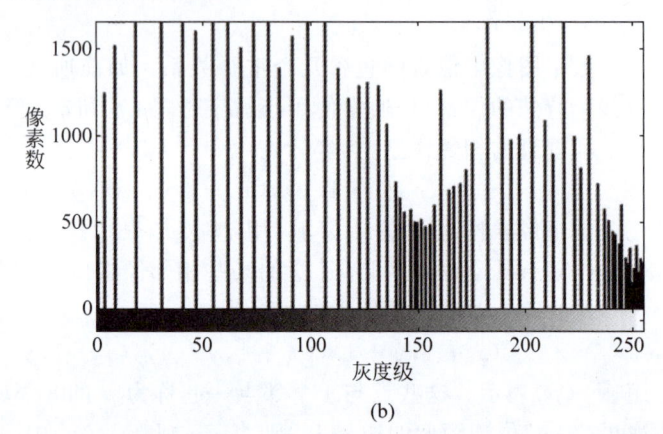

(a)　　　　　　　　　　　(b)

图 16.4　高对比度亮图像直方图

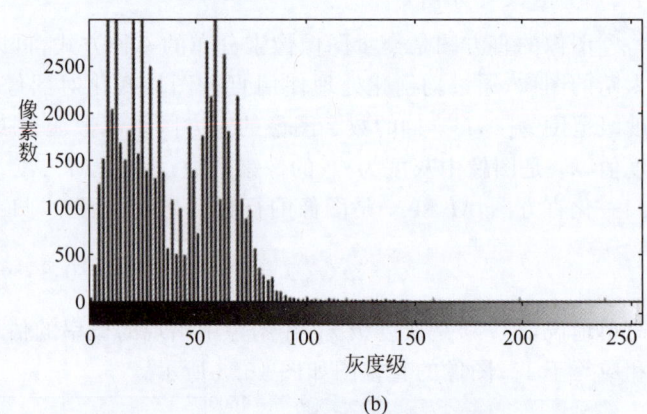

(a)　　　　　　　　　　　(b)

图 16.5　低对比度暗图像直方图

直方图均衡化是一种简单有效的图像增强技术,通过改变图像的直方图来改变图像中各像素的灰度,主要用于增强动态范围偏小的图像的对比度。由于原始图像灰度分布可能集中在较窄的区间,造成图像不够清晰。例如,过曝光图像的灰度级集中在高亮度范围内,而曝光不足将使图像灰度级集中在低亮度范围内。采用直方图均衡化,可以把原始图像的直方图变换为均匀分布(均衡)的形式,这样就增加了像素之间灰度值差别的动态范围,从而达到增强图像整体对比度的效果。换言之,直方图均衡化的基本原理是对在图像中像素个数多的灰度值(对画面起主要作用的灰度值)进行展宽,而对像素个数少的灰度值(对画面不起主要作用的灰度值)进行归并,从而增大对比度,使图像清晰,达到增强的目的。

5. 图像内插

内插是用已知数据来估计未知位置的数值的处理,在放大、收缩、旋转和几何校正等任务中广泛应用的基本工具,是基本的图像重取样方法。图像内插包括最近邻内插和双线性内插等。

假设一幅 300×300 像素的图像要放大到 450×450 像素。一种简单的放大方法是创建一个假想的 450×450 网格,它与原始图像有相同的间隔,然后将其收缩,使它准确地与原图像匹配。显然,收缩后的 450×450 网格的像素间隔要小于原图像的像素间隔。为了对覆盖的每个点赋以灰度值,在原图像中寻找最接近的像素,并把该像素的灰度赋给 450×450 网格中的新像素。完成对网格中覆盖的所有点的灰度赋值后,就把图像扩展到原来规定的大小,得到放大后的图像。这种方法即为最近邻内插。最近邻内插将该最像素近邻的灰度值赋给了每个新像素,但是这种方法会导致直边缘严重失真。

双线性内插利用 4 个最近邻去估计新的定像素的灰度。令 (x,y) 为想要赋以灰度值的像素位置的坐标,并令 $v(x,y)$ 表示灰度值,则有

$$v(x,y) = ax + by + cxy + d \tag{16.4}$$

其中,4 个系数可用由点 (x,y) 的 4 个最近邻点写出的未知方程确定。

16.1.2 图像变换

1. 图像几何变换

几何变换是图像变换的基本方法,包括图像的空间平移、比例缩放、旋转、仿射变换、透视变换和图像插值。图像几何变换的实质是改变像素的空间位置或估算新空间位置上的像素值。图像变换的一般表达式为

$$[u,v] = [X(x,y), Y(x,y)] \tag{16.5}$$

式中:$[u,v]$ 为变换后图像像素的笛卡儿坐标;(x,y) 为原始图像中像素的笛卡儿坐标;$X(x,y)$ 和 $Y(x,y)$ 分别定义了在水平和垂直两个方向上的空间变换的映射函数。

这样就得到了原始图像与变换后图像的像素的对应关系。若 $X(x,y)=x, Y(x,y)=y$,则有 $[u,v]=(x,y)$,即变换后图像仅仅是原图像的简单复制。

(1) 平移变换。若图像像素点 (x,y) 平移到 $(x+x_0, y+y_0)$,则变换函数为

$$u = X(x,y) = x + x_0, \quad v = Y(x,y) = y + y_0$$

写成矩阵形式,即

$$\begin{bmatrix} u \\ v \end{bmatrix} = \begin{bmatrix} x \\ y \end{bmatrix} + \begin{bmatrix} x_0 \\ y_0 \end{bmatrix} \tag{16.6}$$

式中:x_0、y_0 分别为 x、y 的坐标平移量。

(2) 比例缩放。若图像坐标 (x,y) 缩放到 (s_x, s_y) 倍,则变换函数为

$$\begin{bmatrix} u \\ v \end{bmatrix} = \begin{bmatrix} s_x & 0 \\ 0 & s_y \end{bmatrix} \begin{bmatrix} x \\ y \end{bmatrix} \tag{16.7}$$

式中：s_x、s_y 分别为 x 和 y 坐标的缩放因子，其大于 1 表示放大，小于 1 表示缩小。

（3）旋转变换。

将输入图像绕笛卡儿坐标系的原点逆时针旋转 θ 角度，则变换后图像坐标为

$$\begin{bmatrix} u \\ v \end{bmatrix} = \begin{bmatrix} \cos\theta & -\sin\theta \\ \sin\theta & \cos\theta \end{bmatrix} \begin{bmatrix} x \\ y \end{bmatrix} \tag{16.8}$$

（4）仿射变换。平移、比例缩放和旋转变换都是一种称为仿射变换的特殊情况，仿射变换的一般表达式为

$$\begin{bmatrix} u \\ v \end{bmatrix} = \begin{bmatrix} a_2 & a_1 & a_0 \\ b_2 & b_1 & b_0 \end{bmatrix} \begin{bmatrix} x \\ y \\ 1 \end{bmatrix} \tag{16.9}$$

仿射变换具有如下性质：

① 仿射变换只有 6 个自由度（对应变换中的 6 个系数），因此仿射变换后互相平行直线仍然为平行直线，三角形映射后仍是三角形。但不能保证将四边形以上的多边形映射为等边数的多边形。

② 仿射变换的乘积和逆变换仍是仿射变换。

③ 仿射变换能够实现平移、旋转、缩放等几何变换。

2. 形态学图像处理

"形态学"通常表示生物学的一个分支，这里表示数学形态学的内容，将数学形态学作为工具从图像中提取表达和描绘区域形状的有用图像分量，如边界、骨架和凸壳等。形态学为大量的图像处理问题提供一种一致且有力的方法。数学形态学中的集合表示图像中的对象。

结构元是用作滑动窗口的小图像，其支持在平面中勾画像素邻域。结构元素可以是任何形状、大小，或是（有孔的）连接。图 16.6 为一些结构元的例子，其中圆圈部分用于放置计算后的值。

图 16.6 结构元例子

1）腐蚀

作为 Z^2 中的集合 A 和 B，B 对 A 的腐蚀义为

$$A \ominus B = \{z \mid (B)_z \subseteq A\} \tag{16.10}$$

该式指出 B 对 A 的腐蚀是一个用 z 平移的 B 包含在 A 中的所有的点 z 的集合。因为 B 必须包含在 A 中这一陈述等价于 B 不与背景共享任何公共元素，故可以将腐蚀表达为如下的等价形式：

$$A \ominus B = \{z \mid (B)_z \cap A^c = \varnothing\} \tag{16.11}$$

腐蚀的效果如图 16.7 所示,常用于去掉某些细小连接的某些部分。

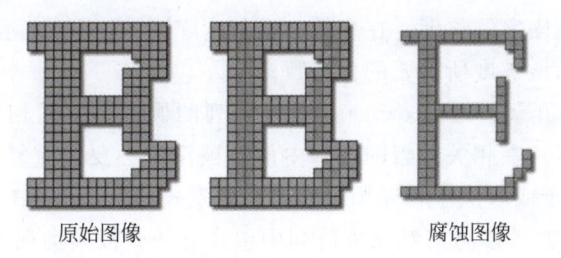

原始图像　　　　　　　　腐蚀图像

图 16.7　腐蚀图示

2) 膨胀

A 和 B 是 Z^2 中的集合,B 对 A 的膨胀定义为

$$A \oplus B = \{z \mid (B)_z \cap A \neq 0\} \tag{16.12}$$

该公式是以 B 关于它的原点的映像,并且以 z 对映像进行平移为基础。B 对 A 的膨胀是所有位移 z 的集合,这样,B 和 A 至少有一个元素是重叠的。根据这种解释,式(16.12)可以等价地写为

$$A \oplus B = \{z \mid [(\hat{B})_z \cap A] \subseteq A\} \tag{16.13}$$

腐蚀是一种收缩或细化操作,膨胀则会"增长"或"粗化"二值图像中的物体。膨胀的效果如图 16.8 所示。这种特殊的方式和粗化的宽度由所用结构元来控制。

原始图像　　　　　　　　腐蚀图像

图 16.8　膨胀图示

3. 图像压缩

图像压缩是一种减少描绘一幅图像所需数据量的技术,数据压缩是指减少表示给定信息量所需数据量的处理。在该定义中,数据和信息是不相同的,数据是信息传递的手段。因为相同数量的信息可以用不同数量的数据表示,包含不相关或重复信息的表示称为冗余数据。令 b 和 b' 代表相同信息的两种表示中的比特数(或信息携带单元),则相对数据冗余为

$$R = 1 - \frac{1}{C} \tag{16.14}$$

式中:C 为压缩率,定义为

$$C = \frac{b}{b'} \tag{16.15}$$

数字图像受如下可被识别和利用的三种主要类型的数据冗余的影响:

(1) 编码冗余。编码是用于表示信息实体或事件集合的符号系统(字母、数字、比特

和类似的符号等)。每个信息或事件被赋予一个编码符号的序列,称为码字。每个码字中的符号数量就是该码字的长度。在多数二维灰度阵列中,用于表示灰度的8bit编码所包含的比特数比表示该灰度所需要的比特数多。

(2) 空间和时间冗余。因为多数二维灰度阵列的像素是空间相关的(每个像素类似于或取决于相邻像素),在相关像素的表示中信息被没有必要地重复。在视频序列中,时间相关的像素(类似于或取决于相邻帧中的那些像素)也是重复的信息。

(3) 不相关的信息。多数二维灰度阵列中包含有一些被人类视觉系统忽略或与用途无关的信息。从未被利用的角度看,它是冗余的。

如图 16.9 所示,图像压缩系统是由编码器和解码器两个不同的功能部分组成的。编码器执行压缩操作,解码器执行解压缩操作,两种操作可用软件执行,如在 Web 浏览器和许多商业图像编辑程序中那样,或者使用硬件和固件相结合的形式执行,如商业 DVD 播放器。图像 $f(x,y)$ 被输入编码器中,这个编码器创建该输入的压缩表示。

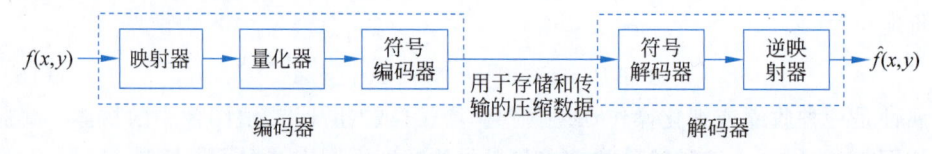

图 16.9　图片压缩基本流程图

图 16.9 中的编码器通过一系列的三个独立操作去除对应冗余形式。在编码处理的第一个阶段,映射器把 $f(x,y)$ 变换为降低空间和时间冗余的形式。这一操作通常是可逆的,并且可能会减少表示图像所需的数据量。第二阶段,为实现压缩,必须对系数进一步处理,即量化。第三阶段,信源编码处理的最后阶段,符号编码器生成一个定长编码或变长编码来表示量化器的输出,并根据该编码来变换输出。大多数情况下会使用变长编码。最短的码字赋予出现频率最高的量化器输出值,以最小化编码冗余。这种操作是可逆的。这一操作完成后,输入图像就完成了三种冗余去除。

4. 彩色图像处理

1) 色彩模型

彩色模型(也称为彩色空间或彩色系统)的目的是,在某些标准下用通常可以接受的方式方便地对彩色加以说明。本质上,彩色模型是坐标系统和子空间的说明,其中,位于系统中的每种颜色都由单个点来表示。现在所用的大多数彩色模型是面向硬件(如彩色监视器和打印机)的,或是面向应用的(如针对动画的彩色图形创作)。在数字图像处理中通用的模型包括:面向硬件的 RGB(红、绿、蓝)模型,用于彩色监视器和一大类彩色视频摄像机;CMY(青、品红、黄)模型和 CMYK(青、品红、黄、黑)模型,用于彩色打印机;HSI(色调、饱和度、亮度)模型,这种模型更符合人描述和解释颜色的方式。HSI 模型还有另一个优点,它可以解除图像中颜色和灰度信息的联系,使其更适合本书中给出的许多灰度处理技术。现在使用的彩色模型还有很多,原因在于色彩学是一个包括许多应用的宽泛领域。这里试图详细研究其中的几个模型,因为这些模型更有意义且更有益。

(1) RGB 模型。

在 RGB 模型中,每种颜色出现在红、绿、蓝的原色光谱成分中。该模型基于笛卡儿坐标系。所考虑的彩色子空间是图 16.10 所示的立方体。在该模型中,灰度(RGB 值相等的点)沿着连接这两点的直线从黑色延伸到白色。该模型中的不同颜色是位于立方体上的或立方体内部的点,且由自原点延伸的向量来定义。

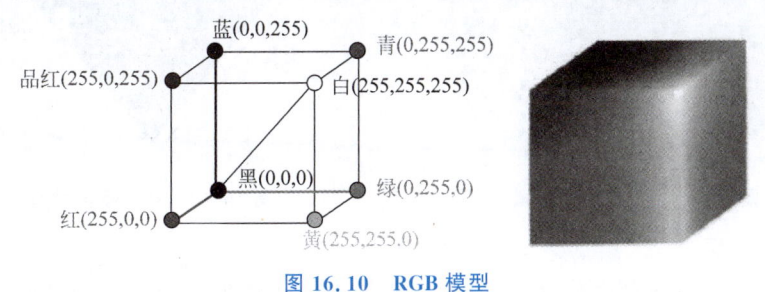

图 16.10 RGB 模型

(2) CMY 模型和 CMYK 模型。

RGB 模型依靠光源来创建色彩,而 CMY 以及 CMYK 模型则基于打印在纸上的油墨的吸光特性创建色彩。CMY 模型的三原色为青色、品红以及黄色。与 RGB 模型不同,CMY 模型基于减色法产生要求输入 CMY 数据或在内部进行 RGB 到 CMY 的转换。这一转换是使用下面这个简单的操作执行的:

$$\begin{bmatrix} C \\ M \\ Y \end{bmatrix} = \begin{bmatrix} 1 \\ 1 \\ 1 \end{bmatrix} - \begin{bmatrix} R \\ G \\ B \end{bmatrix} \tag{16.16}$$

式(16.16)假设所有的彩色值都已归一化到区间[0,1]内。

根据等量的颜料原色,即青色、深红色和黄色,可以生成黑色。实际上,为打印目的组合的这些颜色所产生的黑色是不纯的。因此,为了生成真正的黑色(即在打印中起主要作用的颜色),加入了第 4 种颜色黑色,提出了 CMYK 彩色模型。这样,当出版商提到"四色打印"时,指的是 CMY 彩色模型的三种原色再加上黑色。图 16.11 表示 CMYK 颜色模型。

(3) HSI 模型。

观察彩色物体时,用其色调、饱和度和亮度来描述这个物体。色调描述的是一种纯色的颜色属性。饱和度是一种纯色被白光稀释的程度的度量。亮度体现了无色的强度概念,并且是描述彩色感觉的关键因子之一。HSI 颜色模型如图 16.12 所示,该模型可在彩色图像中从携带的彩色信息(色调和饱和度)中消去强度分量的影响,这种彩色描述对人来说是自然且直观的。

HSI 空间由一个垂直强度轴和位于与该轴垂直的平面内的彩色点的轨迹表示。当平面沿强度轴上下移动时,由每个平面与立方体表面构成的横截面定义的边界不是三角形就是六边形。在这个平面中,原色按 120°分隔,二次色与原色相隔 60°。

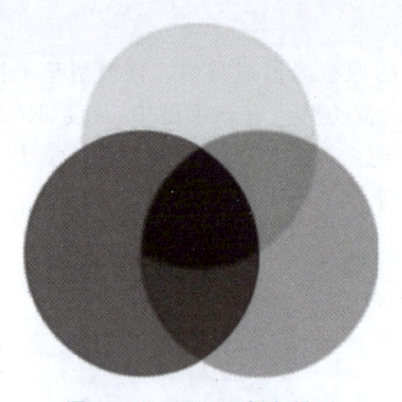

图 16.11　CMYK 颜色模型　　　　图 16.12　HIS 颜色模型

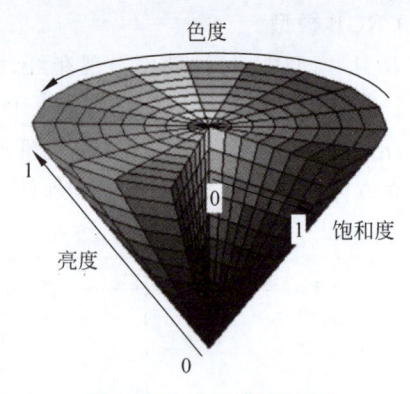

2) 灰度分层

灰度分层(也称为密度分层)和彩色编码技术是伪彩色图像处理的最简单的例子之一。若一幅图像被描述为三维函数,则分层方法可视为放置一些平行于该图像的坐标平面的平面,然后每个平面在相交的区域中"切割"图像函数。图 16.13 显示了使用位于 $f(x, y=l_i)$ 处的一个平面把该图像函数切割为两部分的例子。

一种简单而实用的灰度分层法示于图 16.14。图 16.14(a)是 Picker 甲状腺模型(放射实验模型)的单色图像,图 16.14(b)是灰度分层结果,图像分为 8 个彩色区域。单色图像中出现的恒定灰度区也完全可变,如切割后图像中的各种颜色所示。例如,左瓣在单色图像中是暗灰色的,因此以灰度形式分辨出病变很困难。相比之下,彩色图像清楚地显示出了恒定灰度区域的 8 个区域,其中每个区域采用一种颜色。

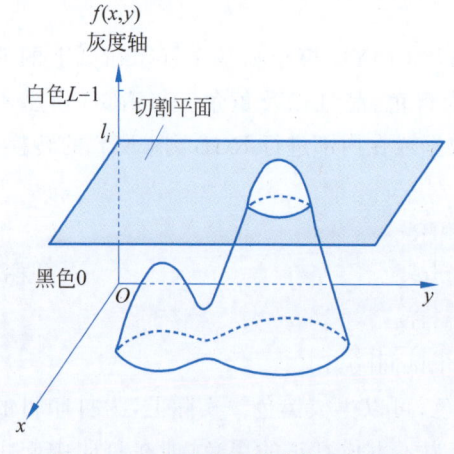

图 16.13　灰度分层技术的几何解释

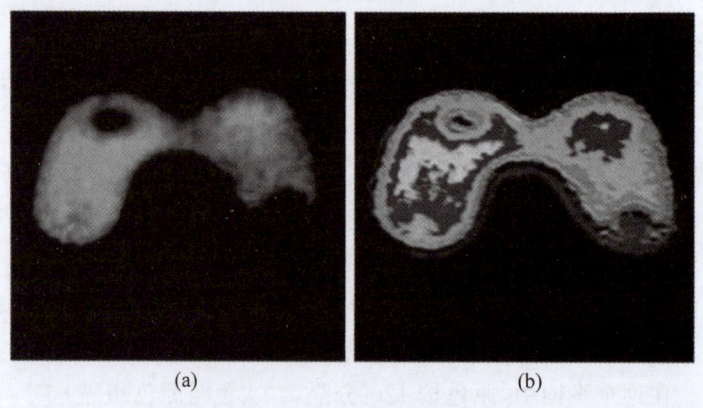

(a)　　　　(b)

图 16.14　灰度分层技术的医学应用

16.1.3 视频处理概述

视频信号即一定时间内连续的图像帧以及伴随的音频信号,视频信号可以视作音频信号与图像信号在时间上的叠加。典型的视频编码器和解码器结构框图如图 16.15 所示。视频压缩主要是通过去除视频中的空间冗余、时间冗余和编码冗余实现的。

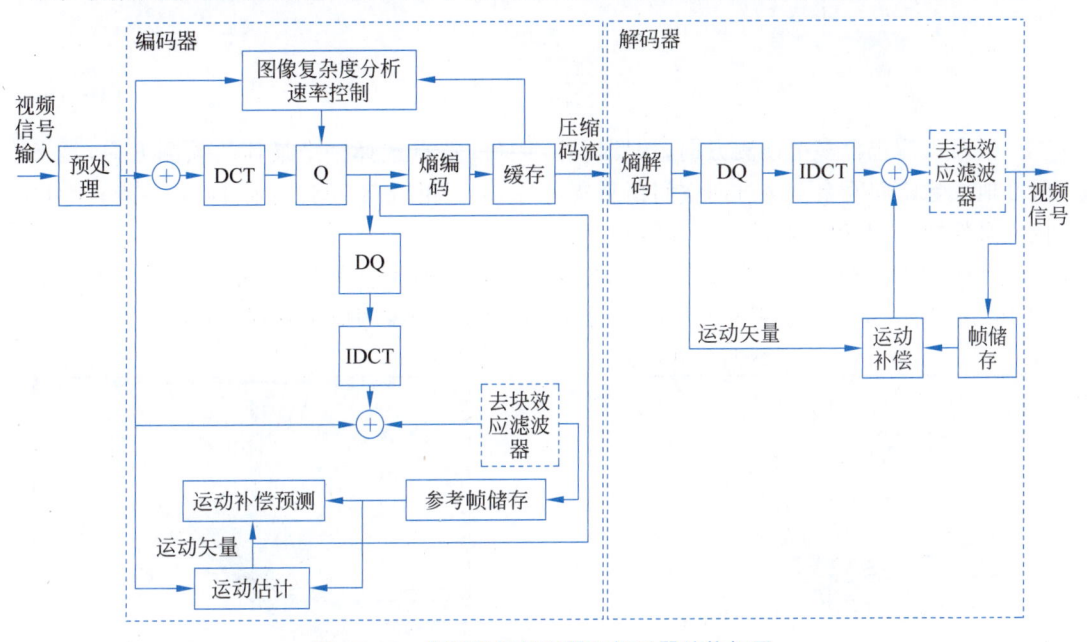

图 16.15 典型视频编码器和解码器结构框图

具体地讲,视频编码器中包括很多编码算法,这些算法在编码器中被有效组合在一起,使整个编码器具有较高的压缩效率。目前主流的视频编码器采用的技术主要有预测、变换、量化、熵编码和环路滤波,这些技术在编码器中的基本次序关系如图 16.15 所示。主流的编码方法都是将图像划分成块进行编码,其中第二代标准都是划分成 16×16 的宏块,第三代标准引入了更大块的划分,比如最大可到 64×64 块的编码单元,以编码单元为单位进行编码。将每帧图像进行划分后,按照从上至下、从左至右的顺序对每个划分进行处理。由于图 16.15 所示的编码器采用了多种压缩编码技术,所以常称为混合编码器。

1. 帧内预测

帧内预测是用已编码像素的加权和作为当前像素的预测值。在现代视频编码中采用了基于块的帧内预测技术,这主要是考虑到与基于块的变换量化技术的统一以及实现代价。基于块的帧内预测技术在现代视频编码标准中的应用有 MPEG-4 标准中相邻块的频域系数预测,如 DC 预测及 AC 预测,H.264/AVC、H.265/HEVC 以及 AVS 标准中的多方向空间预测技术。帧内预测利用图像在空间上相邻像素之间具有相关性的特点,由相邻像素预测当前块的像素值,可以有效地去除块间冗余。具体地讲,设 $x=\{x_1,x_2,\cdots,x_n\}$ 为相邻像素集合,y 为当前像素,且有

$$y = f(x) \tag{16.17}$$

特别地,当 $f(x)$ 为一阶线性函数,则有

$$y = f(x) = \sum_{i=1}^{n} a_i x_i \tag{16.18}$$

式中: a_i 为预测权重系数; n 为预测阶数。

一般有

$$\sum_{i=1}^{n} a_i = 1 \tag{16.19}$$

帧内预测包含多个预测方向,按照图像本身的特点选择一个最佳的预测方向,最大限度地去除空间冗余。多方向空间预测技术与 DCT 相结合,可以弥补 DCT 只能去除块内冗余的缺点,获得较高的编码性能。

目前的 H.266/VVC 和第三代 AVS 标准 AVS3 则通过增加更多的帧内预测方向如图 16.16 所示,进一步提示了 I 帧图像的编码效率,对于视频应用有着重要意义。

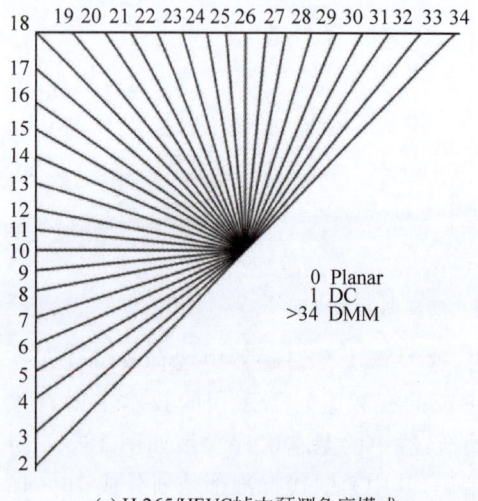

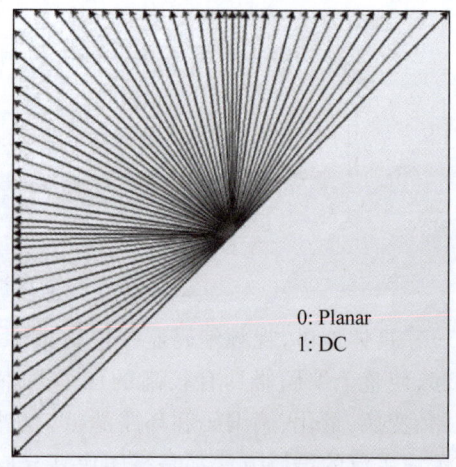

(a) H.265/HEVC 帧内预测角度模式

0 Planar
1 DC
>34 DMM

(b) H.266/VVC 帧内预测角度模式

0: Planar
1: DC

图 16.16 H.265/HEVC 与 H.266/VVC 帧内预测角度模式对比

2. 帧间预测

帧间预测是消除运动图像时间冗余的技术,Seyler 在 1962 年发表的关于帧间预测编码的研究论文奠定了现代帧间预测编码的基础。他提出视频序列相邻帧间存在很强的相关性,因此对视频序列编码只需编码相邻帧间的差异,并指出相邻帧间的差异是物体的移动、摄像机镜头的摇动及场景切换等造成的。此后,帧间预测技术的发展经历了条件更新、3D-DCPM、基于像素的运动补偿等阶段,最终从有效性及可实现性两方面综合考虑,确定了基于块的运动补偿方案。现代视频编码系统采用了基于块运动补偿的帧间预测技术,用于消除时域冗余。

由于运动图像邻近帧中的场景存在着一定的相关性,因此可为当前块搜索出在邻近参考帧中最相似的预测块,并根据预测块的位置,得出两者之间的空间位置的相对偏移

量,即通常所指的运动矢量,如图16.17所示。通过搜索得到运动矢量的过程称为运动估计。根据运动矢量,从指定的参考帧中找到预测块的过程称为运动补偿。

在基于块预测编码中,一般用绝对值差和(SAD)或者平均绝对值差(MAD)来衡量预测值与实际值的差异程度。实际像素值与预测值的SAD或者MAD值越小,表示实际值与预测值之间越相似。预测编码技术就是采用SAD、MAD或者其他类似方法作为评估最佳预测块的方法。

通过预测可以得到实际像素值与预测像素值的差值,称作预测残差。预测残差比实际值具有更少的冗余。根据香农信息论可知,预测残差的编码需要的编码比特数更少。解码器通过采用与编码器完全相同的预测方法得到完全相同的预测值,然后用解码出来的预测残差与预测值相加就得到重建图像。图16.18为预测编码技术的基本流程。

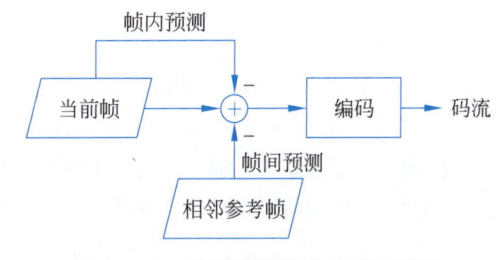

图 16.17 参考帧及当前帧的运动矢量搜索

图 16.18 预测编码技术的基本流程

为了提高帧间预测的精度,基于块的运动补偿方案又从多方面进行了完善。在MPEG-1标准制定过程中发展出了双向预测技术,即当前帧的预测值可以同时从前向参考帧和后向参考帧获得。双向预测技术可以解决新出现区域的有效预测问题,并能够通过前后向预测值的平均来有效去除帧间噪声。

3. 变换

变换编码首先对图像进行正交变换以去除空间像素之间的相关性,也就是变换后的频域系数使图像信息更加紧凑地表示,这有利于编码压缩。另外,正交变换使原先分布在每个像素上的能量集中到频域的少数低频系数上,这代表了图像的大部分信息,而高频系数值较小是与大多数图像的高频信息较少相一致的。频域系数的这种性质有利于采用基于人类视觉特性的量化方法,如对低频系数采用小的量化步长以保持大部分信息不丢失,而对高频系数量化得大一些,虽然信息损失较多,但人的视觉系统对此部分信息损失不敏感。

K-L(Karhunen-Loeve)变换是均方误差标准下的最佳变换,但其计算复杂度高,需要针对每个输入图像计算特征矢量从而获得变换矩阵,这对于实时要求较高的视频编码系统,很难在实际应用中被采用,并且获得变换矩阵需要转送到解码端,这增加了传输的开销。使用正交变换的原因是正交变换的转置矩阵和逆矩阵是相等的,这在做逆变换(解码)时非常方便。人们开始尝试使用快速傅里叶变换(FFT),后来发现,对于图像数据压缩这个特定问题,由于图像数据是非负的,在傅里叶空间上只有第一象限被涉及,表现效率低。随后,采用离散余弦变换(DCT)代替K-L变换取得了很好的效果。DCT不依赖输入信号的统计特性,且DCT有快速算法,因此DCT得到了广泛应用。考虑到实现的复杂性,不是对整幅图像直接进行DCT,而是把图像分成不重叠的固定大小块,对每个图像块进行DCT。MPEG-2、H.263以及MPEG-4都采用了8×8 DCT。

变换技术的另一个重要进展是离散小波变换(DWT)技术,DWT具有多分辨率多频率时频分析的特性,信号经DWT分解为不同频率的子带后更易于编码,并且采用适当的熵编码技术。除了DCT和DWT外,视频编码标准中常用的变换还有沃尔什-哈达玛变换(WHT),主要用于空域去相关编码。理论上,沃尔什-哈达玛变换比傅里叶变换更利于小块的能量压缩,但会产生更多的块效应。由于沃尔什-哈达玛变换的计算复杂度较低,仅仅需要加减操作就可以实现,因此常在运动估计或模式决策中被用来替代DCT,得到与DCT相近的决策结果,再根据决策结果用DCT去编码。离散余弦变换以及沃尔什-哈达玛变换将在16.2节介绍。

4. 量化

量化是降低数据表示精度的过程,通过量化可以减少需要编码的数据量,达到压缩数据的目的。量化可分为矢量量化和标量量化。矢量量化是对一组数据联合量化。标量量化独立量化每一个输入数据,标量量化也是一维的矢量量化。根据香农率失真理论,对于无记忆信源,矢量量化编码总是优于标量量化编码,但设计高效的矢量编码码本是十分复杂的问题,因此当前的编码标准通常采用标量量化。

由于DCT具有能量集中的特性,变换系数的大部分能量都集中在低频范围,很少的能量落在高频范围。利用人的视觉系统对高频信息不敏感的特点,通过量化可以减少高频的非零系数,提高压缩效率。量化是一种有损压缩技术,量化后的视频图像不能进行无损恢复,因此导致源图像与重建图像之间的误差,称为失真。编码图像的失真主要是由量化引起的,失真是量化步长的函数。量化步长越长,量化后的非零系数越少,视频压缩率越高,重建图像的失真也越大。从这里可以看出,图像质量和压缩率是一对矛盾体。通过在量化阶段调整量化步长,可控制视频编码码率和编码图像质量,根据不同应用的需要,在两者之间进行选择和平衡。

5. 熵编码

变换量化系数在熵编码之前通常要通过Z字(Zig-zag)扫描。通过Zig-zag扫描可将二维变换量化系数重新组织为一维系数序列,经过重排序的一维系数再经过有效的组织能够被高效编码。图16.19给出了8×8变换量化系数块的Zig-zag扫描的顺序。扫描的顺序一般根据待编码系数的非零系数分布,按照空间位置出现非零系数的概率从大到小排序。排序的结果是使非零系数尽可能出现在整个一维系数序列前面,而后面的系数尽可能为零或者接近于零,这样排序非常利于提高系数的熵编码效率。基于这一原则,在H.265/HEVC标准中,针对帧内预测块的系数分布特性,还专门设计了垂直、水平和对角等新的扫描方式。

利用信源的信息熵进行码率压缩的编码方式称为熵编码。能够去除经预测和变换后依然存在的统计冗余信息。视频编码常用的熵编码方法有变长编码(VLC)和算术编码(AC)。

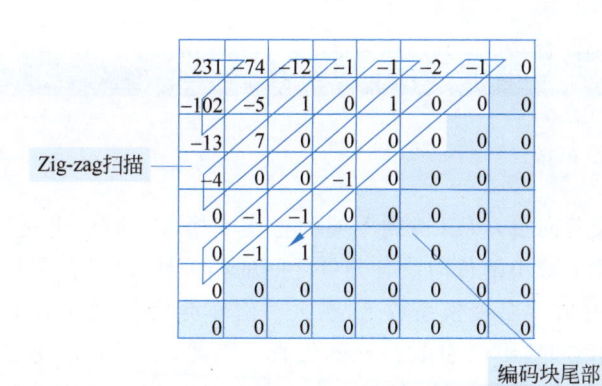

图 16.19　Zig-zag 扫描示意图

变长编码的基本思路是为出现概率大的符号分配短码字,为出现概率小的符号分配长码字,从而达到总体平均码字最短。对于给定的信源及其概率分布,哈夫曼编码是最佳编码方法。哈夫曼编码用于视频编码有两个缺点：一个是编码器建立哈夫曼树的计算开销巨大；另一个是编码器需要给解码器传送哈夫曼码字表,解码器才能正确解码,这会降低压缩效率。因此,实际中常使用有规则结构的指数哥伦布码(EGC)代替哈夫曼编码。

算术编码是另一类重要的熵编码方法,在平均意义上可为单个符号分配码长小于 1 的码字,算术编码通常具有比变长编码更高的编码效率。算术编码和变长编码不同,不是采用一个码字代表一个输入信息符号的方法,而是采用一个浮点数来代替一串输入符号。算术编码计算输入符号序列的联合概率,将输入符号序列映射为实数轴上的一个小区间,区间的宽度等于该序列的概率值,之后在此区间内选择一个有效的二进制小数作为整个符号序列的编码码字。可以看到算术编码是对输入符号序列进行操作而非单个符号,因此平均意义上可以为单个符号分配长度小于 1 的码字。

在编码过程中,熵编码器利用上下文信息自主切换码表或更新符号的条件概率,这较好地解决了以往熵编码技术中全局统计概率分布与编码符号局部概率分布不一致的问题,因此编码效率进一步提高。基于上下文的熵编码由上下文建模与编码两个技术模块构成。编码可通过变长编码或算术编码来实现。

6．环路滤波

环路滤波因处于编码环内而得名,即重建图像经过滤波后被用作参考图像以编码将来的图像,它能够在达到提高主观视觉效果的同时提高编码效率。环路滤波源于视频编码早期的后处理滤波,如 MPEG-4 中的去块效应滤波,即在解码图像后先进行滤波处理再送到显示模块进行显示,是一种可选择的处理过程,不影响解码过程。实际上,在 H.264/AVC 之前环路滤波就已经成为标准的一部分。

去块效应滤波主要是块边界进行滤波处理,可以消除基于块的运动预测、变换量化等处理所导致的边界效应。在 H.265/HEVC、AVS 等标准的制定过程中,对滤波方法进行了深入的研究,包括滤波块大小、滤波强度的分级及判断等。随着视频编码标准的发展,环路滤波也引入了一些新方法,使得环路滤波性能进一步提升,主客观质量都有进一步改善。

16.2 离散余弦变换和沃尔什-哈达玛变换

16.2.1 离散余弦变换

选择不同的正交基向量,可以得到不同的正交变换。从数学上可以证明,各种正交变换都能在不同程度上减小随机向量各分量之间的相关性,而且信号经过大多数正交变换后,能量会相对集中在少数变换系数上,删去对信号贡献小(方差小)的系数,只利用保留下来的系数恢复信号时,不会引起明显的失真。因此,不同的正交变换,例如,离散傅里叶变换、离散余弦变换、哈尔变换(HT)、沃尔什-哈达玛变换等均在数据压缩中得到应用。当信号的统计特性符合一阶平稳马尔可夫过程,而且相关系数接近于1时(许多图像信号都可以足够精确地用此模型描述),DCT 十分接近于信号的最佳变换 KLT,变换后的能量集中程度较高。即使信号的统计特性偏离这一模型,DCT 的性能下降也不显著。DCT 的这一特性,再加上其基向量是固定的,并具有快速算法等原因,它在图像和视频数据压缩中得到了广泛的应用。顾名思义,DCT 的基向量由余弦函数构成。一维 DCT 的正变换和逆变换分别由下式定义:

$$S(n) = \sqrt{\frac{2}{N}} C(n) \sum_{k=0}^{N-1} s(k) \cos \frac{(2k+1)n\pi}{2N}, \quad n = 0, 1, \cdots, N-1 \quad (16.20)$$

式中:$s(k)$ 为信号样值;$S(n)$ 为变换系数;C_n 为

$$C(n) = \begin{cases} \dfrac{1}{\sqrt{2}}, & n = 0 \\ 1, & n \neq 0 \end{cases} \quad (16.21)$$

由一维的 DCT 可以直接扩展到二维,即

$$S(u,v) = \frac{2}{N} C(u) C(v) \sum_{j=0}^{N-1} \sum_{k=0}^{N-1} s(j,k) \cos \frac{(2j+1)u\pi}{2N} \cos \frac{(2k+1)v\pi}{2N}$$

$$(u = 0, 1, \cdots, N-1; v = 0, 1, \cdots, N-1) \quad (16.22)$$

式中

$$C(u) = \begin{cases} \dfrac{1}{\sqrt{2}}, & u = 0 \\ 1, & u \neq 0 \end{cases} \quad (16.23)$$

$$C(v) = \begin{cases} \dfrac{1}{\sqrt{2}}, & v = 0 \\ 1, & v \neq 0 \end{cases} \quad (16.24)$$

图 16.20(a)示出了二维 DCT 的基函数,图 16.20(b)示出了 $N=8$ 时的信号矩阵和变换系数矩阵。DCT 与 DFT 一样,如果没有快速算法,就很难在实际中得到应用。如果直接利用正变换公式进行一个一维 N 点 DCT 的计算,需要做 N^2 次乘法运算和 $N(N-1)$ 次加法运算,与直接计算的 DFT 运算量相同。与 FFT 相类似,根据基函数的周期性和对称性,人们已经提出许多种快速 DCT 算法。二维的 DCT 可以直接计算,也可以通过如

下办法来实现：先按照行(或列)进行一维 DCT,然后将变换结果再按列(或行)进行一维变换。

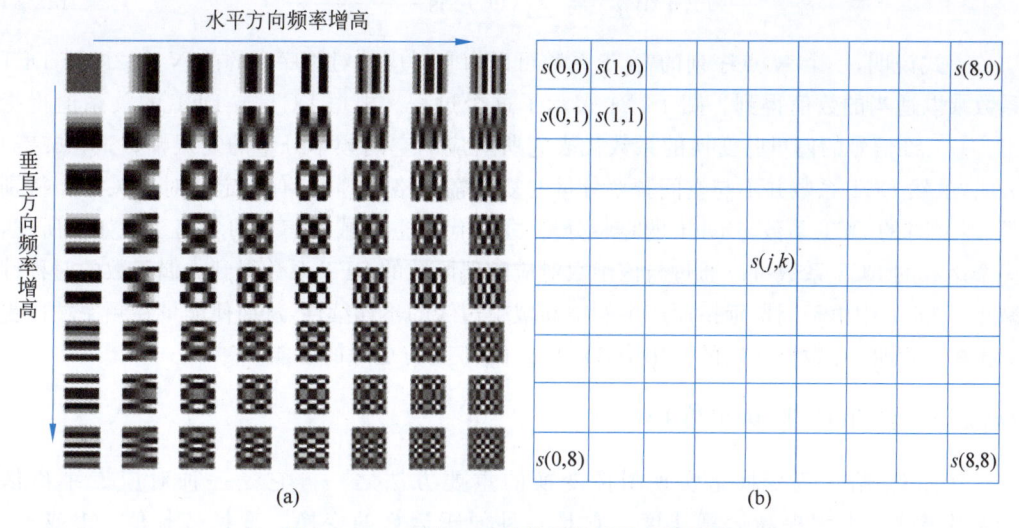

图 16.20 二维 DCT 的基函数以及系数矩阵

DCT 与 DFT 之间存在一定的关系。假设有 N 点实数序列 $s(k)(k=0,1,\cdots,N-1)$,定义与此序列相对于 $(2N-1)/2$ 点对称的序列,如图 16.21 所示。

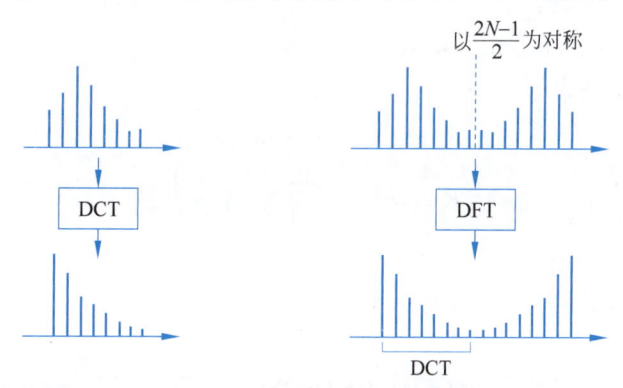

图 16.21 DCT 与 DFT 的对比

即

$$s(2N-k-1)=s(k), \quad k=N,N+1,\cdots,2N-1 \tag{16.25}$$

则整个 $K=2N$ 点序列的 DFT 可表示为

$$F(n)=\sum_{k=0}^{N-1}s(k)W_K^{nk}+\sum_{k=N}^{2N-1}s(2N-k-1)W_K^{nk} \tag{16.26}$$

式中: $W_K\equiv\exp(-j2\pi/K)$。

令 $i=2N-k-1$,并注意到 $W_K^{2N}=1$,则式(16.26)可写为

$$F(n)=\sum_{k=0}^{N-1}s(k)W_K^{nk}+\sum_{i=0}^{N-1}s(i)W_K^{-n(i+1)} \tag{16.27}$$

用 k 替代 i，并在式(16.27)两边同乘以 $W_K^{n/2}/2$，则可得

$$\frac{1}{2}F(n)W_K^{n/2} = \sum_{k=0}^{N-1} s(k)\cos\frac{(2k+1)n\pi}{2N} \qquad (16.28)$$

上式说明，一个 N 点序列的 DCT 系数可以由它对应的对称序列的前 N 个 $2N$ 点 DFT 系数乘以适当的数值得到。图 16.21 表示了这个过程。根据 DCT 与 DFT 的关系值得指出：①二维信号的傅里叶变换的系数代表它所对应的空间频率分量的复振幅。式(16.28)表明，虽然 DCT 系数并不与空间频率分量的复振幅严格相等，但有一定的对应关系。特别是 $n=0$ 时的 DCT 系数与 DFT 的零频分量一样，代表空间域内信号的均值。②如前所述，一个函数的 DCT 系数可以通过与该函数对应的偶函数的 DFT 系数得到。偶函数的对称性减小了 DFT 中由于周期延拓而产生的空间域中边缘的不连续性，从而使能量在频率域内更为集中。因此，在数据压缩的应用中，DCT 比 DFT 具有更好的性能。

16.2.2 沃尔什-哈达玛变换

沃尔什-哈达玛变换是实现图像变换的重要方法之一。它是一种对应二维离散的数字变换，大大提高运算速度。它是一种便于运算的变换。变换核是值 +1 或 -1 的有序序列。这种变换只需要作加法或减法运算，不需要像傅里叶变换那样作复数乘法运算，因此能提高计算机的运算速度，减少存储容量。这种变换已有快速算法，能进一步提高运算速度。

1. 拉德梅克(Rademacher)函数

1) 拉德梅克函数定义

$$R(n,t) = \text{sgn}(\sin 2^n \pi t) \qquad (16.29)$$

$$R(n,t) = \begin{cases} 1, & x > 0 \\ -1, & x < 0 \end{cases} \qquad (16.30)$$

可见，$R(n,t)$ 为周期函数。

2) 拉德梅克函数的规律和特性

(1) 周期函数：

$$R(n,t) = R(n, t+1/2^{n-1}) \qquad (16.31)$$

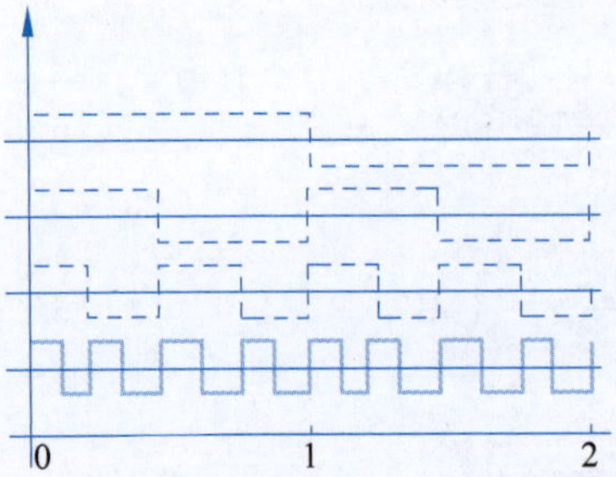

周期 $T=1/2^{n-1}$，当 $n=0$ 时，$T=2$；当 $n=1$ 时，$T=1$；当 $n=2$ 时，$T=1/2$；当 $n=3$ 时，$T=1/2^2$；…如图 16.22 所示。

(2) 函数的频率特性：$R(n,t)$ 是 $R(n-1,t)$ 的二倍频。

(3) 函数离散化：在连续情况下，若已知 n，则 $R(n,t)$ 在 $(0<t<1)$ 范围内有 $2n-1$ 个周期。在离散情况下，若在 $t=(k+1/2)/2n$ 处取样，则可得到一个离散的数据序列 $R(n,k)(k=0,1,2,\cdots,2n-1)$。

图 16.22 拉德梅克函数周期

2. 按哈达玛排列的沃尔什函数

$$\text{Wal}_H(i,t) = \prod_{k=0}^{p-1} [R(k+1,t)]^{<i_k>} \qquad (16.32)$$

式中：$R(k+1,t)$ 为任意拉德梅克函数；$<i_k>$ 为倒序的二进制码的第 k 位数；p 为正整数；$<i_k> \in \{0,1\}$。

例如，当 $p=3$ 时，对前 8 个 $\text{Wal}_H(i,t)$ 取样，则有

$\text{Wal}_H(0,t) = 1$ $\qquad\qquad\qquad\quad$ $\{1,1,1,1,1,1,1,1\}$

$\text{Wal}_H(1,t) = R(3,t)$ $\qquad\qquad\quad$ $\{1,-1,1,-1,1,-1,1,-1\}$

$\text{Wal}_H(2,t) = R(2,t)$ $\qquad\qquad\quad$ $\{1,1,-1,-1,1,1,-1,-1\}$

$\text{Wal}_H(3,t) = R(2,t)R(3,t)$ $\qquad\;\;$ $\{1,-1,-1,1,1,-1,-1,1\}$

$\text{Wal}_H(4,t) = R(1,t)$ $\qquad\qquad\quad$ $\{1,1,1,1,-1,-1,-1,-1\}$

$\text{Wal}_H(5,t) = R(1,t)R(3,t)$ $\qquad\;\;$ $\{1,-1,1,-1,-1,1,-1,1\}$

$\text{Wal}_H(6,t) = R(1,t)R(2,t)$ $\qquad\;\;$ $\{1,1,-1,-1,-1,-1,1,1\}$

$\text{Wal}_H(7,t) = R(1,t)R(2,t)R(3,t)$ $\;\;$ $\{1,-1,-1,1,-1,1,1,-1\}$

图 16.23 为取样后得到的按哈达玛排列的沃尔什函数矩阵。

$$H_H = \begin{bmatrix} 1 & 1 & 1 & 1 & 1 & 1 & 1 & 1 \\ 1 & -1 & 1 & -1 & 1 & -1 & 1 & -1 \\ 1 & 1 & -1 & -1 & 1 & 1 & -1 & -1 \\ 1 & -1 & -1 & 1 & 1 & -1 & -1 & 1 \\ 1 & 1 & 1 & 1 & -1 & -1 & -1 & -1 \\ 1 & -1 & 1 & -1 & -1 & 1 & -1 & 1 \\ 1 & 1 & -1 & -1 & -1 & -1 & 1 & 1 \\ 1 & -1 & -1 & 1 & -1 & 1 & 1 & -1 \end{bmatrix}$$

图 16.23 沃尔什函数矩阵

2^n 阶哈达玛矩阵有如下形式：

$$H_1 = [1]$$

$$H_2 = \begin{bmatrix} 1 & 1 \\ 1 & -1 \end{bmatrix} \qquad (16.33)$$

$$H_4 = \begin{bmatrix} H_2 & H_2 \\ H_2 & -H_2 \end{bmatrix} = \begin{bmatrix} 1 & 1 & 1 & 1 \\ 1 & -1 & 1 & -1 \\ 1 & 1 & -1 & -1 \\ 1 & -1 & -1 & 1 \end{bmatrix} \qquad (16.34)$$

$$H_N = H_{2^n} = H_2 \otimes H_{2^{n-1}} = \begin{bmatrix} H_{2^{n-1}} & H_{2^{n-1}} \\ H_{2^{n-1}} & -H_{2^{n-1}} \end{bmatrix} = \begin{bmatrix} H_{\frac{N}{2}} & H_{\frac{N}{2}} \\ H_{\frac{N}{2}} & -H_{\frac{N}{2}} \end{bmatrix} \qquad (16.35)$$

可见，哈达玛矩阵的最大优点是具有简单的递推关系，高阶矩阵可用两个低阶矩阵的克罗内克积求得。因此常采用哈达玛排列定义的沃尔什变换。

3. 离散沃尔什-哈达玛变换（DWHT）

一维离散沃尔什-哈达玛变换定义为

$$W(u) = \frac{1}{N} \sum_{x=0}^{N-1} f(x) \mathrm{Wal}_H(u,x) \tag{16.36}$$

一维离散沃尔什-哈达玛逆变换定义为

$$f(x) = \sum_{u=0}^{N-1} W(u) \mathrm{Wal}_H(u,x) \tag{16.37}$$

由哈达玛矩阵的特点可知，沃尔什-哈达玛变换的本质上是将离散序列 $f(x)$ 的各项值的符号按一定规律改变后进行加减运算，因此，它比采用复数运算的 DFT 和采用余弦运算的 DCT 要简单得多。

4. 二维离散沃尔什-哈达玛变换

很容易将一维 WHT 的定义推广到二维 WHT。二维 WHT 的正变换核和逆变换核分别为

$$W(u,v) = \frac{1}{MN} \sum_{x=0}^{M-1} \sum_{y=0}^{N-1} f(x,y) \mathrm{Wal}_H(u,x) \mathrm{Wsl}_H(v,y) \tag{16.38}$$

$$f(x,y) = \sum_{u=0}^{M-1} \sum_{v=0}^{N-1} W(u,v) \mathrm{Wal}_H(u,x) \mathrm{Wsl}_H(v,y) \tag{16.39}$$

式中：$x,u=0,1,2,\cdots,M-1$；$y,v=0,1,2,\cdots,N-1$。二维 WHT 变换结果如图 16.24 所示。

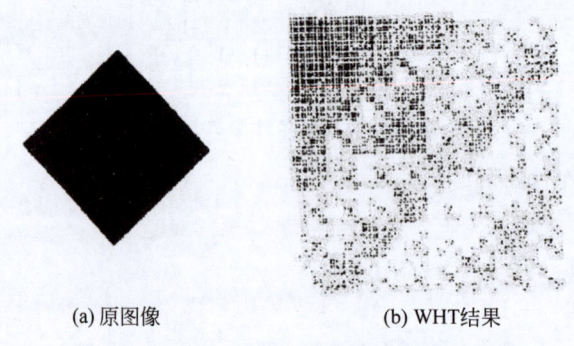

(a) 原图像　　　　(b) WHT 结果

图 16.24　二维 WHT 变换结果

从以上例子可看出，二维 WHT 具有能量集中的特性，而且原始数据中数字越是均匀分布，经变换后的数据越集中于矩阵的边角上。因此，二维 WHT 可用于压缩图像信息。

5. 快速沃尔什-哈达玛变换（FWHT）

类似于 FFT，WHT 也有快速算法 FWHT，也可将输入序列 $f(x)$ 按奇偶进行分组，分别进行 WHT。FWHT 的基本关系为

$$\begin{cases} W(u) = \dfrac{1}{2}[W_e(u) + W_o(u)] \\ W\left(u + \dfrac{N}{2}\right) = \dfrac{1}{2}[W_e(u) - W_o(u)] \end{cases} \tag{16.40}$$

以 8 阶沃尔什-哈达玛变换为例，其快速算法如下：

$$H_8 = H_2 \otimes H_4 = \begin{bmatrix} H_4 & H_4 \\ H_4 & -H_4 \end{bmatrix} = \begin{bmatrix} H_4 & 0 \\ 0 & H_4 \end{bmatrix} \begin{bmatrix} I_4 & I_4 \\ I_4 & -I_4 \end{bmatrix}$$

$$= \begin{bmatrix} H_2 & H_2 & 0 & 0 \\ H_2 & -H_2 & 0 & 0 \\ 0 & 0 & H_2 & H_2 \\ 0 & 0 & H_2 & -H_2 \end{bmatrix} \begin{bmatrix} I_4 & I_4 \\ I_4 & -I_4 \end{bmatrix}$$

$$= \begin{bmatrix} H_2 & 0 & 0 & 0 \\ 0 & H_2 & 0 & 0 \\ 0 & 0 & H_2 & 0 \\ 0 & 0 & 0 & H_2 \end{bmatrix} \begin{bmatrix} I_2 & I_2 & 0 & 0 \\ I_2 & -I_2 & 0 & 0 \\ 0 & 0 & I_2 & I_2 \\ 0 & 0 & I_2 & -I_2 \end{bmatrix} \begin{bmatrix} I_4 & I_4 \\ I_4 & -I_4 \end{bmatrix}$$

$$= G_0 G_1 G_2$$

算法一：

$$W(u) = \frac{1}{8} H_8 f(x) = \frac{1}{8} G_0 G_1 G_2 f(x) \tag{16.41}$$

令

$$\begin{aligned} f_1(x) &= G_2 f(x) \\ f_2(x) &= G_1 f_1(x) \\ f_3(x) &= G_0 f_2(x) \end{aligned} \tag{16.42}$$

则有

$$W(u) = \frac{1}{8} f3(x) \tag{16.43}$$

$f_1(x)$ 展开为

$$\begin{bmatrix} f_1(0) \\ f_1(1) \\ f_1(2) \\ f_1(3) \\ f_1(4) \\ f_1(5) \\ f_1(6) \\ f_1(7) \end{bmatrix} = G_2 \begin{bmatrix} f(0) \\ f(1) \\ f(2) \\ f(3) \\ f(4) \\ f(5) \\ f(6) \\ f(7) \end{bmatrix} = \begin{bmatrix} f(0)+f(4) \\ f(1)+f(5) \\ f(2)+f(6) \\ f(3)+f(7) \\ f(0)-f(4) \\ f(1)-f(5) \\ f(2)-f(6) \\ f(3)-f(7) \end{bmatrix} \tag{16.44}$$

$f_2(x)$ 展开为

$$\begin{bmatrix} f_2(0) \\ f_2(1) \\ f_2(2) \\ f_2(3) \\ f_2(4) \\ f_2(5) \\ f_2(6) \\ f_2(7) \end{bmatrix} = \boldsymbol{G}_1 \begin{bmatrix} f_1(0) \\ f_1(1) \\ f_1(2) \\ f_1(3) \\ f_1(4) \\ f_1(5) \\ f_1(6) \\ f_1(7) \end{bmatrix} = \begin{bmatrix} f_1(0) + f_1(2) \\ f_1(1) + f_1(3) \\ f_1(0) - f_1(2) \\ f_1(1) - f_1(3) \\ f_1(4) + f_1(6) \\ f_1(5) + f_1(7) \\ f_1(4) - f_1(6) \\ f_1(5) - f_1(7) \end{bmatrix} \tag{16.45}$$

$\boldsymbol{f}_3(x)$ 展开为

$$\begin{bmatrix} f_3(0) \\ f_3(1) \\ f_3(2) \\ f_3(3) \\ f_3(4) \\ f_3(5) \\ f_3(6) \\ f_3(7) \end{bmatrix} = \boldsymbol{G}_0 \begin{bmatrix} f_2(0) \\ f_2(1) \\ f_2(2) \\ f_2(3) \\ f_2(4) \\ f_2(5) \\ f_2(6) \\ f_2(7) \end{bmatrix} = \begin{bmatrix} f_2(0) + f_2(1) \\ f_2(0) - f_2(1) \\ f_2(2) + f_2(3) \\ f_2(2) - f_2(3) \\ f_2(4) + f_2(5) \\ f_2(4) - f_2(5) \\ f_2(6) + f_2(7) \\ f_2(6) - f_2(7) \end{bmatrix} \tag{16.46}$$

沃尔什-哈达玛的蝶形运算如图 16.25 所示。

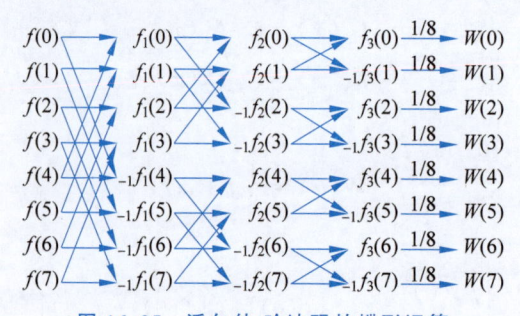

图 16.25 沃尔什-哈达玛的蝶形运算

综上所述，WHT 是将一个函数变换成取值为 +1 或 -1 的基本函数构成的级数，用它来逼近数字脉冲信号时要比 FFT 有利。同时，WHT 只需要进行实数运算，存储量比 FFT 要少得多，运算速度也快得多。因此，WHT 在图像传输、通信技术和数据压缩中被广泛使用。

16.3 空间滤波与时域相关性分析

16.3.1 空间滤波基础

空间滤波是图像处理领域应用广泛的主要工具之一。滤波一词借用于频率域处理，

"滤波"是指接受(通过)或拒绝一定的频率成分。可以用空间滤波器(也称为空间掩模、核、模板和窗口)直接作用于图像本身而完成类似的平滑。线性空间滤波与频率域滤波之间存在一一对应关系,然而,空间滤波还可用于非线性滤波,而这在频率域中是做不到的。

空间滤波器由一个邻域(通常是一个较小的矩形)和对该邻域所包围图像像素执行的预定义操作组成。滤波产生一个新像素,新像素的坐标等于邻域中心的坐标,像素的值是滤波操作的结果,如图 16.26 所示。滤波器的中心访问输入图像中的每个像素后,就生成了处理(滤波)后的图像。若在图像像素上执行的是线性操作,则该滤波器称为线性空间滤波器。若在图像像素上执行的是非线性操作,则该滤波器称为非线性空间滤波器。图 16.26 说明了使用 3×3 邻域的线性空间滤波的原理。在图像中的任意一点 (x,y),滤波器的响应 $g(x,y)$ 是滤波器系数与由该滤波器所包围的图像像素的乘积之和,即

$$g(x,y) = w(-1,-1)f(x-1,y-1) + w(-1,0) \\ f(x-1,y) + \cdots + w(1,1)f(x+1,y+1) \tag{16.47}$$

式中:$g(x,y)$ 为经过空间滤波后的像素值;$w(m,n)$ 为空间滤波器对应权值;$f(x,y)$ 为原图像灰度值。

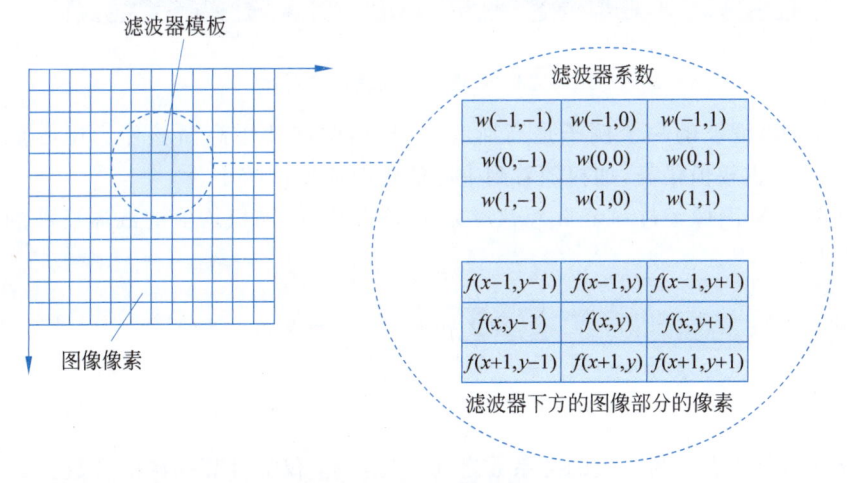

图 16.26 空间滤波示意图

16.3.2 平滑空间滤波器

平滑滤波器用于模糊处理和降低噪声。模糊处理经常用于预处理任务中,例如在目标提取之前去除图像中的一些琐碎细节,以及连接直线或曲线的缝隙。通过线性滤波和非线性滤波模糊处理,可以降低噪声。

平滑线性空间滤波器的输出(响应)是包含在滤波器模板邻域内的像素的简单平均值。这些滤波器也称为均值滤波器,也可以把它们归入低通滤波器。平滑滤波器的基本概念非常直观,它使用滤波器模板确定的邻域内像素的平均灰度值来代替图像中每个像素的值,这种处理的结果降低了图像灰度的"尖锐"变化。两个 3×3 平滑滤波器模板如图 16.27 所示。平滑滤波器前后图像对比如图 16.28 所示。由于典型的随机噪声由灰

度级的急剧变化组成,因此常见的平滑处理应用就是降低噪声。均值滤波器的主要应用是去除图像中的不相关细节,其中"不相关"是指与滤波器模板尺寸相比较小的像素区域。

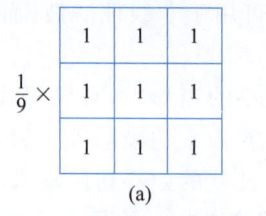

$$\frac{1}{9} \times \begin{array}{|c|c|c|} \hline 1 & 1 & 1 \\ \hline 1 & 1 & 1 \\ \hline 1 & 1 & 1 \\ \hline \end{array} \qquad \frac{1}{16} \times \begin{array}{|c|c|c|} \hline 1 & 2 & 1 \\ \hline 2 & 4 & 2 \\ \hline 1 & 2 & 1 \\ \hline \end{array}$$

(a)   (b)

图 16.27   两个 3×3 平滑滤波器模板

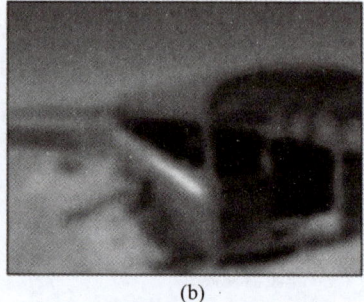

(a)   (b)

图 16.28   平滑滤波前后图像对比

非线性平滑滤波的一个例子是高斯滤波,高斯滤波使用高斯核作为中心加权滤波器,其中中心所占权值最高,加权随着到中心的距离成比例减小。

一幅 $M \times N$ 图像经过一个 $m \times n$(m 和 n 是奇数)的加权均值滤波器滤波的过程可由下式给出:

$$g(x,y) = \frac{\sum_{s=-a}^{a}\sum_{t=-b}^{b}w(s,t)f(x+s,y+t)}{\sum_{s=-a}^{a}\sum_{t=-b}^{b}w(s,t)} \tag{16.48}$$

式中的分母简单地表示为模板的各系数之和,它是一个仅需计算一次的常数。

16.3.3   锐化空间滤波器

锐化处理的主要目的是突出灰度的过渡部分,一般用于边缘检测。在上一节中了解到,图像模糊可通过在空间域用像素邻域平均法实现。因为均值处理与积分类似,在逻辑上得出锐化处理可由空间微分来实现这一结论。本节将讨论由数字微分来定义和实现锐化算子的各种方法。微分算子的响应强度与图像在用算子操作的这一点的突变程度成正比,图像微分会增强边缘和其他突变(如噪声),削弱灰度变化缓慢的区域。

以下将分别讨论基于一阶微分和二阶微分的锐化滤波器。在恒定灰度区域中,可利用突变的起点与终点(台阶和斜坡突变)及灰度斜坡处的微分性质来对图像中的噪声点、线与边缘建模。这些图像特征过渡处的微分性质也很重要。数字函数的微分可用不同的术语定义,也存在定义这些差别的各种方法。然而,对于一阶微分的任何定义都必须保证三点：①在恒定灰度区域的微分值为零；②在灰度台阶或斜坡处的微分值非零；③沿斜坡的微分值非零。类似地，任何二阶微分的定义必须保证三点：①在恒定区域微分值为零；②在灰度台阶或斜坡的起点处微分值非零；③沿斜坡的微分值非零。因为处理的是数字量，其值是有限的，所以最大灰度级的变化也是有限的，并且变化发生的最短距离是在两相邻像素之间。

一维函数 $f(x)$ 的一阶微分的基本定义是差值：

$$\frac{\partial f}{\partial x}=f(x+1)-f(x) \tag{16.49}$$

为了与二维图像函数 $f(x,y)$ 的微分保持致，式中使用偏导函数符号表示。将二阶微分定义为如下差分：

$$\frac{\partial^2 f}{\partial x^2}=f(x+1)+f(x-1)-2f(x) \tag{16.50}$$

图 16.29 显示了一段扫描线。小方块中的数值是扫描线中的灰度值，它们作为黑点画在上方的图 16.29 中。用虚线连接这些点是为了使人们看得更清楚。如图 16.29 所示，扫描线包含一个灰度斜坡、三个恒定灰度段和一个灰度台阶。圆圈指出了灰度变化的起点和终点。用前面两个定义计算出的图 16.29 中扫描线的一阶微分和二阶微分画在图 16.29 中。计算点 x 处的一阶微分时，用下一个点的函数值减去该点的函数值。因此，这是一个"预测未来"的操作。类似地，要在 x 点计算二阶微分，计算中要使用前一个点和下一个点。为避免前一个点和下一个点处于扫描线之外的情况，在图 16.29 中显示

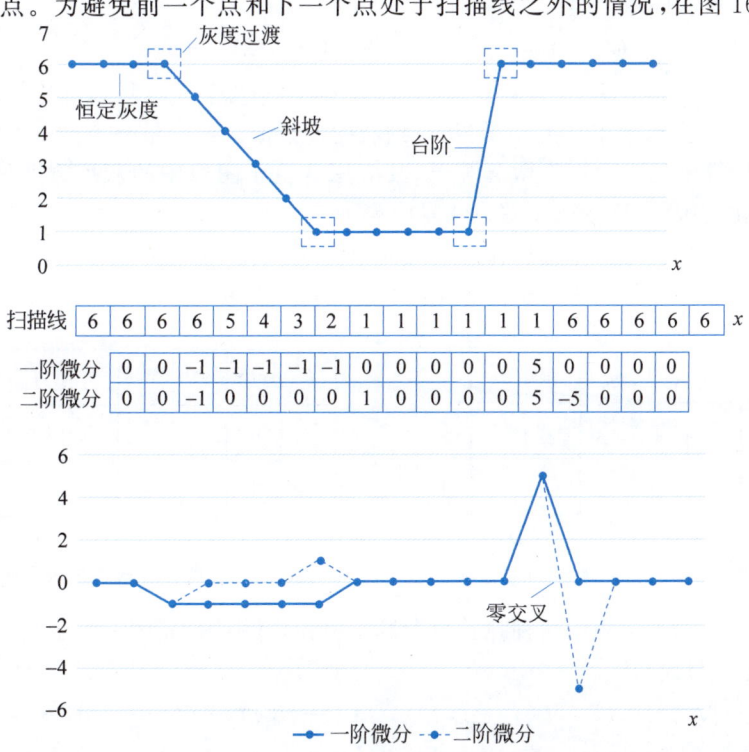

图 16.29　一幅图像中一段水平灰度剖面的一维数字函数的一阶微分和二阶微分

了从序列中第二个点到倒数第二个点的微分计算。

从左到右横贯剖面图(考虑一阶微分和二阶微分的性质),首先是恒定灰度区域,其一阶微分和二阶微分都是零,因此两者都满足条件①。接着是一个灰度斜坡,并注意到在斜坡起点和台阶处的一阶微分不为零,类似地,在斜坡和台阶的起点和终点的二阶微分也不为零;因此,两个微分特性都满足条件②。最后,两个微分特性也都满足条件③,因为对于斜坡来说一阶微分不是零,二阶微分是零。注意斜坡或台阶的起点和终点处二阶微分的符号变化。在一个台阶的过渡部分,连接这两个值的线段在两个端点的中间与水平轴相交,零交叉对于边缘定位是非常有用的。

数字图像中的边缘在灰度上通常类似于斜坡过渡,因此会导致图像的一阶微分产生较粗的边缘,因为沿斜坡的微分非零。另外,二阶微分产生由零分开的一个像素宽的双边缘。由此,二阶微分在增强细节方面要比一阶微分好得多,是一个适合锐化图像的理想特性。

Sobel 算子主要用于获得数字图像的一阶梯度。Sobel 算子是把图像中每个像素的上下、左右四领域的灰度值加权差,在边缘处达到极值从而检测边缘。Sobel 算子主要用作边缘检测。在技术上,它是一离散性差分算子,用来运算图像亮度函数的梯度之近似值。在图像的任何一点使用此算子,将会产生对应的梯度矢量或是其法矢量。Sobel 算子不但产生较好的检测效果,而且对噪声具有平滑抑制作用,但是得到的边缘较粗,且可能出现伪边缘。该算子包含两组 3×3 的矩阵,如图 16.30 所示,分别表示为横向及纵向,将之与图像作平面卷积,即可分别得出横向及纵向的亮度差分近似值。

Sobel 算子的计算方式:

$$G_x = (z_7 + 2z_8 + z_9) - (z_1 + 2z_2 + z_3) \tag{16.51}$$

$$G_y = (z_3 + 2z_6 + z_9) - (z_1 + 2z_4 + z_7) \tag{16.52}$$

式中:z_n 表示 9 个像素中从上到下、从左到右的像素值。

拉普拉斯算子是一种二阶微分算子,其应用着重于图像中的灰度突变区域,而非灰度级缓慢变化的区域,这将产生暗色背景中叠加有浅灰色边线和突变点的图像。将原图像和拉普拉斯计算后的图像叠加在一起的简单方法,可以复原背景特性并保持拉普拉斯锐化处理的效果。拉普拉斯算子计算矩阵如图 16.31 所示。

-1	-2	-1
0	0	0
1	2	1

(a)

-1	0	1
-2	0	2
-1	0	1

(b)

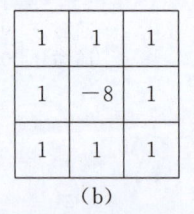

图 16.30 Sobel 算子对应矩阵

0	1	0
1	-4	1
0	1	0

(a)

1	1	1
1	-8	1
1	1	1

(b)

图 16.31 两种拉普拉斯算子模板

图 16.32 表示了常用的两种拉普拉斯算子模板,其中图 16.32(a)为 4 领域拉普拉斯算子,对应计算公式为

$$\nabla^2 f(x,y) = f(x+1,y) + f(x-1,y) + f(x,y+1) + f(x,y-1) - 4(x,y) \tag{16.53}$$

图 16.32(b)为 8 领域拉普拉斯算子,用于实现带有对角项的公式的扩展模板。

(a) 4 邻域拉普拉斯算子滤波结果　　　　(b) 8 邻域拉普拉斯算子滤波结果

图 16.32　4 邻域和 8 邻域拉普拉斯算子区别

拉普拉斯算子是各向同性算子,较易于实现,不提供关于边缘方向的信息,它对噪声更敏感等。

16.3.4　非锐化掩蔽和高提升滤波

非锐化掩蔽也是一种图像锐化处理过程,其原理是从原图像中减去一幅非锐化(平滑)的图像版本。非锐化掩蔽的处理过程:模糊原图像,从原图像中减去模糊图像(产生的差值图像称为模板),将模板加到原图像上。

令 $f_1(x,y)$ 表示模糊图像,$f_0(x,y)$ 表示原始图像,非锐化掩蔽以公式形式描述如下:

首先得到模板 $g_{\text{mask}}(x,y)$:

$$g_{\text{mask}}(x,y) = f_0(x,y) - f_1(x,y) \tag{16.54}$$

然后在原图像上加上该模板的一个权重部分:

$$g(x,y) = f_1(x,y) + k \times g_{\text{mask}}(x,y) \tag{16.55}$$

式中:k 为权重系数,$k \geqslant 0$。当 $k=1$ 时,得到上面定义的非锐化掩蔽。当 $k>1$ 时,该处理称为高提升滤波。图 16.33 为应用非锐化掩蔽的效果对比。图 16.29 中的灰度剖面图可以解释为通过垂直边缘的水平扫描线,垂直边缘是图像中从暗区到亮区的过渡。图 16.29 显示了平滑后的结果,为了参考,该结果已叠加在原始信号(显示为虚线)上。图 16.29 是非锐化模板,它是从原始信号中减去模糊信号得到的。通过将该结果与对应于图 16.29 中斜坡的图 16.33 中的部分比较发现,图 16.33 中的非锐化模板与使用二阶微分得到的结果非常相似。图 16.33 所示的最后锐化的结果是通过把模板加到原始信号上得到的。现在强调(锐化)了信号中出现灰度。斜率变化的点。观察添加到原信号中的负值。这样,如果原图像有任何零值,或

图 16.33　应用非锐化掩蔽的效果对比

如果选择的 k 值大到足以使模板峰值大于原信号中的最小值时,那么最终的结果可能会存在负灰度。负值将导致边缘周围出现暗色晕轮,k 足够大时会产生不好的结果。

当非锐化掩蔽中的权重系数大于 1 时,该操作称为高提升滤波。基于锐化的图像增强中存储希望在增强边缘和细节的同时仍然保留原图像中的信息,而非将平滑区域的灰度信息丢失,因此可以把原图像加上锐化后的图像得到比较理想的结果。

高提升滤波的处理过程:图像锐化,原图像与锐化图像按比例混合,混合后的灰度调整(归一化至[0,255])。

16.3.5 时域相关性分析

时域分析是指控制系统在一定的输入下,根据输出量的时域表达式,分析系统的稳定性、瞬态和稳态性能。由于时域分析是直接在时间域中对系统进行分析的方法,所以时域分析具有直观和准确的优点。系统输出量的时域表示可由微分方程得到,也可由传递函数得到。

时域分析在初值为零时,一般利用传递函数进行研究,用传递函数间接地评价系统的性能指标,具体是根据闭环系统传递函数的极点和零点来分析系统的性能。此时也称为复频域分析。以时间为自变量描述物理量的变化是信号最基本、最直观的表达形式。在时域内对信号进行滤波、放大、统计特征计算、相关性分析等处理,统称为信号的时域分析。通过时域的分析方法可以有效提高信噪比,求取信号波形在不同时刻的相似性和关联性,获得反映机械设备运行状态的特征参数,为机械系统动态分析和故障诊断提供有效信息。

习题

1. 在 RGB 颜色模型中,考虑三种使用 24 位表示的颜色,分别为颜色 $R=(220,30,20)$,颜色 $B=(100,100,100)$,颜色 $B=(50,0,50)$。估算 CMYK 颜色模型中每种颜色的 C、M、Y 和 K 值。

2. 一幅 200×300 的二值图像、16 灰度级图像和 256 灰度级图像分别需要多少存储空间?

3. 在串行通信中,常用波特率描述传输的速率,它被定义为每秒传输的数据比特数。串行通信中,数据传输的单位是帧,也称字符。假如一帧数据由一个起始比特位、8 个信息比特位和一个结束比特位构成。根据以上概念,请问:

(1) 如果要使用一个波特率为 56kb/s(1k=1000)的信道来传输一幅大小为 512×512、256 级灰度的数字图像,需要多长时间?

(2) 如果使用波特率为 960kb/s 的信道来传输上述图像,所需时间又是多少?

4. 考虑一维离散余弦变换(DCT):

(1) 推导三点 DCT 的基函数,$k=n=0,1,2$。

(2) 计算输入序列的 DCT,精确到小数点后 3 位:$s(n)=[7,-2,5]$。

5. 求下列数字图像块的二维 DHT：

$$f_1(m,n) = \begin{bmatrix} 1 & 4 & 4 & 1 \\ 1 & 4 & 4 & 1 \\ 1 & 4 & 4 & 1 \\ 1 & 4 & 4 & 1 \end{bmatrix}, \quad f_2(m,n) = \begin{bmatrix} 4 & 4 & 1 & 1 \\ 4 & 4 & 1 & 1 \\ 4 & 4 & 1 & 1 \\ 4 & 4 & 1 & 1 \end{bmatrix}, \quad f_3(m,n) = \begin{bmatrix} 4 & 4 & 4 & 4 \\ 4 & 4 & 4 & 4 \\ 4 & 4 & 4 & 4 \\ 4 & 4 & 4 & 4 \end{bmatrix}$$

6. 求习题 5 的二维 DWT。

7. 二维离散沃尔什变换的矩阵形式表达式为

$$f_1 = \begin{bmatrix} 1 & 3 & 3 & 1 \\ 1 & 3 & 3 & 1 \\ 1 & 3 & 3 & 1 \\ 1 & 3 & 3 & 1 \end{bmatrix} \quad \text{和} \quad f_2 = \begin{bmatrix} 1 & 1 & 1 & 1 \\ 1 & 1 & 1 & 1 \\ 1 & 1 & 1 & 1 \\ 1 & 1 & 1 & 1 \end{bmatrix}$$

求这两个信号的二维 WHT。

8. 设有一组 64×64 的图像，它们的协方差矩阵是单位矩阵。如果只使用一半的原始特征值计算重建图像，求原始图像和重建图像间的均方误差。

9. 设工业检测中工件的图像受到零均值、与图像不相关噪声的影响。假设图像采集装置每秒可采集 50 幅图，若采用图像平均法将噪声的均方差减小到原来的 1/10，则工件需固定在采集装置前多长时间？

10. 已知一幅图灰度级的概率分布密度：

$$p_r(r) = \begin{cases} -2r + 2, & 0 \leqslant r \leqslant 1 \\ 0, & \text{其他} \end{cases}$$

对其进行直方图均衡化。

参 考 文 献

[1] 胡广书.数字信号处理:理论、算法与实现[M].北京:清华大学出版社,1997.
[2] Diniz P S R,Silva E A B d,Netto S L,等.数字信号处理:系统分析与设计[M].北京:机械工业出版社,2013.
[3] 门爱东.数字信号处理[M].2版.北京:科学出版社,2009.
[4] 高西全,丁玉美,阔永红.数字信号处理——原理、实现及应用[M].北京:电子工业出版社,2007.